国防电子信息技术丛书

雷达系统设计 MATLAB 仿真

MATLAB Simulations for Radar Systems Design

[美] Bassem R. Mahafza
Atef Z. Elsherbeni 著

朱国富 黄晓涛 黎向阳 李悦丽 译

周智敏 审校

電子工業出版社
Publishing House of Electronics Industry
北京·BEIJING

内容简介

本书系统地讲述了雷达系统分析和设计的全过程，并有一个完整的设计案例贯穿于全书，同时各章分别还有一些小型实例。本书的主要内容包括：雷达基础导论、雷达检测、雷达波形、雷达模糊函数、脉冲压缩、面杂波与体杂波、动目标显示和杂波抑制、相控阵、目标跟踪、电子对抗、雷达截面积、高分辨率战术合成孔径雷达、信号处理等。所有 MATLAB 代码和函数均可从网站获得。

本书可作为高等院校电子工程专业高年级本科生和研究生的参考教材，也可作为在雷达系统领域工作的雷达工程师和技术人员的参考书。

MATLAB Simulations for Radar Systems Design, by Bassem R. Mahafza, Atef Z. Elsherbeni
ISBN: 9781584883920

版权贸易合同登记号 图字：01-2007-1179

图书在版编目(CIP)数据

雷达系统设计 MATLAB 仿真/(美)马哈夫扎(Mahafza, B. R.)，(美)埃尔舍贝利(Elsherbeni, A. Z.)著；朱国富等译．—北京：电子工业出版社，2016.7
(国防电子信息技术丛书)
书名原文：MATLAB Simulations for Radar Systems Design
ISBN 978-7-121-28966-8

I. ①雷… II. ①马… ②埃… ③朱… III. ①Matlab 软件－应用－雷达－系统设计－高等学校－教材
IV. ①TN95-39

中国版本图书馆 CIP 数据核字(2016)第 124609 号

策划编辑：马　岚
责任编辑：马　岚
印　　刷：三河市良远印务有限公司
装　　订：三河市良远印务有限公司
出版发行：电子工业出版社
　　　　　北京市海淀区万寿路 173 信箱　邮编　100036
开　　本：787×1092　1/16　印张：28.75　字数：736 千字
版　　次：2016 年 7 月第 1 版
印　　次：2023 年 5 月 第 8 次印刷
定　　价：119.00 元

所购买电子工业出版社图书有缺损问题，请向购买书店调换。若书店售缺，请与本社发行部联系，联系及邮购电话：(010)88254888，88258888。

质量投诉请发邮件至 zlts@phei.com.cn，盗版侵权举报请发邮件至 dbqq@phei.com.cn。

本书咨询联系方式：classic-series-info@phei.com.cn。

译 者 序

雷达是一种全天时、全天候的传感器,可以安装在车辆、飞机和卫星等多种平台上,在军事和民用等方面都具有重要的应用价值,因此一直受到世界各国的高度重视。仿真是现代雷达系统设计成功的基础,从这一点来说,毫无疑问,没有任何软件比 MATLAB 更好。

经过改革开放几十年的发展,我国在雷达领域取得了长足的进步,特别是最近十几年,随着国家的不断投入,我国的雷达事业进入了一个快速发展的时期。在实际工作中,无论是雷达系统研制人员,还是雷达信号处理人员,都希望有一本系统全面地介绍雷达系统及其仿真的专著,在学习雷达系统基本知识的同时,能够进行仿真实践,以增强理解。Bassem R. Mahafza 和 Atef Z. Elsherbeni 合著的这本书完全可以满足读者的这种需求。

Mahafza 博士是公认的雷达学科的专家,具有近 30 年的丰富经验,发表了 60 多篇论文和 100 多篇技术报告,出版了 4 部雷达专著,本书是其中的代表之作。为了推动我国雷达技术的发展,我们组织翻译了本书。本书重点是雷达系统设计,然而本书还提供了坚实的理论,使读者具备必要的背景知识,以便进行雷达系统分析。本书组织的目的是讲授一种概念性的设计过程及相关的折中分析和计算。本书可作为工作在雷达系统领域的雷达工程师的工程参考书。本书所提供的 MATLAB 代码可为用户提供雷达系统分析和设计的手把手的经验。

全书共分为两大部分,包含 14 章和 5 个附录,其中第 1 章、第 2 章、第 10 章、第 11 章和第 14 章及附录 1A 和 1B 由朱国富翻译,第 6 章至第 9 章由黄晓涛翻译,第 3 章至第 5 章由黎向阳翻译,第 12 章和第 13 章及附录 13A,13B 和 13C 由李悦丽翻译。另外参与翻译工作的还有博士研究生贺峰、刘博、赵志勇和耿世磊。朱国富完成了全书的统稿工作,周智敏教授对全书进行了审校。国防科技大学的有关专家对本书进行了审阅,提出了许多宝贵意见,在此表示衷心感谢!

本书的译者都是多年工作在雷达技术领域的一线研究人员,具有丰富的实践经验,但是雷达系统涉及的知识面很广,因此我们对于原著内容的理解难免会有偏差,翻译不当之处,希望得到各位同行和专家的批评指正。

前　言

《雷达系统设计 MATLAB 仿真》的重点是雷达系统设计。然而,本书提供了坚实的理论,使读者具备必要的背景知识以进行雷达系统分析。撰写本书的目的是讲授一种概念性的设计过程及相关的折中分析和计算。本书可作为工作在雷达系统领域的雷达工程师的工程参考书。本书所提供的 MATLAB 代码可为用户提供雷达系统分析和设计的手把手的经验。

第 1 章引入了一个雷达设计案例研究,并且贯穿全书,详细介绍和分析了作者如何设计这部雷达,还进行了折中分析和计算。另外,在本书中还有几个小型的设计案例。

《雷达系统设计 MATLAB 仿真》分为两部分:第一部分提供了对雷达系统分析和设计的完整描述。第 1 章引入了一个贯穿全书的设计案例研究。每一章都基于本书当前所涵盖的理论,从作者的观点介绍如何设计案例研究中的雷达。随着本书讲述内容的深入,讨论了新的理论,并且设计案例研究的要求会变化或更新,设计的复杂性也会增加。为了这个目的,开发了一整套 MATLAB 6 仿真程序来支持这个开发过程。这部分对学生和雷达工程师而言是很有价值的,可帮助他们理解雷达系统及其设计过程,包括:(1)学习如何选择不同的雷达参数,以满足设计需求;(2)在雷达大小、工作模式、频率选择、波形和信号处理之间进行详细的折中分析;(3)建立和开发与设计有关的损失和误差预算;(4)形成雷达工作和设计方法的深刻理解。另外,第一部分的各章包含几个贴切的小型设计案例研究,以帮助增强对利用各章所介绍的材料进行雷达设计的理解。

第二部分的几章涵盖了专门的雷达主题,其中一些是与该领域的其他专家一起编著或合著的。第二部分的材料是想通过所提供的这些与雷达主题相关的详细和全面的观点,来进一步增强对雷达系统分析的理解。

本书中的 MATLAB 函数和程序包括所有形式的雷达方程:脉冲压缩、去斜处理、匹配滤波器、所有 Swerling 模型的检测概率的计算、高距离分辨率(HRR)、步进频波形分析、ghk 跟踪滤波器、卡尔曼滤波器、相控阵天线、杂波计算、雷达模糊函数、ECM、箔条,等等。[①]

第 1 章描述了雷达系统中最常用的术语,如距离、距离分辨率和多普勒频率。本章开发了雷达距离方程,最后介绍了命名为"'我的雷达'设计案例研究"的案例。第 2 章提供了雷达检测概率的计算及其相关主题的概述;介绍和分析了包括 Swerling I、II、III 和 IV 模型的起伏目标的检测;还介绍了相干和非相干积累,分析了积累检测概率,介绍了"我的雷达"设计案例研究——实习 2。

第 3 章回顾了雷达波形,包括 CW、脉冲和 LFM;分析了高距离分辨率(HRR)波形和步进频波形;介绍和分析了匹配滤波器(MF)的概念。第 4 章详细介绍了与雷达模糊函数有关的原理,包括单个脉冲、线性调频脉冲、无调制脉冲串、巴克码和 PRN 码的模糊函数。第 5 章介绍了脉冲压缩,分析了 MF 和去斜处理器。

第 6 章包含杂波概念的处理,包括面杂波和体杂波。第 7 章介绍了使用动目标显示(MTI)的杂波抑制,分析了抑制杂波影响的延迟线对消器的实现方式。

---

① 登录华信教育资源网(www.hxedu.com.cn)可注册并免费下载本书相关代码等文件。——编者注

第 8 章详细分析了相控阵。仔细研究了线性阵列，并且开发了计算和绘制相关阵列方向图的 MATLAB 代码；还介绍了具有各种格点配置的面阵列。

第 9 章讨论了目标跟踪雷达系统。本章的第一部分是单目标跟踪。详细讨论了顺序波瓣法、圆锥扫描、单脉冲和距离跟踪等主题。本章第二部分介绍了多目标跟踪技术，详细介绍了固定增益跟踪滤波器，如 $\alpha\beta$ 和 $\alpha\beta\gamma$ 滤波器；介绍了卡尔曼滤波器的概念；深入分析了卡尔曼滤波器的特殊情况。

第 10 章是与阿拉巴马州亨斯维尔的美国陆军空间和导弹防御司令部的Michael Madewell 先生合著的。本章概述了电子对抗（ECM）技术，介绍了自屏蔽和远距离干扰等主题，还分析了雷达箔条，介绍了一种用于弹道导弹防御（BMD）的箔条抑制技术。

第 11 章关注于雷达截面积（RCS）；讨论了 RCS 与视角、频率和极化的关系；研究了目标散射矩阵；介绍了很多简单目标的 RCS；讨论了复杂目标的 RCS；介绍了目标起伏模型。

第 12 章是与阿拉巴马州红石兵工厂的美国陆军航空和导弹全寿命管理司令部（AMCOM）的 Brian Smith 博士合著的。本章介绍了战术合成孔径雷达（SAR）的主题。本章的主题包括：SAR 信号处理、SAR 设计和 SAR 雷达方程。最后，第 13 章概述了信号处理。

任何实体或个人都可以随意使用本书提供的材料和本书作者设计的 MATLAB 代码。作者和出版商对使用本书可能造成的任何物质或非物质损失、人身或任何种类的财产损失、任意的和所有的其他类型的损失，不承担义务和责任。

致　　谢

作者首先感谢上帝给了我们耐心和毅力完成这项工作。非常感谢我们的家庭，为了让我们完成此书，他们放弃和牺牲了很多时间。作者还要感谢所有的同事和朋友，在本书的准备期间得到了他们很多支持。特别感谢 Brian Smith、James Michael Madewell、Patrick Barker、David Hall、Mohamed Al-Sharkawy 和 Mattew Inman，他们合著了本书，或者审校了其中的一些内容。

目　录

第一部分

第 二 部 分

第1章　雷达基础导论

1.1　雷达分类

单词RADAR(雷达)是RAdio Detection And Ranging的缩写。一般来说,雷达系统使用调制波形和方向性天线来发射电磁能量到空间的特定区域以搜索目标。在搜索区域内的物体(目标)会反射部分能量(雷达反射信号或回波)回到雷达,然后这些回波被雷达接收机处理,以提取目标的信息,例如距离、速度、角位置和其他目标识别特征。

雷达可以分类为地基、机载、天基或舰载雷达系统。雷达也可以根据特定的雷达特征分为多种类别,例如频带、天线类型和使用的波形。另一种分类是根据雷达的任务和/或功能。这包括气象、捕获和搜索、跟踪、边扫描边跟踪、火力控制、预警、超视距、地形跟随和地形回避雷达。相控阵雷达使用相控阵天线,通常称为多功能(多模式)雷达。相控阵是由两个或更多基本辐射器形成的复合天线。阵列天线合成窄的定向波束,其可以是机械扫描或电扫描。电扫描是通过控制馈入阵元的电流的相位实现的,因此采用了相控阵的名称。

雷达最常根据它们使用的波形类型或它们的工作频率分类。首先考虑波形,雷达可以是连续波(CW)雷达或脉冲雷达(PR)(见附录1A)。CW雷达连续发射电磁能量,使用单独的发射和接收天线。无调制的CW雷达能够准确地测量目标的径向速度(多普勒频移)和角位置。不使用某种形式的调制不能提取目标的距离信息。无调制CW雷达的主要用途是目标速度搜索和跟踪,以及导弹制导。脉冲雷达使用脉冲波形串(大部分带有调制)。在这种分类中,雷达系统根据脉冲重复频率(PRF)分为低PRF、中PRF和高PRF雷达。低PRF雷达主要用于测距,而对目标速度(多普勒频移)不感兴趣。高PRF雷达主要用于测量目标速度。连续波雷达和脉冲雷达都能够使用不同的调制策略同时测量目标距离和径向速度。

表1.1是根据工作频率的雷达分类。

表1.1　雷达频段

字　符	频率/GHz	新的频段/GHz
HF	0.003 ~ 0.03	A
VHF	0.03 ~ 0.3	A < 0.25; B > 0.25
UHF	0.3 ~ 1.0	B < 0.5; C > 0.5
L波段	1.0 ~ 2.0	D
S波段	2.0 ~ 4.0	E < 3.0; F > 3.0
C波段	4.0 ~ 8.0	G < 6.0; H > 6.0
X波段	8.0 ~ 12.5	I < 10.0; J > 10.0
Ku波段	12.5 ~ 18.0	J
K波段	18.0 ~ 26.5	J < 20.0; K > 20.0
Ka波段	26.5 ~ 40.0	K
MMW	通常 > 34.0	L < 60.0; M > 60.0

高频(HF)雷达使用电离层反射的电磁波检测地平线以下的目标。甚高频(VHF)和超高频(UHF)波段用于甚远距离预警雷达(EWR)。由于非常大的波长和甚远距离测量的灵敏度要求,在这样的雷达系统中需要使用大的孔径。

L 波段雷达主要是地基和舰载系统，用于远程军事和空中交通控制搜索行动。大部分地基和舰载中程雷达工作在 S 波段。大部分气象检测雷达系统是 C 波段雷达。中程搜索和火力控制军用雷达及测量雷达也是 C 波段雷达。

X 波段用于天线大小受到物理限制的雷达系统，这包括大部分军用多模式机载雷达。要求优良的目标检测能力然而不能忍受更高频段大气衰减的雷达系统也可能是 X 波段雷达。更高的频段（Ku、K 和 Ka）遭受严重的气象和大气衰减。因此，使用这些频段的雷达限制在近程应用，例如警用交通雷达、近程地形回避雷达，以及地形跟随雷达。毫米波（MMW）雷达主要限用于非常近距离的射频（RF）搜索器和实验雷达系统。

1.2 距离

图 1.1 是一个简化的脉冲雷达框图。时序控制产生整个系统所需要的同步时序信号。调制信号由调制器/发射机模块产生并且馈送给天线。天线在发射和接收模式之间的切换由收发开关控制。收发开关允许一个天线既可以用于发射，也可以用于接收。在发射期间，收发开关将雷达电磁能量导向天线。另一方面，在接收时，收发开关将接收的雷达回波导向接收机。接收机放大雷达反射信号并且为信号处理做准备。目标信息的提取由信号处理机模块执行。目标距离 R 是通过测量时间延迟 Δt，即脉冲在雷达与目标之间的双程传播时间来计算的。因为电磁波以光速 $c=3\times10^8$ m/s 传播，所以

$$R=\frac{c\Delta t}{2} \tag{1.1}$$

其中，R 的单位是米，Δt 的单位是秒。因子 1/2 是考虑到双程时间延迟的需要。

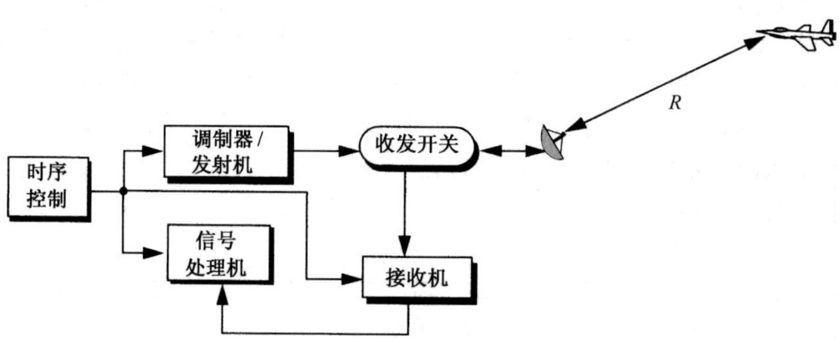

图 1.1 简化的脉冲雷达框图

一般来说，脉冲雷达发射和接收脉冲串，如图 1.2 所示。脉冲间周期（IPP）是 T，脉冲宽度是 τ。IPP 通常称为脉冲重复间隔（PRI）。PRI 的倒数是 PRF，用 f_r 表示，即

$$f_r=\frac{1}{\mathrm{PRI}}=\frac{1}{T} \tag{1.2}$$

在每个 PRI 期间，雷达只发射 τ 秒能量，然后在 PRI 的剩余时间侦听目标反射信号。雷达发射占空因数（因子）d_t 定义为比值 $d_t=\tau/T$。雷达平均发射功率为

$$P_{av}=P_t\times d_t \tag{1.3}$$

其中，P_t 表示雷达峰值发射功率。脉冲能量为 $E_p=P_t\tau=P_{av}T=P_{av}/f_r$。

对应于双程时间延迟 T 的距离称为雷达不模糊距离 R_u。考虑图 1.3 所示的例子。回波 1 表示位于距离 $R_1=c\Delta t/2$ 处的目标由于脉冲 1 产生的雷达反射信号。回波 2 可以解释为相同

的目标由于脉冲 2 产生的反射信号，或者可能是位于距离 R_2 处的更远目标由于脉冲 1 又产生的反射信号。在这种情况下，

$$R_2 = \frac{c\Delta t}{2} \quad 或 \quad R_2 = \frac{c(T+\Delta t)}{2} \tag{1.4}$$

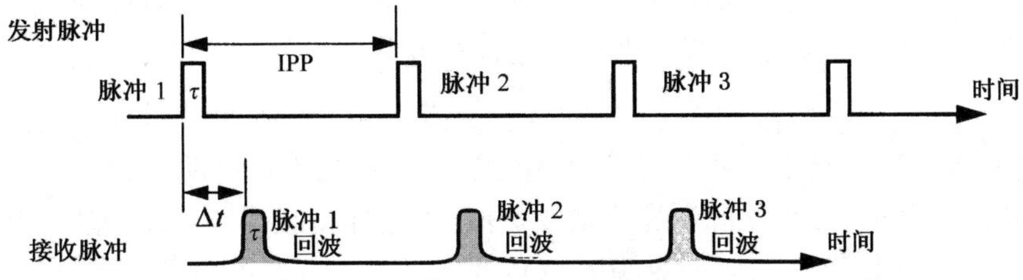

图 1.2 发射和接收脉冲串

显然，距离模糊与回波 2 有关。因此，一旦发射了一个脉冲，雷达必须等待足够长的时间，以使最大距离处目标的反射信号在下一个脉冲发射前返回。因此，最大不模糊距离必须对应于半个 PRI，即

$$R_u = c\frac{T}{2} = \frac{c}{2f_r} \tag{1.5}$$

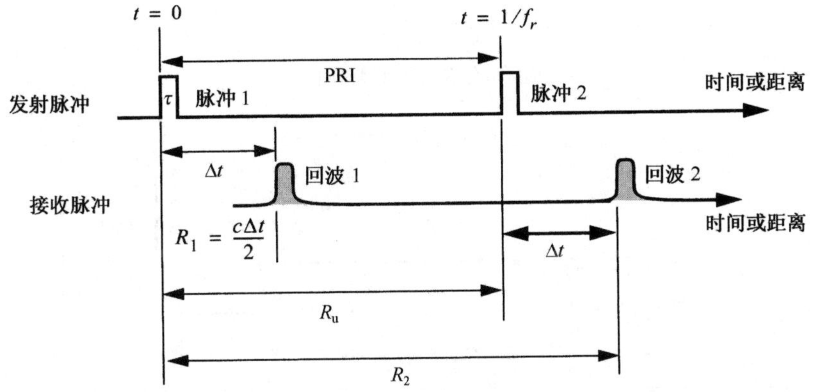

图 1.3 距离模糊示意图

1.3 距离分辨率

距离分辨率，表示为 ΔR，是描述雷达将相互非常接近的目标检测为不同目标能力的指标。雷达系统通常设计在最小距离 R_{min} 和最大距离 R_{max} 之间工作。R_{min} 和 R_{max} 之间的距离划分为 M 个距离单元(门)，每个宽度为 ΔR，

$$M = (R_{max} - R_{min})/\Delta R \tag{1.6}$$

分离至少 ΔR 的目标能够完全在距离上分辨。在相同距离单元内的目标可以使用信号处理技术在横向距离(方位)上进行分辨。考虑位于距离 R_1 和 R_2 处的两个目标，分别对应时间延迟 t_1 和 t_2。将这两个距离的差表示为如下 ΔR：

$$\Delta R = R_2 - R_1 = c\frac{(t_2 - t_1)}{2} = c\frac{\delta t}{2} \tag{1.7}$$

现在，尝试回答下面的问题：使 R_1 处的目标 1 和 R_2 处的目标 2 在距离上表现为完全分辨(不同距离单元)的最小 δt 是多少？换句话说，最小的 ΔR 是多少？

首先,假设两个目标分离 $c\tau/4$,其中 τ 是脉冲宽度。在这种情况下,当脉冲后沿碰到目标 2 时,前沿已经向后传播了距离 $c\tau$,反射的脉冲将包含两个目标的反射信号(即不可分辨的反射信号),如图 1.4(a)所示。然而,如果两个目标至少分开 $c\tau/2$,那么当脉冲后沿碰到第一个目标时,目标 2 回波的前沿开始返回到目标 1,产生了两个不同的反射脉冲,如图 1.4(b)所示。因此,ΔR 应该大于或等于 $c\tau/2$。因为雷达带宽 B 等于 $1/\tau$,所以

$$\Delta R = \frac{c\tau}{2} = \frac{c}{2B} \tag{1.8}$$

一般来说,雷达用户和设计者都寻求使 ΔR 最小,以增强雷达性能。如式(1.8)所表明,为了获得好的距离分辨率,必须使脉冲宽度最小。然而,这样将减小平均发射功率并且增加工作带宽。获得好的距离分辨率的同时维持足够的平均发射功率,可以通过使用脉冲压缩技术来实现。

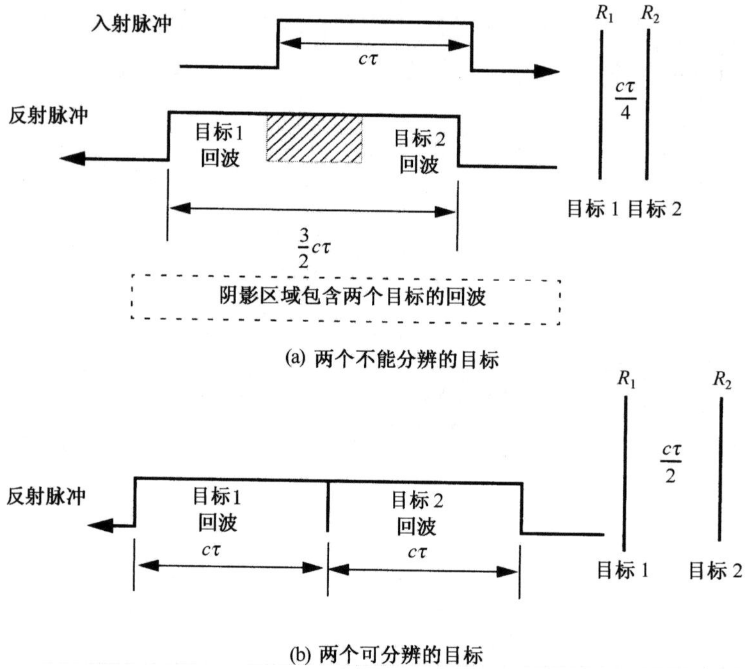

图 1.4

1.4 多普勒频率

雷达使用多普勒频率来提取目标的径向速度(距离变化率),以及区分运动和静止目标与物体,例如杂波。多普勒现象描述了由于目标相对于辐射源的运动而引起的入射波形中心频率的偏移。根据目标运动的方向,此频移可能是正的或负的。入射到目标的波形具有以波长 λ 分隔的等相位波前。接近目标使反射的等相位波前互相更靠近(更小的波长)。相反,离开或后退目标(远离雷达运动)使反射的等相位波前扩展(更大的波长),如图 1.5 所示。

考虑一个宽度为 τ(秒)的脉冲入射到一个以速度 v 向雷达运动的目标上,如图 1.6 所示。定义 d 为在间隔 Δt 内目标在脉冲内运动的距离(米),即

$$d = v\Delta t \tag{1.9}$$

其中,Δt 等于从脉冲前沿碰到目标到脉冲后沿碰到目标之间的时间。因为脉冲以光速运动,

后沿运动的距离为 $c\tau - d$,所以

$$c\tau = c\Delta t + v\Delta t \tag{1.10}$$

并且

$$c\tau' = c\Delta t - v\Delta t \tag{1.11}$$

式(1.11)除以式(1.10),得到

$$\frac{c\tau'}{c\tau} = \frac{c\Delta t - v\Delta t}{c\Delta t + v\Delta t} \tag{1.12}$$

从式(1.12)的左边和右边分别消除 c 和 Δt 后,可以建立入射和反射脉冲宽度之间的如下关系式:

$$\tau' = \frac{c - v}{c + v}\tau \tag{1.13}$$

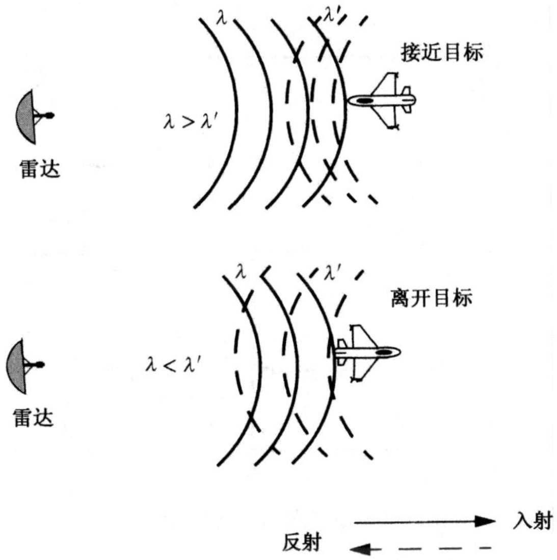

图1.5　目标运动对反射的等相位波前的影响

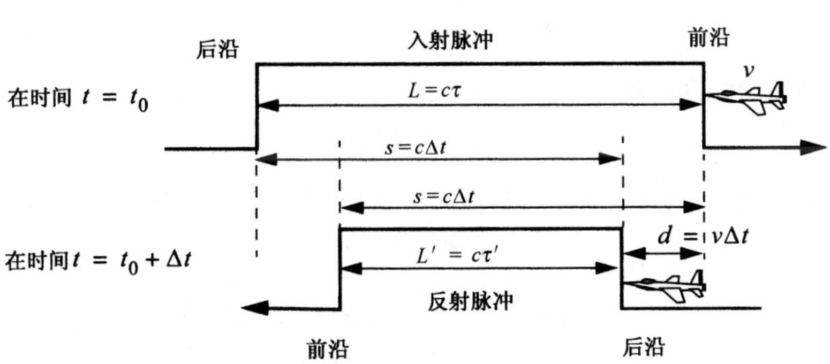

图1.6　目标速度对单个脉冲影响的示意图

实际上,因子 $(c - v)/(c + v)$ 通常称为时间膨胀因子。注意到如果 $v = 0$,那么 $\tau' = \tau$。以类似的方式,对于离开目标也可以计算 τ'。此时,有

$$\tau' = \frac{v + c}{c - v}\tau \tag{1.14}$$

为了推导多普勒频率的表达式,考虑图1.7所示的图例。脉冲2的前沿花费 Δt 秒的时间走过 $(c/f_r) - d$ 的距离撞到目标。在相同的时间间隔内,脉冲1的前沿走过相同的距离 $c\Delta t$。

更准确的表示如下：

$$d = v\Delta t \tag{1.15}$$

$$\frac{c}{f_{\mathrm{r}}} - d = c\Delta t \tag{1.16}$$

求解 Δt 得到

$$\Delta t = \frac{c/f_{\mathrm{r}}}{c+v} \tag{1.17}$$

$$d = \frac{cv/f_{\mathrm{r}}}{c+v} \tag{1.18}$$

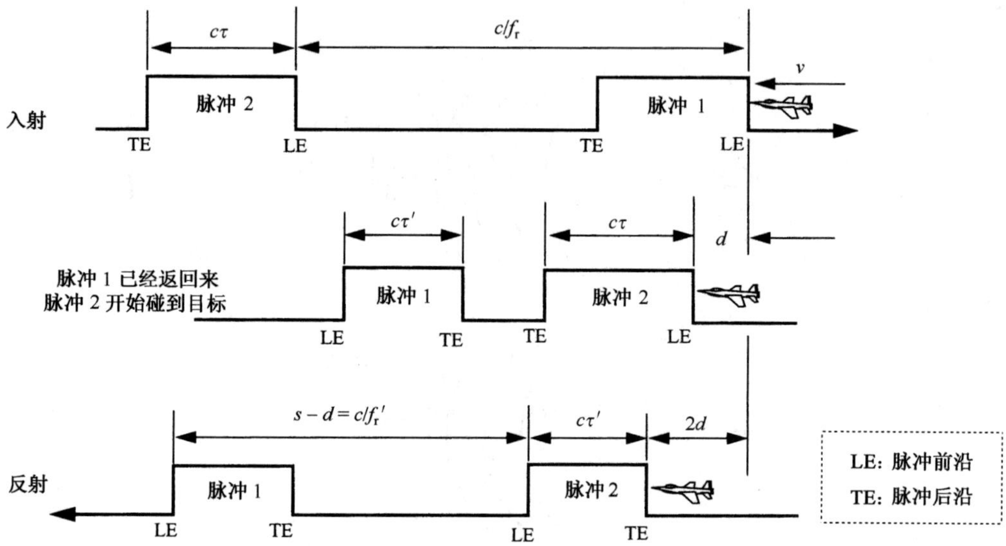

图 1.7　目标运动对雷达脉冲影响的图例

现在反射脉冲的间距是 $s-d$，新的 PRF 是 f_{r}'，并且

$$s - d = \frac{c}{f_{\mathrm{r}}'} = c\Delta t - \frac{cv/f_{\mathrm{r}}}{c+v} \tag{1.19}$$

因此，新 PRF 和原 PRF 的关系为

$$f_{\mathrm{r}}' = \frac{c+v}{c-v} f_{\mathrm{r}} \tag{1.20}$$

然而，因为周期数不变，反射信号的频率会升高相同的因子。将新频率表示为 f_0'，其等于

$$f_0' = \frac{c+v}{c-v} f_0 \tag{1.21}$$

其中，f_0 是入射信号的载频。多普勒频率 f_{d} 定义为差频 $f_0'-f_0$。更准确的表示如下：

$$f_{\mathrm{d}} = f_0' - f_0 = \frac{c+v}{c-v} f_0 - f_0 = \frac{2v}{c-v} f_0 \tag{1.22}$$

但是，因为 $v \ll c$ 和 $c = \lambda f_0$，所以

$$f_{\mathrm{d}} \approx \frac{2v}{c} f_0 = \frac{2v}{\lambda} \tag{1.23}$$

式(1.23)表明多普勒频移与目标速度成比例，因此可以从距离变化率提取 f_{d}，反之亦然。

式(1.23)的结果也可以使用下面的方法推导。图 1.8 显示了一个以速度 v 接近的目标。设 R_0 表示在时间 t_0（时间参考）时的距离，那么在任意时间 t 到目标的距离为

$$R(t) = R_0 - v(t - t_0) \tag{1.24}$$

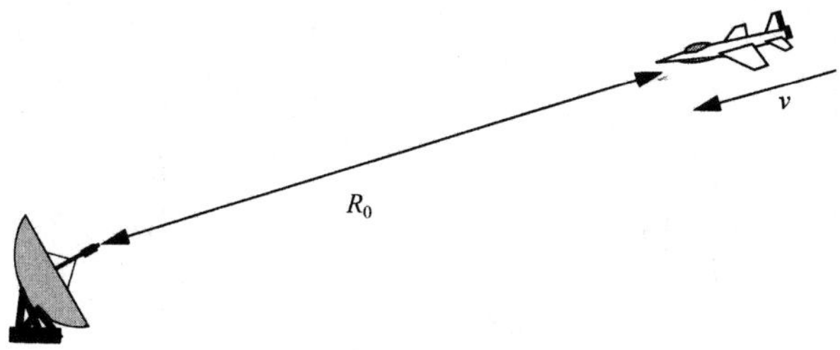

图 1.8　以速度 v 接近的目标

雷达接收到的信号为

$$x_r(t) = x(t-\psi(t)) \tag{1.25}$$

其中,$x(t)$是发射信号,并且

$$\psi(t) = \frac{2}{c}(R_0 - vt + vt_0) \tag{1.26}$$

将式(1.26)代入式(1.25),并合并同类项,得到

$$x_r(t) = x\left(\left(1+\frac{2v}{c}\right)t - \psi_0\right) \tag{1.27}$$

其中,常数相位ψ_0 为

$$\psi_0 = \frac{2R_0}{c} + \frac{2v}{c}\ t_0 \tag{1.28}$$

定义压缩或尺度因子 γ 为

$$\gamma = 1 + \frac{2v}{c} \tag{1.29}$$

注意到对于后退目标,尺度因子为 $\gamma = 1 - (2v/c)$。使用式(1.29)重写式(1.27)为

$$x_r(t) = x(\gamma t - \psi_0) \tag{1.30}$$

式(1.30)是静止目标($v = 0$)回波的时间压缩版本。因此,根据傅里叶变换的尺度属性,接收信号的谱会在频率上以因子 γ 扩展。

考虑当

$$x(t) = y(t)\cos\omega_0 t \tag{1.31}$$

时的特殊情况,其中ω_0 是以弧度每秒为单位的雷达中心频率。那么接收信号 $x_r(t)$ 为

$$x_r(t) = y(\gamma t - \psi_0)\cos(\gamma\omega_0 t - \psi_0) \tag{1.32}$$

式(1.32)的傅里叶变换为

$$X_r(\omega) = \frac{1}{2\gamma}\left(Y\left(\frac{\omega}{\gamma} - \omega_0\right) + Y\left(\frac{\omega}{\gamma} + \omega_0\right)\right) \tag{1.33}$$

其中为了简化,常数相位ψ_0 的影响在式(1.33)中被忽略。因此,接收信号的通带谱现在的中心在 $\gamma\,\omega_0$ 而不是ω_0。这两个数值之间的差对应于目标运动引起的多普勒频移量,

$$\omega_d = \omega_0 - \gamma\omega_0 \tag{1.34}$$

ω_d 是以弧度每秒为单位的多普勒频率。替换式(1.34)中的 γ 并且利用 $2\pi f = \omega$,得到

$$f_d = \frac{2v}{c}\ f_0 = \frac{2v}{\lambda} \tag{1.35}$$

结果与式(1.23)相同。可以证明,对于后退目标,多普勒频移为 $f_d = -2v/\lambda$。这种情况在图 1.9 中说明。

在式(1.35)和式(1.23)中,相对于雷达的目标径向速度都等于 v,但并不总是如此。实际上,多普勒频移的大小依赖于在雷达方向上的目标速度分量(径向速度)。图 1.10 显示了都具有速度 v 的三个目标:目标 1 具有零多普勒频移;目标 2 具有在式(1.35)中定义的最大多普勒频

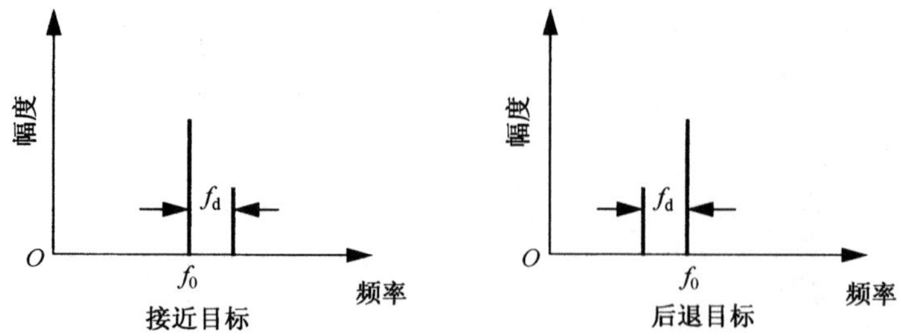

图 1.9 说明多普勒频移的接收信号频谱

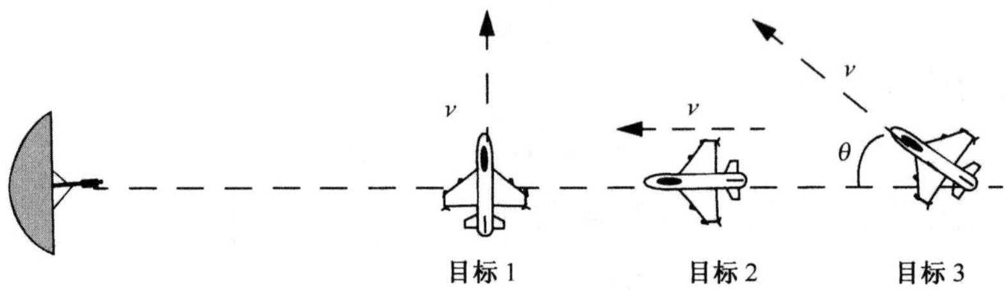

图 1.10 目标 1 产生零多普勒频移；目标 2 产生最大多普勒频移；目标 3 在两者之间

移；目标 3 的多普勒频移的大小是 $f_d = 2v\cos\theta/\lambda$，其中 $v\cos\theta$ 是径向速度，θ 是雷达视线与目标之间的总角度。

因此，考虑到雷达与目标之间的总角度，f_d 的更一般的表达式为

$$f_d = \frac{2v}{\lambda}\cos\theta \tag{1.36}$$

对于远离目标，有

$$f_d = \frac{-2v}{\lambda}\cos\theta \tag{1.37}$$

其中，$\cos\theta = \cos\theta_e\cos\theta_a$。角度 θ_e 和 θ_a 分别是俯仰角和方位角，如图 1.11 所示。

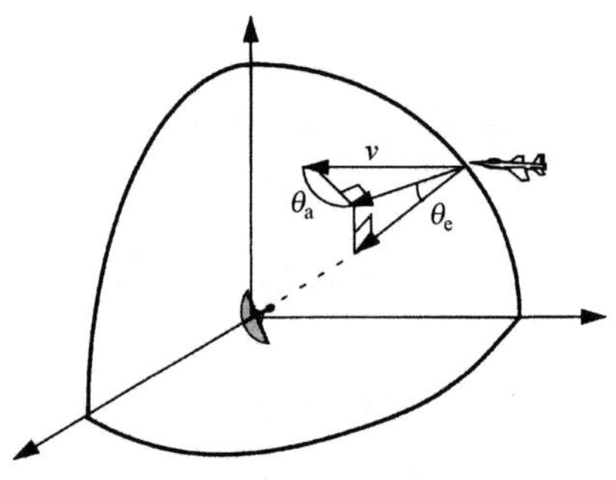

图 1.11 径向速度与方位角和俯仰角成比例

1.5 雷达方程

考虑具有全向天线（向所有方向均匀辐射能量的天线）的雷达。因为这种类型的天线具有球形辐射模式，所以可以定义空间任意点的峰值功率密度（单位面积的功率）如下：

$$P_D = \frac{\text{峰值发射功率}}{\text{球面积}} \quad (\mathrm{W/m^2}) \tag{1.38}$$

距离雷达 R 处的功率密度（假定没有损耗的传播介质）为

$$P_D = \frac{P_t}{4\pi R^2} \tag{1.39}$$

其中，P_t 是峰值发射功率，$4\pi R^2$ 是半径为 R 的球的表面积。为了增加在某个方向的功率密度，雷达系统使用有方向性的天线。有方向性的天线通常用天线增益 G 和天线有效孔径 A_e 表征。它们的关系是

$$G = \frac{4\pi A_e}{\lambda^2} \tag{1.40}$$

其中，λ 是波长。天线有效孔径 A_e 与物理孔径 A 的关系为

$$A_e = \rho A \\ 0 \leqslant \rho \leqslant 1 \tag{1.41}$$

ρ称为孔径效率，好的天线要求$\rho \to 1$。在本书中，除非另外指出，假定 A 和 A_e 相同。我们还假定天线在发射和接收模式具有相同的增益。实际上，$\rho = 0.7$ 被广泛接受。

增益还和天线的方位角与俯仰角的波束宽度有关，即

$$G = k\frac{4\pi}{\theta_e \theta_a} \tag{1.42}$$

其中，$k \leqslant 1$ 并且依赖于物理孔径的形状。角度 θ_e 和 θ_a 分别是天线的俯仰角和方位角波束宽度，以弧度表示。由 Stutzman 引入和 Skolnik 报道的式(1.42)的一个非常出色的近似为

$$G \approx \frac{26\,000}{\theta_e \theta_a} \tag{1.43}$$

在这种情况下，方位角和俯仰角波束宽度以角度表示。

使用增益为 G 的有方向性天线，距离雷达 R 处的功率密度为

$$P_D = \frac{P_t G}{4\pi R^2} \tag{1.44}$$

当雷达辐射的能量打到目标上时，目标上引起的表面电流向所有方向辐射电磁能量。辐射能量的多少与目标的大小、指向、物理形状与材料成比例，所有这些因素综合在一个专门的目标参数中，称为雷达截面积(RCS)，用σ表示。

雷达截面积定义为反射回雷达的功率与入射到目标的功率密度的比值，即

$$\sigma = \frac{P_r}{P_D}\ m^2 \tag{1.45}$$

其中，P_r 是从目标反射的功率。因此，天线传递给雷达信号处理器的总功率为

$$P_{Dr} = \frac{P_t G \sigma}{(4\pi R^2)^2} A_e \tag{1.46}$$

将式(1.40)中 A_e 的值代入式(1.46)，得到

$$P_{Dr} = \frac{P_t G^2 \lambda^2 \sigma}{(4\pi)^3 R^4} \tag{1.47}$$

令 S_{min} 表示最小可检测信号功率，那么最大的雷达距离 R_{max} 为

$$R_{max} = \left(\frac{P_t G^2 \lambda^2 \sigma}{(4\pi)^3 S_{min}}\right)^{1/4} \tag{1.48}$$

式(1.48)表明，为了使雷达最大距离加倍，必须将峰值发射功率 P_t 增加 16 倍，或者将有效孔径等效地增加 4 倍。

在实际情况中，雷达接收的回波信号会被噪声污染，在所有雷达频率上引入不想要的电压。噪声在本质上是随机的，可以用它的功率谱密度(PSD)函数来描述。噪声功率 N 是雷达工作带宽 B 的函数。更准确的表示为

$$N = \text{噪声 PSD} \times B \tag{1.49}$$

无损耗天线的输入噪声功率为

$$N_i = kT_e B \tag{1.50}$$

其中，$k = 1.38 \times 10^{-23}$ J/K 是玻尔兹曼常数，T_e 是以 K 表示的有效噪声温度。一般总是希望最小可检测信号(S_{min})大于噪声功率。雷达接收机的保真度通常用一个称为噪声系数的性能指

标 F(细节见附录1B)来描述。噪声系数定义为

$$F = \frac{(\mathrm{SNR})_\mathrm{i}}{(\mathrm{SNR})_\mathrm{o}} = \frac{S_\mathrm{i}/N_\mathrm{i}}{S_\mathrm{o}/N_\mathrm{o}} \tag{1.51}$$

$(\mathrm{SNR})_\mathrm{i}$ 和 $(\mathrm{SNR})_\mathrm{o}$ 分别是接收机输入端和输出端的信噪比(SNR)。S_i 是输入信号功率,N_i 是输入噪声功率,S_o 和 N_o 分别是输出信号和噪声功率。将式(1.50)代入上式并重新排列,得到

$$S_\mathrm{i} = kT_\mathrm{e}BF(\mathrm{SNR})_\mathrm{o} \tag{1.52}$$

因此,最小可检测信号功率可以写为

$$S_\mathrm{min} = kT_\mathrm{e}BF(\mathrm{SNR})_{\mathrm{o}_\mathrm{min}} \tag{1.53}$$

雷达检测门限设置为等于最小输出 SNR,即 $(\mathrm{SNR})_{\mathrm{o}_\mathrm{min}}$。将式(1.53)代入式(1.48)给出

$$R_\mathrm{max} = \left(\frac{P_\mathrm{t}G^2\lambda^2\sigma}{(4\pi)^3kT_\mathrm{e}BF(\mathrm{SNR})_{\mathrm{o}_\mathrm{min}}}\right)^{1/4} \tag{1.54}$$

或者等效为

$$(\mathrm{SNR})_{\mathrm{o}_\mathrm{min}} = \frac{P_\mathrm{t}G^2\lambda^2\sigma}{(4\pi)^3kT_\mathrm{e}BFR_\mathrm{max}^4} \tag{1.55}$$

一般来说,以 L 表示的雷达损耗会降低总的 SNR,所以

$$(\mathrm{SNR})_\mathrm{o} = \frac{P_\mathrm{t}G^2\lambda^2\sigma}{(4\pi)^3kT_\mathrm{e}BFLR^4} \tag{1.56}$$

尽管可以采用很多不同的形式,但式(1.56)被广泛地视为雷达方程。通常使用分贝(dB)计数执行与雷达方程有关的计算。附录1A 进行了回顾。

MATLAB 函数“radar _eq. m”

函数“radar _eq. m”(见1.10节的清单1.1)实现了式(1.56)。调用语法如下:

```
[snr] = radar _eq(pt, freq, g, sigma, te, b, nf, loss, range)
```

其中,符号含义如下表所示。

符　号	描　述	单　位	状　态
pt	峰值功率	W	输入
freq	雷达中心频率	Hz	输入
g	天线增益	dB	输入
sigma	目标截面积	m^2	输入
te	有效噪声温度	K	输入
b	带宽	Hz	输入
nf	噪声系数	dB	输入
loss	雷达损失	dB	输入
range	目标距离(单值或向量)	m	输入
snr	SNR(单值或向量,根据输入距离)	dB	输出

函数“radar _eq. m”的设计使它对于输入“距离”,可以接受单个数值,或包含很多距离值的向量。图1.12显示了使用列于1.10节清单1.2的 MATLAB 程序“fig1 _12. m”产生的一些典型曲线。这个程序使用了函数“radar _eq. m”,默认输入如下:峰值功率 $P_\mathrm{t}=1.5$ MW,工作频率 $f_0=5.6$ GHz,天线增益 $G=45$ dB,有效温度 $T_\mathrm{e}=290$ K,雷达损失 $L=6$ dB,噪声系数 $F=3$ dB。雷达带宽 $B=5$ MHz。雷达最小和最大检测距离是 $R_\mathrm{min}=25$ km 和 $R_\mathrm{max}=165$ km。假定目标截面积 $\sigma=0.1\ \mathrm{m}^2$。

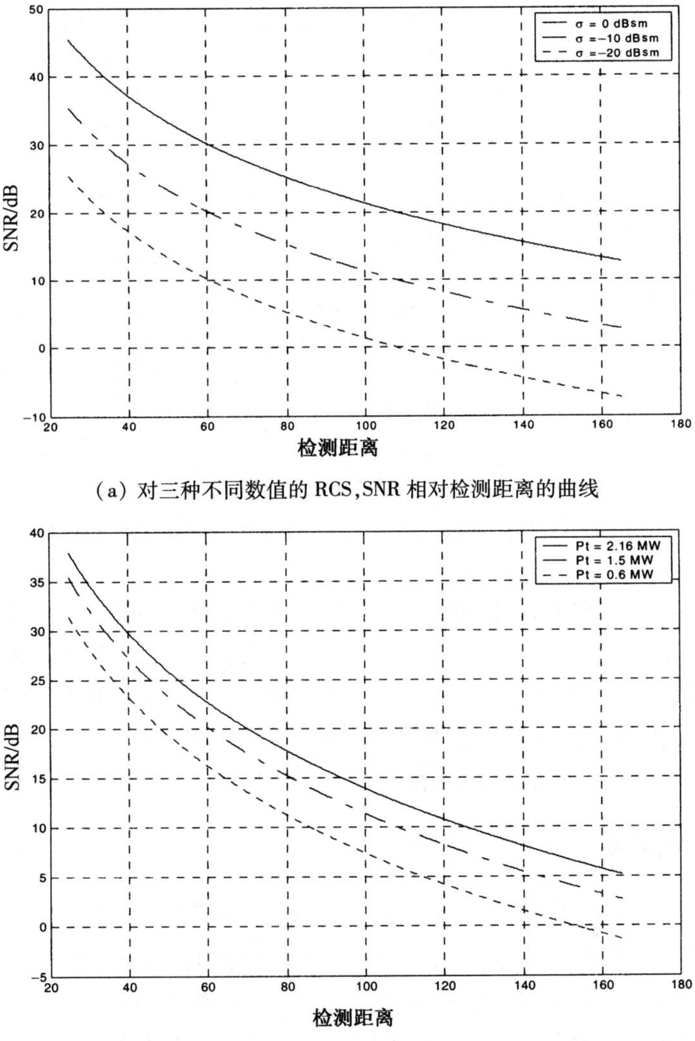

（a）对三种不同数值的 RCS，SNR 相对检测距离的曲线

（b）对三种不同数值的雷达峰值功率，SNR 相对检测距离的曲线

图 1.12

注意，可以简单修改 MATLAB 函数“radar _eq. m”，用它来求解式(1.54)，对于一组给定的雷达参数，最大检测距离是所要求的最小可检测 SNR 的函数。另一方面，也可修改雷达方程来计算对于给定检测距离为获得一定的 SNR 所需的脉冲宽度。这种情况下，雷达方程可写为

$$\tau = \frac{(4\pi)^3 kT_e FLR^4 \mathrm{SNR}}{P_t G^2 \lambda^2 \sigma} \tag{1.57}$$

图 1.13 显示了对于三个不同的检测距离数值，式(1.57)的实现结果，使用了 MATLAB 程序“fig1 _13. m”中所使用的雷达参数(见 1.10 节的清单 1.3)。

当进行雷达仿真时，式(1.57)在以下意义下是非常有用的。雷达系统经常使用有限数量的脉冲宽度(波形)来实现所有指定的工作模式。这些波形中的一些用来搜索和检测，另一些可能用于跟踪，同时有限数量的宽带波形可能用于分辨的目的。例如，在搜索工作模式中，具有特定 RCS 数值的某个目标的检测是建立在预先确定的检测概率 P_D 的基础上的。检测概率 P_D 用来计算所要求的检测 SNR(这将在第 2 章阐述)。

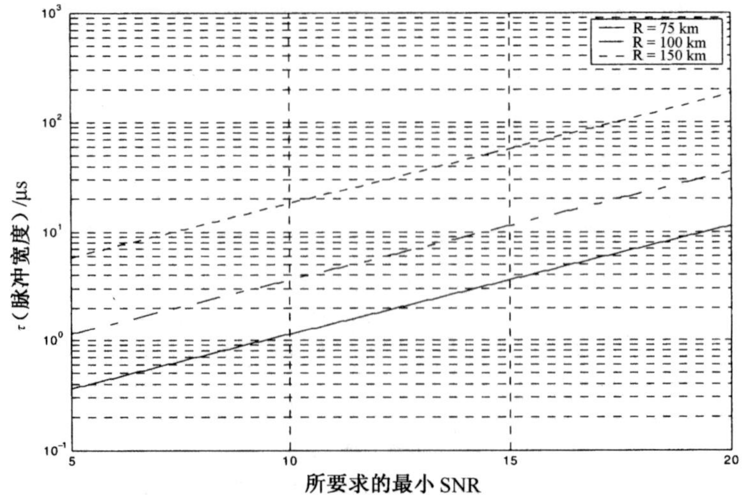

图 1.13 对于三种不同的检测距离数值,脉冲宽度相对所要求的 SNR 曲线

一旦计算了所要求的 SNR,可以使用式(1.57)寻找最合适的脉冲(或波形)来获得所要求的 SNR(或等效成所要求的 P_D)。对于在特定检测距离上的特定 RCS 数值,经常可能出现没有可用的雷达波形能够保证所要求的最小 SNR 的情况。在这种情况下,雷达必须一直等到目标在距离上足够接近时再建立起检测,另外就是使用脉冲积累(相干或非相干)。另一方面,可以使用检测累积概率。所有这些问题将在第 2 章中阐述。

1.5.1 雷达参考距离

很多雷达设计问题可以根据雷达参考距离 R_{ref} 推导或计算,其通常由雷达最终用户提供。它简单描述了这样一个距离,在此距离上,对于预先确定的目标截面积 σ_{ref},使用规定的参考脉冲宽度 τ_{ref},必须达到某个称为 SNR_{ref} 的 SNR 数值。雷达参考距离的计算假定目标位于天线波束内最大增益所定义的直线上(天线的法线)。这条直线通常称为雷达视线,如图 1.14 所示。

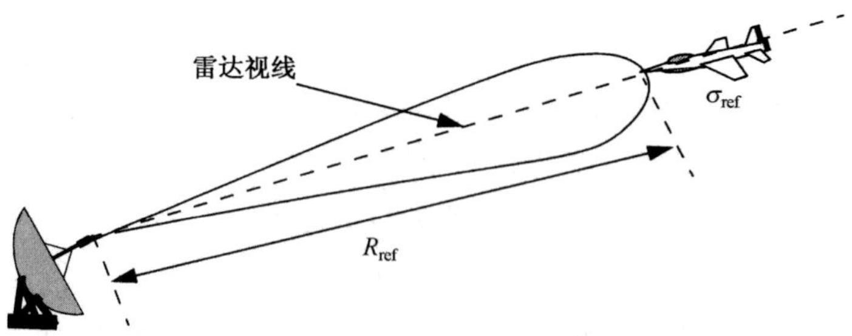

图 1.14 雷达视线的定义和雷达参考距离

在参考距离上的雷达方程为

$$R_{ref} = \left(\frac{P_t G^2 \lambda^2 \sigma_{ref} \tau_{ref}}{(4\pi)^3 k T_e F L (\mathrm{SNR})_{ref}}\right)^{1/4} \tag{1.58}$$

对 SNR、RCS 和脉冲宽度的任意其他组合,在任意其他探测距离上的雷达方程为

$$R = R_{\mathrm{ref}}\left(\frac{\tau}{\tau_{\mathrm{ref}}}\ \frac{\sigma}{\sigma_{\mathrm{ref}}}\ \frac{\mathrm{SNR}_{\mathrm{ref}}}{\mathrm{SNR}}\ \frac{1}{L_{\mathrm{p}}}\right)^{1/4} \tag{1.59}$$

其中,附加的损失项 L_{p} 的引入是考虑到非参考目标可能不在雷达视线上,以及考虑到与特定场景相关的其他损失。式(1.59)的其他形式可以用 SNR 表示。更准确的表示为

$$\mathrm{SNR} = \mathrm{SNR}_{\mathrm{ref}}\ \frac{\tau}{\tau_{\mathrm{ref}}}\ \frac{1}{L_{\mathrm{p}}}\ \frac{\sigma}{\sigma_{\mathrm{ref}}}\left(\frac{R_{\mathrm{ref}}}{R}\right)^{4} \tag{1.60}$$

例如,考虑上一节描述的雷达,此时,定义 $\sigma_{\mathrm{ref}} = 0.1\ \mathrm{m}^2$,$R_{\mathrm{ref}} = 86\ \mathrm{km}$,以及 $\mathrm{SNR}_{\mathrm{ref}} = 20\ \mathrm{dB}$。参考脉冲宽度是 $\tau_{\mathrm{ref}} = 0.1\ \mu\mathrm{s}$。使用式(1.60),对于 RCS 为 $\sigma = 0.2\ \mathrm{m}^2$ 的目标,计算在 $R = 120\ \mathrm{km}$ 处的 SNR。假定 $L_{\mathrm{p}} = 2\ \mathrm{dB}$ 相等,得到 $(\mathrm{SNR})_{120\ \mathrm{km}} = 15.2\ \mathrm{dB}$。为此开发了 MATLAB 程序"ref_snr.m"(见 1.10 节的清单 1.4)。

1.6　搜索(警戒)

雷达系统必须要实现的第一个任务是连续地扫描特定的空间区域以搜索感兴趣的目标。一旦建立起检测,目标信息如距离、角位置及可能的目标速度就可以从雷达信号和数据处理器中提取出来。根据雷达的设计和天线的类型,可以采用不同的搜索模式。二维(2D)扇形波束搜索模式如图 1.15(a)所示。此时,俯仰方向的波束宽度足够宽,以覆盖沿着此坐标的想要搜索的区域。然而,天线必须在方位向扫描。图 1.15(b)所示的是堆积波束搜索模式。这时,波束必须在方位向和俯仰向扫描。后一种搜索模式通常被相控阵雷达采用。

(a) 2D 扇形搜索模式　　(b) 堆积搜索模式

图 1.15

搜索区域通常用以球面度表示的搜索立体角 Ω 来规定。定义方位向和俯仰向的雷达搜索区域范围为 Θ_{A} 和 Θ_{E}。相应地,搜索区域的计算为

$$\Omega = (\Theta_{\mathrm{A}}\Theta_{\mathrm{E}})/(57.296)^2 \quad 球面度 \tag{1.61}$$

其中,Θ_{A} 和 Θ_{E} 都以角度给出。雷达天线的 3 dB 波束宽度可以分别按照它的方位向和俯仰向波束宽度 θ_{a} 和 θ_{e} 表示。那么,天线的立体角覆盖范围就是 $\theta_{\mathrm{a}}\theta_{\mathrm{e}}$,因此,覆盖立体角 Ω 所要求的天线波束位置数 n_{B} 为

$$n_{\mathrm{B}} = \frac{\Omega}{(\theta_{\mathrm{a}}\theta_{\mathrm{e}})/(57.296)^2} \tag{1.62}$$

为了开发搜索雷达方程,从式(1.56)开始。为了方便,这里重写为

$$\mathrm{SNR} = \frac{P_{\mathrm{t}}G^2\lambda^2\sigma}{(4\pi)^3 kT_{\mathrm{e}}BFLR^4} \tag{1.63}$$

使用关系式 $\tau = 1/B$ 和 $P_{\mathrm{t}} = P_{\mathrm{av}}T/\tau$,其中 T 是 PRI,τ 是脉冲宽度,得到

$$\mathrm{SNR} = \frac{T}{\tau}\frac{P_{\mathrm{av}}G^2\lambda^2\sigma\tau}{(4\pi)^3kT_{\mathrm{e}}FLR^4} \tag{1.64}$$

将雷达扫描由立体角 Ω 定义的区域所花费的时间定义为扫描时间 T_{sc}。那么，辐射到目标的时间可以根据 T_{sc} 表示为

$$T_i = \frac{T_{\mathrm{sc}}}{n_B} = \frac{T_{\mathrm{sc}}}{\Omega}\theta_{\mathrm{a}}\theta_{\mathrm{e}} \tag{1.65}$$

假设在单次扫描期间，每个 PRI 每个波束只有一个脉冲照射到目标，则 $T_i = T$，所以式(1.64)可以写为

$$\mathrm{SNR} = \frac{P_{\mathrm{av}}G^2\lambda^2\sigma}{(4\pi)^3kT_{\mathrm{e}}FLR^4}\frac{T_{\mathrm{sc}}}{\Omega}\theta_{\mathrm{a}}\theta_{\mathrm{e}} \tag{1.66}$$

将式(1.40)和式(1.42)代入式(1.66)，并且合并同类项，得到搜索雷达方程(基于每个 PRI 每个波束的单个脉冲)为

$$\mathrm{SNR} = \frac{P_{\mathrm{av}}A\sigma}{4\pi kT_{\mathrm{e}}FLR^4}\frac{T_{\mathrm{sc}}}{\Omega} \tag{1.67}$$

式(1.67)中的值 $P_{\mathrm{av}}A$ 称为功率孔径积。实际中，功率孔径积广泛用于对雷达实现其搜索任务的能力进行分类。通常，对于由 Ω 定义的给定搜索区域，功率孔径积的计算要满足预定的 SNR 和雷达截面积。

作为一种特殊情况，假定雷达使用直径为 D 的圆孔径(天线)。天线的 3 dB 波束宽度 $\theta_{3\,\mathrm{dB}}$ 为

$$\theta_{3\,\mathrm{dB}} \approx \frac{\lambda}{D} \tag{1.68}$$

当使用锥形孔径时，$\theta_{3\,\mathrm{dB}} \approx 1.25\lambda/D$。将式(1.68)代入式(1.62)，得到

$$n_{\mathrm{B}} = \frac{D^2}{\lambda^2}\ \Omega \tag{1.69}$$

对于这种情况，扫描时间 T_{sc} 和辐射到目标的时间的关系为

$$T_i = \frac{T_{\mathrm{sc}}}{n_{\mathrm{B}}} = \frac{T_{\mathrm{sc}}\lambda^2}{D^2\Omega} \tag{1.70}$$

将式(1.70)代入式(1.64)，得到

$$\mathrm{SNR} = \frac{P_{\mathrm{av}}G^2\lambda^2\sigma}{(4\pi)^3R^4kT_{\mathrm{e}}FL}\frac{T_{\mathrm{sc}}\lambda^2}{D^2\Omega} \tag{1.71}$$

在式(1.71)中使用式(1.40)，可以定义圆孔径的搜索雷达方程为

$$\mathrm{SNR} = \frac{P_{\mathrm{av}}A\sigma}{16R^4kT_{\mathrm{e}}LF}\frac{T_{\mathrm{sc}}}{\Omega} \tag{1.72}$$

其中，使用了关系式 $A = \pi D^2/4$(孔径面积)。

MATLAB 函数“power _aperture. m”

函数“power _aperture. m”实现了式(1.67)给出的搜索雷达方程(见 1.10 节的清单 1.5)。调用语法如下：

PAP = power _aperture(snr, tsc, sigma, range, te, nf, loss, az _angle, el _angle)

其中，符号含义如下表所示。

符　　号	描　　述	单　　位	状　　态
snr	灵敏度 snr	dB	输入
tsc	扫描时间	s	输入
sigma	目标截面积	m^2	输入
range	目标距离(可以是单值或向量)	m	输入
te	有效温度	K	输入
nf	噪声系数	dB	输入
loss	雷达损失	dB	输入
az _angle	搜索区域的方位角范围	°	输入
el _angle	搜索区域的俯仰角范围	°	输入
PAP	功率孔径积	dB	输出

图 1.16 显示的是对于三种 RCS 选项,功率孔径积相对于距离的曲线,以及平均功率相对于孔径大小的曲线。MATLAB 程序"fig1 _16. m"用来产生这些图形(见 1.10 节的清单 1.6)。在这种情况下,使用下列雷达参数:

σ	T_{sc}	$\theta_e = \theta_a$	R	T_e	nf × loss	snr
0.1 m^2	2.5 s	2°	250 km	900 K	13 dB	15 dB

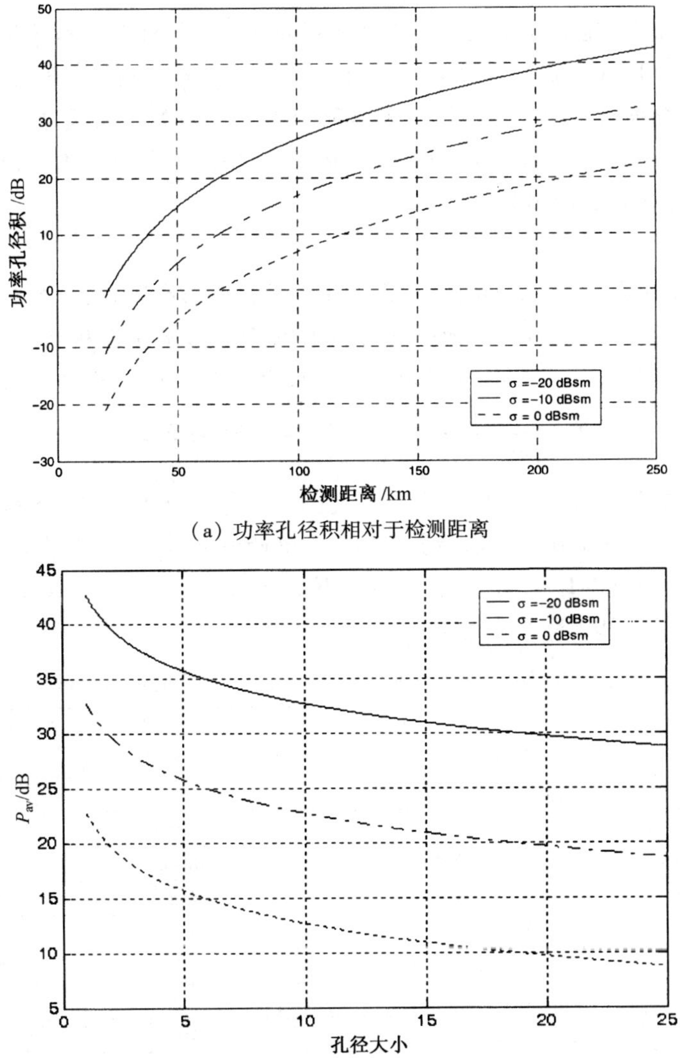

(a) 功率孔径积相对于检测距离

(b) 雷达平均功率相对于孔径大小

图 1.16

例题

计算具有如下参数的雷达的功率孔径积：扫描时间 $T_{sc}=2$ s，噪声系数 $F=8$ dB，损失因子 $L=6$ dB，搜索区域 $\Omega=7.4$ 球面度，感兴趣距离 $R=75$ km，所要求的 SNR 是 20 dB。假定 $T_e=290$ K，$\sigma=3.162\ m^2$。

解：

注意到 $\Omega=7.4$ 球面度对应的搜索扇区是半球的四分之三，因此使用式(1.61)计算得到 $\theta_a=180°$，$\theta_e=135°$。用下面的语法使用 MATLAB 函数“power _aperture. m”：

PAP = power _aperture(20, 2, 3.162, 75e3, 290, 8, 6, 180, 135)

计算得到功率孔径积为 36.7 dB。

1.6.1 迷你设计案例研究 1.1

问题陈述

设计一部地基雷达，能够检测高度分别为 10 km 和 2 km 的飞机和导弹。对每种目标类型的最大探测距离是 60 km。假定飞机的平均 RCS 是 6 dBsm，导弹的平均 RCS 是 −10 dBsm。雷达的方位角和俯仰角搜索范围分别是 $\Theta_A=360°$ 和 $\Theta_E=10°$。所要求的扫描速率是 2 s，距离分辨率是 150 m。假定噪声系数 $F=8$ dB，总的损失因子是 $L=10$ dB。使用方位波束宽度小于 3°的扇形波束。SNR 是 15 dB。

设计

距离分辨率的需求是 $\Delta R=150$ m，因此通过使用式(1.8)计算所要求的脉冲宽度是 $\tau=1\ \mu s$，或者等效为要求带宽是 $B=1$ MHz。问题的陈述有助于以功率孔径积确定雷达的大小。为此，必须首先计算出在满足设计要求的检测距离上的最大搜索区域。雷达搜索区域为

$$\Omega=\frac{\Theta_A\Theta_E}{(57.296)^2}=\frac{360\times10}{(57.296)^2}=1.097\text{球面度} \tag{1.73}$$

在此，设计者准备使用雷达搜索方程[式(1.67)]计算功率孔径积。为此，可以修改 MATLAB 函数“power _aperture. m”来计算，并且画出两种目标类型的功率孔径积。最后开发了 MATLAB 程序“casestudy1 _1. m”(见 1.10 节的清单 1.7)。使用表 1.2 中的参数作为这个程序的输入。注意 $T_e=290$ K 是任意选择的。

表 1.2 MATLAB 程序“casestudy1 _1. m”的输入参数

符号	描述	单位	值
snr	灵敏度 snr	dB	15
tsc	扫描时间	s	2
sigma _tgtm	导弹雷达截面积	dBsm	−10
sigma _tgta	飞机雷达截面积	dBsm	6
rangem	导弹检测距离	km	60
rangea	飞机检测距离	km	60
te	有效温度	K	290
nf	噪声系数	dB	8
loss	雷达损失	dB	10
az _angle	搜索区域的方位范围	°	360
el _angle	搜索区域的俯仰范围	°	10

图 1.17 显示了这个程序产生的输出图形。这个同样的程序也计算了导弹和飞机对应的功率孔径积，它们也可以从这幅图上读出。

$$\begin{aligned} PAP_{missile} &= 38.53\ \text{dB} \\ PAP_{aircraft} &= 22.53\ \text{dB} \end{aligned} \tag{1.74}$$

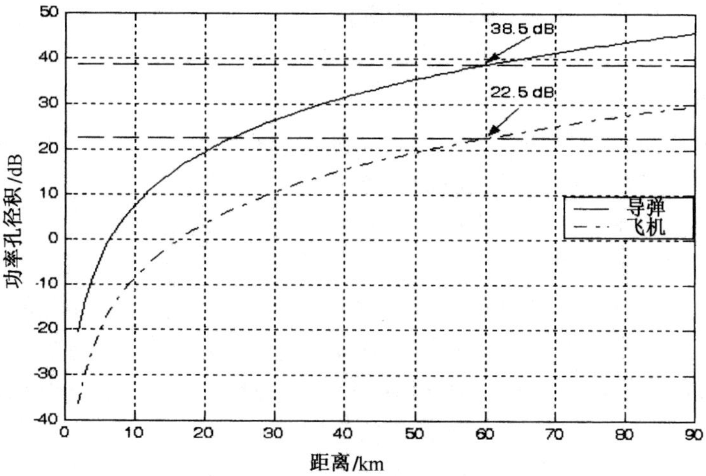

图 1.17　迷你设计案例研究 1.1 中雷达的功率孔径积相对检测距离

选择更严格的情况作为设计基准（即选择导弹的分析结果作为功率孔径积），得到

$$P_{av} \times A_e = 10^{3.853} = 7128.53 \Rightarrow A_e = \frac{7128.53}{P_{av}} \tag{1.75}$$

选择 $A_e = 1.75\ \text{m}^2$ 计算平均功率为

$$P_{av} = \frac{7128.53}{1.75} = 4.073\ \text{kW} \tag{1.76}$$

假定孔径效率为 $\rho = 0.8$ 得到物理孔径面积。更准确的表示为

$$A = \frac{A_e}{\rho} = \frac{1.75}{0.8} = 2.1875\ \text{m}^2 \tag{1.77}$$

使用 $f_0 = 2.0$ GHz 作为雷达的工作频率。然后，利用 $A_e = 1.75\ \text{m}^2$ 使用式(1.40)计算得到 $G = 29.9$ dB。现在必须确定天线的方位波束宽度。回想到天线增益也是通过如下关系与天线 3 dB 波束宽度相联系的：

$$G = \frac{26\,000}{\theta_e \theta_a} \tag{1.78}$$

其中，θ_a 和 θ_e 分别是天线的 3 dB 方位和俯仰波束宽度。假定为 $\theta_e = \Theta_E = 15°$ 的扇形波束。得到

$$\theta_a = \frac{26\,000}{\theta_e G} = \frac{26\,000}{10 \times 977.38} = 2.66° \Rightarrow \theta_a = 46.43\ \text{mrad} \tag{1.79}$$

1.7　脉冲积累

当一个目标在单次扫描期间位于雷达波束内时，它可能反射几个脉冲。通过把一个给定目标在单次扫描期间反射的所有脉冲的回波相加，雷达的灵敏度（SNR）会增加。反射脉冲的数目取决于天线扫描速率和雷达的 PRF。更准确地，一个给定目标的反射脉冲数为

$$n_P = \frac{\theta_a T_{sc} f_r}{2\pi} \tag{1.80}$$

其中，θ_a 是方位向天线波束宽度，T_{sc}是扫描时间，f_r 是雷达的 PRF。反射脉冲数也可以表示为

$$n_P = \frac{\theta_a f_r}{\dot{\theta}_{scan}} \tag{1.81}$$

其中，$\dot{\theta}_{scan}$是以°/s 为单位的天线扫描速率。注意到当使用式(1.80)时，θ_a 以 rad 表示，而当使用式(1.81)时，它以°表示。例如，考虑一部雷达具有方位向天线波束宽度 $\theta_a = 3°$，天线扫描速率 $\dot{\theta}_{scan} = 45°/s$(天线扫描时间 $T_{sc} = 8$ s)，以及 PRF $f_r = 300$ Hz。使用式(1.80)或式(1.81)得到$n_P = 20$ 个脉冲。

很多脉冲的雷达回波的相加过程称为雷达脉冲积累。脉冲积累可以对包络检波器之前的正交分量进行。这称为相干积累或检波前积累。相干积累保持了接收脉冲之间的相位关系，因此实现了信号幅度的相加。另一方面，包络检波器之后(相位关系被破坏)进行的脉冲积累称为非相干积累或检波后积累。

出于下面的原因，当使用脉冲积累时，雷达设计者应该小心运用。首先，在扫描期间，一个给定目标不会总是位于雷达波束中心(即有最大增益)。实际上，在扫描期间，一个给定目标会首先在 3 dB 点进入天线波束，然后达到最大增益，最后再在 3 dB 点离开波束。因此，即便目标 RCS 可能不变，并且所有其他可能导致信号损失的因素也相同，回波也不会有相等的幅度。这种现象在图 1.18 中说明，通常称为天线波束形状损失。

其他可能引起回波脉冲幅度进一步变化的因素包括目标 RCS 和传播路径起伏。另外，当雷达采用非常快的扫描速率时，由于发射和接收之间波束的运动，会引入额外的损失。这称为扫描损失。应该明白由于旋转天线(就是这里所描述的)产生的扫描损失通常与相控阵天线有关的扫描损失(在上下文中有不同的含义)是有区别的。这些主题将在其他章中详细讨论。

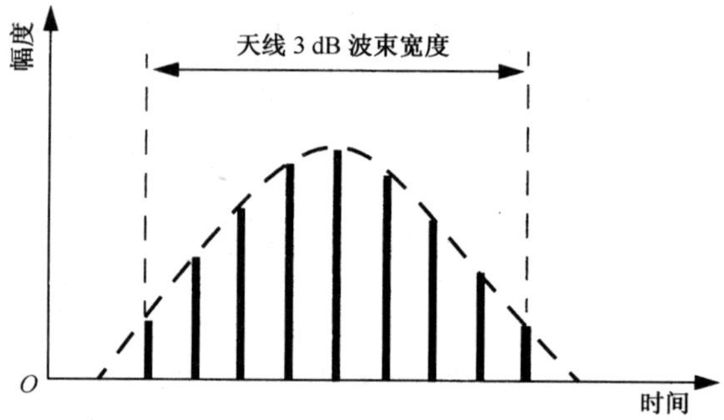

图 1.18　使用旋转(扫描)天线的点目标脉冲回波

最后，因为相干积累使用所有积累脉冲的相位信息，所以以很高的置信度已知所有积累脉冲之间的任何相位变化是很关键的。因此，目标的动态特性(例如，目标距离、距离变化率、翻滚速率、RCS 起伏等)必须准确估计或计算，相干积累才有意义。实际上，如果雷达对缺乏适当目标动态特性信息的目标进行相干脉冲积累，与期望的 SNR 叠加相比会有 SNR 损失。当采用非相干积累时，目标动态特性信息不是那么关键。尽管如此，目标距离变化率是必须估计的，只有这样才能只对规定距离单元内的特定目标的回波进行积累。换句话说，必须避免距离走动(即避免在单次扫描期内目标穿越相邻的距离单元)。

脉冲积累的全面分析应该考虑检测概率 P_D、虚警概率 P_{fa}、目标统计起伏模型，以及噪声或干扰统计模型等问题。这些主题将在第 2 章中讨论，而本节是当脉冲积累应用于雷达方程时，在雷达测量的背景下对它进行了概述。当对脉冲积累进行更全面的分析时，本章介绍的脉冲积累的基本结论，在一般意义下仍是有效的。然而，准确的实现、数学公式、和/或使用的数值将会变化。

1.7.1　相干积累

对于相干积累，当使用理想积累器时(100%效率)，积累 n_p 个脉冲，SNR 也改善相同的因

子。然而对于非相干积累,总会发生积累损失。当积累过程不是最优时,也会发生相干积累损失。这可能是由于目标的起伏、雷达本振的不稳定或传播路径的变化等原因引起的。

将产生给定检测概率所要求的单个脉冲的 SNR 表示为$(SNR)_1$。那么,相干积累 n_P 个脉冲得到的 SNR 为

$$(SNR)_{CI} = n_P(SNR)_1 \tag{1.82}$$

相干积累不能应用于很大数目的脉冲,特别是如果目标的 RCS 变化很快时。如果目标的径向速度是已知的,并且没有假定加速度,那么最大相干积累时间限制为

$$t_{CI} = \sqrt{\lambda/2a_r} \tag{1.83}$$

其中,λ 是雷达波长,a_r 是目标径向加速度。如果目标的径向加速度能够被雷达补偿的话,相干积累时间可以扩大。

1.7.2 非相干积累

非相干积累经常在包络检波器(也称为正交检波器)之后实现。非相干积累不如相干积累有效。实际上,非相干积累增益总是小于非相干积累脉冲数的。这种积累损失称为检波后或平方律检波器损失。Marcum 和 Swerling 说明这种损失介于 $\sqrt{n_P}$ 和 n_P 之间。DiFranco 和 Rubin 提供了这种损失的近似值

$$L_{NCI} = 10\log(\sqrt{n_P}) - 5.5 \text{ dB} \tag{1.84}$$

注意,如果 n_P 变得很大,积累损失接近 $\sqrt{n_P}$。

积累损失的问题在文献中有很详细的论述。对于与非相干积累有关的积累损失,不同的作者使用不同的近似。然而,所有这些不同的近似产生非常有可比性的结果。因此,按照这些作者的观点,使用这个或那个公式来近似积累损失是有些主观性的。在本书中,采用由 Barton 报道并且被 Curry 使用的积累损失近似。在这种情况下,可以用于雷达方程的非相干积累损失为

$$L_{NCI} = \frac{1+(SNR)_1}{(SNR)_1} \tag{1.85}$$

所以,非相干积累 n_P 个脉冲的 SNR 为

$$(SNR)_{NCI} = \frac{n_P(SNR)_1}{L_{NCI}} = n_P(SNR)_1 \times \frac{(SNR)_1}{1+(SNR)_1} \tag{1.86}$$

1.7.3 脉冲积累的检测距离

当使用脉冲积累时,确定雷达灵敏度或等效的最大检测距离的过程如下。首先,确定使用相干积累还是非相干积累。在确定是否使用相干或非相干积累时,牢记本节开始部分讨论的问题。

其次,确定检测和跟踪所足够要求的最小$(SNR)_{CI}$或$(SNR)_{NCI}$。对于地基监视雷达,典型值为 13 ~ 15 dB 量级。第三步是确定应该积累多少个脉冲。n_P 的选择受雷达扫描速率、雷达 PRF、方位向天线波束宽度的影响,当然也受目标动态特性(记住,距离走动应该避免或补偿,这样合适的积累才是可行的)的影响。一旦知道了 n_P 和所要求的 SNR,就可以计算单个脉冲的 SNR(即 SNR 的减小量)。为此,当相干积累时使用式(1.82)。当非相干积累时,Curry 提出了用于这种计算的有趣公式,如下所示:

$$(SNR)_1 = \frac{(SNR)_{NCI}}{2n_P} + \sqrt{\frac{(SNR)_{NCI}^2}{4n_P^2} + \frac{(SNR)_{NCI}}{n_P}} \tag{1.87}$$

最后，在雷达方程中使用式(1.87)中的$(\text{SNR})_1$来计算雷达检测距离。当使用相同的SNR时，可以看到由于积累使SNR减小，雷达检测距离比单个脉冲的大。这会在下面的迷你设计案例研究中说明。

1.7.4 迷你设计案例研究1.2

问题陈述

一部MMW雷达具有如下指标：中心频率$f = 94$ GHz，脉冲宽度$\tau = 50 \times 10^{-9}$ s，峰值功率$P_t = 4$ W，方位角覆盖范围$\Delta\alpha = \pm 120°$，脉冲重复频率PRF = 10 kHz，噪声系数$F = 7$ dB，天线直径$D = 12$ in，天线增益$G = 47$ dB，目标雷达截面积是$\sigma = 20\ \text{m}^2$，系统损失$L = 10$ dB，雷达扫描时间$T_{sc} = 3$ s。计算波长λ、距离分辨率ΔR、带宽B、天线半功率波束宽度、天线扫描速率和辐射目标的时间。计算对应10 dB SNR的距离。画出SNR作为距离的函数的曲线。最后，计算可以用于积累的辐射到目标的脉冲数和使用脉冲积累时对应的新检测距离，假定SNR保持不变(即与单个脉冲相同)。假定$T_e = 290$ K。

设计

波长λ为

$$\lambda = \frac{c}{f} = \frac{3 \times 10^8}{94 \times 10^9} = 0.003\,19\ \text{m}$$

距离分辨率ΔR为

$$\Delta R = \frac{c\tau}{2} = \frac{(3 \times 10^8)(50 \times 10^{-9})}{2} = 7.5\ \text{m}$$

雷达工作带宽B为

$$B = \frac{1}{\tau} = \frac{1}{50 \times 10^{-9}} = 20\ \text{MHz}$$

天线3 dB波束宽度为

$$\theta_{3\,\text{dB}} = 1.25\frac{\lambda}{D} = 0.7499°$$

辐射目标的时间为

$$T_i = \frac{\theta_{3\,\text{dB}}}{\dot{\theta}_{\text{scan}}} = \frac{0.7499°}{80°/\text{s}} = 9.38\ \text{ms}$$

然后，使用式(1.81)计算可以用于积累的脉冲数为

$$n_P = \frac{\theta_{3\,\text{dB}}}{\dot{\theta}_{\text{scan}}} f_r = 9.38 \times 10^{-3} \times 10 \times 10^3 \Rightarrow 94\text{个脉冲}$$

相干积累情况

使用式(1.58)给出的雷达方程，得到$R_{\text{ref}} = 2.245$ km。由于相干积累94个脉冲，SNR改善为19.73 dB。然而，因为要求SNR维持为10 dB，所以可以使用式(1.59)计算新的检测距离为

$$R_{\text{CI}}\big|_{n_P = 94} = 2.245 \times (94)^{1/4} = 6.99\ \text{km}$$

以如下语法使用MATLAB函数"radar_eq.m"：

[snr] = radar_eq(4, 94e9, 47, 20, 290, 20e6, 7, 10, 6.99e3)

得到SNR = −9.68 dB。这意味着在6.99 km处使用94个脉冲的相干积累，每个脉冲的SNR为−9.68 dB，可以提供与SNR = 10 dB的单个脉冲在2.245 km处相同的检测准则。结果如图1.19所示，使用了MATLAB程序"fig1_19.m"(见1.10节的清单1.8)。如果SNR保持不变，图1.19可表明积累前后检测距离的改善。

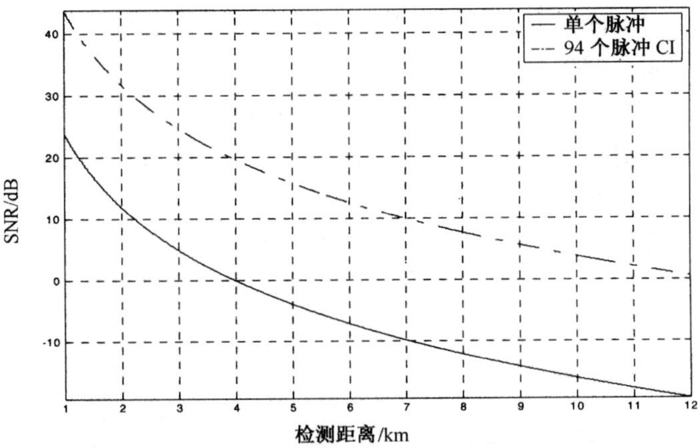

图 1.19　SNR 相对检测距离的曲线，使用例题的参数

非相干积累情况

将$(SNR)_{NCI}=10$ dB 和 $n_P=94$ 代入式(1.87)中，得

$$(SNR)_1 = \frac{10}{2\times 94} + \sqrt{\frac{(10)^2}{4\times 94^2} + \frac{10}{94}} = 0.38366 \Rightarrow -4.16 \text{ dB}$$

因此，94 个脉冲非相干积累时单个脉冲的 SNR 是 −4.16 dB。可以使用式(1.86)验证这个结果。使用式(1.85)计算积累损失 L_{NCI}。结果为

$$L_{NCI} = \frac{1+0.383\,66}{0.383\,66} = 3.6065 \Rightarrow 5.571 \text{ dB}$$

因此，非相干积累的净增益为

$$10\times\log(94) - 5.571 = 14.16 \text{ dB} \Rightarrow 26.064\,22$$

进一步得到最大检测距离为

$$R_{NCI}\big|_{n_P=94} = 2.245\times(26.064\,22)^{1/4} = 5.073 \text{ km}$$

这意味着在 5.073 km 处使用 94 个脉冲非相干积累，每个脉冲的 SNR 为 −4.16 dB，可以提供与 SNR = 10 dB 的单个脉冲在 2.245 km 处相同的检测准则。结果如图 1.20 所示，使用 MATLAB 程序“fig1_19.m”得到。

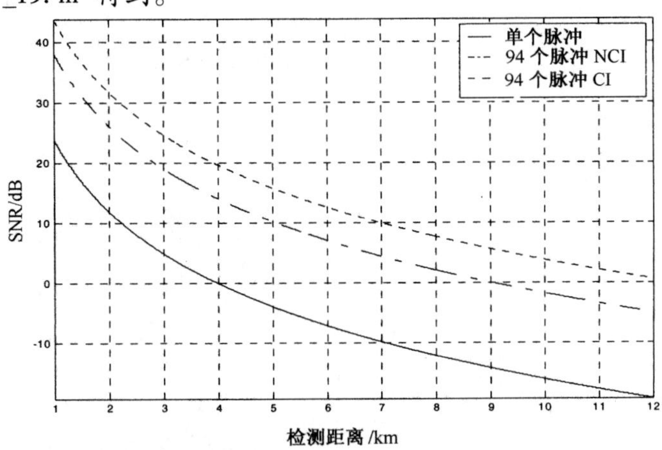

图 1.20　SNR 相对检测距离的曲线，对于相同的例题

MATLAB 函数“pulse_integration.m”

图 1.21 给出了 SNR 增益相对积累脉冲数的关系，其中包含相干积累和非相干积累两种情

况。这幅图对应于前一个例题在 R =5.01 km 处的参数。图 1.22 给出了一般情况下 SNR 改善相对脉冲积累数的关系。两幅图都是使用 MATLAB 程序“fig1 _21. m”产生的(见 1.10 节的清单 1.9)。为此开发了 MATLAB 函数“pulse _integration. m”(见 1.10 节的清单 1.10)。这个函数计算在脉冲积累条件下式(1.56)给出的雷达方程。MATLAB 函数“pulse _integration. m”的语法如下：

[snr] = pulse _integration(pt, freq, g, sigma, te, b, nf, loss, range, np, ci _nci)

其中,符号含义如下表所示。

符　号	描　述	单　位	状　态
pt	峰值功率	W	输入
freq	雷达中心频率	Hz	输入
g	天线增益	dB	输入
sigma	目标截面积	m^2	输入
te	有效噪声温度	K	输入
b	带宽	Hz	输入
nf	噪声系数	dB	输入
loss	雷达损失	dB	输入
range	目标距离(单值或向量)	m	输入
np	积累脉冲数	无	输入
ci _nci	1 是 CI;2 是 NCI	无	输入
snr	SNR(单值或向量,根据输入距离)	dB	输出

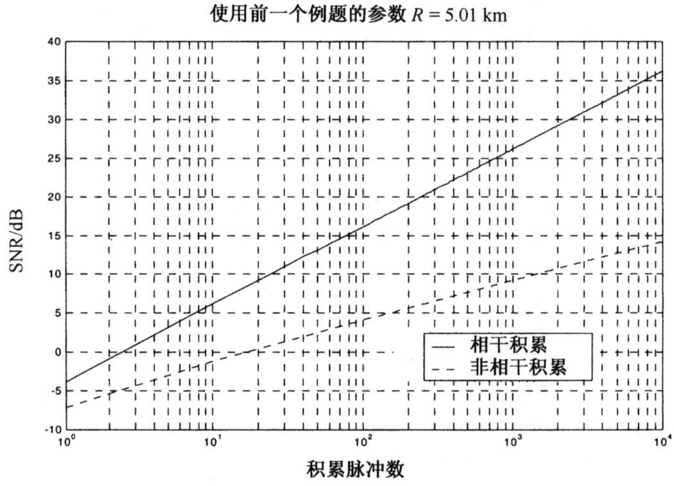

图 1.21　当使用积累时的 SNR 改善

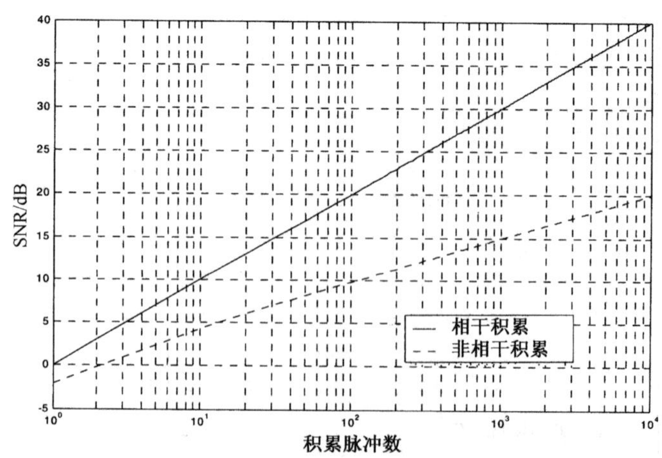

图 1.22　当使用积累时的 SNR 改善

1.8　雷达损失

雷达方程指出，接收机 SNR 与雷达损失成反比。因此，任何雷达损失的增加都会导致 SNR 的降低，从而减小检测概率，因为它是 SNR 的函数。通常，好的雷达设计和差的雷达设计的主要区别就是雷达损失。雷达损失包括欧姆（电阻）损失和统计损失。本节将简要总结雷达损失。

1.8.1　发射和接收损失

发射损失发生在雷达发射机和天线输入端口之间，接收损失发生在天线输出端口和接收机前端之间。这些损失通常称为波导损失。波导损失的典型值是 1 ~2 dB 量级。

1.8.2　天线方向图损失和扫描损失

至此，当使用雷达方程时，假定最大天线增益。这只有当目标位于天线的垂直轴线时才正确。然而，当雷达扫描过目标时，目标方向的天线增益比最大值小，如天线的辐射方向图定义的那样。由于不是在所有扫描时间内都以最大天线增益辐射目标，因此所引起的 SNR 损失称为天线方向图（波束形状）损失。对于给定的雷达，一旦选定了天线，天线方向图损失的大小就可以用数学方法计算。

例如，考虑如图 1.23 所示的 $(\sin x)/x$ 形状的天线辐射方向图。在垂直轴线附近 $\pm\theta/2$ 角度区域内的平均天线增益为

$$G_{av} \approx 1 - \left(\frac{\pi r}{\lambda}\right)^2 \frac{\theta^2}{36} \tag{1.88}$$

其中，r 是孔径的半径，λ 是波长。实际中，经常采用高斯天线方向图。此时，如果用 $\theta_{3\ \mathrm{dB}}$ 表示天线 3 dB 波束宽度，那么天线增益可以近似为

$$G(\theta) = \exp\left(-\frac{2.776\theta^2}{\theta_{3\ \mathrm{dB}}^2}\right) \tag{1.89}$$

如果天线扫描速率很快，使接收时的增益和发射时的不同，必须计算额外的扫描损失并且增加到波束形状损失中。扫描损失的计算与波束形状损失类似。既有波束形状又有扫描损失的主要对象，通常是相控阵雷达。

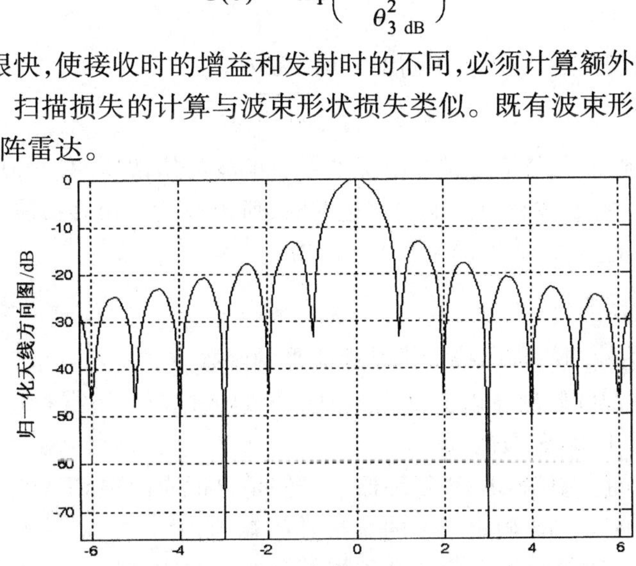

图 1.23　归一化 $(\sin x)/x$ 天线方向图

1.8.3 大气损失

大气损失和传播效应在下一章详细讨论。大气衰减是雷达工作频率、目标距离和俯仰角的函数。大气衰减可以高达几个分贝。

1.8.4 叠加损失

当积累的噪声回波脉冲数大于目标回波脉冲时，会出现 SNR 下降，称为叠加损失。叠加损失因子定义为

$$\rho_c = \frac{n+m}{n} \tag{1.90}$$

其中，n 是既包含信号又包含噪声的脉冲数，而 m 是只包含噪声的脉冲数。雷达在方位、距离和多普勒方面检测目标。当目标回波在一个坐标，例如距离上显示时，与实际目标回波相邻的方位单元的噪声源聚集在目标周围，导致 SNR 降低。如图 1.24 所示。

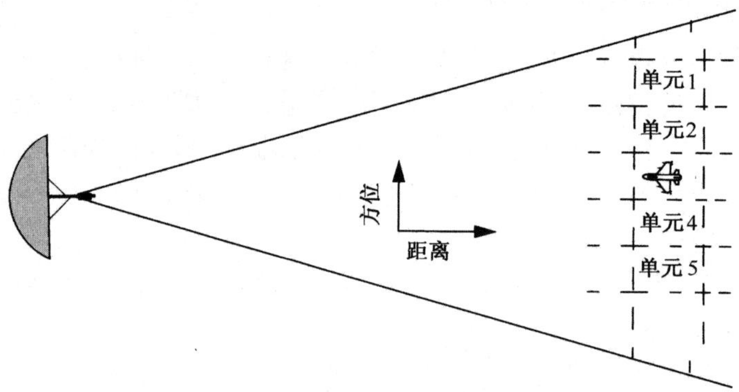

图 1.24　叠加损失示意图。单元 1,2,4 和 5 的噪声源聚集在单元 3，使噪声电平增加

1.8.5 处理损失

a. 检波器近似

使用线性检波器的雷达接收机的输出电压信号为

$$v(t) = \sqrt{v_I^2(t) + v_Q^2(t)} \tag{1.91}$$

其中，(v_I, v_Q) 是同相和正交分量。对于使用平方律检波器的雷达，有 $v^2(t) = v_I^2(t) + v_Q^2(t)$。

因为在实际硬件中，平方和平方根操作很耗时，所以开发了很多检波器的近似算法。这种近似会导致信号功率的损失，典型值是 0.5～1 dB。

b. 恒虚警率(CFAR)损失

很多情况下，雷达检测门限以接收机噪声电平的函数方式不断调节，以保持恒虚警率。为此，使用恒虚警率(CFAR)处理器以在变化的和未知的干扰背景下保持虚警数的控制。CFAR 处理会引起 SNR 电平 1 dB 量级的损失。

主要使用三种不同类型的 CFAR 处理器。它们是自适应门限 CFAR、非参数 CFAR 和非线性接收机技术。自适应 CFAR 假定干扰的分布是已知的，并且对这些分布的未知参数做近似处理。非参数 CFAR 处理器试图适应未知干扰的分布。非线性接收机技术尝试归一化干扰的均方根幅度。

c. 量化损失

有限字长(比特数)和量化噪声会导致模数(A/D)转换器输出端的噪声功率密度的增加。A/D 噪声电平是 $q^2/12$,其中 q 是量化电平。

d. 距离门横跨

雷达接收机通常处理一系列连续的距离门(单元)。每个距离单元以与发射脉冲宽度相匹配的积分器方式实现。因为雷达接收机作为滤波器,所以对接收的目标回波滤波(平滑)。平滑后的目标回波包络经常横跨覆盖一个以上的距离门。

一般受影响的距离门有三种:前门、中门和后门。如果点目标正好位于距离门中心,那么前后样本是相等的。然而,当目标开始进入下一个门时,后样本变大而前样本变小。任何情况下,所有三种样本的幅度相加的数值应该总是大致相等的。图 1.25 说明了距离门横跨的概念。平滑后的目标回波的包络呈高斯形状。实际上,三角形包络实现起来可能更容易、更快。因为目标可能落在两个相邻距离单元之间的任何地方,所以会发生 SNR 损失(每个距离门)。更特殊的情况是,目标回波能量分割到三个距离单元之间。通常,横跨损失约为 2 ~ 3 dB 并不奇怪。

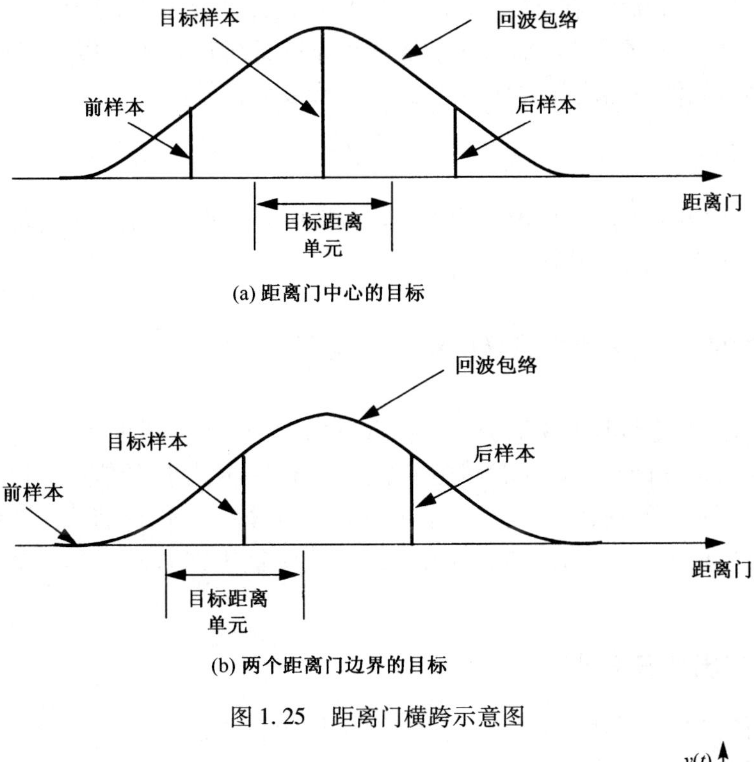

(a) 距离门中心的目标

(b) 两个距离门边界的目标

图 1.25　距离门横跨示意图

例题

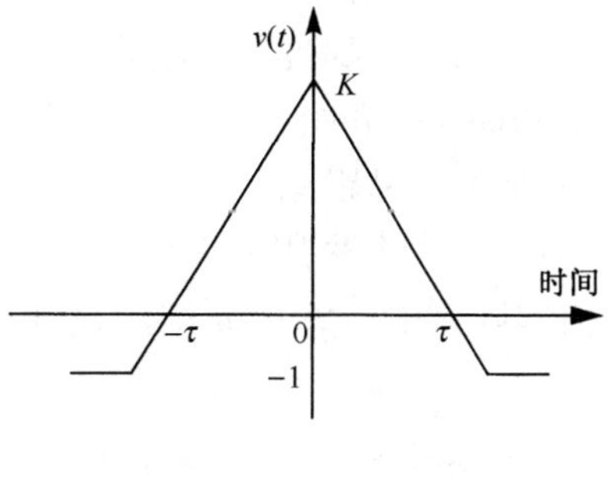

考虑右图所示的平滑后的目标回波电压。假定电阻为 1 Ω。求由于距离门在间隔{0, τ}上横跨而引起的功率损失。

解:

平滑后的电压可以写为

$$v(t)=\begin{cases}K+\left(\dfrac{K+1}{\tau}\right)t & t<0\\ K-\left(\dfrac{K+1}{\tau}\right)t & t\geqslant 0\end{cases}$$

由于在间隔$\{0,\tau\}$上横跨的功率损失为

$$L_s=\frac{v^2}{K^2}=1-2\left(\frac{K+1}{K\tau}\right)t+\left(\frac{K+1}{K\tau}\right)^2t^2$$

所以，平均功率损失为

$$\bar{L}_s=\frac{2}{\tau}\int_0^{\tau/2}\left(1-2\left(\frac{K+1}{K\tau}\right)t+\left(\frac{K+1}{K\tau}\right)^2t^2\right)dt$$

$$=1-\frac{K+1}{2K}+\frac{(K+1)^2}{12K^2}$$

例如，如果$K=15$，那么$\bar{L}_s=2.5$ dB。

e. 多普勒滤波器横跨

多普勒滤波器横跨和距离门横跨相似。然而，在这种情况下，由于加权函数的影响，多普勒滤波器谱是扩展的(展宽的)。加权函数通常用来降低旁瓣电平。因为目标的多普勒频率可能落在两个多普勒滤波器之间的任何地方，因此会发生信号损失。

1.8.6 其他损失

其他损失可能包括由于雷达硬件老化的设备损失、匹配滤波器损失和天线效率损失。跟踪雷达会遭受到交叉(斜视)损失。

1.9 “我的雷达”设计案例研究——实习 1

在本节，引入了一个设计案例研究，称为“我的雷达”设计案例研究。为此，只有本章介绍的理论才能用来满足设计需求。注意到在本章只介绍了有限数量的信息，对某些读者来说，设计过程可能不合逻辑。然而，当在后续章节中引入新的材料时，设计需求会更新，并且/或根据那一章的特殊材料引入新的设计需求。因此，设计过程会更新，以适应那一章学到的新的理论和技术。

1.9.1 作者和出版商声明

设计案例研究“我的雷达”是一部地基防空雷达，出自并且根据 Brookner① 的公开文献源。然而，本书引入的设计方法是基于作者如何设计这部雷达的观点的。因此，设计过程采取了不同于 Brookner 介绍的风格。另外，本书提出的任意的和所有的设计选项都是基于公开文献源的，并且很容易跟踪。

此外，本书采用的设计方法基于对很多雷达系统组件的建模，不考虑任何硬件约束和任何实际限制。本书介绍的设计在本质上是用于教学和学术的，不遵守任何其他要求。最

① Brookner, Eli, Editor, *Practical Phased Array Antenna Systems*, Artech House, 1991, Chapter 7.

后，本书提供的 MATLAB 代码是出于演示和学术目的的，而不是为任何其他用途设计和打算的。

任何实体或个人可以随意使用本书提供的材料和本书作者设计的 MATLAB 代码。作者和出版商对使用本书可能造成的任何物质或非物质损失、人身或任何种类的财产损失和所有的其他类型的损失，不承担义务和责任。

1.9.2　问题陈述

设计一部地基雷达来实现如下任务：搜索和检测。威胁由具有平均 RCS 为 6 dBsm（$\sigma_a = 4\ m^2$）的飞机和具有平均 RCS 为 −3 dBsm（$\sigma_m = 0.5\ m^2$）的导弹组成。导弹高度是 2 km，飞机高度约为 7 km。假定是具有 360°方位覆盖范围的扫描雷达。扫描速率小于等于 2 s/圈。假定 L 到 X 波段。要求 150 m 的距离分辨率。此时不规定任何角度分辨率。还假定只有一枚导弹和一架飞机组成全部威胁。假定噪声系数 $F = 6$ dB，总的接收机损失 $L = 8$ dB。目前使用方位波束宽度小于 3°的扇形波束。假定合理的检测门限是 SNR 为 13 dB。最后，假定地球是平的。

1.9.3　设计

期望的距离分辨率是 $\Delta R = 150$ m。因此，使用式(1.8)可以计算出所要求的脉冲宽度 $\tau = 1\ \mu s$，或等效为所要求的带宽 $B = 1$ MHz。在此，必须做出几个主要的决定，包括雷达工作频率、孔径大小和单个脉冲峰值功率的选择。

满足设计要求的工作频率的选择受很多因素的驱动，例如孔径大小、天线增益、杂波、大气衰减和最大峰值功率。在本设计中，选择工作频率 $f = 3$ GHz。此时这个选择有些随意，然而随着设计过程的进行，这个选择会得到更好的阐述。

第二，雷达的可运输性（移动性）将设计者“赶向”更小孔径类型的方向。一个好的选择是小于 5 m^2。暂时选择 $A_e = 2.25\ m^2$。最后一个必须考虑的问题是每个脉冲所要求的能量。注意本设计方法假定最小检测 SNR（13 dB）的要求是基于脉冲积累的。这个条件是真实的，因为目标在单次扫描期间会被几个脉冲辐射到，假如天线方位向波束宽度和 PRF 的选择满足式(1.81)。

单个脉冲的能量是 $E = P_t\tau$。通常，给定雷达的设计必须有不少脉冲宽度（波形）以供挑选。不同的波形（脉冲宽度）用于限定的工作模式（搜索、跟踪等）。然而，目前只需要考虑满足距离分辨率要求的单个脉冲。为了计算正常检测所要求的最小单个脉冲能量，使用式(1.57)。更准确的表示如下：

$$E = P_t\tau = \frac{(4\pi)^3 kT_e FLR^4 \mathrm{SNR}_1}{G^2\lambda^2\sigma} \tag{1.92}$$

式(1.92)中的所有参数都是已知的，除了天线增益、检测距离和单个脉冲 SNR。天线增益计算如下：

$$\left(G = \frac{4\pi A_e}{\lambda^2} = \frac{4\pi \times 2.25}{(0.1)^2} = 2827.4\right) \Rightarrow G = 34.5\ \mathrm{dB} \tag{1.93}$$

其中，使用了关系（$\lambda = c/f$）。

为了估计检测距离,考虑下面的观点。因为飞机比导弹具有大得多的 RCS,所以人们会期望飞机比导弹有远得多的检测距离。如图 1.26 所示,其中 R_a 表示飞机的检测距离,R_m 表示导弹的检测距离。正如图中所说明的,最小搜索俯仰角 θ_1 是由导弹的检测距离决定的,假定导弹一进入雷达波束,就以适当的 SNR 被检测到。另一方面,最大搜索俯仰角 θ_2 由飞机的位置决定,除了拦截威胁(飞机和导弹二者)的最后防御机会所对应的距离。这个距离经常称为"最小阻截距离",用 R_{min} 表示。在本设计方法中,选择 $R_{min}=30$ km。在实际中,最小阻截距离一般由用户作为一项设计需求来规定。

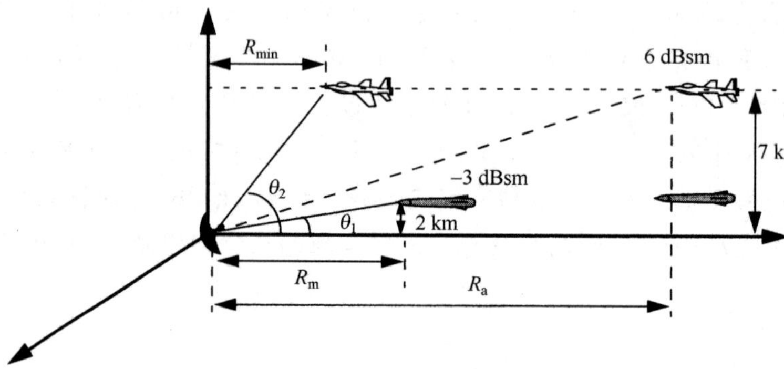

图 1.26 雷达/威胁几何关系

R_a 和 R_m 的确定由防御拦截器多快到达最小阻截距离并且消除威胁来规定。例如,假定威胁飞机的速度是 400 m/s,威胁导弹的速度是 150 m/s。另一方面,假定拦截器的平均速度是 250 m/s。那么,根据 $R_{min}=30$ km,拦截器的飞行时间是

$$T_{interceptor} = \frac{30\times10^3}{250} = 120 \text{ s} \tag{1.94}$$

因此,飞机和导弹必须分别在下面的距离上被雷达检测到:

$$\begin{aligned} R_a &= 30 \text{ km} + 120\times400 = 78 \text{ km} \\ R_m &= 30 \text{ km} + 120\times150 = 48 \text{ km} \end{aligned} \tag{1.95}$$

注意,这些数值只能作为指导。实际的检测距离还必须包括更多的几千米,以允许更好的防御反应时间。在本设计中,选择 $R_m=55$ km,$R_a=90$ km。因此,从式(1.5)可以计算出为了保证至少 90 km 的无模糊距离的最大 PRF。更准确的表示为

$$f_r \leqslant \frac{c}{2R_u} = \frac{3\times10^8}{2\times90\times10^3} = 1.67 \text{ kHz} \tag{1.96}$$

因为此时对设计没有角度分辨率的要求,所以式(1.96)是用来确定雷达工作 PRF 的唯一准则。选择

$$f_r = 1000 \text{ Hz} \tag{1.97}$$

最小和最大俯仰角分别计算为

$$\theta_1 = \arctan\left(\frac{2}{55}\right) = 2.08° \tag{1.98}$$

$$\theta_2 = \arctan\left(\frac{7}{30}\right) = 13.13° \tag{1.99}$$

然后,用这些角度计算俯仰角搜索范围(记住方位搜索范围等于 360°)。更准确地,搜索区域 Ω(球面度)由下式给出:

$$\Omega = \frac{\theta_2 - \theta_1}{(57.296)^2} \times 360 \tag{1.100}$$

因此,搜索区域为

$$\Omega = 360 \times \frac{\theta_2 - \theta_1}{(57.296)^2} = 360 \times \frac{13.13 - 2.08}{(57.296)^2} = 1.212\ \text{球面度} \tag{1.101}$$

期望的天线必须具有扇形波束。所以,使用抛物矩形天线可以满足设计要求。选择 $A_e = 2.25\ m^2$。对应的天线 3 dB 俯仰和方位波束宽度分别以 θ_e 和 θ_a 表示。选择

$$\theta_e = \theta_2 - \theta_1 = 13.13 - 2.08 = 11.05° \tag{1.102}$$

方位 3 dB 天线波束宽度使用式(1. 42)计算为

$$\theta_a = \frac{4\pi}{G\theta_e} = \frac{4 \times \pi \times 180^2}{2827.4 \times \pi^2 \times 11} = 1.33° \tag{1.103}$$

接着,使用式(1. 81)计算在单次扫描期间打到目标上的脉冲数,即

$$n_p \leqslant \frac{\theta_a f_r}{\dot{\theta}_{scan}} = \frac{1.33 \times 1000}{180} = 7.39 \Rightarrow n_p = 7 \tag{1.104}$$

本书介绍的设计方法只假设非相干积累(建议读者替换为相干积累假设,重新计算所有结果)。设计要求规定 13 dB 的检测 SNR。通过使用式(1. 87),可以计算出所要求的单个脉冲的 SNR,即

$$(\text{SNR})_1 = \frac{10^{1.3}}{2 \times 7} + \sqrt{\frac{(10^{1.3})^2}{4 \times 7^2} + \frac{10^{1.3}}{7}} = 3.635 \Rightarrow (\text{SNR})_1 = 5.6\ \text{dB} \tag{1.105}$$

而且,与本例有关的非相干积累损失通过式(1. 85)计算,即

$$L_{NCI} = \frac{1 + 3.635}{3.635} = 1.27 \Rightarrow L_{NCI} = 1.056\ \text{dB} \tag{1.106}$$

接下来,导弹和飞机所对应的单个脉冲的能量分别为

$$E_m = \frac{(4\pi)^3 kT_e FLR_m^4 (\text{SNR})_1}{G^2 \lambda^2 \sigma_m} \Rightarrow$$
$$E_m = \frac{(4\pi)^3 (1.38 \times 10^{-23})(290)(10^{0.8})(10^{0.6})(55 \times 10^3)^4 10^{0.56}}{(2827.4)^2 (0.1)^2 (0.5)} = 0.1658\ \text{J} \tag{1.107}$$

$$E_a = \frac{(4\pi)^3 kT_e FLR_a^4 (\text{SNR})_1}{G^2 \lambda^2 \sigma_a} \Rightarrow$$
$$E_a = \frac{(4\pi)^3 (1.38 \times 10^{-23})(290)(10^{0.8})(10^{0.6})(90 \times 10^3)^4 10^{0.56}}{(2827.4)^2 (0.1)^2 (4)} = 0.1487\ \text{J} \tag{1.108}$$

因此,对两种目标类型都满足的单个脉冲检测要求的峰值功率为

$$P_t = \frac{E}{\tau} = \frac{0.1658}{1 \times 10^{-6}} = 165.8\ \text{kW} \tag{1.109}$$

脉冲积累的雷达方程为

$$\text{SNR} = \frac{P_t^1 G^2 \lambda^2 \sigma}{(4\pi)^3 kT_e BFLR^4} \frac{n_p}{L_{NCI}} \tag{1.110}$$

图 1. 27 显示了两种目标类型在积累和不积累情况下,SNR 相对检测距离的关系曲线。使用 MATLAB 程序“fig1 _27. m”(见 1. 10 节的清单 1. 12)可以得到这幅图。

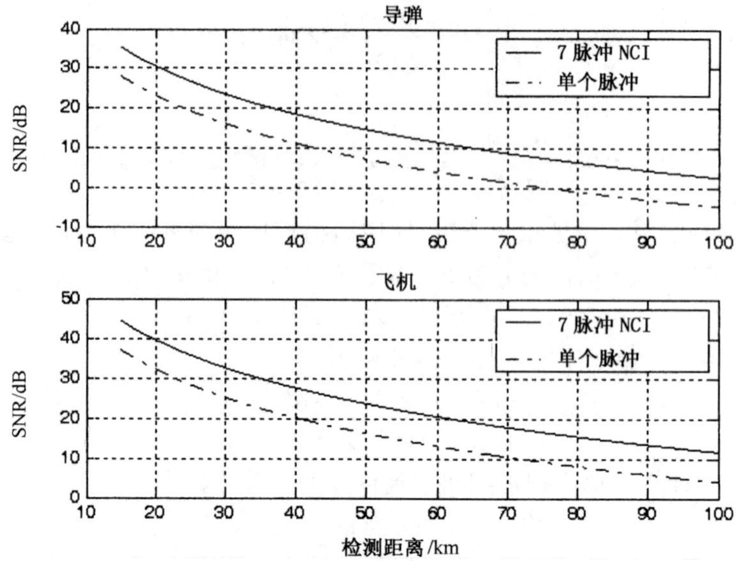

图 1.27 两种目标类型有无脉冲积累的 SNR 相对检测距离曲线

1.9.4 备选设计

可以选择不减小单个脉冲的峰值功率而维持式(1.109)计算的单个脉冲峰值功率,并且增加雷达检测距离。例如,相干积累 7 个脉冲对雷达检测距离改善的比例因子为

$$R_{imp} = (7)^{0.25} = 1.63 \tag{1.111}$$

那么,新的导弹和飞机的检测距离为

$$\begin{aligned} R_a &= 78 \times 1.63 = 126.9\ \text{km} \\ R_m &= 48 \times 1.63 = 78.08\ \text{km} \end{aligned} \tag{1.112}$$

注意到,将导弹的最小检测距离扩展到 $R_m = 78$ km,会增大俯仰搜索区域范围的大小。更准确地表示为

$$\theta_1 = \arctan\left(\frac{2}{78}\right) = 1.47° \tag{1.113}$$

那么,搜索区域 Ω(球面度)现在为

$$\Omega = 360 \times \frac{\theta_2 - \theta_1}{(57.296)^2} = 360 \times \frac{13.13 - 1.47}{(57.296)^2} = 1.279\text{球面度} \tag{1.114}$$

另一方面,在 $(\mathrm{SNR})_{\mathrm{NCI}} = 13$ dB 的条件下,非相干积累 7 个脉冲,得到

$$(\mathrm{SNR})_1 = 5.6\ \text{dB} \tag{1.115}$$

并且积累损失为

$$L_{NCI} = 1.057\ \text{dB} \tag{1.116}$$

因此,非相干积累的净增益为

$$NCI_{gain} = 10 \times \log(7) - 1.057 = 7.394\ \text{dB} \Rightarrow NCI_{gain} = 5.488 \tag{1.117}$$

所以,由于 7 个脉冲的非相干积累,雷达检测距离现在改善为

$$\begin{aligned} R_a &= 78 \times (5.488)^{0.25} = 119.38\ \text{km} \\ R_m &= 48 \times (5.488)^{0.25} = 73.467\ \text{km} \end{aligned} \tag{1.118}$$

俯仰搜索区域范围又变为

$$\theta_1 = \arctan\left(\frac{2}{73.467}\right) = 1.56° \tag{1.119}$$

那么,搜索区域 Ω(球面度)现在为

$$\Omega = 360 \times \frac{\theta_2 - \theta_1}{(57.296)^2} = 360 \times \frac{13.13 - 1.56}{(57.296)^2} = 1.269 \text{ 球面度} \tag{1.120}$$

1.10　MATLAB 程序和函数清单

本节提供了本章所用全部 MATLAB 函数和程序清单。鼓励读者改变输入参数,重新运行这些程序,以增强对文中介绍的理论的理解。所有选择的参数和变量都遵循文中使用的相同的命名法。因此,一旦读过本章,理解代码的结构和层次应该是一件很容易的事情。

清单 1.1　MATLAB 函数"radar _eq. m"

```
function [snr] = radar_eq(pt, freq, g, sigma, te, b, nf, loss, range)
% This program implements Eq. (1.56)
c = 3.0e+8; % speed of light
lambda = c / freq; % wavelength
p_peak = 10*log10(pt); % convert peak power to dB
lambda_sqdb = 10*log10(lambda^2); % compute wavelength square in dB
sigmadb = 10*log10(sigma); % convert sigma to dB
four_pi_cub = 10*log10((4.0 * pi)^3); % (4pi)^3 in dB
k_db = 10*log10(1.38e-23); % Boltzman's constant in dB
te_db = 10*log10(te); % noise temp. in dB
b_db = 10*log10(b); % bandwidth in dB
range_pwr4_db = 10*log10(range.^4); % vector of target range^4 in dB
% Implement Equation (1.56)
num = p_peak + g + g + lambda_sqdb + sigmadb;
den = four_pi_cub + k_db + te_db + b_db + nf + loss + range_pwr4_db;
snr = num - den;
return
```

清单 1.2　MATLAB 程序"fig1 _12. m"

```
% Use this program to reproduce Fig. 1.12 of text.
close all
clear all
pt = 1.5e+6; % peak power in Watts
freq = 5.6e+9; % radar operating frequency in Hz
g = 45.0; % antenna gain in dB
sigma = 0.1; % radar cross section in m squared
te = 290.0; % effective noise temperature in Kelvins
b = 5.0e+6; % radar operating bandwidth in Hz
nf = 3.0; %noise figure in dB
loss = 6.0; % radar losses in dB
range = linspace(25e3,165e3,1000); % traget range 25 -165 Km, 1000 points
snr1 = radar_eq(pt, freq, g, sigma, te, b, nf, loss, range);
snr2 = radar_eq(pt, freq, g, sigma/10, te, b, nf, loss, range);
snr3 = radar_eq(pt, freq, g, sigma*10, te, b, nf, loss, range);
% plot SNR versus range
figure(1)
```

```
rangekm = range ./ 1000;
plot(rangekm,snr3,'k',rangekm,snr1,'k -.',rangekm,snr2,'k:')
grid
legend('\sigma = 0 dBsm','\sigma = -10dBsm','\sigma = -20 dBsm')
xlabel ('Detection range - Km');
ylabel ('SNR - dB');
snr1 = radar_eq(pt, freq, g, sigma, te, b, nf, loss, range);
snr2 = radar_eq(pt*.4, freq, g, sigma, te, b, nf, loss, range);
snr3 = radar_eq(pt*1.8, freq, g, sigma, te, b, nf, loss, range);
figure (2)
plot(rangekm,snr3,'k',rangekm,snr1,'k -.',rangekm,snr2,'k:')
grid
legend('Pt = 2.16 MW','Pt = 1.5 MW','Pt = 0.6 MW')
xlabel ('Detection range - Km');
ylabel ('SNR - dB');
```

清单 1.3 MATLAB 程序“fig1 _13. m”

```
% Use this program to reproduce Fig. 1.13 of text.
close all
clear all
pt = 1.e+6; % peak power in Watts
freq = 5.6e+9; % radar operating frequency in Hz
g = 40.0; % antenna gain in dB
sigma = 0.1; % radar cross section in m squared
te =300.0; % effective noise temperature in Kelvins
nf = 5.0; %noise figure in dB
loss = 6.0; % radar losses in dB
range = [75e3,100e3,150e3]; % three range values
snr_db = linspace(5,20,200); % SNR values from 5 dB to 20 dB 200 points
snr = 10.^(0.1.*snr_db); % convert snr into base 10
gain = 10^(0.1*g); %convert antenna gain into base 10
loss = 10^(0.1*loss); % convert losses into base 10
F = 10^(0.1*nf); % convert noise figure into base 10
lambda = 3.e8 / freq; % compute wavelength
% Implement Eq.(1.57)
den = pt * gain * gain * sigma * lambda^2;
num1 = (4*pi)^3 * 1.38e-23 * te * F * loss * range(1)^4 .* snr;
num2 = (4*pi)^3 * 1.38e-23 * te * F * loss * range(2)^4 .* snr;
num3 = (4*pi)^3 * 1.38e-23 * te * F * loss * range(3)^4 .* snr;
tau1 = num1 ./ den ;
tau2 = num2 ./ den;
tau3 = num3 ./ den;
% plot tau versus snr
figure(1)
semilogy(snr_db,1e6*tau1,'k',snr_db,1e6*tau2,'k -.',snr_db,1e6*tau3,'k:')
grid
legend('R = 75 Km','R = 100 Km','R = 150 Km')
xlabel ('Minimum required SNR - dB');
ylabel ('\tau (pulsewidth) in \mu sec');
```

清单 1.4　MATLAB 程序“ref _snr. m”

```
% This program implements Eq. (1.60)
clear all
close all
Rref = 86e3; % ref. range
tau_ref = .1e-6; % ref. pulsewidth
SNRref = 20.; % Ref SNR in dB
snrref = 10^(SNRref/10);
Sigmaref = 0.1; % ref RCS in m^2
Lossp = 2; % processing loss in dB
lossp = 10^(Lossp/10);
% Enter desired value
tau = tau_ref;
R = 120e3;
rangeratio = (Rref / R)^4;
Sigma = 0.2;
% Implement Eq. (1.60)
snr = snrref * (tau / tau_ref) * (1. / lossp) * ...
   (Sigma / Sigmaref) * rangeratio;
snr = 10*log10(snr)
```

清单 1.5　MATLAB 函数“power _aperture. m”

```
function PAP =
                power_aperture(snr,tsc,sigma,range,te,nf,loss,az_angle,el_
                angle)
% This program implements Eq. (1.67)
Tsc = 10*log10(tsc); % convert Tsc into dB
Sigma = 10*log10(sigma); % convert sigma to dB
four_pi = 10*log10(4.0 * pi); % (4pi) in dB
k_db = 10*log10(1.38e-23); % Boltzman's constant in dB
Te = 10*log10(te); % noise temp. in dB
range_pwr4_db = 10*log10(range.^4); % target range^4 in dB
omega = az_angle * el_angle / (57.296)^2; % compute search volume in stera-
                dians
Omega = 10*log10(omega) % search volume in dB
% implement Eq. (1.67)
PAP = snr + four_pi + k_db + Te + nf + loss + range_pwr4_db + Omega ...
   - Sigma - Tsc;
return
```

清单 1.6　MATLAB 程序“fig1 _16. m”

```
% Use this program to reproduce Fig. 1.16 of text.
close all
clear all
tsc = 2.5; % Scan time is 2.5 seconds
sigma = 0.1; % radar cross section in m squared
te = 900.0; % effective noise temperature in Kelvins
snr = 15; % desired SNR in dB
nf = 6.0; %noise figure in dB
loss = 7.0; % radar losses in dB
az_angle = 2; % search volume azimuth extent in degrees
el_angle = 2; % search volume elevation extent in degrees
```

```
range = linspace(20e3,250e3,1000); % range to target 20 Km 250 Km, 1000
                    points
pap1 = power_aperture(snr,tsc,sigma/10,range,te,nf,loss,az_angle,el_angle);
pap2 = power_aperture(snr,tsc,sigma,range,te,nf,loss,az_angle,el_angle);
pap3 = power_aperture(snr,tsc,sigma*10,range,te,nf,loss,az_angle,el_angle);
% plot power aperture product versus range
% figure 1.16a
figure(1)
rangekm  = range ./ 1000;
plot(rangekm,pap1,'k',rangekm,pap2,'k -.',rangekm,pap3,'k:')
grid
legend('\sigma = -20 dBsm','\sigma = -10dBsm','\sigma = 0 dBsm')
xlabel ('Detection range in Km');
ylabel ('Power aperture product in dB');
% generate Figure 1.16b
lambda = 0.03; % wavelength in meters
G = 45; % antenna gain in dB
ae = linspace(1,25,1000);% aperture size 1 to 25 meter squared, 1000 points
Ae = 10*log10(ae);
range = 250e3; % range of interest is 250 Km
pap1 = power_aperture(snr,tsc,sigma/10,range,te,nf,loss,az_angle,el_angle);
pap2 = power_aperture(snr,tsc,sigma,range,te,nf,loss,az_angle,el_angle);
pap3 = power_aperture(snr,tsc,sigma*10,range,te,nf,loss,az_angle,el_angle);
Pav1 = pap1 - Ae;
Pav2 = pap2 - Ae;
Pav3 = pap3 - Ae;
figure(2)
plot(ae,Pav1,'k',ae,Pav2,'k -.',ae,Pav3,'k:')
grid
xlabel('Aperture size in square meters')
ylabel('Pav in dB')
legend('\sigma = -20 dBsm','\sigma = -10dBsm','\sigma = 0 dBsm')
```

清单 1.7 MATLAB 程序“casestudy1 _1. m”

```
% This program is used to generate Fig. 1.17
% It implements the search radar equation defined in Eq. 1.67
clear all
close all
snr = 15.0;        % Sensitivity SNR in dB
tsc = 2.;          % Antenna scan time in seconds
sigma_tgtm = -10;  % Missile RCS in dBsm
sigma_tgta = 6;    % Aircraft RCS in dBsm
range = 60.0; % Sensitivity range in Km,
te = 290.0;        % Effective noise temperature in Kelvins
nf = 8;            % Noise figure in dB
loss = 10.0;       % Radar losses in dB
az_angle = 360.0;  % Search volume azimuth extent in degrees
el_angle = 10.0;   % Search volume elevation extent in degrees
c = 3.0e+8;        % Speed of light
% Compute Omega in steradians
omega = (az_angle / 57.296) * (el_angle /57.296);
```

```
omega_db = 10.0*log10(omega); % Convert Omega to dBs
k_db = 10.*log10(1.38e-23);
te_db = 10*log10(te);
tsc_db = 10*log10(tsc);
factor = 10*log10(4*pi);
rangemdb = 10*log10(range * 1000.);
rangeadb = 10*log10(range * 1000.);
PAP_Missile = snr - sigma_tgtm - tsc_db + factor + 4.0 * rangemdb + ...
  k_db + te_db + nf + loss + omega_db
PAP_Aircraft = snr - sigma_tgta - tsc_db + factor + 4.0 * rangeadb + ...
  k_db + te_db + nf + loss + omega_db
index = 0;
% vary range from 2Km to 90 Km
for rangevar = 2 : 1 : 90
   index = index + 1;
   rangedb = 10*log10(rangevar * 1000.0);
   papm(index) = snr - sigma_tgtm - tsc_db + factor + 4.0 * rangedb + ...
      k_db + te_db + nf + loss + omega_db;
   missile_PAP(index) = PAP_Missile;
   aircraft_PAP(index) = PAP_Aircraft;
   papa(index) = snr - sigma_tgta - tsc_db + factor + 4.0 * rangedb + ...
      k_db + te_db + nf + loss +omega_db;
end
var = 2 : 1 : 90;
figure (1)
plot (var,papm,'k',var,papa,'k-.')
legend ('Missile','Aircraft')
xlabel ('Range - Km');
ylabel ('Power Aperture Product - dB');
hold on
plot(var,missile_PAP,'k:',var,aircraft_PAP,'k:')
grid
hold off
```

清单 1.8　MATLAB 程序“fig1 _19. m”

```
% Use this program to reproduce Fig. 1.19 and Fig. 1.20 of text.
close all
clear all
pt = 4; % peak power in Watts
freq = 94e+9; % radar operating frequency in Hz
g = 47.0; % antenna gain in dB
sigma = 20; % radar cross section in m squared
te = 293.0; % effective noise temperature in Kelvins
b = 20e+6; % radar operating bandwidth in Hz
nf = 7.0; %noise figure in dB
loss = 10.0; % radar losses in dB
range = linspace(1.e3,12e3,1000); % range to target from 1. Km 12 Km, 1000
                  points
snr1 = radar_eq(pt, freq, g, sigma, te, b, nf, loss, range);
Rnewci = (94^0.25) .* range;
snrCI = snr1 + 10*log10(94); % 94 pulse coherent integration
```

```
% plot SNR versus range
figure(1)
rangekm  = range ./ 1000;
plot(rangekm,snr1,'k',Rnewci./1000,snr1,'k -.')
axis([1 12 -20 45])
grid
legend('single pulse','94 pulse CI')
xlabel ('Detection range - Km');
ylabel ('SNR - dB');
% Generate Figure 1.20
snr_b10 = 10.^(snr1./10);
SNR_1 = snr_b10./(2*94) + sqrt(((snr_b10.^2) ./ (4*94*94)) + (snr_b10 ./
                94)); % Equation 1.80 of text
LNCI = (1+SNR_1) ./ SNR_1; % Equation 1.78 of text
NCIgain = 10*log10(94) - 10*log10(LNCI);
Rnewnci = ((10.^(0.1*NCIgain)).^0.25) .* range;
snrnci = snr1 + NCIgain;
figure (2)
plot(rangekm,snr1,'k',Rnewnci./1000,snr1,'k -.', Rnewci./1000,snr1,'k:')
axis([1 12 -20 45])
grid
legend('single pulse','94 pulse NCI','94 pulse CI')
xlabel ('Detection range - Km');
ylabel ('SNR - dB');
```

清单 1.9 MATLAB 程序“fig1 _21. m”

```
%use this figure to generate Fig. 1.21 of text
clear all
close all
np = linspace(1,10000,1000);
snrci = pulse_integration(4,94.e9,47,20,290,20e6,7,10,5.01e3,np,1);
snrnci = pulse_integration(4,94.e9,47,20,290,20e6,7,10,5.01e3,np,2);
semilogx(np,snrci,'k',np,snrnci,'k:')
legend('Coherent integration','Non-coherent integration')
grid
xlabel ('Number of integrated pulses');
ylabel ('SNR - dB');
```

清单 1.10 MATLAB 函数“pulse _integration. m”

```
function [snrout] = pulse_integration(pt, freq, g, sigma, te, b, nf, loss,
                range,np,ci_nci)
snr1 = radar_eq(pt, freq, g, sigma, te, b, nf, loss, range) % single pulse SNR
if (ci_nci == 1) % coherent integration
  snrout = snr1 + 10*log10(np);
else % non-coherent integration
  if (ci_nci == 2)
    snr_nci = 10.^(snr1./10);
    val1 = (snr_nci.^2) ./ (4.*np.*np);
    val2 = snr_nci ./ np;
    val3 = snr_nci ./ (2.*np);
    SNR_1 = val3 + sqrt(val1 + val2); % Equation 1.87 of text
    LNCI = (1+SNR_1) ./ SNR_1; % Equation 1.85 of text
```

```
    snrout = snr1 + 10*log10(np) - 10*log10(LNCI);
  end
end
return
```

清单 1.11　MATLAB 程序“myradarvisit1 _1. m”

```
close all
clear all
pt = 724.2e+3; % peak power in Watts
freq = 3e+9; % radar operating frequency in Hz
g = 37.0; % antenna gain in dB
sigmam = 0.5; % missile RCS in m squared
sigmaa = 4.0; % aircraft RCS in m squared
te = 290.0; % effective noise temperature in Kelvins
b = 1.0e+6; % radar operating bandwidth in Hz
nf = 6.0; %noise figure in dB
loss = 8.0; % radar losses in dB
range = linspace(5e3,125e3,1000); % range to target from 25 Km 165 Km,
                1000 points
snr1 = radar_eq(pt, freq, g, sigmam, te, b, nf, loss, range);
snr2 = radar_eq(pt, freq, g, sigmaa, te, b, nf, loss, range);
% plot SNR versus range
figure(1)
rangekm  = range ./ 1000;
plot(rangekm,snr1,'k',rangekm,snr2,'k:')
grid
legend('Misssile','Aircraft')
xlabel ('Detection range - Km');
ylabel ('SNR - dB');
```

清单 1.12　MATLAB 程序“fig1 _27. m”

```
% Use this program to reproduce Fig. 1.27 of text.
close all
clear all
np = 7;
pt = 165.8e3; % peak power in Watts
freq = 3e+9; % radar operating frequency in Hz
g = 34.5139; % antenna gain in dB
sigmam = 0.5; % missile RCS m squared
sigmaa = 4; % aircraft RCS m squared
te = 290.0; % effective noise temperature in Kelvins
b = 1.0e+6; % radar operating bandwidth in Hz
nf = 6.0; %noise figure in dB
loss = 8.0; % radar losses in dB
% compute the single pulse SNR when 7-pulse NCI is used
SNR_1 = (10^1.3)/(2*7) + sqrt((((10^1.3)^2) / (4*7*7)) + ((10^1.3) / 7));
% compute the integration loss
LNCI = 10*log10((1+SNR_1)/SNR_1);
loss_total = loss + LNCI;
range = linspace(15e3,100e3,1000); % range to target from 15 to 100 Km,
                1000 points
% modify pt by np*pt to account for pulse integration
```

```
snrmnci = radar_eq(np*pt, freq, g, sigmam, te, b, nf, loss_total, range);
snrm = radar_eq(pt, freq, g, sigmam, te, b, nf, loss, range);
snranci = radar_eq(np*pt, freq, g, sigmaa, te, b, nf, loss_total, range);
snra = radar_eq(pt, freq, g, sigmaa, te, b, nf, loss, range);
% plot SNR versus range
rangekm  = range ./ 1000;
figure(1)
subplot(2,1,1)
plot(rangekm,snrmnci,'k',rangekm,snrm,'k -.')
grid
legend('With 7-pulse NCI','Single pulse')
ylabel ('SNR - dB');
title('Missile case')
subplot(2,1,2)
plot(rangekm,snranci,'k',rangekm,snra,'k -.')
grid
legend('With 7-pulse NCI','Single pulse')
ylabel ('SNR - dB');
title('Aircraft case')
xlabel('Detection range - Km')
```

附录1A 脉冲雷达

1A.1 简介

脉冲雷达发射和接收调制脉冲串。距离是从发射和接收脉冲之间的双程时间延迟中提取的。多普勒测量通过两种方法进行。如果可以利用连续脉冲之间准确的测量距离，那么可以从距离变化率 $R = \Delta R/\Delta t$ 提取多普勒频率。只要在间隔 Δt 内距离没有显著变化，这种方法就工作得很好。另外，脉冲雷达可以利用多普勒滤波器组。

脉冲雷达波形可以完整定义如下：(1)载频，可以根据设计需求和雷达任务改变；(2)脉冲宽度，它和带宽紧密相关，并定义了距离分辨率；(3)调制；(4)脉冲重复频率。通常使用不同的调制技术来增强雷达性能，或者增加其他调制方式不可能具有的能力。PRF 的选择必须避免多普勒和距离模糊，以及使平均发射功率最大。

雷达系统可以采用低、中和高 PRF 方案。低 PRF 波形可以提供准确的、远的、不模糊的距离测量，但是有严重的多普勒模糊。中 PRF 波形必须同时解距离和多普勒模糊，然而与低 PRF 相比提供了足够的发射功率。高 PRF 波形可以提供更大的平均发射功率和出色的杂波抑制能力。另一方面，高 PRF 波形在距离上是严重模糊的。使用高 PRF 的雷达系统经常称为脉冲多普勒雷达(PDR)。不同 PRF 的距离和多普勒模糊见表 1A.1。

表 1A.1 PRF 模糊

PRF	距离模糊	多普勒模糊
低 PRF	无	有
中 PRF	有	有
高 PRF	有	无

雷达可以使用恒定的和可变(捷变)的 PRF。例如，动目标显示(MTI)雷达使用 PRF 捷变来避免盲速。这种类型的捷变称为 PRF 参差。PRF 捷变还可以用于避免距离和多普勒模糊，这将在下面三节解释。另外，PRF 捷变还可以用来抵抗锁定在雷达 PRF 上的干扰。后两种形式的 PRF 捷变有时称为 PRF 抖动。

图 1A.1 显示了简化的脉冲雷达框图。距离门可以用滤波器实现，其在与检测距离对应的时间间隔打开和关闭。这种间隔的宽度对应于期望的距离分辨率。雷达接收机经常用一系列连续(在时间上)的距离门实现，每个门的宽度和雷达脉冲宽度匹配。NBF(窄带滤波器)组通常使用 FFT 实现，单个滤波器的带宽对应于 FFT 的频率分辨率。

1A.2 距离和多普勒模糊

如前面所解释的，脉冲雷达会发生距离模糊，如果第二个脉冲在第一个脉冲的回波之前发射的话。一般来说，雷达 PRF 的选择应该使无模糊距离足够大，以满足雷达的工作要求。因此，远程搜索雷达要求相对较低的 PRF。

脉冲串的线谱具有 $(\sin x)/x$ 形状的包络，并且线谱被 PRF(f_r)分隔，如图 1A.2 所示。多普勒滤波器组能够解出目标的多普勒,只要预期的多普勒偏移小于单个滤波器带宽的一半(即 FFT 单元宽度的一半)。因此,脉冲雷达的设计使

$$f_r = 2f_{dmax} = \frac{2v_{rmax}}{\lambda} \tag{1A.1}$$

其中,f_{dmax}是预期的最大目标多普勒频率,v_{rmax}是预期的最大目标径向速度,λ 是雷达波长。

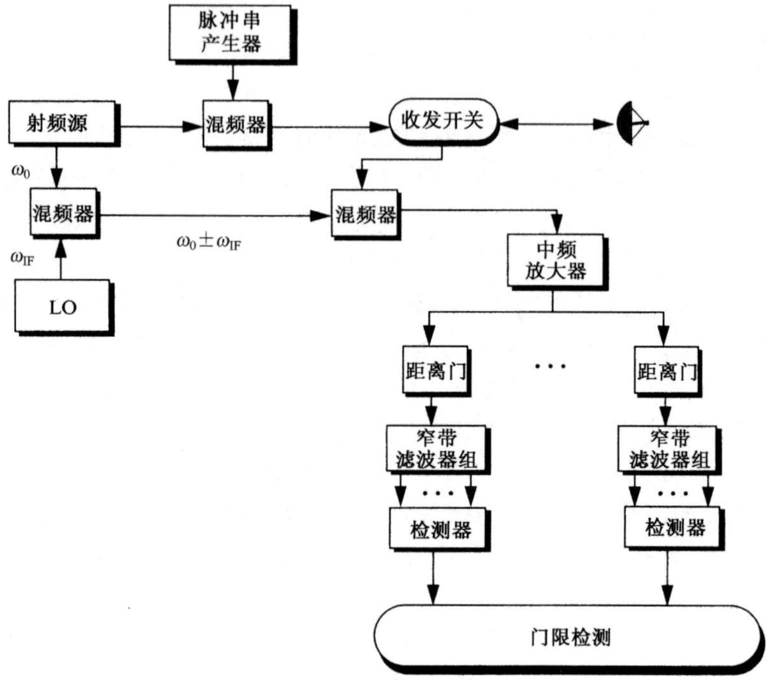

图 1A.1 脉冲雷达框图

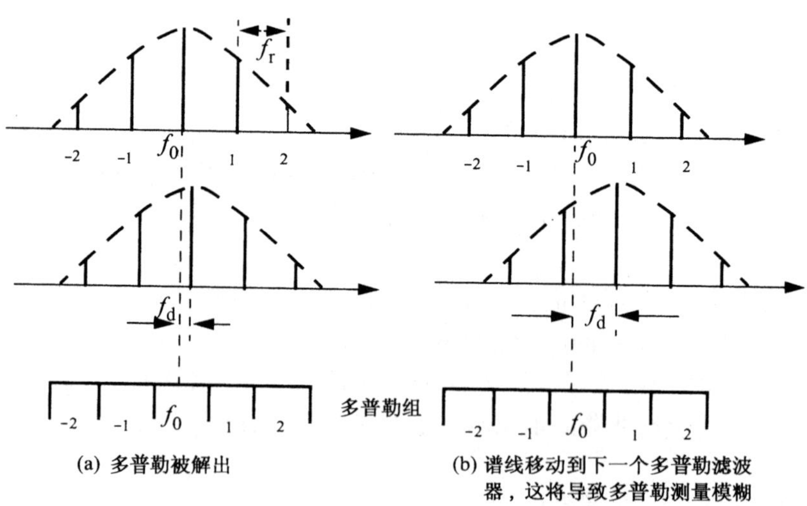

图 1A.2 发射和接收波形的谱,以及多普勒(滤波器)组

如果目标的多普勒频率足够高,使相邻谱线移动到感兴趣的多普勒频带内,则雷达就会多普勒模糊。因此,为了避免多普勒模糊,当检测高速目标时,雷达系统要求高 PRF。当要求远程雷达检测高速目标时,距离和多普勒同时不模糊是不可能的。这个问题可以通过使用多个 PRF 来解决。多 PRF 方案可以在每次驻留间隔内(扫描或积累帧)顺序配合使用,或者雷达在

一次扫描内使用单个 PRF,在下一次扫描解模糊。然而,由于从一次扫描到下一次扫描目标动态特性会发生改变,因此后一种技术可能会有问题。

1A.3 解距离模糊

考虑一部雷达在发射时使用两种 PRF(f_{r1}和f_{r2})来解距离模糊,如图 1A.3 所示。分别用 R_{u1}和 R_{u2}表示两种 PRF 的不模糊距离。通常,这些不模糊距离相对较小,比期望的雷达不模糊距离 R_u 短($R_u \gg R_{u1}$, R_{u2})。将对应于 R_u的雷达期望的 PRF 表示为f_{rd}。

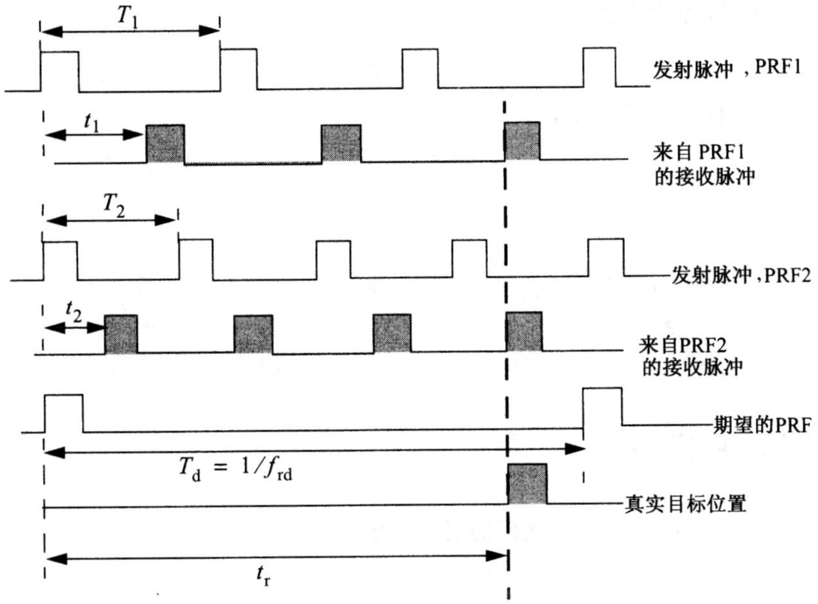

图 1A.3 解距离模糊

f_{r1}和f_{r2}的选择使二者互质。一种选择方法是对某些整数 N,选择$f_{r1} = Nf_{rd}$,$f_{r2} = (N+1)f_{rd}$。在一个期望 PRI($T_d = 1/f_{rd}$)周期内,两种 PRF(f_{r1}和f_{r2})只在一个位置是一致的,这就是真实的不模糊目标位置。时间延迟 T_d 确立了期望的不模糊距离。时间延迟 t_1 和 t_2 分别对应每种 PRF 的发射脉冲与接收的由于相同脉冲产生的目标回波之间的时间。

假设M_1 是发射脉冲与真实目标接收回波之间的 PRF1 的间隔数。数值M_2 与M_1 类似,除了它是对应于 PRF2 的。然后,在间隔 0 到 T_d 内,可能的结果只有 $M_1 = M_2 = M$ 或 $M_1 + 1 = M_2$。雷达只需要测量 t_1 和 t_2。首先考虑 $t_1 < t_2$ 的情况。此时

$$t_1 + \frac{M}{f_{r1}} = t_2 + \frac{M}{f_{r2}} \tag{1A.2}$$

因此,得到

$$M = \frac{t_2 - t_1}{T_1 - T_2} \tag{1A.3}$$

其中,$T_1 = 1/f_{r1}$,$T_2 = 1/f_{r2}$。那么,真实目标位置的往返时间为

$$\begin{aligned} t_r &= MT_1 + t_1 \\ t_r &= MT_2 + t_2 \end{aligned} \tag{1A.4}$$

真实的目标距离为

$$R = ct_r/2 \tag{1A.5}$$

现在如果 $t_1 > t_2$，那么

$$t_1 + \frac{M}{f_{r1}} = t_2 + \frac{M+1}{f_{r2}} \tag{1A.6}$$

求解 M 得到

$$M = \frac{(t_2 - t_1) + T_2}{T_1 - T_2} \tag{1A.7}$$

真实的目标位置的往返时间为

$$t_{r1} = MT_1 + t_1 \tag{1A.8}$$

这种情况下，真实的目标距离为

$$R = \frac{ct_{r1}}{2} \tag{1A.9}$$

最后，如果 $t_1 = t_2$，则目标是不模糊的。那么

$$t_{r2} = t_1 = t_2 \tag{1A.10}$$

并且

$$R = ct_{r2}/2 \tag{1A.11}$$

当下一个脉冲正在发射时，是不能接收脉冲的，因此这些时间对应盲距。这个问题可以通过使用第三个 PRF 解决。在这种情况下，一旦选择了整数 N，那么为了保证三个 PRF 相互之间是互质的，此时，可以选择 $f_{r1} = N(N+1)f_{rd}$，$f_{r2} = N(N+2)f_{rd}$ 和 $f_{r3} = (N+1)(N+2)f_{rd}$。

1A.4 解多普勒模糊

多普勒模糊问题与距离模糊问题相似，因此可以使用相同的方法解多普勒模糊。此时，测量多普勒频率 f_{d1} 和 f_{d2} 代替 t_1 和 t_2。

如果 $f_{d1} > f_{d2}$，那么有

$$M = \frac{(f_{d2} - f_{d1}) + f_{r2}}{f_{r1} - f_{r2}} \tag{1A.12}$$

如果 $f_{d1} < f_{d2}$，则

$$M = \frac{f_{d2} - f_{d1}}{f_{r1} - f_{r2}} \tag{1A.13}$$

真实的多普勒为

$$\begin{aligned} f_d &= Mf_{r1} + f_{d1} \\ f_d &= Mf_{r2} + f_{d2} \end{aligned} \tag{1A.14}$$

最后，如果 $f_{d1} = f_{d2}$，那么

$$f_d = f_{d1} = f_{d2} \tag{1A.15}$$

也会产生盲多普勒，可以使用第三个 PRF 解决。

例题

某雷达使用两个 PRF 来解距离模糊。期望的不模糊距离是 $R_u = 100$ km。选择 $N = 59$。计算 f_{r1}、f_{r2}、R_{u1} 和 R_{u2}。

解：

首先计算期望的 PRF(f_{rd})，即

$$f_{rd} = \frac{c}{2R_u} = \frac{3 \times 10^8}{200 \times 10^3} = 1.5\ \text{kHz}$$

然后

$$f_{r1} = Nf_{rd} = (59)(1500) = 88.5\ \text{kHz}$$

$$f_{r2} = (N+1)f_{rd} = (59+1)(1500) = 90\ \text{kHz}$$

$$R_{u1} = \frac{c}{2f_{r1}} = \frac{3 \times 10^8}{2 \times 88.5 \times 10^3} = 1.695\ \text{km}$$

$$R_{u2} = \frac{c}{2f_{r2}} = \frac{3 \times 10^8}{2 \times 90 \times 10^3} = 1.667\ \text{km}$$

例题

考虑一部使用三个 PRF 的雷达：$f_{r1} = 15$ kHz、$f_{r2} = 18$ kHz 和 $f_{r3} = 21$ kHz。假设 $f_0 = 9$ GHz。对于速度为 550 m/s 的目标，计算每个 PRF 的频率位置。对每个 PRF，对出现在 8 kHz、2 kHz 和 17 kHz 的另一个目标，计算 f_d（多普勒频率）。

解：

多普勒频率为

$$f_d = 2\frac{vf_0}{c} = \frac{2 \times 550 \times 9 \times 10^9}{3 \times 10^8} = 33\ \text{kHz}$$

然后使用式(1A.14) $n_i f_{ri} + f_{di} = f_d$，其中 $i = 1,2,3$，可以写出

$$n_1 f_{r1} + f_{d1} = 15n_1 + f_{d1} = 33$$

$$n_2 f_{r2} + f_{d2} = 18n_2 + f_{d2} = 33$$

$$n_3 f_{r3} + f_{d3} = 21n_3 + f_{d3} = 33$$

这里将说明如何计算 n_1，而将 n_2 和 n_3 的计算留给读者。首先，如果选择 $n_1 = 0$，那么意味着 $f_{d1} = 33$ kHz，这是不对的，因为 f_{d1} 不能大于 f_{r1}。选择 $n_1 = 1$ 也是错误的，因为 $f_{d1} = 18$ kHz 也是不对的。最后，如果选择 $n_1 = 2$，得到 $f_{d1} = 3$ kHz，这是可接受的数值。然后，可以满足上面三个关系的最小的 n_1、n_2 和 n_3 是 $n_1 = 2$、$n_2 = 1$ 和 $n_3 = 1$。因此，视在多普勒频率为 $f_{d1} = 3$ kHz、$f_{d2} = 15$ kHz 和 $f_{d3} = 12$ kHz。

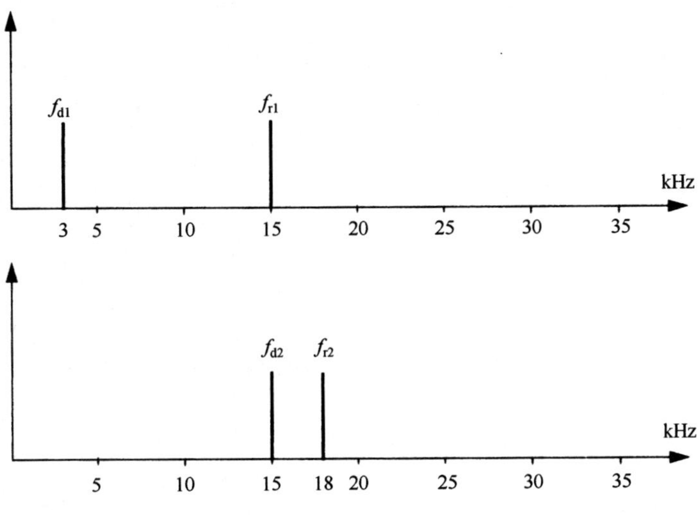

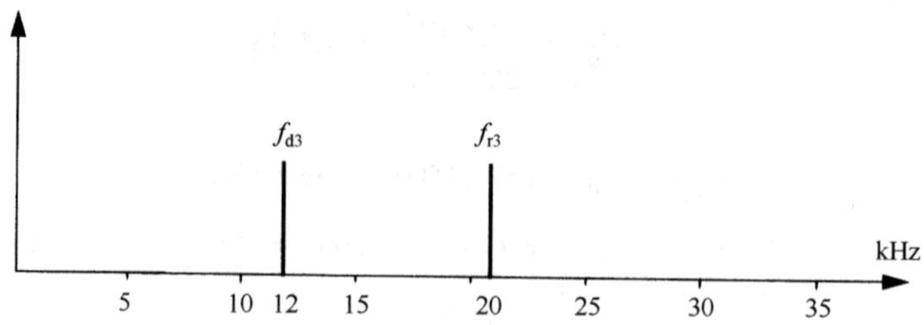

现在看问题的第二部分。再次使用式(1A. 14)有

$$n_1 f_{r1} + f_{d1} = f_d = 15n_1 + 8$$

$$n_2 f_{r2} + f_{d2} = f_d = 18n_2 + 2$$

$$n_3 f_{r3} + f_{d3} = f_d = 21n_3 + 17$$

现在我们可以求解满足上面三个关系的最小的整数 n_1、n_2 和 n_3，如下表所示。

n	0	1	2	3	4
f_{r1} 的 f_d	8	23	$\underline{\underline{38}}$	53	68
f_{r2} 的 f_d	2	20	$\underline{\underline{38}}$	56	
f_{r3} 的 f_d	17	$\underline{\underline{38}}$	39		

因此，$n_1 = 2 = n_2$，$n_3 = 1$，真实的目标多普勒是 $f_d = 38$ kHz。所以

$$v_r = 38\,000 \times \frac{0.0333}{2} = 632.7 \text{ m/s}$$

附录1B　噪声系数

1B.1　噪声系数

在雷达接收机中,除目标回波之外的任何信号都被认为是噪声。这包括雷达外部的干扰信号和接收机自己产生的热噪声。热噪声(电子的热搅动)和散粒噪声(半导体的载体密度变化)是雷达接收机内部两种主要的噪声源。

热噪声的功率谱密度为

$$S_n(\omega) = \frac{|\omega| h}{\pi\left[\exp\left(\frac{|\omega| h}{2\pi kT}\right) - 1\right]} \tag{1B.1}$$

其中,$|\omega|$是以弧度每秒表示的频率的绝对值,T是以开尔文表示的导电介质的温度,k是玻尔兹曼常数,h是普朗克常数($h = 6.625 \times 10^{-34}$ J·s)。当条件$|\omega| \ll 2\pi kT/h$成立时,可以将式(1B.1)近似为

$$S_n(\omega) \approx 2kT \tag{1B.2}$$

这种近似被广泛接受,因为实际上,雷达系统工作在小于100 GHz的频率上。例如,如果$T =$ 290 K,那么$2\pi kT/h \approx 6000$ GHz。

所以在1 Ω电阻上产生的均方噪声电压(噪声功率)为

$$\langle n^2 \rangle = \frac{1}{2\pi}\int_{-2\pi B}^{2\pi B} 2kT \, \mathrm{d}\omega = 4kTB \tag{1B.3}$$

其中,B是以赫兹表示的系统带宽。

包含热噪声和具有输入电阻R_{in}的任何电子系统,都可以被一个串联了一个噪声等效电压源,并且在其输入端增加了一个无噪声输入电阻R_{in}的等效无噪声系统所代替,如图1B.1所示。

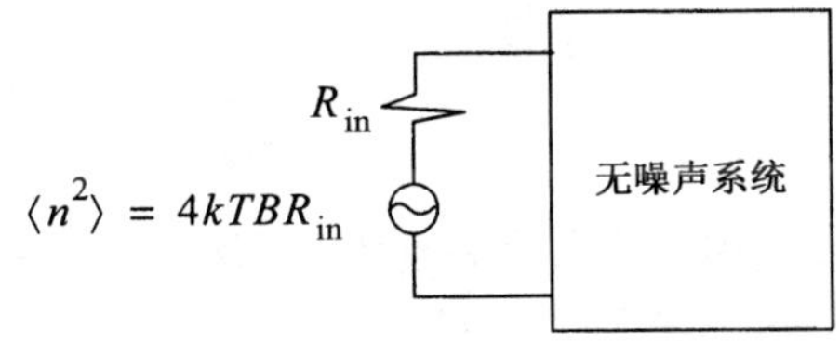

图1B.1　带有输入噪声电压源的无噪声系统

可以从$\langle n^2 \rangle$中实际提取出的噪声功率的大小是式(1B.3)计算值的四分之一。证明作为习题。

考虑一个具有功率增益为A_P的噪声系统,如图1B.2所示。噪声系数定义为

$$F_{dB} = 10 \log \frac{\text{总输出噪声功率}}{\text{只由 } R_{in} \text{ 产生的噪声输出功率}} \tag{1B.4}$$

更准确的表示为

$$F_{dB} = 10 \log \frac{N_o}{N_i \; A_p} \tag{1B.5}$$

其中,N_o和N_i分别是系统的输出和输入噪声功率。

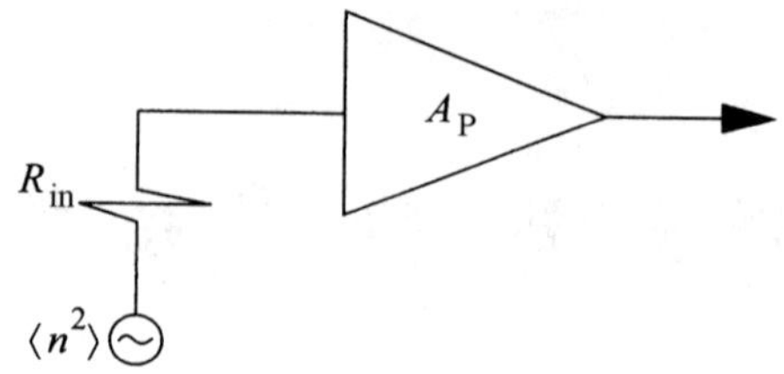

图 1B.2 噪声放大器被其无噪声等效系统和串联了一个电阻的电压源所代替

如果分别用 S_i 和 S_o 定义输入和输出信号功率，那么功率增益为

$$A_P = \frac{S_o}{S_i} \tag{1B.6}$$

因此

$$F_{dB} = 10\log\left(\frac{S_i/N_i}{S_o/N_o}\right) = \left(\frac{S_i}{N_i}\right)_{dB} - \left(\frac{S_o}{N_o}\right)_{dB} \tag{1B.7}$$

其中

$$\left(\frac{S_i}{N_i}\right)_{dB} > \left(\frac{S_o}{N_o}\right)_{dB} \tag{1B.8}$$

所以，可以说噪声系数是由放大器的附加热噪声而产生的信噪比损失[$(\mathrm{SNR})_o = (\mathrm{SNR})_i - F$ dB]。

我们还可以将噪声系数用系统有效噪声温度 T_e 表示。考虑图 1B.2 所示的放大器，令其有效噪声温度为 T_e。假定输入噪声温度是 T_o，因此，输入噪声功率为

$$N_i = kT_0B \tag{1B.9}$$

输出噪声功率为

$$N_o = kT_0B\ A_p + kT_eB\ A_p \tag{1B.10}$$

其中，式(1B.10)右边的第一项对应于输入噪声，后一项是由系统内部所产生的热噪声引起的。接下来，可以将噪声系数表示为

$$F = \frac{(\mathrm{SNR})_i}{(\mathrm{SNR})_o} = \frac{S_i}{kT_0B}\ kBA_p\ \frac{T_o + T_e}{S_o} = 1 + \frac{T_e}{T_o} \tag{1B.11}$$

等效地，可以写出

$$T_e = (F-1)T_o \tag{1B.12}$$

例题

一个放大器的噪声系数为 4 dB，带宽为 $B = 500$ kHz。计算在输出端产生单位 SNR 的输入信号功率。假定 $T_o = 290$ K，输入电阻为 1 Ω。

解：

输入噪声功率为

$$kT_0B = 1.38\times10^{-23}\times290\times500\times10^3 = 2.0\times10^{-15}\ \mathrm{W}$$

假设为电压信号，那么输入噪声均方电压为

$$\langle n_i^2 \rangle = kT_0B = 2.0\times10^{-15}\ \mathrm{V}^2$$

$$F = 10^{0.4} = 2.51$$

从噪声系数的定义得到

$$\frac{S_i}{N_i} = F\left(\frac{S_o}{N_o}\right) = F$$

和

$$\langle s_i^2 \rangle = F\langle n_i^2 \rangle = 2.51 \times 2.0 \times 10^{-15} = 5.02 \times 10^{-15}\ \mathrm{V}^2$$

最后

$$\sqrt{\langle s_i^2 \rangle} = 70.852n\ \mathrm{V}$$

考虑图 1B.3 所示的级联系统。网络 1 由噪声系数 F_1、功率增益 G_1、带宽 B 及温度 T_{e1} 定义。类似地，网络 2 由 F_2、G_2、B 及 T_{e2} 定义。假定输入噪声温度是 T_o。

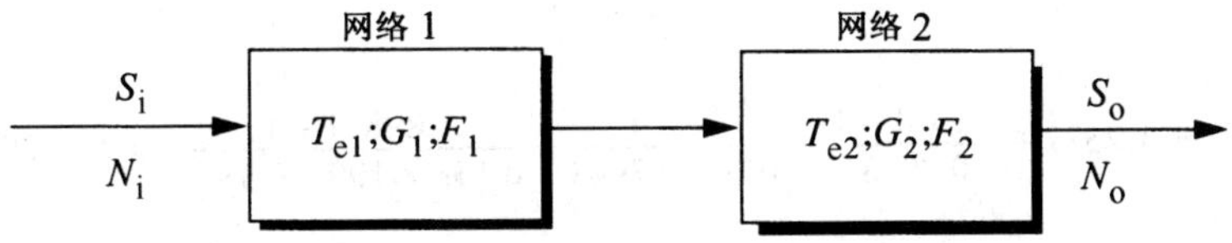

图 1B.3　级联线性系统

输出信号功率为

$$S_o = S_i G_1 G_2 \tag{1B.13}$$

输入和输出噪声功率分别为

$$N_i = kT_oB \tag{1B.14}$$

$$N_o = kT_oBG_1G_2 + kT_{e1}BG_1G_2 + kT_{e2}BG_2 \tag{1B.15}$$

其中，式(1B.15)右边的三项分别对应于输入噪声功率、网络 1 内部产生的热噪声和网络 2 内部产生的热噪声。

现在如果对式(1B.13)和式(1B.14)使用关系式 $T_e = (F-1)T_o$，可以将总的输出噪声功率表示为

$$N_o = F_1N_iG_1G_2 + (F_2-1)N_iG_2 \tag{1B.16}$$

那么，级联系统总的噪声系数为

$$F = \frac{(S_i/N_i)}{(S_o/N_o)} = F_1 + \frac{F_2-1}{G_1} \tag{1B.17}$$

一般来说，对 n 级系统可以得到

$$F = F_1 + \frac{F_2-1}{G_1} + \frac{F_3-1}{G_1G_2} + \cdots + \frac{F_n-1}{G_1G_2G_3\cdots G_{n-1}} \tag{1B.18}$$

还可以计算 n 级系统的有效温度为

$$T_e = T_{e1} + \frac{T_{e2}}{G_1} + \frac{T_{e3}}{G_1G_2} + \cdots + \frac{T_{en}}{G_1G_2G_3\cdots G_{n-1}} \tag{1B.19}$$

式(1B.18)和式(1B.19)表明，总的噪声系数主要由第一级决定。因此，雷达接收机为了使总的接收机噪声系数最小，在第一级采用低噪声功率放大器。然而，对于为低 RCS 工作而制造的雷达系统，分析中应该包括每一级。

例题

一部雷达接收机由具有电缆损耗为 $L_1 = 1\ \mathrm{dB} = F_1$ 的天线，具有 $F_2 = 6\ \mathrm{dB}$ 和增益 $G_2 = 20\ \mathrm{dB}$ 的 RF 放大器，然后是具有噪声系数为 $F_3 = 10\ \mathrm{dB}$ 和变换损耗为 $L_3 = 8\ \mathrm{dB}$ 的混频器，以及最后具有 $F_4 = 6\ \mathrm{dB}$ 和增益 $G_4 = 60\ \mathrm{dB}$ 的集成电路 IF 放大器组成。求总的噪声系数。

解:

根据式(1B. 18)有

$$F = F_1 + \frac{F_2 - 1}{G_1} + \frac{F_3 - 1}{G_1 G_2} + \frac{F_4 - 1}{G_1 G_2 G_3}$$

G_1	G_2	G_3	G_4	F_1	F_2	F_3	F_4
-1 dB	20 dB	-8 dB	60 dB	1 dB	6 dB	10 dB	6 dB
0.7943	100	0.1585	10^6	1.2589	3.9811	10	3.9811

①

所以

$$F = 1.2589 + \frac{3.9811 - 1}{0.7943} + \frac{10 - 1}{100 \times 0.7943} + \frac{3.9811 - 1}{0.158 \times 100 \times 0.7943} = 5.3629$$

$$F = 10 \log(5.3628) = 7.294 \text{ dB}$$

① G_1 和 G_3 分别对应 L_1 和 L_3，因为是损耗，所以为负值——译者注。

第2章　雷达检测

2.1　噪声中的检测

采用包络检波器后跟门限判决的雷达接收机的简化框图如图2.1所示。接收机的输入信号由雷达回波信号 $s(t)$ 和加性的均值为零、方差为 ψ^2 的高斯白噪声 $n(t)$ 组成。输入噪声假定是空间不相干的,并且与信号不相关。

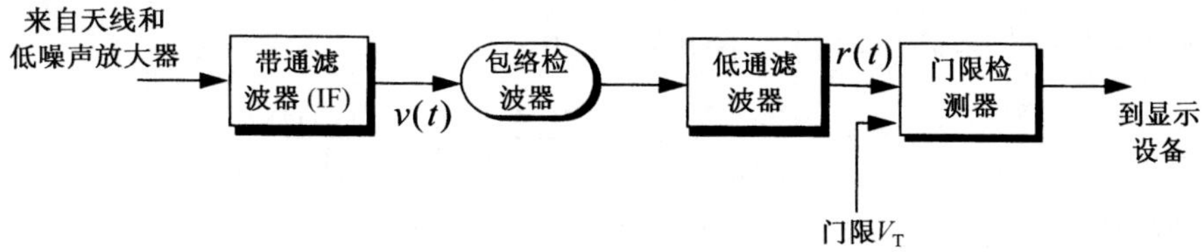

图2.1　包络检波器和门限接收机的简化框图

带通中频(IF)滤波器的输出是信号 $v(t)$,其可以写为

$$\begin{aligned} v(t) &= v_I(t)\cos\omega_0 t + v_Q(t)\sin\omega_0 t = r(t)\cos(\omega_0 t - \varphi(t)) \\ v_I(t) &= r(t)\cos\varphi(t) \\ v_Q(t) &= r(t)\sin\varphi(t) \end{aligned} \tag{2.1}$$

其中,$\omega_0 = 2\pi f_0$ 是雷达工作频率,$r(t)$ 是 $v(t)$ 的包络,相位是 $\varphi(t) = \arctan(v_Q/v_I)$,下标I、Q分别称为同相和正交分量。

当 $r(t)$ 超过门限值 V_T 时,目标被检测,判决假设为

$$s(t)+n(t) > V_T \quad 检测$$
$$n(t) > V_T \quad 虚警$$

当从信号中减去噪声(在出现目标时)使 $r(t)$ 小于门限的情况称为丢失目标。对于给定的虚警概率,雷达设计者追求使检测概率最大。

中频滤波器的输出是复随机变量,其组成或者只有噪声,或者是噪声加上目标回波信号(幅度为 A 的正弦波)。对应第一种情况的正交分量为

$$\begin{aligned} v_I(t) &= n_I(t) \\ v_Q(t) &= n_Q(t) \end{aligned} \tag{2.2}$$

对于第二种情况,

$$\begin{aligned} v_I(t) = A + n_I(t) = r(t)\cos\varphi(t) &\Rightarrow n_I(t) = r(t)\cos\varphi(t) - A \\ v_Q(t) = n_Q(t) &= r(t)\sin\varphi(t) \end{aligned} \tag{2.3}$$

其中,噪声的正交分量 $n_I(t)$ 和 $n_Q(t)$ 是不相关的零均值低通高斯噪声,具有相等的方差 ψ^2。这两个随机变量 n_I 和 n_Q 的联合概率密度函数(pdf)为

$$\begin{aligned} f(n_I, n_Q) &= \frac{1}{2\pi\psi^2}\exp\left(-\frac{n_I^2+n_Q^2}{2\psi^2}\right) \\ &= \frac{1}{2\pi\psi^2}\exp\left(-\frac{(r\cos\varphi - A)^2 + (r\sin\varphi)^2}{2\psi^2}\right) \end{aligned} \tag{2.4}$$

随机变量 $r(t)$ 和 $\varphi(t)$ 的概率密度函数分别表示 $v(t)$ 的模和相位。这两个随机变量 $r(t)$ 和 $\varphi(t)$ 的联合概率密度函数为

$$f(r,\varphi) = f(n_I, n_Q)|\boldsymbol{J}| \tag{2.5}$$

其中，$\boldsymbol{J}$ 是导数矩阵，定义为

$$\boldsymbol{J} = \begin{bmatrix} \dfrac{\partial n_I}{\partial r} & \dfrac{\partial n_I}{\partial \varphi} \\ \dfrac{\partial n_Q}{\partial r} & \dfrac{\partial n_Q}{\partial \varphi} \end{bmatrix} = \begin{bmatrix} \cos\varphi & -r\sin\varphi \\ \sin\varphi & r\cos\varphi \end{bmatrix} \tag{2.6}$$

导数矩阵的行列式称为雅可比，在这种情况下等于

$$|\boldsymbol{J}| = r(t) \tag{2.7}$$

将式(2.4)和式(2.7)代入式(2.5)中，合并后得到

$$f(r,\varphi) = \frac{r}{2\pi\psi^2}\exp\left(-\frac{r^2+A^2}{2\psi^2}\right)\exp\left(\frac{rA\cos\varphi}{\psi^2}\right) \tag{2.8}$$

r 的单独的概率密度函数通过将式(2.8)对 φ 积分得到

$$f(r) = \int_0^{2\pi} f(r,\varphi)\mathrm{d}\varphi = \frac{r}{\psi^2}\exp\left(-\frac{r^2+A^2}{2\psi^2}\right)\ \frac{1}{2\pi}\int_0^{2\pi}\exp\left(\frac{rA\cos\varphi}{\psi^2}\right)\mathrm{d}\varphi \tag{2.9}$$

其中，式(2.9)中的积分是修正的零阶贝塞尔函数

$$\mathrm{I}_0(\beta) = \frac{1}{2\pi}\int_0^{2\pi} \mathrm{e}^{\beta\cos\theta}\ \mathrm{d}\theta \tag{2.10}$$

因此

$$f(r) = \frac{r}{\psi^2}\mathrm{I}_0\left(\frac{rA}{\psi^2}\right)\exp\left(-\frac{r^2+A^2}{2\psi^2}\right) \tag{2.11}$$

是莱斯概率密度函数。如果 $A/\psi^2=0$（只有噪声），那么式(2.11)变成瑞利概率密度函数

$$f(r) = \frac{r}{\psi^2}\exp\left(-\frac{r^2}{2\psi^2}\right) \tag{2.12}$$

还有，当 A/ψ^2 很大时，式(2.11)变成均值为 A、方差为 ψ^2 的高斯概率密度函数

$$f(r) \approx \frac{1}{\sqrt{2\pi\psi^2}}\exp\left(-\frac{(r-A)^2}{2\psi^2}\right) \tag{2.13}$$

图2.2显示了高斯和瑞利概率密度曲线。为此，使用2.11节的清单2.1给出的MATLAB程序“fig2_2.m”。这个程序使用MATLAB函数“normpdf.m”和“raylpdf.m”。这两个函数都是MATLAB统计工具箱的一部分。它们的调用语法如下：

```
normpdf(x, mu, sigma)
raylpdf(x, sigma)
```

其中，“x”是变量，“mu”是均值，“sigma”是标准差。

随机变量 φ 的概率密度从下式得到：

$$f(\varphi) = \int_0^r f(r,\varphi)\,\mathrm{d}r \tag{2.14}$$

式(2.14)的结果如下，而详细的推导留为习题。

$$f(\varphi) = \frac{1}{2\pi}\ \exp\left(\frac{-A^2}{2\psi^2}\right) + \frac{A\cos\varphi}{\sqrt{2\pi\psi^2}}\ \exp\left(\frac{-(A\sin\varphi)^2}{2\psi^2}\right)\ F\left(\frac{A\cos\varphi}{\psi}\right) \tag{2.15}$$

其中

$$F(x) = \int_{-\infty}^{x} \frac{1}{\sqrt{2\pi}}\ e^{-\zeta^2/2}\ d\zeta \tag{2.16}$$

函数 $F(x)$ 可以在大多数数学公式参考书中查表得到。注意到对只有噪声的情况（$A=0$），式(2.15)简化为 $\{0, 2\pi\}$ 区间的均匀分布的概率密度函数。

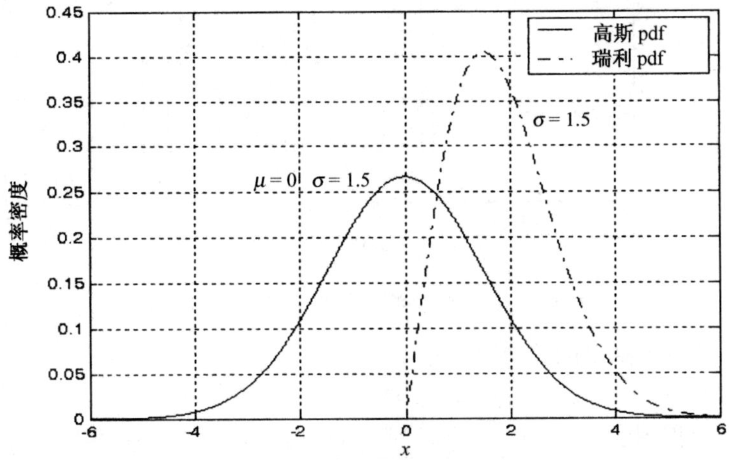

图 2.2　高斯和瑞利概率密度

函数 $F(x)$ 的一个很好的近似是

$$F(x) = 1 - \left(\frac{1}{0.661x + 0.339\sqrt{x^2 + 5.51}}\right)\frac{1}{\sqrt{2\pi}}e^{-x^2/2} \qquad x \geqslant 0 \tag{2.17}$$

对于负值的 x，

$$F(-x) = 1 - F(x) \tag{2.18}$$

MATLAB 函数“que _ func. m”

函数“que _ func. m”（见 2.11 节的清单 2.2）使用式(2.17)和式(2.18)计算 $F(x)$。调用语法如下：

fofx = que _ func(x)

2.2　虚警概率

虚警概率 P_{fa} 定义为当雷达中只有噪声出现时，信号 $r(t)$ 的样本 R 超过门限电压 V_T 的概率。

$$P_{fa} = \int_{V_T}^{\infty} \frac{r}{\psi^2}\exp\left(-\frac{r^2}{2\psi^2}\right)\ dr = \exp\left(\frac{-V_T^2}{2\psi^2}\right) \tag{2.19a}$$

$$V_T = \sqrt{2\psi^2 \ln\left(\frac{1}{P_{fa}}\right)} \tag{2.19b}$$

图 2. 3 显示了归一化门限相对虚警概率的曲线。从图中可以明显看出，P_{fa}对门限值的小变化非常敏感。这幅图可以使用 2. 11 节的清单 2. 3 给出的 MATLAB 程序"fig2 _ 3. m"得到。

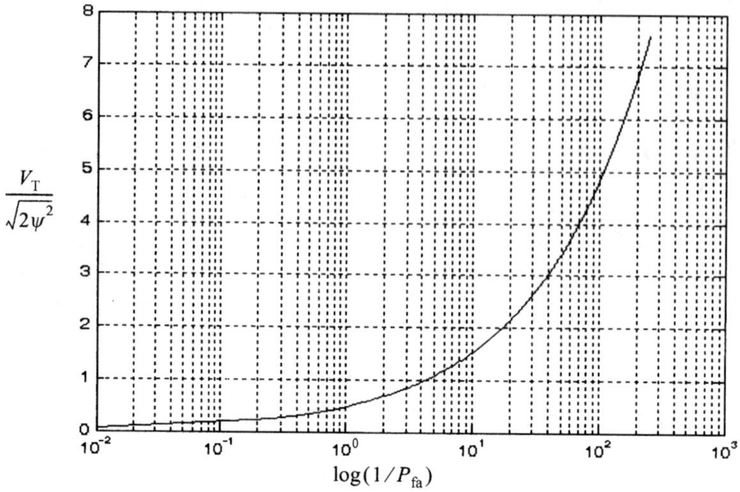

图 2. 3　归一化检测门限与虚警概率的关系

虚警时间 T_{fa}与虚警概率的关系为

$$T_{fa} = t_{int}/P_{fa} \tag{2.20}$$

其中，t_{int}表示雷达的积累时间，或包络检波器的输出超过门限电压的平均时间。因为雷达的工作带宽 B 是 t_{int}的逆，所以将式(2. 19)代入式(2. 20)，可以将 T_{fa}写为

$$T_{fa} = \frac{1}{B}\exp\left(\frac{V_T^2}{2\psi^2}\right) \tag{2.21}$$

使虚警时间最小意味着增加门限值，结果雷达的最大检测距离会减小。因此，T_{fa}可接受数值的选择变成依赖雷达工作模式的折中。

Fehlner① 将虚警数定义为

$$n_{fa} = \frac{-\ln(2)}{\ln(1-P_{fa})} \approx \frac{\ln(2)}{P_{fa}} \tag{2.22}$$

文献中对虚警数有其他稍微不同的定义，会使很多非内行的读者迷惑。除了式(2. 22)的定义，最常用的虚警数的定义是由 Marcum(1960)引入的。Marcum 将虚警数定义为 P_{fa}的倒数。在本书中，总是假定式(2. 22)给出的定义。因此，要清楚地区分 Marcum 虚警数定义和式(2. 22)定义的区别。

2. 3　检测概率

检测概率 P_D 是 $r(t)$的样本 R 在噪声加信号的情况下超过门限电压的概率。

$$P_D = \int_{V_T}^{\infty} \frac{r}{\psi^2}\, I_0\left(\frac{rA}{\psi^2}\right)\, \exp\left(-\frac{r^2+A^2}{2\psi^2}\right)\, dr \tag{2.23}$$

① Fehlner, L. F. , *Marcum's and Swerling's Data on Target Detection by a Pulsed Radar*, Johns Hopking University, Applied Physics Lab. Rpt. #TG451, July 2, 1962, and Rpt. #TG451A, September 1964.

如果假设雷达信号是幅度为 A 的正弦波形，那么它的功率是 $A^2/2$。现在，使用 $\mathrm{SNR} = A^2/2\psi^2$（单个脉冲的 SNR）和 $(V_T^2/2\psi^2) = \ln(1/P_{fa})$，那么式(2.23)可以重写为

$$P_D = \int_{\sqrt{2\psi^2 \ln(1/p_{fa})}}^{\infty} \frac{r}{\psi^2} I_0\left(\frac{rA}{\psi^2}\right) \exp\left(-\frac{r^2 + A^2}{2\psi^2}\right) \mathrm{d}r = Q\left[\sqrt{\frac{A^2}{\psi^2}}, \sqrt{2\ln\left(\frac{1}{P_{fa}}\right)}\right] \tag{2.24}$$

$$Q[\alpha, \beta] = \int_{\beta}^{\infty} \zeta \mathrm{I}_0(\alpha\zeta) \mathrm{e}^{-(\zeta^2 + \alpha^2)/2} \,\mathrm{d}\zeta \tag{2.25}$$

Q 称为 Marcum Q 函数。当 P_{fa}较小、P_D 相对较大，从而门限也较大时，式(2.24)可以近似为

$$P_D \approx F\left(\frac{A}{\psi} - \sqrt{2\ln\left(\frac{1}{P_{fa}}\right)}\right) \tag{2.26}$$

其中，$F(x)$ 由式(2.16)给出。可以在文献中发现很多式(2.24)的近似计算。North 提出的一个非常准确的近似是

$$P_D \approx 0.5 \times \mathrm{erfc}\,(\sqrt{-\ln P_{fa}} - \sqrt{\mathrm{SNR} + 0.5}) \tag{2.27}$$

其中，补余误差函数为

$$\mathrm{erfc}\,(z) = 1 - \frac{2}{\sqrt{\pi}} \int_0^z \mathrm{e}^{-v^2} \mathrm{d}v \tag{2.28}$$

MATLAB 函数"marcumsq. m"

式(2.24)给出的积分非常复杂，可以使用数值积分技术来计算。Parl① 开发了一个优秀的算法来对这个积分进行数值计算。总结如下：

$$Q[a, b] = \begin{cases} \dfrac{\alpha_n}{2\beta_n} \exp\left(\dfrac{(a-b)^2}{2}\right) & a < b \\[2ex] 1 - \dfrac{\alpha_n}{2\beta_n} \exp\left(\dfrac{(a-b)^2}{2}\right) & a \geqslant b \end{cases} \tag{2.29}$$

$$\alpha_n = d_n + \frac{2n}{ab} \alpha_{n-1} + \alpha_{n-2} \tag{2.30}$$

$$\beta_n = 1 + \frac{2n}{ab} \beta_{n-1} + \beta_{n-2} \tag{2.31}$$

$$d_{n+1} = d_n d_1 \tag{2.32}$$

$$\alpha_0 = \begin{cases} 1 & a < b \\ 0 & a \geqslant b \end{cases} \tag{2.33}$$

$$d_1 = \begin{cases} a/b & a < b \\ b/a & a \geqslant b \end{cases} \tag{2.34}$$

$\alpha_{-1} = 0.0$，$\beta_0 = 0.5$，以及 $\beta_{-1} = 0$。对于 $p \geqslant 3$，式(2.30)到式(2.32)的递归是连续计算的，直到 $\beta_n > 10^p$。该算法的准确度随 p 值的增加而提高。2.11 节的清单 2.4 给出的 MATLAB 函数"marcumsq. m"实现了 Parl 的算法，用来计算在式(2.24)中定义的检测概率。调用语法如下：

Pd = marcumsq(alpha, beta)

其中，alpha 和 beta 来自式(2.25)。图 2.4 显示了检测概率 P_D相对于单个脉冲 SNR 的关系曲

---

① Parl, S., A New Method of Calculating the Generalized Q Function, *IEEE Trans. Information Theory*, Vol. IT-26, No. 1, January 1980, pp. 121 – 124.

线，以 P_{fa} 为参数。这幅图可以用 2.11 节的清单 2.5 给出的 MATLAB 程序"prob _ snr1. m"得到。

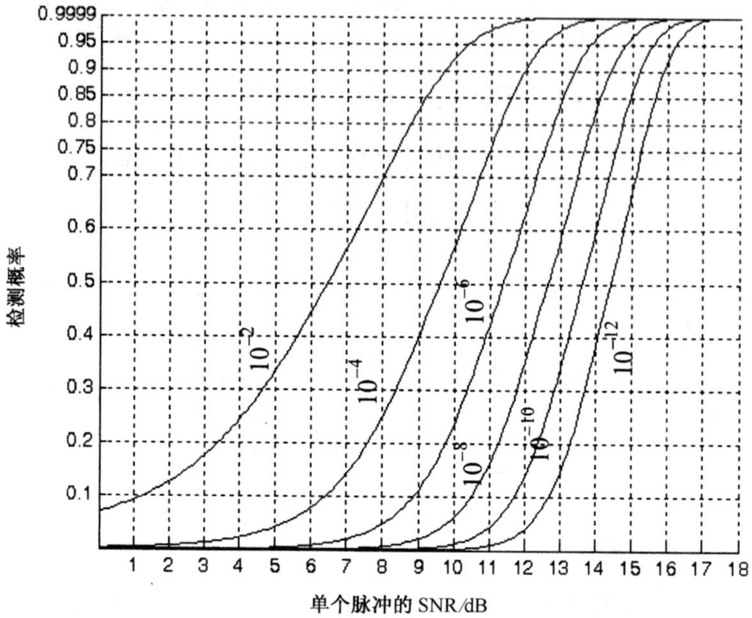

图 2.4　检测概率相对于单个脉冲 SNR 的关系曲线，对于 P_{fa} 的几个数值

2.4　脉冲积累

在第 1 章中，在雷达测量的背景下讨论过脉冲积累。在本节，将在雷达检测的背景下对这个主题进行更广泛的分析。早先介绍过的总的原则和结论不会变。然而，数学推导和特殊数值会变。相干积累保留了接收脉冲间的相位关系，因此可以获得信号幅度的叠加。另一方面，包络检波器（相位关系被破坏）之后进行的脉冲积累称为非相干或检测后积累。

2.4.1　相干积累

在相干积累中，如果使用理想的积累器（100% 效率），那么积累 n_p 个脉冲将获得相同因子的 SNR 改善。然而，对于非相干积累，积累损失总是会发生的。为了证明这种信号叠加，考虑雷达回波信号包含信号与加性噪声的情况。第 m 个回波为

$$y_m(t) = s(t) + n_m(t) \tag{2.35}$$

其中，$s(t)$ 是感兴趣的雷达回波，$n_m(t)$ 是白色不相关的加性噪声信号。相干积累 n_p 个脉冲得到

$$z(t) = \frac{1}{n_P}\sum_{m=1}^{n_P} y_m(t) = \sum_{m=1}^{n_P}\frac{1}{n_P}[s(t)+n_m(t)] = s(t) + \sum_{m=1}^{n_P}\frac{1}{n_P}n_m(t) \tag{2.36}$$

$z(t)$ 中的总噪声功率等于方差。更准确的表示如下：

$$\psi_{nz}^2 = E\left[\left(\sum_{m=1}^{n_P}\frac{1}{n_P}n_m(t)\right)\left(\sum_{l=1}^{n_P}\frac{1}{n_P}n_l(t)\right)^*\right] \tag{2.37}$$

其中，$E[\ ]$是期望值操作符。接下来，有

$$\psi_{nz}^2 = \frac{1}{n_P^2}\sum_{m,l=1}^{n_P} E[n_m(t)n_l^*(t)] = \frac{1}{n_P^2}\sum_{m,l=1}^{n_P} \psi_{ny}^2\delta_{ml} = \frac{1}{n_P}\psi_{ny}^2 \tag{2.38}$$

其中，ψ_{ny}^2是单个脉冲噪声功率，δ_{ml}当 $m \neq l$ 时等于零，当 $m = l$ 时等于单位值。观察式(2.36)和式(2.38)可以看出，相干积累后期望信号的功率没有改变，而噪声功率随因子 $1/n_p$ 而减小。因此，相干积累后 SNR 的改善为 n_p。

将产生给定检测概率所要求的单个脉冲 SNR 表示为$(\mathrm{SNR})_1$。同样，将进行 n_p 个脉冲积累时产生相同的检测概率所要求的 SNR 表示为$(\mathrm{SNR})_{n_P}$，则

$$(\mathrm{SNR})_{n_P} = \frac{1}{n_P}(\mathrm{SNR})_1 \tag{2.39}$$

获得每个发射脉冲的准确相位及在传播时保持相干性的要求是有很大代价的，并且很难实现。因此，雷达系统在搜索模式下不使用相干积累，因为目标的微动态特性不是可用的。

2.4.2 非相干积累

非相干积累通常在包络检波器，也称为正交检波器之后实现。使用平方律检波器和非相干积累的雷达接收机的框图如图 2.5 所示。在实际中，平方律检波器经常用来作为最佳接收机的近似。

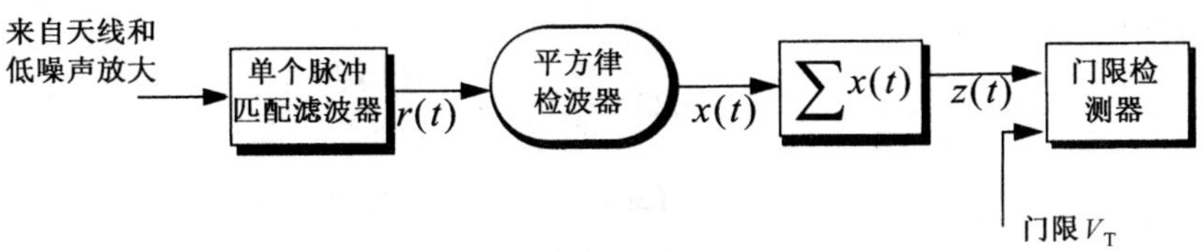

图 2.5　平方律检波器和非相干积累的简化框图

信号 $r(t)$的 pdf 前面推导过，在式(2.11)中给出。定义一个新的无量纲变量 y 为

$$y_n = \frac{r_n}{\psi} \tag{2.40}$$

还定义

$$\Re_p = \frac{A^2}{\psi^2} = 2\,\mathrm{SNR} \tag{2.41}$$

那么，这个新变量的概率密度函数为

$$f(y_n) = f(r_n)\left|\frac{\mathrm{d}r_n}{\mathrm{d}y_n}\right| = y_n\ \mathrm{I}_0(y_n\sqrt{\Re_p})\ \exp\left(\frac{-(y_n^2+\Re_p)}{2}\right) \tag{2.42}$$

对于第 n 个脉冲，平方律检波器的输出正比于其输入的平方，经过式(2.40)的变量变换后，其正比于 y_n。因此，定义一个新的变换变量是很方便的。

$$x_n = \frac{1}{2}y_n^2 \tag{2.43}$$

平方律检波器的输出变量的 pdf 为

$$f(x_n) = f(y_n)\left|\frac{\mathrm{d}y_n}{\mathrm{d}x_n}\right| = \exp\left(-\left(x_n+\frac{\Re_p}{2}\right)\right)\mathrm{I}_0(\sqrt{2x_n\Re_p}) \tag{2.44}$$

n_p 个脉冲的非相干积累的实现为

$$z = \sum_{n=1}^{n_P} x_n \tag{2.45}$$

因为随机变量 x_n 是独立的，变量 z 的 pdf 为

$$f(z) = f(x_1) * f(x_2) * \dots * f(x_{n_P}) \tag{2.46}$$

操作符 * 是卷积的符号表示。然后，可以使用单个 pdf 的特征函数来计算式(2.46)的联合 pdf。详细的推导留作习题。结果为

$$f(z) = \left(\frac{2z}{n_P \mathfrak{R}_p}\right)^{(n_P-1)/2} \exp\left(-z - \frac{1}{2} n_P \mathfrak{R}_p\right) \mathrm{I}_{n_P-1}(\sqrt{2 n_P z \mathfrak{R}_p}) \tag{2.47}$$

I_{n_p-1}是 n_p-1 阶修正贝塞尔函数。因此，通过将 $f(z)$ 从门限值到无穷积分就可以得到检测概率。另外，虚警概率可以通过将$\mathfrak{R}_p$置为零，将这个 pdf 从门限值到无穷积分得到。这些积分的闭环形式的解是不容易得到的。因此，经常使用数值技术来产生检测概率表。

改善因子和积累损失

当 n_p 个脉冲非相干积累时，将给定的 P_{fa}获得规定的 P_D 所要求的 SNR，用$(SNR)_{NCI}$表示。因此，单个脉冲的 SNR，即$(SNR)_1$，小于$(SNR)_{NCI}$。更准确的表示为

$$(SNR)_{NCI} = (SNR)_1 \times I(n_P) \tag{2.48}$$

其中 $I(n_p)$称为积累改善因子。Peebles① 报道了如下一个根据经验推导的改善因子的表达式，精度在 0.8 dB 之内。

$$[I(n_P)]_{dB} = 6.79(1 + 0.235P_D)\left(1 + \frac{\log(1/P_{fa})}{46.6}\right)\log(n_P) \\ (1 - 0.140\log(n_P) + 0.018\ 310(\log n_P)^2) \tag{2.49}$$

图 2.6(a)显示了积累改善因子作为积累脉冲数函数的曲线，以 P_D 和 P_{fa} 为参数，使用了式(2.49)。这个图可以使用 2.11 节的清单 2.6 给出的 MATLAB 程序"fig2_6a.m"得到。注意，这个程序使用了 MATLAB 函数"improv_fac.m"(见 2.11 节的清单 2.7)。

MATLAB 函数"improv_fac.m"

函数"improv_fac.m"(见 2.11 节的清单 2.7)使用式(2.49)计算改善因子。语法如下：

[impr_of_np] = improv_fac(np, pfd, pd)

其中，符号含义如下表所示。

符　号	描　述	单　位	状　态
np	积累脉冲数	无	输入
pfa	虚警概率	无	输入
pd	检测概率	无	输入
impr_of_np	改善因子	dB	输出

$$L_{NCI} = n_P / I(n_P) \tag{2.50}$$

图 2.6(b)显示了积累损失相对于 n_p 的曲线。这个图可以使用 2.11 节的清单 2.8 给出的 MATLAB 程序"fig2_6b.m"得到。当使用非相干积累时，给定 P_{fa}实现某个 P_D 所要求的对应的 SNR 为

---

① Peebles Jr., P. Z., *Radar Principles*, John Wiley & Sons, Inc., 1998.

$$(\mathrm{SNR})_{\mathrm{NCI}} = (n_{\mathrm{P}} \times (\mathrm{SNR})_1)/L_{\mathrm{NCI}} \tag{2.51}$$

其与第 1 章推导出的式(1.86)非常相似。

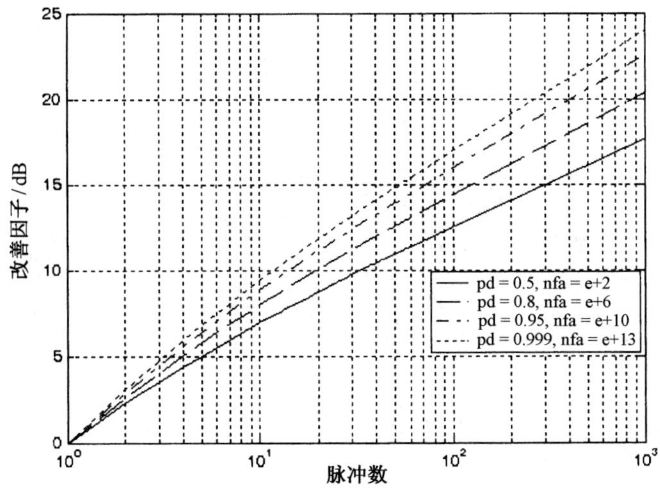

(a) 改善因子相对于非相干积累脉冲数的关系曲线

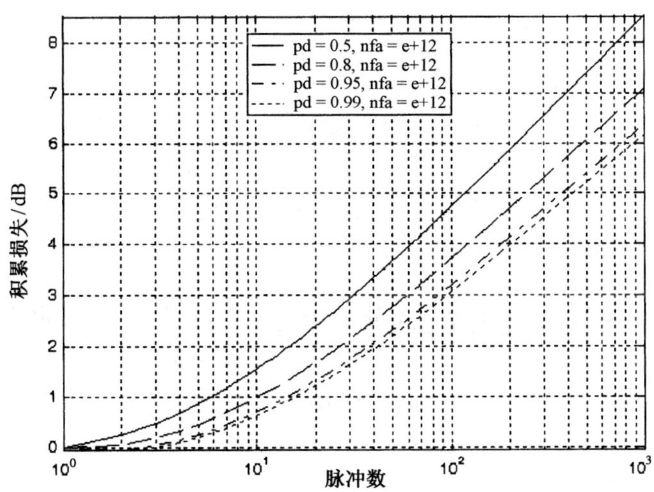

(b) 积累损失相对于非相干积累脉冲数的关系曲线

图 2.6

2.4.3　迷你设计案例研究 2.1

某 L 波段雷达具有下列指标：工作频率 $f_0 = 1.5$ GHz，工作带宽 $B = 2$ MHz，噪声系数 $F = 8$ dB，系统损失 $L = 4$ dB，虚警时间 $T_{\mathrm{fa}} = 12$ min，探测距离 $R = 12$ km，所要求的最小 SNR 为 SNR = 13.85 dB，天线增益 $G = 5000$，以及目标 RCS $\sigma = 1\ \mathrm{m}^2$。(a)确定 PRF f_{r}，脉冲宽度 τ，峰值功率 P_{t}，虚警概率 P_{fa}，对应的 P_{D}，以及最小可检测信号电平 $S_{\min}$。(b)当非相干积累 10 个脉冲时，为了获得相同的性能，峰值功率可以减小多少？(c)如果雷达在单个脉冲模式下工作在更短的距离上，则当距离缩短为 9 km 时，求新的检测概率。

解：

假设最大探测距离对应不模糊距离，据此可以计算 PRF 为

$$f_r = \frac{c}{2R_u} = \frac{3 \times 10^8}{2 \times 12000} = 12.5\ \text{kHz}$$

脉冲宽度与带宽的逆成正比，即

$$\tau = \frac{1}{B} = \frac{1}{2 \times 10^6} = 0.5\ \mu\text{s}$$

虚警概率为

$$P_{fa} = \frac{1}{BT_{fa}} = \frac{1}{2 \times 10^6 \times 12 \times 60} = 6.94 \times 10^{-10}$$

接下来，使用 MATLAB 函数"marcumsq. m"，根据下式计算检测概率：

$$Q\left[\sqrt{\frac{A^2}{\psi^2}}, \sqrt{2\ln\left(\frac{1}{P_{fa}}\right)}\right]$$

语法为

marcumsq(alpha, beta)

其中

$$\text{alpha} = \sqrt{2} \times \sqrt{10^{13.85/10}} = 6.9665$$

$$\text{beta} = \sqrt{2\ln\left(\frac{1}{6.94 \times 10^{-10}}\right)} = 6.494$$

记住，$(A^2/\psi^2) = 2$ SNR。因此，检测概率为

$$P_D = \text{Marcumsq}(6.9665, 6.494) = 0.673$$

使用雷达方程可以计算雷达峰值功率，更准确的表示如下所示：

$$P_t = \text{SNR}\ \frac{(4\pi)^3 R^4 kT_0BFL}{G^2\lambda^2\sigma} \Rightarrow$$

$$P_t = 10^{1.385}\frac{(4\pi)^3 \times 12000^4 \times 1.38 \times 10^{-23} \times 290 \times 2 \times 10^6 \times 6.309 \times 2.511}{5000^2 \times 0.2^2 \times 1}$$

$$= 126.61\ \text{W}$$

最小可检测信号为

$$S_{min} = \frac{P_tG^2\lambda^2\sigma}{(4\pi)^3R^4L} = \frac{126.61 \times 5000^2 \times 0.2^2 \times 1}{(4\pi)^3 \times 12000^4 \times 2.511} = 1.2254 \times 10^{-12}\ \text{V}$$

当 10 个脉冲非相干积累时，可以使用如下语法，根据 MATLAB 函数"improv _ fac. m"计算对应的改善因子。

improv _ fac(10, 1e－11, 0.67)

结果为 $I(10)=6 \Rightarrow 7.78$ dB。因此，保持检测概率相同(积累和不积累)，SNR 的减小因子大约为 6 dB(13.85－7.78)。10 个脉冲非相干积累的积累损失可以根据式(2.50)计算

$$L_{NCI} = \frac{n_P}{I(10)} = \frac{10}{6} = 1.67 \Rightarrow 2.2\ \text{dB}$$

所以，当 10 个脉冲非相干积累时，净的单个脉冲 SNR 为

$$(\text{SNR})_{NCI} = 13.85 - 7.78 + 2.2 = 8.27\ \text{dB}$$

最后，由于探测距离缩短到 9 km，其 SNR 改善为

$$(\text{SNR})_{9\,km} = 10\log\left(\frac{12000}{9000}\right)^4 + 13.85 = 18.85\ \text{dB}$$

2.5 起伏目标的检测

至此，检测概率的计算都是假定恒定的目标截面积(非起伏目标)。这项工作最先是由 Marcum①分析的。Swerling②考虑了目标截面积的变化，将 Marcum 的工作扩展到四种不同的类型。这些类型被称为 Swerling 模型。它们是 Swerling Ⅰ、Swerling Ⅱ、Swerling Ⅲ 和 Swerling Ⅳ。Marcum 所分析的恒定 RCS 的情况被广泛称为 Swerling 0 或等效为 Swerling Ⅴ。目标起伏降低了检测概率，或等效地减小了 SNR。

Swerling Ⅰ 型目标在一次天线扫描期内具有恒定的幅度；然而，从一次扫描到下次扫描，Swerling Ⅰ 型目标的幅度是根据具有两个自由度的 χ^2 概率密度函数独立变化的。Swerling Ⅱ 型目标的幅度，从一个脉冲到下个脉冲之间，是根据具有两个自由度的 χ^2 概率密度函数独立起伏的。与 Swerling Ⅲ 型有关的目标起伏与 Swerling Ⅰ 型类似，除了目标的功率从一个脉冲到下一个脉冲之间根据具有四个自由度的 χ^2 概率密度函数独立起伏。最后，Swerling Ⅳ型目标的幅度，从一个脉冲到下个脉冲之间，是根据具有四个自由度的 χ^2 概率密度函数独立起伏的。Swerling 表明，与 Swerling Ⅰ和Ⅱ型有关的统计特性，适用于由很多 RCS 值可比较的、小的散射体组成的目标，而与 Swerling Ⅲ和Ⅳ型有关的统计特性，适用于由一个大 RCS 的散射体和很多小的、RCS 相等的散射体组成的目标。非相干积累可以适用于所有四类 Swerling 模型；然而，当目标起伏属于 Swerling Ⅱ型或 Swerling Ⅳ型时，不能使用相干积累。这是因为对于 Swerling Ⅱ和Ⅳ型，目标的幅度从一个脉冲到下个脉冲是不相关的(快起伏)，因此不能保持相位相干性。

具有 $2N$ 个自由度的 χ^2 概率密度函数可以写为

$$f(\sigma) = \frac{N}{(N-1)!\ \bar{\sigma}}\left(\frac{N\sigma}{\bar{\sigma}}\right)^{N-1}\exp\left(-\frac{N\sigma}{\bar{\sigma}}\right) \tag{2.52}$$

其中，$\bar{\sigma}$是 RCS 的平均值。使用这个公式，令 $N=1$ 就可以得到与 Swerling Ⅰ 型和 Ⅱ 型目标有关的 pdf，其结果是瑞利 pdf。更准确地表示为

$$f(\sigma) = \frac{1}{\bar{\sigma}}\exp\left(-\frac{\sigma}{\bar{\sigma}}\right) \qquad \sigma \geqslant 0 \tag{2.53}$$

令 $N=2$，得到 Swerling Ⅲ 和Ⅳ 型目标的 pdf 为

$$f(\sigma) = \frac{4\sigma}{\bar{\sigma}^2}\exp\left(-\frac{2\sigma}{\bar{\sigma}}\right) \qquad \sigma \geqslant 0 \tag{2.54}$$

起伏目标的检测概率的计算方式与式(2.23)类似，除了此时 $f(r)$ 被条件 pdf $f(r/\sigma)$ 代替外。对于一般情况进行分析[即使用式(2.47)]，得到

$$f(z/\sigma) = \left(\frac{2z}{n_P\sigma^2/\psi^2}\right)^{(n_P-1)/2}\exp\left(-z-\frac{1}{2}n_P\frac{\sigma^2}{\psi^2}\right)I_{n_P-1}\left(\sqrt{2n_Pz\frac{\sigma^2}{\psi^2}}\right) \tag{2.55}$$

为了得到 $f(z)$，使用关系式

$$f(z,\sigma) = f(z/\sigma)f(\sigma) \tag{2.56}$$

---

① Marcum, J. I., *A Statistical Theory of Target Detection by Pulsed Radar*, IRE Transactions on Information Theory. Vol IT-6, pp. 59 - 267. April 1960.

② Swerling, P., *Probability of Detection for Fluctuating Targets*, IRE Transactions on Information Theory. Vol IT-6, pp. 269 - 308. April 1960.

$$f(z) = \int f(z, \sigma)\,d\sigma \tag{2.57}$$

最后，在式(2.57)中使用式(2.56)，得到

$$f(z) = \int f(z/\sigma) f(\sigma)\,d\sigma \tag{2.58}$$

其中，$f(z/\sigma)$在式(2.55)中定义，$f(\sigma)$是式(2.53)或式(2.54)。检测概率通过将从式(2.58)推导出的 pdf 从门限值到无穷积分得到。执行式(2.58)中的积分，得到不完全的 γ 函数。

2.5.1 门限选择

当只使用单个脉冲时，检测门限 V_T 与式(2.19)中定义的虚警概率 P_{fa}有关。当使用非相干积累时，对于任意脉冲数，DiFranco 和 Rubin① 推导了门限与 P_{fa}的一般关系式，为

$$P_{fa} = 1 - \Gamma_I\left(\frac{V_T}{\sqrt{n_P}}, n_P - 1\right) \tag{2.59}$$

其中，Γ_I 用来表示不完全的 γ 函数，由 DiFranco 和 Rubin 定义为

$$\Gamma_I(u, s) = \int_0^{u\sqrt{s+1}} \frac{e^{-\gamma}\,\gamma^s}{s!}\,d\gamma \tag{2.60}$$

注意，不完全的 γ 函数的有限值为

$$\Gamma_I(0, N) = 0\ , \quad \Gamma_I(\infty, N) = 1 \tag{2.61}$$

为了达到我们的目的，不完全的 γ 函数可以近似为

$$\Gamma_I\left(\frac{V_T}{\sqrt{n_P}}, n_P - 1\right) = 1 - \frac{V_T^{n_P-1}\,e^{-V_T}}{(n_P-1)!}\left[1 + \frac{n_P-1}{V_T} + \frac{(n_P-1)(n_P-2)}{V_T^2} + \cdots + \frac{(n_P-1)!}{V_T^{n_P-1}}\right] \tag{2.62}$$

门限值 V_T 可以通过在 Newton-Raphson 方法中所使用的递归公式来近似。更准确的表示为

$$V_{T,m} = V_{T,m-1} - \frac{G(V_{T,m-1})}{G'(V_{T,m-1})} \qquad m = 1, 2, 3, \cdots \tag{2.63}$$

当$|V_{T,m} - V_{T,m-1}| < V_{T,m-1}/10000.0$ 时，迭代结束。函数 G 和 G'为

$$G(V_{T,m}) = (0.5)^{n_P/n_{fa}} - \Gamma_I(V_T, n_P) \tag{2.64}$$

$$G'(V_{T,m}) = -\frac{e^{-V_T}\,V_T^{n_P-1}}{(n_P-1)!} \tag{2.65}$$

递归的初始值为

$$V_{T,0} = n_P - \sqrt{n_P} + 2.3\sqrt{-\log P_{fa}}\,\left(\sqrt{-\log P_{fa}} + \sqrt{n_P} - 1\right) \tag{2.66}$$

MATLAB 函数"incomplete _ gamma. m"

一般来说，对于某些整数 N，不完全的 γ 函数为

$$\Gamma_I(x, N) = \int_0^x \frac{e^{-v}\,v^{N-1}}{(N-1)!}\,dv \tag{2.67}$$

① DiFranco, J. V. and Rubin, W. L., *Radar Detection*, Artech House, 1980.

函数“incomplete _ gamma. m”(见2.11节的清单2.9)实现了式(2.67)。注意,这个函数使用了MATLAB函数“factor. m”(见清单2.10)。函数“factor. m”计算整数的阶乘。图2.7显示了对于$N=1,3,6,10$的不完全的γ函数。这个图可以使用清单2.11给出的MATLAB程序“fig2 _ 7. m”得到。调用语法如下:

[value] = incomplete _ gamma(x, N)

其中,符号含义如下表所示。

符　　号	描　　述	单　　位	状　　态
x	$\Gamma_I(x,N)$的输入变量	x的单位	输入
N	$\Gamma_I(x,N)$的输入变量	无/整数	输入
value	$\Gamma_I(x,N)$	无	输出

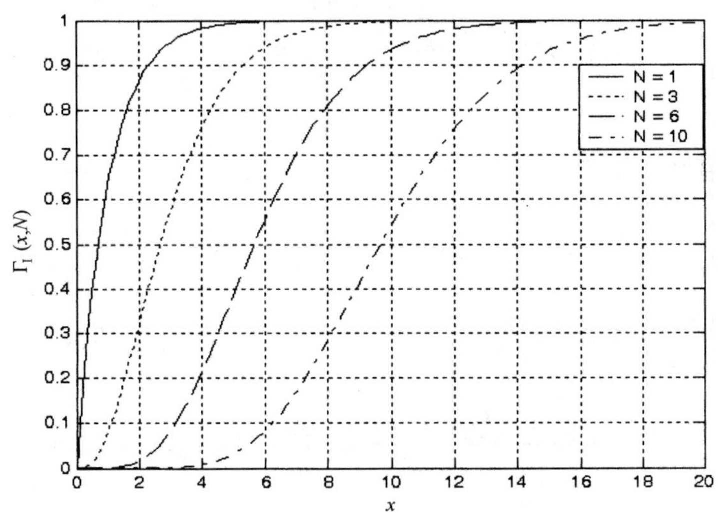

图2.7　四个N值的不完全γ函数

MATLAB函数“threshold. m”

函数“threshold. m”(见2.11节的清单2.12)使用在Newton-Raphson方法中所用的递归公式来计算门限。调用语法如下:

[pfa, vt] = threshold(nfa, np)

其中,符号含义如下表所示。

符　　号	描　　述	单　　位	状　　态
nfa	Marcum虚警数	无	输入
np	积累脉冲数	无	输入
pfa	虚警概率	无	输出
vt	门限值	无	输出

图2.8显示了对于几个数值的n_{fa},门限值相对于积累脉冲数的曲线。记住$P_{fa}\approx\ln(2)/n_{fa}$。这个图可以使用清单2.13给出的MATLAB程序“fig2 _ 8. m”得到。这个程序同时使用了“threshold. m”和“incomplete _ gamma. m”。

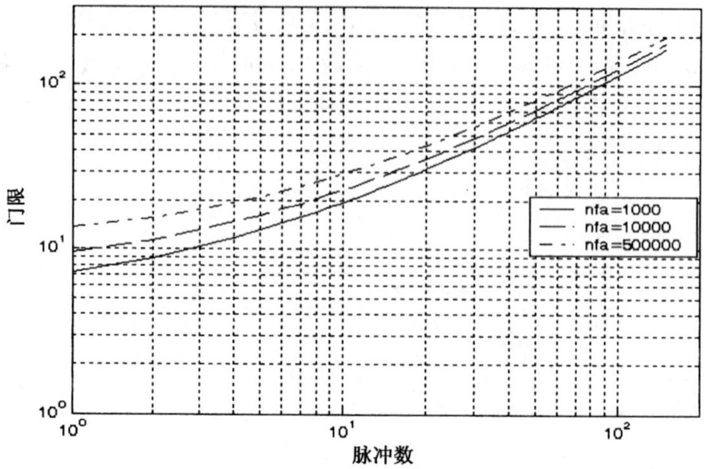

图 2.8　对于几个数值的 n_{fa}，门限 V_T 相对于 n_p 的曲线

2.6　检测概率的计算

对于 $n_p>1$ 的情况，Marcum 定义的虚警概率为

$$P_{fa} \approx \ln(2)(n_P/n_{fa}) \tag{2.68}$$

对于非起伏目标，单个脉冲的检测概率由式(2.24)给出。当 $n_p>1$ 时，使用 Gram-Charlier 级数计算检测概率。此时，检测概率为

$$P_D \approx \frac{\operatorname{erfc}(V/\sqrt{2})}{2} - \frac{e^{-V^2/2}}{\sqrt{2\pi}}[C_3(V^2-1)+C_4V(3-V^2) - C_6V(V^4-10V^2+15)] \tag{2.69}$$

其中，常数 C_3、C_4 和 C_6 是 Gram-Charlier 级数的系数，变量 V 为

$$V = \frac{V_T - n_P(1+\mathrm{SNR})}{\varpi} \tag{2.70}$$

一般来说，C_3、C_4、C_6 和 ϖ 的数值根据目标起伏类型变化。

2.6.1　Swerling Ⅴ型目标的检测

对于 Swerling Ⅴ(Swerling 0)型目标起伏，使用式(2.69)计算检测概率。此时，Gram-Charlier 级数的系数为

$$C_3 = -\frac{\mathrm{SNR}+1/3}{\sqrt{n_p}(2\,\mathrm{SNR}+1)^{1.5}} \tag{2.71}$$

$$C_4 = \frac{\mathrm{SNR}+1/4}{n_p(2\,\mathrm{SNR}+1)^2} \tag{2.72}$$

$$C_6 = C_3^2/2 \tag{2.73}$$

$$\varpi = \sqrt{n_p(2\,\mathrm{SNR}+1)} \tag{2.74}$$

MATLAB 函数“pd_swerling5.m”

函数“pd_swerling5.m”(见 2.11 节的清单 2.14)计算 Swerling Ⅴ型目标的检测概率。调

用语法如下：

[pd] = pd _ swerling5 (input1, indicator, np, snr)

其中，符号含义如下表所示。

符　号	描　述	单　位	状　态
input1	P_{fa}或 n_{fa}	无	输入
indicator	当 input1 = P_{fa}时，为 1 当 input1 = n_{fa}时，为 2	无	输入
np	积累脉冲数	无	输入
snr	SNR	dB	输入
pd	检测概率	无	输出

图 2.9 显示了 $n_p = 1, 10$ 时检测概率相对于 SNR 的曲线。这个图可以使用 MATLAB 程序"fig2 _9. m"得到（见 2.11 节的清单 2.15）。

注意到为了获得同样的检测概率，10 个脉冲非相干积累比单个脉冲需要更少的 SNR。因此，对于任意给定的 P_D，可以从曲线读出 SNR 改善。等价地，使用函数"improv _ fac. m"可得到大约相同的结果。例如，当 $P_D = 0.8$ 时，函数"improv _ fac. m"给出 $I(10) \approx 8.55$ dB 的 SNR 改善因子。图 2.9 表明 10 个脉冲的 SNR 大约是 6.03 dB。因此，单个脉冲的 SNR 大约是 14.5 dB[从式(2.49)]，可以从图中读出。

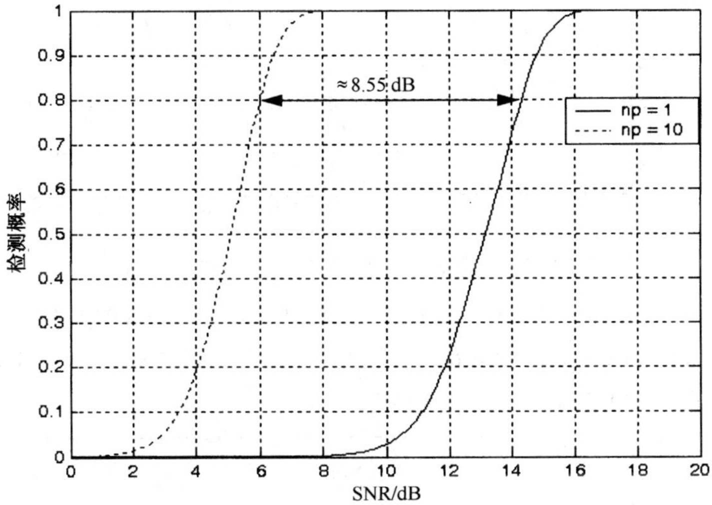

图 2.9　检测概率相对于 SNR 的曲线，$P_{fa} = 10^{-9}$，非相干积累

2.6.2 Swerling Ⅰ型目标的检测

Swerling Ⅰ型目标的检测概率的准确公式是由 Swerling 导出的。公式为

$$P_D = e^{-V_T/(1+\mathrm{SNR})} \qquad n_P = 1 \tag{2.75}$$

$$P_D = 1 - \Gamma_I(V_T, n_P - 1) + \left(1 + \frac{1}{n_P \mathrm{SNR}}\right)^{n_P - 1} \Gamma_I\left(\frac{V_T}{1 + \dfrac{1}{n_P \mathrm{SNR}}}, n_P - 1\right) \times e^{-V_T/(1 + n_P \mathrm{SNR})} \quad n_P > 1 \tag{2.76}$$

MATLAB 函数"pd _ swerling1. m"

函数"pd _ swerling1. m"（见 2.11 节的清单 2.16）计算 Swerling Ⅰ型目标的检测概率。调

用语法如下：

$$[pd] = pd\_swerling1(nfa, np, snr)$$

其中，符合含义如下表所示。

符　　号	描　　述	单　　位	状　　态
nfa	Marcum 虚警数	无	输入
np	积累脉冲数	无	输入
snr	SNR	dB	输入
pd	检测概率	无	输出

图 2.10 显示了 $n_p = 1$ 和 $P_{fa} = 10^{-9}$ 时，对 Swerling Ⅰ型和Ⅴ型起伏，检测概率作为 SNR 函数的曲线。注意到为了获得与无起伏情况相同的 P_D，在有起伏时，需要更高的 SNR。可以使用 2.11 节的清单 2.17 给出的 MATLAB 函数“fig2_10.m”得到这个图形。

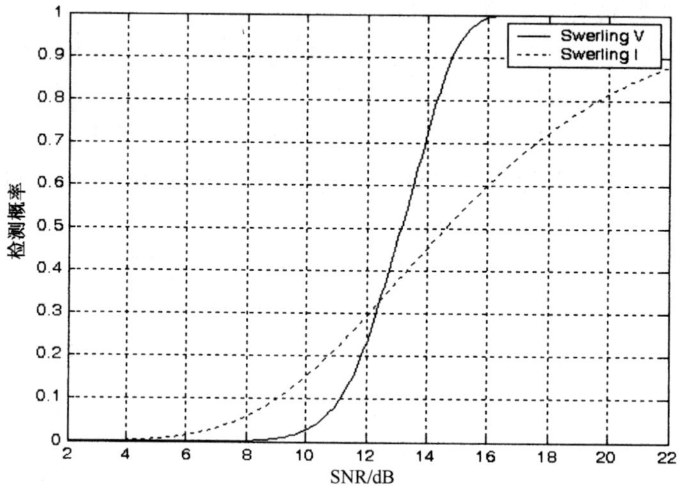

图 2.10 检测概率相对于 SNR，单个脉冲，$P_{fa} = 10^{-9}$

图 2.11(a) 显示了 $n_p = 1, 10, 50, 100$ 时，检测概率相对于 SNR 的曲线，其中 $P_{fa} = 10^{-8}$。图 2.11(b) 与图 2.11(a) 类似；在这种情况下，$P_{fa} = 10^{-11}$。可以使用 2.11 节的清单 2.18 给出的 MATLAB 函数“fig2_11ab.m”得到这些图形。

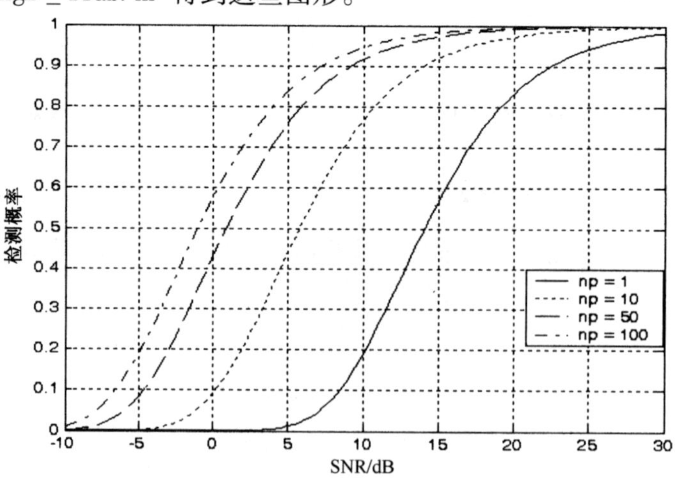

(a) 检测概率相对于 SNR，Swerling Ⅰ，$P_{fa} = 10^{-8}$

图 2.11

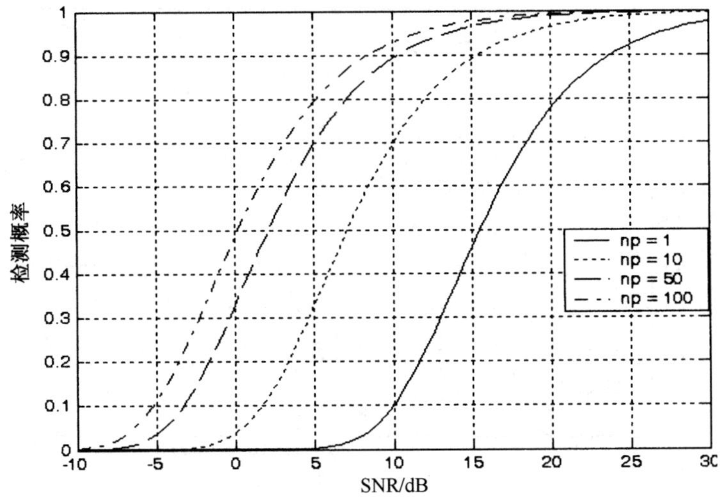

（b）检测概率相对于 SNR，Swerling Ⅰ，$P_{fa}=10^{-11}$

图 2.11（续）

2.6.3　Swerling Ⅱ型目标的检测

在 Swerling Ⅱ型目标的情况下，检测概率由下式给出：

$$P_D = 1-\Gamma_I\left(\frac{V_T}{(1+\text{SNR})},n_P\right)\qquad n_P\leqslant 50 \tag{2.77}$$

对于 $n_p>50$ 的情况，利用式(2.69)来计算检测概率。在这种情况下，

$$C_3=-\frac{1}{3\sqrt{n_p}},\qquad C_6=\frac{C_3^2}{2} \tag{2.78}$$

$$C_4=\frac{1}{4n_P} \tag{2.79}$$

$$\varpi=\sqrt{n_P}\,(1+\text{SNR}) \tag{2.80}$$

MATLAB 函数“pd _ swerling2. m”

函数“pd _ swerling2. m”（见 2.11 节的清单 2.19）可计算 Swerling Ⅱ型目标的检测概率 P_D。调用语法如下：

[pd] = pd _ swerling2(nfa, np, snr)

其中，符号含义如下表所示。

符　号	描　述	单　位	状　态
nfa	Marcum 虚警数	无	输入
np	积累脉冲数	无	输入
snr	SNR	dB	输入
pd	检测概率	无	输出

图 2.12 显示了当 $n_p=1,10,50,100$ 时，检测概率作为 SNR 函数的曲线，其中 $P_{fa}=10^{-10}$。可以使用 2.11 节的清单 2.20 中的 MATLAB 函数“fig2 _ 12. m”得到这个图形。

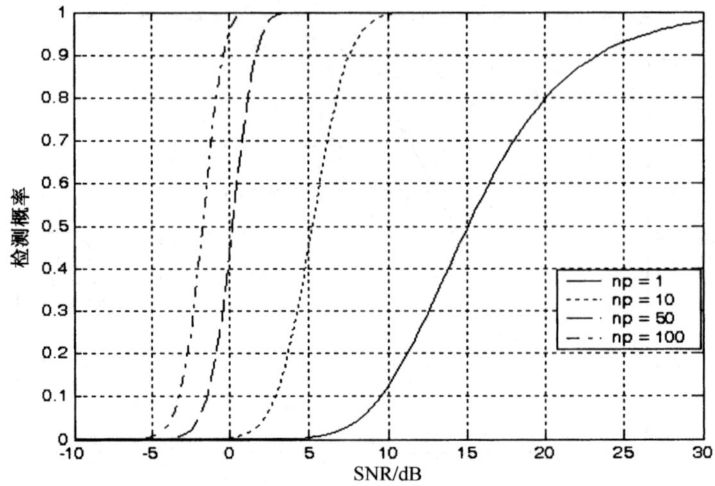

图 2.12 检测概率相对于 SNR, Swerling Ⅱ, $P_{fa}=10^{-10}$

2.6.4 Swerling Ⅲ型目标的检测

对于 Swerling Ⅲ型目标，当 $n_p=1,2$ 时，由 Marcum 开发的检测概率的准确公式为

$$P_D = \exp\left(\frac{-V_T}{1+n_P SNR/2}\right)\left(1+\frac{2}{n_P SNR}\right)^{n_P-2}\times K_0$$

$$K_0 = 1+\frac{V_T}{1+n_P SNR/2}-\frac{2}{n_P SNR}(n_P-2) \tag{2.81}$$

当 $n_p>2$ 时，表达式为

$$P_D = \frac{V_T^{n_P-1}\ e^{-V_T}}{(1+n_P SNR/2)(n_P-2)!}+1-\Gamma_I(V_T, n_P-1)+K_0 \times \Gamma_I\left(\frac{V_T}{1+2/n_p SNR}, n_P-1\right) \tag{2.82}$$

MATLAB 函数“pd _ swerling3. m”

函数“pd _ swerling3. m”（见 2.11 节的清单 2.21）可计算 Swerling Ⅲ型目标的检测概率 P_D。调用语法如下：

[pd] = pd _ swerling3(nfa, np, snr)

其中，符号含义如下表所示。

符　号	描　述	单　位	状　态
nfa	Marcum 虚警数	无	输入
np	积累脉冲数	无	输入
snr	SNR	dB	输入
pd	检测概率	无	输出

图 2.13 显示了当 $n_p=1,10,50,100$ 时，检测概率作为 SNR 函数的曲线，其中 $P_{fa}=10^{-9}$。可以使用 2.11 节的清单 2.22 中的 MATLAB 函数“fig2 _ 13. m”得到这个图形。

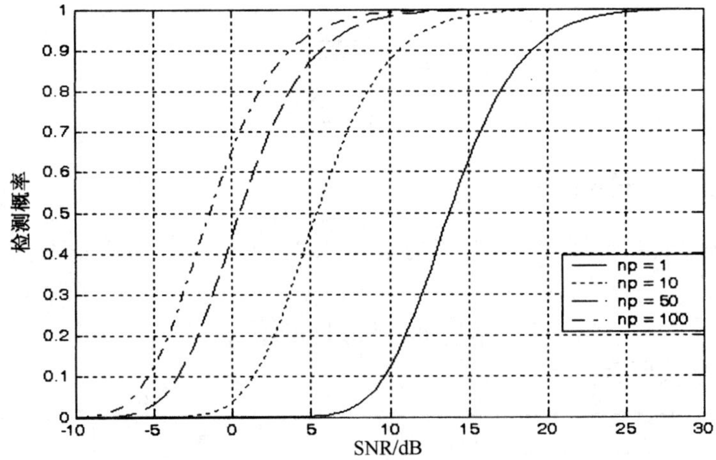

图 2.13　检测概率相对于 SNR，Swerling Ⅲ，$P_{fa}=10^{-9}$

2.6.5 Swerling Ⅳ型目标的检测

当 $n_p<50$ 时，Swerling Ⅳ型目标的检测概率的表达式为

$$P_D = 1-\left[\gamma_0+\left(\frac{\text{SNR}}{2}\right)n_P\gamma_1+\left(\frac{\text{SNR}}{2}\right)^2\frac{n_P(n_P-1)}{2!}\gamma_2+\ldots+\left(\frac{\text{SNR}}{2}\right)^{n_P}\gamma_{n_P}\right]\left(1+\frac{\text{SNR}}{2}\right)^{-n_P} \tag{2.83}$$

其中

$$\gamma_i = \Gamma_I\left(\frac{V_T}{1+(\text{SNR})/2},n_P+i\right) \tag{2.84}$$

通过使用递归公式

$$\Gamma_I(x,i+1) = \Gamma_I(x,i)-\frac{x^i}{i!\exp(x)} \tag{2.85}$$

那么，只有 γ_0 需要使用式(2.84)计算，而 γ_i 的其他值可以由下面的递归公式计算：

$$\gamma_i = \gamma_{i-1}-A_i \qquad i>0 \tag{2.86}$$

$$A_i = \frac{V_T/(1+(\text{SNR})/2)}{n_P+i-1}A_{i-1} \qquad i>1 \tag{2.87}$$

$$A_1 = \frac{(V_T/(1+(\text{SNR})/2))^{n_P}}{n_P!\exp(V_T/(1+(\text{SNR})/2))} \tag{2.88}$$

$$\gamma_0 = \Gamma_I\left(\frac{V_T}{(1+(\text{SNR})/2)},n_P\right) \tag{2.89}$$

对于 $n_p\geqslant 50$ 的情况，可以使用 Gram-Charlier 级数和式(2.69)来计算检测概率。在这种情况下，

$$C_3 = \frac{1}{3\sqrt{n_P}}\frac{2\beta^3-1}{(2\beta^2-1)^{1.5}} \qquad C_6=\frac{C_3^2}{2} \tag{2.90}$$

$$C_4 = \frac{1}{4n_P}\frac{2\beta^4 - 1}{(2\beta^2 - 1)^2} \tag{2.91}$$

$$\varpi = \sqrt{n_P(2\beta^2 - 1)} \tag{2.92}$$

$$\beta = 1 + \frac{SNR}{2} \tag{2.93}$$

MATLAB 函数“pd _ swerling4. m”

函数“pd _ swerling4. m”(见 2. 11 节的清单 2. 23)可计算 Swerling Ⅳ型目标的检测概率 P_D。调用语法如下:

[pd] = pd _ swerling4(nfa, np, snr)

其中,符号含义如下表所示。

符 号	描 述	单 位	状 态
nfa	Marcum 虚警数	无	输入
np	积累脉冲数	无	输入
snr	SNR	dB	输入
pd	检测概率	无	输出

图 2. 14 显示了当 $n_p = 1,10,50,100$ 时,检测概率作为 SNR 函数的曲线,其中 $P_{fa} = 10^{-9}$。可以使用 2. 11 节的清单 2. 24 中的 MATLAB 函数“fig2 _ 14. m”得到这个图形。

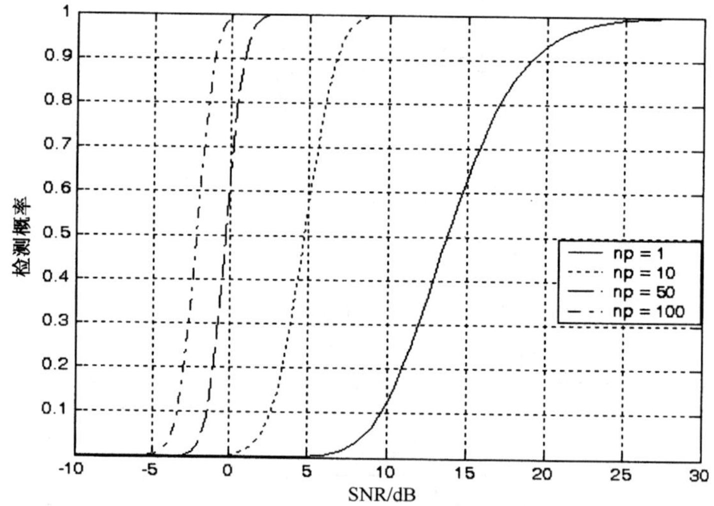

图 2. 14 检测概率相对于 SNR,Swerling Ⅳ,$P_{fa} = 10^{-9}$

2. 7 修正的雷达方程

在第 1 章开发的雷达方程,假设目标的 RCS 恒定不变,且没有考虑积累损失。在本节中,将介绍一个更全面的雷达方程形式。在这种情况下,雷达方程由下式给出:

$$R^4 = \frac{P_{av} G_t G_r \lambda^2 \sigma I(n_P)}{(4\pi)^3 k T_e F B \tau f_r L_t L_f \ (\mathrm{SNR})_1} \tag{2.94}$$

其中，$P_{av} = P_t \tau f_r$ 为平均发射功率，P_t 为峰值发射功率，τ 为脉冲宽度，f_r 为 PRF，G_t 为发射天线增益，G_r 为接收天线增益，λ 为波长，σ为目标截面积，$I(n_p)$ 为改善因子，n_p 为积累脉冲数，k 为玻尔兹曼常数，T_e 为有效噪声温度，F 为系统噪声系数，B 为接收机带宽，L_t 为总的系统损失包括积累损失，L_f 为由于目标起伏造成的损失，$(\mathrm{SNR})_1$ 为检测所需的最小的单个脉冲的 SNR。

在给定一个特定的 P_D 值时，起伏损失 L_f 可视为为了补偿由于目标起伏造成的 SNR 损失而所需要的额外的 SNR。对于 Swerling Ⅰ型起伏，在图 2.10 中证明了这一点。对于起伏损失的计算，Kanter① 进行了准确的分析。在本文中，作者将利用 MATLAB 的计算能力和为本文开发的 MATLAB 函数来计算起伏损失的大小，精度为 0.005 dB 或者更高。为此，开发了 MATLAB 函数“fluct _ loss. m”（见 2.11 节的清单 2.25）。调用语法如下：

[Lf, Pd _ Sw5] = fluct _ loss(pd, pfa, np, sw _ case)

其中，符号含义如下表所示。

符　号	描　述	单　位	状　态
pd	期望的检测概率	无	输入
pfa	虚警概率	无	输入
np	脉冲数	无	输入
sw _ case	1,2,3 或 4，取决于期望的 Swerling 类型	无	输入
Lf	起伏损失	dB	输出
Pd _ Sw5	对应于某一个 Swerling 类型的检测概率	无	输出

例如，利用语法

[Lf, Pd _ Sw5] = fluct _ loss(0.65, 1e-9, 10, 1)

计算当期望的检测概率 $P_D = 0.65$、虚警概率 $P_{fa} = 10^{-9}$，并且非相干积累为 10 个脉冲时，对应于 Swerling Ⅴ和 Swerling Ⅰ起伏的 SNR。输出重现如下：

PD _ SW5 = 0.650 969 894 599 28

SNR _ SW5 = 5.524 999 999 999 90

PD _ SW1 = 0.650 196 532 940 95

SNR _ SW1 = 8.329 999 999 999 90

Lf = 2.805 000 000 000 00

注意，L_f 的负值表明是起伏 SNR 增益而不是损失。最后，必须注意到函数“fluct _ loss. m”总是假定非相干积累。图 2.15 显示了为获得一定的检测概率所需的额外的 SNR（或者起伏损失）。可以使用 2.11 节的清单 2.26 中的 MATLAB 函数“fig2 _ 15. m”来得到这个图形。

---

① Kanter, I., Exact Detection Probability for Partially Correlated Rayleigh Targets, IEEE Trans, AES-22, pp. 184 – 196, March 1986.

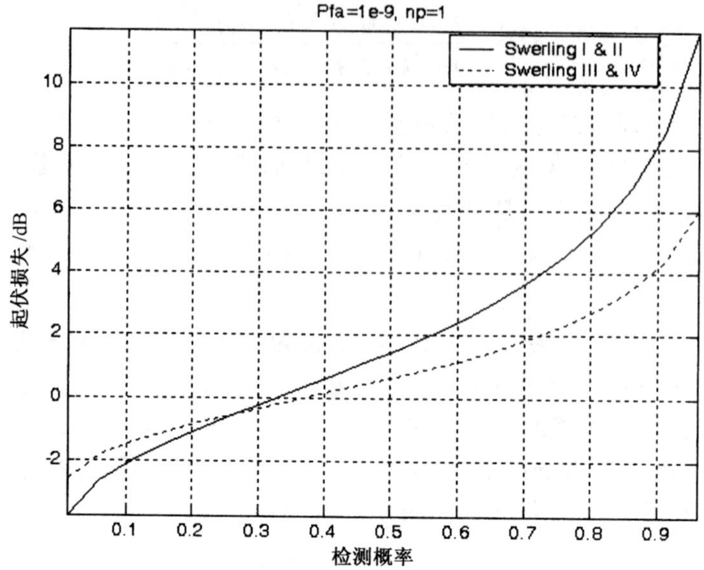

图 2.15 起伏损失相对于检测概率

2.8 检测累积概率

将单个脉冲的 SNR 为单位值(0 dB)处的距离表示为 R_0,并将其作为参考距离。于是,对特定的雷达,在 R_0 处的单个脉冲的 SNR 由雷达方程定义,为

$$(\mathrm{SNR})_{R_0} = \frac{P_t G^2 \lambda^2 \sigma}{(4\pi)^3 k T_0 B F L R_0^4} = 1 \tag{2.95}$$

在任意距离 R 处的单个脉冲的 SNR 为

$$\mathrm{SNR} = \frac{P_t G^2 \lambda^2 \sigma}{(4\pi)^3 k T_0 B F L R^4} \tag{2.96}$$

用式(2.95)除以式(2.96)得到

$$\frac{\mathrm{SNR}}{(\mathrm{SNR})_{R_0}} = \left(\frac{R_0}{R}\right)^4 \tag{2.97}$$

因此,如果距离 R_0 已知,那么在任意距离 R 处的 SNR 为

$$(\mathrm{SNR})_{\mathrm{dB}} = 40\log\left(\frac{R_0}{R}\right) \tag{2.98}$$

同样,定义 $P_D = 0.5 = P_{50}$时的距离为 R_{50}。一般情况下,将雷达的不模糊距离 R_u 设为 $2R_{50}$。

检测累积概率是指目标位于距离 R 时至少检测一次的概率。更准确地,考虑一个正在接近扫描雷达的目标,其仅在一次扫描(帧)中被照射到。随着目标更接近雷达,其检测概率增加,因为 SNR 增加了。假设在第 n 帧的检测概率为 P_{D_n},那么在第 n 帧(见图 2.16)至少检测目标一次的累积概率为

$$P_{C_n} = 1 - \prod_{i=1}^{n}(1 - P_{D_i}) \tag{2.99}$$

通常将 P_{D_1} 选得非常小。显然,在第 n 帧没有检测目标的概率为 $1 - P_{C_n}$。第 i 帧的检测概率 P_{D_i} 可以按照前一节的讨论计算。

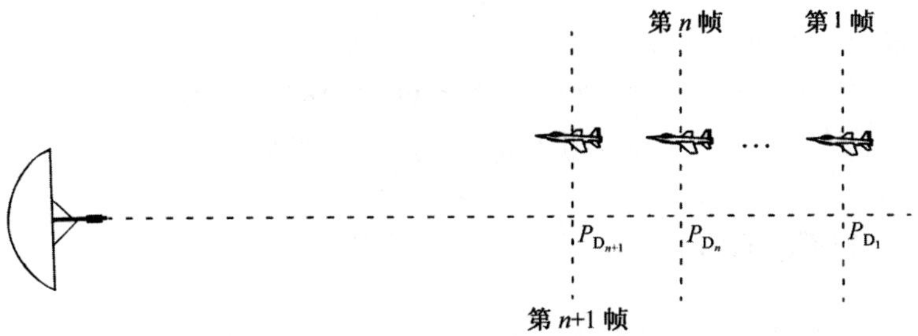

图 2.16　在多帧中检测目标

2.8.1　迷你设计案例研究 2.2

雷达检测一个位于距离 $R=10$ km 处的接近目标，检测概率 P_D 等于 0.5。假设 $P_{fa}=10^{-7}$。计算并画出单视检测概率作为归一化距离(相对于 $R=10$ km)函数的曲线，在区间 2～20 km 上。如果两个连续帧之间的距离为 1 km，在 $R=8$ km 处的检测累积概率是多少？

解：

根据函数"marcumsq.m"，对应于 $P_D=0.5$ 和 $P_{fa}=10^{-7}$ 的 SNR 约为 12 dB。利用与推导式(2.98)类似的分析，我们可以将任意距离 R 处的 SNR 表示为

$$(\mathrm{SNR})_R = (\mathrm{SNR})_{10} + 40\log\frac{10}{R} = 52 - 40\log R$$

利用函数"marcumsq.m"，可以构造如下表格：

R/km	SNR/dB	P_D
2	39.09	0.999
4	27.9	0.999
6	20.9	0.999
8	15.9	0.999
9	13.8	0.884
10	12.0	0.5
11	10.3	0.25
12	8.8	0.07
14	6.1	0.01
16	3.8	ε
20	0.01	ε

其中，ε 是一个非常小的量。图 2.17 显示了 P_D 相对于归一化距离的草图。

检测累积概率在式(2.95)中给出，其中第 1 帧的检测概率选择得非常小。于是，我们可以任意选择第 1 帧在 $R=16$ km 处。注意，为第 1 帧选择一个不同的起点，对累积检测概率的影响可忽略不计(仅需 P_{D_1} 非常小)。下面是第 1 帧到第 9 帧的距离列表，其中第 9 帧对应于距离 $R=8$ km。

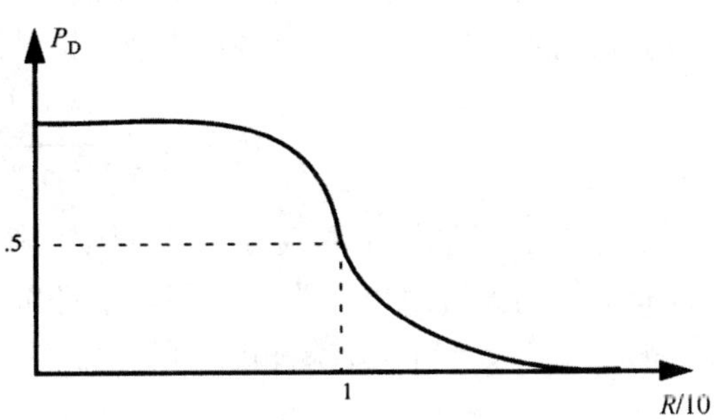

图 2.17　检测累积概率相对于归一化距离

帧	1	2	3	4	5	6	7	8	9
距离/km	16	15	14	13	12	11	10	9	8

于是,在 8 km 处的检测累积概率为

$$P_{C_9} = 1 - (1 - 0.999)(1 - 0.8846)(1 - 0.5)(1 - 0.25)(1 - 0.07)$$
$$(1 - 0.01)(1 - \varepsilon)^2 \approx 0.9998$$

2.9 恒虚警率(CFAR)

检测门限的计算应该使接收机保持一个恒定的预设的虚警概率。式(2.19b)给出了门限 V_T 和虚警概率 P_{fa}之间的关系。为了方便起见,在这里重写为式(2.100):

$$V_T = \sqrt{2\psi^2 \ln\left(\frac{1}{P_{fa}}\right)} \tag{2.100}$$

如果假设噪声功率ψ^2 为常数,那么一个固定的门限就可满足式(2.100)。然而,由于诸多原因,很少有这种情况。于是,为了得到一个恒定的虚警概率,门限值必须根据噪声方差的估计不断地更新。不断地改变门限值以保持一个恒定虚警概率的过程,被称为恒虚警率(CFAR)。

我们主要使用三种不同类型的 CFAR 处理器。它们是自适应门限 CFAR、非参数 CFAR 和非线性接收机技术。自适应门限 CFAR 假定干扰的分布是已知的,并且对这些分布的未知参数进行近似处理。非参数 CFAR 处理器试图适应未知干扰的分布。非线性接收机技术尝试归一化干扰的均方根幅度。在本书中,只研究了模拟单元平均 CFAR(CA-CFAR)技术。本节中介绍的分析参考了 Urkowitz① 的研究成果。

2.9.1 单元平均 CFAR(单个脉冲)

CA-CFAR 处理器如图 2.18 所示。单元平均是在一系列距离和/或多普勒间隔(单元)上进行的。每个脉冲的回波通过一个平方律检波器来检测。在模拟实现中,这些单元是从一个抽头延迟线得到的。被测单元(CUT)是中心单元。由于 CUT 可能会溢出,所以在平均处理中排除了 CUT 的临近单元。将 M 个参考单元(在 CUT 的每一边各 $M/2$ 个)的输出平均。将所有参考单元的平均估计值乘以一个常数 K_0(作为缩放比例),就得到了门限值。如果

$$Y_1 \geqslant K_0 Z \tag{2.101}$$

则可以说在 CUT 中检测到目标。

单元平均 CFAR 假设感兴趣的目标在 CUT 中,并且所有参考单元包含方差为ψ^2 的零均值独立高斯噪声。因此,参考单元的输出 Z 所代表的随机变量具有 γ 概率密度函数(χ^2 的特殊情况),带有 $2M$ 个自由度。在这种情况下,γ 概率密度函数为

$$f(z) = \frac{z^{(M/2)-1} e^{(-z/2\psi^2)}}{2^{M/2}\ \psi^M \Gamma(M/2)} \qquad z > 0 \tag{2.102}$$

在前面已经推导了对应于一个固定门限的虚警概率。当实现 CA-CFAR 时,可以从条件虚警概率得到虚警概率。为了得到非条件虚警概率,需要对条件虚警概率在所有可能的门限值上平均。当 $y = V_T$ 时,条件虚警概率可写为

$$P_{fa}(V_T = y) = e^{-y/2\psi^2} \tag{2.103}$$

从而,非条件虚警概率为

① Urkowitz, H., *Decision and Detection Theory*, unpublished lecture notes. Lockheed Martin Co., Moorestown, NJ.

$$P_{fa} = \int_0^{\infty} P_{fa}(V_T = y) f(y) \mathrm{d}y \tag{2.104}$$

其中,$f(y)$是门限的 pdf,除了常数 K_0,与式(2.102)中定义的相同。因此,有

$$f(y) = \frac{y^{M-1} e^{(-y/2K_0\psi^2)}}{(2K_0\psi^2)^M \Gamma(M)} \qquad y \geqslant 0 \tag{2.105}$$

执行式(2.104)中的积分,得到

$$P_{fa} = \frac{1}{(1+K_0)^M} \tag{2.106}$$

观察式(2.106)可知,虚警概率现在与噪声功率无关,这正是 CFAR 处理的目的。

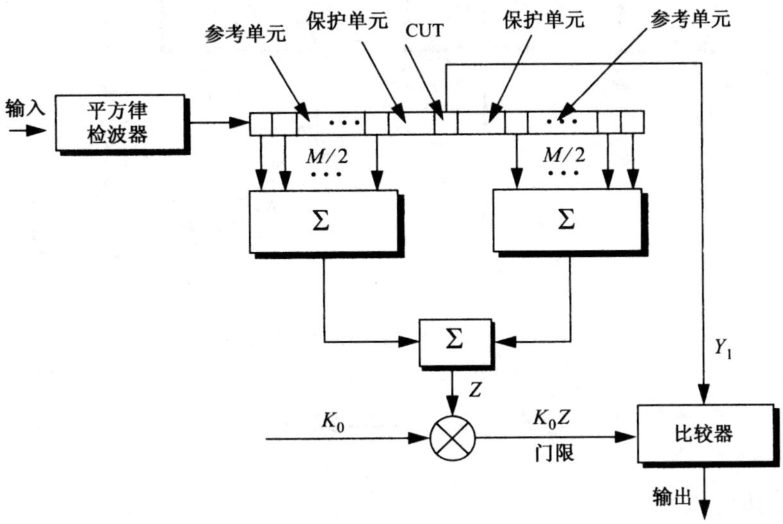

图 2.18　传统 CA-CFAR

2.9.2　非相干积累单元平均 CFAR

在实际中,经常在非相干积累之后进行 CFAR 平均,如图 2.19 所示。现在,每个参考单元的输出是 n_p 个平方包络之和。于是,总的求和参考样本数为 Mn_p。输出 Y_1 也是 n_p 个平方包络之和。当 CUT 中仅有噪声时,Y_1 是一个随机变量,其 pdf 是具有 $2n_p$ 个自由度的 γ 分布。而且,参考单元的求和输出是 Mn_p 个平方包络之和。于是,Z 也是一个具有 γ 概率密度函数的随机变量,带有 $2Mn_p$ 个自由度。

因此,虚警概率就等于比值 Y_1/Z 超过门限的概率。更准确的表示为

$$P_{fa} = \mathrm{Prob}\{Y_1/Z > K_1\} \tag{2.107}$$

式(2.107)意味着必须首先找到比值 Y_1/Z 的联合 pdf。然而,如果首先对固定门限值 V_T 计算 P_{fa},这是可以避免的,然后对所有可能的门限值平均。因此,令 $y = V_T$ 时的条件虚警概率为 $P_{fa}(V_T = y)$。于是,非条件虚警概率由下式给出:

$$P_{fa} = \int_0^{\infty} P_{fa}(V_T = y) f(y) \mathrm{d}y \tag{2.108}$$

其中,$f(y)$是门限的 pdf。鉴于此,描述随机变量 $K_1 Z$ 的概率密度函数由下式给出:

$$f(y) = \frac{(y/K_1)^{Mn_P - 1} e^{(-y/2K_0\psi^2)}}{(2\psi^2)^{Mn_P} K_1 \; \Gamma(Mn_P)} \qquad y \geqslant 0 \tag{2.109}$$

从中可知,在这种情况下,虚警概率与噪声功率是无关的,由下式给出:

$$P_{fa} = \frac{1}{(1+K_1)^{Mn_P}} \sum_{k=0}^{n_P-1} \frac{1}{k!} \frac{\Gamma(Mn_P+k)}{\Gamma(Mn_P)} \left(\frac{K_1}{1+K_1}\right)^k \tag{2.110}$$

当 $K_1 = K_0$ 及 $n_p = 1$ 时,它与式(2.106)是相同的。

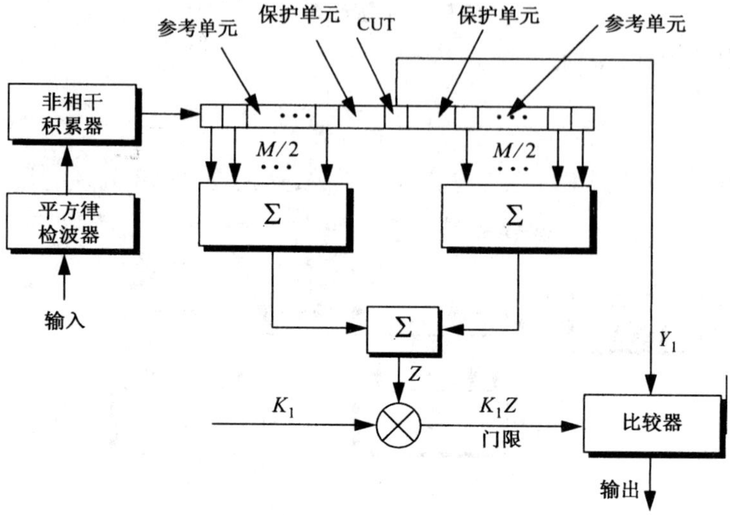

图 2.19 传统非相干积累 CA-CFAR

2.10 "我的雷达"设计案例研究——实习 2[①]

2.10.1 问题陈述

修改第 1 章引入的设计"我的雷达"设计案例研究,从而考虑目标的 RCS 起伏效应。为此,修改设计如下:飞机和导弹目标类型分别服从 Swerling Ⅰ型和 Swerling Ⅲ型起伏。同时假设在最大距离处要求 $P_D \geq 0.995$, $P_{fa} = 10^{-7}$ 或更好。可以使用非相干积累或检测累积概率。如果需要的话,也可以修改任何其他设计参数。

2.10.2 设计

在第 1 章中,计算了导弹和飞机的检测距离。对于飞机,$R_a = 90$ km;对于导弹,$R_m = 50$ km。首先,确定每种目标类型在有和没有 7 个脉冲非相干积累情况下的检测概率。为此,利用清单 2.27 中给出的 MATLAB 程序"myradar _ visit2 _ 1. m"。这个程序首先计算改善因子和有关的积累损失,然后计算单个脉冲的 SNR,最后计算使用非相干积累时的 SNR。运行这个程序,得到

SNR _ single _ pulse _ missile = 5. 5998 dB
SNR _ 7 _ pulse _ NCI _ missile = 11. 7216 dB
SNR _ single _ pulse _ aircraft = 6. 0755 dB
SNR _ 7 _ pulse _ NCI _ aircraft = 12. 1973 dB

在函数"pd _ swerling1. m"和"pd _ swerling3. m"中,使用这些值,得到

① 请阅读 1.9.1 节中的声明。

Pd _ single _ pulse _ missile = 0. 013

Pd _ 7 _ pulse _ NCI _ missile = 0. 9276

Pd _ single _ pulse _ aircraft = 0. 038

Pd _ 7 _ pulse _ NCI _ aircraft = 0. 8273

很明显,在所有四种情况中,没有足够的 SNR 满足 $P_D \geqslant 0.995$ 的设计要求。

于是,可利用概率累积来获得期望的检测概率。对于导弹和飞机,单帧增量分别为

$$R_{\text{Missile}} = \text{扫描率} \times v_m = 2 \times 150 = 300 \text{ m} \tag{2.111}$$

$$R_{\text{Aircraft}} = \text{扫描率} \times v_a = 2 \times 400 = 800 \text{ m} \tag{2.112}$$

2.10.2.1 单个脉冲(每帧)设计选项

作为第一个设计选项,考虑在每帧中仅用单个脉冲(即无积累)进行检测的情况。当然,如果单个脉冲检测不能对 90 km 处的飞机或 55 km 处的导弹获得期望的检测概率,那么就可以使用每帧几个脉冲的非相干积累。记住对 Swerling Ⅰ型和 Swerling Ⅲ型起伏的情况,只能使用非相干积累(见 2.4 节)。

假设对应于检测飞机的第 1 帧在 106 km 处。这个假设是随意的,为设计者提供了 21 帧。然后当检测导弹时,第 1 帧在 61 km 处。进一步假设,对于飞机,在 $R = 90$ km 处的 SNR 为 $(\text{SNR})_{\text{aircraft}} = 8.5$ dB。而对于导弹,假设 $R = 55$ km 处对应的 SNR 为 $(\text{SNR})_{\text{missile}} = 9$ dB。注意,这些值是简单的教学猜想值,可能需要设计者反复进行几次,以得到期望的检测累积概率,$P_D \geqslant 0.995$。为了计算某距离处的检测累积概率,开发了 MATLAB 程序“myradar _ visit2 _ 2. m”。这个程序在 2.11 节的清单 2.28 中给出。

程序“myradar _ visit2 _ 2. m”的初始化包括键入以下输入:期望的 P_{fa},每帧中用于非相干积累的脉冲数,必须实现期望检测累积概率的距离,帧的大小,最后是目标的起伏类型。为了标记,将必须实现期望检测累积概率的距离表示为 R_0。因此,对于每一帧,下面的清单包括了程序的输出:SNR、检测概率、起伏损失,以及检测累积概率。

这个程序用来计算每一帧的正常检测概率和计算检测累积概率的逻辑描述如下:

1. 通过键入期望的输入值初始化程序。假设 Swerling Ⅴ型起伏,使用式(2.98)计算帧 SNR,$(\text{SNR})_i$。
   1.1. 对于“我的雷达”设计案例研究,使用 $n_p = 1$,$R_0 = 90$ km,以及$(\text{SNR}_0)_{\text{aircraft}} = 8.5$ dB。另外,对于导弹,使用 $R_0 = 55$ km 和$(\text{SNR})_{\text{missile}} = 9$ dB。注意,所选的 SNR 值是最优的估计或猜想值,在最终选择一个可接受的设置前,可能需要进行几次反复。
2. 然后,程序将计算帧的数目和它们的有关距离。程序使用函数“fluct _ loss. m”来计算每帧的 Swerling Ⅴ型 P_D,以及当包含目标起伏时为获得相同的检测概率所需的额外 SNR。
3. 接着,根据起伏类型,程序将使用适当的 MATLAB 函数来计算每帧的检测概率 P_{D_i}。
   3.1. 对于“我的雷达”设计案例研究,这些函数为“pd _ swerling1. m”及“pd _ swerling3. m”。
4. 最后,程序使用式(2.99)来计算检测累积概率 P_{D_n}。

为这个程序开发了图形用户界面(GUI)。图 2.20 显示了与之有关的 GUI 工作空间。为了使用这个 GUI,从 MATLAB 命令窗口键入“myradar _ visit2 _ 2 _ gui”。使用上面所述的输入值运行程序“myradar _ visit2 _ 2. m”,产生如下飞机和导弹的检测累积概率:

$$P_{\mathrm{DC}_{\mathrm{Missile}}} = 0.99872$$

$$P_{\mathrm{DC}_{\mathrm{aircraft}}} = 0.99687$$

这些结果显然满足 $P_D \geq 0.995$ 的设计要求。然而,必须重新验证设计的峰值功率要求。为此,返回式(1.107)和式(1.108),将第 1 章使用的 SNR 值替换为本章采用的数值[即 $(SNR_0)_{aircraft}=8.5$ dB和$(SNR)_{missile}=9$ dB]。接下来,导弹和飞机对应的单个脉冲能量分别为

$$E_m = 0.1658 \times \frac{10^{0.9}}{10^{0.56}} = 0.36273 \text{ J} \tag{2.113}$$

$$E_a = 0.1487 \times \frac{10^{0.85}}{10^{0.56}} = 0.28994 \text{ J} \tag{2.114}$$

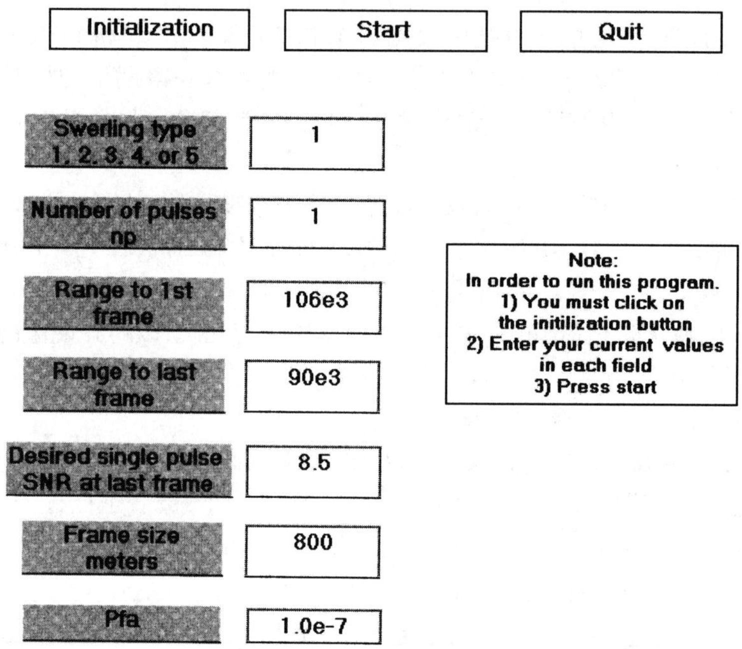

图 2.20 程序“myradar _ visit2 _ 2 _ gui. m”有关的 GUI 工作空间

这表明严格的单个脉冲峰值功率要求(即检测导弹)超过 362 kW。这样的单个脉冲峰值功率数值对机动的地基防空雷达是较高的,实际限制将要求使用较低的峰值功率。

为了降低单个脉冲峰值功率要求,可以在计算帧检测概率之前,使用每帧几个脉冲的非相干积累。为此,可以再次使用程序“myradar _ visit2 _ 2. m”。然而,这种情况下 $n_p > 1$。这在下文中分析。

2.10.2.2 非相干积累设计选项

当使用脉冲积累时,可以显著改善单帧的检测概率。可以使用相干或非相干积累来改善帧的检测累积概率。在这种情况下,应该小心谨慎,因为当目标起伏为 Swerling Ⅰ型或者 Swerling Ⅲ型时,相干积累将不切实际。作为选择,使用非相干积累总会减少所需的最小 SNR。

重新运行 MATLAB 程序“myradar _ visit2 _ 2 _ gui”。对导弹和飞机在各自的参考距离 $R_{0_{missile}}=55$ km 和 $R_{0_{aircraft}}=90$ km 处的单个脉冲 SNR①,均使用 $n_p=4$ 和 SNR = 4 dB(单个脉

① 这些值还是教学猜想值,可能要求设计者反复几次才能获得这些设计参数的可接受数值。

冲)。累积检测概率的结果为

$$P_{DC_{Missile}} = 0.999\ 45$$

$$P_{DC_{aircraft}} = 0.998\ 12$$

这些值都在期望的设计要求之内。接下来,对应导弹和飞机所要求的最小单个脉冲能量,现在由下式给出:

$$E_m = 0.1658 \times \frac{10^{0.4}}{10^{0.56}} = 0.1147\ \text{J} \tag{2.115}$$

$$E_a = 0.1487 \times \frac{10^{0.4}}{10^{0.56}} = 0.1029\ \text{J} \tag{2.116}$$

因此,最小单个脉冲峰值功率(假设脉冲宽度与 1. 9. 2 节给出的相同)为

$$P_t = \frac{0.1147}{1 \times 10^{-6}} = 114.7\ \text{kW} \tag{2.117}$$

注意,当使用脉冲压缩技术时,在保持非常好的距离分辨率的同时,将有显著减小峰值功率的要求。这将在下一章中讨论。

图 2. 21 显示了对于两种目标类型,SNR 相对于距离的曲线。该曲线假设 4 个脉冲的非相干积累,可以使用 MATLAB 程序“fig2 _ 21. m”得到(见 2. 11 节的清单 2. 29)。

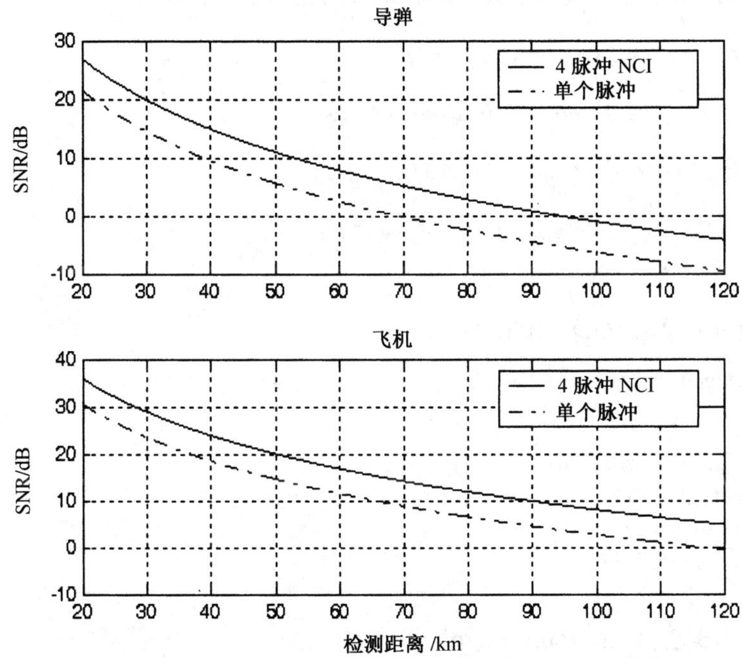

图 2. 21　SNR 相对于检测距离,对于两种目标类型。对应于 21 帧累积检测的 4 脉冲 NCI 曲线,最后一帧对于导弹位于55 km处,对于飞机位于90 km处

2. 11　MATLAB 程序及函数清单

本节提供了本章所使用的所有 MATLAB 程序/函数的清单。建议用户用不同的输入参数重新运行这些程序。

清单 2.1 MATLAB 程序"fig2_2.m"

```
% This program can be used to reproduce Figure 2.2 of the text
clear all
close all
xg = linspace(-6,6,1500); % random variable between -6 and 6
xr = linspace(0,6,1500); % random variable between 0 and 6
mu = 0; % zero mean Gaussian pdf mean
sigma = 1.5; % standard deviation (sqrt(variance))
ynorm = normpdf(xg,mu,sigma); % use MATLAB function normpdf
yray = raylpdf(xr,sigma); % use MATLAB function raylpdf
plot(xg,ynorm,'k',xr,yray,'k-.');
grid
legend('Gaussian pdf','Rayleigh pdf')
xlabel('x')
ylabel('Probability density')
gtext('\mu = 0; \sigma = 1.5')
gtext('\sigma =1.5')
```

清单 2.2 MATLAB 函数"que_func.m"

```
function fofx = que_func(x)
% This function computes the value of the Q-function
% listed in Eq.(2.16). It uses the approximation in Eqs. (2.17) and (2.18)
if (x >= 0)
   denom = 0.661 * x + 0.339 * sqrt(x^2 + 5.51);
  expo = exp(-x^2 /2.0);
  fofx = 1.0 - (1.0 / sqrt(2.0 * pi)) * (1.0 / denom) * expo;
else
  denom = 0.661 * x + 0.339 * sqrt(x^2 + 5.51);
  expo = exp(-x^2 /2.0);
  value = 1.0 - (1.0 / sqrt(2.0 * pi)) * (1.0 / denom) * expo;
  fofx = 1.0 - value;
end
```

清单 2.3 MATLAB 程序"fig2_3.m"

```
%This program generates Figure 2.3.
close all
clear all
logpfa = linspace(.01,250,1000);
var = 10.^(logpfa ./ 10.0);
vtnorm =  sqrt( log (var));
semilogx(logpfa, vtnorm,'k')
grid
```

清单 2.4 MATLAB 函数"marcumsq.m"

```
function Pd = marcumsq (a,b)
% This function uses Parl's method to compute PD
max_test_value = 5000.;
if (a < b)
  alphan0 = 1.0;
  dn = a / b;
else
  alphan0 = 0.;
  dn = b / a;
end
```

```
alphan_1 = 0.;
betan0 = 0.5;
betan_1 = 0.;
D1 = dn;
n = 0;
ratio = 2.0 / (a * b);
r1 = 0.0;
betan = 0.0;
alphan = 0.0;
while betan < 1000.,
  n = n + 1;
  alphan = dn + ratio * n * alphan0 + alphan;
  betan = 1.0 + ratio * n * betan0 + betan;
  alphan_1 = alphan0;
  alphan0 = alphan;
  betan_1 = betan0;
  betan0 = betan;
  dn = dn * D1;
end
PD = (alphan0 / (2.0 * betan0)) * exp( -(a-b)^2 / 2.0);
if ( a >= b)
  PD = 1.0 - PD;
end
return
```

清单2.5 MATLAB程序"prob _ snr1. m"

```
% This program is used to produce Fig. 2.4
close all
clear all
for nfa = 2:2:12
  b = sqrt(-2.0 * log(10^(-nfa)));
  index = 0;
  hold on
  for snr = 0:.1:18
    index = index +1;
    a = sqrt(2.0 * 10^(.1*snr));
    pro(index) = marcumsq(a,b);
  end
  x = 0:.1:18;
  set(gca,'ytick',[.1 .2 .3 .4 .5 .6  .7 .75 .8 .85 .9 ...
      .95 .9999])
  set(gca,'xtick',[1 2 3 4 5 6 7 8 9 10 11 12 13 14 15 16 17 18])

  loglog(x, pro,'k');
end
hold off
xlabel ('Single pulse SNR - dB')
ylabel ('Probability of detection')
grid
```

清单 2.6 MATLAB 程序"fig2 _ 6a. m"

```
% This program is used to produce Fig. 2.6a
% It uses the function "improv_fac"
clear all
close all
pfa1 = 1.0e-2;
pfa2 = 1.0e-6;
pfa3 = 1.0e-10;
pfa4 = 1.0e-13;
pd1 = .5;
pd2 = .8;
pd3 = .95;
pd4 = .999;
index = 0;
for np = 1:1:1000
  index = index + 1;
  I1(index) = improv_fac (np, pfa1, pd1);
  I2(index) = improv_fac (np, pfa2, pd2);
  I3(index) = improv_fac (np, pfa3, pd3);
  I4(index) = improv_fac (np, pfa4, pd4);
end
np = 1:1:1000;
semilogx (np, I1, 'k', np, I2, 'k--', np, I3, 'k-.', np, I4, 'k:')
xlabel ('Number of pulses');
ylabel ('Improvement factor I - dB')
legend ('pd=.5, nfa=e+2','pd=.8, nfa=e+6','pd=.95, nfa=e+10','pd=.999,
nfa=e+13');
grid
```

清单 2.7 MATLAB 函数"improv _ fac. m"

```
function impr_of_np = improv_fac (np, pfa, pd)
% This function computes the non-coherent integration improvement
% factor using the empirical formula defined in Eq. (2.49)
fact1 = 1.0 + log10( 1.0 / pfa) / 46.6;
fact2 = 6.79 * (1.0 + 0.235 * pd);
fact3 = 1.0 - 0.14 * log10(np) + 0.0183 * (log10(np))^2;
impr_of_np = fact1 * fact2 * fact3 * log10(np);
return
```

清单 2.8 MATLAB 程序"fig2 _ 6b. m"

```
% This program is used to produce Fig. 2.6b
% It uses the function "improv_fac".
clear all
close all
pfa1 = 1.0e-12;
pfa2 = 1.0e-12;
pfa3 = 1.0e-12;
pfa4 = 1.0e-12;
```

```
pd1 = .5;
pd2 = .8;
pd3 = .95;
pd4 = .99;
index = 0;
for np = 1:1:1000
   index = index+1;
   I1 = improv_fac (np, pfa1, pd1);
   i1 = 10.^(0.1*I1);
   L1(index) = -1*10*log10(i1 ./ np);
   I2 = improv_fac (np, pfa2, pd2);
   i2 = 10.^(0.1*I2);
   L2(index) = -1*10*log10(i2 ./ np);
   I3 = improv_fac (np, pfa3, pd3);
   i3 = 10.^(0.1*I3);
   L3(index) = -1*10*log10(i3 ./ np);
   I4 = improv_fac (np, pfa4, pd4);
   i4 = 10.^(0.1*I4);
   L4 (index) = -1*10*log10(i4 ./ np);
end
np = 1:1:1000;
semilogx (np, L1, 'k', np, L2, 'k--', np, L3, 'k-.', np, L4, 'k:')
axis tight
xlabel ('Number of pulses');
ylabel ('Integration loss - dB')
legend ('pd=.5, nfa=e+12','pd=.8, nfa=e+12','pd=.95, nfa=e+12','pd=.99,
nfa=e+12');
grid
```

清单2.9 MATLAB函数“incomplete _ gamma. m”

```
function [value] = incomplete_gamma ( vt, np)
% This function implements Eq. (2.67) to compute the Incomplete Gamma
Function
% This function needs "factor.m" to run
format long
eps = 1.000000001;
% Test to see if np = 1
if (np == 1)
   value1 = vt * exp(-vt);
   value = 1.0 - exp(-vt);
   return
end
sumold = 1.0;
sumnew =1.0;
calc1 = 1.0;
calc2 = np;
xx = np * log(vt+0.0000000001) - vt - factor(calc2);
temp1 = exp(xx);
temp2 = np / (vt+0.0000000001);
diff = .0;
```

```
ratio = 1000.0;
if (vt >= np)
  while (ratio >= eps)
    diff = diff + 1.0;
    calc1 = calc1 * (calc2 - diff) / vt ;
    sumnew = sumold + calc1;
    ratio = sumnew / sumold;
    sumold = sumnew;
  end
  value = 1.0 - temp1 * sumnew * temp2;
  return
else
  diff = 0.;
  sumold = 1.;
  ratio = 1000.;
  calc1 = 1.;
  while(ratio >= eps)
    diff = diff + 1.0;
    calc1 = calc1 * vt / (calc2 + diff);
    sumnew = sumold + calc1;
    ratio = sumnew / sumold;
    sumold = sumnew;
  end
  value = temp1 * sumnew;
end
```

清单 2.10 MATLAB 函数“factor. m”

```
function [val] = factor(n)
% Compute the factorial of n using logarithms to avoid overflow.
format long
n = n + 9.0;
n2 = n * n;
temp = (n-1) * log(n) - n + log(sqrt(2.0 * pi * n)) ...
  + ((1.0 - (1.0/30. + (1.0/105)/n2)/n2) / 12) / n;
val = temp - log((n-1)*(n-2)*(n-3)*(n-4)*(n-5)*(n-6) ...
  *(n-7)*(n-8));
return
```

清单 2.11 MATLAB 程序“fig2 _ 7. m”

```
% This program can be used to reproduce Fig. 2.7
close all
clear all
format long
ii = 0;
for x = 0:.1:20
  ii = ii+1;
  val1(ii) = incomplete_gamma(x , 1);
  val2(ii) = incomplete_gamma(x , 3);
  val = incomplete_gamma(x , 6);
  val3(ii) = val;
```

```
  val = incomplete_gamma(x , 10);
  val4(ii) = val;
end
xx = 0:.1:20;
plot(xx,val1,'k',xx,val2,'k:',xx,val3,'k--',xx,val4,'k-.')
legend('N = 1','N = 3','N = 6','N = 10')
xlabel('x')
ylabel('Incomplete Gamma function (x,N)')
grid
```

清单2.12 MATLAB 函数“threshold. m”

```
function [pfa, vt] = threshold (nfa, np)
% This function calculates the threshold value from nfa and np.
% The Newton-Raphson recursive formula is used (Eqs. (2-63) through (2-66))
% This function uses "incomplete_gamma.m".
delmax = .00001;
eps = 0.000000001;
delta =10000.;
pfa = np * log(2) / nfa;
sqrtpfa = sqrt(-log10(pfa));
sqrtnp = sqrt(np);
vt0 = np - sqrtnp + 2.3 * sqrtpfa * (sqrtpfa + sqrtnp - 1.0);
vt = vt0;
while (abs(delta) >= vt0)
  igf = incomplete_gamma(vt0,np);
  num = 0.5^(np/nfa) - igf;
  temp = (np-1) * log(vt0+eps) - vt0 - factor(np-1);
  deno = exp(temp);
  vt = vt0 + (num / (deno+eps));
  delta = abs(vt - vt0) * 10000.0;
  vt0 = vt;
end
```

清单2.13 MATLAB 程序“fig2 _ 8. m”

```
% Use this program to reproduce Fig. 2.8 of text
clear all
for n= 1: 1:150
  [pfa1 y1(n)] = threshold(1000,n);
  [pfa2 y3(n)] = threshold(10000,n);
  [pfa3 y4(n)] = threshold(500000,n);
end
n =1:1:150;
loglog(n,y1,'k',n,y3,'k--',n,y4,'k-.');
axis([0 200 1 300])
xlabel ('Number of pulses');
ylabel('Threshold')
legend('nfa=1000','nfa=10000','nfa=500000')
grid
```

清单 2.14 MATLAB 函数"pd _ swerling5. m"

```
function pd = pd_swerling5 (input1, indicator, np, snrbar)
% This function is used to calculate the probability of
% for Swerling 5 or 0 targets for np>1.
if(np == 1)
  'Stop, np must be greater than 1'
  return
end
format long
snrbar = 10.0.^(snrbar./10.);
eps = 0.00000001;
delmax = .00001;
delta =10000.;
% Calculate the threshold Vt
if (indicator ~=1)
  nfa = input1;
  pfa =  np * log(2) / nfa;
else
  pfa = input1;
  nfa = np * log(2) / pfa;
end
sqrtpfa = sqrt(-log10(pfa));
sqrtnp = sqrt(np);
vt0 = np - sqrtnp + 2.3 * sqrtpfa * (sqrtpfa + sqrtnp - 1.0);
vt = vt0;
while (abs(delta) >= vt0)
  igf = incomplete_gamma(vt0,np);
  num = 0.5^(np/nfa) - igf;
  temp = (np-1) * log(vt0+eps) - vt0 - factor(np-1);
  deno = exp(temp);
  vt = vt0 + (num / (deno+eps));
  delta = abs(vt - vt0) * 10000.0;
  vt0 = vt;
end
% Calculate the Gram-Charlier coefficients
temp1 = 2.0 .* snrbar + 1.0;
omegabar = sqrt(np .* temp1);
c3 = -(snrbar + 1.0 / 3.0) ./ (sqrt(np) .* temp1.^1.5);
c4 = (snrbar + 0.25) ./ (np .* temp1.^2.);
c6 = c3 .* c3 ./2.0;
V = (vt - np .* (1.0 + snrbar)) ./ omegabar;
Vsqr = V .*V;
val1 = exp(-Vsqr ./ 2.0) ./ sqrt( 2.0 * pi);
val2 = c3 .* (V.^2 -1.0) + c4 .* V .* (3.0 - V.^2) -...
  c6 .* V .* (V.^4 - 10. .* V.^2 + 15.0);
q = 0.5 .* erfc (V./sqrt(2.0));
pd =  q - val1 .* val2;
```

清单2.15 MATLAB程序“fig2_9.m”

```
% This program is used to produce Fig. 2.9
close all
clear all
pfa = 1e-9;
nfa = log(2) / pfa;
b = sqrt(-2.0 * log(pfa));
index = 0;
for snr = 0:.1:20
  index = index +1;
  a = sqrt(2.0 * 10^(.1*snr));
  pro(index) = marcumsq(a,b);
  prob205(index) = pd_swerling5 (pfa, 1, 10, snr);
end
x = 0:.1:20;
plot(x, pro,'k',x,prob205,'k:');
axis([0 20 0 1])
xlabel ('SNR - dB')
ylabel ('Probability of detection')
legend('np = 1','np = 10')
grid
```

清单2.16 MATLAB函数“pd_swerling1.m”

```
function pd = pd_swerling1 (nfa, np, snrbar)
% This function is used to calculate the probability of detection
% for Swerling 1 targets.
format long
snrbar = 10.0^(snrbar/10.);
eps = 0.00000001;
delmax = .00001;
delta =10000.;
% Calculate the threshold Vt
pfa = np * log(2) / nfa;
sqrtpfa = sqrt(-log10(pfa));
sqrtnp = sqrt(np);
vt0 = np - sqrtnp + 2.3 * sqrtpfa * (sqrtpfa + sqrtnp - 1.0);
vt = vt0;
while (abs(delta) >= vt0)
  igf = incomplete_gamma(vt0,np);
  num = 0.5^(np/nfa) - igf;
  temp = (np-1) * log(vt0+eps) - vt0 - factor(np-1);
  deno = exp(temp);
  vt = vt0 + (num / (deno+eps));
  delta = abs(vt - vt0) * 10000.0;
  vt0 = vt;
end
if (np == 1)
  temp = -vt / (1.0 + snrbar);
  pd = exp(temp);
```

```
    return
  end
    temp1 = 1.0 + np * snrbar;
    temp2 = 1.0 / (np *snrbar);
    temp = 1.0 + temp2;
    val1 = temp^(np-1.);
    igf1 = incomplete_gamma(vt,np-1);
    igf2 = incomplete_gamma(vt/temp,np-1);
    pd = 1.0 - igf1 + val1 * igf2 * exp(-vt/temp1);
```

清单 2.17 MATLAB 程序“fig2_10.m”

```
% This program is used to reproduce Fig. 2.10
close all
clear all
pfa = 1e-9;
nfa = log(2) / pfa;
b = sqrt(-2.0 * log(pfa));
index = 0;
for snr = 0:.1:22
  index = index +1;
  a = sqrt(2.0 * 10^(.1*snr));
  pro(index) = marcumsq(a,b);
  prob(index) = pd_swerling1 (nfa, 1, snr);
end
x = 0:.1:22;
plot(x, pro,'k',x,prob,'k:');
axis([2 22 0 1])
xlabel ('SNR - dB')
ylabel ('Probability of detection')
legend('Swerling V','Swerling I')
grid
```

清单 2.18 MATLAB 程序“fig2_11ab.m”

```
% This program is used to produce Fig. 2.11a&b
clear all
pfa = 1e-11;
nfa = log(2) / pfa;
index = 0;
for snr = -10:.5:30
  index = index +1;
  prob1(index) = pd_swerling1 (nfa, 1, snr);
  prob10(index) = pd_swerling1 (nfa, 10, snr);
  prob50(index) = pd_swerling1 (nfa, 50, snr);
  prob100(index) = pd_swerling1 (nfa, 100, snr);
end
x = -10:.5:30;
plot(x, prob1,'k',x,prob10,'k:',x,prob50,'k--', ...
  x, prob100,'k-.');
axis([-10 30 0 1])
xlabel ('SNR - dB')
```

```
ylabel ('Probability of detection')
legend('np = 1','np = 10','np = 50','np = 100')
grid
```

清单2.19 MATLAB函数“pd_swerling2.m”

```
function pd = pd_swerling2 (nfa, np, snrbar)
% This function is used to calculate the probability of detection
% for Swerling 2 targets.
format long
snrbar = 10.0^(snrbar/10.);
eps = 0.00000001;
delmax = .00001;
delta =10000.;
% Calculate the threshold Vt
pfa = np * log(2) / nfa;
sqrtpfa = sqrt(-log10(pfa));
sqrtnp = sqrt(np);
vt0 = np - sqrtnp + 2.3 * sqrtpfa * (sqrtpfa + sqrtnp - 1.0);
vt = vt0;
while (abs(delta) >= vt0)
  igf = incomplete_gamma(vt0,np);
  num = 0.5^(np/nfa) - igf;
  temp = (np-1) * log(vt0+eps) - vt0 - factor(np-1);
  deno = exp(temp);
  vt = vt0 + (num / (deno+eps));
  delta = abs(vt - vt0) * 10000.0;
  vt0 = vt;
end
if (np <= 50)
  temp = vt / (1.0 + snrbar);
  pd = 1.0 - incomplete_gamma(temp,np);
  return
else
  temp1 = snrbar + 1.0;
  omegabar = sqrt(np) * temp1;
  c3 = -1.0 / sqrt(9.0 * np);
  c4 = 0.25 / np;
  c6 = c3 * c3 /2.0;
  V = (vt - np * temp1) / omegabar;
  Vsqr = V *V;
  val1 = exp(-Vsqr / 2.0) / sqrt( 2.0 * pi);
  val2 = c3 * (V^2 -1.0) + c4 * V * (3.0 - V^2) - ...
    c6 * V * (V^4 - 10. * V^2 + 15.0);
  q = 0.5 * erfc (V/sqrt(2.0));
  pd = q - val1 * val2;
end
```

清单2.20 MATLAB程序“fig2_12.m”

```
% This program is used to produce Fig. 2.12
clear all
```

```
pfa = 1e-10;
nfa = log(2) / pfa;
index = 0;
for snr = -10:.5:30
  index = index +1;
  prob1(index) = pd_swerling2 (nfa, 1, snr);
  prob10(index) = pd_swerling2 (nfa, 10, snr);
  prob50(index) = pd_swerling2 (nfa, 50, snr);
  prob100(index) = pd_swerling2 (nfa, 100, snr);
end
x = -10:.5:30;
plot(x, prob1,'k',x,prob10,'k:',x,prob50,'k--', ...
  x, prob100,'k-.');
axis([-10 30 0 1])
xlabel ('SNR - dB')
ylabel ('Probability of detection')
legend('np = 1','np = 10','np = 50','np = 100')
grid
```

清单 2.21 MATLAB 函数“pd _ swerling3. m”

```
function pd = pd_swerling3 (nfa, np, snrbar)
% This function is used to calculate the probability of detection
% for Swerling 3 targets.
format long
snrbar = 10.0^(snrbar/10.);
eps = 0.00000001;
delmax = .00001;
delta =10000.;
% Calculate the threshold Vt
pfa = np * log(2) / nfa;
sqrtpfa = sqrt(-log10(pfa));
sqrtnp = sqrt(np);
vt0 = np - sqrtnp + 2.3 * sqrtpfa * (sqrtpfa + sqrtnp - 1.0);
vt = vt0;
while (abs(delta) >= vt0)
  igf = incomplete_gamma(vt0,np);
  num = 0.5^(np/nfa) - igf;
  temp = (np-1) * log(vt0+eps) - vt0 - factor(np-1);
  deno = exp(temp);
  vt = vt0 + (num / (deno+eps));
  delta = abs(vt - vt0) * 10000.0;
  vt0 = vt;
end
temp1 = vt / (1.0 + 0.5 * np *snrbar);
temp2 = 1.0 + 2.0 / (np * snrbar);
temp3 = 2.0 * (np - 2.0) / (np * snrbar);
ko = exp(-temp1) * temp2^(np-2.) * (1.0 + temp1 - temp3);
if (np <= 2)
  pd = ko;
  return
```

```
else
  temp4 = vt^(np-1.) * exp(-vt) / (temp1 * exp(factor(np-2.)));
  temp5 = vt / (1.0 + 2.0 / (np *snrbar));
  pd = temp4 + 1.0 - incomplete_gamma(vt,np-1.) + ko * ...
    incomplete_gamma(temp5,np-1.);
end
```

清单 2.22 MATLAB 程序"fig2 _ 13. m"

```
% This program is used to produce Fig. 2.13
clear all
pfa = 1e-9;
nfa = log(2) / pfa;
index = 0;
for snr = -10:.5:30
  index = index +1;
  prob1(index) = pd_swerling3 (nfa, 1, snr);
  prob10(index) = pd_swerling3 (nfa, 10, snr);
  prob50(index) = pd_swerling3(nfa, 50, snr);
  prob100(index) = pd_swerling3 (nfa, 100, snr);
end
x = -10:.5:30;
plot(x, prob1,'k',x,prob10,'k:',x,prob50,'k--', ...
  x, prob100,'k-.');
axis([-10 30 0 1])
xlabel ('SNR - dB')
ylabel ('Probability of detection')
legend('np = 1','np = 10','np = 50','np = 100')
grid
```

清单 2.23 MATLAB 函数"pd _ swerling4. m"

```
function pd = pd_swerling4 (nfa, np, snrbar)
% This function is used to calculate the probability of  detection
% for Swerling 4 targets.
format long
snrbar = 10.0^(snrbar/10.);
eps = 0.00000001;
delmax = .00001;
delta =10000.;
% Calculate the threshold Vt
pfa =  np * log(2) / nfa;
sqrtpfa = sqrt(-log10(pfa));
sqrtnp = sqrt(np);
vt0 = np - sqrtnp + 2.3 * sqrtpfa * (sqrtpfa + sqrtnp - 1.0);
vt = vt0;
while (abs(delta) >= vt0)
  igf = incomplete_gamma(vt0,np);
  num = 0.5^(np/nfa) - igf;
  temp = (np-1) * log(vt0+eps) - vt0 - factor(np-1);
  deno = exp(temp);
```

```
    vt = vt0 + (num / (deno+eps));
    delta = abs(vt - vt0) * 10000.0;
    vt0 = vt;
  end
  h8 = snrbar /2.0;
  beta = 1.0 + h8;
  beta2 = 2.0 * beta^2 - 1.0;
  beta3 = 2.0 * beta^3;
  if (np >= 50)
    temp1 = 2.0 * beta -1;
    omegabar = sqrt(np * temp1);
    c3 = (beta3 - 1.) / 3.0 / beta2 / omegabar;
    c4 = (beta3 * beta3 - 1.0) / 4. / np /beta2 /beta2;
    c6 = c3 * c3 /2.0;
    V = (vt - np * (1.0 + snrbar)) / omegabar;
    Vsqr = V *V;
    val1 = exp(-Vsqr / 2.0) / sqrt( 2.0 * pi);
    val2 = c3 * (V^2 -1.0) + c4 * V * (3.0 - V^2) - ...
      c6 * V * (V^4 - 10. * V^2 + 15.0);
    q = 0.5 * erfc (V/sqrt(2.0));
    pd =  q - val1 * val2;
    return
  else
    snr = 1.0;
    gamma0 = incomplete_gamma(vt/beta,np);
    a1 = (vt / beta)^np / (exp(factor(np)) * exp(vt/beta));
    sum = gamma0;
    for i = 1:1:np
      temp1 = 1;
      if (i == 1)
        ai = a1;
      else
        ai = (vt / beta) * a1 / (np + i -1);
      end
      a1 = ai;
      gammai = gamma0 - ai;
      gamma0 = gammai;
      a1 = ai;
      for ii = 1:1:i
        temp1 = temp1 * (np + 1 - ii);
      end
      term = (snrbar /2.0)^i * gammai * temp1 / exp(factor(i));
      sum = sum + term;
    end
    pd = 1.0 - sum / beta^np;
  end
  pd = max(pd,0.);
```

清单 2.24　MATLAB 程序"fig2_14.m"

```
% This program is used to produce Fig. 2.14
clear all
pfa = 1e-9;
nfa = log(2) / pfa;
index = 0;
for snr = -10:.5:30
  index = index +1;
  prob1(index) =  pd_swerling4 (nfa, 1, snr);
  prob10(index) =  pd_swerling4 (nfa, 10, snr);
  prob50(index) =  pd_swerling4(nfa, 50, snr);
  prob100(index) =  pd_swerling4 (nfa, 100, snr);
end
x = -10:.5:30;
plot(x, prob1,'k',x,prob10,'k:',x,prob50,'k--', ...
  x, prob100,'k-.');
axis([-10 30 0 1.1])
xlabel ('SNR - dB')
ylabel ('Probability of detection')
legend('np = 1','np = 10','np = 50','np = 100')
grid
axis tight
```

清单 2.25　MATLAB 函数"fluct_loss.m"

```
function [Lf,Pd_Sw5] = fluct_loss(pd, pfa, np, sw_case)
% This function calculates the SNR fluctuation loss for Swerling models
% A negative Lf value indicates SNR gain instead of loss
format long
% compute the false alarm number
nfa =  log(2) / pfa;
% *************** Swerling 5 case ****************
% check to make sure that np>1
if (np ==1)
   b = sqrt(-2.0 * log(pfa));
   Pd_Sw5 = 0.001;
   snr_inc = 0.1 - 0.005;
   while(Pd_Sw5 <= pd)
      snr_inc = snr_inc + 0.005;
      a = sqrt(2.0 * 10^(.1*snr_inc));
      Pd_Sw5 = marcumsq(a,b);
   end
   PD_SW5 = Pd_Sw5
   SNR_SW5 = snr_inc
else
   % np > 1 use MATLAB function pd_swerling5.m
   snr_inc = 0.1 - 0.005;
   Pd_Sw5 = 0.001;
   while(Pd_Sw5 <= pd)
```

```
        snr_inc = snr_inc + 0.005;
        Pd_Sw5 = pd_swerling5(pfa, 1, np, snr_inc);
    end
    PD_SW5 = Pd_Sw5
    SNR_SW5 = snr_inc
end
if sw_case == 5
    Lf = 0.
    return
end
% *************** End Swerling 5 case ************
% *************** Swerling 1 case ****************
if (sw_case == 1)
    Pd_Sw1 = 0.001;
    snr_inc = 0.1 - 0.005;
    while(Pd_Sw1 <= pd)
        snr_inc = snr_inc + 0.005;
        Pd_Sw1 = pd_swerling1(nfa, np, snr_inc);
    end
    PD_SW1 = Pd_Sw1
    SNR_SW1 = snr_inc
    Lf = SNR_SW1 - SNR_SW5
end
% *************** End Swerling 1 case ************
% *************** Swerling 2 case ****************
if (sw_case == 2)
    Pd_Sw2 = 0.001;
    snr_inc = 0.1 - 0.005;
    while(Pd_Sw2 <= pd)
        snr_inc = snr_inc + 0.005;
        Pd_Sw2 = pd_swerling2(nfa, np, snr_inc);
    end
    PD_SW2 = Pd_Sw2
    SNR_SW2 = snr_inc
    Lf = SNR_SW2 - SNR_SW5
end
% *************** End Swerling 2 case ************
% *************** Swerling 3 case ****************
if (sw_case == 3)
    Pd_Sw3 = 0.001;
    snr_inc = 0.1 - 0.005;
    while(Pd_Sw3 <= pd)
        snr_inc = snr_inc + 0.005;
        Pd_Sw3 = pd_swerling3(nfa, np, snr_inc);
    end
    PD_SW3 = Pd_Sw3
    SNR_SW3 = snr_inc
    Lf = SNR_SW3 - SNR_SW5
end
% *************** End Swerling 3 case ************
% *************** Swerling 4 case ****************
```

```
if (sw_case == 4)
   Pd_Sw4 = 0.001;
   snr_inc = 0.1 - 0.005;
   while(Pd_Sw4 <= pd)
      snr_inc = snr_inc + 0.005;
      Pd_Sw4 = pd_swerling4(nfa, np, snr_inc);
   end
   PD_SW4 = Pd_Sw4
   SNR_SW4 = snr_inc
   Lf = SNR_SW4 - SNR_SW5
end
% *************** End Swerling 4 case ************
return
```

清单 2.26　MATLAB 程序"fig2_15.m"

```
% Use this program to reproduce Fig. 2.15 of text
clear all
close all
index = 0.;
for pd = 0.01:.05:1
   index = index + 1;
   [Lf,Pd_Sw5] = fluct_loss(pd, 1e-9,1,1);
   Lf1(index) = Lf;
   [Lf,Pd_Sw5] = fluct_loss(pd, 1e-9,1,4);
   Lf4(index) = Lf;
end
pd = 0.01:.05:1;
figure (2)
plot(pd, Lf1, 'k',pd, Lf4,'K:')
xlabel('Probability of detection')
ylabel('Fluctuation loss - dB')
legend('Swerling I & II','Swerling III & IV')
title('Pfa=1e-9, np=1')
grid
```

清单 2.27　MATLAB 程序"myradar_visit2_1.m"

```
% Myradar design case study visit 2_1
close all
clear all
pfa = 1e-7;
pd = 0.995;
np = 7;
pt = 165.8e3; % peak power in Watts
freq = 3e+9; % radar operating frequency in Hz
g = 34.5139; % antenna gain in dB
sigmam = 0.5; % missile RCS m squared
sigmaa = 4; % aircraft RCS m squared
te = 290.0; % effective noise temperature in Kelvins
b = 1.0e+6; % radar operating bandwidth in Hz
```

```
nf = 6.0; %noise figure in dB
loss = 8.0; % radar losses in dB
% compute the improvement factor due to 7-pulse non-coherent integration
Improv = improv_fac (np, pfa, pd);
% calculate the integration loss
lossnci = 10*log10(np) - Improv;
% calculate net gain in SNR due to integration
SNR_net = Improv - lossnci;
loss_total = loss + lossnci;
rangem = 55e3;
rangea = 90e3;
SNR_single_pulse_missile = radar_eq(pt, freq, g, sigmam, te, b, nf, loss, ran-
gem)
SNR_7_pulse_NCI_missile = SNR_single_pulse_missile + SNR_net
SNR_single_pulse_aircraft = radar_eq(pt, freq, g, sigmaa, te, b, nf, loss, ran-
gea)
SNR_7_pulse_NCI_aircraft = SNR_single_pulse_aircraft + SNR_net
```

清单 2.28　MATLAB 程序"myradar _ visit2 _ 2. m"

```
%clear all
% close all
% swid = 3;
% pfa = 1e-7;
% np = 1;
% R_1st_frame = 61e3; % Range for first frame
% R0 = 55e3; % range to last frame
% SNR0 = 9; % SNR at R0
% frame = 0.3e3; % frame size
nfa = log(2) / pfa;
range_frame = R_1st_frame:-frame:R0; % Range to each frame
% implement Eq. (2.98)
SNRi = SNR0 + 40 .* log10((R0 ./ range_frame));
% calculate the Swerling 5 Pd at each frame
b = sqrt(-2.0 * log(pfa));
if np ==1
   for frame = 1:1:size(SNRi,2)
      a = sqrt(2.0 * 10^(.1*SNRi(frame)));
      pd5(frame) = marcumsq(a,b);
   end
else
   [pd5] = pd_swerling5(pfa, 1, np, SNRi);
end
% compute additional SNR needed due to fluctuation
for frame = 1:1:size(SNRi,2)
   [Lf(frame),Pd_Sw5] = fluct_loss(pd5(frame), pfa, np, swid);
end
% adjust SNR at each frame
SNRi = SNRi - Lf;
% compute the frame Pd
for frame = 1:1:size(SNRi,2)
```

```
    if(swid==1)
       Pdi(frame) = pd_swerling1 (nfa, np, SNRi(frame));
    end
    if(swid==2)
       Pdi(frame) = pd_swerling2 (nfa, np, SNRi(frame));
    end
    if(swid==3)
       Pdi(frame) = pd_swerling3 (nfa, np, SNRi(frame));
    end
    if(swid==4)
       Pdi(frame) = pd_swerling4 (nfa, np, SNRi(frame));
    end
    if(swid==5)
       Pdi(frame) = pd5(frame);
    end
end
Pdc(1:size(SNRi,2)) = 0;
Pdc(1) = 1 - Pdi(1);
% compute the cumulative Pd
for frame = 2:1:size(SNRi,2)
    Pdc(frame) = (1-Pdi(frame)) * Pdc(frame-1);
end
PDC = 1 - Pdc(21)
```

清单2.29 MATLAB程序“fig2_21.m”

```
% Use this program to reproduce Fig. 2.20 of text.
close all
clear all
np = 4;
pfa = 1e-7;
pdm = 0.99945;
pda = 0.99812;
% calculate the improvement factor
Im = improv_fac(np,pfa, pdm);
Ia = improv_fac(np, pfa, pda);
% caculate the integration loss
Lm = 10*log10(np) - Im;
La = 10*log10(np) - Ia;
pt = 114.7e3; % peak power in Watts
freq = 3e+9; % radar operating frequency in Hz
g = 34.5139; % antenna gain in dB
sigmam = 0.5; % missile RCS m squared
sigmaa = 4; % aircraft RCS m squared
te = 290.0; % effective noise temperature in Kelvins
b = 1.0e+6; % radar operating bandwidth in Hz
nf = 6.0; % noise figure in dB
loss = 8.0; % radar losses in dB
losstm = loss + Lm; % total loss for missile
lossta = loss + La; % total loss for aircraft
range = linspace(20e3,120e3,1000); % range to target from 20 to 120 Km,
```

```
1000 points
% modify pt by np*pt to account for pulse integration
snrmnci = radar_eq(np*pt, freq, g, sigmam, te, b, nf, losstm, range);
snrm = radar_eq(pt, freq, g, sigmam, te, b, nf, loss, range);
snranci = radar_eq(np*pt, freq, g, sigmaa, te, b, nf, lossta, range);
snra = radar_eq(pt, freq, g, sigmaa, te, b, nf, loss, range);
% plot SNR versus range
rangekm  = range ./ 1000;
figure(1)
subplot(2,1,1)
plot(rangekm,snrmnci,'k',rangekm,snrm,'k -.')
grid
legend('With 4-pulse NCI','Single pulse')
ylabel ('SNR - dB');
title('Missile case')
subplot(2,1,2)
plot(rangekm,snranci,'k',rangekm,snra,'k -.')
grid
legend('With 4-pulse NCI','Single pulse')
ylabel ('SNR - dB');
title('Aircraft case')
xlabel('Detection range - Km')
```

第3章　雷达波形

在雷达系统中，波形类型和信号处理技术的选取在很大程度上取决于雷达具体的任务和作用。与某种波形的软硬件实现相关的成本和复杂性是决策过程中的主要考虑因素。雷达系统可以使用连续波形（CW）、调制或未调制的脉冲波形。调制技术既可以是模拟的，也可以是数字的。距离分辨率及多普勒分辨率与特定波形的频率特征直接相关，因此，了解一种波形的功率谱密度非常关键。一般来说，信号或波形可以用时域或频域的技术来分析。本章我们将介绍许多常用的雷达波形。某种特定波形的相关应用将在它的时域和频域特征中描述。在本书中，术语"波形"和"信号"交互使用，表示相同的意思。

3.1　低通、带通信号和正交分量

如果信号包含的主要频率处于包括直流（DC）在内的低频频带，则称其为低通（LP）信号。如果信号包含的主要频率处于离开原点的某个频率附近，则称其为带通（BP）信号。一个实带通信号 $x(t)$ 在数学上可表示为

$$x(t) = r(t)\cos(2\pi f_0 t + \phi_x(t)) \tag{3.1}$$

其中，$r(t)$ 是幅度调制或包络，$\phi_x(t)$ 为相位调制，f_0 是载波频率，$r(t)$ 和 $\phi_x(t)$ 所包含的频率成分都比 f_0 明显要小，调制频率为

$$f_m(t) = \frac{1}{2\pi}\ \frac{d}{dt}\phi_x(t) \tag{3.2}$$

瞬时频率为

$$f_i(t) = \frac{1}{2\pi}\ \frac{d}{dt}(2\pi f_0 t + \phi_x(t)) = f_0 + f_m(t) \tag{3.3}$$

如果信号带宽为 B，并且 f_0 远大于 B，则信号 $x(t)$ 被称为窄带信号。

带通信号也可以用两个称为正交分量的低通信号表示，此时式(3.1)可以重写为

$$x(t) = x_I(t)\cos 2\pi f_0 t - x_Q(t)\sin 2\pi f_0 t \tag{3.4}$$

其中，$x_I(t)$ 和 $x_Q(t)$ 是称为正交分量的实低通信号，分别表示为

$$\begin{aligned} x_I(t) &= r(t)\cos\phi_x(t) \\ x_Q(t) &= r(t)\sin\phi_x(t) \end{aligned} \tag{3.5}$$

图3.1说明了正交分量是如何被提取的。

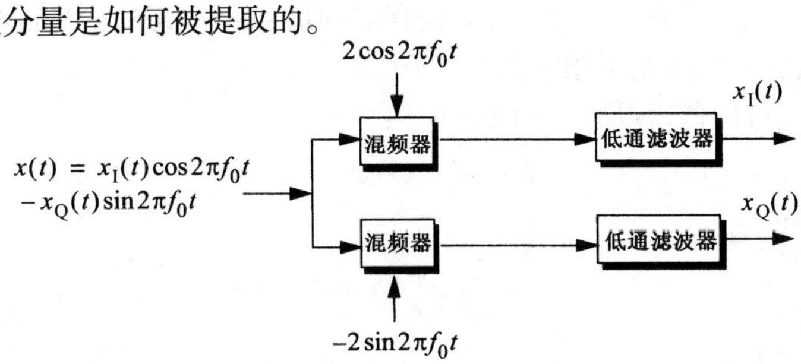

图3.1　正交分量的提取

3.2 解析信号

在式(3.1)中定义的正弦信号 $x(t)$ 可以写为复信号 $\psi(t)$ 的实部,更具体的表示为

$$x(t)=\mathrm{Re}\{\psi(t)\}=\mathrm{Re}\{r(t)\mathrm{e}^{\mathrm{j}\phi_x(t)}\mathrm{e}^{\mathrm{j}2\pi f_0 t}\} \tag{3.6}$$

定义“解析信号”为

$$\psi(t)=v(t)\mathrm{e}^{\mathrm{j}2\pi f_0 t} \tag{3.7}$$

其中

$$v(t)=r(t)\mathrm{e}^{\mathrm{j}\phi_x(t)} \tag{3.8}$$

并且

$$\Psi(\omega)=\begin{cases}2X(\omega) & \omega\geqslant 0\\ 0 & \omega<0\end{cases} \tag{3.9}$$

$\Psi(\omega)$ 是 $\psi(t)$ 的傅里叶变换,$X(\omega)$ 是 $x(t)$ 的傅里叶变换。式(3.9)可以写为

$$\Psi(\omega)=2U(\omega)X(\omega) \tag{3.10}$$

其中,$U(\omega)$ 为频域阶跃函数。由此可以得出 $\psi(t)$ 为

$$\psi(t)=x(t)+\mathrm{j}\tilde{x}(t) \tag{3.11}$$

$\tilde{x}$ 是 $x(t)$ 的希尔伯特变换。

利用式(3.6)和式(3.11),可以得出(这里只给出结果,没有证明)

$$x(t)=u_{0\mathrm{I}}(t)\cos\omega_0 t-u_{0\mathrm{Q}}(t)\sin\omega_0 t \tag{3.12}$$

这与式(3.44)相似,只是这里的 $\omega_0=2\pi f_0$。

根据帕塞瓦尔(Parseval)定理,可以看出 $x(t)$ 的能量为

$$E_{\mathrm{x}}=\frac{1}{2}\int_{-\infty}^{\infty}x^2(t)\ \mathrm{d}t=\frac{1}{2}\int_{-\infty}^{\infty}u^2(t)\ \mathrm{d}t=\frac{1}{2}E_{\psi} \tag{3.13}$$

3.3 连续和脉冲波形

一个给定信号的频谱描述了其能量在频域的分布。一个能量信号(有限能量)的特征可以由它的能量谱密度(ESD)函数来表示,而一个功率信号(有限功率)的特征可以由它的功率谱密度(PSD)函数来表示。ESD 的单位为 J/Hz,PSD 的单位为 W/Hz。

信号带宽是指信号非零谱的频率范围。一般说来,一个信号可以由它的时间(时域)和带宽(频域)来定义。如果信号的带宽是有限的,那么就说这个信号是带限的。具有有限持续时间(时间有限)的信号具有无限的带宽,而带宽有限的信号具有无限的持续时间。极限情况是一个连续正弦信号,它的带宽是无限小的。

一个时域信号 $f(t)$ 的傅里叶变换(FT)如下:

$$F(\omega)=\int_{-\infty}^{\infty}f(t)\mathrm{e}^{-\mathrm{j}\omega t}\ \mathrm{d}t \tag{3.14}$$

而逆傅里叶变换(IFT)为

$$f(t)=\frac{1}{2\pi}\int_{-\infty}^{\infty}F(\omega)\mathrm{e}^{\mathrm{j}\omega t}\ \mathrm{d}\omega \tag{3.15}$$

信号自相关函数 $R_{\mathrm{f}}(\tau)$ 为

$$R_{\mathrm{f}}(\tau)=\int_{-\infty}^{\infty}f^*(t)f(t+\tau)\mathrm{d}t \tag{3.16}$$

式中，星号表示复共轭。信号幅度谱为 $|F(\omega)|$。如果是能量信号，则其 ESD 为 $|F(\omega)|^2$；如果是功率信号，则其 PSD 为 $\bar{S}_f(\omega)$，是其自相关函数的傅里叶变换，即

$$\bar{S}_f(\omega) = \int_{-\infty}^{\infty} \bar{R}_f(\tau) e^{-j\omega\tau} \, d\tau \tag{3.17}$$

首先，考虑 CW 波形为

$$f_1(t) = A\cos\omega_0 t \tag{3.18}$$

$f_1(t)$ 的傅里叶变换为

$$F_1(\omega) = A\pi[\delta(\omega - \omega_0) + \delta(\omega + \omega_0)] \tag{3.19}$$

其中，$\delta(\cdot)$ 是狄拉克 δ（Dirac-δ）函数，$\omega_0 = 2\pi f_0$。如图 3.2 中的幅度谱所示，信号 $f_1(t)$ 有无限小的带宽，位于 $\pm f_0$ 处。

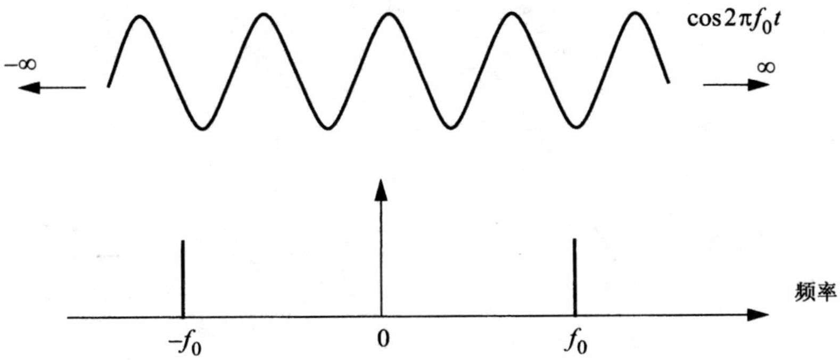

图 3.2　一个连续正弦波形的幅度谱

接下来考虑时域函数 $f_2(t)$，为

$$f_2(t) = A\text{rect}\left(\frac{t}{\tau}\right) = \begin{cases} A & -\frac{\tau}{2} \leqslant t \leqslant \frac{\tau}{2} \\ 0 & \text{其他} \end{cases} \tag{3.20}$$

它的傅里叶变换为

$$F_2(\omega) = A\tau\text{sinc}\left(\frac{\omega\tau}{2}\right) \tag{3.21}$$

其中

$$\text{sinc}(x) = \frac{\sin(\pi x)}{\pi x} \tag{3.22}$$

$f_2(t)$ 的幅度谱如图 3.3 所示。此时，带宽是无限的。由于无限带宽是物理不可实现的，因此信号的带宽近似为 $2\pi/\tau$ rad/s 或者是 $1/\tau$ Hz。实际上，这种近似得到广泛的认可，因为它把信号大部分的能量都计算在内。

下面考虑相干加窗连续波形 $f_3(t)$ 为

$$f_3(t) = \sum_{n=-\infty}^{\infty} f_2(t - nT) \tag{3.23}$$

显然 $f_3(t)$ 是周期的，其中 T 为周期（回忆 $f_r = 1/T$ 即为 PRF）。利用复指数傅里叶级数，$f_3(t)$ 可重写为

$$f_3(t) = \sum_{n=-\infty}^{\infty} F_n e^{\frac{j2\pi nt}{T}} \tag{3.24}$$

其中，傅里叶级数的系数 F_n 为

$$F_n = \frac{A\tau}{T}\ \mathrm{sinc}\left(\frac{n\tau\pi}{T}\right) \tag{3.25}$$

$f_3(t)$的傅里叶变换为

$$F_3(\omega) = 2\pi \sum_{n=-\infty}^{\infty} F_n\delta(\omega - 2n\pi f_r) \tag{3.26}$$

$f_3(t)$的幅度谱如图 3.4 所示。此时,幅度谱具有对应于 F_n 的$(\sin x)/x$ 形状的包络,谱线之间的间隔都等于雷达的脉冲重复频率f_r。

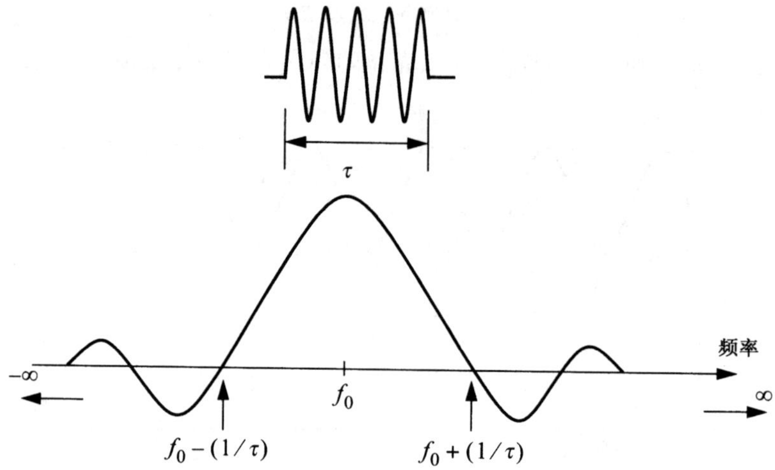

图 3.3 单脉冲或非相干脉冲串的幅度谱

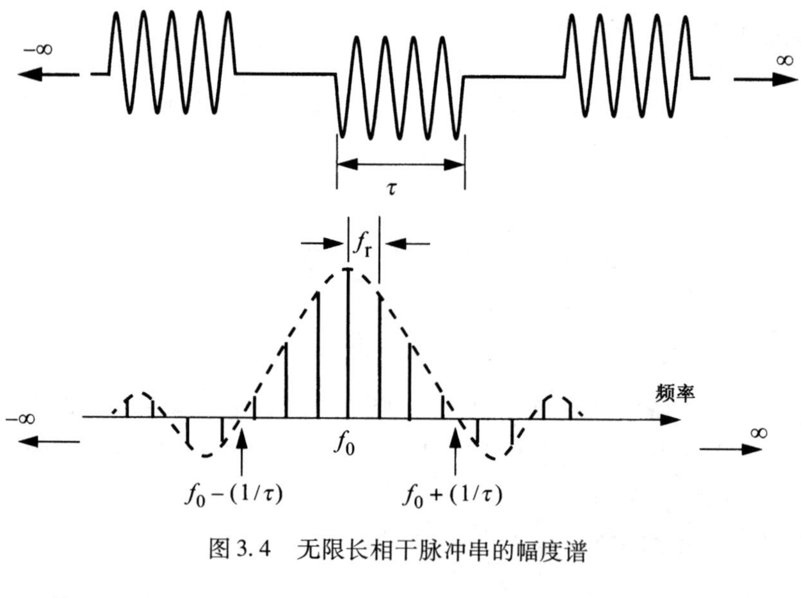

图 3.4 无限长相干脉冲串的幅度谱

最后,定义函数$f_4(t)$为

$$f_4(t) = \sum_{n=0}^{N} f_2(t-nT) \tag{3.27}$$

注意,$f_4(t)$为$f_3(t)$的一个有限时宽信号。$f_4(t)$的傅里叶变换为

$$F_4(\omega) = AN\tau\left(\mathrm{sinc}\left(\omega\frac{NT}{2}\right)\cdot\sum_{n=-\infty}^{\infty}\mathrm{sinc}(n\pi\tau f_r)\delta(\omega-2n\pi f_r)\right) \tag{3.28}$$

其中，操作符(·)表示卷积。此时，频谱如图 3.5 所示，包络仍然是对应于脉宽的$(\sin x)/x$，但是谱线被对应于时宽 NT 的$(\sin x)/x$谱替换。

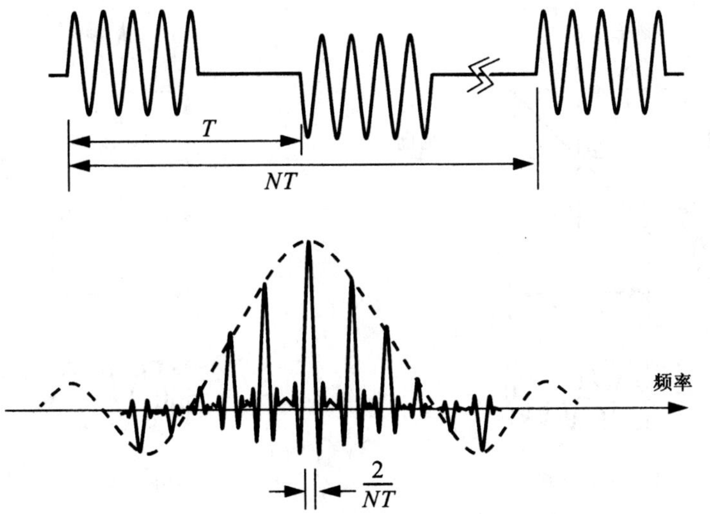

图 3.5　有限长相干脉冲串的幅度谱

3.4　线性调频波形

频率或相位调制信号用来得到宽得多的工作带宽。线性调频(LFM)是常用的方式。在这种情况下，频率在脉宽内线性扫描，或者向上(上调频)或者向下(下调频)。匹配滤波器的带宽与扫描的带宽成比例，与脉宽无关。图 3.6 是一个典型的 LFM 波形样本，脉宽为 τ，带宽为 B。

LFM 上变频波形的瞬时相位可以表示为

$$\psi(t) = 2\pi\left(f_0 t + \frac{\mu}{2}t^2\right) \qquad -\frac{\tau}{2} \leqslant t \leqslant \frac{\tau}{2} \tag{3.29}$$

其中，f_0 为雷达中心频率，$\mu = (2\pi B)/\tau$ 是 LFM 系数。因此，瞬时频率为

$$f(t) = \frac{1}{2\pi}\frac{\mathrm{d}}{\mathrm{d}t}\psi(t) = f_0 + \mu t \qquad -\frac{\tau}{2} \leqslant t \leqslant \frac{\tau}{2} \tag{3.30}$$

同理，下变频波形的瞬时相位和频率分别为

$$\psi(t) = 2\pi\left(f_0 t - \frac{\mu}{2}t^2\right) \qquad -\frac{\tau}{2} \leqslant t \leqslant \frac{\tau}{2} \tag{3.31}$$

$$f(t) = \frac{1}{2\pi}\frac{\mathrm{d}}{\mathrm{d}t}\psi(t) = f_0 - \mu t \qquad -\frac{\tau}{2} \leqslant t \leqslant \frac{\tau}{2} \tag{3.32}$$

典型的线性调频信号可以表示为

$$s_1(t) = \mathrm{rect}\left(\frac{t}{\tau}\right)\mathrm{e}^{\mathrm{j}2\pi\left(f_0 t + \frac{\mu}{2}t^2\right)} \tag{3.33}$$

其中，$\mathrm{rect}(t/\tau)$表示宽度为 τ 的矩形脉冲，则式(3.33)可写为

$$s_1(t) = \mathrm{e}^{\mathrm{j}2\pi f_0 t}s(t) \tag{3.34}$$

其中

$$s(t) = \text{rect}\left(\frac{t}{\tau}\right)e^{j\pi\mu t^2} \tag{3.35}$$

是 $s_1(t)$ 的复包络。

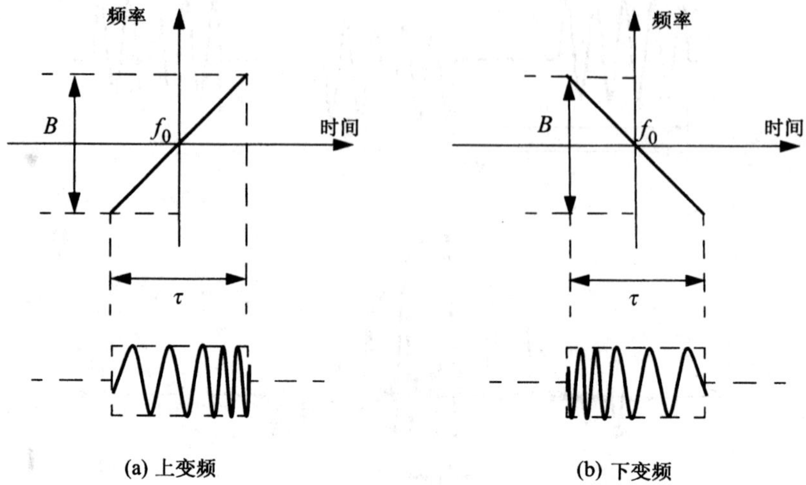

图 3.6 典型 LFM 波形

信号 $s_1(t)$ 的频谱由它的复包络 $s(t)$ 决定。式(3.34)中的复指数项表示中心频率 f_0 的频移。将 $s(t)$ 进行傅里叶变换，得到

$$S(\omega) = \int_{-\infty}^{\infty}\text{rect}\left(\frac{t}{\tau}\right)e^{j\pi\mu t^2}\ e^{-j\omega t}dt = \int_{-\frac{\tau}{2}}^{\frac{\tau}{2}}\exp\left(\frac{j2\pi\mu t^2}{2}\right)\ e^{-j\omega t}dt \tag{3.36}$$

令 $\mu' = 2\pi\mu = 2\pi B/\tau$，进行变量替换为

$$x = \sqrt{\frac{\mu'}{\pi}}\left(t - \frac{\omega}{\mu'}\right) \qquad dx = \sqrt{\frac{\mu'}{\pi}}\ dt \tag{3.37}$$

因此，式(3.36)可写为

$$S(\omega) = \sqrt{\frac{\pi}{\mu'}}\ e^{-j\omega^2/2\mu'}\int_{-x_1}^{x_2}e^{j\pi x^2/2}\ dx \tag{3.38}$$

$$S(\omega) = \sqrt{\frac{\pi}{\mu'}}\ e^{-j\omega^2/2\mu'}\left(\int_0^{x_2}e^{j\pi x^2/2}\ dx - \int_0^{-x_1}e^{j\pi x^2/2}\ dx\right) \tag{3.39}$$

其中

$$x_1 = \sqrt{\frac{\mu'}{\pi}}\left(\frac{\tau}{2} + \frac{\omega}{\mu'}\right) = \sqrt{\frac{B\tau}{2}}\left(1 + \frac{f}{B/2}\right) \tag{3.40}$$

$$x_2 = \sqrt{\frac{\mu'}{\pi}}\left(\frac{\tau}{2} - \frac{\omega}{\mu'}\right) = \sqrt{\frac{B\tau}{2}}\left(1 - \frac{f}{B/2}\right) \tag{3.41}$$

用 $C(x)$ 和 $S(x)$ 表示菲涅耳积分，定义如下：

$$C(x) = \int_0^x\cos\left(\frac{\pi\upsilon^2}{2}\right)d\upsilon \tag{3.42}$$

$$S(x) = \int_0^x\sin\left(\frac{\pi\upsilon^2}{2}\right)d\upsilon \tag{3.43}$$

菲涅耳积分近似为

$$C(x) \approx \frac{1}{2} + \frac{1}{\pi x}\sin\left(\frac{\pi}{2}x^2\right) \qquad x \gg 1 \tag{3.44}$$

$$S(x) \approx \frac{1}{2} - \frac{1}{\pi x}\cos\left(\frac{\pi}{2}x^2\right) \qquad x \gg 1 \tag{3.45}$$

注意，$C(-x) = -C(x)$，$S(-x) = -S(x)$。图3.7给出了 $C(x)$ 和 $S(x)$ 在 $0 \leqslant x \leqslant 4.0$ 时的图形。该图可以使用3.12节的清单3.1中的MATLAB程序“fig3_7.m”得到。

在式(3.39)中使用式(3.42)和式(3.43)，进行积分得到

$$S(\omega) = \tau\sqrt{\frac{1}{B\tau}}\ \mathrm{e}^{-\mathrm{j}\omega^2/(4\pi B)}\left\{\frac{[C(x_2)+C(x_1)]+\mathrm{j}[S(x_2)+S(x_1)]}{\sqrt{2}}\right\} \tag{3.46}$$

图3.8显示了线性调频信号实部、虚部及幅度谱的典型图形。图3.8(c)中的类似方形的频谱就是广为人知的菲涅耳谱。该图可由3.12节的清单3.2中的MATLAB程序“fig3_8.m”得到。

开发了一个MATLAB GUI[见图3.8(d)]，用来输入LFM数据并显示图3.8所示的输出。文件名为“LFM_gui.m”，其输入是未压缩的脉宽和调制带宽。

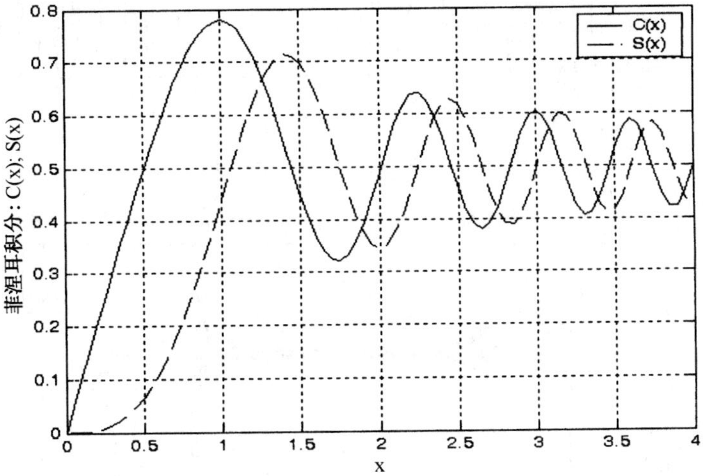

图3.7　菲涅耳积分

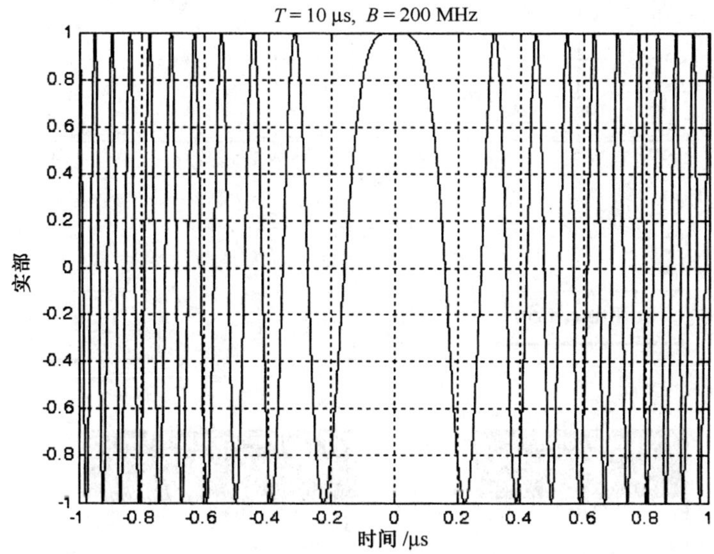

(a)典型LFM波形，实部

图3.8

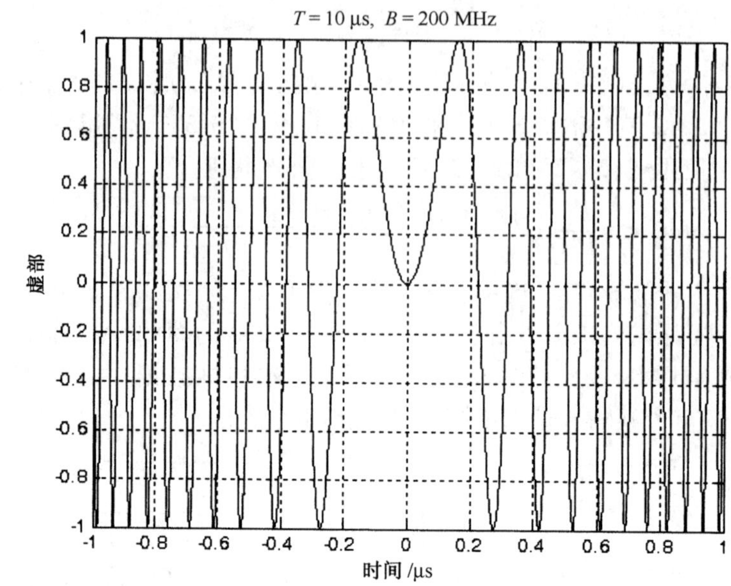

(b) 典型 LFM 波形,虚部

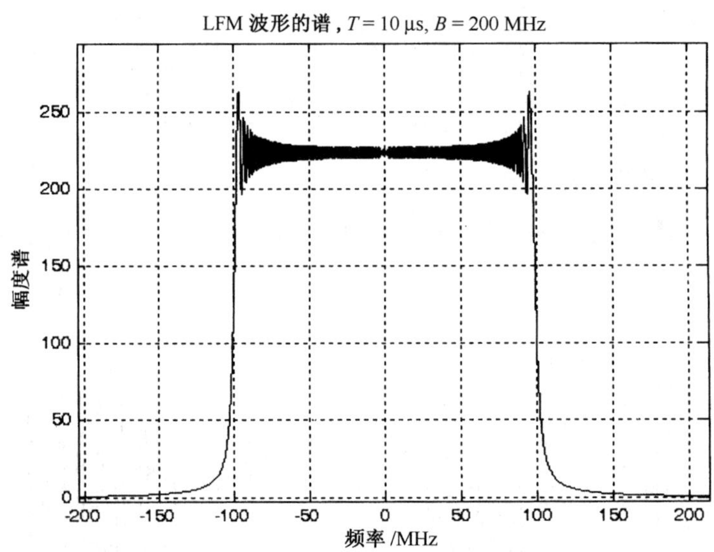

(c) LFM 波形的典型谱

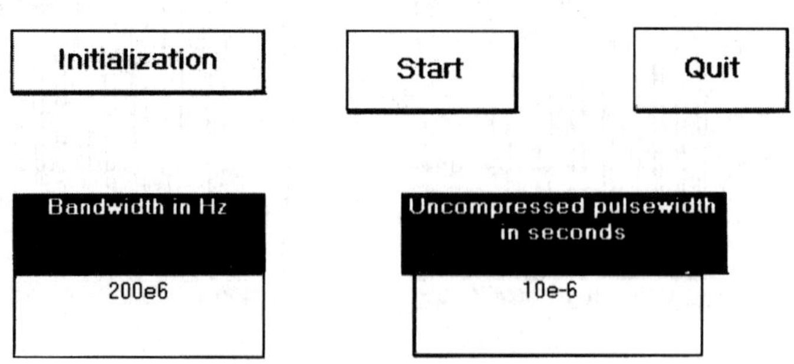

(d) GUI 工作空间“LFM _gui. m”

图 3. 8(续)

3.5 高距离分辨率

在第1章中,得到了一个用脉宽 τ 表示距离分辨率 ΔR 的表达式。当未使用脉冲压缩时,雷达接收机的瞬时带宽 B 通常和脉冲的带宽匹配。在大多数雷达应用中,这是通过令 $B=1/\tau$ 实现的。因此,距离分辨率为

$$\Delta R = (c\tau)/2 = c/(2B) \tag{3.47}$$

雷达使用者和设计者不约而同地通过最小化 ΔR 来寻求实现高距离分辨率(HRR)。然而如式(3.47)所示,为了得到高距离分辨率,必须使用短脉冲,从而导致平均发射功率的减小,并且强加了对大工作带宽的需求。在得到好的距离分辨率的同时保持足够的平均发射功率,可以通过使用脉冲压缩技术来实现,这将在第5章中进行讨论。利用频率或相位调制,脉冲压缩可以使我们获得相当长脉冲的平均发射功率,同时得到对应非常短脉冲的距离分辨率。例如,考虑一个 LFM 波形,其带宽为 B,未压缩脉宽为 τ。经过脉冲压缩后,压缩后的脉宽表示为 τ',其中 $\tau' \ll \tau$,HRR 为

$$\Delta R = \frac{c\tau'}{2} \ll \frac{c\tau}{2} \tag{3.48}$$

经常使用线性调频和调频(FM)连续波信号来得到 HRR。高距离分辨率也可以通过一种称为“步进频波形”(SFM)的波形来合成。与 LFM 或 FM-CW 相比,步进频波形需要更加复杂的硬件实现;不过,对雷达工作带宽要求较低。这是因为接收机的瞬时带宽与 SFM 子脉冲带宽相匹配,其远小于 LFM 或 FM-CW 带宽。下一节将对 SFM 波形进行简要讨论。

3.6 步进频波形

步进频波形(SFW)产生合成的 HRR 目标距离像,这是因为目标距离像是通过实际目标距离像的频域样本的逆离散傅里叶变换(IDFT)计算的。产生合成的高分辨率距离像的过程在 Wehner① 的著作中描述,总结如下:

1. 发射 n 个窄带脉冲序列,从一个脉冲到下一个脉冲的频率以固定的频率步长步进。每组的 n 个脉冲称为一个脉冲串(burst)。
2. 接收信号以对应于每个脉冲中心频率的速率进行采样。
3. 收集并保存每个脉冲串的正交分量。
4. 对正交分量进行频谱加权(为了降低距离旁瓣电平),进行目标速度、相位和幅度变化的校正。
5. 计算每个脉冲串加权后正交分量的 IDFT,以合成该脉冲串的距离像。对 N 个脉冲串重复处理,以得到连续的合成高分辨率距离像。

图3.9显示了典型的 SFW 脉冲串。脉冲重复间隔(PRI)为 T,脉宽为 τ'。每个脉冲可以有自己的 LFM,或者其他类型的调制。此书假设为 LFM。第 i 个步进的中心频率为

$$f_i = f_0 + i\Delta f \qquad i = 0, n-1 \tag{3.49}$$

① Wehner, D. R., *High Resolution Radar*, second edition, Artech House, 1993.

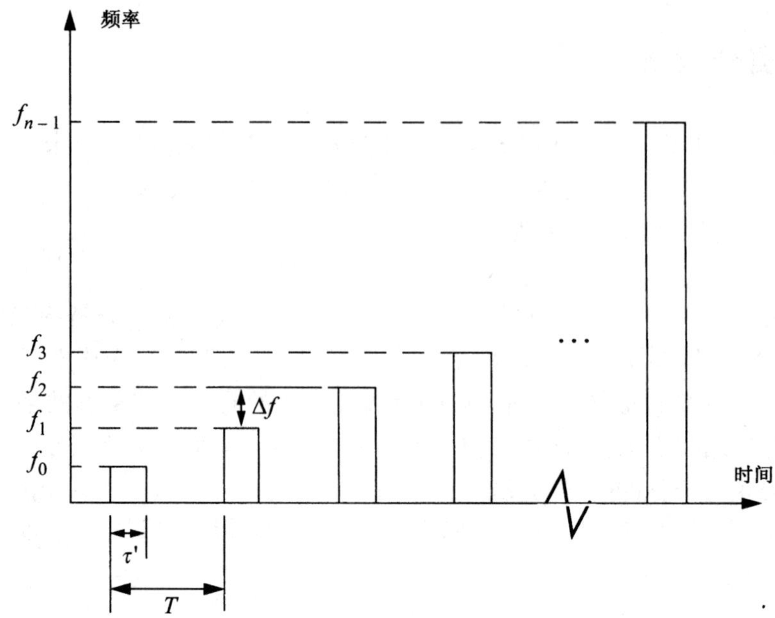

图 3.9　步进频波形脉冲串

在一个脉冲串内，第 i 个步进的发射波形可以描述为

$$s_i(t) = \begin{pmatrix} C_i\cos 2\pi f_i t + \theta_i & iT \leqslant t \leqslant iT + \tau' \\ 0 & \text{其他} \end{pmatrix} \tag{3.50}$$

其中，θ_i 为相对相位，C_i 为常数。在距离 R_0 处的目标在时间 $t=0$ 时的接收信号为

$$s_{ri}(t) = C_i'\cos(2\pi f_i(t-\tau(t))+\theta_i) \qquad iT+\tau(t) \leqslant t \leqslant iT+\tau'+\tau(t) \tag{3.51}$$

其中，C_i' 为常数，往返时延 $\tau(t)$ 为

$$\tau(t) = \frac{R_0 - vt}{c/2} \tag{3.52}$$

c 为光速，v 为目标的径向速度。

为了提取正交分量，接收信号下变频到基带。准确地说，$s_{ri}(t)$ 和下面信号混频

$$y_i(t) = C\cos(2\pi f_i t + \theta_i) \qquad iT \leqslant t \leqslant iT + \tau' \tag{3.53}$$

经过低通滤波器后，正交分量为

$$\begin{pmatrix} x_{\mathrm{I}}(t) \\ x_{\mathrm{Q}}(t) \end{pmatrix} = \begin{pmatrix} A_i\cos\psi_i(t) \\ A_i\sin\psi_i(t) \end{pmatrix} \tag{3.54}$$

其中，A_i 为常数，并且

$$\psi_i(t) = -2\pi f_i\left(\frac{2R_0}{c} - \frac{2vt}{c}\right) \tag{3.55}$$

现在，$f_i = \Delta f$。对于每个脉冲，正交分量的采样时刻为

$$t_i = iT + \frac{\tau_{\mathrm{r}}}{2} + \frac{2R_0}{c} \tag{3.56}$$

τ_{r} 是与对应于距离像起点的距离有关的时延。

正交分量的复数形式可以表示为

$$X_i = A_i \mathrm{e}^{\mathrm{j}\psi_i} \tag{3.57}$$

式(3.57)表示基于单个脉冲串的目标反射性的频域样本。该信息可以利用 IDFT 转化为一系列距离时延的反射性(即为距离像)大小，表示如下：

$$H_l = \frac{1}{n}\sum_{i=0}^{n-1} X_i \exp\left(\mathrm{j}\frac{2\pi li}{n}\right) \qquad 0 \le l \le n-1 \tag{3.58}$$

将式(3.57)和式(3.55)代入式(3.58)中，合并同类项得到

$$H_l = \frac{1}{n}\sum_{i=0}^{n-1} A_i \exp\left\{\mathrm{j}\left(\frac{2\pi li}{n} - 2\pi f_i\left(\frac{2R_0}{c} - \frac{2vt_i}{c}\right)\right)\right\} \tag{3.59}$$

相对于 n 归一化，并且假设 $A_i = 1$，目标为静止的(即 $v = 0$)，则式(3.59)可以写为

$$H_l = \sum_{i=0}^{n-1} \exp\left\{\mathrm{j}\left(\frac{2\pi li}{n} - 2\pi f_i\frac{2R_0}{c}\right)\right\} \tag{3.60}$$

在式(3.60)中，利用 $f_i = i\Delta f$ 得到

$$H_l = \sum_{i=0}^{n-1} \exp\left\{\mathrm{j}\frac{2\pi i}{n}\left(-\frac{2nR_0\Delta f}{c} + l\right)\right\} \tag{3.61}$$

其可以简化为

$$H_l = \frac{\sin\pi\chi}{\sin\frac{\pi\chi}{n}} \exp\left(\mathrm{j}\frac{n-1}{2}\,\frac{2\pi\chi}{n}\right) \tag{3.62}$$

其中

$$\chi = \frac{-2nR_0\Delta f}{c} + l \tag{3.63}$$

最后，合成的距离像为

$$|H_l| = \left|\frac{\sin\pi\chi}{\sin\frac{\pi\chi}{n}}\right| \tag{3.64}$$

3.6.1 SFW 的距离分辨率和距离模糊

一般来说，距离分辨率由总的系统带宽来决定。假设一个 SFW 具有 n 个步进，步长为 Δf，则对应的距离分辨率等于

$$\Delta R = \frac{c}{2n\Delta f} \tag{3.65}$$

SFM 的距离模糊可以通过检验对应于在距离 R_0 的点散射体的相位来决定。更准确地说，

$$\psi_i(t) = 2\pi f_i\frac{2R_0}{c} \tag{3.66}$$

那么

$$\frac{\Delta\psi}{\Delta f} = \frac{4\pi(f_{i+1} - f_i)R_0}{(f_{i+1} - f_i)\;c} = \frac{4\pi R_0}{c} \tag{3.67}$$

或等价于

$$R_0 = \frac{\Delta\psi}{\Delta f}\frac{c}{4\pi} \tag{3.68}$$

从式(3.68)可以明显看出，当 $\Delta\psi = \Delta\psi + 2n\pi$ 时，存在距离模糊。因此

$$R_0 = \frac{\Delta\psi + 2n\pi}{\Delta f}\,\frac{c}{4\pi} = R_0 + n\left(\frac{c}{2\Delta f}\right) \tag{3.69}$$

不模糊距离窗为

$$R_u = \frac{c}{2\Delta f} \tag{3.70}$$

因此，关于对应于脉冲串时延的绝对距离，使用特定 SFW 合成的距离像表示在不模糊距离窗内所有散射体的相对距离反射性。另外，如果一个特定目标的范围大于 R_u，则落在不模糊距离窗外的所有散射体将重叠在一起，出现在合成距离像上。这种重叠问题与使用快速傅里叶变换（FFT）分辨某个信号的频率分量时出现的频谱混叠是一样的。例如，考虑一个频率分辨率为 $\Delta f = 50$ Hz，长度为 NFFT = 64 的 FFT。此时，这个 FFT 可以分辨的音频在 −1600 Hz 到 1600 Hz 之间。当这个 FFT 被用来分辨一个正弦音调为 1800 Hz 的频率分量时，就会发生频谱混叠，在第 4 个 FFT 单元（即 200 Hz）会出现谱线。因此，为了在合成距离像中避免混叠，频率步进 Δf 必须满足

$$\Delta f \leqslant c/2E \tag{3.71}$$

其中，E 为目标长度，单位为 m。

另外，脉冲宽度也必须足够大，以包括整个目标长度，所以

$$\Delta f \leqslant 1/\tau' \tag{3.72}$$

实际中

$$\Delta f \leqslant 1/2\tau' \tag{3.73}$$

为了减小由于考察目标周围的杂波而引起的合成距离像的污染，这是必要的。

MATLAB 函数“hrr_profile.m”

函数“hrr_profile.m”计算并画出特定 SFW 的合成 HRR 像（见 3.12 节的清单 3.3）。该函数使用一个长度为步进数两倍的逆傅里叶变换（IFFT）。还假设采用同样大小的汉明窗。调用语法如下：

[hl] = hrr_profile(nscat,scat_range,scat_rcs,n,deltaf,prf,v,r0,winid)

其中，符号含义如下表所示。

符　号	描　述	单　位	状　态
nscat	组成目标的散射体个数	无	输入
scat_range	包含散射体距离的向量	m	输入
scat_rcs	包含散射体 RCS 的向量	m	输入
n	步进数	无	输入
deltaf	步进频率	Hz	输入
prf	SFW 的 PRF	Hz	输入
v	目标速度	m/s	输入
r0	像起始距离	m	输入
winid	数值 >0 为汉明窗 数值 <0 为不加窗	无	输入
hl	距离像	dB	输出

例如，假设距离像起始点为 $R_0 = 900$ m 处，且

nscat	tau	n	deltaf	prf	v
3	100 μs	64	10 MHz	10 KHz	0.0

这种情况下

$$\Delta R = \frac{3\times10^8}{2\times64\times10\times10^6} = 0.235\ \text{m}$$

$$R_u = \frac{3\times10^8}{2\times10\times10^6} = 15\ \text{m}$$

因此,间隔大于 0.235 m 的散射体将会在合成距离像上显示为不同的尖峰。假设两种情况,第 1 种:[scat _range] = [908,910,912]m,第 2 种:[scat _range] = [908,910,910.2]m。在这两种情况下,令[scat _rcs] = [100,10,1]m^2。

图 3.10 显示了第 1 种情况下利用函数“hrr_profilr.m”在没有使用汉明窗时所产生的合成距离像。图 3.11 与图 3.10 类似,除了此时使用了汉明窗。图 3.12 显示了对应于第 2 种情况的合成距离像(使用汉明窗)。注意在图 3.10 和图 3.11 中,所有 3 个散射体都可以被分辨;而在图 3.12 中,最后两个散射体没有被分辨,因为它们的间隔小于 ΔR。

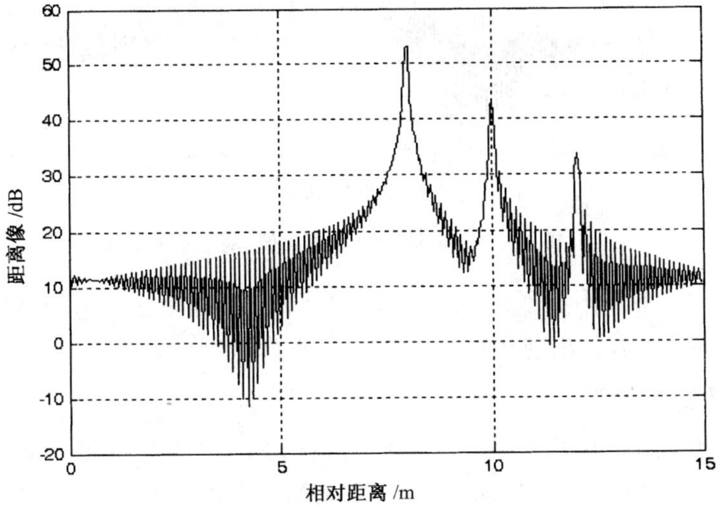

图 3.10 3 个被分辨散射体的合成距离像,未加窗

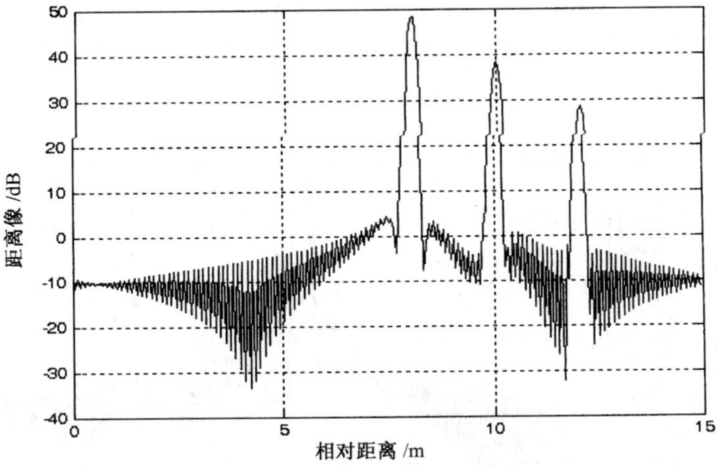

图 3.11 3 个散射体的合成距离像,汉明窗

接下来考虑另外一种情况,其中[scat_range] = [908,912,916]m。图 3.13 显示了对应的距离像。在这种情况下,出现了混叠,最后一个散射体出现在合成距离像的近段部分。再考虑这种情况,其中

$$[scat\_range] = [908,910,923]\,m$$

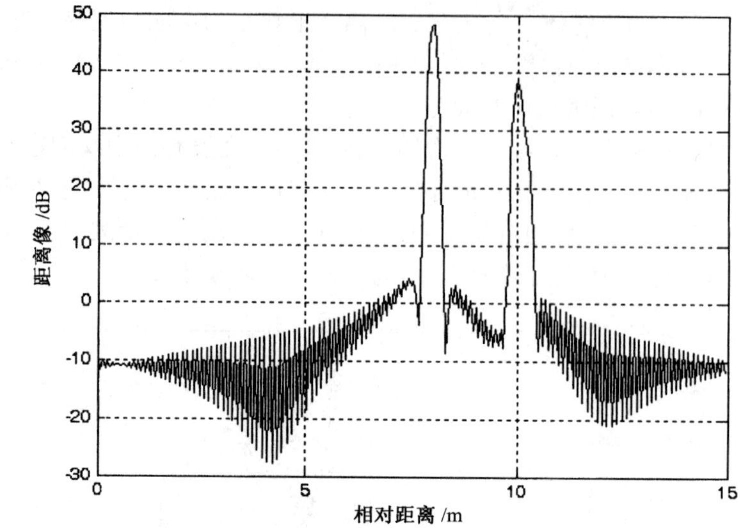

图 3.12　3 个散射体的合成距离像,两个不能分辨

图 3.14 显示了对应的距离像。在这种情况下,第 1 个和第 2 个散射体出现了模糊,因为它们的间隔为 15 m。两者都出现在相同的距离单元。

3.6.2　目标速度的影响

由式(3.64)定义的距离像是在假设检验目标静止的情况下得到的。将式(3.55)和式(3.56)代入到式(3.58)中,可以确定目标速度对合成距离像的影响,得到

$$H_1 = \sum_{i=0}^{n-1} A_i \exp\left\{ j\frac{2\pi l i}{n} - j2\pi f_i \left[\frac{2R}{c} - \frac{2v}{c}\left(iT + \frac{\tau_1}{2} + \frac{2R}{c} \right) \right] \right\} \tag{3.74}$$

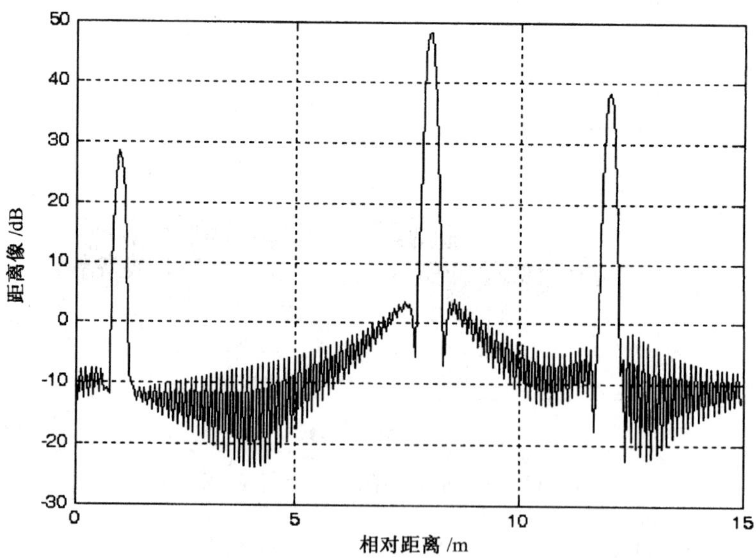

图 3.13　3 个散射体的合成距离像,第 3 个散射体出现混叠

式(3.74)中的附加相位项使合成距离像失真。为了说明这种失真,考虑前一节描述的 SFW,并且假设第 1 种情况下的 3 个散射体,而且假设目标速度 $v = 100$ m/s。图 3.15 显示了

这种情况下的合成距离像。比较图 3. 11 和图 3. 15，清楚地显示了由于未补偿目标速度而产生的失真。图 3. 16 与图 3. 15 类似，除了速度 $v = -100\ \mathrm{m/s}$。注意在任意一种情况下，目标由预定的位置偏移了（向左或向右）$\mathrm{Disp} = 2 \times n \times v/\mathrm{PRF}$（1. 28 m）。

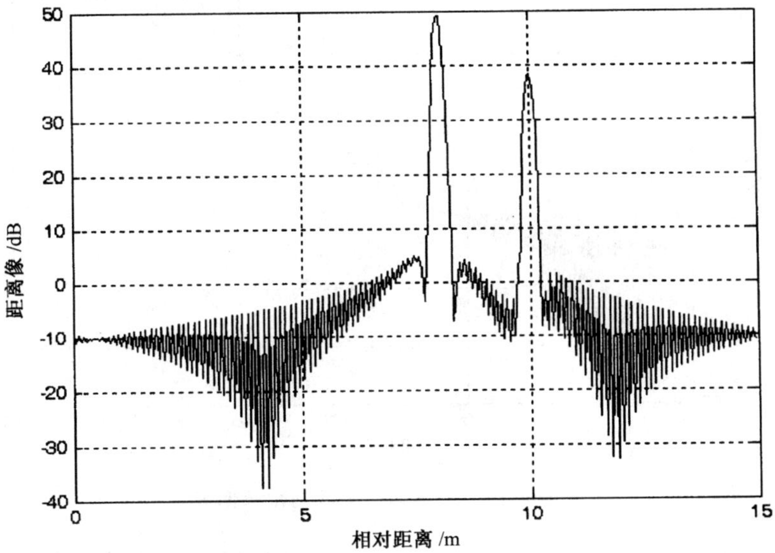

图 3. 14　3 个散射体的合成距离像，第 1 个和第 2 个散射体出现在相同的 FFT 单元

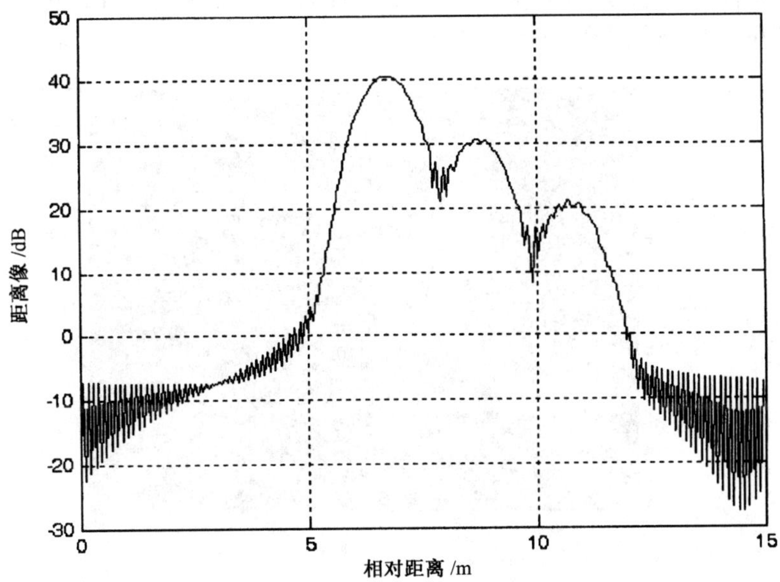

图 3. 15　由于目标速度引起的距离像失真

这种失真可以通过将每个脉冲的复接收数据乘以下面的相位项消除

$$\Phi = \exp\left(-\mathrm{j}2\pi f_i\left[\frac{2\hat{v}}{c}\left(iT + \frac{\tau_1}{2} + \frac{2\hat{R}}{c}\right)\right]\right) \tag{3.75}$$

$\hat{v}$和$\hat{R}$分别是目标速度和距离的估计值。这种修订正交分量相位的过程通常被称为“相位旋转”。事实上，当不能得到$\hat{v}$和$\hat{R}$好的估计时，目标速度的影响可以通过在 SFW 中前后脉冲之间使用调频来减小。此时，每个子脉冲的频率由一个预定的编码来选取。这种类型的波形通常称为频率编码波形（FCW）。Costas 波形或信号就是这种类型波形的一个很好的例子。

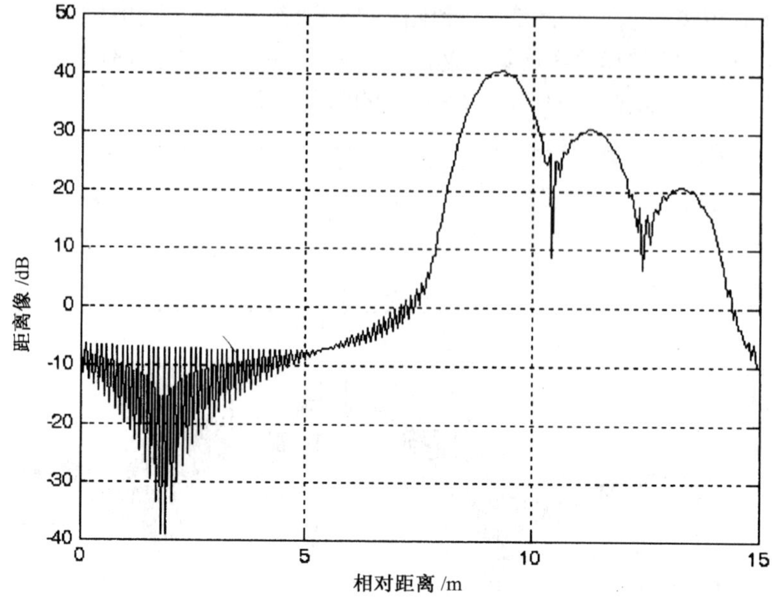

图 3.16　由于目标速度引起的距离像失真

图 3.17 是一个 RCS 为$\sigma = 10\ m^2$，$v = 15\ m/s$ 的运动目标的合成距离像。目标的原始距离为$R = 912\ m$。其他所有参数与前面一样。这幅图形可以使用 3.12 节的清单 3.4 中的 MATLAB 程序"fig3_17.m"得到。

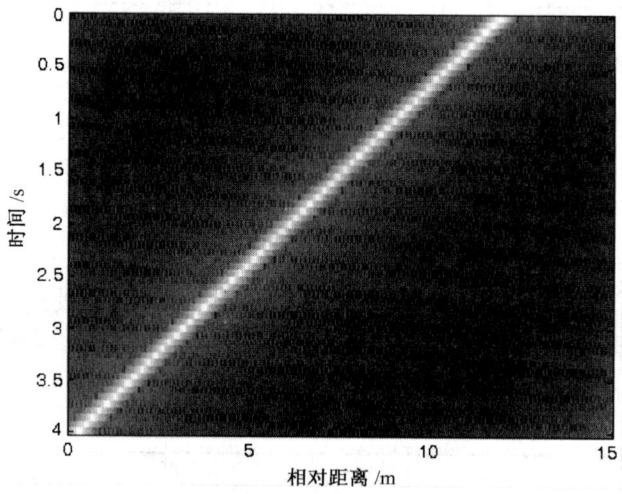

图 3.17　一个运动目标的合成距离像(4 s 长)

3.7　匹配滤波器

匹配滤波器最独特的特征是当输入端出现信号与加性白噪声时，其在输出端产生最大可实现瞬时 SNR。此噪声不必为高斯的。接收机输出端的峰值瞬时 SNR 可以通过将雷达接收机传输函数与接收信号匹配来得到。下面将证明匹配滤波器输出端的峰值瞬时信号功率除以平均噪声功率，等于两倍的输入信号能量除以输入噪声功率，无论雷达采用何种波形。这就是为什么我们常说匹配滤波器是SNR意义下的最优滤波器的原因。注意，在雷达方程（SNR）推导中使用的峰值功率表示在脉冲持续期间的平均信号功率，而不是在匹配滤波器情况下的峰值瞬时信号功率。事实上，实现理想的匹配滤波有时是很困难的。这时可以使用准最佳滤波器。由于这种失配，输出信噪比会降低。

考虑一个使用有限持续时间的能量信号 $s_i(t)$ 的雷达系统。用 τ' 表示脉宽，并且假设使用匹配滤波器接收机。我们需要回答的主要问题是：当输入为延迟的信号 $s_i(t)$ 加上加性白噪声时，使接收机输出端的瞬时SNR最大的滤波器冲激或频率响应是什么样的？

匹配滤波器的输入信号可以表示为

$$x(t) = C\, s_i(t-t_1) + n_i(t) \tag{3.76}$$

其中，C 为常数，t_1 是正比于目标距离的未知时延，$n_i(t)$ 是输入白噪声。因为输入噪声是白色的，所以其对应的自相关和功率谱密度（PSD）函数分别为

$$\bar{R}_{n_i}(t) = \frac{N_0}{2}\,\delta(t) \tag{3.77}$$

$$\bar{S}_{n_i}(\omega) = \frac{N_0}{2} \tag{3.78}$$

其中，N_0 为常数。$s_0(t)$ 和 $n_0(t)$ 分别表示信号和噪声的滤波器输出。更准确地可定义

$$y(t) = C\ s_o(t-t_1) + n_o(t) \tag{3.79}$$

其中

$$s_o(t) = s_i(t) * h(t) \tag{3.80}$$

$$n_o(t) = n_i(t) * h(t) \tag{3.81}$$

操作符 $*$ 表示卷积，$h(t)$ 为滤波器的冲激响应（假设滤波器为线性时不变的）。

用 $R_h(t)$ 表示滤波器的自相关函数，则输出噪声的自相关函数和功率谱密度函数分别为

$$\bar{R}_{n_o}(t) = \bar{R}_{n_i}(t) * R_h(t) = \frac{N_0}{2}\,\delta(t) * R_h(t) = \frac{N_0}{2}\,R_h(t) \tag{3.82}$$

$$\bar{S}_{n_o}(\omega) = \bar{S}_{n_i}(\omega)|H(\omega)|^2 = \frac{N_0}{2}\,|H(\omega)|^2 \tag{3.83}$$

其中，$H(\omega)$ 为滤波器冲激响应 $h(t)$ 的傅里叶变换。总的平均输出噪声功率等于 $\bar{R}_{n_o}(t)$ 在 $t=0$ 处的值，更精确的表示为

$$\bar{R}_{n_o}(0) = \frac{N_0}{2}\int_{-\infty}^{\infty}|h(u)|^2 \mathrm{d}u \tag{3.84}$$

在 t 时刻的输出信号功率为 $|Cs_o(t-t_1)|^2$，并且利用式（3.80）可以得到

$$s_o(t-t_1) = \int_{-\infty}^{\infty} s_i(t-t_1-u)\ h(u)\ \mathrm{d}u \tag{3.85}$$

在 t 时刻输出SNR的一般表达式可以写为

$$\mathrm{SNR}(t) = \frac{|Cs_o(t-t_1)|^2}{\bar{R}_{n_o}(0)} \tag{3.86}$$

将式（3.84）和式（3.85）代入式（3.86），得到

$$\mathrm{SNR}(t) = \frac{C^2\left|\int_{-\infty}^{\infty} s_i(t-t_1-u)\ h(u)\ \mathrm{d}u\right|^2}{\frac{N_0}{2}\int_{-\infty}^{\infty}|h(u)|^2 \mathrm{d}u} \tag{3.87}$$

Schwartz 不等式为

$$\left|\int_{-\infty}^{\infty} P(x)Q(x)\mathrm{d}x\right|^2 \leqslant \int_{-\infty}^{\infty} |P(x)|^2 \mathrm{d}x \int_{-\infty}^{\infty} |Q(x)|^2 \mathrm{d}x \tag{3.88}$$

其中,等号仅当 $P = kQ^*$ 时成立,这里 k 为常数可以假定为 1。则将式(3.88)作用于式(3.87)的分子上,得到

$$\mathrm{SNR}(t) \leqslant \frac{C^2 \int_{-\infty}^{\infty} |s_\mathrm{i}(t-t_1-u)|^2 \mathrm{d}u \int_{-\infty}^{\infty} |h(u)|^2 \mathrm{d}u}{\frac{N_0}{2} \int_{-\infty}^{\infty} |h(u)|^2 \mathrm{d}u} = \frac{2C^2 \int_{-\infty}^{\infty} |s_\mathrm{i}(t-t_1-u)|^2 \mathrm{d}u}{N_0} \tag{3.89}$$

式(3.89)告诉我们,当等号成立时[即根据式(3.88),$h = ks_\mathrm{i}^*$],出现峰值瞬时 SNR。更准确地,如果我们假设等号出现在 $t = t_0$ 时刻,并且 $k = 1$,那么

$$h(u) = s_\mathrm{i}^*(t_0 - t_1 - u) \tag{3.90}$$

最大瞬时 SNR 为

$$\mathrm{SNR}(t_0) = \frac{2C^2 \int_{-\infty}^{\infty} |s_\mathrm{i}(t_0-t_1-u)|^2 \mathrm{d}u}{N_0} \tag{3.91}$$

式(3.91)可以利用 Parseval 定理简化为

$$E = C^2 \int_{-\infty}^{\infty} |s_\mathrm{i}(t_0-t_1-u)|^2 \mathrm{d}u \tag{3.92}$$

其中,E 代表输入信号的能量。因此,可以将输出端峰值瞬时 SNR 写为

$$\mathrm{SNR}(t_0) = \frac{2E}{N_0} \tag{3.93}$$

因此可得出结论:峰值瞬时 SNR 仅依赖于信号能量和输入噪声功率,而与雷达使用的波形无关。

最后,可以由式(3.90)定义匹配滤波器的冲激响应。如果期望在 $t_0 = t_1$ 时刻出现峰值,我们得到非因果的匹配滤波器冲激响应为

$$h_\mathrm{nc}(t) = s_\mathrm{i}^*(-t) \tag{3.94}$$

另一方面,因果的冲激响应为

$$h_\mathrm{c}(t) = s_\mathrm{i}^*(\tau - t) \tag{3.95}$$

这时的峰值出现在 $t_0 = t_1 + \tau$ 时刻。$h_\mathrm{nc}(t)$ 和 $h_\mathrm{c}(t)$ 的傅里叶变换分别为

$$H_\mathrm{nc}(\omega) = S_\mathrm{i}^*(\omega) \tag{3.96}$$

$$H_\mathrm{c}(\omega) = S_\mathrm{i}^*(\omega)\mathrm{e}^{-\mathrm{j}\omega\tau} \tag{3.97}$$

其中,$S_\mathrm{i}(\omega)$ 为 $s_\mathrm{i}(t)$ 的傅里叶变换。因此,$H(\omega)$ 和 $S_\mathrm{i}(\omega)$ 的模是相等的,而相位响应是相反的。

例题

计算线性滤波器输出端最大瞬时 SNR,其冲激响应与信号 $x(t) = \exp(-t^2/2T)$ 相匹配。

解:

信号能量为

$$E = \int_{-\infty}^{\infty} |x(t)|^2 \mathrm{d}t = \int_{-\infty}^{\infty} \mathrm{e}^{(-t^2)/T} \mathrm{d}t = \sqrt{\pi T}\ \mathrm{J}$$

最大瞬时 SNR 为

$$\mathrm{SNR} = \frac{\sqrt{\pi T}}{N_0/2}$$

其中,$N_0/2$ 为输入噪声功率谱密度。

3.8 副本

再次考虑一个使用有限持续时间的能量信号 $s_{\mathrm{i}}(t)$ 的雷达系统，并且假设使用匹配滤波器接收机。输入信号在式(3.76)中给出，这里重新写为式(3.98)，则

$$x(t) = C\ s_{\mathrm{i}}(t-t_1) + n_{\mathrm{i}}(t) \tag{3.98}$$

匹配滤波器的输出 $y(t)$ 可表示为滤波器冲激响应和 $x(t)$ 的卷积积分

$$y(t) = \int_{-\infty}^{\infty} x(u)h(t-u)\mathrm{d}u \tag{3.99}$$

将式(3.95)代入式(3.99)，得到

$$y(t) = \int_{-\infty}^{\infty} x(u)s_{\mathrm{i}}^*(\tau - t + u)\mathrm{d}u = \bar{R}_{xs_{\mathrm{i}}}(t-\tau) \tag{3.100}$$

其中，$\bar{R}_{xs_{\mathrm{i}}}(t-\tau)$ 为 $x(t)$ 和 $s_{\mathrm{i}}(\tau-t)$ 的互相关函数。因此，匹配滤波器的输出可以通过雷达接收信号和发射信号的延迟副本的互相关函数计算得到。如果输入信号和发射信号相同，那么匹配滤波器的输出将是接收(或发射)信号的自相关函数。事实上，通常将发射波形的副本计算出来并且保存在内存中，以便雷达信号处理器在需要时可以使用。

3.9 LFM 波形的匹配滤波器响应

为了得到在使用 LFM 波形时，匹配滤波器输出的一般表达式，我们将研究雷达跟踪一个以速度 v 靠近的目标的情况。发射信号为

$$s_1(t) = \mathrm{rect}\left(\frac{t}{\tau'}\right)\mathrm{e}^{\mathrm{j}2\pi\left(f_0 t + \frac{\mu}{2}t^2\right)} \tag{3.101}$$

则接收信号为

$$s_{\mathrm{r}_1}(t) = s_1(t-\Delta(t)) \tag{3.102}$$

$$\Delta(t) = t_0 - \frac{2v}{c}(t-t_0) \tag{3.103}$$

其中，t_0 为对应于目标初始检测距离的时间，c 为光速。利用式(3.103)可以将式(3.102)重写为

$$s_{\mathrm{r}_1}(t) = s_1\left(t - t_0 + \frac{2v}{c}(t-t_0)\right) = s_1(\gamma(t-t_0)) \tag{3.104}$$

且

$$\gamma = 1 + 2\frac{v}{c} \tag{3.105}$$

为比例系数。将式(3.101)代入式(3.104)，得到

$$s_{\mathrm{r}_1}(t) = \mathrm{rect}\left(\frac{\gamma(t-t_0)}{\tau'}\right)\mathrm{e}^{\mathrm{j}2\pi f_0\gamma(t-t_0)}\ \mathrm{e}^{\mathrm{j}\pi\mu\gamma^2(t-t_0)^2} \tag{3.106}$$

这是信号 $s_{\mathrm{r}_1}(t)$ 的解析信号表示。信号 $s_{\mathrm{r}_1}(t)$ 的复包络由式(3.106)乘以 $\exp(-\mathrm{j}2\pi f_0 t)$ 得到。将复包络表示为 $s_{\mathrm{r}}(t)$，然后经过一些操作后得到

$$s_{\mathrm{r}}(t) = \mathrm{e}^{-\mathrm{j}2\pi f_0 t_0}\,\mathrm{rect}\left(\frac{\gamma(t-t_0)}{\tau'}\right)\mathrm{e}^{\mathrm{j}2\pi f_0(\gamma-1)(t-t_0)}\ \mathrm{e}^{\mathrm{j}\pi\mu\gamma^2(t-t_0)^2} \tag{3.107}$$

由于目标移动引起的多普勒频移为

$$f_{\mathrm{d}} = \frac{2v}{c}f_0 \tag{3.108}$$

因为$\gamma - 1 = 2v/c$,所以得到

$$f_d = (\gamma - 1)f_0 \tag{3.109}$$

使用近似$\gamma \approx 1$和式(3.109),式(3.107)重写为

$$s_r(t) \approx e^{j2\pi f_d(t-t_0)}\ s(t-t_0) \tag{3.110}$$

其中

$$s(t-t_0) = e^{-j2\pi f_0 t}s_1(t-t_0) \tag{3.111}$$

$s_1(t)$在式(3.101)中给出。匹配滤波器响应可以由下面的卷积积分得到

$$s_o(t) = \int_{-\infty}^{\infty} h(u)s_r(t-u)\mathrm{d}u \tag{3.112}$$

对于非因果的匹配滤波器,冲激响应$h(u)$等于$s^*(-t)$,因此

$$s_o(t) = \int_{-\infty}^{\infty} s^*(-u)s_r(t-u)\mathrm{d}u \tag{3.113}$$

将式(3.111)代入式(3.113),进行一些代数操作,得到

$$s_o(t) = \int_{-\infty}^{\infty} s^*(u)\ e^{j2\pi f_d(t+u-t_0)}\ s(t+u-t_0)\mathrm{d}u \tag{3.114}$$

最后做变量替换$t' = t+u$,得到

$$s_o(t) = \int_{-\infty}^{\infty} s^*(t'-t)s(t'-t_0)e^{j2\pi f_d(t'-t_0)}\ \mathrm{d}t' \tag{3.115}$$

通常,设$t_0 = 0$,因此

$$s_o(t;f_d) = \int_{-\infty}^{\infty} s(t')s^*(t'-t)e^{j2\pi f_d t'}\mathrm{d}t' \tag{3.116}$$

其中,用符号$s_0(t;f_d)$表示输出既是时间又是多普勒频率的函数。

3.10 波形分辨率和模糊

如式(3.93)所示的那样,雷达灵敏度(在白色加性噪声的情况下)只取决于接收信号的总能量,而与特定波形的形状无关。这使我们有了下面的疑问:如果雷达灵敏度和波形无关,那么选择什么样的发射波形才是最优的呢?这个答案取决于很多因素,其中最重要的莫过于波形的距离和多普勒分辨率特征。

第1章已讨论过,距离分辨率意味着在距离上把不同的目标区分开来。另一方面,多普勒分辨率意味着在频率上把不同的目标区分开。因此,区分的模糊度和精确度是紧密相关的。

3.10.1 距离分辨率

考虑两个在距离上间隔为ΔR的静止目标(零多普勒)的雷达回波。回波信号被雷达解释为两个不同目标的ΔR的最小值是多少?为了回答这个问题,假设雷达的发射脉冲表示为$s(t)$,即

$$s(t) = A(t)\cos(2\pi f_0 t + \phi(t)) \tag{3.117}$$

其中,f_0为载频,$A(t)$为幅度调制,$\phi(t)$为相位调制。那么,信号$s(t)$可以表示为复信号$\psi(t)$的实数部分,其中

$$\psi(t) = A(t)e^{j(\omega_0 t - \phi(t))} = u(t)e^{j\omega_0 t} \tag{3.118}$$

且

$$u(t) = A(t)e^{-j\phi(t)} \tag{3.119}$$

由此得出

$$s(t) = \mathrm{Re}\{\psi(t)\} \tag{3.120}$$

两个目标的回波分别为

$$s_{r1}(t) = \psi(t-\tau_0) \tag{3.121}$$

$$s_{r2}(t) = \psi(t-\tau_0-\tau) \tag{3.122}$$

其中,τ 为两个回波之间的延时之差。可以假设参考时间为 τ_0,那么在不失一般性下可以令 $\tau_0=0$。由此两个目标的可区分性取决于延时 τ 有多大或多小。

为了衡量两个目标之间的距离差,考虑 $\psi(t)$ 和 $\psi(t-\tau)$ 误差平方积分。将误差表示为 $\varepsilon_{\mathrm{R}}^2$,由此可得

$$\varepsilon_{\mathrm{R}}^2 = \int_{-\infty}^{\infty} |\psi(t)-\psi(t-\tau)|^2\,\mathrm{d}t \tag{3.123}$$

式(3.123)可以写为

$$\begin{aligned}\varepsilon_{\mathrm{R}}^2 = &\int_{-\infty}^{\infty}|\psi(t)|^2\,\mathrm{d}t + \int_{-\infty}^{\infty}|\psi(t-\tau)|^2\,\mathrm{d}t - \\ &\int_{-\infty}^{\infty}\{(\psi(t)\psi^*(t-\tau)+\psi^*(t)\psi(t-\tau))\ \mathrm{d}t\}\end{aligned} \tag{3.124}$$

将式(3.118) 代入式(3.124),可得

$$\begin{aligned}\varepsilon_{\mathrm{R}}^2 &= 2\int_{-\infty}^{\infty}|u(t)|^2\ \mathrm{d}t - 2\mathrm{Re}\left\{\int_{-\infty}^{\infty}\psi^*(t)\psi(t-\tau)\ \mathrm{d}t\right\} \\ &= 2\int^{\infty}|u(t)|^2\ \mathrm{d}t - 2\mathrm{Re}\left\{\mathrm{e}^{-\mathrm{j}\omega_0\tau}\int_{-\infty}^{\infty}u^*(t)u(t-\tau)\ \mathrm{d}t\right\}\end{aligned} \tag{3.125}$$

式(3.125)右边的第 1 项代表信号能量,假设为常数。第 2 项是 τ 的变化函数,其波动与载频有关。方程最右边的内部积分定义为距离模糊函数

$$\chi_{\mathrm{R}}(\tau) = \int_{-\infty}^{\infty}u^*(t)u(t-\tau)\,\mathrm{d}t \tag{3.126}$$

$\chi_{\mathrm{R}}(\tau)$的最大值在 $\tau=0$ 处。目标在距离上的分辨能力由幅度平方 $|\chi_{\mathrm{R}}(\tau)|^2$ 来衡量。由此可得,如果对于某些非零的 τ 值,$|\chi_{\mathrm{R}}(\tau)|=\chi_{\mathrm{R}}(0)$,则这两个目标是不可区分的。另一方面,如果对于某些非零的 τ 值,$|\chi_{\mathrm{R}}(\tau)|\neq\chi_{\mathrm{R}}(0)$,则这两个目标可能是可区分的。因此,$\chi_{\mathrm{R}}(\tau)$的最理想形状是在中心 $\tau=0$ 处有很尖锐的峰值(图钉形),并且随远离峰值急剧下降。

时延分辨率为

$$\Delta\tau = \frac{\int_{-\infty}^{\infty}|\chi_R(\tau)|^2\ \mathrm{d}\tau}{\chi_R^2(0)} \tag{3.127}$$

利用帕塞瓦尔定理,式(3.127)可以写为

$$\Delta\tau = 2\pi\frac{\int_{-\infty}^{\infty}|U(\omega)|^4\ \mathrm{d}\omega}{\left[\int_{-\infty}^{\infty}|U(\omega)|^2\ \mathrm{d}\omega\right]^2} \tag{3.128}$$

对应于 $\Delta\tau$ 的最小距离分辨率为

$$\Delta R = c\Delta\tau/2 \tag{3.129}$$

但是,由于信号的有效带宽为

$$B = \frac{\left[\int_{-\infty}^{\infty} |U(\omega)|^2 \ \mathrm{d}\omega\right]^2}{2\pi \int_{-\infty}^{\infty} |U(\omega)|^4 \ \mathrm{d}\omega} \tag{3.130}$$

距离分辨率可以表示为信号带宽的函数

$$\Delta R = c/(2B) \tag{3.131}$$

式(3.116)和式(3.126)的比较表明，匹配滤波器的输出和距离模糊函数具有相同的包络（在多普勒频移 f_d 设为零的情况下）。这意味着匹配滤波器除了提供最大瞬时输出 SNR 外，还保持了信号的距离分辨特性。

3.10.2 多普勒分辨率

在第 1 章中表明，对应目标径向速度的多普勒频移为

$$f_{\mathrm{d}} = \frac{2v}{\lambda} = \frac{2vf_0}{c} \tag{3.132}$$

其中，v 为目标径向速度，λ 为波长，f_0 为频率，c 为光速。

令

$$\Psi(f) = \int_{-\infty}^{\infty} \psi(t) \mathrm{e}^{-\mathrm{j}2\pi ft} \ \mathrm{d}t \tag{3.133}$$

由于目标的多普勒频移，因此接收信号的频谱将会移动 f_d。换言之，接收信号的频谱可表示为 $\Psi(f-f_d)$。为了区分位于相同距离但具有不同速度的两个目标，可以使用误差平方积分，更准确的表示如下：

$$\varepsilon_{\mathrm{f}}^2 = \int_{-\infty}^{\infty} |\Psi(f) - \Psi(f-f_{\mathrm{d}})|^2 \ \mathrm{d}f \tag{3.134}$$

与式(3.125)的分析相似，我们要最小化

$$2\mathrm{Re}\left\{\int_{-\infty}^{\infty} \Psi^*(f)\Psi(f-f_{\mathrm{d}}) \ \mathrm{d}f\right\} \tag{3.135}$$

利用式(3.118)中的解析信号，可以得到

$$\Psi(f) = U(2\pi f - 2\pi f_0) \tag{3.136}$$

因此，式(3.135)变为

$$\int_{-\infty}^{\infty} U^*(2\pi f)U(2\pi f - 2\pi f_{\mathrm{d}}) \ \mathrm{d}f = \int_{-\infty}^{\infty} U^*(2\pi f - 2\pi f_0)U(2\pi f - 2\pi f_0 - 2\pi f_{\mathrm{d}}) \ \mathrm{d}f \tag{3.137}$$

复数频域相关函数定义为

$$\chi_{\mathrm{f}}(f_{\mathrm{d}}) = \int_{-\infty}^{\infty} U^*(2\pi f)U(2\pi f - 2\pi f_{\mathrm{d}}) \ \mathrm{d}f = \int_{-\infty}^{\infty} |u(t)|^2 \ ^{\mathrm{j}2\pi f_{\mathrm{d}} t} \ \mathrm{d}t \tag{3.138}$$

多普勒分辨率常数 Δf_d 为

$$\Delta f_{\mathrm{d}} = \frac{\int_{-\infty}^{\infty} |\chi_{\mathrm{f}}(f_{\mathrm{d}})|^2 \mathrm{d}f_{\mathrm{d}}}{\chi_{\mathrm{f}}^2(0)} = \frac{\int_{-\infty}^{\infty} |u(t)|^4 \mathrm{d}t}{\left[\int_{-\infty}^{\infty} |u(t)|^2 \mathrm{d}t\right]^2} = \frac{1}{\tau'} \tag{3.139}$$

其中，τ' 为脉宽。

最后，可以定义对应的速度分辨率为

$$\Delta v = \frac{c\Delta f_d}{2f_0} = \frac{c}{2f_0\tau'} \tag{3.140}$$

再次观察式(3.138)和式(3.116),发现匹配滤波器的输出和模糊函数($\tau=0$ 时)相似。因此,我们得出结论:匹配滤波器也保持了波形的多普勒分辨特性。

3.10.3 联合的距离和多普勒分辨率

在这种一般情况下,需要使用成对变量(τ, f_d)的二维函数。为了达到这个目的,假设发射信号的复包络为

$$\psi(t) = u(t)e^{j2\pi f_0 t} \tag{3.141}$$

那么,时延的和多普勒频移的信号为

$$\psi'(t-\tau) = u(t-\tau)e^{j2\pi(f_0-f_d)(t-\tau)} \tag{3.142}$$

计算式(3.142)和式(3.141)之间的误差平方的积分,得到

$$\varepsilon^2 = \int_{-\infty}^{\infty}|\psi(t)-\psi'(t-\tau)|^2\ \mathrm{d}t = 2\int_{-\infty}^{\infty}|\psi(t)|^2\mathrm{d}t - 2\mathrm{Re}\left\{\int_{-\infty}^{\infty}\psi^*(t)-\psi'(t-\tau)\mathrm{d}t\right\} \tag{3.143}$$

上式可写为

$$\varepsilon^2 = 2\int_{-\infty}^{\infty}|u(t)|^2\ \mathrm{d}t - 2\mathrm{Re}\left\{e^{j2\pi(f_0-f_d)\tau}\int_{-\infty}^{\infty}u(t)u^*(t-\tau)e^{j2\pi f_d t}\mathrm{d}t\right\} \tag{3.144}$$

再次,为了最大化 $\tau\neq0$ 时该误差的平方,必须最小化式(3.144)的最后一项。

定义联合的距离和多普勒相关函数为

$$\chi(\tau, f_d) = \int_{-\infty}^{\infty}u(t)u^*(t-\tau)e^{j2\pi f_d t}\mathrm{d}t \tag{3.145}$$

为了获得最好的距离和多普勒分辨率,必须在 $\tau\neq0$ 和 $f_d\neq0$ 处最小化该函数模的平方。注意,式(3.116)中匹配滤波器的输出和式(3.145)中的一样。这意味着匹配滤波器的输出在得到最大瞬时 SNR 的同时,也获得了可实现的最好距离和多普勒分辨率。

3.11 "我的雷达"设计案例研究——实习3

3.11.1 问题陈述

假设一个匹配滤波器接收机,选择一组波形能够满足前两章陈述的设计要求。假定采用线性频率调制。不要使用总数超过5的波形。修改设计使得在搜索模式下距离分辨率 $\Delta R=30$ m,在跟踪模式下 $\Delta R=7.5$ m。

3.11.2 设计方案

雷达波形的主要特征包括波形的能量、距离分辨率和多普勒(或速度)分辨率。脉冲(波形)能量为

$$E = P_t\tau \tag{3.146}$$

其中,P_t 是峰值发射功率,τ 为脉宽。距离分辨率在式(3.131)中定义,而速度分辨率在式(3.140)中定义。

应该密切关注的是脉宽的选择过程。在本设计中，我们将假设脉冲能量与第 2 章计算的一样。在搜索和跟踪过程中雷达的工作带宽由式(3.131)计算如下：

$$\begin{Bmatrix} B_{\text{search}} \\ B_{\text{track}} \end{Bmatrix} = \begin{Bmatrix} 3\times 10^8/(2\times 30) = 5\ \text{MHz} \\ 3\times 10^8/(2\times 7.5) = 20\ \text{MHz} \end{Bmatrix} \tag{3.147}$$

因为该设计要求脉冲雷达，因此对于每个发射脉冲(一个 PRI)，雷达不允许接收任何信号，直到该脉冲已经完全发射。这限制了雷达的最小工作距离，定义为

$$R_{\min} = \frac{c\tau}{2} \tag{3.148}$$

在本设计中，选择 $R_{\min} \geqslant 15$ km，由此可知可接受的最小脉宽为 $\tau_{\max} \leqslant 100$ μs。

该设计选取 5 个波形，一个用于搜索，四个用于跟踪。通常搜索波形要比跟踪波形更长；另一方面，跟踪波形要求比搜索波形更宽的带宽。但是，就距离而言，更远的距离需要更多的能量(对于搜索和跟踪波形都是如此)，因为可以预料到当距离变得更近时 SNR 变得更大。这在第 1 章的图 1.13 的例子中已经阐述。

假设在搜索和初始检测阶段，单个脉冲的峰值功率维持在 10 kW 以下(即 $P_t \leqslant 20$ kW)。然后使用在第 2 章中根据式(2.115)来计算的单个脉冲的能量，可以计算出所要求的最小脉宽为

$$\tau_{\min} \geqslant \frac{0.1147}{20\times 10^3} = 5.735\ \mu\text{s} \tag{3.149}$$

选取 $\tau_{\text{searth}} \leqslant 20$ μs，带宽为 $B = 5$ MHz，并且使用 LFM 调制。图 3.18 显示了该搜索波形的实部、虚部和频谱。这幅图形可以使用 GUI 工作空间“LFM_gui.m”来产生。至于跟踪波形，选取相同带宽的四种波形($B_{\text{track}} = 20$ MHz)，具有如下脉宽：

表 3.1 “我的雷达”设计案例研究的跟踪波形

脉宽	距离窗
$\tau_{t1} = 20$ μs	$R_{\max} \to 0.75R_{\max}$
$\tau_{t2} = 17.5$ μs	$0.75R_{\max} \to 0.5R_{\max}$
$\tau_{t3} = 15$ μs	$0.5R_{\max} \to 0.25R_{\max}$
$\tau_{t4} = 12.5$ μs	$R \leqslant 0.25R_{\max}$

注意，$R_{\max}$ 指跟踪初始化刚完成的初始距离。图 3.19 与图 3.18 类似，除了它是对应 τ_{t3} 的。

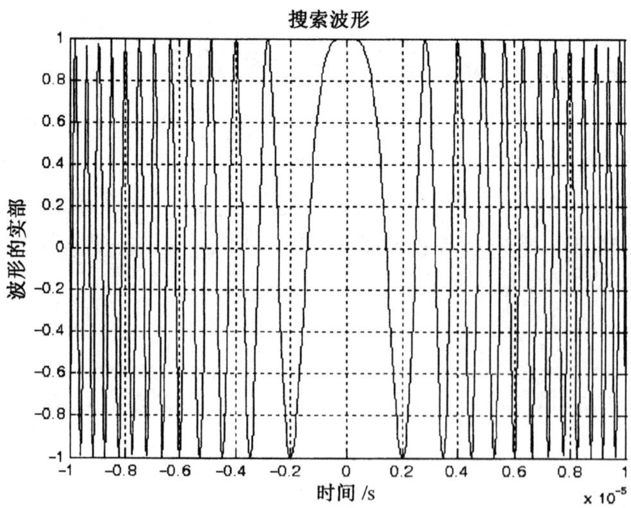

(a) 搜索波形的实部

图 3.18

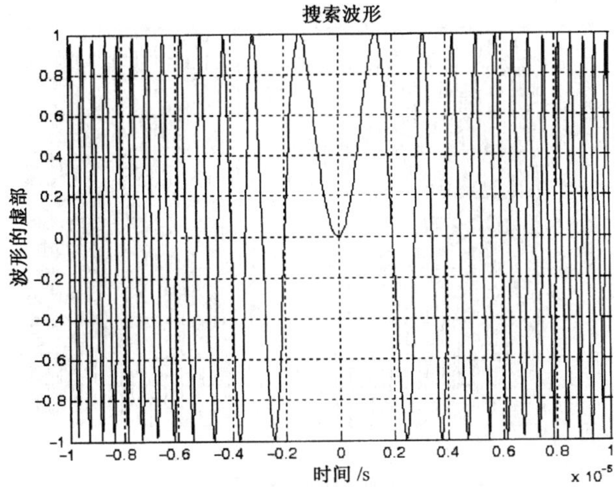

（b）搜索波形的虚部

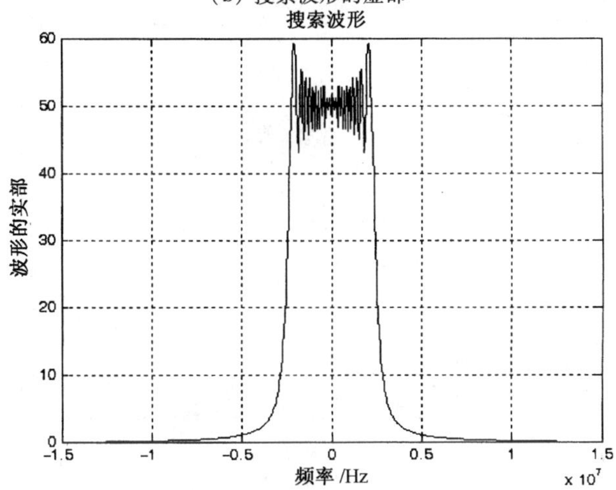

（c）幅度谱

图 3.18(续)

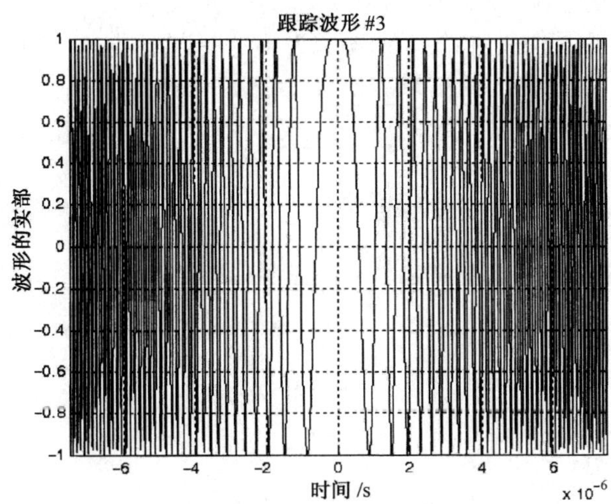

（a）波形的实部

图 3.19

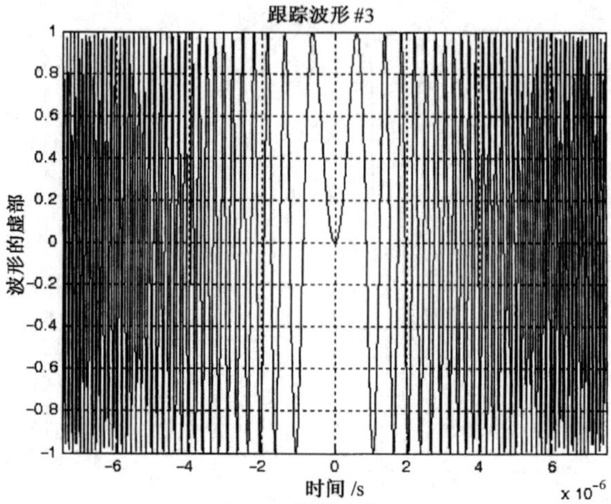

（b）波形的虚部

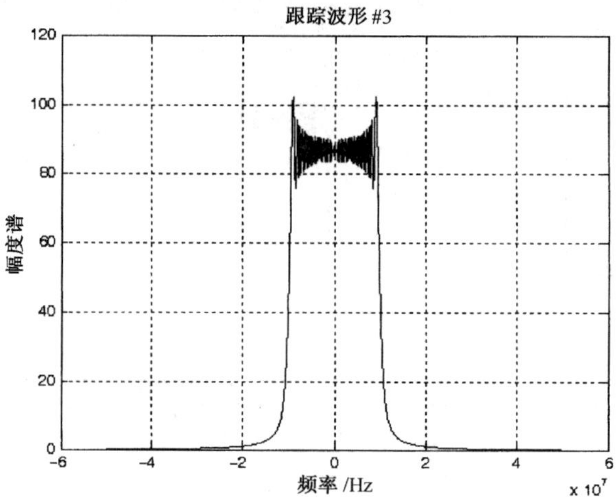

（c）幅度谱

图 3.19（续）

对于本设计中选择的波形组，雷达占空比的变化是从 1.25% 到 2.0%。记住 PRF 是在第 1 章计算的，为 $f_r = 1$ kHz；因此 PRI 为 $T = 1$ ms。

在这个设计节点，必须验证所选择的波形为雷达提供的期望 SNR 得到满足或者超过在第 2 章计算的、在图 2.21 中画出的结果。换言之，现在必须重新进行这些计算，并且验证 SNR 没有下降。这个任务将推迟到第 5 章完成，在那里会推导脉冲压缩的雷达方程。

3.12 MATLAB 程序和函数清单

在本节列出了本章所使用的所有 MATLAB 程序/函数。

清单 3.1 MATLAB 程序"fig3_7.m"

```
% Use this program to reproduce Fig 3.7 from text
clear all
close all
n = 0;
for x = 0:.05:4
   n = n+1;
  sx(n) = quadl('fresnels',.0,x);
```

```
  cx(n) = quadl('fresnelc',.0,x);
end
 plot(cx)
 x=0:.05:4;
 plot(x,cx,'k',x,sx,'k--')
 grid
 xlabel ('x')
 ylabel ('Fresnel integrals: C(x); S(x)')
 legend('C(x)','S(x)')
```

清单 3.2 MATLAB 程序"fig3_8.m"

```
% Use this program to reproduce Fig. 3.8 of text
close all
clear all
eps = 0.000001;
%Enter pulsewidth and bandwidth
B = 200.0e6; %200 MHZ bandwidth
T = 10.e-6; %10 micro second pulse;
% Compute alpha
mu = 2. * pi * B / T;
% Determine sampling times
delt = linspace(-T/2., T/2., 10001); % 1 nano second sampling interval
% Compute the complex LFM representation
Ichannal = cos(mu .* delt.^2 / 2.); % Real part
Qchannal = sin(mu .* delt.^2 / 2.); % Imaginary Part
LFM = Ichannal + sqrt(-1) .* Qchannal; % complex signal
%Compute the FFT of the LFM waveform
LFMFFT = fftshift(fft(LFM));
% Plot the real and Imaginary parts and the spectrum
 freqlimit = 0.5 / 1.e-9;% the sampling interval 1 nano-second
 freq = linspace(-freqlimit/1.e6,freqlimit/1.e6,10001);
 figure(1)
 plot(delt*1e6,Ichannal,'k');
 axis([-1 1 -1 1])
 grid
 xlabel('Time - microsecs')
 ylabel('Real part')
 title('T = 10 Microsecond, B = 200 MHz')
 figure(2)
 plot(delt*1e6,Qchannal,'k');
 axis([-1 1 -1 1])
 grid
 xlabel('Time - microsecs')
 ylabel('Imaginary part')
 title('T = 10 Microsecond, B = 200 MHz')
 figure(3)
 plot(freq, abs(LFMFFT),'k');
 %axis tight
 grid
xlabel('Frequency - MHz')
ylabel('Amplitude spectrum')
title('Spectrum for an LFM waveform and T = 10 Microsecond, ...
B = 200 MHZ')
```

清单 3.3 MATLAB 函数“hrr_profile.m”

```
function [hl] = hrr_profile (nscat, scat_range, scat_rcs, n, deltaf, prf, v,
                    rnote,winid)
% Range or Time domain Profile
% Range_Profile returns the Range or Time domain plot of a simulated
% HRR SFWF returning from a predetermined number of targets with a prede-
                    termined
% RCS for each target.
c=3.0e8; % speed of light (m/s)
num_pulses  = n;
SNR_dB = 40;
nfft = 256;
%carrier_freq = 9.5e9; %Hz (10GHz)
freq_step   = deltaf; %Hz (10MHz)
V = v; % radial velocity (m/s) -- (+)=towards radar (-)=away
PRI = 1. / prf; % (s)
if (nfft > 2*num_pulses)
   num_pulses = nfft/2;
end
Inphase = zeros((2*num_pulses),1);
Quadrature = zeros((2*num_pulses),1);
Inphase_tgt   = zeros(num_pulses,1);
Quadrature_tgt = zeros(num_pulses,1);
IQ_freq_domain = zeros((2*num_pulses),1);
Weighted_I_freq_domain = zeros((num_pulses),1);
Weighted_Q_freq_domain = zeros((num_pulses),1);
Weighted_IQ_time_domain = zeros((2*num_pulses),1);
Weighted_IQ_freq_domain = zeros((2*num_pulses),1);
abs_Weighted_IQ_time_domain = zeros((2*num_pulses),1);
dB_abs_Weighted_IQ_time_domain = zeros((2*num_pulses),1);
taur = 2. * rnote / c;
for jscat = 1:nscat
   ii = 0;
   for i = 1:num_pulses
      ii = ii+1;
      rec_freq = ((i-1)*freq_step);
      Inphase_tgt(ii) = Inphase_tgt(ii) + sqrt(scat_rcs(jscat)) * cos(-
                    2*pi*rec_freq*...
        (2.*scat_range(jscat)/c - 2*(V/c)*((i-1)*PRI + taur/2 +
                    2*scat_range(jscat)/c)));
      Quadrature_tgt(ii) = Quadrature_tgt(ii) + sqrt(scat_rcs(jscat))*sin(-
                    2*pi*rec_freq*...
        (2*scat_range(jscat)/c - 2*(V/c)*((i-1)*PRI + taur/2 +
                    2*scat_range(jscat)/c)));
   end
end
if(winid >= 0)
   window(1:num_pulses) = hamming(num_pulses);
else
   window(1:num_pulses) = 1;
end
Inphase = Inphase_tgt;
```

```
Quadrature = Quadrature_tgt;
Weighted_I_freq_domain(1:num_pulses) = Inphase(1:num_pulses).* window';
Weighted_Q_freq_domain(1:num_pulses) = Quadrature(1:num_pulses).* win-
                    dow';
Weighted_IQ_freq_domain(1:num_pulses)= Weighted_I_freq_domain + ...
  Weighted_Q_freq_domain*j;
Weighted_IQ_freq_domain(num_pulses:2*num_pulses)=0.+0.i;
Weighted_IQ_time_domain = (ifft(Weighted_IQ_freq_domain));
abs_Weighted_IQ_time_domain = (abs(Weighted_IQ_time_domain));
dB_abs_Weighted_IQ_time_domain =
                    20.0*log10(abs_Weighted_IQ_time_domain)+SNR_dB;
% calculate the unambiguous range window size
Ru = c /2/deltaf;
hl = dB_abs_Weighted_IQ_time_domain;
numb = 2*num_pulses;
delx_meter = Ru / numb;
xmeter = 0:delx_meter:Ru-delx_meter;
plot(xmeter, dB_abs_Weighted_IQ_time_domain,'k')
xlabel ('relative distance - meters')
ylabel ('Range profile - dB')
grid
```

清单 3.4 MATLAB 程序“fig3_17.m”

```
% use this program to reproduce Fig. 3.17 of text
clear all
close all
nscat = 1;
scat_range = 912;
scat_rcs = 10;
n =64;
deltaf = 10e6;
prf = 10e3;
v = 15;
rnote = 900,
winid = 1;
count = 0;
for time = 0:.05:3
   count = count +1;
   hl = hrr_profile (nscat, scat_range, scat_rcs, n, deltaf, prf, v, rnote,winid);
   array(count,:) = transpose(hl);
   hl(1:end) = 0;
   scat_range =  scat_range - 2 * n * v / prf;
end
figure (1)
 numb = 2*256;% this number matches that used in hrr_profile.
 delx_meter = 15 / numb;
 xmeter = 0:delx_meter:15-delx_meter;
 imagesc(xmeter, 0:0.05:4,array)
 colormap(gray)
ylabel ('Time in seconds')
xlabel('Relative distance in meters')
```

第4章　雷达模糊函数

4.1　简介

雷达模糊函数表示匹配滤波器的输出，当与相同 RCS 的参考目标相比较时，它描述了目标的距离/多普勒频移产生的影响。当匹配滤波器与感兴趣目标的反射信号完全匹配时，模糊函数在(τ,f_d)处的值等于匹配滤波器的输出。换言之，标称目标的反射回波位于模糊函数的原点。因此，模糊函数在非零τ和f_d处的值就代表了不同于标称目标的某个距离和多普勒的目标的回波。

雷达模糊函数通常被雷达设计师们作为研究不同波形的工具。它使不同的波形是否适合各种雷达的应用变得一目了然。它也被用来确定特定波形的距离和多普勒分辨率。模糊函数关于频率和延迟时间的三维(3D)图形称为雷达模糊图。信号$s(t)$的雷达模糊函数定义为其二维互相关函数的模的平方$|\chi(\tau;f_d)|^2$。准确的表达式为

$$|\chi(\tau;f_d)|^2=\left|\int_{-\infty}^{\infty}s(t)s^*(t-\tau)\mathrm{e}^{\mathrm{j}2\pi f_d t}\mathrm{d}t\right|^2 \tag{4.1}$$

在这个表示中，感兴趣的目标位于(τ,f_d)处，模糊图的中心也在这个点。注意，有一些作者把模糊函数定义为$|\chi(\tau;f_d)|$，而在本书中$|\chi(\tau;f_d)|$被称为不确定函数。

用E来表示信号$s(t)$的能量

$$E=\int_{-\infty}^{\infty}|s(t)|^2\mathrm{d}t \tag{4.2}$$

下面列出了雷达模糊函数的特性：

1. 模糊函数的最大值在(τ,f_d)点处，其值等于$4E^2$，即

$$\max\{|\chi(\tau;f_d)|^2\}=|\chi(0;0)|^2=(2E)^2 \tag{4.3}$$

$$|\chi(\tau;f_d)|^2\leqslant|\chi(0;0)|^2 \tag{4.4}$$

2. 模糊函数是对称的，即

$$|\chi(\tau;f_d)|^2=|\chi(-\tau;-f_d)|^2 \tag{4.5}$$

3. 模糊函数下的总体积是一个定值，即

$$\iint|\chi(\tau;f_d)|^2\,\mathrm{d}\tau\,\mathrm{d}f_d=(2E)^2 \tag{4.6}$$

4. 如果函数$S(f)$是信号$s(t)$的傅里叶变换，那么根据帕塞瓦尔定理可以得到

$$|\chi(\tau;f_d)|^2=\left|\int S^*(f)S(f-f_d)\mathrm{e}^{-\mathrm{j}2\pi f\tau}\mathrm{d}f\right|^2 \tag{4.7}$$

4.2　模糊函数的例子

理想的雷达模糊函数可以用图钉表示，即在原点处无限小的范围有一个尖峰，在其余位置

处处为零，如图 4.1 所示。理想的雷达模糊函数提供了临近目标的完美分辨，而不管它们靠得有多近。遗憾的是，理想的模糊函数实际上是不存在的，这是因为模糊函数必须具有有限的峰值$(2E)^2$ 和有限的体积$(2E)^2$。显然，理想的模糊函数不能满足这两个要求。

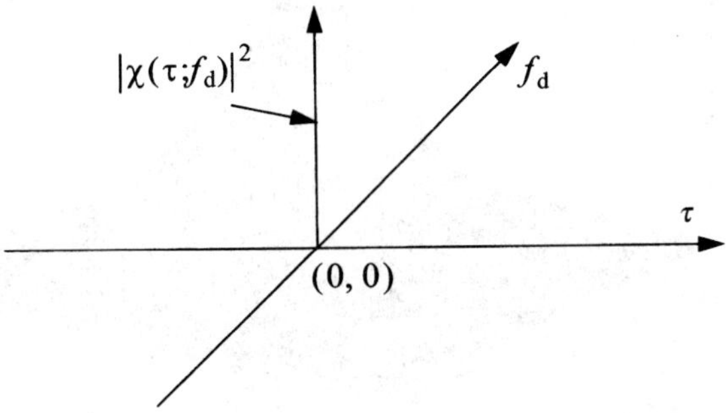

图 4.1　理想的模糊函数

4.2.1　单脉冲模糊函数

归一化的矩形脉冲定义为

$$s(t) = \frac{1}{\sqrt{\tau'}}\mathrm{rect}\left(\frac{t}{\tau'}\right) \tag{4.8}$$

从式(4.1)，有

$$\chi(\tau;f_d) = \int_{-\infty}^{\infty} s(t)s^*(t-\tau)e^{j2\pi f_d t}dt \tag{4.9}$$

将式(4.8)代入式(4.9)，进行积分得到

$$|\chi(\tau;f_d)|^2 = \left|\left(1-\frac{|\tau|}{\tau'}\right)\frac{\sin(\pi f_d(\tau'-|\tau|))}{\pi f_d(\tau'-|\tau|)}\right|^2 \qquad |\tau| \leqslant \tau' \tag{4.10}$$

MATLAB 函数"sigle _pulse _ambg. m"

函数"sigle _pulse _ambg. m"(见 4.6 节的清单 4.1)能够实现式(4.10)，调用语法如下：

sigle _pulse _ambg[taup]

taup 是脉冲宽度。图 4.2(a)至图 4.2(d)给出了单脉冲不确定函数和模糊函数的三维图和等高图。这些图也可以用 4.6 节的清单 4.2 中给出的 MATLAB 函数"fig4_2. m"得到。

模糊函数在时间延迟轴 τ 上的切面图可以通过设置 $f_d=0$ 得到，确切表达式为

$$|\chi(\tau;0)|^2 = \left(1-\frac{|\tau|}{\tau'}\right)^2 \qquad |\tau| \leqslant \tau' \tag{4.11}$$

注意到信号 $s(t)$ 的时间自相关函数等于 $\chi(\tau;0)$。类似地，在多普勒频率轴上的切面为

$$|\chi(0;f_d)|^2 = \left|\frac{\sin\pi\tau' f_d}{\pi\tau' f_d}\right|^2 \tag{4.12}$$

图 4.3 和图 4.4 分别给出了式(4.11)和式(4.12)定义的不确定函数的切面图。因为沿着时间延迟轴的零多普勒切面扩展范围在 $-\tau'$ 和 τ' 之间，因此相邻目标可能是不模糊的，如果它们分开至少需要 τ' s。

沿着多普勒频率轴的零时间延迟切面具有$(\sin x/x)^2$ 形状，其范围从 $-\infty$ 到 $+\infty$。第 1 零点在 $f_d=\pm 1/\tau'$ 处。因此，无模糊地检测频移为 $1/\tau'$ 的两个目标是可能的。

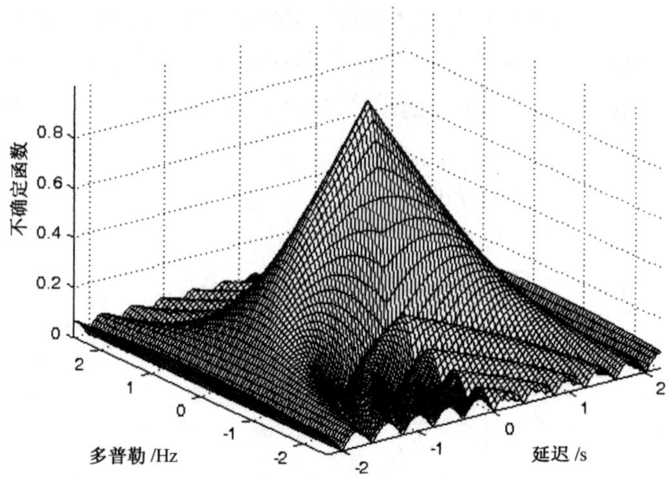

（a）单脉冲三维不确定函数图

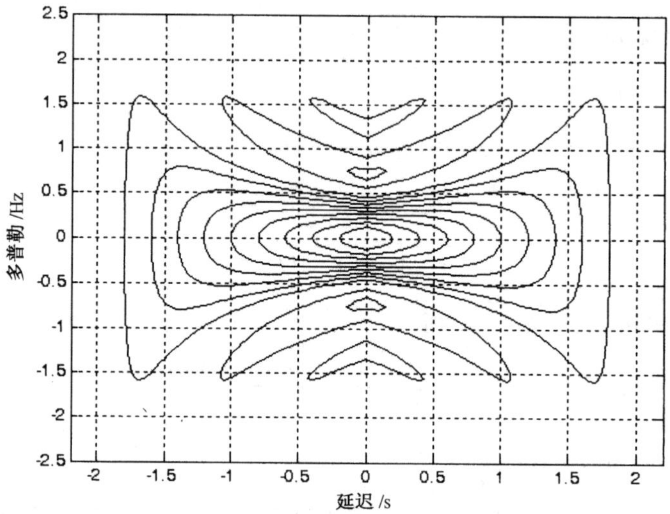

（b）对应图 4.2(a)的等高图

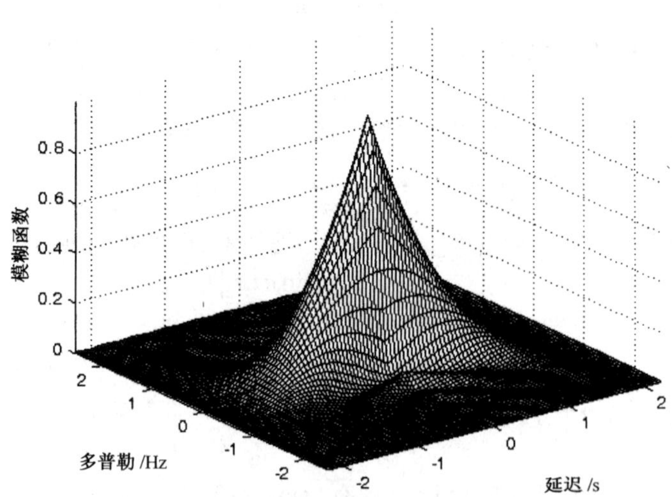

（c）单脉冲三维模糊函数图，脉冲宽度是 2 s

图 4.2

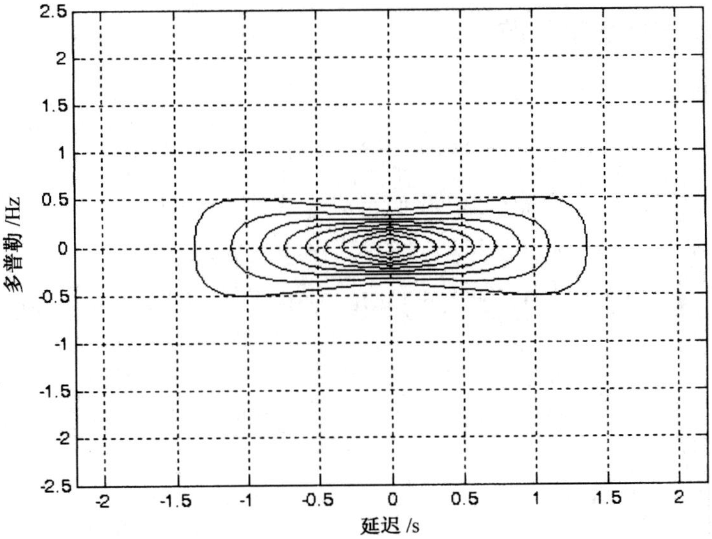

(d) 对应图 4.2(c)的等高图

图 4.2 （续）

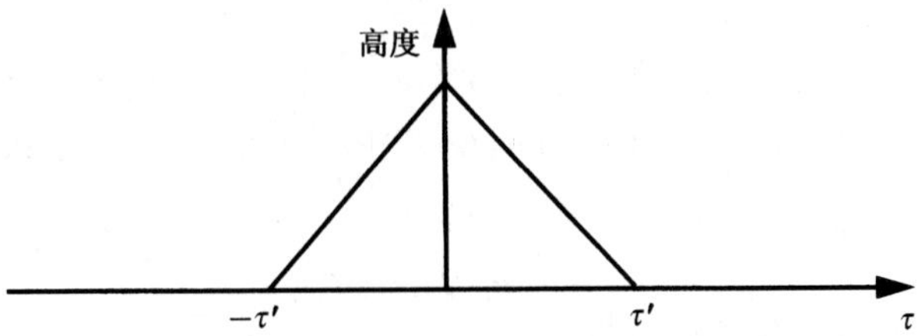

图 4.3　沿时间延迟轴的零多普勒不确定性函数

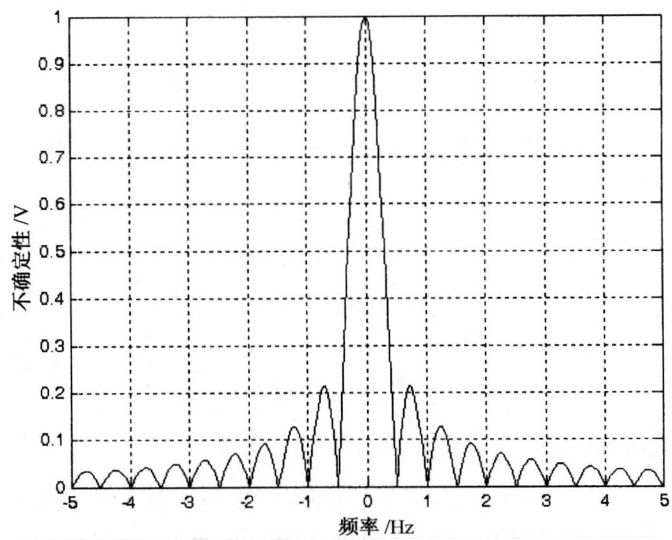

图 4.4　单频脉冲(零延迟)的不确定函数,这幅图可以使用 4.6节的清单4.3给出的MATLAB函数“fig4_4.m”得到

可以断定单脉冲的距离和多普勒分辨率受脉冲宽度 τ' 的限制。好的距离分辨率需要使用非常短的脉冲。遗憾的是,使用非常短的脉冲要求非常大的工作带宽,可能会限制雷达的平均发射功率为不切实际的数值。

4.2.2 LFM 信号的模糊函数

复包络的 LFM 信号定义为

$$s(t) = \frac{1}{\sqrt{\tau'}}\mathrm{rect}\left(\frac{t}{\tau'}\right)\ \mathrm{e}^{\mathrm{j}\pi\mu t^2} \tag{4.13}$$

为了计算 LFM 复包络信号的模糊函数，我们首先考虑当 $0\leqslant\tau\leqslant\tau'$ 的情况。在这种情况下，积分限从 $-\tau'/2$ 到 $(\tau'/2)-\tau$。将式(4.13)代入式(4.9)，得到

$$\chi(\tau;f_{\mathrm{d}}) = \frac{1}{\tau'}\int_{-\infty}^{\infty}\mathrm{rect}\left(\frac{t}{\tau'}\right)\mathrm{rect}\left(\frac{t-\tau}{\tau'}\right)\mathrm{e}^{\mathrm{j}\pi\mu t^2}\mathrm{e}^{-\mathrm{j}\pi\mu(t-\ )^2}\ \ \mathrm{e}^{\mathrm{j}2\pi f_{\mathrm{d}}t}\mathrm{d}t \tag{4.14}$$

然后有

$$\chi(\tau;f_{\mathrm{d}}) = \frac{\mathrm{e}^{-\mathrm{j}\pi\mu\tau^2}}{\tau'}\int_{\frac{-\tau'}{2}}^{\frac{\tau'}{2}-\tau}\mathrm{e}^{\mathrm{j}2\pi(\mu\tau+f_{\mathrm{d}})t}\mathrm{d}t \tag{4.15}$$

完成式(4.15)的积分，得到

$$\chi(\tau;f_{\mathrm{d}}) = \mathrm{e}^{\mathrm{j}\pi\tau f_{\mathrm{d}}}\left(1-\frac{\tau}{\tau'}\right)\frac{\sin\left(\pi\tau'(\mu\tau+f_{\mathrm{d}})\left(1-\frac{\tau}{\tau'}\right)\right)}{\pi\tau'(\mu\tau+f_{\mathrm{d}})\left(1-\frac{\tau}{\tau'}\right)}\qquad 0\leqslant\tau\leqslant\tau' \tag{4.16}$$

当 $-\tau'\leqslant\tau\leqslant0$ 时，可以进行类似的分析，此时积分限从 $(-\tau'/2)-\tau$ 到 $\tau'/2$。利用模糊函数的对称性（$|\chi(-\tau,f_{\mathrm{d}})|=|\chi(\tau,f_{\mathrm{d}})|$），可以得到相同的结果。对任意 τ 都有效的 $\chi(\tau;f_{\mathrm{d}})$ 的表达式为

$$\chi(\tau;f_{\mathrm{d}}) = \mathrm{e}^{\mathrm{j}\pi\tau f_{\mathrm{d}}}\left(1-\frac{|\tau|}{\tau'}\right)\frac{\sin\left(\pi\tau'(\mu\tau+f_{\mathrm{d}})\left(1-\frac{|\tau|}{\tau'}\right)\right)}{\pi\tau'(\mu\tau+f_{\mathrm{d}})\left(1-\frac{|\tau|}{\tau'}\right)}\qquad |\tau|\leqslant\tau' \tag{4.17}$$

LFM 信号的模糊函数为

$$|\chi(\tau;f_{\mathrm{d}})|^2 = \left|\left(1-\frac{|\tau|}{\tau'}\right)\frac{\sin\left(\pi\tau'(\mu\tau+f_{\mathrm{d}})\left(1-\frac{|\tau|}{\tau'}\right)\right)}{\pi\tau'(\mu\tau+f_{\mathrm{d}})\left(1-\frac{|\tau|}{\tau'}\right)}\right|^2\qquad |\tau|\leqslant\tau' \tag{4.18}$$

同样，时间自相关函数等于 $\chi(\tau,0)$。读者可以验证下调频（down-chirp）LFM 信号的模糊函数为

$$|\chi(\tau;f_{\mathrm{d}})|^2 = \left|\left(1-\frac{|\tau|}{\tau'}\right)\frac{\sin\left(\pi\tau'(\mu\tau-f_{\mathrm{d}})\left(1-\frac{|\tau|}{\tau'}\right)\right)}{\pi\tau'(\mu\tau-f_{\mathrm{d}})\left(1-\frac{|\tau|}{\tau'}\right)}\right|^2\qquad |\tau|\leqslant\tau' \tag{4.19}$$

MATLAB 函数“lfm _ambg. m”

函数“lfm _ambg. m”（见 4.6 节的清单 4.4）能够实现式(4.18)和式(4.19)，调用语法如下：

lfm_ambg[taup, b, up_down]

其中，符号含义如下表所示。

符　号	描　述	单　位	状　态
taup	脉冲宽度	s	输入
b	带宽	Hz	输入
up _down	up _down = 1，表示上调频 up _down = −1，表示下调频	无	输入

图 4. 5(a)至图 4. 5(d)给出了 LFM 信号不确定函数和模糊函数的三维图和等高图。

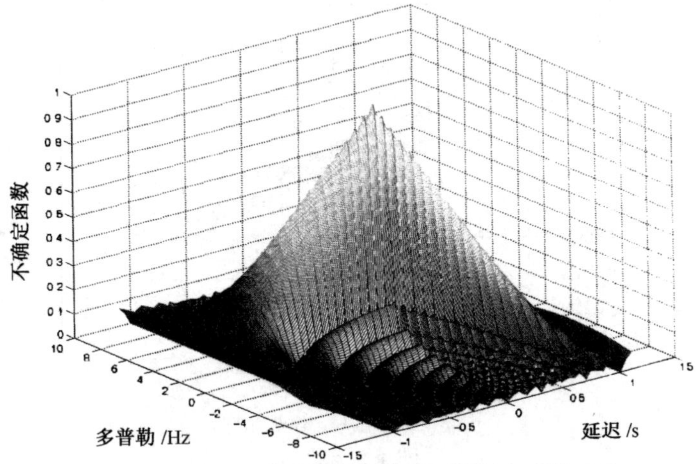

(a) 上调频 LFM 信号三维不确定图，脉宽 1 s，带宽 10 Hz

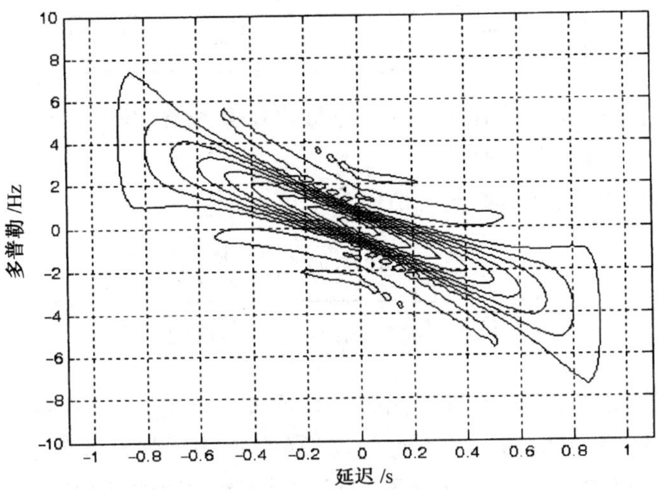

(b) 对应图 4. 5(a)的等高图

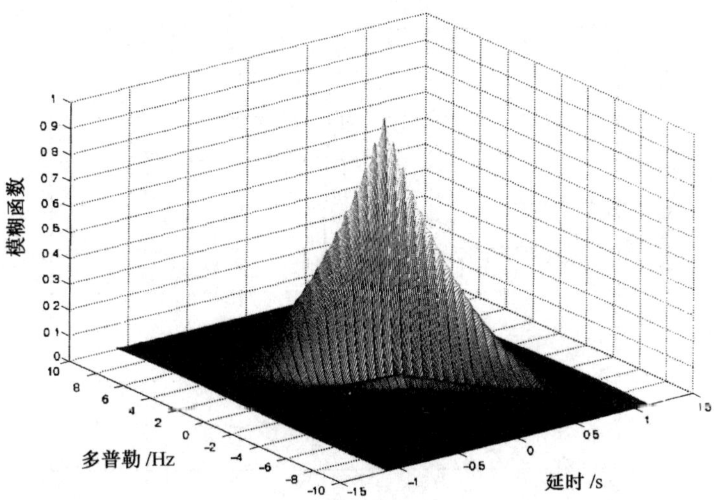

(c) 上调频 LFM 信号三维模糊图，脉宽 1 s，带宽 10 Hz

图 4. 5

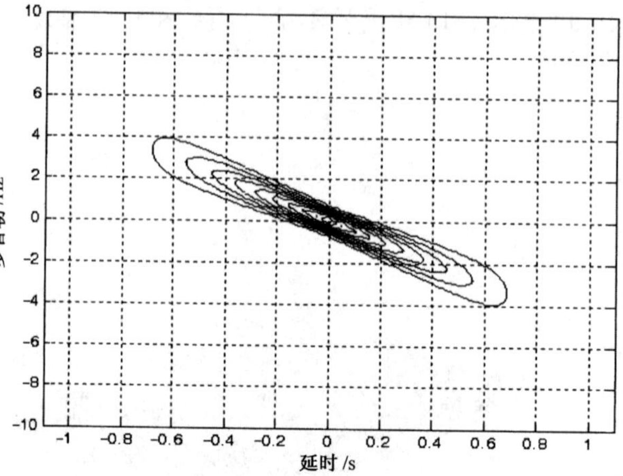

(d) 对应图 4.5(c)的等高图

图 4.5(续)

参数如下：

taup	b	up _down
1	10	1

这些图可以使用 4.6 节的清单 4.5 给出的 MATLAB 程序“fig4_5. m”得到。这个函数产生 LFM 信号模糊函数的三维图和等高图。

上调频模糊函数沿时间延迟轴 τ 的切面为

$$|\chi(\tau;0)|^2 = \left|\left(1-\frac{|\tau|}{\tau'}\right)\frac{\sin\left(\pi\mu\tau\tau'\left(1-\frac{|\tau|}{\tau'}\right)\right)}{\pi\mu\tau\tau'\left(1-\frac{|\tau|}{\tau'}\right)}\right|^2 \qquad |\tau|\leqslant\tau' \tag{4.20}$$

图 4.6 给出了对应式(4.20)不确定函数的切面图。注意到 LFM 信号模糊函数沿多普勒频率轴的切面是与单脉冲类似的。这不足为奇，因为脉冲形状没有改变(只是增加了频率调制)。然而，沿时间延迟轴的切面变化显著，与没有调制脉冲的切面图相比窄了很多。此时，第 1 个零点位于

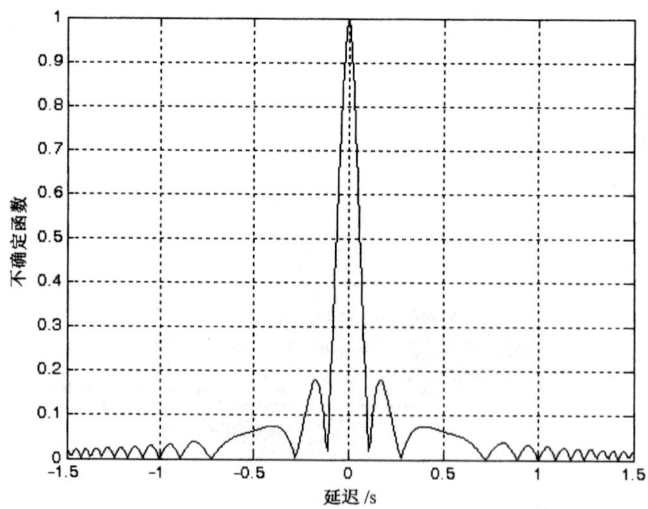

图4.6 LFM 脉冲($\tau'=1$, $b=20$)的零多普勒不确定函数。这幅图可以使用4.6节的清单4.6给出的MATLAB程序“fig4_6. m”得到

$$\tau_{n1} \approx 1/B \tag{4.21}$$

这表明匹配滤波器输出的有效脉冲宽度完全由雷达的带宽决定。因此,沿时间延迟轴的 LFM 信号模糊函数切面,比没有调制脉冲窄的因子为

$$\xi = \frac{\tau'}{(1/B)} = \tau' B \tag{4.22}$$

ξ称为压缩比(也称为时间带宽积和压缩增益)。所有这三个名字都可以互换使用,表示同一个意思。如式(4.22)所示,压缩比也随雷达带宽的增加而增加。

例题

计算一个 LFM 信号在脉冲压缩前后的距离分辨率,参数如下:带宽 $B = 1$ GHz;脉冲宽度 $\tau' = 10$ ms。

解:

脉冲压缩前的距离分辨率为

$$\Delta R_{\text{uncomp}} = \frac{c\tau'}{2} = \frac{3 \times 10^8 \times 10 \times 10^{-3}}{2} = 1.5 \times 10^6 \text{ m}$$

由式(4.21)得到

$$\tau_{n1} = \frac{1}{1 \times 10^9} = 1 \text{ ns}$$

$$\Delta R_{\text{comp}} = \frac{c\tau_{n1}}{2} = \frac{3 \times 10^8 \times 1 \times 10^{-9}}{2} = 15 \text{ cm}$$

4.2.3　相干脉冲串的模糊函数

图 4.7 是一个相干脉冲串的波形。脉冲宽度为 τ',脉冲重复间隔(PRI)为 T。由于串中的脉冲数是 N,因此,串的长度是 $(N-1)T$ s。归一化的单个脉冲定义为

$$s_1(t) = \frac{1}{\sqrt{\tau'}} \text{rect}\left(\frac{t}{\tau'}\right) \tag{4.23}$$

如果连续脉冲之间的相干性可保持的话,那么归一化的脉冲串可以表示为

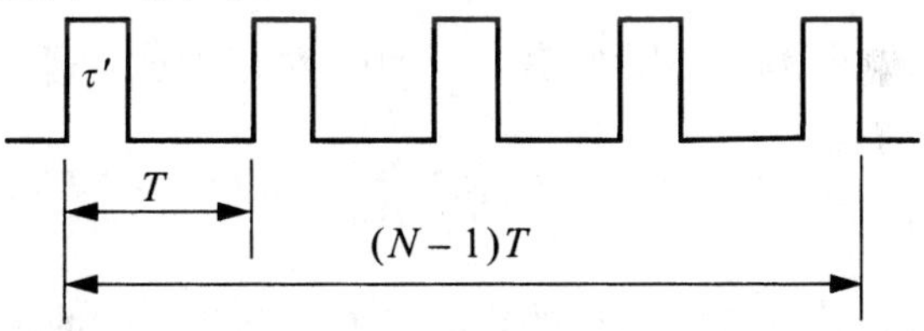

图 4.7　相干脉冲串,$N = 5$

$$s(t) = \frac{1}{\sqrt{N}} \sum_{i=0}^{N-1} s_1(t - iT) \tag{4.24}$$

匹配滤波器的输出为

$$\chi(\tau; f_\text{d}) = \int_{-\infty}^{\infty} s(t) s^*(t + \tau) \text{e}^{\text{j}2\pi f_\text{d} t} \text{d}t \tag{4.25}$$

将式(4.24)代入式(4.25)并交换求和与积分的顺序,得到

$$\chi(\tau; f_\text{d}) = \frac{1}{N} \sum_{i=0}^{N-1} \sum_{j=0}^{N-1} \int_{-\infty}^{\infty} s_1(t - iT)\ s_1^*(t - jT - \tau) \text{e}^{\text{j}2\pi f_\text{d} t} \text{d}t \tag{4.26}$$

进行变量替换 $t_1 = t - iT$,得到

$$\chi(\tau; f_\text{d}) = \frac{1}{N} \sum_{i=0}^{N-1} \text{e}^{\text{j}2\pi f_\text{d} iT} \sum_{j=0}^{N-1} \int_{-\infty}^{\infty} s_1(t_1)\ s_1^*(t_1 - [\tau - (i - j)T]) \text{e}^{\text{j}2\pi f_\text{d} t_1} \text{d}t_1 \tag{4.27}$$

式(4.27)中的积分可以看成一个单脉冲进行匹配滤波后的输出，把它表示为χ_1，则上式可表示为

$$\chi(\tau;f_d)=\frac{1}{N}\sum_{i=0}^{N-1}e^{j2\pi f_d iT}\sum_{j=0}^{N-1}\chi_1[\tau-(i-j)T;f_d] \tag{4.28}$$

使用关系 $q=i-j$，那么下面的关系式是成立的[①]：

$$\sum_{i=0}^{N}\sum_{m=0}^{N}=\sum_{q=-(N-1)}^{0}\sum_{i=0}^{N-1-|q|}\Bigg|_{j=i-q}+\sum_{q=1}^{N-1}\sum_{j=0}^{N-1-|q|}\Bigg|_{i=j+q} \tag{4.29}$$

把式(4.29)代入到式(4.28)，得到

$$\begin{aligned}\chi(\tau;f_d)=&\frac{1}{N}\sum_{q=-(N-1)}^{0}\left\{\chi_1(\tau-qT;f_d)\sum_{i=0}^{N-1-|q|}e^{j2\pi f_d iT}\right\}+\\&\frac{1}{N}\sum_{q=1}^{N-1}\left\{e^{j2\pi f_d qT}\chi_1(\tau-qT;f_d)\sum_{j=0}^{N-1-|q|}e^{j2\pi f_d jT}\right\}\end{aligned} \tag{4.30}$$

令 $z=\exp(j2\pi f_d T)$，并利用下面的关系式：

$$\sum_{j=0}^{N-1-|q|}z^j=\frac{1-z^{N-|q|}}{1-z} \tag{4.31}$$

有

$$\sum_{i=0}^{N-1-|q|}e^{j2\pi f_d iT}=e^{[j\pi f_d(N-1-|q|T)]}\frac{\sin[\pi f_d(N-1-|q|T)]}{\sin(\pi f_d T)} \tag{4.32}$$

将式(4.32)应用到式(4.30)中，对正和负 q 得到两个互补的和，两个和可以合并为

$$\chi(\tau;f_d)=\frac{1}{N}\sum_{q=-(N-1)}^{N-1}\chi_1(\tau-qT;f_d)\,e^{[j\pi f_d(N-1+q)T]}\frac{\sin[\pi f_d(N-|q|T)]}{\sin(\pi f_d T)} \tag{4.33}$$

最后，计算式(4.33)的模的平方得到相干脉冲串的模糊函数。对于 $\tau'<T/2$，模糊函数可以简化为

$$\chi(\tau;f_d)=\frac{1}{N}\sum_{q=-(N-1)}^{N-1}|\chi_1(\tau-qT;f_d)|\left|\frac{\sin[\pi f_d(N-|q|T)]}{\sin(\pi f_d T)}\right| \tag{4.34}$$

可见，相干脉冲串的模糊函数是单个脉冲的模糊函数的叠加。沿时间延迟轴和多普勒频率轴的模糊函数切面分别为

$$|\chi(\tau;0)|^2=\left|\sum_{q=-(N-1)}^{N-1}\left(1-\frac{|q|}{N}\right)\left(1-\frac{|\tau-qT|}{\tau'}\right)\right|^2\qquad|\tau-qT|<\tau' \tag{4.35}$$

$$|\chi(0;f_d)|^2=\left|\frac{1}{N}\frac{\sin(\pi f_d\tau')}{\pi f_d\tau'}\frac{\sin(\pi f_d NT)}{\sin(\pi f_d T)}\right|^2 \tag{4.36}$$

---

① Rihazek, A. W., *Principles of High Resolution Radar*, Artech House, 1994.

MATLAB 函数"train_ambg. m"

函数"train_ambg. m"(见 4.6 节的清单 4.7)可以实现式(4.34),调用语法如下:

train _ambg[taup,n,pri]

其中,符号含义如下表所示。

符　号	描　述	单　位	状　态
taup	脉冲宽度	s	输入
n	串中的脉冲数	无	输入
pri	脉冲重复间隔	s	输入

图 4.8(a)至图 4.8(d)给出了这个函数的典型输出,参数的数值如下:

taup	n	pri
0.2	5	1

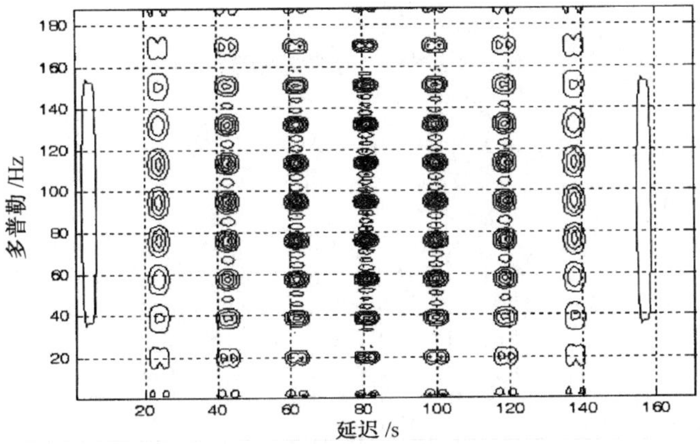

(a) 5 个脉冲等幅相干串的三维模糊图;脉冲宽度是 0.2 s,PRI 是 1 s,N = 5;这幅图可以使用4.6节清单4.8给出的MATLAB程序"fig4_8.m"得到

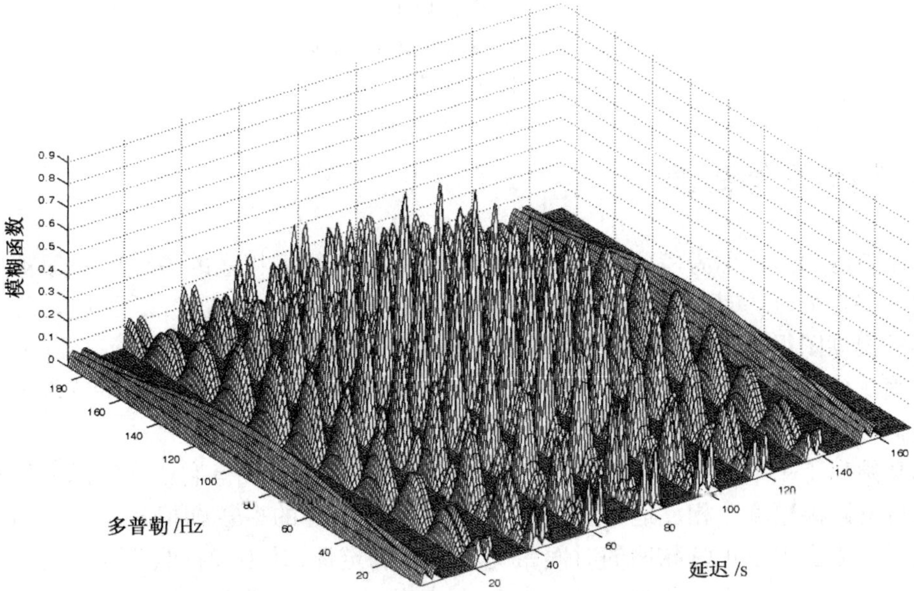

(b) 对应图 4.8(a)的三维图

图 4.8

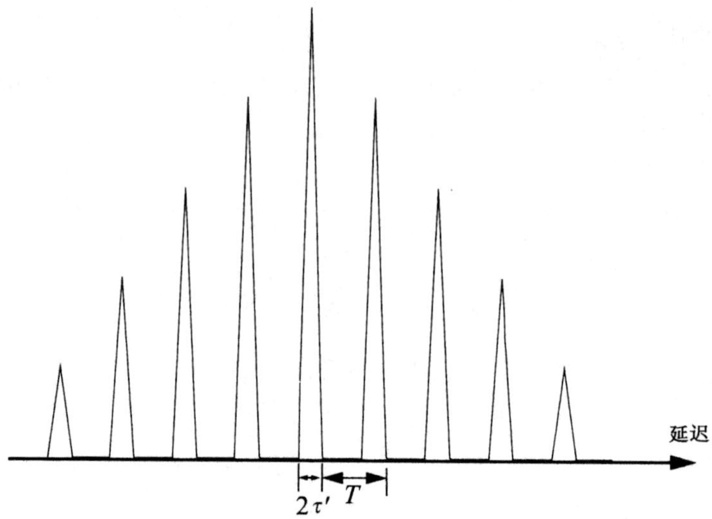

（c）对应图 4.8(a)的零多普勒切面

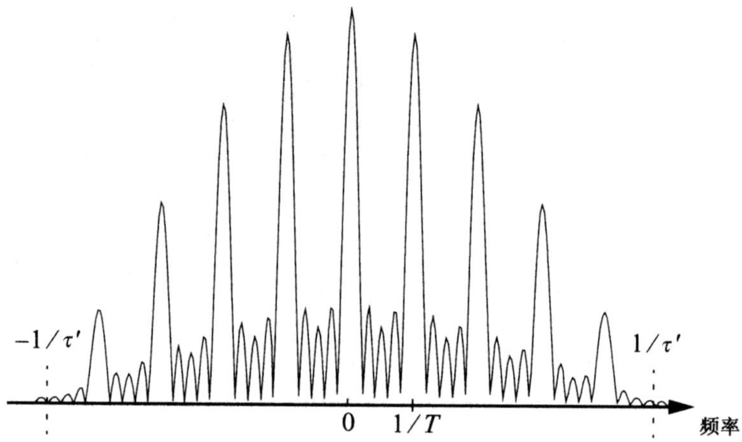

（d）对应图 4.8(a)的零延迟切面

图 4.8(续)

4.3 模糊函数等高图

模糊函数的图形被称为模糊图。对于一个给定的波形，其相应的模糊图一般被用来确定该波形的一些特征，比如目标的分辨能力、(时间和频率的)测量精度，以及其对杂波的响应等。三维的模糊图很难绘制和解释，这就是为什么经常使用三维模糊图的等高图来研究波形特征的原因。模糊等高图是对应某个门限值的三维模糊图的二维(频率/时间)截平面。得到的图形是椭圆。习惯上，显示对应自相关函数峰值一半的模糊等高图。

图 4.9 给出了一个选通的 CW 脉冲的典型模糊等高图的草图。它说明窄脉冲能够提供比长脉冲更好的距离精度。相反地，宽脉冲比短脉冲具有更好的多普勒精度。距离和多普勒测量之间的矛盾来自单个正弦脉冲的时间带宽积的不确定性，其中，时间(距离)上的不确定性与频率(多普勒)上的不确定性的乘积不能比 1 小很多。注意到图 4.9 的准确图形可以用函数“single_pulse_ambg. m”和 MATLAB 命令 contour 得到。

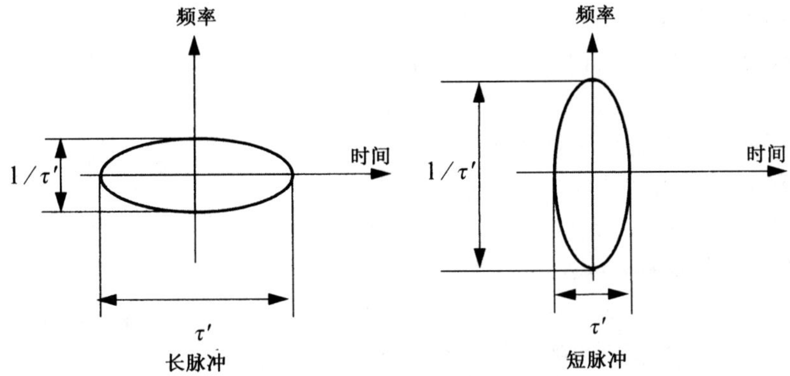

图 4.9　正弦调制选通 CW 脉冲的模糊等高图,如图 4.2 所示

在模糊等高图中的多个椭圆意味着存在多个目标。因此,似乎可以通过增加模糊图的门限值来改善雷达分辨率(见图 4.10)。然而,在实际应用中,出于以下两个原因,这是不可能的。首先,由于噪声的存在,我们不知道相关值的峰值;其次,一般情况下目标具有不同的幅度。

现在考虑图 4.7 中描述的相干脉冲串的情况。对于脉冲串来说,距离测量精度仍然由脉冲宽度决定,这和单脉冲的情形是一样的,而多普勒频率的测量精度由脉冲串的长度决定。因此,时间和频率的测量可以相互独立地进行。不过,模糊图中的额外尖峰可能会引起距离和多普勒不确定性(见图 4.11)。

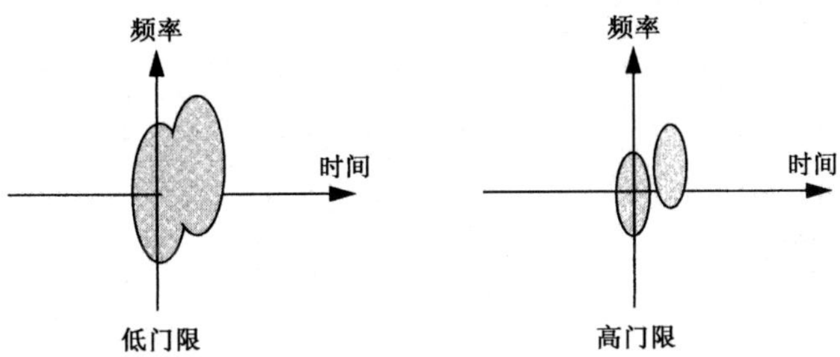

图 4.10　门限值对分辨率的影响

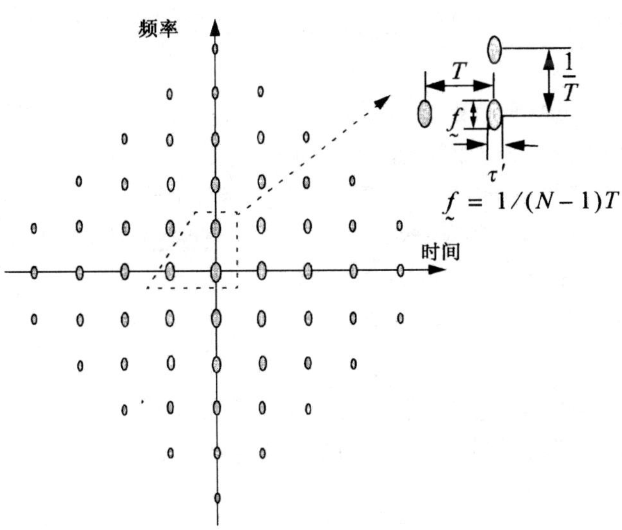

图 4.11　对应图 4.7 的模糊等高图,准确图见图 4.8

正如人们料想的那样，高 PRF 的脉冲串（即小 T）将导致距离向的极度不确定性，而低 PRF 的脉冲串将导致多普勒频率上极度的不确定性。中 PRF 的脉冲串在距离上和多普勒频率上都会有中等程度的不确定性，其可以使用多个 PRF 的方法加以克服。避免由脉冲串产生的模糊是可能的，通过使用时间带宽积远大于 1 的单个调制脉冲，仍然可以合理地单独控制距离和多普勒测量精度。图 4.12 给出了 LFM 信号的模糊等高图。在这种情形下，τ'是脉冲宽度，B 是脉冲的带宽，精确的图形可以使用函数“lfm_ambg.m”得到。

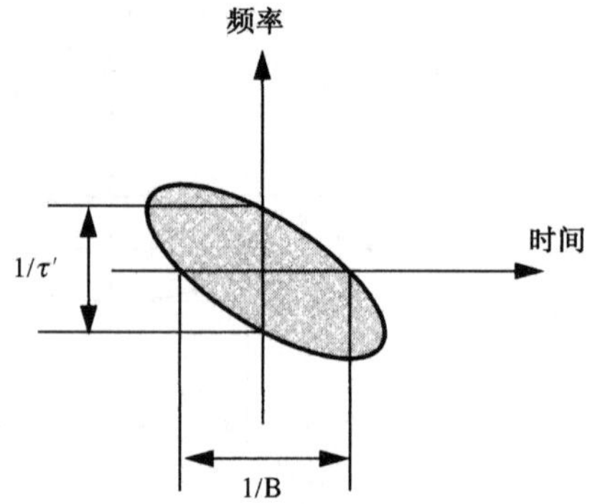

图 4.12 上调频 LFM 波形的模糊等高图，准确图见图4.5(b)

4.4 数字编码波形

这一节将简要地讨论数字编码波形。我们将在其自相关函数的基础上确定数字编码波形的距离和多普勒频率特征，因为在没有噪声的条件下，匹配滤波器的输出正比于编码波形的自相关。

4.4.1 频率编码（科斯塔斯编码）

科斯塔斯（Costas）编码的构建可以通过第 3 章讲述的步进频波形（SFM）的构建过程来理解。在 SFM 中，长度为 τ'的相对比较长的脉冲被分成 N 个子脉冲，每个子脉冲的长度为 τ_1（$\tau' = N\tau_1$）。每组的 N 个子脉冲称为一个突发串（burst）。在每一个突发串中，从一个子脉冲到下一个子脉冲，频率以 Δf 增加。总的突发串带宽是 $N\Delta f$。更确切地说，

$$\tau_1 = \tau'/N \tag{4.37}$$

第 i 个子脉冲的频率是

$$f_i = f_0 + i\Delta f \qquad i = 1, N \tag{4.38}$$

其中，f_0 是一个固定频率，且 $f_0 >> \Delta f$。这个波形的时宽带宽积如下：

$$\Delta f\tau' = N^2 \tag{4.39}$$

根据某个事先确定的准则或逻辑，科斯塔斯信号（或编码）与 SFM 信号很类似，除了子脉冲的频率是随机选择的。为了搞清楚这个问题，考虑一个 $N \times N$ 的矩阵，如图 4.13(b) 所示。在这种情况下，各行的下标为 $i = 1, 2, \cdots, N$；各列的下标为 $j = 0, 1, 2, \cdots, (N-1)$。各行用来表示子脉冲，各列用来表示频率。一个“黑点”代表分配给相关子脉冲的频率值。在这样的规则下，图 4.13(a) 给出了 SFM 信号频率分配。另一方面，图 4.13(a) 中的频率分配是随机选择的。对一个 $N \times N$ 的矩阵来说，“黑点”的分配总计有 $N!$ 种可能性（即 $N!$ 种可能的编码）。

对于一个“黑点”分配次序，如果其相应的模糊函数接近于理想的或者“图钉”形的响应，则称其为科斯塔斯编码。科斯塔斯①用下面的规则得到了近似“图钉”形的响应：每个时间片

① Costas, J. P., A Study of a class of Detection Waveforms Having Nearly Ideal Range-Doppler Ambiguity Properties, *Proc. IEEE* 72, 1984, pp. 996-1009.

(行)和每个频率片(列)都只有一个频率。因此,对于一个 $N\times N$ 的矩阵,可能的科斯塔斯编码的数目将会远小于 $N!$。例如,对于 $N=3$,有 $N_c=4$ 种可能的科斯塔斯编码;对于 $N=5$,有 $N_c=40$ 种可能的科斯塔斯编码。可以看出,随着 N 的增大,定义为比值 $N_c/N!$ 编码的密度会急剧变小。

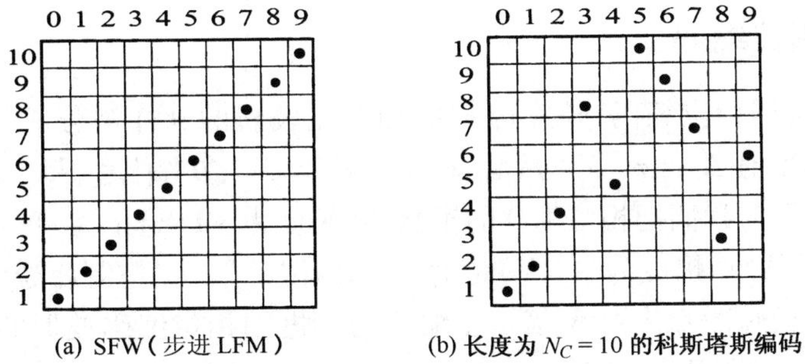

(a) SFW(步进 LFM) (b) 长度为 $N_C=10$ 的科斯塔斯编码

图 4.13 N 个子脉冲的突发串的频率分配

有许多产生科斯塔斯编码的解析方法,本节我们将介绍其中两种方法。首先,令 q 是一个奇的素数,选择子脉冲的个数为

$$N = q - 1 \tag{4.40}$$

定义 γ 为 q 的本原根。q 的本原根(奇的素数)定义为 γ 的幂,则 $\gamma,\gamma^2,\gamma^3,\cdots,\gamma^{q-1}$ 对 q 取模后能够产生从 1 到 $q-1$ 的每一个整数。

在第 1 种方法中,对一个 $N\times N$ 的矩阵,分别标记它的各行各列为

$$\begin{aligned} i &= 0,1,2,\cdots,q-2 \\ j &= 1,2,3,\cdots,q-1 \end{aligned} \tag{4.41}$$

在 (i,j) 处放置一个黑点对应于频率 f_i,当且仅当

$$i = (\gamma)^j \ (\text{对 } q \text{ 取模}) \tag{4.42}$$

在下一个方法中,首先从上面描述的规则中得到科斯塔斯编码,然后通过删除矩阵的第 1 行和第 1 列而得到一个新的编码。这种方法产生一个长度为 $N=q-2$ 的科斯塔斯编码。

定义科斯塔斯信号的归一化的复包络为

$$s(t) = \frac{1}{\sqrt{N\tau_1}}\sum_{l=0}^{N-1} s_1(t-l\tau_1) \tag{4.43}$$

$$s_1(t) = \begin{cases} \exp(\mathrm{j}2\pi f_l t) & 0\leqslant t\leqslant \tau_1 \\ 0 & \text{其他} \end{cases} \tag{4.44}$$

科斯塔斯给出了匹配滤波器的输出,如下:

$$\chi(\tau,f_D) = \frac{1}{N}\sum_{l-0}^{N-1}\exp(\mathrm{j}2\pi l f_D\tau)\left\{\Phi_{ll}(\tau,f_D) + \sum_{\substack{q=0\\q\neq l}}^{N-1}\Phi_{lq}(\tau-(l-q)\tau_1,f_D)\right. \tag{4.45}$$

$$\Phi_{lq}(\tau,f_D) = \left(\tau_1-\frac{|\tau|}{\tau_1}\right)\frac{\sin\alpha}{\alpha}\ \exp(-\mathrm{j}\beta-\mathrm{j}2\pi f_q\tau) \qquad |\tau|\leqslant\tau_1 \tag{4.46}$$

$$\alpha = \pi(f_l-f_q-f_D)(\tau_1-|\tau|) \tag{4.47}$$

$$\beta = \pi(f_1 - f_q - f_D)(\tau_1 + |\tau|) \tag{4.48}$$

科斯塔斯信号的三维模糊函数图显示出接近图钉形的模糊函数响应。所有的旁瓣，除了原点处的少数几个，都具有幅度 $1/N$。靠近原点处的少数旁瓣的幅度为 $2/N$，这是科斯塔斯编码的典型值。科斯塔斯编码的压缩比大约是 N。

4.4.2 二进制相位编码

考虑这样的二进制相位编码，长度为 τ' 的相对比较长的脉冲被分成 N 个比较短的子脉冲，每个子脉冲的宽度是 $\Delta\tau = \tau'/N$。然后，相对于某个 CW 参考信号，每个子脉冲的相位随机选择 0 或者 π。习惯上，我们把相位为 0 的子脉冲（幅度为 +1 V）记为"1"或者"+"。另一方面，把相位为 π 的子脉冲（幅度为 −1 V）记为"0"或者"−"。二进制相位编码的压缩比等于 $\xi = \tau'/\Delta\tau$，其峰值比长脉冲峰值大 N 倍。压缩后的二进制相位编码波形的好坏，很大程度上由每个子脉冲相位的随机序列决定。

巴克（Barker）码是二进制相位编码中的一族，它产生的压缩后的波形具有恒等于单位值的旁瓣电平。图 4.14 给出了长度为 7 的巴克码波形。将长度为 n 的巴克码记为 B_n。现在已知的只有 7 种巴克码具有这种独特属性，它们列于表 4.1 中。注意，B_2 和 B_4 是具有相同特征的互补形式。因为只有 7 种巴克码，所以当雷达的安全性需要考虑时，我们不使用巴克码。

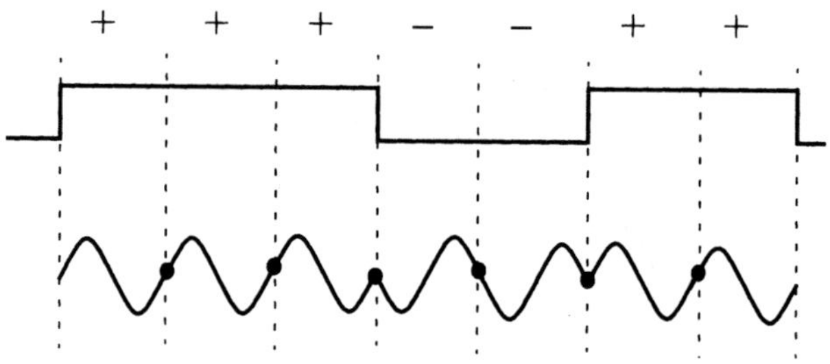

图 4.14 长度为 7 的二进制相位编码

表 4.1 巴克码

编码符号	编码长度	编码元素	旁瓣电平衰减/dB
B_2	2	1 −1	6.0
		1 1	
B_3	3	1 1 −1	9.5
B_4	4	1 1 −1 1	12.0
		1 1 1 −1	
B_5	5	1 1 1 −1 1	14.0
B_7	7	1 1 1 −1 −1 1 −1	16.9
B_{11}	11	1 1 1 −1 −1 −1 1 −1 −1 1 −1	20.8
B_{13}	13	1 1 1 1 1 −1 −1 1 1 −1 1 −1 1	22.3

一般情况下，巴克码 B_N 的自相关函数（它是匹配滤波器输出的近似值）的宽度为 $2N\Delta\tau$。主瓣宽度为 $2\Delta\tau$，峰值为 N。主瓣的两边各有 $(N-1)/2$ 个旁瓣。图 4.15 给出了 B_{13} 的情形。

注意到主瓣等于13,而所有的旁瓣都等于1。

巴克码提供的最大旁瓣衰减是 −22.3 dB,这对于期望的雷达应用来说也许是不够的。但是巴克码能够组合以获得长得多的编码。在这种情况下,编码 B_m 可以用到编码 B_n 中(m 在 n 中),以生成长度为 mn 的编码。组合码 B_{mn} 的压缩比等于 mn。作为一个例子,组合码 B_{54} 如下:

$$B_{54} = \{11101,11101,00010,11101\} \tag{4.49}$$

如图4.16所示。可惜的是,组合巴克码的自相关函数的旁瓣不再等于单位值。

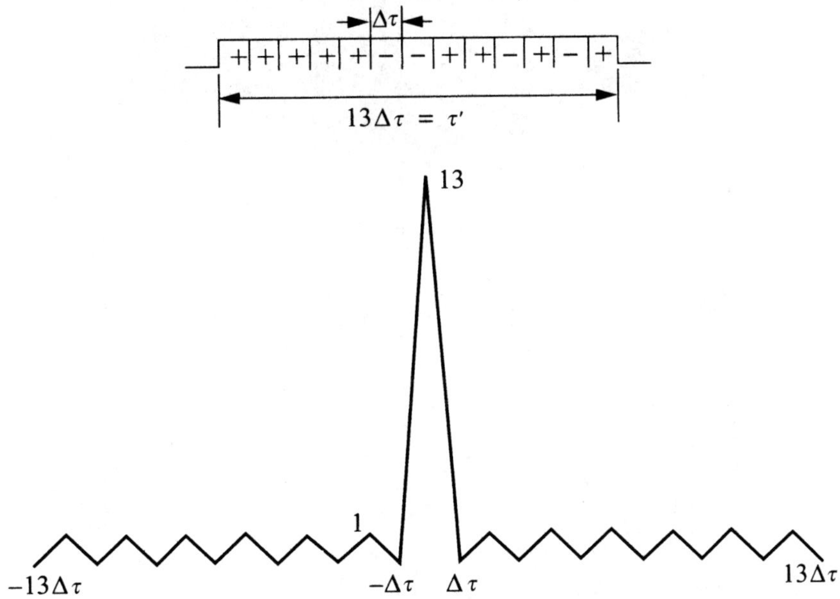

图4.15　长度为13的巴克码及其对应的自相关函数

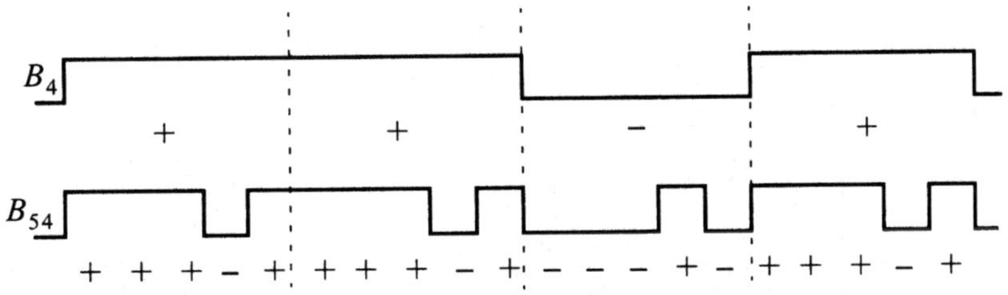

图4.16　组合巴克码 B_{54}

MATLAB 函数"barker_ambig.m"

MATLAB 函数"barker_ambig.m"(见4.6节的清单4.9)可计算并且画出巴克码的模糊函数,调用语法如下:

[ambiguity] = barker_ambig(***u***)

其中,***u*** 是一个向量,它定义了以"1"和"−1"表示的输入码。例如,用 ***u*** = [1 1 1 −1 −1 1 −1] 作为输入,函数会计算并且画出对应巴克码 B_7 的模糊函数。图4.17给出了当用 B_{13} 作为输入时该函数的输出。图4.18与图4.17类似,除了此时用 B_7 作为输入外。

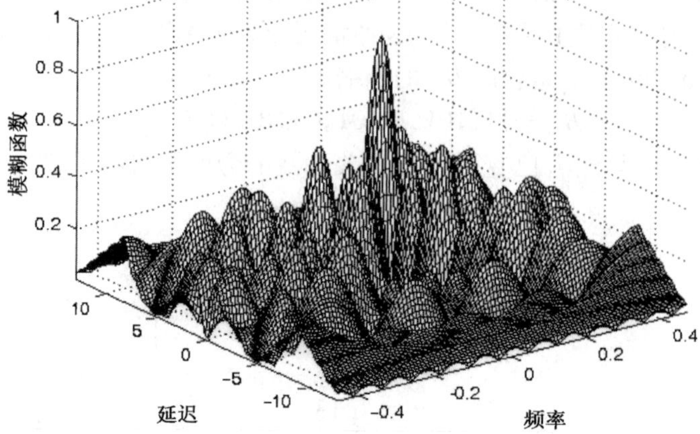

(a) 巴克码 B_{13} 的模糊函数

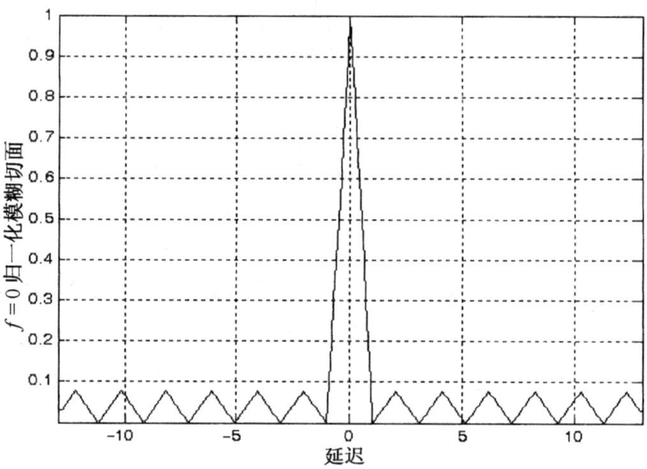

(b) B_{13} 的模糊函数的零多普勒切面

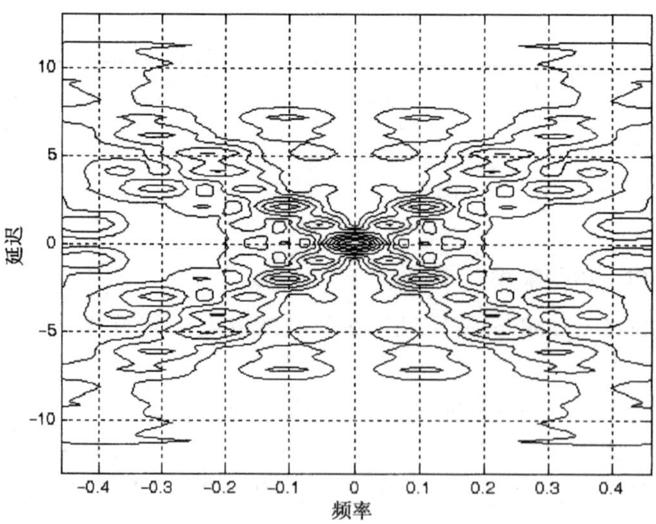

(c) 对应图 4.17(a)的等高图

图 4.17

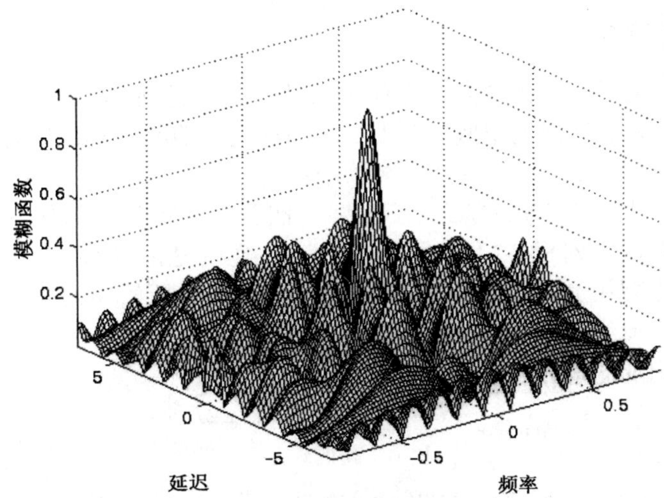

(a) 巴克码 B_7 的模糊函数

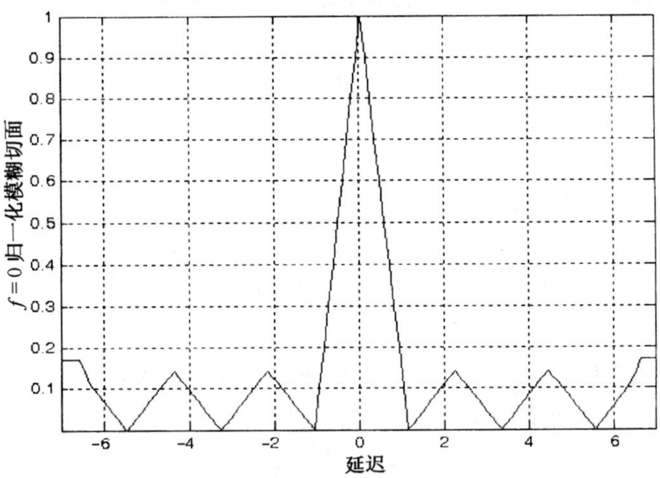

(b) B_7 的模糊函数的零多普勒切面

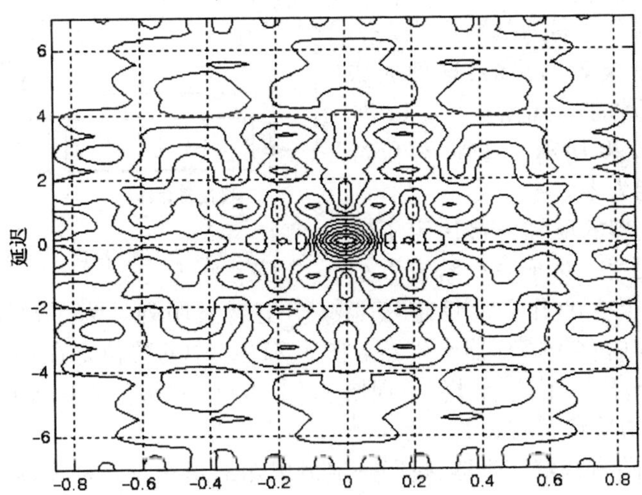

(c) 对应图 4.18(a)的等高图

图 4.18

4.4.3 伪随机数编码

伪随机数(PRN)编码也称为最大长度序列(MLS)码。这种编码称为伪随机的原因是其发生的统计特性与掷硬币序列很相似。最大长度序列是周期的。MLS 码有以下特点：

1. 每个周期内 1 的个数比 -1 的个数多一个；
2. 半个回合(相同类型的连续状态)长度为 1,四分之一回合长度为 2；
3. 每一个最大长度序列都有"移位相加"的特点,也就是说,如果一个最大长度序列与它本身的移位序列相加(模 2 加法),那么得到的序列是原始序列的移位；
4. 编码的每 n 个元组在每个序列周期内出现并且只出现一次；
5. 相关函数是周期的,其表达式为

$$\phi(n) = \begin{cases} L & n = 0, \pm L, \pm 2L, \cdots \\ -1 & 其他 \end{cases} \tag{4.50}$$

图 4.19 给出了一个典型的 MLS 自相关函数的草图。很明显,这种码有这种优点:压缩比随着周期的增加变得非常大。另外,邻近的峰值(栅瓣)将会相隔更远。

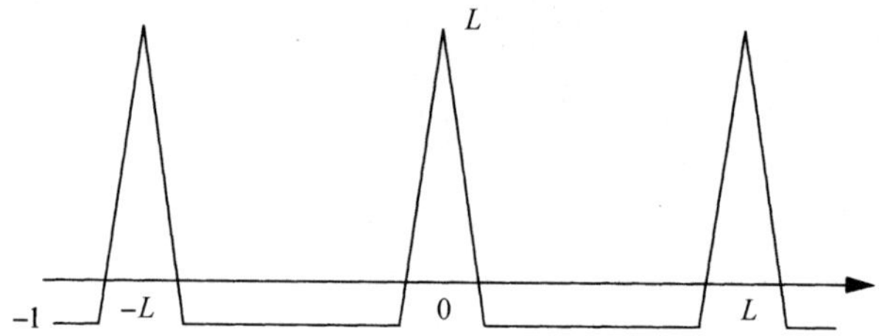

图 4.19 长度为 L 的 MLS 码的典型自相关函数

线形移位寄存产生器

有很多产生 MLS 码的方法,最常用的方法是使用线形移位寄存器。当用移位寄存器方法产生的二进制序列是周期性的而且有最大长度时,称其为一个周期为 L 的 MLS 二进制序列,其中

$$L = 2^n - 1 \tag{4.51}$$

n 是移位寄存器产生器的阶数。

线形移位寄存器产生器的基本组成是一个移位寄存器和一个模 2 加法器,这种加法器可以连接到寄存器的不同阶。$n = 4$(即 $L = 15$)的情形如图 4.20 所示。注意,移位寄存器的初始状态不能为零。

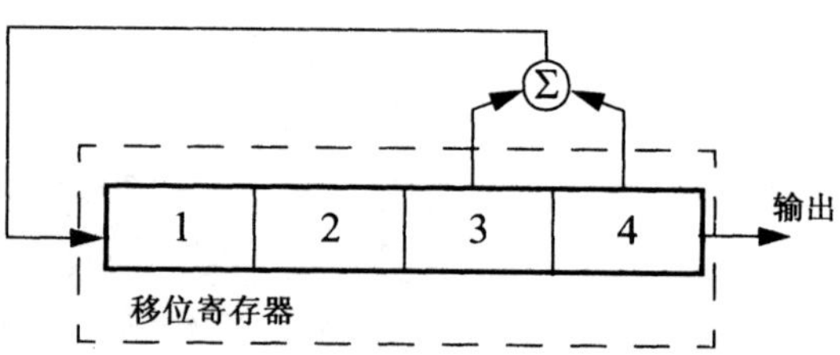

图 4.20 产生一个长度 $L = 15$ 的 LMS 序列的电路

移位寄存器产生器的反馈连接决定了输出序列是否是最大长度。对于一个给定大小的移位寄存器,只有很少的几种反馈连接能够产生最大序列。为了说明这个概念,考虑如图 4.21所示的两个 5 阶移位寄存器产生器。图 4.21(a)中的移位寄存器产生器产生最大长度序列,其状态图清楚地描述了这个过程。而图 4.21(b)中的移位寄存器产生器产生了 3 种非最大长度的序列(与初始状态有关)。

给定一个 n 阶移位寄存器产生器,我们一定很想知道到底有几种反馈连接能产生最大长度序列。Zierler① 指出 n 阶线形移位寄存器产生器可能产生的最大长度序列的个数由式(4.52)决定：

① Zierler, N. , *Several Binary-Sequence Generators*, MIT Technical Report No. 95, Sept. 1955.

$$N_L = \frac{\varphi(2^n - 1)}{n} \tag{4.52}$$

其中，φ 是欧拉 φ 函数。欧拉 φ 函数定义为

$$\varphi(k) = k\prod_i \frac{(p_i - 1)}{p_i} \tag{4.53}$$

其中，p_i 是 k 的素因数。注意，当 p_i 有多个时，只用其中一个[见式(4.56)中的例子]。还要注意到当 k 是素数时，欧拉 φ 函数为

$$\varphi(k) = k - 1 \tag{4.54}$$

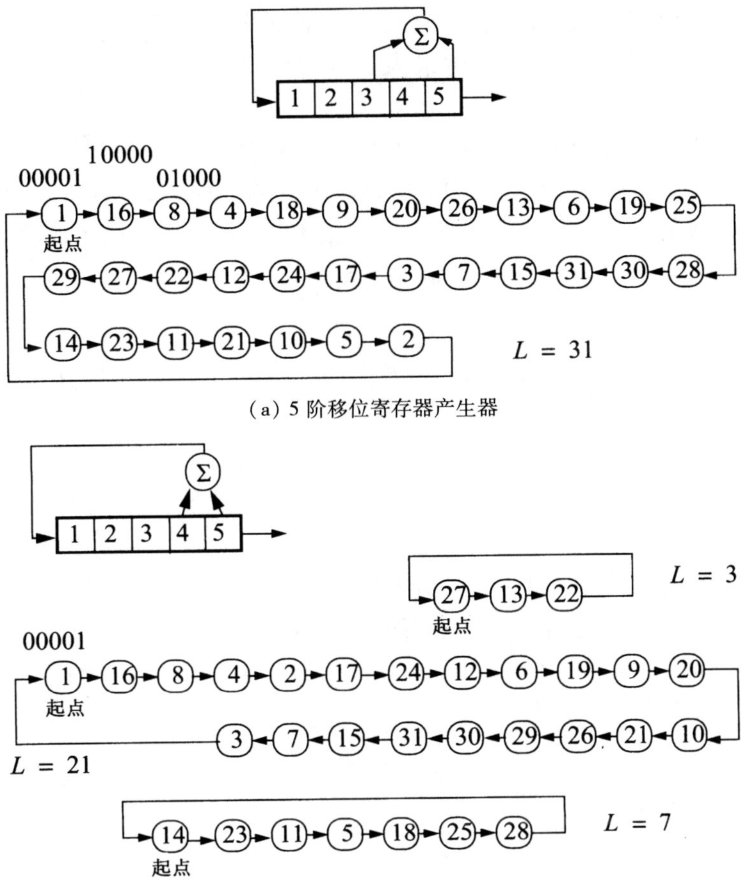

(a) 5 阶移位寄存器产生器

(b) 非最大长度 5 阶移位寄存器产生器

图 4.21

例如，3 阶移位寄存器产生器将产生最大长度序列的个数为

$$N_L = \frac{\varphi(2^3 - 1)}{3} = \frac{\varphi(7)}{3} = \frac{7-1}{3} = 2 \tag{4.55}$$

对于 6 阶移位寄存器，

$$N_L = \frac{\varphi(2^6 - 1)}{6} = \frac{\varphi(63)}{6} = \frac{63}{6} \times \frac{(3-1)}{3} \times \frac{(7-1)}{7} = 6 \tag{4.56}$$

最大长度序列的特征多项式

考虑一个 n 阶的最大长度线形移位寄存器，其反馈连接对应 n、k、m 等。这个最大长度移位寄存器可以用下面定义的其特征多项式来描述：

$$x^n + x^k + x^m + \dots + 1 \tag{4.57}$$

其中的加法是模 2。因此,如果,已知一个 n 阶移位寄存器的特征多项式,可以很容易地确定寄存器的反馈连接,进而能够推导出相应的最大长度序列。例如,考虑一个 6 阶的移位寄存器,其特征多项式为

$$x^6 + x^5 + 1 \tag{4.58}$$

它对应着一个生成最大长度序列的移位寄存器,如图 4.22 所示。

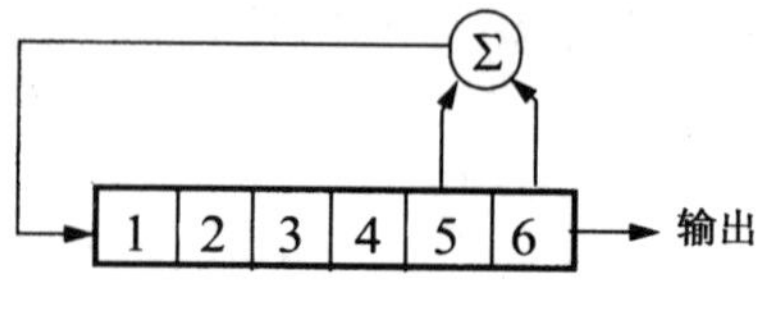

图 4.22 特征多项式为 $x^6 + x^5 + 1$ 的线性移位寄存器

用线性移位寄存器产生最大长度序列的一个最重要的问题就是确定其特征多项式。这已经并将继续成为众多雷达工程师和设计师们的研究课题。已经指出,不可约的(不能分解)和原始的多项式将会产生最大长度移位寄存器产生器。

如果一个 n 次多项式不能被任何次数小于 n 的多项式除的话,则这个 n 次多项式是不可约的。所有不可约的多项式必须具有奇数项。因此,只有具有偶数项反馈连接的线性移位寄存器才能产生最大长度序列。一个不可约的多项式是原始的,当且仅当没有小于 $2^n - 1$ 的 n 满足其整除于 $x^n - 1$ 时。

MATLAB 函数"prn_ambig. m"

MATLAB 函数"prn_ambig. m"(见 4.6 节的清单 4.10)可计算并且画出给定 PRN 码的模糊函数。调用语法如下:

[ambiguity] = prn _ambig(***u***)

其中,***u*** 是一个向量,它定义了以"1"和"-1"表示的输入最大长度码(序列)。图 4.23 给出了这个函数的输出,对于输入

u31 = [1 -1 -1 -1 -1 1 -1 1 -1 1 1 1 -1 1 1 -1 -1 -1 1 1 1 1 1 -1 -1 1 1 -1 1 -1 -1]

图 4.24 与图 4.23 类似,除了此时输入最大长度序列是

u15 = [1 -1 -1 -1 1 1 1 1 -1 1 -1 1 1 -1 -1]

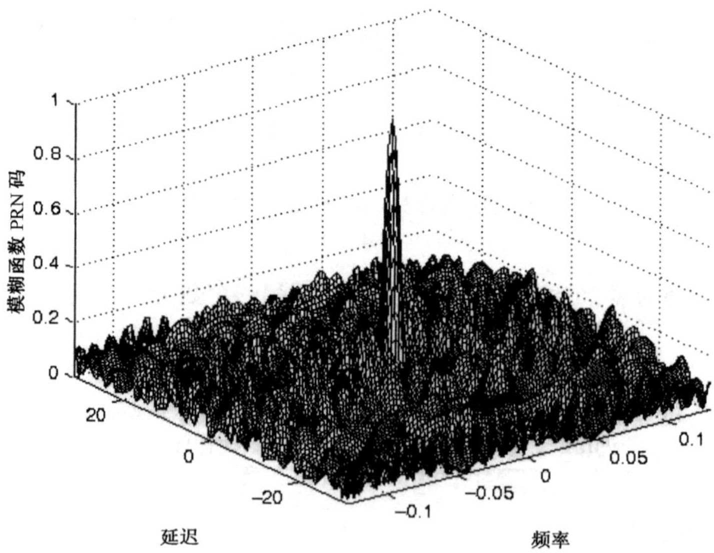

(a) 对应于 31 位 PRN 码的模糊函数

图 4.23

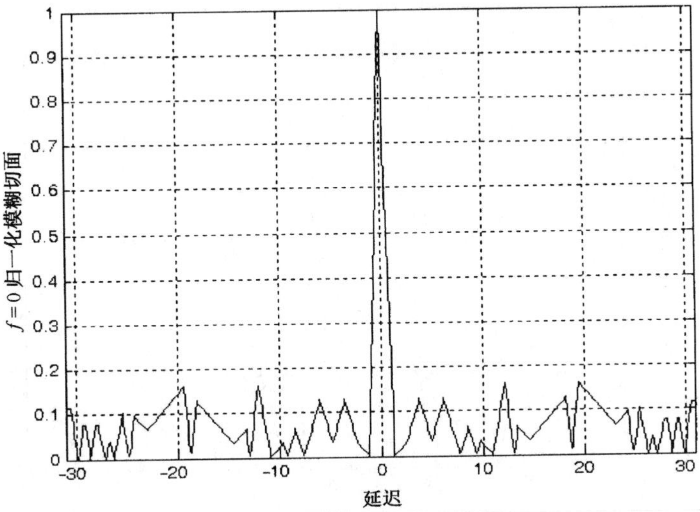

（b）对应图 4.23（a）的零多普勒切面

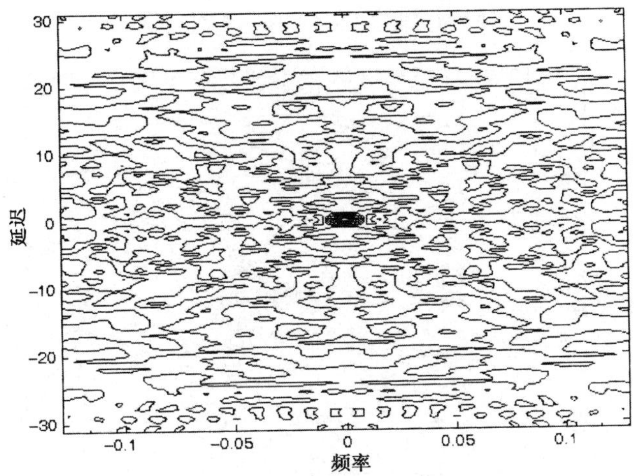

（c）对应图 4.23（a）的等高图

图 4.23（续）

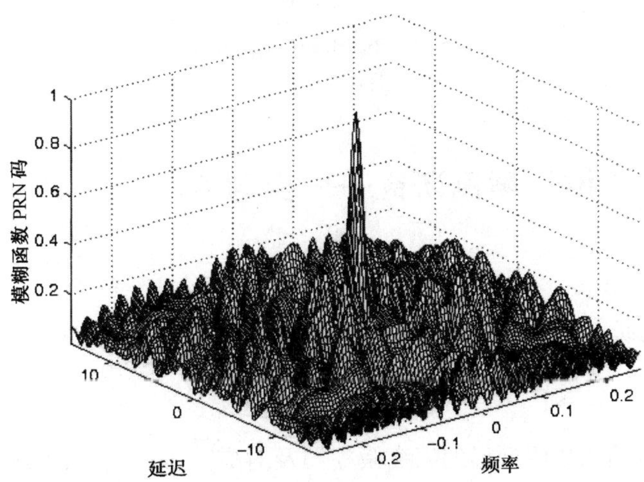

（a）对应于 15 位 PRN 码的模糊函数

图 4.24

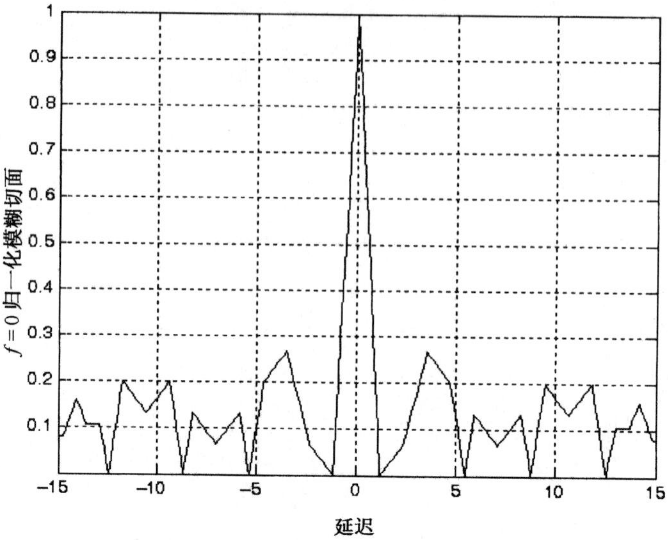

(b) 对应于图 4.24(a)的零多普勒切面

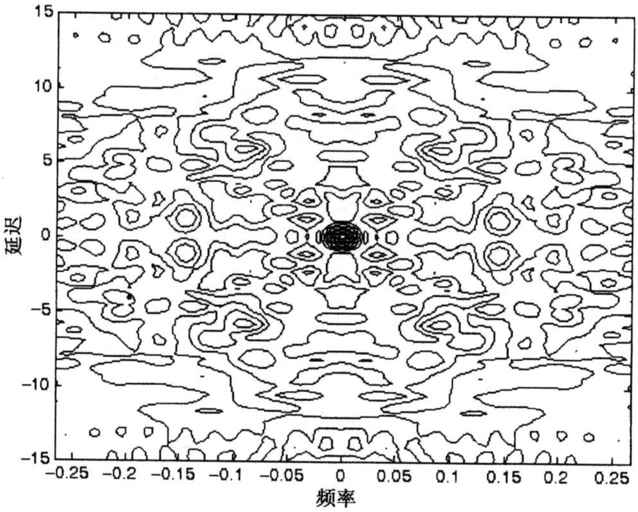

(c) 对应于图 4.24(a)的等高图

图 4.24(续)

4.5 “我的雷达”设计案例研究——实习 4

4.5.1 问题描述

在这个设计案例研究中,将产生在第 3 章中所选择波形的模糊图。

4.5.2 设计

在这一节中,将只给出搜索波形的三维模糊图及对应的等高图。建议读者对跟踪波形进行相同的处理。为此,可以使用 MATLAB 程序“myradar_visit4. m”(见 4.6 节的清单 4.11)。

图 4.25 和图 4.26 给出了对应搜索波形,这是程序“myradar_visit4. m”产生的输出图形。

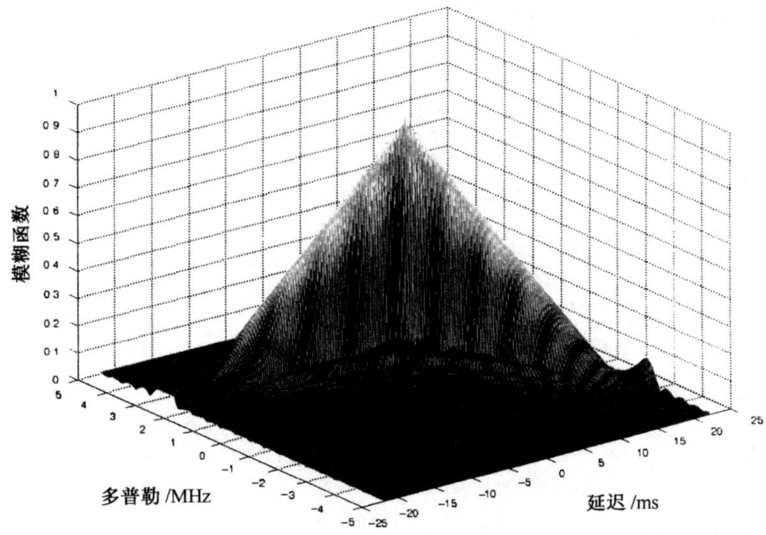

图 4.25　“我的雷达”搜索波形模糊图

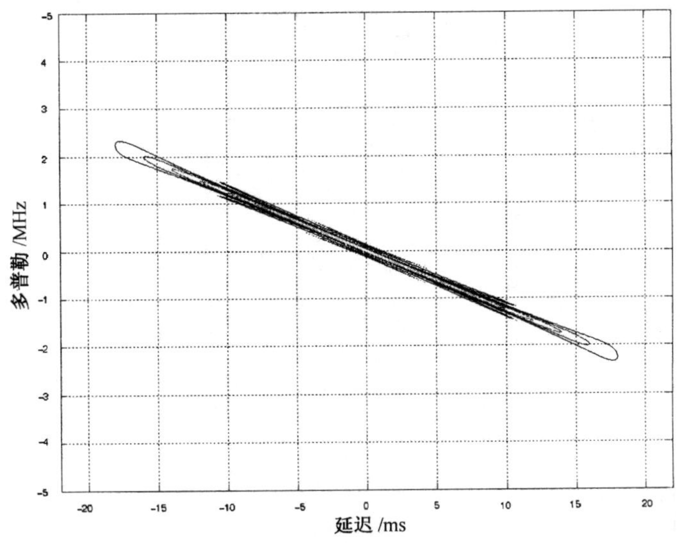

图 4.26　“我的雷达”搜索波形的模糊等高图

4.6　MATLAB 程序和函数清单

这一节给出了本章所用到的所有的 MATLAB 程序/函数的清单。强烈建议读者重新运行这些程序，以加深对本章内容的理解。

清单 4.1　MATLAB 函数“single_pulse_ambg.m”

```
function x = single_pulse_ambg (taup)
colormap (gray(1))
eps = 0.000001;
i = 0;
taumax = 1.1 * taup;
taumin = -taumax;
for tau = taumin:.05:taumax
   i = i + 1;
   j = 0;
```

```
    for fd = -5/taup:.05:5/taup %-2.5:.05:2.5
      j = j + 1;
      val1 = 1. - abs(tau) / taup;
      val2 = pi * taup * (1.0 - abs(tau) / taup) * fd;
      x(j,i) = abs( val1 * sin(val2+eps)/(val2+eps));
    end
  end
```

清单 4.2　MATLAB 程序“fig4_2.m”

```
% Use this program to reproduce Fig. 4.2 of text
close all
clear all
eps = 0.000001;
taup = 2.;
taumin = -1.1 * taup;
taumax = -taumin;
x = single_pulse_ambg(taup);
taux = taumin:.05:taumax;
fdy = -5/taup:.05:5/taup;
figure(1)
mesh(taux,fdy,x);
xlabel ('Delay - seconds')
ylabel ('Doppler - Hz')
zlabel ('Ambiguity function')
colormap([.5 .5 .5])
colormap (gray)
figure(2)
contour(taux,fdy,x);
xlabel ('Delay - seconds')
ylabel ('Doppler - Hz')
colormap([.5 .5 .5])
colormap (gray)
grid
y = x.^2;
figure(3)
mesh(taux,fdy,y);
xlabel ('Delay - seconds')
ylabel ('Doppler - Hz')
zlabel ('Ambiguity function')
colormap([.5 .5 .5])
colormap (gray)
figure(4)
contour(taux,fdy,y);
xlabel ('Delay - seconds')
ylabel ('Doppler - Hz')
colormap([.5 .5 .5])
colormap (gray)
grid
```

清单 4.3　MATLAB 程序“fig4_4.m”

```
% Use this program to reproduce Fig 4.4 of text
close all
clear all
eps = 0.0001;
taup = 2.;
fd = -10./taup:.05:10./taup;
```

```
uncer = abs( sinc(taup .* fd));
ambg = uncer.^2;
plot(fd, ambg,'k')
xlabel ('Frequency - Hz')
ylabel ('Ambiguity - Volts')
grid
figure(2)
plot (fd, uncer,'k');
xlabel ('Frequency - Hz')
ylabel ('Uncertainty - Volts')
grid
```

清单 4.4　MATLAB 函数“lfm_ambg.m”

```
ffunction x = lfm_ambg(taup, b, up_down)
eps = 0.000001;
i = 0;
mu = up_down * b / 2. / taup;
delt = 2.2*taup/250;
delf = 2*b /250;
for tau = -1.1*taup:.05:1.1*taup
  i = i + 1;
  j = 0;
  for fd = -b:.05:b
    j = j + 1;
    val1 = 1. - abs(tau) / taup;
    val2 = pi * taup * (1.0 - abs(tau) / taup);
    val3 = (fd + mu * tau);
    val = val2 * val3;
    x(j,i) = abs( val1 * (sin(val+eps)/(val+eps))).^2;
  end
end
```

清单 4.5　MATLAB 程序“fig4_5.m”

```
% Use this program to reproduce Fig. 4.5 of text
close all
clear all
eps = 0.0001;
taup = 1.;
b =10.;
up_down = 1.;
x = lfm_ambg(taup, b, up_down);
taux = -1.1*taup:.05:1.1*taup;
fdy = -b:.05:b;
figure(1)
mesh(taux,fdy,x)
xlabel ('Delay - seconds')
ylabel ('Doppler - Hz')
zlabel ('Ambiguity function')
figure(2)
contour(taux,fdy,x)
xlabel ('Delay - seconds')
ylabel ('Doppler - Hz')
y = sqrt(x);
figure(3)
```

```
mesh(taux,fdy,y)
xlabel ('Delay - seconds')
ylabel ('Doppler - Hz')
zlabel ('Uncertainty function')
figure(4)
contour(taux,fdy,y)
xlabel ('Delay - seconds')
ylabel ('Doppler - Hz')
```

清单 4.6 MATLAB 程序“fig4_6.m”

```
% Use this program to reproduce Fig. 4.6 of text
close all
clear all
taup = 1;
b =20.;
up_down = 1.;
taux = -1.5*taup:.01:1.5*taup;
fd = 0.;
mu = up_down * b / 2. / taup;
ii = 0.;
for tau = -1.5*taup:.01:1.5*taup
  ii = ii + 1;
  val1 = 1. - abs(tau) / taup;
  val2 = pi * taup * (1.0 - abs(tau) / taup);
  val3 = (fd + mu * tau);
  val = val2 * val3;
  x(ii) = abs( val1 * (sin(val+eps)/(val+eps)));
end
figure(1)
plot(taux,x)
grid
xlabel ('Delay - seconds')
ylabel ('Uncertainty')
figure(2)
plot(taux,x.^2)
grid
xlabel ('Delay - seconds')
ylabel ('Ambiguity')
```

清单 4.7 MATLAB 函数“train_ambg.m”

```
function x = train_ambg (taup, n, pri)
if( taup > pri / 2.)
  'ERROR. Pulsewidth must be less than the PRI/2.'
  return
end
gap = pri - 2.*taup;
eps = 0.000001;
b = 1. / taup;
```

```
ii = 0.;
for q = -(n-1):1:n-1
  tauo = q - taup ;
  index = -1.;
  for tau1 = tauo:0.0533:tauo+gap+2.*taup
    index = index + 1;
    tau = -taup + index*.0533;
    ii = ii + 1;
    j = 0.;
    for fd = -b:.0533:b
      j = j + 1;
      if (abs(tau) <= taup)
        val1 = 1. -abs(tau) / taup;
        val2 = pi * taup * fd * (1.0 - abs(tau) / taup);
        val3 = abs(val1 * sin(val2+eps) /(val2+eps));
        val4 = abs((sin(pi*fd*(n-abs(q))*pri+eps))/(sin(pi*fd*pri+eps)));
        x(j,ii)=  val3 * val4 / n;
      else
        x(j,ii) = 0.;
      end
    end
  end
end
```

清单 4.8　MATLAB 程序“fig4_8.m”

```
% Use this program to reproduce Fig. 4.8 of text
close all
clear all
taup =0.2;
pri=1;
n=5;
x = train_ambg (taup, n, pri);
figure(1)
mesh(x)
xlabel ('Delay - seconds')
ylabel ('Doppler - Hz')
zlabel ('Ambiguity function')
figure(2)
contour(x);
xlabel ('Delay - seconds')
ylabel ('Doppler - Hz')
```

清单 4.9　MATLAB 函数“barker_ambig.m”

```
function [ambig] = barker_ambig(uinput)
% Compute and plot the ambiguity function for a Barker code
%Compute the ambiguity function
% by utilizing the FFT through combining multiple range cuts
N = size(uinput,2);
```

```
tau = N;
Barker_code = uinput;
samp_num = size(Barker_code,2) *10;
n = ceil(log(samp_num) / log(2));
nfft = 2^n;
u(1:nfft) = 0;
j = 0;
for index = 1:10:samp_num
   index;
   j = j+1;
   u(index:index+10-1) = Barker_code(j);
end
v = u;
delay = linspace(-tau, tau, nfft);
freq_del = 12 / tau /100;
j = 0;
vfft = fft(v,nfft);
for freq = -6/tau:freq_del:6/tau;
   j = j+1;
   exf = exp(sqrt(-1) * 2. * pi * freq .* delay);
   u_times_exf = u .* exf;
   ufft = fft(u_times_exf,nfft);
   prod = ufft .* conj(vfft);
   ambig(:,j) = fftshift(abs(ifft(prod))');
end
freq = -6/tau:freq_del:6/tau;
delay = linspace(-N,N,nfft);
figure (1)
mesh(freq,delay,ambig ./ max(max(ambig)))
colormap([.5 .5 .5])
colormap(gray)
axis tight
xlabel('frequency')
ylabel('delay')
zlabel('ambiguity function')
figure (2)
value = 10 * N ;
plot(delay,ambig(:,51)/value,'k')
xlabel('delay')
ylabel('normalized amibiguity cut for f=0')
grid
axis tight
figure (3)
contour(freq,delay,ambig ./ max(max(ambig)))
colormap([.5 .5 .5])
colormap (gray)
xlabel('frequency')
ylabel('delay')
grid on
```

清单 4.10 MATLAB 函数“prn_ambig.m”

```
function [ambig] = prn_ambig(uinput)
% Compute and plot the ambiguity function for a PRN code
% Compute the ambiguity function by utilizing the FFT
% through combining multiple range cuts

N = size(uinput,2);
tau = N;
PRN = uinput;
samp_num = size(PRN,2) * 10;
n = ceil(log(samp_num) / log(2));
nfft = 2^n;
u(1:nfft) = 0;
j = 0;
for index = 1:10:samp_num
   index;
   j = j+1;
   u(index:index+10-1) = PRN(j);
end
% set-up the array v
v = u;
delay = linspace(0,5*tau,nfft);
freq_del = 8 / tau /100;
j = 0;
vfft = fft(v,nfft);
for freq = -4/tau:freq_del:4/tau;
   j = j+1;
   exf = exp(sqrt(-1) * 2. * pi * freq .* delay);
   u_times_exf = u .* exf;
   ufft = fft(u_times_exf,nfft);
   prod = ufft .* conj(vfft);
   ambig(:,j) = fftshift(abs(ifft(prod))');
end
freq = -4/tau:freq_del:4/tau;
delay = linspace(-N,N,nfft);
figure(1)
mesh(freq,delay,ambig ./ max(max(ambig)))
colormap([.5 .5 .5])
colormap(gray)
axis tight
xlabel('frequency')
ylabel('delay')
zlabel('ambiguity function a PRN code')
figure(2)
plot(delay,ambig(:,51)/(max(max(ambig))),'k')
xlabel('delay')
ylabel('normalized amibiguity cut for f=0')
grid
```

```
axis tight
figure(3)
contour(freq,delay,ambig ./ max(max(ambig)))
axis tight
colormap([.5 .5 .5])
colormap(gray)
xlabel('frequency')
ylabel('delay')
```

清单 4.11 MATLAB 程序"myradar_visit4.m"

```
% Use this program to reproduce Figs. 4.25 to 4.27 of the text
close all
clear all
eps = 0.0001;
taup = 20.e-6;
b =1.e6;
up_down = 1.;
i = 0;
mu = up_down * b / 2. / taup;
delt = 2.2*taup /250;
delf = 2*b /300;
for tau = -1.1*taup:delt:1.1*taup
  i = i + 1;
  j = 0;
  for fd = -b:delf:b
    j = j + 1;
    val1 = 1. - abs(tau) / taup;
    val2 = pi * taup * (1.0 - abs(tau) / taup);
    val3 = (fd + mu * tau);
    val = val2 * val3;
    x(j,i) = abs( val1 * (sin(val+eps)/(val+eps))).^2;
  end
end
taux = linspace(-1.1*taup,1.1*taup,251).*1e6;
fdy = linspace(-b,b,301) .* 1e-6;
figure(1)
mesh(taux,fdy,sqrt(x))
xlabel ('Delay - Micro-seconds')
ylabel ('Doppler - MHz')
zlabel ('Ambiguity function')
figure(2)
contour(taux,fdy,sqrt(x))
xlabel ('Delay - Micro-seconds')
ylabel ('Doppler - MHz')
grid
```

第5章 脉冲压缩

雷达的距离分辨率可以使用非常短的脉冲来显著地改善。遗憾的是,使用短脉冲会减小平均发射功率,这会妨碍雷达的正常工作模式,特别是对于多功能雷达和监视雷达。因为平均发射功率直接关系到接收机的 SNR,所以通常期望在增加脉宽(即增加平均发射功率)的同时保持足够的分辨率。使用脉冲压缩技术将会使这种期望成为可能。脉冲压缩使我们在获得相当长脉冲的平均发射功率的同时,能够得到与短脉冲对应的距离分辨率。本章将分析模拟和数字脉冲压缩技术。

本章将讨论两种 LFM 脉冲压缩技术。第 1 种技术称为"相关处理",其被广泛应用于窄带和某些中等带宽的雷达工作中。第 2 种称为"去斜处理",通常用于非常宽带的雷达工作中。

5.1 时间带宽积

考虑一部采用匹配滤波器接收机的雷达。假设这个匹配滤波器接收机的带宽为 B,那么在匹配滤波器带宽内可用的噪声功率为

$$N_i = 2\ \frac{N_0}{2}\ B \tag{5.1}$$

其中,因子 2 用来考虑正负频带,如图 5.1 所示。脉冲持续时间 τ' 内的平均输入信号功率为

$$S_i = \frac{E}{\tau'} \tag{5.2}$$

E 是信号能量。因此,匹配滤波器的输入 SNR 为

$$(\mathrm{SNR})_i = \frac{S_i}{N_i} = \frac{E}{N_0 B\tau'} \tag{5.3}$$

输出的峰值瞬时 SNR 与输入 SNR 的比值是

$$\frac{\mathrm{SNR}(t_0)}{(\mathrm{SNR})_i} = 2B\tau' \tag{5.4}$$

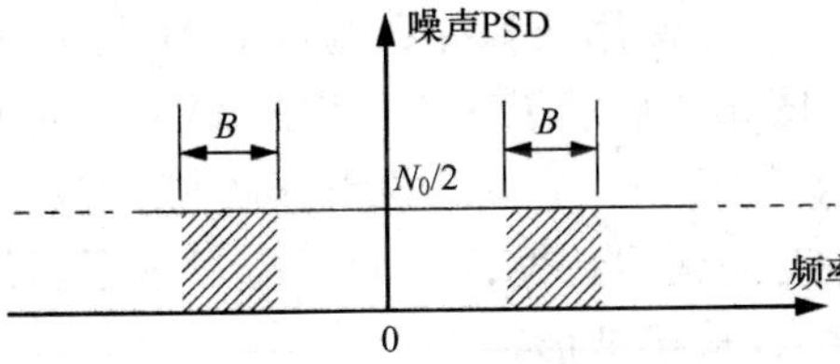

图 5.1 输入噪声功率

$B\tau'$ 称为给定波形或其对应的匹配滤波器的"时间带宽积"。因子 $B\tau'$ 表示输出 SNR 比输入增加的大小,称为匹配滤波器增益或简称为压缩增益。

一般来说,未调制脉冲的时间带宽积约等于 1。通过使用频率或者相位调制,脉冲的时间带宽积会远大于 1。如果雷达接收机的传递函数理想地匹配输入波形,那么压缩增益等于 $B\tau'$。显然,当匹配滤波器的频谱偏离输入信号的频谱时,压缩增益会比 $B\tau'$ 小。

5.2 脉冲压缩的雷达方程

脉冲雷达的雷达方程可以写为

$$\mathrm{SNR} = \frac{P_t \tau' G^2 \lambda^2 \sigma}{(4\pi)^3 R^4 k T_e F L} \tag{5.5}$$

其中,P_t 是峰值功率,τ' 是脉冲宽度,G 是天线增益,σ 是目标的 RCS,R 是距离,k 是玻尔兹曼常数,T_e 是有效噪声温度,F 是噪声系数,L 是总的雷达损耗。

脉冲压缩雷达发射相当长的脉冲(带有调制),然后将雷达回波处理成非常短的脉冲(压缩)。可以把发射脉冲看成由一系列非常短的子脉冲(占空比为 100%)组成,其中每个子脉冲的宽度等于期望的压缩后的脉宽。将压缩后的脉宽表示为 τ_c。因此,对于一个单独的子脉冲,式(5.5)可以写成

$$(\mathrm{SNR})_{\tau_c} = \frac{P_t \tau_c G^2 \lambda^2 \sigma}{(4\pi)^3 R^4 k T_e F L} \tag{5.6}$$

然后,从式(5.6)可以得到未压缩脉冲的 SNR,为

$$\mathrm{SNR} = \frac{P_t(\tau' = n\tau_c) G^2 \lambda^2 \sigma}{(4\pi)^3 R^4 k T_e F L} \tag{5.7}$$

其中,n 是子脉冲的数目。式(5.7)称为脉冲压缩的雷达方程。

观察式(5.5)和式(5.7)可以得到如下结论(注意到这两个公式具有相同的形式):对于一组给定的雷达参数,只要发射脉冲保持不变,那么 SNR 也不变,不管信号带宽如何。更确切地说,当使用脉冲压缩时,通过保持脉宽不变而增加带宽,可以使检测距离不变的同时显著改善距离分辨率。记住,距离分辨率与信号带宽的倒数成正比,即

$$\Delta R = c/2B \tag{5.8}$$

5.3 LFM 脉冲压缩

LFM 脉冲压缩在发射时对长脉冲进行频率调制。为了压缩接收信号,在接收时采用匹配滤波器接收机。结果,匹配滤波器的输出被因子 $\xi = B\tau'$ 压缩,其中 τ' 是脉冲宽度,B 是带宽。所以,通过使用长脉冲和宽带 LFM 调制,可以实现大压缩比。

图 5.2 显示了一个理想的 LFM 脉冲压缩过程。(a)部分显示了宽脉冲的包络,(b)部分显示了带宽 $B = f_2 - f_1$ 的频率调制(本例中的是上调频 LFM 信号),(c)部分显示了匹配滤波器的时间延迟特性,而(d)部分显示了压缩后的脉冲包络。最后,(e)部分显示了匹配滤波器的输入/输出波形。

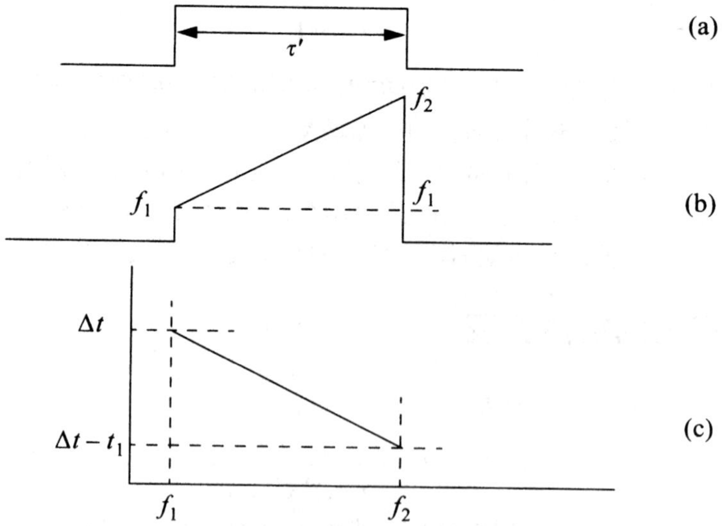

图 5.2 理想 LFM 的脉冲压缩

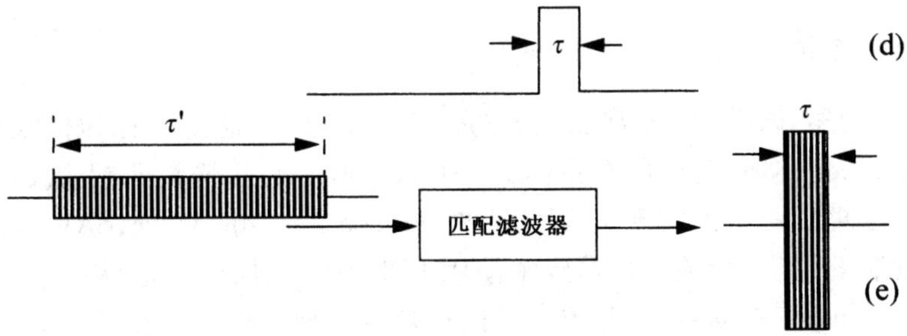

图 5.2　理想 LFM 的脉冲压缩(续)

图 5.3 说明了使用更可实现的 LFM 波形的脉冲压缩的优点。在这个例子中,检测两个 RCS 分别为$\sigma_1 = 1\ \mathrm{m}^2$ 和$\sigma_2 = 0.5\ \mathrm{m}^2$ 的目标。这两个目标在时间上的间隔不足以被用来分辨。图 5.3(a)显示了这两个目标的合成回波信号。很明显,目标回波是重叠的,它们不能被分辨。然而,脉冲压缩后,这两个脉冲是完全分开的,可以被分辨为两个不同的目标。实际上,当使用 LFM 时,临近目标的回波是可以被分辨的,只要它们在时间上分开压缩后的脉宽为 τ_{n1}。这幅图可以使用 5.5 节的清单 5.1 给出的 MARLAB 程序“fig5_3. m”得到。

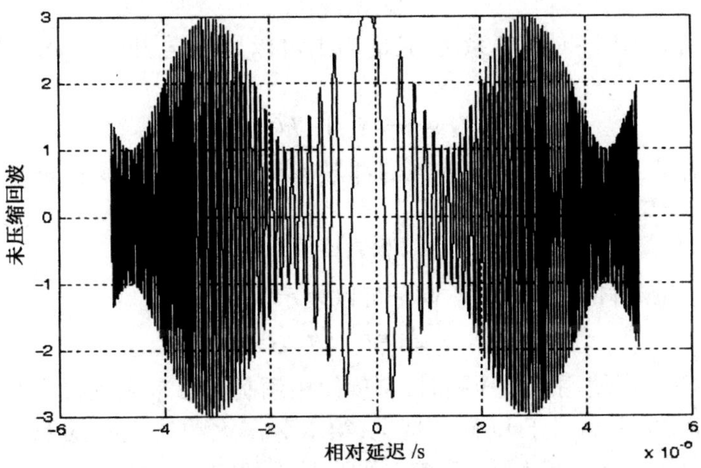

(a) 两个未分辨目标的合成回波信号

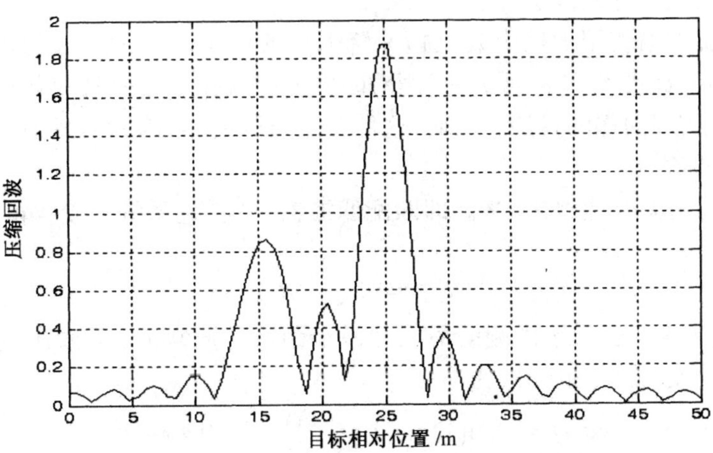

(b) 对应于图 5.3(a)的合成回波信号,脉冲压缩后的波形

图 5.3

5.3.1 相关处理器

雷达的操作(搜索、跟踪等)通常在规定的距离窗上进行,这个窗称为接收窗,由雷达的最大和最小距离差定义。接收窗内所有目标的回波被接收并且传输给匹配滤波器电路进行脉冲压缩。这种模拟处理器的一种实现是表面声波(Surface Acoustic Wave,SAW)器件。由于近年来数字计算机发展的进步,相关处理器经常使用 FFT 数字化执行。这种数字实现称为快速卷积处理(Fast Convolution Processing,FCP),可以在基带实现。快速卷积处理如图 5.4 所示。

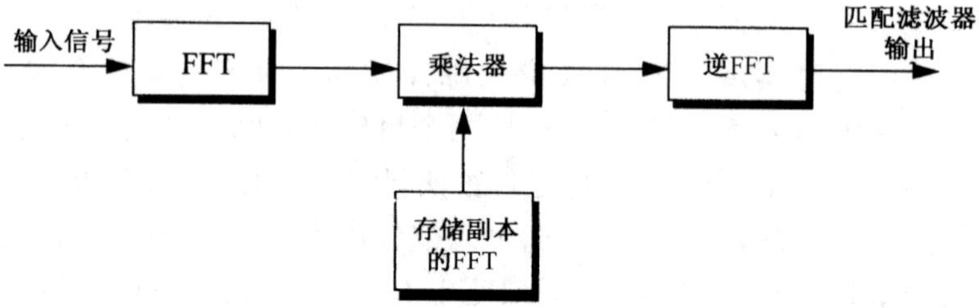

图 5.4 利用 FFT 计算匹配滤波的输出

由于匹配滤波器是线性时不变系统,它的输出可以用数学表达式表示为输入与其冲激响应的卷积,即

$$y(t)= s(t) * h(t) \tag{5.9}$$

其中,$s(t)$是输入信号,$h(t)$是匹配滤波器的冲激响应(副本),$*$操作符是卷积的符号表示。根据傅里叶变换的性质

$$\mathrm{FFT}\{s(t) * h(t)\} = S(f)\cdot H(f) \tag{5.10}$$

当两个信号都被正确采样时,压缩信号 $y(t)$可以表示为

$$y = \mathrm{FFT}^{-1}\{S\cdot H\} \tag{5.11}$$

其中 FFT^{-1}是逆 FFT。当使用脉冲压缩时,希望使用调制方法来实现最大脉冲压缩比,以显著降低压缩波形的旁瓣电平。对于 LFM 的情况,第 1 旁瓣大约比主峰低 13.4 dB。对于大多数雷达应用来说,这是不够的。实际上,旁瓣电平高是不利的,因为位于旁瓣处的噪声/有源干扰可能会影响主瓣内的目标回波。

可以对压缩脉冲谱使用加权函数(窗)来降低旁瓣电平。这种方法的代价是主瓣分辨率的损失和峰值的降低(即 SNR 的损失)。用对时域发射或接收信号加权代替对压缩脉冲谱加权,在理论上可以实现同样的目的。然而,这种方法很少使用,因为对发射波形的幅度调制会增加发射机的额外负担。

考虑一个使用相关处理器接收机(即匹配滤波器)的雷达系统。接收窗(以 m 为单位)定义为

$$R_{\mathrm{rec}} = R_{\max} - R_{\min} \tag{5.12}$$

其中,$R_{\max}$和 $R_{\min}$分别表示雷达探测的最大和最小距离。通常 R_{rec}受限于复杂目标的扩展范围。归一化的复数发射信号的形式为

$$s(t) = \exp\left(\mathrm{j}2\pi\left(f_0 t + \frac{\mu}{2}t^2\right)\right) \qquad 0 \leqslant t \leqslant \tau' \tag{5.13}$$

其中,τ'是脉宽,$\mu = B/\tau'$,B 是带宽。

雷达回波信号与发射信号类似,除了时间延迟和对应于目标 RCS 的幅度变化之外。考虑

一个距离为 R_1 的目标。雷达从这个目标接收的回波为

$$s_r(t) = a_1 \exp\left(j2\pi\left(f_0(t-\tau_1) + \frac{\mu}{2}(t-\tau_1)^2\right)\right) \tag{5.14}$$

其中,a_1 正比于目标的 RCS、天线增益及距离衰减。时间延迟 τ_1 为

$$\tau_1 = 2R_1/c \tag{5.15}$$

处理的第 1 步是消除频率 f_0。这是通过将 $s_r(t)$ 与相位为 $2\pi f_0 t$ 的参考信号混频实现的。经过低通滤波之后得到的信号的相位为

$$\psi(t) = 2\pi\left(-f_0\tau_1 + \frac{\mu}{2}(t-\tau_1)^2\right) \tag{5.16}$$

瞬时频率为

$$f_i(t) = \frac{1}{2\pi}\,\frac{\mathrm{d}}{\mathrm{d}t}\psi(t) = \mu(t-\tau_1) = \frac{B}{\tau'}\left(t - \frac{2R_1}{c}\right) \tag{5.17}$$

正交分量为

$$\begin{pmatrix} x_I(t) \\ x_Q(t) \end{pmatrix} = \begin{pmatrix} \cos\psi(t) \\ \sin\psi(t) \end{pmatrix} \tag{5.18}$$

下一步是对正交分量采样。样本数 N 的选择必须避免频谱混叠。因此,采样频率 f_s(基于奈奎斯特采样率)必须

$$f_s \geqslant 2B \tag{5.19}$$

采样间隔是

$$\Delta t \leqslant 1/2B \tag{5.20}$$

使用式(5.17)可以看出 FFT 的频率分辨率(证明留为练习)是

$$\Delta f = 1/\tau' \tag{5.21}$$

所要求的最小样本数是

$$N = \frac{1}{\Delta f \Delta t} = \frac{\tau'}{\Delta t} \tag{5.22}$$

合并式(5.20)和式(5.22),得到

$$N \geqslant 2B\tau' \tag{5.23}$$

因此,总共 $2B\tau'$ 个实样本或 $B\tau'$ 个复样本,足以完全描述时间为 τ' 且带宽为 B 的 LFM 波形。例如,一个时间 $\tau' = 20\ \mu s$,带宽 $B = 5$ MHz 的 LFM 信号,要求 200 个实样本来确定输入信号(I 路 100 个样本,Q 路 100 个样本)。

为了更好地实现 FFT,通过补零将 N 扩展为下一个 2 的幂。因此,对于某个正整数 m,总的样本数为

$$N_{FFT} = 2^m \geqslant N \tag{5.24}$$

FCP 处理的最终步骤包括:(1)对采样序列进行 FFT;(2)将信号的频域序列与匹配滤波器冲激响应的 FFT 相乘;(3)对复合频域序列进行逆 FFT,以得到时域压缩脉冲(HRR 像)。当然,加权、天线增益和距离衰减补偿也要执行。

假设 I 个目标位于距离 R_1、R_2 等处,并且在接收窗内。根据叠加原理,下变频信号的相位为

$$\psi(t) = \sum_{i=1}^{I} 2\pi\left(-f_0\tau_i + \frac{\mu}{2}(t-\tau_i)^2\right) \tag{5.25}$$

时间 $\{\tau_i = (2R_i/c);\ i = 1, 2, \cdots, I\}$ 表示双程时间延迟,其中 τ_1 对应于接收窗起点。

MATLAB 函数“matched_filter. m”

函数“matched_filter. m”（见 5. 5 节的清单 5. 2）可执行快速卷积处理。调用语法如下：

[y] = matched _filter(nscat, taup, b, rrec, scat _rang, scat _rcs, win)

其中，符号含义如下表所示。

符　　号	描　　述	单　　位	状　　态
nscat	接收窗内的点散射体数	无	输入
rrec	接收窗的大小	m	输入
taup	未压缩的脉冲宽度	s	输入
b	信号带宽	Hz	输入
scat _rang	散射体的相对距离向量（在接收窗内）	m	输入
scat _rcs	散射体 RCS 向量	m^2	输入
win	0 = 不加窗 1 = 汉明（Hamming）窗 2 = 带参数 pi 的凯泽（Kaiser）窗 3 = 旁瓣为 −60 dB 的切比雪夫（Chebychev）窗	无	输入
y	归一化的压缩输出	V	输出

使用者可以通过 MATLAB 函数调用访问这个函数，或者通过运行 MATLAB 程序“matched _filter. m_gui. m”实现，其使用了一个基于 MATLAB 的 GUI。这个程序相关的工作空间如图 5. 5所示。这个函数的输出包括压缩和未压缩的信号图形，以及在脉冲压缩中使用的副本。这个函数使用了函数“power_integer_2. m”（见 5. 5 节的清单 5. 3）实现了式（5. 24）。

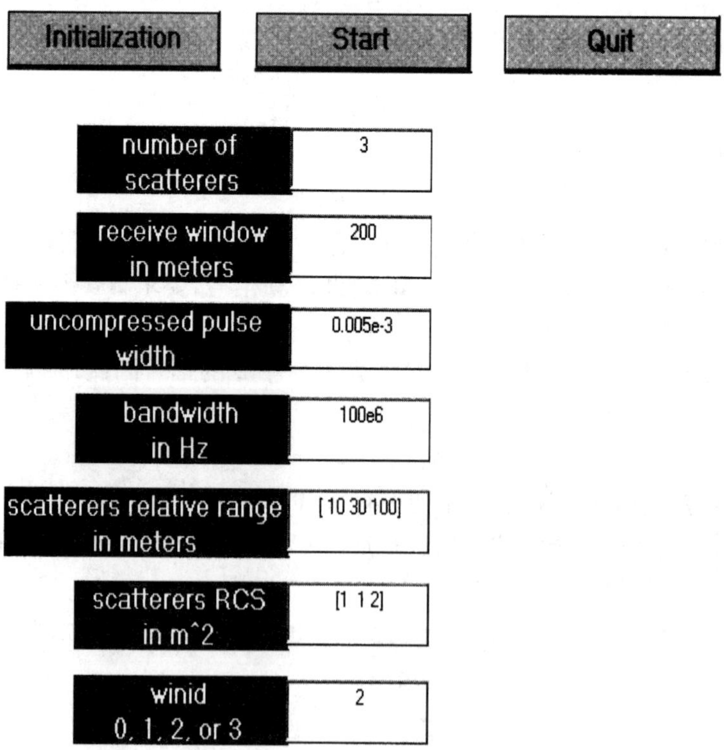

图 5. 5　函数“matched_filter_gui. m”的 GUI 工作空间

作为例子,考虑如下情况:

nscat	3
rrec	200 m
taup	0.005 ms
b	100e6 Hz
scat_rang	[10 75 120] m
scat_rcs	[1 2 1]m^2
win	2

注意,不使用加窗的脉冲压缩后的距离分辨率是 $\Delta R = 1.5$ m。图 5.6 显示了在脉冲压缩中使用的副本的实部和幅度谱。图 5.7 显示了未压缩的回波,图 5.8 显示了压缩后的 MF 输出。注意,散射体的幅度衰减是接收窗内的散射体距离的倒数的函数。

图 5.9 与图 5.8 类似,除了此时第 1 个和第 2 个散射体间距小于 1.5 m 之外(在接收窗内,它们位于 70 m 和 71 m 处)。

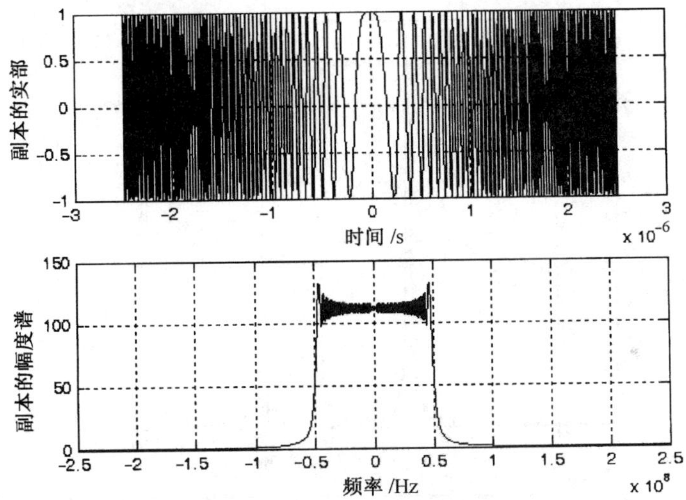

图 5.6　副本的实部和幅度谱

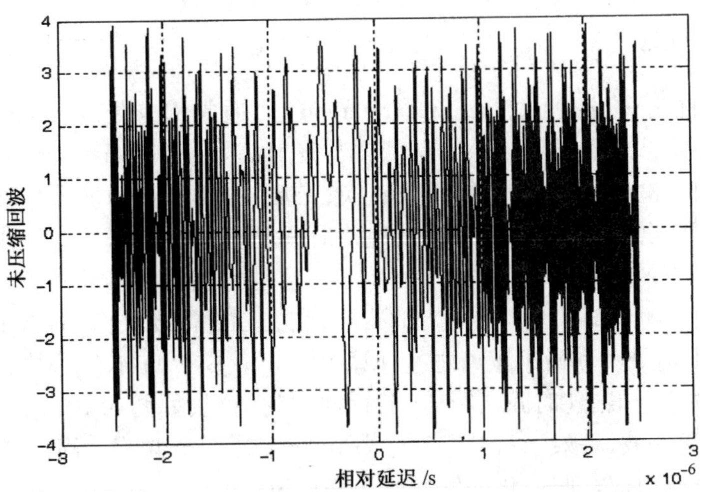

图 5.7　未压缩的回波信号,散射体无法分辨

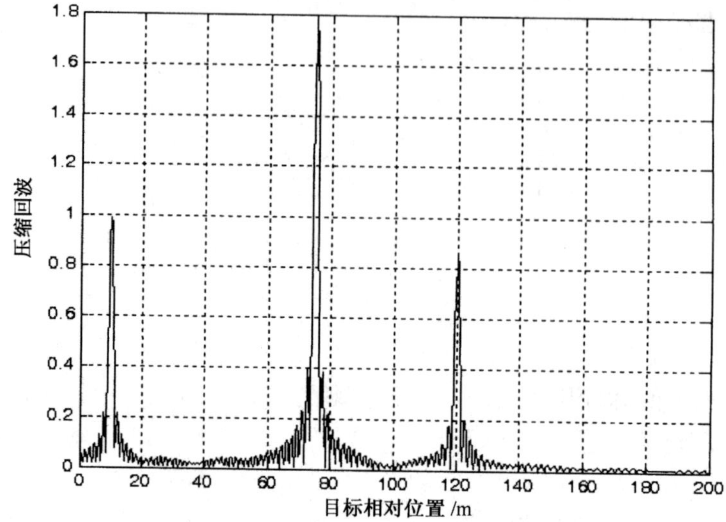

图 5.8　对应于图 5.7 的压缩后的回波信号，散射体全部可以分辨

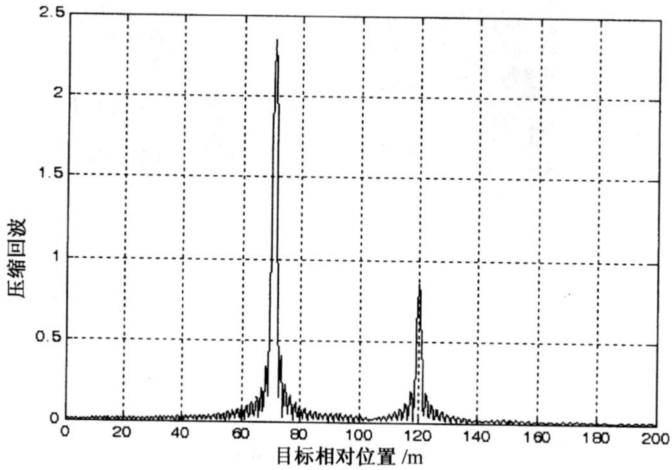

图 5.9　3 个散射体的压缩回波信号，其中两个无法分辨

5.3.2　去斜处理器

去斜处理，也称为"有源相关(active correlation)"，通常用来处理极大带宽的 LFM 波形。这种处理技术由下面步骤组成：首先，雷达回波与发射信号的副本(参考信号)混频；然后是低通滤波(LPF)和相干检波；接下来进行模数转换；最后，使用窄带滤波器(NBF)组提取与目标距离成正比的音频信号，因为去斜处理有效地将时间延迟转换成了频率。来自相同距离单元的所有回波产生相同的恒定频率。图 5.10(a)显示了去斜处理接收机的框图。参考信号是与发射 LFM 信号具有相同 LFM 斜率的 LFM 波形，它在雷达"接收窗"的持续时间内都存在。"接收窗"是根据雷达最大和最小距离之差计算出的。将参考 chirp 信号的起始频率表示为 f_r。

考虑雷达接收几个很近(时间或距离)目标回波的情况，如图 5.10(a)所示。与参考信号混频，然后进行低通滤波，等效于从参考信号中减去回波 chirp 频率。因此，LPF 输出由对应于目标位置的恒定音频组成。归一化的发射信号表示为

$$s_1(t) = \cos\left(2\pi\left(f_0 t + \frac{\mu}{2}t^2\right)\right) \qquad 0 \leqslant t \leqslant \tau' \tag{5.26}$$

其中，$\mu = B/\tau'$是 LFM 系数，f_0 是 chirp 起始频率。假定点散射体位于距离 R 处，雷达接收信号为

$$s_r(t) = a\cos\left[2\pi\left(f_0(t-\Delta\tau) + \frac{\mu}{2}(t-\Delta\tau)^2\right)\right] \tag{5.27}$$

其中，a 正比于目标 RCS、天线增益和距离衰减。时间延迟 $\Delta\tau$ 为

$$\Delta\tau = 2R/c \tag{5.28}$$

参考信号为

$$s_{ref}(t) = 2\cos\left(2\pi\left(f_r t + \frac{\mu}{2}t^2\right)\right) \qquad 0 \leqslant t \leqslant T_{rec} \tag{5.29}$$

接收窗(单位为 s)大小为

$$T_{rec} = \frac{2(R_{max} - R_{min})}{c} = \frac{2R_{rec}}{c} \tag{5.30}$$

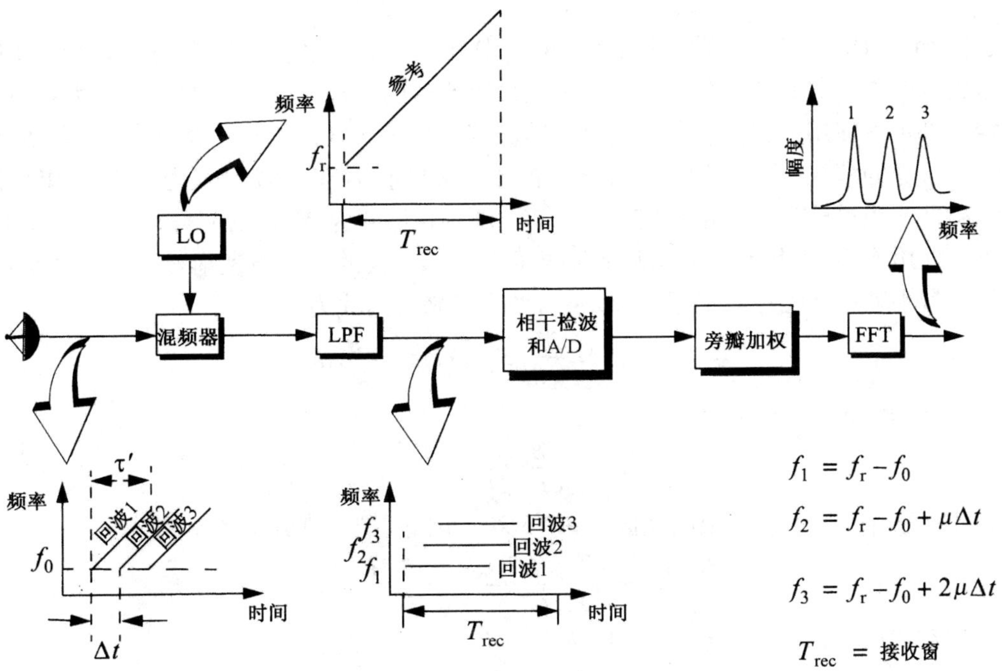

(a) 去斜处理框图

图 5.10

习惯上令 $f_r = f_0$。混频器的输出是接收信号与参考信号的乘积。低通滤波后的信号为

$$s_0(t) = a\cos(2\pi f_0\Delta\tau + 2\pi\mu\Delta\tau t - \pi\mu(\Delta\tau)^2) \tag{5.31}$$

将式(5.28)代入式(5.31)中，合并同类项，得到

$$s_0(t) = a\cos\left[\left(\frac{4\pi BR}{c\tau'}\right)t + \frac{2R}{c}\left(2\pi f_0 - \frac{2\pi BR}{c\tau'}\right)\right] \tag{5.32}$$

因为 $\tau' >> 2R/c$，式(5.32)近似为

$$s_0(t) \approx a\cos\left[\left(\frac{4\pi BR}{c\tau'}\right)t + \frac{4\pi R}{c}f_0\right] \tag{5.33}$$

瞬时频率为

$$f_{\text{inst}} = \frac{1}{2\pi}\frac{\mathrm{d}}{\mathrm{d}t}\left(\frac{4\pi BR}{c\tau'}t + \frac{4\pi R}{c}f_0\right) = \frac{2BR}{c\tau'} \tag{5.34}$$

其清楚地表明了目标的距离与瞬时频率成正比。因此,对 LPF 输出进行合理采样并且对采样序列进行 FFT 可以得到如下结论:在某个频率 f_1 处的峰值表明有目标出现在距离

$$R_1 = f_1 c\tau'/2B \tag{5.35}$$

假定 I 个目标位于距离 R_1、R_2 等处($R_1 < R_2 < R_I$)。根据叠加原理,总信号为

$$s_r(t) = \sum_{i=1}^{I} a_i(t)\cos\left[2\pi\left(f_0(t-\tau_i) + \frac{\mu}{2}(t-\tau_i)^2\right)\right] \tag{5.36}$$

其中$\{a_i(t); i=1,2,\cdots,I\}$与目标截面积、天线增益和距离衰减成正比。时间$\{\tau_i = (2R_i/c); i=1,2,\cdots,I\}$表示双程时间延迟,其中 τ_1 对应接收窗起点。使用式(5.32),LPF 输出端的总信号可以写为

$$s_o(t) = \sum_{i=1}^{I} a_i\cos\left[\left(\frac{4\pi BR_i}{c\tau'}\right)t + \frac{2R_i}{c}\left(2\pi f_0 - \frac{2\pi BR_i}{c\tau'}\right)\right] \tag{5.37}$$

因此,表现为恒定音频的目标回波可以使用 FFT 分辨。所以,确定合适的采样频率和 FFT 长度是非常关键的。本节其余部分将介绍去斜处理所要求的合理 FFT 参数的计算方法。

假定一部雷达使用去斜处理器接收机。脉冲宽度是 τ',chirp 带宽是 B。因为去斜处理通常用于极大带宽的情况(即 B 非常大),处理雷达回波的接收窗一般限制为几米到 100 米以下。压缩脉冲的距离分辨率根据式(5.8)计算。FFT 的长度为 N,其频率分辨率为 Δf。频率分辨率可以使用下面过程计算:考虑两个位于距离 R_1、R_2 处的相邻点散射体。这两个散射体可以分辨的最小频率间隔可以根据式(5.34)计算,准确表达式为

$$\Delta f = f_2 - f_1 = \frac{2B}{c\tau'}(R_2 - R_1) = \frac{2B}{c\tau'}\Delta R \tag{5.38}$$

将式(5.8)代入式(5.9)中,得到

$$\Delta f = \frac{2B}{c\tau'}\ \frac{c}{2B} = \frac{1}{\tau'} \tag{5.39}$$

FFT 可以分辨的最大频率限制在区间 $\pm N\Delta f/2$。因此,最大可分辨频率满足

$$\frac{N\Delta f}{2} > \frac{2B(R_{\max} - R_{\min})}{c\tau'} = \frac{2BR_{\text{rec}}}{c\tau'} \tag{5.40}$$

将式(5.30)和式(5.39)代入式(5.40)中,并且合并同类项,得到

$$N > 2BT_{\text{rec}} \tag{5.41}$$

为了更好地实现 FFT,选择 FFT 长度满足

$$N_{\text{FFT}} \geqslant N = 2^m \tag{5.42}$$

m 是非零正整数。所以,采样间隔为

$$\Delta f = \frac{1}{T_s N_{\text{FFT}}} \Rightarrow T_s = \frac{1}{\Delta f N_{\text{FFT}}} \tag{5.43}$$

MATLAB 函数"stretch. m"

函数"stretch. m"(见 5.5 节的清单 5.4)引入了去斜处理的一种数字实现方式。调用语法如下:

```
[y] = stretch(nscat,taup,f0,b,scat_range,rrec,scat_rcs,win)
```

其中,符号含义如下表所示。

符　号	描　述	单　位	状　态
nscat	接收窗内的点散射体数	无	输入
taup	未压缩的脉冲宽度	s	输入
f0	chirp 起始频率	Hz	输入
b	chip 信号带宽	Hz	输入
scat_rang	散射体的距离向量	m	输入
rrec	距离接收窗	m	输入
scat_rcs	散射体 RCS 向量	m^2	输入
win	0 = 不加窗 1 = 汉明(Hamming)窗 2 = 带参数 pi 的凯泽(Kaiser)窗 3 = 旁瓣为 - 60 dB 的切比雪夫(Chebychev)窗	无	输入
y	压缩输出	V	输出

使用者可以通过 MATLAB 函数调用访问这个函数,或者通过运行 MATLAB 程序"stretch_gui. m"实现,其使用了基于 MATLAB 的 GUI,如图 5. 10(b)所示。这个函数的输出是复数数组 y 和未压缩与压缩回波信号相对于时间的图形。

作为例子,考虑如下情况:

nscat	3
taup	10 ms
f0	5. 6 GHz
b	1 GHz
rrec	30 m
scat_rang	[2 5 10]m
scat_rcs	[1 1 2]m^2
win	2(凯泽窗)

注意,不使用加窗的脉冲压缩后的距离分辨率是 $\Delta R = 0.15$ m。图 5. 11 和图 5. 12 分别显示了对应于这个例子的未压缩和压缩回波信号。图 5. 13 跟图 5. 11 和图 5. 12 类似,除了此时两个散射体的间距小于 15 cm 之外(即位于 $R_{relative} = [3, 3.1]$ m 无法分辨的目标)。

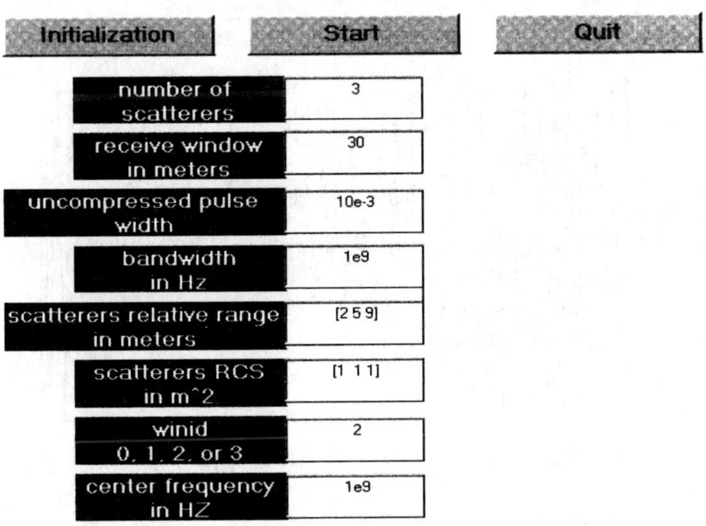

(b) 函数"stretch_gui. m"的 GUI 工作空间

图 5. 10(续)

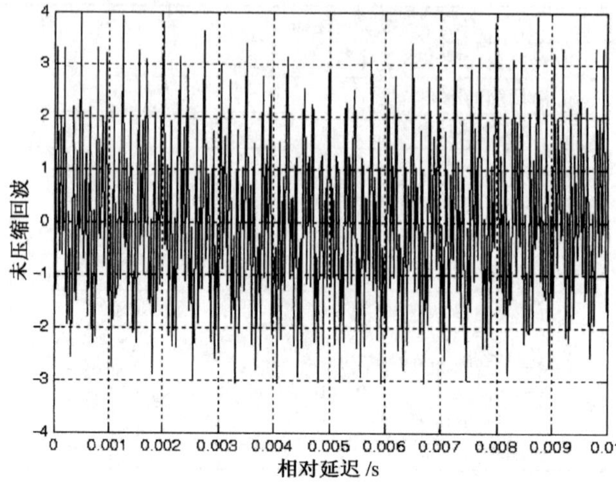

图 5.11　未压缩回波信号,3 个目标不能分辨

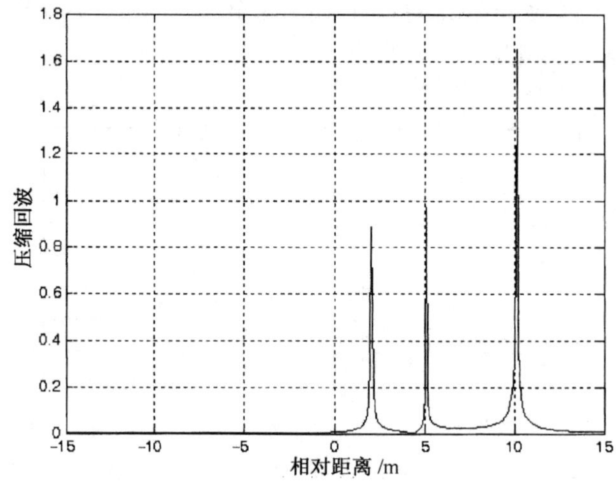

图 5.12　压缩回波信号,3 个目标可以分辨

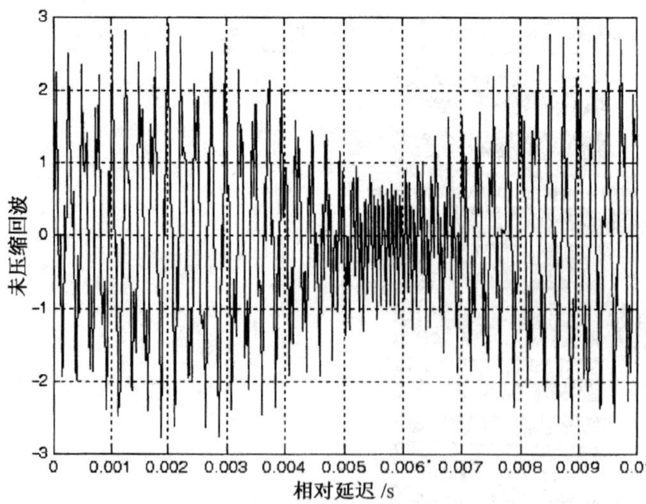

(a) 未压缩回波信号,3 个目标

图 5.13

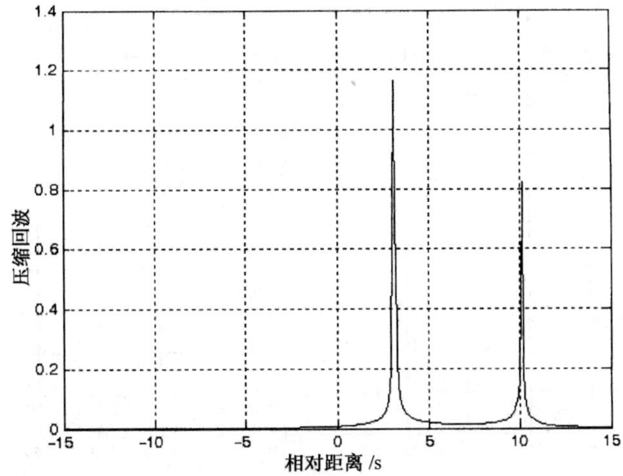

(b) 压缩回波信号,3 个目标,两个不能分辨

图 5.13(续)

5.3.3 目标速度引起的失真

至此,已经分析的脉冲压缩没有考虑目标速度的影响。实际上,所有的分析都假定是固定目标。没有补偿的目标径向速度或等效的多普勒频移,会降低脉冲压缩产生的 HRR 像的质量。在第 3 章中,分析了径向速度对 SFW 的影响。当目标径向速度没有补偿时,LFM 波形也存在与 HRR 像类似的失真。

第 1 章讨论了目标径向速度(多普勒频率)对雷达接收脉冲的两种影响。当目标径向速度非零时,接收脉冲宽度会被时间膨胀因子扩展(或压缩)。另外,接收脉冲的中心频率会以多普勒频率的大小偏移。当这两种影响没有补偿时,脉冲压缩处理器的输出会失真,如图 5.14 所示。图 5.14(a)显示了没有失真的脉冲压缩处理器的典型输出。另一方面,图 5.14(b)至图 5.14(d)分别显示了 chirp 中心频率偏移 5%、时间膨胀 10%,以及两者都有时的脉冲压缩处理器的输出。

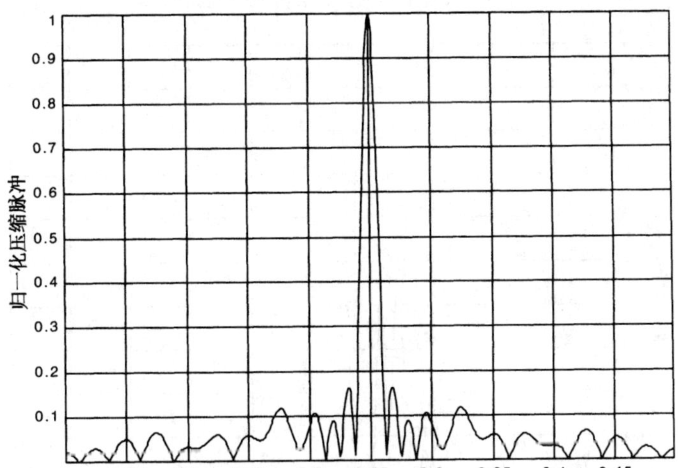

(a) 脉冲压缩处理器的压缩脉冲输出,没有失真,这幅图可使用5.5节的清单5.5给出的MATLAB程序"fig5_14"得到

图 5.14

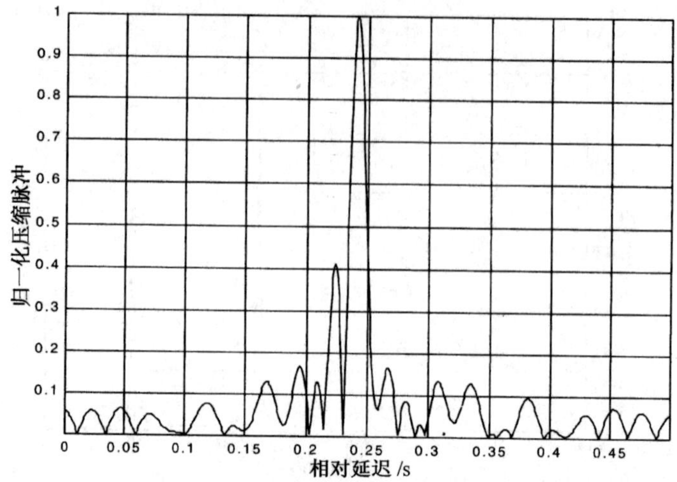

(b) 失配的压缩脉冲,5% 多普勒频移

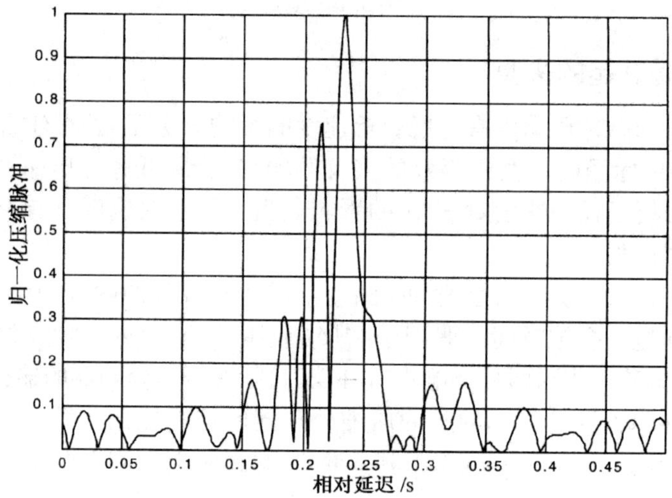

(c) 失配的压缩脉冲,10% 时间膨胀

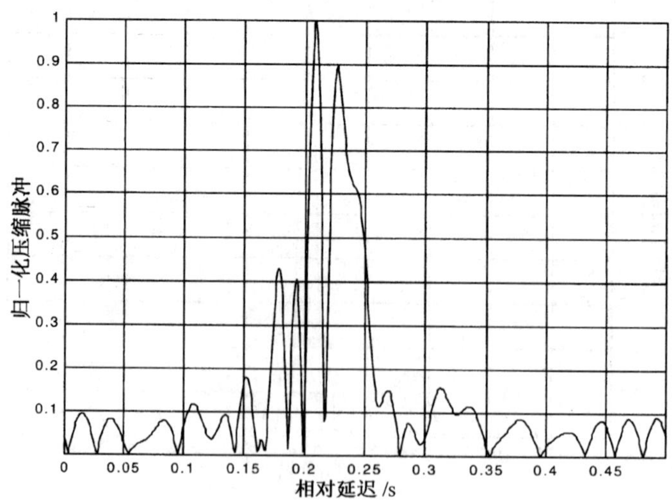

(d) 失配的压缩脉冲,10% 时间膨胀和 5% 多普勒频移

图 5.14(续)

由目标径向速度引起的失真的校正可以使用下面方法来实现。在几个脉冲的时间内,雷达处理器估计跟踪目标的径向速度,然后改变下一个发射脉冲的 chirp 斜率和脉冲宽度,以补偿估计出的多普勒频率和时间膨胀。

5.4 “我的雷达”设计案例研究——实习 5

5.4.1 问题陈述

假定威胁由多个飞机和导弹组成。说明匹配滤波器接收机在最小距离间隔 50 m 的情况下是如何分辨多个目标的。还要验证第 3 章中所选择的波形足以维持合适的检测和跟踪(即提供足够的 SNR)。

5.4.2 设计

在第 3 章中,确定了在搜索和跟踪时,脉冲压缩的距离分辨率分别为

$$\Delta R_{search} = 30\ \text{m};\ B_{search} = 5\ \text{MHz} \tag{5.44}$$

$$\Delta R_{track} = 7.5\ \text{m};\ B_{track} = 20\ \text{MHz} \tag{5.45}$$

还确定了使用单个搜索波形和 4 个跟踪波形。

假定一旦检测到目标就开始初始化跟踪。飞机目标类型在 $R_{max}^{a}=90$ km 处被检测,而导弹目标类型在 $R_{max}^{m}=55$ km 处被检测。在 2.10.2 节中,说明在积累检测的情况下,当使用 4 个脉冲的非相干积累时,在这些距离上这两种目标类型的最小 SNR 为 SNR≥4 dB。还确定了单个脉冲的选择是不行的,因为它要求的峰值功率高得离谱。然而,此时可以使用脉冲压缩来增加 SNR。从第 3 章中知道,对于所选择的波形,脉冲压缩增益等于 100(10 dB)。应该在不需要脉冲积累的环境下研究这种 SNR 增强。

脉冲压缩 SNR 可以使用式(5.7)计算,这里重复为式(5.46),即

$$\text{SNR} = \frac{P_t \tau' G^2 \lambda^2 \sigma}{(4\pi)^3 R^4 k T_e F L} \tag{5.46}$$

其中,$G=34.5$ dB,$\lambda=0.1$ m,$T_e=290$ K,$F=6$ dB,$L=8$ dB,$\sigma_m=0.5\ \text{m}^2$,$\sigma_a=4\ \text{m}^2$,以及 $P_t=$ 20 kW(根据第 3 章)。搜索脉冲宽度是 $\tau'=20\ \mu\text{s}$,跟踪波形为 $12.5\ \mu\text{s}\leqslant\tau_i'\leqslant 20\ \mu\text{s}$。首先考虑导弹的情况。最大检测距离 R_{max}^{m} 处的单脉冲 SNR 为

$$\text{SNR}_m = \frac{20\times10^3\times20\times10^{-6}\times(10^{3.45})^2\times(0.1)^2\times0.5}{(4\pi)^3\times(55\times10^3)^4\times1.38\times10^{-23}\times290\times10^{0.8}\times10^{0.6}} = \tag{5.47}$$

$$8.7028 \Rightarrow \text{SNR}_m = 9.39\ \text{dB}$$

另一方面,对于飞机,脉冲压缩的单脉冲 SNR 为

$$\text{SNR}_a = \frac{20\times10^3\times20\times10^{-6}\times(10^{3.45})^2\times(0.1)^2\times4}{(4\pi)^3\times(90\times10^3)^4\times1.38\times10^{-23}\times290\times10^{0.8}\times10^{0.6}} = \tag{5.48}$$

$$9.7104 \Rightarrow \text{SNR}_m = 9.87\ \text{dB}$$

在 MATLAB 程序“myradar_visit2_2. m”中,使用这些计算出来的 SNR,得到

$$
\begin{aligned}
P_{\mathrm{DC}_{\mathrm{Aircarft}}} &= 0.999 \\
P_{\mathrm{DC}_{\mathrm{Missile}}} &= 0.9984
\end{aligned}
\tag{5.49}
$$

其显然满足设计要求 $P_{\mathrm{D}} \geqslant 0.995$。

接下来，考虑匹配滤波器及其副本，以及脉冲压缩的输出（由于不同波形）。为此，使用程序“matched_filter_gui. m”。假定接收窗搜索时是 200 m，跟踪时是 50 m。

图 5. 15 显示了副本和有关的未压缩和压缩信号。目标由两个间距 50 m 的飞机组成。图 5. 16 与图 5. 15 类似，除了跟踪波形数为 4 和目标间距为 20 m 之外。

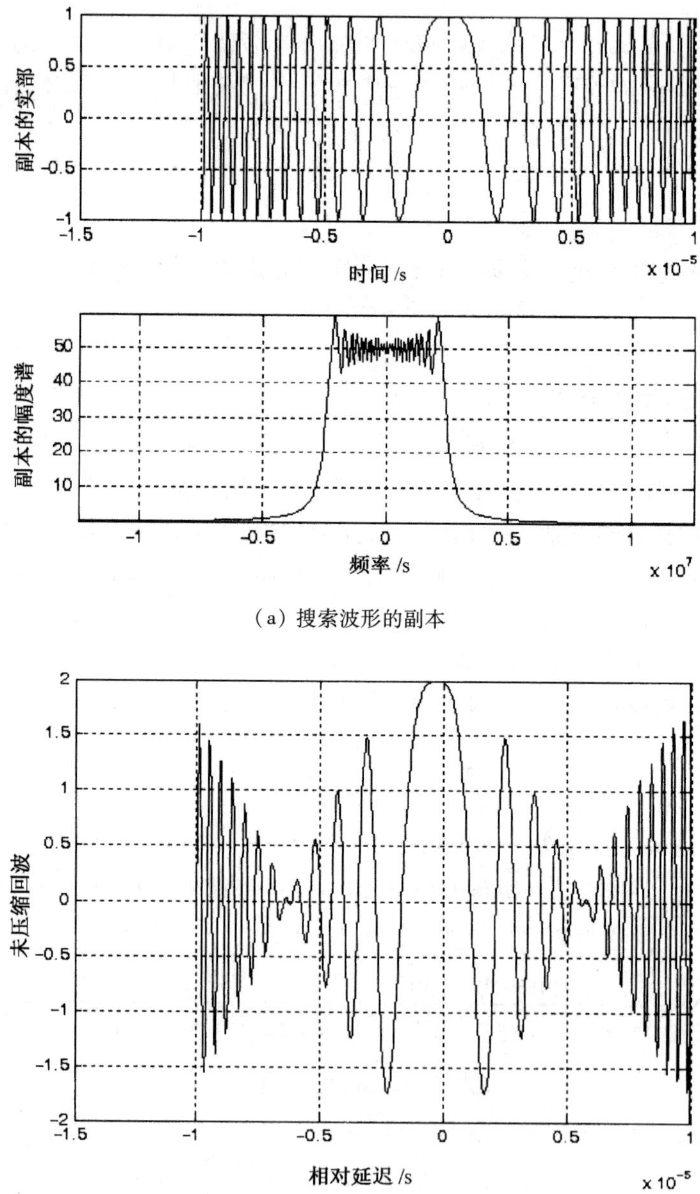

（a）搜索波形的副本

（b）两个间距为 50 m 的飞机的未压缩信号

图 5. 15

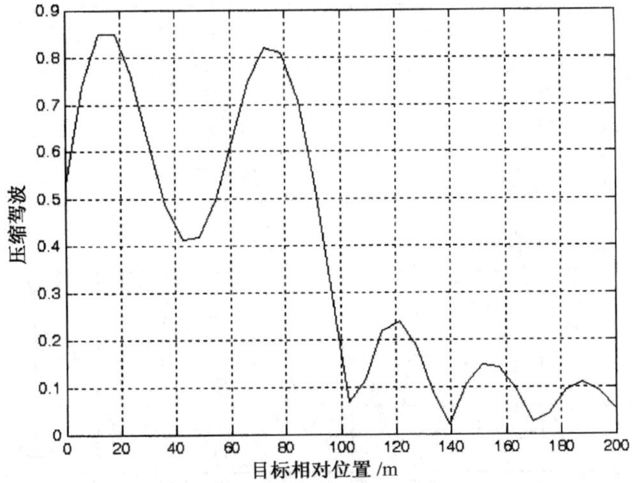

(c) 对应图 5. 15(b)的压缩信号,不加窗

图 5. 15(续)

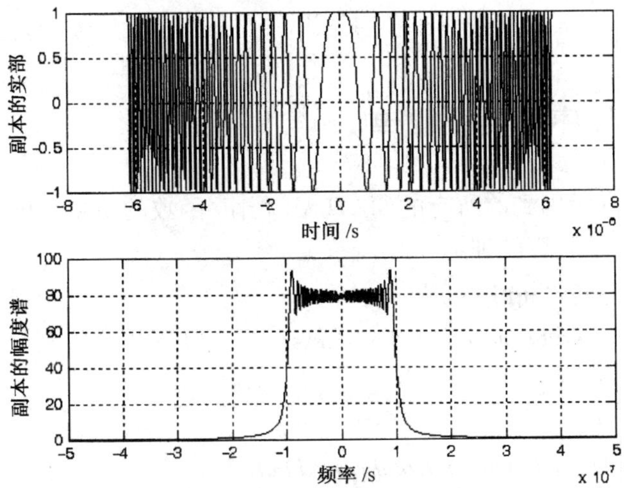

(a) 跟踪波形数为 4 的副本

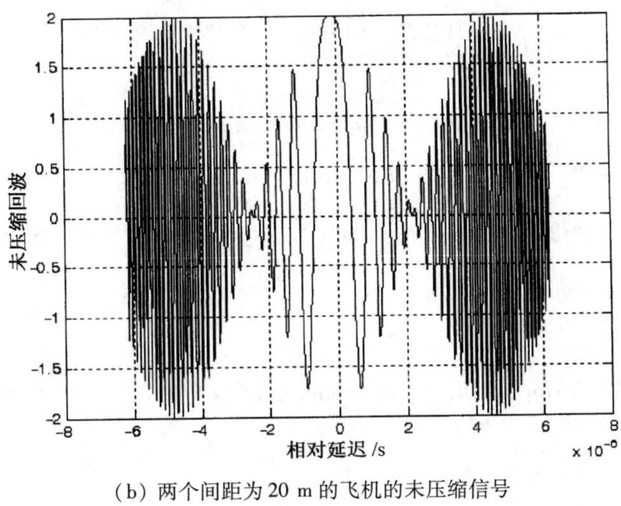

(b) 两个间距为 20 m 的飞机的未压缩信号

图 5. 16

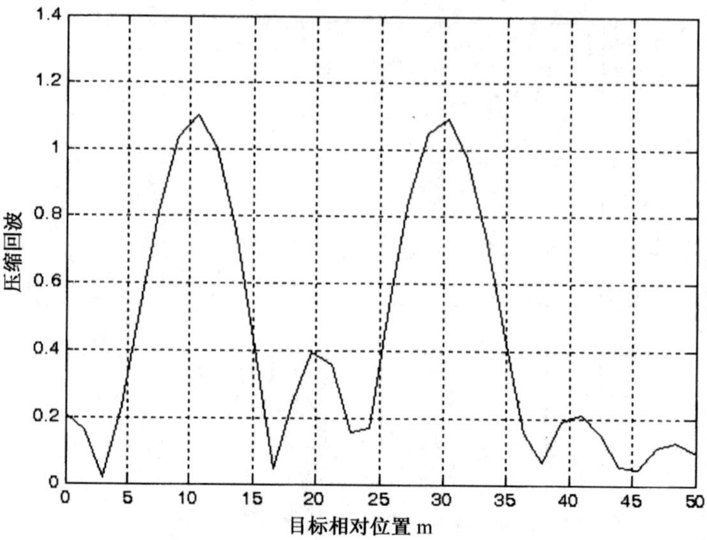

（c）两个间距为 20 m 的飞机的压缩信号

图 5.16（续）

5.5 MATLAB 程序和函数清单

这一节给出了本章所用到的所有的 MATLAB 程序/函数的清单。强烈建议读者重新运行这些程序，以加深对本章内容的理解。

清单 5.1 MATLAB 程序“fig5_3.m”

```
% use this program to reproduce Fig. 5.3 of text
clear all
close all
nscat = 2; %two point scatterers
taup = 10e-6; % 10 microsecond uncompressed pulse
b = 50.0e6; % 50 MHz bandwidth
rrec = 50 ; % 50 meter processing window
scat_range = [15 25] ; % scatterers are 15 and 25 meters into window
scat_rcs = [1 2]; % RCS 1 m^2 and 2m^2
winid = 0; %no window used
[y] = matched_filter(nscat,taup,b,rrec,scat_range,scat_rcs,winid);
```

清单 5.2 MATLAB 函数“matched_filter.m”

```
function [y] = matched_filter(nscat,taup,b,rrec,scat_range,scat_rcs,winid)
eps = 1.0e-16;
% time bandwidth product
time_B_product = b * taup;
if(time_B_product < 5 )
   fprintf('********** Time Bandwidth product is TOO SMALL *********')
   fprintf('\n Change b and or taup')
   return
end
% speed of light
```

```
c = 3.e8;
% number of samples
n = fix(5 * taup * b)
% initialize input, output and replica vectors
x(nscat,1:n) = 0.;
y(1:n) = 0.;
replica(1:n) = 0.;
% determine proper window
if( winid == 0.)
  win(1:n) = 1.;
  win =win';
else
  if(winid == 1.)
    win = hamming(n);
  else
    if( winid == 2.)
      win = kaiser(n,pi);
    else
      if(winid == 3.)
        win = chebwin(n,60);
      end
    end
  end
end
% check to ensure that scatterers are within receive window
index = find(scat_range > rrec);
if (index ~= 0)
  'Error. Receive window is too large; or scatterers fall outside window'
  return
end
% calculate sampling interval
t = linspace(-taup/2,taup/2,n);
replica = exp(i * pi * (b/taup) .* t.^2);
figure(1)
subplot(2,1,1)
plot(t,real(replica))
ylabel('Real (part) of replica')
xlabel('time in seconds')
grid
subplot(2,1,2)
sampling_interval = taup / n;
freqlimit = 0.5/ sampling_interval;
freq = linspace(-freqlimit,freqlimit,n);
plot(freq,fftshift(abs(fft(replica))));
ylabel('Spectrum of replica')
xlabel('Frequency in Hz')
grid
 for j = 1:1:nscat
   range = scat_range(j) ;;
```

```
    x(j,:) = scat_rcs(j) .* exp(i * pi * (b/taup) .* (t +(2*range/c)).^2) ;
    y = x(j,:) + y;
  end
  figure(2)
  plot(t,real(y),'k')
  xlabel ('Relative delay - seconds')
  ylabel ('Uncompressed echo')
  grid
  out =xcorr(replica, y);
  out = out ./ n;
  s = taup * c /2;
  Npoints = ceil(rrec * n /s);
  dist =linspace(0, rrec, Npoints);
  delr = c/2/b
  figure(3)
  plot(dist,abs(out(n:n+Npoints-1)),'k')
  xlabel ('Target relative position in meters')
  ylabel ('Compressed echo')
  grid
```

清单 5.3 MATLAB 函数“power_integer_2.m”

```
function n = power_integer_2 (x)
m = 0.;
for j = 1:30
  m = m + 1.;
  delta = x - 2.^m;
  if(delta < 0.)
    n = m;
    return
  else
  end
end
```

清单 5.4 MATLAB 函数“stretch.m”

```
function [y] = stretch(nscat,taup,f0,b,rrec,scat_range,scat_rcs,winid)
eps = 1.0e-16;
htau = taup / 2.;
c = 3.e8;
trec = 2. * rrec / c;
n = fix(2. * trec * b);
m = power_integer_2(n);
nfft = 2.^m;
x(nscat,1:n) = 0.;
y(1:n) = 0.;
if(winid == 0.)
  win(1:n) = 1.;
  win =win';
else
  if(winid == 1.)
```

```
      win = hamming(n);
    else
      if( winid == 2.)
        win = kaiser(n,pi);
      else
        if(winid == 3.)
          win = chebwin(n,60);
        end
      end
    end
  end
  deltar = c / 2. / b;
  max_rrec = deltar * nfft / 2.;
  maxr = max(scat_range);
  if(rrec > max_rrec | maxr >= rrec )
    'Error. Receive window is too large; or scatterers fall outside window'
    return
  end
  t = linspace(0,taup,n);
  for j = 1:1:nscat
     range = scat_range(j);% + rmin;
    psi1 = 4. * pi * range * f0 / c - ...
       4. * pi * b * range * range / c / c/ taup;
    psi2 = (2*4. * pi * b * range / c / taup) .* t;
    x(j,:) = scat_rcs(j) .* exp(i * psi1 + i .* psi2);
    y = y + x(j,:);
  end
  figure(1)
  plot(t,real(y),'k')
  xlabel ('Relative delay - seconds')
  ylabel ('Uncompressed echo')
  ywin = y .* win';
  yfft = fft(y,n) ./ n;
  out= fftshift(abs(yfft));
  figure(2)
  delinc = rrec/ n;
  %dist = linspace(-delinc-rrec/2,rrec/2,n);
  dist = linspace((-rrec/2), rrec/2,n);
  plot(dist,out,'k')
  xlabel ('Relative range in meters')
  ylabel ('Compressed echo')
  axis auto
  grid
```

清单 5.5 MATLAB 程序“fig5_14.m”

```
% use this program to reproduce Fig. 5.14 of text
clear all
eps = 1.5e-5;
t = 0:0.001:.5;
```

```
y = chirp(t,0,.25,20);
figure(1)
plot(t,y);
yfft = fft(y,512) ;
ycomp = fftshift(abs(ifft(yfft .* conj(yfft))));
maxval = max (ycomp);
ycomp = eps + ycomp ./ maxval;
figure(1)
del = .5 /512.;
tt = 0:del:.5-eps;
plot (tt,ycomp,'k')
axis tight
xlabel ('Relative delay - seconds');
ylabel('Normalized compressed pulse')
grid
y1 = chirp (t,0,.25,21); % change center frequency
y1fft = fft(y1,512);
y1comp = fftshift(abs(ifft(y1fft .* conj(yfft))));
maxval = max (y1comp);
y1comp = eps + y1comp ./ maxval;
figure(2)
plot (tt,y1comp,'k')
axis tight
xlabel ('Relative delay - seconds');
ylabel('Normalized compressed pulse')
grid
t = 0:0.001:.45; % change pulsewidth
y2 = chirp (t,0,.225,20);
y2fft = fft(y2,512);
y2comp = fftshift(abs(ifft(y2fft .* conj(yfft))));
maxval = max (y2comp);
y2comp = eps + y2comp ./ maxval;
figure(3)
plot (tt,y2comp,'k')
axis tight
xlabel ('Relative delay - seconds');
ylabel('Normalized compressed pulse')
grid
```

第 6 章　面杂波与体杂波

6.1　杂波的概念

杂波这一术语被用来描述这样一类物体：能够产生干扰雷达正常操作的非期望的雷达回波。通过天线主瓣进入雷达的寄生回波称为主瓣杂波，否则称为旁瓣杂波。杂波可分为重要的两类：面杂波和机载或体杂波。面杂波包括树木、植被、地表、人造建筑及海表面（也称为海杂波）。体杂波通常拥有大的范围（尺寸），其包括金属箔条、雨、鸟及昆虫。面杂波会随着区域的不同而改变，而体杂波更具有可预测性。

杂波回波是随机的，并具有类似热噪声的特性，因为单个的杂波成分（散射体）具有随机的相位和幅度。在很多情况下，杂波信号强度要比接收机内部噪声强度大得多。因此，雷达在强杂波背景下检测目标的能力取决于信杂比，而不是信噪比。

白噪声通常在所有雷达距离单元内产生等强度的噪声功率，而杂波功率可能在一个距离单元内发生变化。因为杂波回波与雷达目标回波相似，所以雷达能够从杂波回波中区分目标回波的唯一方法是根据目标雷达散射截面积σ_t和期望的杂波雷达散射截面积σ_c（通过杂波图得到）。杂波的雷达散射截面积可以被定义为由杂波区A_c反射造成的等效雷达散射截面积。平均杂波雷达散射截面积由式(6.1)给出

$$\sigma_c = \sigma^0 A_c \tag{6.1}$$

其中，σ^0(m^2/m^2)为杂波散射系数，为一个标量，通常以 dB 表示。一些雷达工程师将σ^0的单位表示为 cm^2/m^2，因此在这种情形下，σ^0 要比前面所定义的高 40 dB。

6.2　面杂波

面杂波包括地杂波和海杂波，又常称为区域杂波。在机载雷达下视模式下，区域杂波会十分明显。对于地基雷达，当其以低的擦地角搜索目标时，区域杂波仍然是一个主要因素。擦地角ψ_g是地表与发射波束主轴间的夹角，如图 6.1 所示。

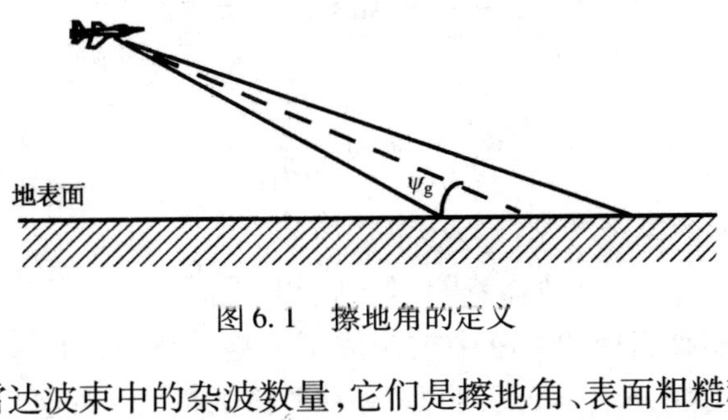

图 6.1　擦地角的定义

三个因素会影响雷达波束中的杂波数量，它们是擦地角、表面粗糙程度及雷达波长。一般地，杂波散射系数σ^0对于较小的波长反而更大一些。图 6.2 所示的示意图描述了σ^0对斜视角的依赖关系。图中分为三个区域：低擦地角区、平坦区和高擦地角区。

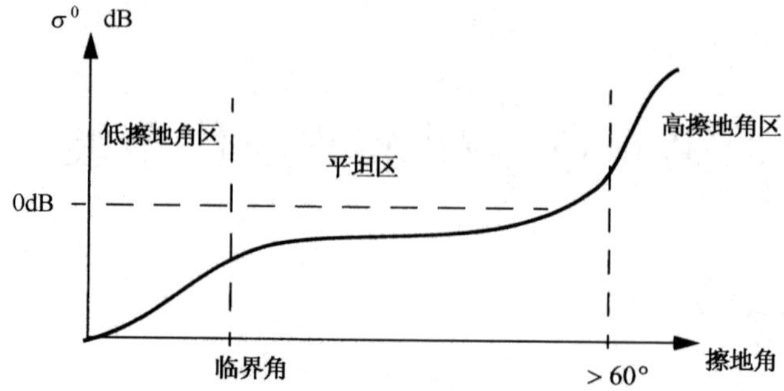

图 6.2 杂波区

低擦地角区的范围从 0 到临界角附近。临界角由瑞利(Rayleigh)定义为这样的一个角度:低于它,表面即可认为是光滑的;高于它,表面即可认为是粗糙的。设表面高度不规则性的均方根值为 h_{rms},根据瑞利准则,当式(6.2)满足时表面可以认为是光滑的,即

$$\frac{4\pi h_{rms}}{\lambda}\sin\psi_g < \frac{\pi}{2} \tag{6.2}$$

假设波在粗糙表面入射的情况,如图 6.3 所示。由于高度不规则性(表面粗糙度),"粗糙路径"要比"光滑路径"长 $2h_{rms}\sin\psi_g$ 的距离,这种路径上的差异转化成相位差 $\Delta\psi$,即

$$\Delta\psi = \frac{2\pi}{\lambda}\,2h_{rms}\sin\psi_g \tag{6.3}$$

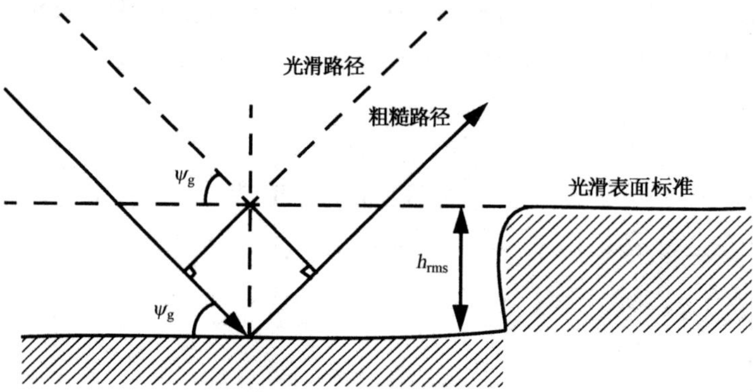

图 6.3 粗糙表面的定义

于是,当 $\Delta\psi = \pi$(第一个零点),临界角ψ_{gc}可以计算为

$$\frac{4\pi h_{rms}}{\lambda}\sin\psi_{gc} = \pi \tag{6.4}$$

或者等价地,

$$\psi_{gc} = \arcsin\frac{\lambda}{4h_{rms}} \tag{6.5}$$

以海杂波为例,表面高度不规则性的均方根值为

$$h_{rms} \approx 0.025 + 0.046\ S_{state}^{1.72} \tag{6.6}$$

其中,S_{state}是海况,它在多种引用的文献中被制成了表格。该海况以海浪高度、周期、长度、海流速度、风速为特征。例如,$S_{state} = 3$ 表明是较为平稳的海况,在这种情况下浪高大约介于 0.9144 ~ 1.2192 m 之间,海浪周期 6.5 ~ 4.5 s,浪长 1.9812 ~ 33.528 m,浪速 20.372 ~ 25.928 km/h,以及风速 22.224 ~ 29.632 km/h。

在低擦地角的杂波常被认为是散布的杂波，在此区域内，雷达波束内有相当大数量的杂波回波(非相干反射)。在平坦区域，σ^0 对擦地角的依赖程度很小。在高擦地角区，杂波更多的是镜面反射(相干反射)，此时散布杂波成分消失，在该区域，光滑表面比粗糙表面具有更大的 σ^0，这与低擦地角情形正好相反。

6.2.1　机载雷达区域杂波的雷达方程

考虑如图 6.4 所示的在下视模式下的机载雷达。天线波束与地面相交的区域形成了一个椭圆形状的“辐射区”。辐射区的大小是关于擦地角和 3 dB 波束宽度 $\theta_{3\,\mathrm{dB}}$ 的函数，如图 6.5 所示。辐射区被分为很多个地面距离单元，每个单元的长度为 $(c\tau/2)\sec\psi_g$，这里 τ 是脉冲宽度。

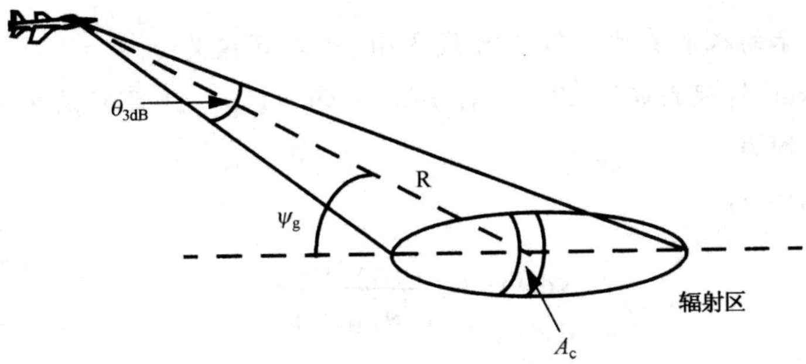

图 6.4　下视模式的机载雷达

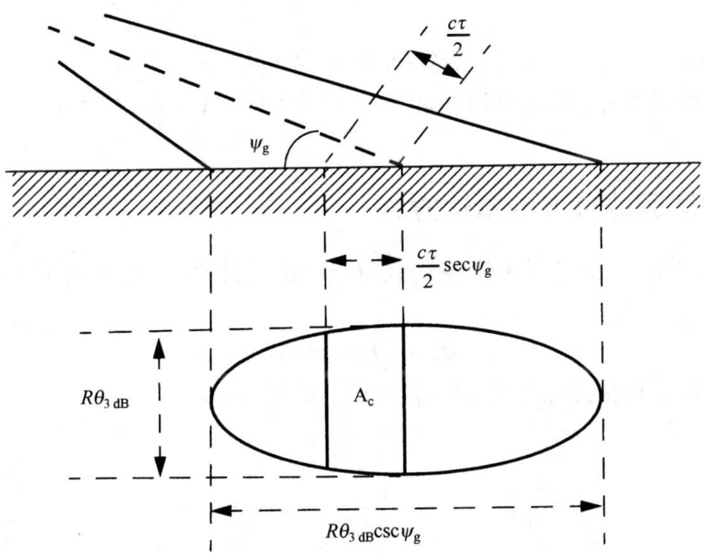

图 6.5　辐射区的概念

由图 6.5 知，杂波区域 A_c 为

$$A_c \approx R\theta_{3\,\mathrm{dB}}\frac{c\tau}{2}\sec\psi_g \tag{6.7}$$

雷达接收的从 A_c 内一个散射体散射的功率，由下面的雷达方程给出：

$$S_t = \frac{P_t G^2 \lambda^2 \sigma_t}{(4\pi)^3 R^4} \tag{6.8}$$

其中,通常情况下,P_t 是峰值发射功率,G 是天线增益,λ 是波长,σ_t 是目标 RCS。类似地,从杂波区接收到的杂波功率是

$$S_C = \frac{P_t G^2 \lambda^2 \sigma_c}{(4\pi)^3 R^4} \tag{6.9}$$

其中,下标 C 表示区域杂波。将式(6.1)中的σ_c 代入式(6.9),用式(6.8)除以式(6.9)就可以得到区域杂波内的信杂比,准确地说,即

$$(SCR)_C = \frac{2\sigma_t \cos\psi_g}{\sigma^0 \theta_{3\,dB} R c\tau} \tag{6.10}$$

例题

考虑图 6.4 所示的机载雷达。假设天线 3 dB 波束宽度为 $\theta_{3\,dB}=0.02$ rad,脉冲宽度 $\tau=2\ \mu s$,距离 $R=20$ km,斜视角$\psi_g=20°$,目标 RCS 为$\sigma_t=1\ m^2$,并且假设杂波反射系数是$\sigma^0=0.0136$。求信杂比 SCR。

解:由式(6.10),SCR 为

$$(SCR)_C = \frac{2\sigma_t \cos\psi_g}{\sigma^0 \theta_{3\,dB} R c\tau} \Rightarrow$$

$$(SCR)_C = \frac{(2)(1)(\cos 20°)}{(0.0136)(0.02)(20000)(3\times10^8)(2\times10^{-6})} = 5.76\times10^{-4}$$

即

$$(SCR)_C = -32.4\ dB$$

因此,为了可靠地检测目标,雷达应增加其 SCR 至少$(32+X)$dB,其中 X 值为 13 dB 至 15 dB,或者更高。

6.2.2 地基雷达区域杂波的雷达方程

接收来自杂波的功率也可以再次使用式(6.9)进行计算。然而,此种情形杂波 RCS 的计算有所不同,为

$$\sigma_c = \sigma_{MBc} + \sigma_{SLc} \tag{6.11}$$

其中,σ_{MBc}是主瓣杂波 RCS,σ_{SLc}是旁瓣杂波 RCS(见图 6.6)。

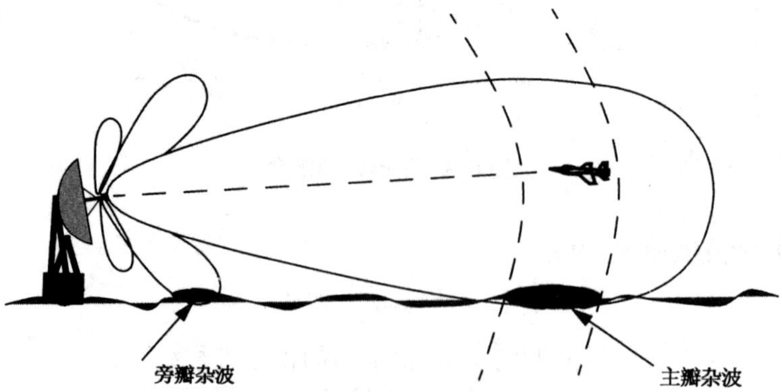

图 6.6 地基雷达杂波几何关系图

为了计算式(6.11)给出的总的杂波 RCS,我们必须首先分别计算主瓣和旁瓣对应的杂波区域。为了便于计算,设几何关系如图 6.7 所示。角度 θ_A 和 θ_E 分别表示方位和垂直方向 3 dB 波束宽度;雷达高度(从地面到天线相位中心)由 h_r 表示,目标高度由 h_t 表示;雷达斜距是 R,其在地面上的投影为 R_g;距离分辨率是 ΔR,其在地面的投影为 ΔR_g;主瓣杂波区域由 A_{MBc}表示,旁瓣杂波区域由 A_{SLc}表示。

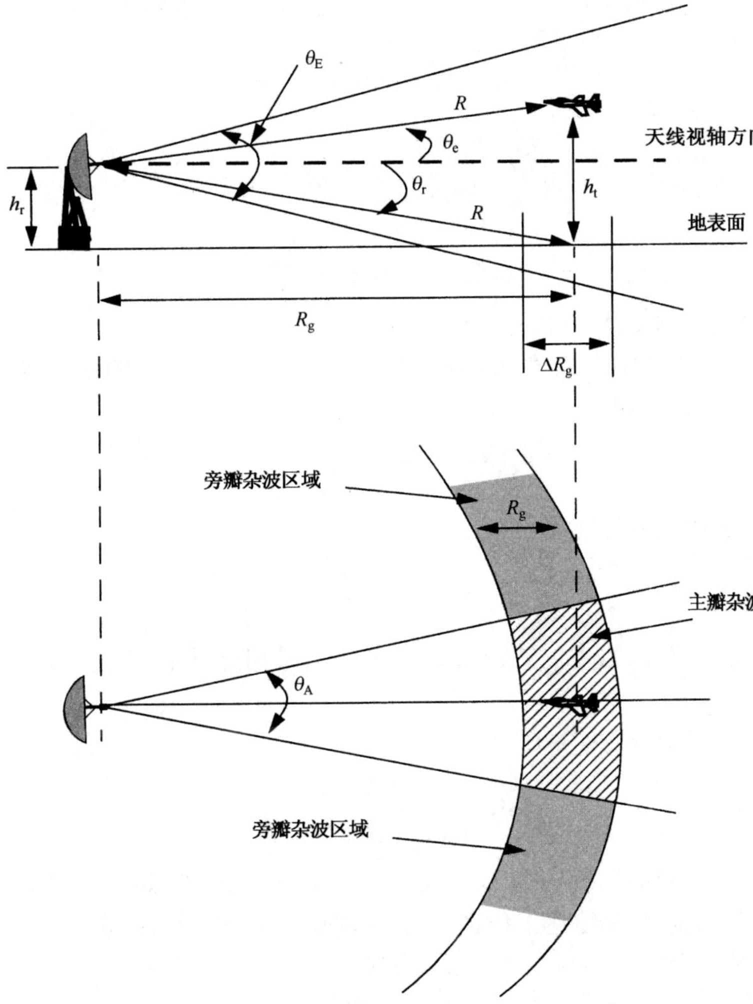

图 6.7　地基雷达杂波几何关系(侧视图和下视图)

由图 6.7 可以导出如下关系:

$$\theta_r = \arcsin(h_r/R) \tag{6.12}$$

$$\theta_e = \arcsin((h_t - h_r)/R) \tag{6.13}$$

$$\Delta R_g = \Delta R \cos\theta_r \tag{6.14}$$

其中,ΔR 是雷达距离分辨率,斜距在地面的投影为

$$R_g = R\cos\theta_r \tag{6.15}$$

从而主瓣和旁瓣杂波区域为

$$A_{MBc} = \Delta R_g \ R_g \ \theta_A \tag{6.16}$$

$$A_{SLc} = \Delta R_g \ \pi R_g \tag{6.17}$$

假设雷达天线波束方向图 $G(\theta)$ 符合如下形式：

$$G(\theta)=\exp\left(-\frac{2.776\theta^2}{\theta_E^2}\right)\Rightarrow \text{高斯型} \tag{6.18}$$

$$G(\theta)=\begin{cases}\left(\dfrac{\sin\left(2.78\dfrac{\theta}{\theta_E}\right)}{\left(2.78\dfrac{\theta}{\theta_E}\right)}\right)^2 & |\theta|\leqslant\dfrac{\pi\theta_E}{2.78}\quad\Rightarrow\left(\dfrac{\sin(x)}{x}\right)^2\\ 0 & \text{其他}\end{cases} \tag{6.19}$$

此时主瓣杂波 RCS 为

$$\sigma_{MBc}=\sigma^0 A_{MBc}G^2(\theta_e+\theta_r)=\sigma^0\Delta R_g\ \ R_g\ \ \theta_A G^2(\theta_e+\theta_r) \tag{6.20}$$

旁瓣杂波 RCS 为

$$\sigma_{SLc}=\sigma^0 A_{SLc}(SL_{rms})^2=\sigma^0\Delta R_g\ \ \pi R_g(SL_{rms})^2 \tag{6.21}$$

其中，SL_{rms} 为天线旁瓣电平的均方根值。

最后，为了说明杂波 RCS 与距离之间的变化关系，我们可以把总的杂波 RCS 作为距离的函数来计算，由式(6.22)给出：

$$\sigma_c(R)=\frac{\sigma_{MBc}+\sigma_{SLc}}{(1+(R/R_h)^4)} \tag{6.22}$$

其中，R_h 是雷达视线距离，用下式来计算：

$$R_h=\sqrt{\frac{8h_r r_e}{3}} \tag{6.23}$$

其中，r_e 是地球半径，等于 6371 km，式(6.22)中的分母采用这种形式是为了考虑折射和椭球形地球效应。

在距离为 R 处的目标，雷达 SNR 为

$$\text{SNR}=\frac{P_t G^2\lambda^2\sigma_t}{(4\pi)^3R^4kT_0BFL} \tag{6.24}$$

其中，同前面一样，P_t 是峰值发射功率，G 是天线增益，λ 是波长，σ_t 是目标 RCS，k 是玻尔兹曼常数，T_0 是有效噪声温度，B 是雷达工作带宽，F 是接收机噪声系数，L 是总的雷达损耗。同样地，雷达杂噪比(CNR)为

$$\text{CNR}=\frac{P_t G^2\lambda^2\sigma_c}{(4\pi)^3R^4kT_0BFL} \tag{6.25}$$

其中，σ_c 应该用式(6.21)来计算。

若杂波统计特性是高斯的，杂波回波和噪声回波可以合成起来，一个决定雷达测量精度的新的标准可以从信号与杂波加噪声的比值来导出，用 SIR 表示，即

$$\text{SIR}=\frac{1}{\dfrac{1}{\text{SNR}}+\dfrac{1}{\text{SCR}}} \tag{6.26}$$

注意 SCR 用式(6.24)除以式(6.25)来计算得到。

MATLAB 函数“clutter _rcs. m”

函数“clutter _rcs. m”(见 6.6 节的清单 6.1)可实现式(6.22)，该函数同样画出了杂波 RCS

和 CNR 与雷达斜距之间的关系图,其输出包括杂波 RCS(dBsm)和 CNR(dB)。调用语法如下:

[sigmaC, CNR] = clutter_rcs(sigma0, thetaE,thetaA, SL, range, hr, ht, pt, f0, b, t0, f, l, ant_id)

其中,符号含义如下表所示。

符　号	描　述	单　位	状　态
sigma0	杂波后向散射系数	dB	输入
thetaE	天线 3 dB 垂直波束宽度	°	输入
thetaA	天线 3 dB 水平波束宽度	°	输入
SL	天线旁瓣电平	dB	输入
range	距离,可以是单值,也可以是一个向量	km	输入
hr	雷达高度	m	输入
ht	目标高度	m	输入
pt	雷达峰值功率	kW	输入
f0	雷达工作频率	Hz	输入
b	带宽	Hz	输入
t0	有效噪声温度	K	输入
f	噪声系数	dB	输入
l	雷达损耗	dB	输入
ant _id	1 为$(\sin(x)/x)^2$形式,2 为高斯型	无	输入
sigmaC	杂波 RCS:依赖于距离,既可为单值, 也可为向量	dB	输出
CNR	杂噪比:依赖于距离,既可为单值,也可为向量	dB	输出

名称为“clutter _rcs _gui”的一个 GUI 被用来实现上述函数。运行这个 GUI 可生成σ_c和 CNR 随距离变化的曲线。图 6.8 显示了使用式(6.18)定义的天线方向图时由此 GUI 产生的曲线。图 6.9 与图 6.8 类似,只是此时使用了式(6.19)定义的天线方向图。注意,在对应于主瓣与第 1 旁瓣间零点的擦地角,在非常近的距离上会在杂波 RCS 上产生凹陷(dip)。图 6.9(c)显示了与此函数相关的 GUI 工作空间。

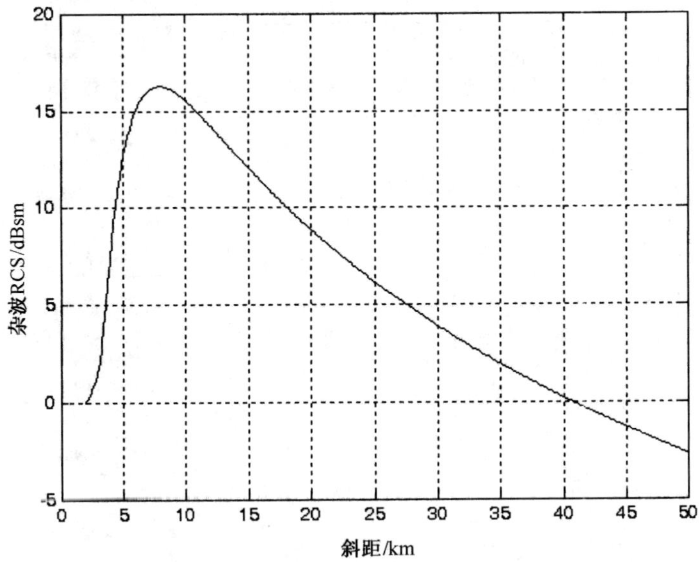

(a) 使用式(6.27)所示函数的杂波 RCS 随距离变化曲线

图 6.8

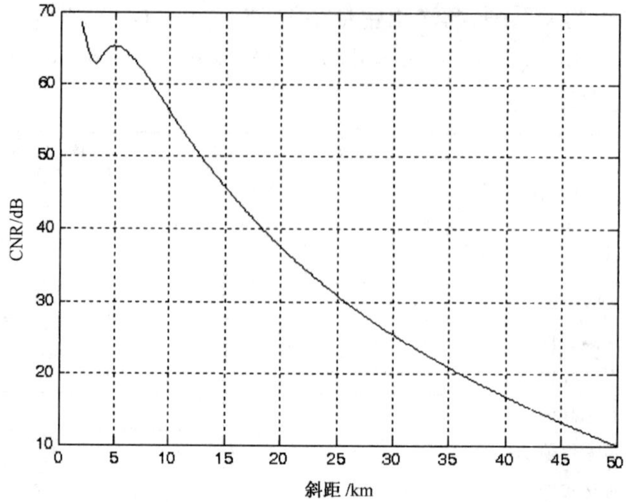

(b) 使用式(6.27)所示函数的 CNR 随距离变化曲线

图 6.8(续)

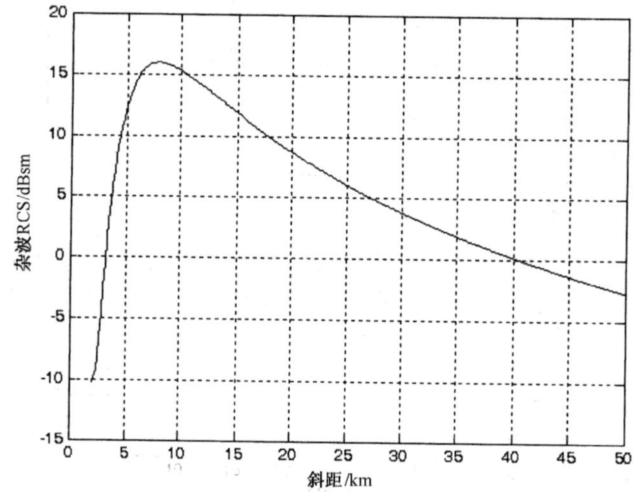

(a) 使用式 (6.28) 所示函数的杂波 RCS 随距离变化曲线

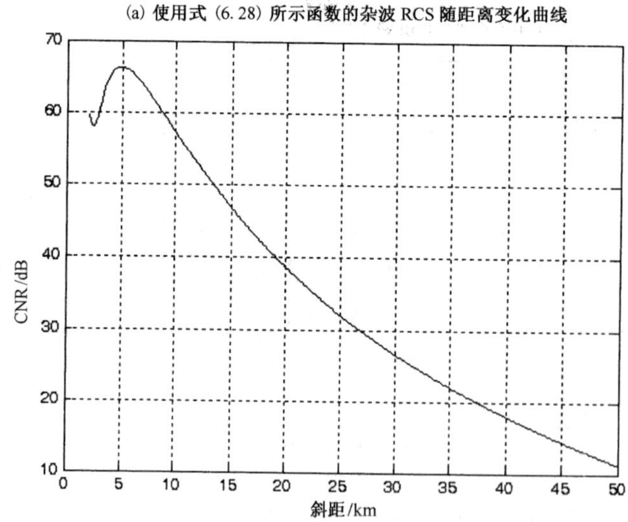

(b) 使用式 (6.28) 所示函数的 CNR 随距离变化曲线

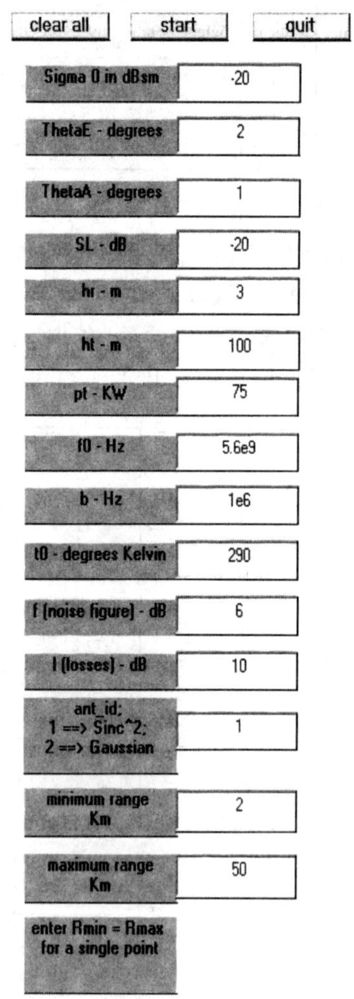

(c) GUI “clutter_rcs_gui.m” 的工作空间

图 6.9

使用下面的 MATLAB 调用命令可以重新产生上述两种图形：

```
[sigmaC, CNR] = clutter_rcs(-20, 2, 1, -20, linspace(2, 50, 100)), 3, 100, 75,
    5.6e9, 1e6, 290, 6, 10, 1)    (6.27)
[sigmaC, CNR] = clutter_rcs(-20, 2, 1, -20, linspace(2, 50, 100)), 3, 100, 100,
    5.6e9, 1e6, 290, 6, 10, 2)    (6.28)
```

6.3　体杂波

体杂波具有较大的范围，包括雨(天气)、金属箔条、鸟和昆虫。体杂波系数通常用平方米表示(单位分辨体积内的 RCS)。鸟、昆虫及其他飞行物体常被视为仙波或生物杂波。

如前所述，金属箔条是敌方用来进行电子对抗的一种技术。它由大量的具有大的 RCS 值的偶极子反射体组成。早期的金属箔条由铝箔组成；然而近些年来，多数金属箔条由表面具有导电性的更加刚性的玻璃纤维构成。当偶极子反射体长度 L 是雷达波长的一半时，金属箔条具有最大的 RCS 取值。

气象或雨杂波要比金属箔条更容易抑制，因为雨滴可以被认为是理想的小球。我们可以用理想小球的瑞利近似来估计雨滴的 RCS。若不考虑传播媒质的折射系数，则瑞利近似为

$$\sigma = 9\pi r^2 (kr)^4 \qquad r \ll \lambda \tag{6.29}$$

其中，$k = 2\pi/\lambda$，r 为雨滴的半径。

当从理想小球反射回来时，电磁波具有强烈的共极化特性(与入射波具有相同的极化特性)。接下来，举例来说，如果雷达发射一右旋圆极化波，则接收的电磁波是左旋圆极化波，因为它们以相反的方向传播。因此，雨滴的后向散射能量保留了与入射波相同的波的旋转方向(极化)，但是却具有相反的传播方向。这意味着可以通过雷达发射、接收天线的共极化来抑制雨杂波。

设 η 为每单位分辨体积 V_{W} 的 RCS，它可用单位体积内所有独立散射体 RCS 的和来进行计算，

$$\eta = \sum_{i=1}^{N} \sigma_i \tag{6.30}$$

其中，N 是在分辨体积内散射体的总数目。因此，单个分辨体积内的总 RCS 是

$$\sigma_{\mathrm{W}} = \sum_{i=1}^{N} \sigma_i V_{\mathrm{W}} \tag{6.31}$$

图 6.10 所示的一个分辨体积单元可以近似为

$$V_{\mathrm{W}} \approx \frac{\pi}{8} \theta_{\mathrm{a}} \theta_{\mathrm{e}} R^2 c\tau \tag{6.32}$$

其中，θ_{a} 和 θ_{e} 分别是以弧度表示的天线方位和垂直波束宽度，τ 是以秒表示的脉冲宽度，c 是光速，R 是距离。

考虑折射系数为 m 的传播媒质。在此媒质中，第 i 个雨滴的 RCS 近似为

$$\sigma_i \approx \frac{\pi^5}{\lambda^4} K^2 D_i^6 \tag{6.33}$$

其中

$$K^2 = \left|\frac{m^2-1}{m^2+2}\right|^2 \tag{6.34}$$

D_i 是第 i 个雨滴的直径。例如,若温度介于 32°F 与 68°F 之间,则得到

$$\sigma_i \approx 0.93\frac{\pi^5}{\lambda^4}D_i^6 \tag{6.35}$$

对于冰,式(6.33)可以近似为

$$\sigma_i \approx 0.2\frac{\pi^5}{\lambda^4}D_i^6 \tag{6.36}$$

将式(6.33)代入式(6.30)得

$$\eta = \frac{\pi^5}{\lambda^4}K^2 Z \tag{6.37}$$

其中,气象杂波系数 Z 被定义为

$$Z = \sum_{i=1}^{N} D_i^6 \tag{6.38}$$

一般地,雨滴的直径以 mm 给出,雷达分辨体积用 m^3 来表示,因此 Z 的单位常用 mm^6/m^3 表示。

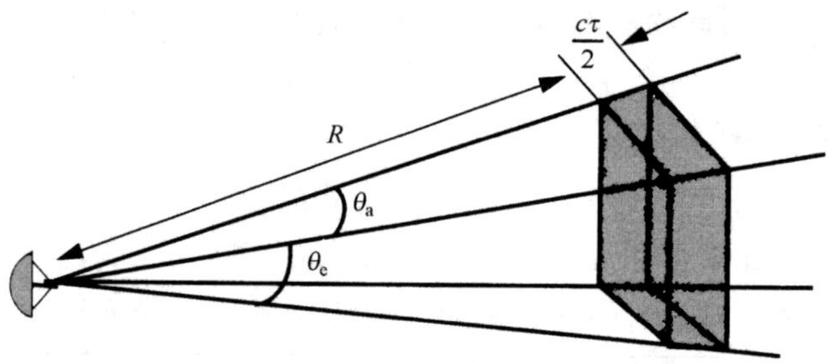

图 6.10 一个分辨体积单元的定义

6.3.1 体杂波雷达方程

雷达方程给出了雷达从距离 R 处的目标 σ_t 接收的总功率,即

$$S_t = \frac{P_t G^2 \lambda^2 \sigma_t}{(4\pi)^3 R^4} \tag{6.39}$$

其中,式(6.39)中所有参数的定义如前所述。雷达接收到的气象杂波功率为

$$S_W = \frac{P_t G^2 \lambda^2 \sigma_W}{(4\pi)^3 R^4} \tag{6.40}$$

将式(6.31)和式(6.32)代入式(6.40)并整理,得到

$$S_W = \frac{P_t G^2 \lambda^2}{(4\pi)^3 R^4}\ \frac{\pi}{8}R^2 \theta_a \theta_e c\tau \sum_{i=1}^{N}\sigma_i \tag{6.41}$$

通常,式(6.39)除以式(6.41)可以得到气象杂波的 SCR。确切地说,

$$(\mathrm{SCR})_V = \frac{S_t}{S_W} = \frac{8\sigma_t}{\pi\theta_a\theta_e c\tau R^2 \sum_{i=1}^{N}\sigma_i} \tag{6.42}$$

其中,下标 V 用来表示体杂波。

例题

某雷达具有如下参数：目标 RCS $\sigma_t=0.1\ \mathrm{m}^2$，脉宽 $\tau=0.2\ \mu\mathrm{s}$，天线波束宽度 $\theta_a=\theta_e=0.02$ rad。假设检测距离为 $R=50$ km，并且设 $\sum\sigma_i=1.6\times10^{-8}(\mathrm{m}^2/\mathrm{m}^3)$。计算 SCR。

解：

由式(6.42)有

$$(\mathrm{SCR})_\mathrm{V}=\frac{8\sigma_t}{\pi\theta_a\theta_e c\tau R^2\sum_{i=1}^{N}\sigma_i}$$

代入相应的数值，得到

$$(\mathrm{SCR})_\mathrm{V}=\frac{(8)(0.1)}{\pi(0.02)^2(3\times10^8)(0.2\times10^{-6})(50\times10^3)^2(1.6\times10^{-8})}=0.265$$

$$(\mathrm{SCR})_\mathrm{V}=-5.76\ \mathrm{dB}$$

6.4　杂波统计模型

由于在一个分辨单元或体积内的杂波是由大量的相位和幅度均是随机的散射体构成，因而杂波可用概率分布函数来统计地描述。分布的类型依赖于杂波本身（海、地面、体杂波）的特性、雷达工作频率及擦地角。

如果海杂波或地杂波由很多小散射体组成，且当从一个散射体接收回波的概率统计独立于从另一个散射体接收回波的概率时，杂波模型可使用瑞利分布，

$$f(x)=\frac{2x}{x_0}\exp\left(\frac{-x^2}{x_0}\right)\quad x\geqslant0 \tag{6.43}$$

其中，x_0 是 x 的均方根值。

在低擦地角下，最适于描述地杂波的是对数正态分布，它同样也适用于处于平坦区域的海杂波。对数正态分布函数为

$$f(x)=\frac{1}{\sigma\sqrt{2\pi}\ x}\exp\left(-\frac{(\ln x-\ln x_m)^2}{2\sigma^2}\right)\quad x>0 \tag{6.44}$$

其中，x_m 是随机变量 x 的均值，σ 是随机变量 $\ln x$ 的标准偏差。

韦布尔（Weibull）分布被用来刻画低擦地角（小于 5°）且频率介于 1～10 GHz 的杂波。韦布尔概率密度函数由韦布尔斜率参数 a（通常被列成表）和平均杂波系数 $\bar{\sigma}_0$ 决定，即

$$f(x)=\frac{bx^{b-1}}{\bar{\sigma}_0}\exp\left(-\frac{x^b}{\bar{\sigma}_0}\right)\quad x\geqslant0 \tag{6.45}$$

其中，$b=1/a$ 称为斜率参数。注意，当 $b=2$ 时韦布尔分布即变为瑞利分布。

6.5　“我的雷达”设计案例研究——实习 6

6.5.1　问题描述

讨论杂波对“我的雷达”设计案例研究的影响。假设天线方向图是高斯型，雷达高度为

5 m,考虑天线副瓣电平 SL = -20 dB,地杂波系数σ^0 = -15 dBsm。为了维持对两个目标进行正确地检测和跟踪,你能从雷达性能上得到什么结论? 总是假定雷达高度 $h_r \geq 5$ m。

6.5.2 一种设计方案

由第 1 章和第 2 章中的设计过程可知,当使用非相干积累(4 个脉冲)和累积检测时,为了实现设计目标,最小的单脉冲 SNR 必须满足:SNR≥4 dB。地杂波的影响会恶化 SIR,然而为了获得所需的检测概率,必须使 SIR≥4 dB。

图 6.11 显示了满足"我的雷达"设计要求的杂波 RCS 随距离变化的曲线。使用 MATLAB GUI"clutter _rcs _gui"及下面给出的输入参数,可以重新绘制上述曲线。其中,符号含义如下表所示。

符　号	数　值	单　位
sigma0	-15	dB
thetaE	11(见 29 页)	°
thetaA	1.33(见 29 页)	°
SL	-20	dB
range	linspace(10, 120, 1000)	km
hr	5	m
ht	2000(导弹);10 000(飞机)	m
pt	20	kW
f0	3×10^9	Hz
b	5×10^9	Hz
t0	290	K
f	6	dB
l	8	dB
ant _id	2(高斯型)	无

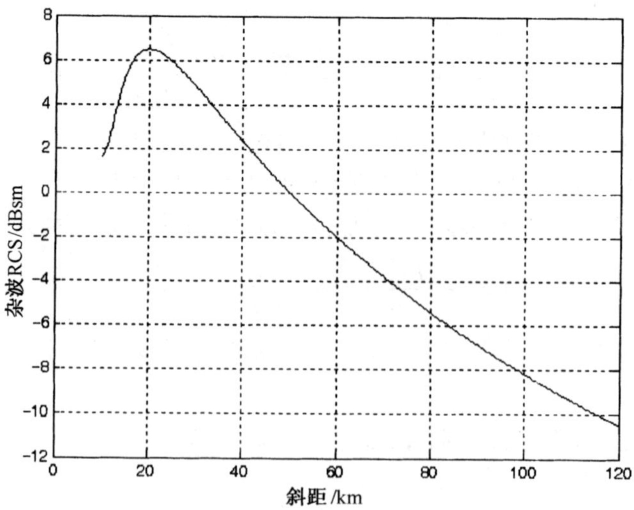

(a) 目标为导弹时进入雷达的杂波 RCS

图 6.11

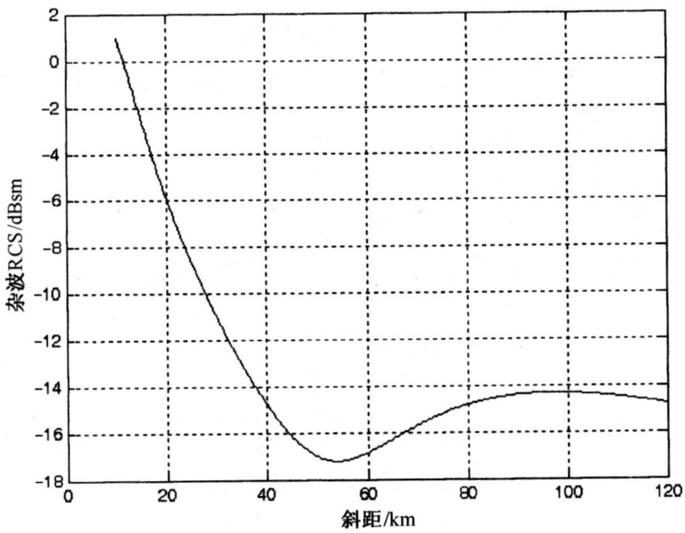

(b)目标为飞机时进入雷达的杂波 RCS

图 6.11(续)

MATLAB 程序“myradar _visit6. m”(见 6.6 节的清单 6.2)用于计算和绘制“我的雷达”设计案例研究中的 CNR 和 SIR。其中假定设计参数是由第 1 章和第 2 章导出的,如下表所示。

符　号	描　述	数　值
σ^0	杂波后向散射系数	-15 dBsm
SL	天线旁瓣电平	-20 dB
σ_m	导弹 RCS	0.5 m^2
σ_a	飞机 RCS	4 m^2
θ_E	天线垂直波束宽度	11°
θ_A	天线水平波束宽度	1.33°
hr	雷达高度	5 m
hta	目标高度(飞机)	10 km
htm	目标高度(导弹)	2 km
P_t	雷达峰值功率	20 kW
f_0	雷达工作频率	3 GHz
T_0	有效噪声温度	290 K
F	噪声系数	6 dB
L	雷达总损耗	8 dB
τ'	非压缩脉宽	20 ms

图 6.12 所示的是目标为导弹时的 CNR 和 SIR 曲线。图 6.13 与图 6.12 类似,只是对应目标为飞机的情况。从这两幅曲线图中可以明显地看到,目标为导弹时所需 SIR 已经明显减小了,且不如目标为飞机时所需的 SIR 大。这一点并不奇怪,因为导弹的运行高度远远小于飞机的飞行高度。没有杂波抑制,导弹将很难被检测出来。而对于飞机目标,在 $R \leq 80$ km 范围内能够保证可靠检测。杂波抑制将是下一章的主题。

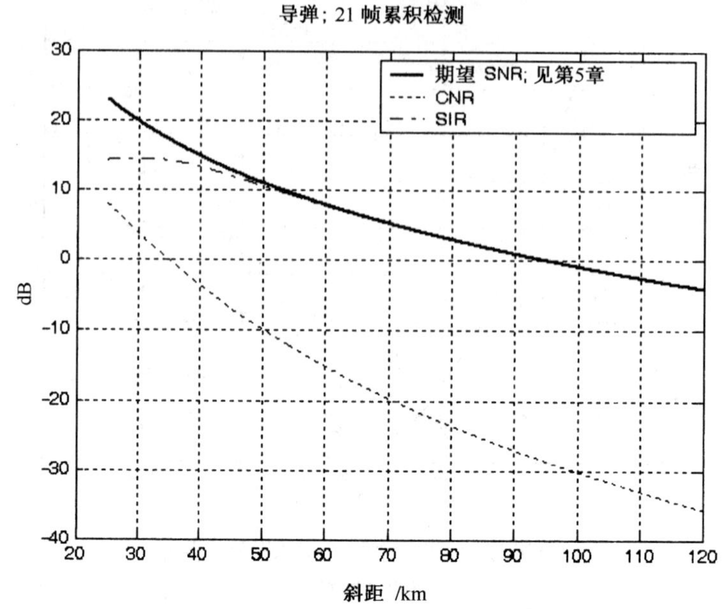

图 6.12　目标为导弹时,SNR、CNR 和 SIR 随距离的变化曲线

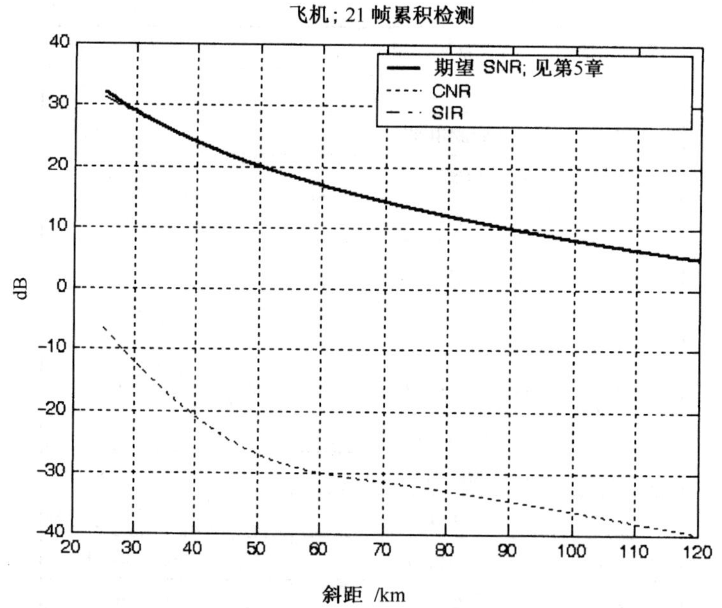

图 6.13　目标为飞机时,SNR、CNR 和 SIR 随距离的变化曲线

6.6　程序及函数清单

本节提供了本章所使用的所有 MATLAB 程序和函数的清单。建议读者使用不同的输入参数重新运行这些程序。

清单 6.1　MATLAB 函数"clutter_rcs.m"

```
function [sigmaC,CNR] = clutter_rcs(sigma0, thetaE, thetaA, SL, range, hr, ht,
pt, f0, b,  t0, f, l,ant_id)
% This function calculates the clutter RCS and the CNR for a ground based
radar.
clight = 3.e8; % speed of light in meters per second
lambda = clight /f0;
thetaA_deg = thetaA;
thetaE_deg = thetaE;
thetaA = thetaA_deg * pi /180; % antenna azimuth beamwidth in radians
thetaE = thetaE_deg * pi /180.; % antenna elevation beamwidth in radians
re = 6371000; % earth radius in meters
rh = sqrt(8.0*hr*re/3.); % range to horizon in meters
SLv = 10.0^(SL/10); % radar rms sidelobes in volts
sigma0v = 10.0^(sigma0/10); % clutter backscatter coefficient
tau = 1/b; % pulsewidth
deltar = clight * tau / 2.; % range resolution for unmodulated pulse
%%%%%%%%%%%%%%%%%%%%%%%%%%%%%%
range_m = 1000 .* range;  % range in meters
%%%%%%%%%%%%%%%%%%%%%%%%%%%%%%
thetar = asin(hr ./ range_m);
thetae = asin((ht-hr) ./ range_m);
propag_atten = 1. + ((range_m ./ rh).^4); % propagation attenuation due to
round earth
Rg = range_m .* cos(thetar);
deltaRg = deltar .* cos(thetar);
theta_sum = thetae + thetar;
% use sinc^2 antenna pattern when ant_id=1
% use Gaussian antenna pattern when ant_id=2
if(ant_id ==1) % use sinc^2 antenna pattern
   ant_arg = (2.78 * theta_sum ) ./ (pi*thetaE);
   gain = (sinc(ant_arg)).^2;
else
   gain = exp(-2.776 .*(theta_sum./thetaE).^2);
end
% compute sigmac
sigmac = (sigma0v .* Rg .* deltaRg) .* (pi * SLv * SLv + thetaA .* gain.^2) ./
propag_atten;
sigmaC = 10*log10(sigmac);
%%%%%%%%%%%%%%%%%%%%%%%%%%%%%%%%%%%%%%%
if (size(range,2)==1)
   fprintf('Sigma_Clutter='); sigmaC
else
   figure(1)
   plot(range, sigmaC)
   grid
   xlabel('Slant Range in Km')
   ylabel('Clutter RCS in dBsm')
end
```

```
%%%%%%%%%%%%%%%%%%%%%%%%%%%%%%%%%%%%%%%%%%%
% Calculate CNR
pt = pt * 1000;
g = 26000 / (thetaA_deg*thetaE_deg); % antenna gain
F = 10.^(f/10); % noise figure is 6 dB
Lt = 10.^(l/10); % total radar losses 13 dB
k = 1.38e-23; % Boltzman's constant
T0 = t0; % noise temperature 290K
argnumC = 10*log10(pt*g*g*lambda*lambda*tau .* sigmac);
argdem = 10*log10(((4*pi)^3)*k*T0*Lt*F .*(range_m).^4);
CNR = argnumC - argdem;
%%%%%%%%%%%%%%%%%%%%%%%%%%%%%%%%%%%%%%%%%
if (size(range,2) ==1)
   fprintf('Cluuter_to_Noise_ratio='); CNR
else
   figure(2)
   plot(range, CNR,'r')
   grid
   xlabel('Slant Range in Km')
   ylabel('CNR in dB')
end
```

清单 6.2 MATLAB 程序“myradar_visit6.m”

```
clear all
close all
thetaA= 1.33; % antenna azimuth beamwidth in degrees
thetaE = 11; % antenna elevation beamwidth in degrees
hr = 5.; % radar height to center of antenna (phase reference) in meters
htm = 2000.; % target (missile) high in meters
hta = 10000.; % target (aircraft) high in meters
SL = -20; % radar rms sidelobes in dB
sigma0 = -15; % clutter backscatter coefficient
b = 1.0e6; %1-MHz bandwidth
t0 = 290; % noise temperature 290 degrees Kelvin
f0 = 3e9; % 3 GHz center frequency
pt = 114.6; % radar peak power in KW
f = 6; % 6 dB noise figure
l = 8; % 8 dB radar losses
range = linspace(25,120,500); % radar slant range 25 to 120 Km, 500 points
% calculate the clutter RCS and the associated CNR for both targets
[sigmaCa,CNRa] = clutter_rcs(sigma0, thetaE, thetaA, SL, range, hr, hta, pt,
f0, b, t0, f, l, 2);
[sigmaCm,CNRm] = clutter_rcs(sigma0, thetaE, thetaA, L, range, hr, htm, pt,
f0, b, t0, f, l, 2);
close all
%%%%%%%%%%%%%%%%%%%%%%%%%%%%%%%%%%%%
np = 4;
pfa = 1e-7;
pdm = 0.99945;
```

```
pda = 0.99812;
% calculate the improvement factor
Im = improv_fac(np,pfa, pdm);
Ia = improv_fac(np, pfa, pda);
% calculate the integration loss
Lm = 10*log10(np) - Im;
La = 10*log10(np) - Ia;
pt = pt * 1000; % peak power in watts
range_m = 1000 .* range; % range in meters
g = 34.5139; % antenna gain in dB
sigmam = 0.5; % missile RCS m squared
sigmaa = 4; % aircraft RCS m squared
nf = f; %noise figure in dB
loss = l; % radar losses in dB
losstm = loss + Lm; % total loss for missile
lossta = loss + La; % total loss for aircraft
% modify pt by np*pt to account for pulse integration
SNRm = radar_eq(np*pt, f0, g, sigmam, t0, b, nf, losstm, range_m);
SNRa = radar_eq(np*pt, f0, g, sigmaa, t0, b, nf, lossta, range_m);
snrm = 10.^(SNRm./10);
snra = 10.^(SNRa./10);
cnrm = 10.^(CNRm./10);
cnra = 10.^(CNRa./10);
SIRm = 10*log10(snrm ./ (1+cnrm));
SIRa = 10*log10(snra ./ (1+cnra));
%%%%%%%%%%%%%%%%%%%%%%%%%%%%%%%%%%%
figure(3)
plot(range, SNRm,'k', range, CNRm,'k :', range,SIRm,'k -.')
grid
legend('Desired SNR; from Chapter 5','CNR','SIR')
xlabel('Slant Range in Km')
ylabel('dB')
title('Missile case; 21-frame cumulative detection')
%%%%%%%%%%%%%%%%%%%%%%%%%%%%%%%%%%%%%%%%%%%%%%%%%%%%%%%
%%%%%%
figure(4)
plot(range, SNRa,'k', range, CNRa,'k :', range,SIRa,'k -.')
grid
legend('Desired SNR; from Chapter 5','CNR','SIR')
xlabel('Slant Range in Km')
ylabel('dB')
title('Aircraft case; 21-frame cumulative detection')
```

第7章　动目标显示和杂波抑制

7.1　杂波谱

静止杂波(零多普勒频率)的功率谱可以用一个冲激函数来描述。然而,杂波并不总是静止的,它实际上由于风速和雷达扫描天线的转动会发生一定程度的多普勒频率扩展。通常,杂波功率谱集中在 $f=0$ 处和雷达脉冲重复频率(PRF)f_r 的整数倍处,并有小范围的扩展。

杂波功率谱可以写成固定(静止的)和随机(由于频率扩展)成分之和。多数情况下,随机成分是高斯的。如果我们将静止、随机成分的功率比用 W^2 表示,那么可以将杂波功率谱写为

$$S_c(\omega) = \bar{\sigma}_0\left(\frac{W^2}{1+W^2}\right)\delta(\omega_0) + \frac{\bar{\sigma}_0}{(1+W^2)\sqrt{2\pi\sigma_\omega^2}}\exp\left(-\frac{(\omega-\omega_0)^2}{2\sigma_\omega^2}\right) \tag{7.1}$$

其中,$\omega_0=2\pi f_0$ 是雷达工作频率,单位是弧度每秒;σ_ω是频率扩展成分的均方根值(决定了多普勒频率扩展),是韦布尔参数。

式(7.1)右边第1项表示静止(固定)杂波的功率谱密度,而第2项表示频率的扩展。然而,由于多数杂波谱都集中于零多普勒附近且仅有小的频率扩展(一般小于100 Hz),因而通常采用高斯型功率谱来刻画杂波[要比用式(7.1)进行分析容易得多]。确切地说,

$$S_c(\omega) = \frac{P_c}{\sqrt{2\pi\sigma_\omega^2}}\exp\left(-\frac{(\omega-\omega_0)^2}{2\sigma_\omega^2}\right) \tag{7.2}$$

其中,P_c 为总的杂波功率,σ_ω^2与ω_0 的定义如前。图7.1显示了当同时有目标和杂波存在时雷达回波的典型功率谱密度图。注意,杂波功率集中于直流附近和雷达 PRF 的整数倍处。

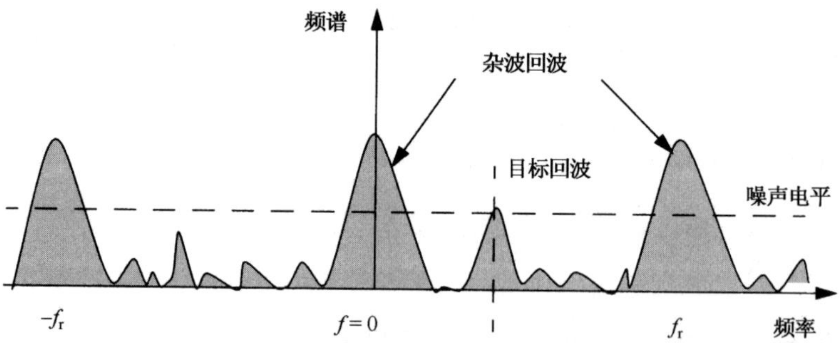

图7.1　当同时有杂波和目标时的典型雷达回波功率谱密度图

7.2　动目标显示(MTI)

杂波谱通常集中于直流($f=0$)和雷达 PRF f_r 的整数倍处,如图7.2(a)所示。在连续波雷达中,由于多数情况下杂波功率集中于零频附近,故杂波可以通过忽略直流输出来避免或抑制。脉冲雷达系统可以利用特殊的滤波器来区分慢速运动或静止目标与快速运动目标。这类

滤波器称为动目标显示(MTI)。简而言之,动目标显示滤波器的目的是抑制由杂波产生的类似目标的回波,而让动目标回波通过后的损失尽量小或没有损失。为了有效地抑制杂波回波,动目标显示滤波器需要在直流和 PRF 的整数倍处具有较深的阻带。图 7.2(b)显示了一个典型的动目标显示滤波器的响应图,而图 7.2(c)则显示了输入为图 7.2(a)所示的功率谱密度时滤波器的输出。

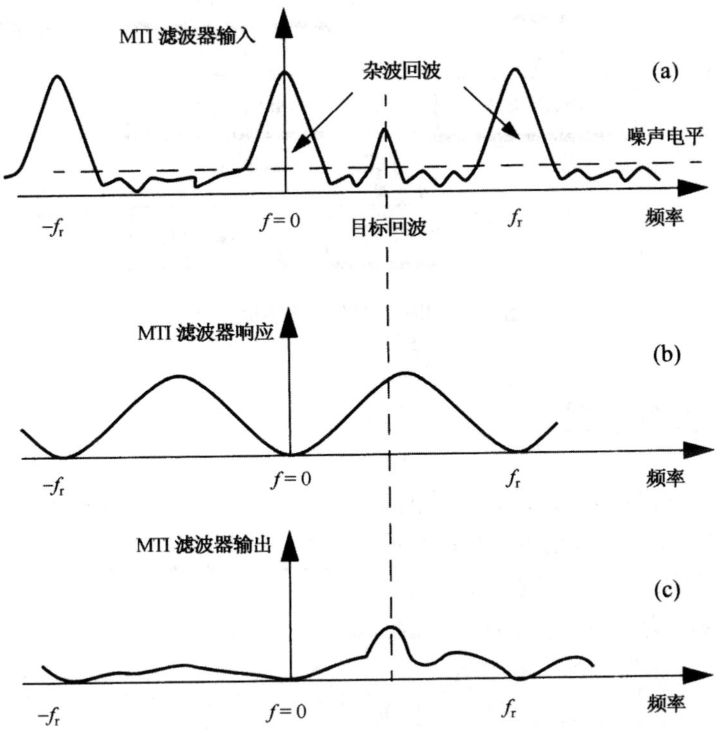

图 7.2　(a)当杂波和目标同时存在时的雷达回波的典型功率谱密度;(b)MTI滤波器的频率响应;(c)MTI滤波器的输出

MTI 滤波器可以用延迟线对消器来实现。正如在本章后面我们将提到的那样,这种 MTI 滤波器的频率响应是周期性的,零点位于 PRF 的整数倍处。因此,具有多普勒频率为 nf_r 的目标衰减很大。因为多普勒频率正比于目标速度($f_d = 2v/\lambda$),所以对应多普勒频率等于 f_r 的整数倍的目标速度称为盲速。确切地说,

$$v_{\text{blind}} = n\frac{\lambda f_r}{2}\ ;\ n \geqslant 0 \tag{7.3}$$

为减少盲速的出现,雷达系统既可以采用多个脉冲重复频率(重频参差),也可以采用高的 PRF,但在后一种情况下容易产生距离模糊。重频参差与重频捷变的主要差别在于重频参差的脉冲重复间隔(在一个积累间隔内)可以在连续的脉冲之间被改变。

图 7.3 显示了相干 MTI 雷达的组成框图。相干发射由稳定本地振荡器(STALO)来控制。稳定本振(STALO)的输出 f_{LO},与相干振荡器(COHO)的输出 f_C 进行混频产生发射频率 $f_{LO}+f_C$。中频(IF)$f_C \pm f_d$,由接收信号与 f_{LO} 混频来产生。经过中频放大器,信号被送入相位检波器并被转换为基带信号。最后,视频信号被送入 MTI 滤波器。

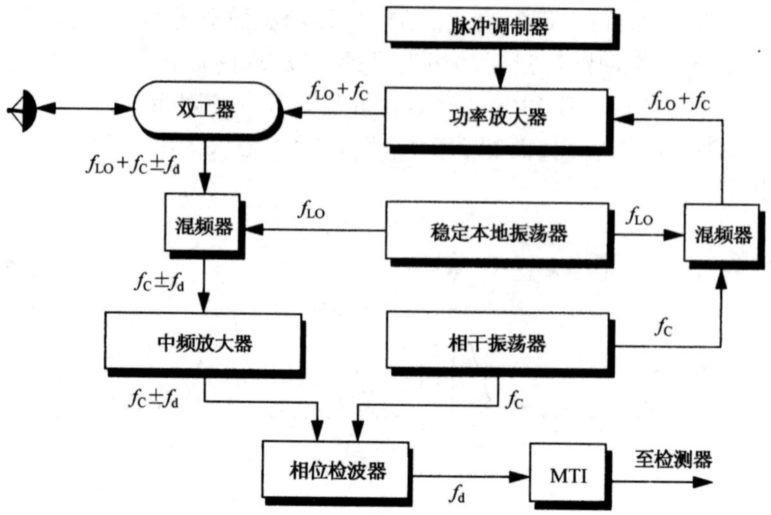

图 7.3　相干 MTI 雷达组成框图

7.3　单延迟线对消器

单延迟线对消器可以由图 7.4 所示的形式实现。对消器的冲激响应用 $h(t)$ 来表示。输出 $y(t)$ 等于冲激响应 $h(t)$ 与输入 $x(t)$ 的卷积。单延迟线常被称为"双脉冲对消器",因为它需要两个不同的输入脉冲来获得输出。

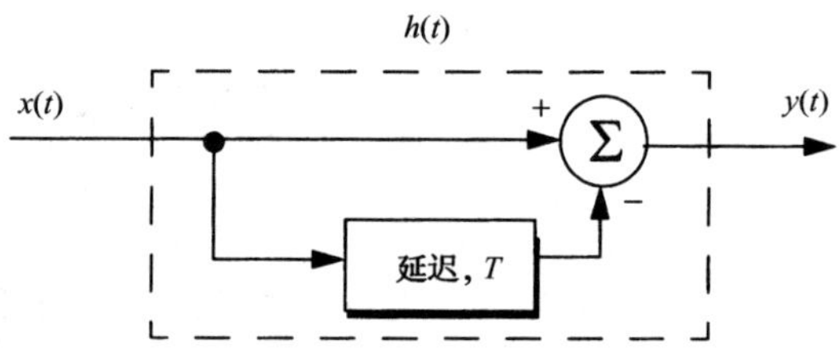

图 7.4　单延迟线对消器

延迟 T 等于雷达脉冲重复间隔($1/f_r$)。输出信号 $y(t)$ 为

$$y(t) = x(t) - x(t-T) \tag{7.4}$$

对消器的冲激响应如下式给出:

$$h(t) = \delta(t) - \delta(t-T) \tag{7.5}$$

其中,$\delta(\cdot)$是 δ 函数。$h(t)$的傅里叶变换为

$$H(\omega) = 1 - e^{-j\omega T} \tag{7.6}$$

其中,$\omega = 2\pi f$。

在 z 域,单延迟线对消器响应为

$$H(z) = 1 - z^{-1} \tag{7.7}$$

单延迟线对消器的功率增益如下式给出:

$$|H(\omega)|^2 = H(\omega)H^*(\omega) = (1 - e^{-j\omega T})(1 - e^{j\omega T}) \tag{7.8}$$

即

$$|H(\omega)|^2 = 1 + 1 - (e^{j\omega T} + e^{-j\omega T}) = 2(1 - \cos\omega T) \tag{7.9}$$

使用三角函数性质$(2 - 2\cos 2\vartheta) = 4(\sin\vartheta)^2$ 得到

$$|H(\omega)|^2 = 4(\sin(\omega T/2))^2 \tag{7.10}$$

MATLAB 函数“single _canceler. m”

函数“single _canceler. m”(见 7. 11 节的清单 7. 1)计算并绘制(作为 f/f_r 的函数)单延迟线对消器的幅度响应。参数如下:

[resp] = single _canceler(fofr)

其中,fofr 是期望周期的数目。该函数的典型输出如图 7. 5 所示。显然,单延迟线对消器的频率响应是周期性变化的,且周期为 f_r。峰值出现于 $f=(2n+1)/(2f_r)$,零值出现于 $f=nf_r$,其中 $n\geqslant 0$。

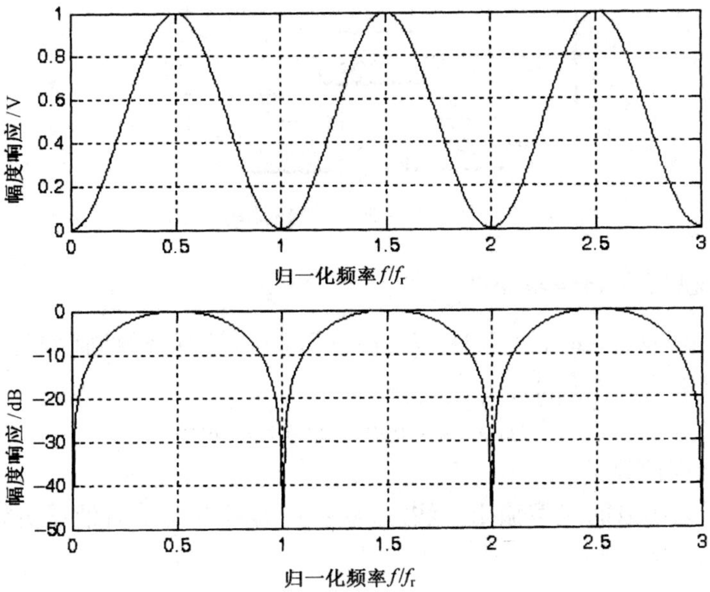

图 7. 5　单延迟线对消器的频率响应

在大多数雷达应用中,单延迟线对消器的响应是不能接受的,因为它在阻带不具有宽的凹口。双延迟线对消器在阻带和通带都有更好的响应,因而它比单延迟线对消器使用得更为频繁。在本书中,我们将使用术语“单延迟线对消器”与术语“单对消器”,二者可相互交换。

7. 4　双延迟线对消器

双延迟线的两种基本结构如图 7. 6 所示。双延迟线对消器常被称为“三脉冲对消器”,因为需要三个不同的输入脉冲才能获得输出。双延迟线对消器的冲激响应如下式给出:

$$h(t) = \delta(t) - 2\delta(t-T) + \delta(t-2T) \tag{7.11}$$

类似地,名称“双延迟线对消器”与“双对消器”将相互交换着使用。双延迟线对消器的功率增益为

$$|H(\omega)|^2 = |H_1(\omega)|^2|H_1(\omega)|^2 \tag{7.12}$$

其中,$|H_1(\omega)|^2$ 是由式(7. 10)给出的单延迟线对消器的功率增益。于是有

$$|H(\omega)|^2 = 16\left(\sin\left(\omega\frac{T}{2}\right)\right)^4 \tag{7.13}$$

在 z 域,有

$$H(z) = (1 - z^{-1})^2 = 1 - 2z^{-1} + z^{-2} \tag{7.14}$$

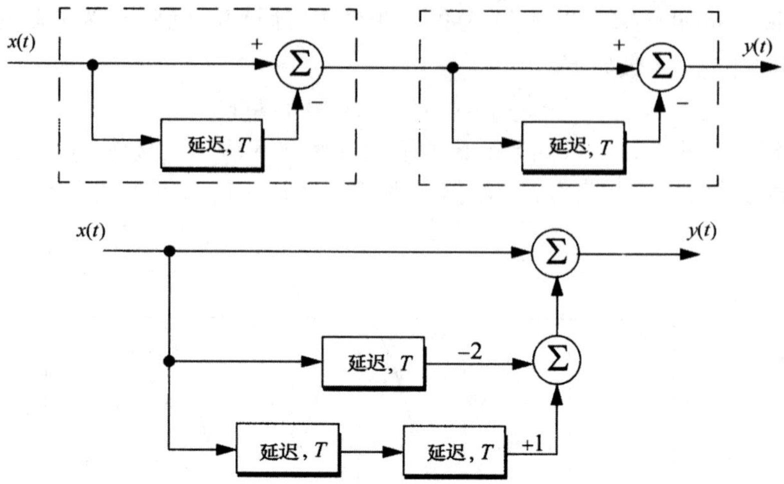

图 7.6　双延迟线对消器的两种基本结构

MATLAB 函数“double _canceler. m”

函数“double _canceler. m”(见 7.11 节的清单 7.2)可计算并绘制(作为 f/f_r 的函数)双延迟线对消器的幅度响应。参数如下:

[resp] = double _canceler(fofr)

其中,fofr 是期望的周期数目。

图 7.7 显示了该函数的典型输出。注意,双对消器具有比单对消器更好的响应(更深的凹口和更平坦的通带响应)。

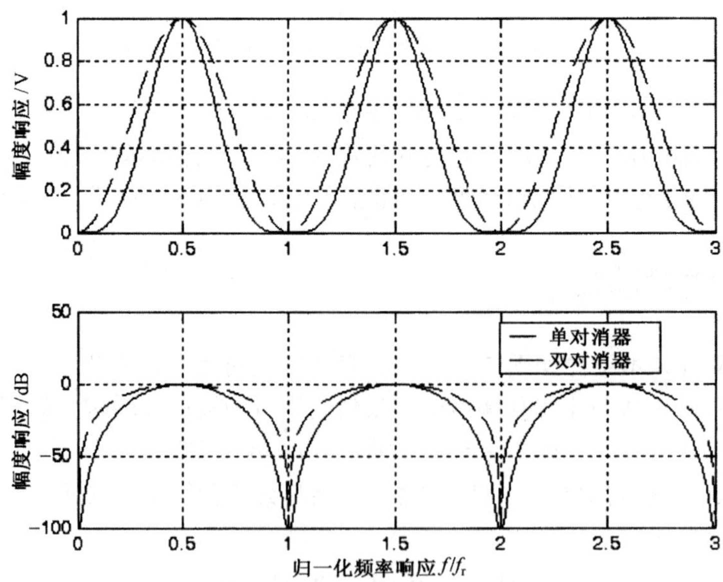

图 7.7　单对消器与双对消器的归一化频率响应

7.5　反馈延迟线对消器(递归滤波器)

具有反馈环路的延迟线对消器被称为递归滤波器。递归滤波器的好处是通过反馈环路能够对滤波器的频率响应形状进行设计。作为例子,考虑图 7.8 所示的单对消器。由图中可以写出

$$y(t) = x(t) - (1-K)w(t) \tag{7.15}$$

$$v(t) = y(t) + w(t) \tag{7.16}$$

$$w(t) = v(t-T) \tag{7.17}$$

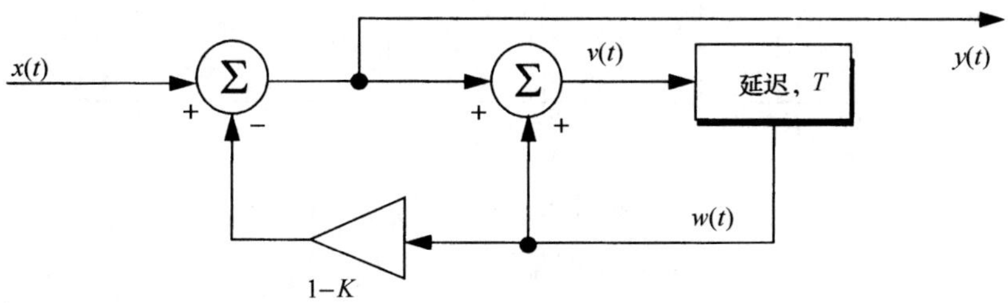

图 7.8　MTI 递归滤波器

对上述三个方程应用 z 变换,得到

$$Y(z) = X(z) - (1-K)W(z) \tag{7.18}$$

$$V(z) = Y(z) + W(z) \tag{7.19}$$

$$W(z) = z^{-1}V(z) \tag{7.20}$$

解传递函数 $H(z)=Y(z)/X(z)$,得到

$$H(z) = \frac{1-z^{-1}}{1-Kz^{-1}} \tag{7.21}$$

$H(z)$模值平方等于

$$|H(z)|^2 = \frac{(1-z^{-1})(1-z)}{(1-Kz^{-1})(1-Kz)} = \frac{2-(z+z^{-1})}{(1+K^2)-K(z+z^{-1})} \tag{7.22}$$

应用变换 $z=e^{j\omega T}$,得

$$z+z^{-1} = 2\cos\omega T \tag{7.23}$$

从而,式(7.22)现在可以重新写为

$$|H(e^{j\omega T})|^2 = \frac{2(1-\cos\omega T)}{(1+K^2)-2K\cos(\omega T)} \tag{7.24}$$

注意,当 $K=0$ 时,式(7.24)退化为式(7.10)(单延迟线对消器)。图 7.9 示出了当 $K=0.25$, 0.7,0.9 时,式(7.24)的曲线。显然,通过改变增益因子 K 可以控制滤波器响应。

为了避免由于正反馈造成的振荡,K 值必须小于 1。$(1-K)^{-1}$的值通常等于从目标接收到的回波脉冲数目。例如,$K=0.9$ 对应于 10 个脉冲,而当 $K=0.98$ 时对应于 50 个脉冲。

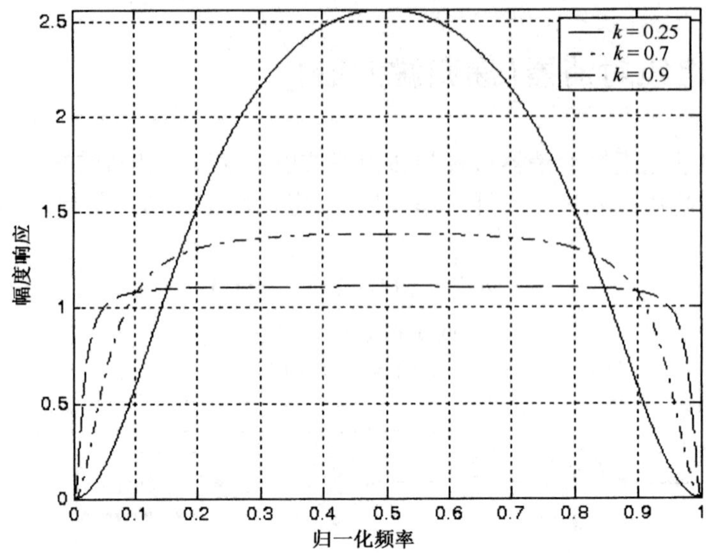

图 7.9 对应于式(7.24)的频率响应。此图可以使用由 7.11 节的清单7.3给出的MATLAB程序"fig7_9.m"来重新产生

7.6 重频参差

对应于 PRF 整数倍的目标速度被称为盲速。盲速一词的使用是由于 MTI 滤波器响应在这些点上的值为零(见图 7.7)。盲速将给 MTI 雷达的性能及其对目标充分检测的能力造成严重的影响。通过改变连续脉冲间的脉冲重复间隔来应用 PRF 捷变可将第一盲速扩展至可接受的值。为了说明重频参差如何能够减轻盲速问题,首先假设使用两部具有不同 PRF 的雷达进行检测的情况,既然盲速正比于 PRF,那么两部雷达的盲速是不同的。然而使用两部雷达来减轻盲速问题是非常不经济的。一种更可行的方案是使用一部雷达,其具有两个或多个不同的 PRF。

例如,考虑一部雷达,具有两个脉间周期 T_1 和 T_2,且

$$\frac{T_1}{T_2} = \frac{n_1}{n_2} \tag{7.25}$$

其中,n_1 和 n_2 为整数。第一真实盲速发生于

$$\frac{n_1}{T_1} = \frac{n_2}{T_2} \tag{7.26}$$

图 7.10 显示了上式 $n_1 = 4$ 和 $n_2 = 5$ 的情形。注意,如果 $n_2 = n_1 + 1$,那么重频参差的过程与在第 3 章所讨论的相类似。比值

$$k_s = \frac{n_1}{n_2} \tag{7.27}$$

称为参差比。使用接近于 1 的参差比可以将第一真实盲速推得更远。然而,如图 7.11 所示,参差比 $k_s = 63/64$ 时,$1/T_1$ 附近的凹陷变得更深了。一般地,如果有 N 个 PRF,关系为

$$\frac{n_1}{T_1} = \frac{n_2}{T_2} = \cdots = \frac{n_N}{T_N} \tag{7.28}$$

且如果发生于其中任何一个 PRF 的第一盲速为 v_{blind1},那么参差波形的第一真实盲速是

$$v_{\text{blind}} = \frac{n_1 + n_2 + \cdots + n_N}{N} v_{\text{blind1}} \tag{7.29}$$

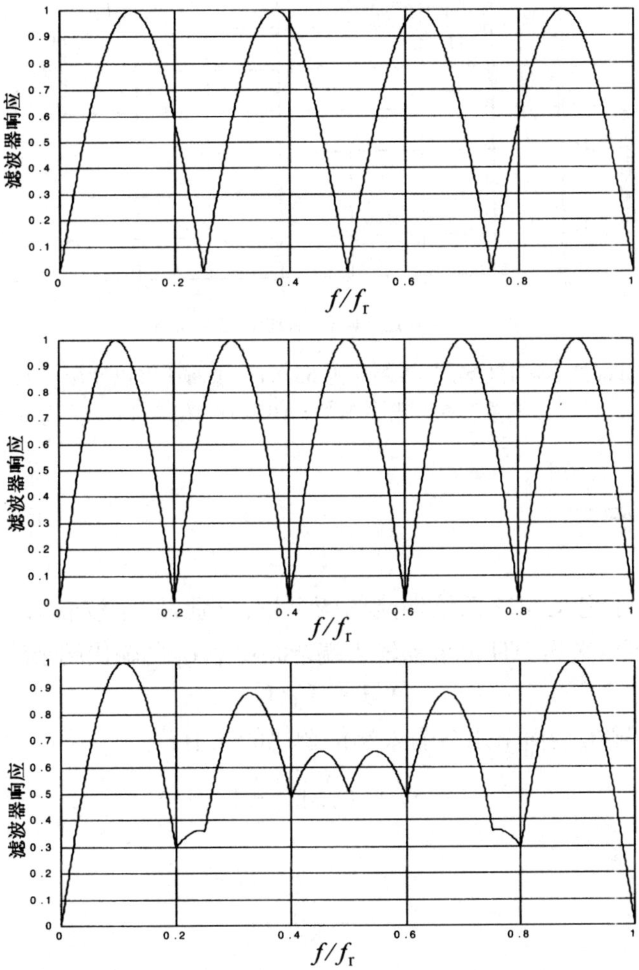

图 7.10　单对消器的频率响应。最上面的曲线对应于 T_1，中间的曲线对应于 T_2，最下面的曲线对应于参差比 $T_1/T_2 = 4/3$。该曲线可以使用7.11节的清单7.4给出的MATLAB程序“fig7_10.m”重新得到

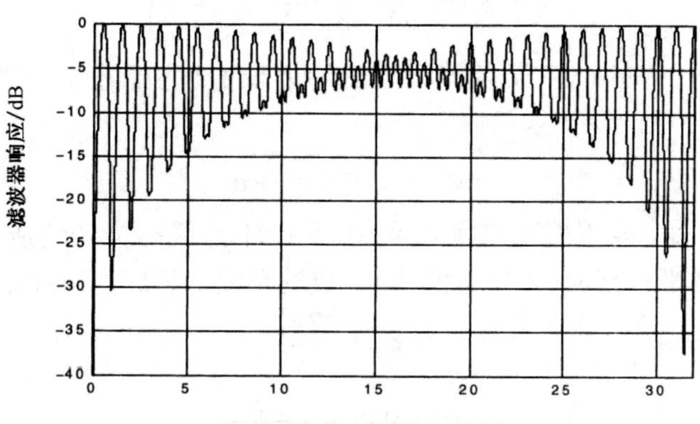

图 7.11　MTI 响应，参差比为 63/64。该曲线可以使用 7.11 节的清单7.5给出的MATLAB程序“fig7_11.m”重新得到

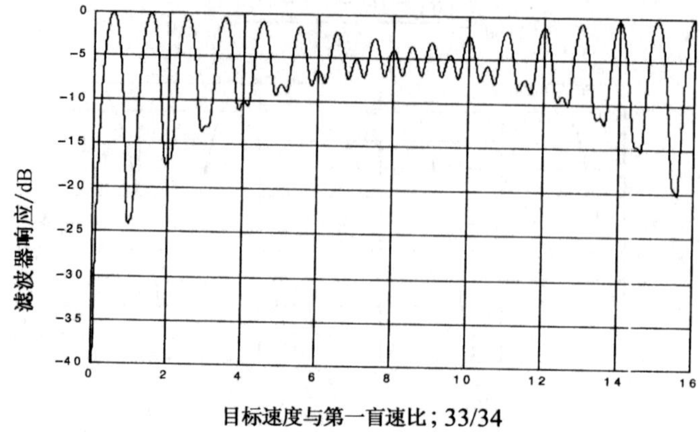

图 7.11(续) MTI 响应,参差比为 63/64。该曲线可以使用 7.11 节的清单7.5给出的MATLAB程序"fig7_11.m"重新得到

7.7 MTI 改善因子

下面介绍通常用于定义 MTI 系统性能的两个量,分别是"杂波衰减(CA)"和 MTI"改善因子"。MTI 杂波衰减可定义为 MTI 滤波器输入端杂波功率 C_i 与输出端杂波功率 C_o 的比值:

$$CA = C_i/C_o \tag{7.30}$$

MTI 改善因子定义为输出端信杂比与输入端信杂比的比值:

$$I = \left(\frac{S_o}{C_o}\right)/\left(\frac{S_i}{C_i}\right) \tag{7.31}$$

上式可重写为

$$I = \frac{S_o}{S_i}CA \tag{7.32}$$

比值 S_o/S_i 是 MTI 滤波器的平均功率增益,它等于 $|H(\omega)|^2$。这里给出了使用高斯形状功率谱的改善因子的完整表达式。高斯形状的杂波功率谱为

$$W(f) = \frac{P_c}{\sqrt{2\pi}\ \sigma_t}\exp(-f^2/2\sigma_t^2) \tag{7.33}$$

其中,P_c 是杂波功率(常量),σ_t 是杂波频率的均方根值(它描述了频域杂波谱的扩展)。σ_t 由下式给出:

$$\sigma_t = \sqrt{\sigma_v^2 + \sigma_s^2 + \sigma_w^2} \tag{7.34}$$

σ_w 是由于风速造成的杂波谱扩展的标准差;σ_s 是由于天线扫描转动造成的杂波谱扩展的标准差;σ_v 是由于雷达平台移动(如果有的话)造成的杂波谱扩展的标准差。可以得出①

$$\sigma_w = \frac{2v_w}{\lambda} \tag{7.35}$$

$$\sigma_s = 0.265\left(\frac{2\pi}{\Theta_a T_{scan}}\right) \tag{7.36}$$

① Berkowtiz, R. S. *Modern Radar, Analysis, Evaluation, and System Deign*, John Wiley & Sons, New York, 1965.

$$\sigma_v \approx \frac{v}{\lambda}\sin\theta \tag{7.37}$$

其中，λ 是波长，v_w 是风速均方根值，Θ_a 是以弧度表示的 3 dB 方位波束宽度，T_{scan} 是天线扫描时间，v 是雷达平台速度，θ 是以弧度表示的相对于平台运动方向的方位角。

MTI 滤波器输入端的杂波功率为

$$C_i = \int_{-\infty}^{\infty} \frac{P_c}{\sqrt{2\pi}\ \sigma_t} \exp\left(-\frac{f^2}{2\sigma_t^2}\right) df \tag{7.38}$$

将常量 P_c 提出积分号外，得到

$$C_i = P_c \int_{-\infty}^{\infty} \frac{1}{\sqrt{2\pi}\sigma_t} \exp\left(-\frac{f^2}{2\sigma_t^2}\right) df \tag{7.39}$$

于是有

$$C_i = P_c \tag{7.40}$$

MTI 滤波器输出端的杂波功率为

$$C_o = \int_{-\infty}^{\infty} W(f)|H(f)|^2\ df \tag{7.41}$$

7.7.1　两脉冲 MTI 的情形

本节继续讨论单延迟线对消器。单延迟线对消器的频率响应由式(7.6)给出。单对消器的功率增益由式(7.10)给出，这里重新写出，且用 f 代替 ω，如式(7.42)所示。

$$|H(f)|^2 = 4\left(\sin\left(\frac{\pi f}{f_r}\right)\right)^2 \tag{7.42}$$

于是有

$$C_o = \int_{-\infty}^{\infty} \frac{P_c}{\sqrt{2\pi}\ \sigma_t} \exp\left(-\frac{f^2}{2\sigma_t^2}\right) 4\left(\sin\left(\frac{\pi f}{f_r}\right)\right)^2\ df \tag{7.43}$$

注意，既然杂波功率仅在 f 较小时才是显著的，因此比值 f/f_r 是非常小的量（几乎处处有 $\sigma_t \ll f_r$）。于是，经小角度近似，式(7.43)可近似为

$$C_o \approx \int_{-\infty}^{\infty} \frac{P_c}{\sqrt{2\pi}\ \sigma_t} \exp\left(-\frac{f^2}{2\sigma_t^2}\right) 4\left(\frac{\pi f}{f_r}\right)^2 df \tag{7.44}$$

又可以写为

$$C_o = \frac{4P_c\pi^2}{f_r^2} \int_{-\infty}^{\infty} \frac{1}{\sqrt{2\pi\sigma_t^2}} \exp\left(-\frac{f^2}{2\sigma_t^2}\right) f^2\ df \tag{7.45}$$

式(7.45)的积分项是具有方差 σ_t^2 的零均值高斯分布的二阶矩。用 σ_t^2 来代替式(7.45)中的积分项有

$$C_o = \frac{4P_c\pi^2}{f_r^2}\ \sigma_t^2 \tag{7.46}$$

将式(7.46)和式(7.40)代入式(7.30)得到

$$CA = \frac{C_i}{C_o} = \left(\frac{f_r}{2\pi\sigma_t}\right)^2 \tag{7.47}$$

于是，得到单对消器的改善因子为

$$I = \left(\frac{f_r}{2\pi\sigma_t}\right)^2 \frac{S_o}{S_i} \tag{7.48}$$

单对消器的功率增益比为（记住$|H(f)|$是周期性的，周期为f_r）

$$\frac{S_o}{S_i} = |H(f)|^2 = \frac{1}{f_r}\int_{-f_r/2}^{f_r/2} 4\left(\sin\frac{\pi f}{f_r}\right)^2 \mathrm{d}f \tag{7.49}$$

应用三角函数的性质$(2-2\cos 2\vartheta)=4(\sin\vartheta)^2$得到

$$|H(f)|^2 = \frac{1}{f_r}\int_{-f_r/2}^{f_r/2}\left(2-2\cos\frac{2\pi f}{f_r}\right)\mathrm{d}f = 2 \tag{7.50}$$

于是有

$$I = 2\left(\frac{f_r}{2\pi\sigma_t}\right)^2 \tag{7.51}$$

式(7.51)给出的表达式是只有在满足$\sigma_t \ll f_r$的条件下才成立的近似。当条件$\sigma_t \ll f_r$不再满足，则为了获得改善因子的准确表达式必须使用自相关函数。

例题

某一雷达 PRF 为$f_r=800$ Hz。如果杂波均方根值为$\sigma_v=6.4$ Hz（树木覆盖的小山且有$\sigma_w=1.163\ 11$ km/h），当使用单延迟线对消器时，求改善因子。

解：

在此情形下$\sigma_t=\sigma_v$。杂波衰减 CA 满足

$$\mathrm{CA} = \left(\frac{f_r}{2\pi\sigma_t}\right)^2 = \left(\frac{800}{(2\pi)(6.4)}\right)^2 = 395.771 = 25.974\ \mathrm{dB}$$

且由于$S_o/S_i=2=3$ dB，得到

$$I_{\mathrm{dB}} = (\mathrm{CA}+S_o/S_i)_{\mathrm{dB}} = 3+25.97 = 28.974\ \mathrm{dB}$$

7.7.2 一般情形

n脉冲 MTI［式(7.51)给出了 2 脉冲 MTI］改善因子的一般表达式为

$$I = \frac{1}{Q^2(2(n-1)-1)!!}\left(\frac{f_r}{2\pi\sigma_t}\right)^{2(n-1)} \tag{7.52}$$

其中，双阶乘符号定义如下：

$$(2n-1)!! = 1\times3\times5\times\cdots\times(2n-1) \tag{7.53}$$

$$(2n)!! = 2\times4\times\cdots\times2n \tag{7.54}$$

当然，$0!!=1$；Q的定义为

$$Q^2 = \frac{1}{\sum_{i=1}^{n} A_i^2} \tag{7.55}$$

其中，A_i是 MTI 滤波器的二次项系数。2 脉冲，3 脉冲和 4 脉冲 MTI 的Q^2值分别为

$$\left\{\frac{1}{2},\frac{1}{20},\frac{1}{70}\right\} \tag{7.56}$$

基于此，可以分别得到 3 脉冲和 4 脉冲 MTI 的改善因子为

$$I_{3-\mathrm{pulse}} = 2\left(\frac{f_r}{2\pi\sigma_t}\right)^4 \tag{7.57}$$

$$I_{4-\mathrm{pulse}} = \frac{4}{3}\left(\frac{f_r}{2\pi\sigma_t}\right)^6 \tag{7.58}$$

7.8 “我的雷达”设计案例研究——实习 7

7.8.1 问题描述

研究地表杂波对“我的雷达”设计案例研究的影响。假设风速均方根值为 $v_w = 0.45$ m/s，假设应用 2 脉冲和 3 脉冲 MTI 进行杂波抑制处理，所有其他参数都如前一章一样进行计算。

7.8.2 一种设计方案

在前面几章中，我们确定了如下参数：波长 $\lambda = 0.1$ m，脉冲重复频率 $f_r = 1$ kHz，天线扫描速率 $T_{scan} = 2$ s，天线 3 dB 方位波束宽度 $\Theta_a = 1.3°$。于是有

$$\sigma_w = \frac{2v_w}{\lambda} = \frac{2 \times 0.45}{0.1} = 9 \text{ Hz} \tag{7.59}$$

$$\sigma_s = 0.265\left(\frac{2\pi}{\Theta_a T_{scan}}\right) = 0.265 \times \frac{2 \times \pi}{1.32 \times \dfrac{\pi}{180} \times 2} = 36.136 \text{ Hz} \tag{7.60}$$

因此，总的杂波功率谱扩展的均方根值是

$$\sigma_t = \sqrt{\sigma_w^2 + \sigma_s^2} = \sqrt{81 + 1305.810} = \sqrt{1386.810} = 37.24 \text{ Hz} \tag{7.61}$$

应用 2 脉冲和 3 脉冲 MTI 滤波器得到的期望杂波衰减分别为

$$I_{2pulse} = 2\left(\frac{f_r}{2\pi\sigma_t}\right)^2 = 2 \times \left(\frac{1000}{2 \times \pi \times 37.24}\right)^2 = 36.531\frac{W}{W} \Rightarrow 15.63 \text{ dB} \tag{7.62}$$

$$I_{3pulse} = 2\left(\frac{f_r}{2\pi\sigma_t}\right)^4 = 2 \times \left(\frac{1000}{2 \times \pi \times 37.24}\right)^4 = 667.247\frac{W}{W} \Rightarrow 28.24 \text{ dB} \tag{7.63}$$

为了显示 2 脉冲和 3 脉冲 MTI 滤波器对“我的雷达”设计案例的影响，编制了 MATLAB 程序“myradar _visit7. m”（见 7.5 节的清单 7.6）。此程序利用了脉冲压缩的雷达方程。在此例中，峰值功率由第 5 章给出，为 $P_t \leq 10$ kW。图 7.12 和图 7.13 分别示出了目标为导弹的情况

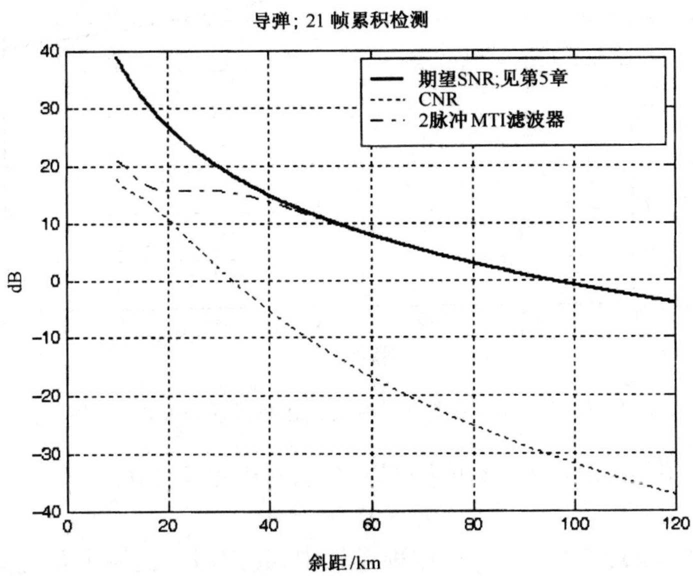

图 7.12　目标为导弹时应用 2 脉冲 MTI 滤波器的 SIR

下应用 2 脉冲和 3 脉冲 MTI 滤波器的期望 SNR 值和计算得到的 SIR 值。图 7.14 和图 7.15 示出了目标为飞机的情况下的类似输出。

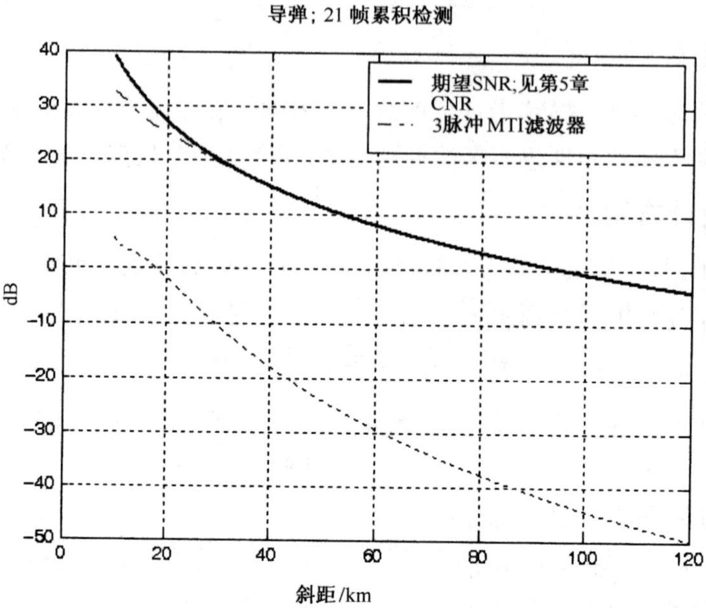

图 7.13　目标为导弹时应用 3 脉冲 MTI 滤波器的 SIR

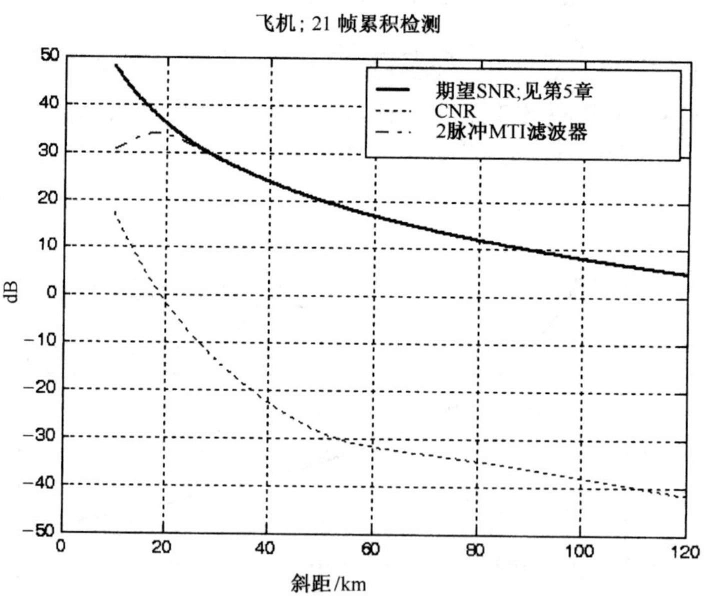

图 7.14　目标为飞机时应用 2 脉冲 MTI 滤波器的 SIR

根据雷达所采用的跟踪模式，接下来可以讨论，对于跟踪雷达

$$\sigma_t = \sigma_v = 9\ \mathrm{Hz} \tag{7.64}$$

因为对于单脉冲跟踪雷达有 $\sigma_s = 0$。在这种设计中，我们假定使用卡尔曼滤波跟踪器。更多的细节，建议读者参看第 9 章。

从图 7.12 至图 7.15 可以清楚地看到，3 脉冲 MTI 滤波器能够对两种类型的目标提供足够的杂波抑制。然而,如果假定目标在最大距离上被检测到(飞机为 90 km,导弹为 55 km),然后对其进行跟踪,那么 2 脉冲 MTI 滤波器将是有效的。这是因为跟踪期间所期望的 SNR 值要比其在检测期间更大一些,尤其当使用脉冲压缩时更是如此。即便如此,在本设计中采用的仍是 3 脉冲 MTI 滤波器。

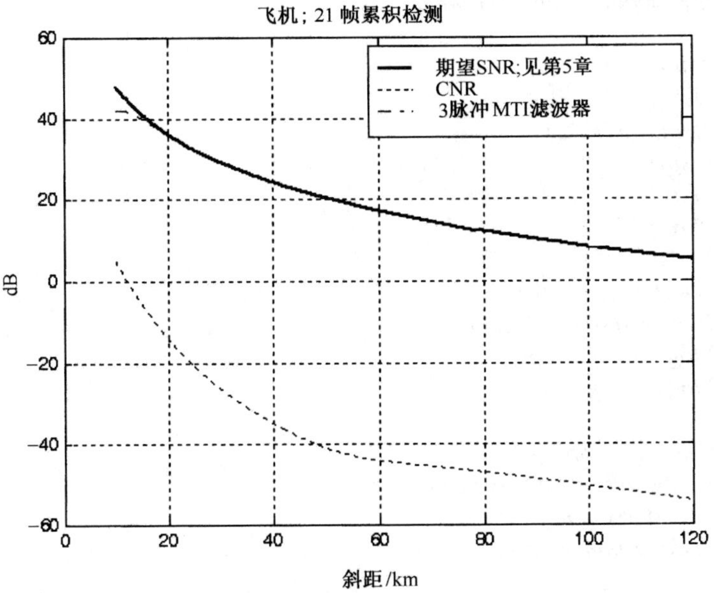

图 7.15　目标为飞机时应用 3 脉冲 MTI 滤波器的 SIR

7.9　MATLAB 程序及函数清单

本节包含了在本章用到的所有 MATLAB 程序和函数的清单。建议读者改变不同的输入参数重新运行程序代码以加强对理论的理解。

清单 7.1　MATLAB 函数"single_canceler.m"

```
function [resp] = single_canceler (fofr1)
eps = 0.00001;
fofr = 0:0.01:fofr1;
arg1 = pi .* fofr;
resp = 4.0 .*((sin(arg1)).^2);
max1 = max(resp);
resp = resp ./ max1;
subplot(2,1,1)
plot(fofr,resp,'k')
xlabel ('Normalized frequency - f/fr')
ylabel( 'Amplitude response - Volts')
grid
subplot(2,1,2)
resp=10.*log10(resp+eps);
plot(fofr,resp,'k');
axis tight
grid
```

```
xlabel ('Normalized frequency - f/fr')
ylabel( 'Amplitude response - dB')
```

清单 7.2 MATLAB 函数“double_canceler.m”

```
function [resp] = double_canceler(fofr1)
eps = 0.00001;
fofr = 0:0.01:fofr1;
arg1 = pi .* fofr;
resp = 4.0 .* ((sin(arg1)).^2);
max1 = max(resp);
resp = resp ./ max1;
resp2 = resp .* resp;
subplot(2,1,1);
plot(fofr,resp,'k--',fofr, resp2,'k');
ylabel ('Amplitude response - Volts')
resp2 = 20. .* log10(resp2+eps);
resp1 = 20. .* log10(resp+eps);
subplot(2,1,2)
plot(fofr,resp1,'k--',fofr,resp2,'k');
legend ('single canceler','double canceler')
xlabel ('Normalized frequency f/fr')
ylabel ('Amplitude response - dB')
```

清单 7.3 MATLAB 程序“fig7_9.m”

```
clear all
fofr = 0:0.001:1;
arg = 2.*pi.*fofr;
nume = 2.*(1.-cos(arg));
den11 = (1. + 0.25 * 0.25);
den12 = (2. * 0.25) .* cos(arg);
den1 = den11 - den12;
den21 = 1.0 + 0.7 * 0.7;
den22 = (2. * 0.7) .* cos(arg);
den2 = den21 - den22;
den31 = (1.0 + 0.9 * 0.9);
den32 = ((2. * 0.9) .* cos(arg));
den3 = den31 - den32;
resp1 = nume ./ den1;
resp2 = nume ./ den2;
resp3 = nume ./ den3;
plot(fofr,resp1,'k',fofr,resp2,'k-.',fofr,resp3,'k--');
xlabel('Normalized frequency')
ylabel('Amplitude response')
legend('K=0.25','K=0.7','K=0.9')
grid
axis tight
```

清单 7.4 MATLAB 程序“fig7_10.m”

```
clear all
```

```
fofr = 0:0.001:1;
f1 = 4.0 .* fofr;
f2 = 5.0 .* fofr;
arg1 = pi .* f1;
arg2 = pi .* f2;
resp1 = abs(sin(arg1));
resp2 = abs(sin(arg2));
resp = resp1+resp2;
max1 = max(resp);
resp = resp./max1;
plot(fofr,resp1,fofr,resp2,fofr,resp);
xlabel('Normalized frequency f/fr')
ylabel('Filter response')
```

清单 7.5　MATLAB 程序“fig7_11.m”

```
clear all
fofr = 0.01:0.001:32;
a = 63.0 / 64.0;
term1 = (1. - 2.0 .* cos(a*2*pi*fofr) + cos(4*pi*fofr)).^2;
term2 = (-2. .* sin(a*2*pi*fofr) + sin(4*pi*fofr)).^2;
resp = 0.25 .* sqrt(term1 + term2);
resp = 10. .* log(resp);
plot(fofr,resp);
axis([0 32 -40 0]);
grid
```

清单 7.6　MATLAB 程序“myradar_visit7.m”

```
clear all
close all
clutter_attenuation = 28.24;
thetaA= 1.33; % antenna azimuth beamwidth in degrees
thetaE = 11; % antenna elevation beamwidth in degrees
hr = 5.; % radar height to center of antenna (phase reference) in meters
htm = 2000.; % target (missile) height in meters
hta = 10000.; % target (aircraft) height in meters
SL = -20; % radar rms sidelobes in dB
sigma0 = -15; % clutter backscatter coefficient in dB
b = 1.0e6; %1-MHz bandwidth
t0 = 290; % noise temperature 290 degrees Kelvin
f0 = 3e9; % 3 GHz center frequency
pt = 114.6; % radar peak power in KW
f = 6; % 6 dB noise figure
l = 8; % 8 dB radar losses
range = linspace(25,120,500); % radar slant range 25 to 120 Km, 500 points
% calculate the clutter RCS and the associated CNR for both targets
[sigmaCa,CNRa] = clutter_rcs(sigma0, thetaE, thetaA, SL, range, hr, hta, pt,
f0, b, t0, f, l,2);
[sigmaCm,CNRm] = clutter_rcs(sigma0, thetaE, thetaA, SL, range, hr, htm, pt,
f0, b, t0, f, l,2);
close all
```

```
%%%%%%%%%%%%%%%%%%%%%%%%%%%
np = 4;
pfa = 1e-7;
pdm = 0.99945;
pda = 0.99812;
% calculate the improvement factor
Im = improv_fac(np,pfa, pdm);
Ia = improv_fac(np, pfa, pda);
% caculate the integration loss
Lm = 10*log10(np) - Im;
La = 10*log10(np) - Ia;
pt = pt * 1000; % peak power in watts
range_m = 1000 .* range; % range in meters
g = 34.5139; % antenna gain in dB
sigmam = 0.5; % missile RCS m squared
sigmaa = 4; % aircraft RCS m squared
nf = f; %noise figure in dB
loss = l; % radar losses in dB
losstm = loss + Lm; % total loss for missile
lossta = loss + La; % total loss for aircraft
% modify pt by np*pt to account for pulse integration
SNRm = radar_eq(np*pt, f0, g, sigmam, t0, b, nf, losstm, range_m);
SNRa = radar_eq(np*pt, f0, g, sigmaa, t0, b, nf, lossta, range_m);
snrm = 10.^(SNRm./10);
snra = 10.^(SNRa./10);
CNRm = CNRm - clutter_attenuation;
CNRa = CNRa - clutter_attenuation;
cnrm = 10.^(CNRm./10);
cnra = 10.^(CNRa./10);
SIRm = 10*log10(snrm ./ (1+cnrm));
SIRa = 10*log10(snra ./ (1+cnra));
%%%%%%%%%%%%%%%%%%%%%%%%%%%%%%%%%%%%%
figure(3)
plot(range, SNRm,'k', range, CNRm,'k :', range,SIRm,'k -.')
grid
legend('Desired SNR; from Chapter 5','CNR','SIR with 3-pulse','MTI filter')
xlabel('Slant Range in Km')
ylabel('dB')
title('Missile case;  21-frame cumulative detection')
%%%%%%%%%%%%%%%%%%%%%%%%%%%%%%%%%%%%%%%%%%%%%
figure(4)
plot(range, SNRa,'k', range, CNRa,'k :', range,SIRa,'k -.')
grid
legend('Desired SNR; from Chapter 5','CNR','SIR with 3-pulse','MTI filter')
xlabel('Slant Range in Km')
ylabel('dB')
title('Aircraft case; 21-frame cumulative detection')
```

第8章 相 控 阵

8.1 方向增益、功率增益及有效孔径

雷达天线可用方向增益 G_D、功率增益 G 和有效孔径 A_e 三个参数来表征。天线增益是这样一个术语，其被用来描述天线将发射能量集中于特定方向的能力。方向增益或简称方向性，是较为典型的一种天线辐射方向图，而功率增益通常用于雷达方程中。当归一化时，功率增益图和方向性图称为天线辐射方向图。发射天线的方向性可定义为

$$G_D = \frac{\text{最大辐射密度}}{\text{平均辐射密度}} \tag{8.1}$$

辐射密度是在方向$(\theta,\ \phi)$上的每单位平面角上的辐射功率，表示为 $P(\theta,\phi)$。4π 弧度（立体角）上的平均辐射密度是总辐射功率除以 4π。因此，式(8.1)可写成

$$G_D = \frac{4\pi(\text{最大辐射功率/每单位立体角})}{\text{总辐射功率}} \tag{8.2}$$

它等于

$$G_D = 4\pi \frac{P(\theta,\phi)_{max}}{\int_0^{2\pi}\int_0^{\pi} P(\theta,\phi)\mathrm{d}\theta\mathrm{d}\phi} \tag{8.3}$$

作为一种近似，通常将式(8.3)重写为

$$G_D \approx \frac{4\pi}{\theta_3\phi_3} \tag{8.4}$$

其中，θ_3 和ϕ_3 是在任一方向上的天线半功率(3 dB)波束宽度。

天线功率增益与其方向性之间的关系由下式给出

$$G = \rho_r G_D \tag{8.5}$$

其中，ρ_r 是辐射效率因子。在本书中，将天线功率增益简称为增益。辐射效率因子反映了与天线有关的欧姆损耗。因而，天线增益的定义同样由式(8.1)给出。天线有效孔径 A_e 与增益相关，即

$$A_e = \frac{G\lambda^2}{4\pi} \tag{8.6}$$

其中，λ 是波长。天线有效孔径 A_e 与物理孔径 A 之间的关系是

$$\begin{gathered} A_e = \rho A \\ 0 \leqslant \rho \leqslant 1 \end{gathered} \tag{8.7}$$

ρ被称为孔径效率。好的天线要求$\rho \to 1$（本书中一直假设$\rho = 1$，从而有 $A_e = A$）。

将式(8.4)代入式(8.6)并使用简单的代数运算（假定$\rho_r = 1$），得到

$$G = \frac{4\pi A_e}{\lambda^2} \approx \frac{4\pi}{\theta_3\phi_3} \tag{8.8}$$

于是，波束的截面角为

$$\theta_3\phi_3 \approx \frac{\lambda^2}{A_e} \tag{8.9}$$

式(8.9)指出天线波束宽度随着$\sqrt{A_e}$的增加而降低。于是,在警戒工作时,为了覆盖体积 V,雷达天线所需要的波束位置的数目是

$$N_{\text{Beams}} > \frac{V}{\theta_3\phi_3} \tag{8.10}$$

并且当 V 表示整个半球时,式(8.10)将被修正为

$$N_{\text{Beams}} > \frac{2\pi}{\theta_3\phi_3} \approx \frac{2\pi A_e}{\lambda^2} \approx \frac{G}{2} \tag{8.11}$$

8.2 近场和远场

由天线辐射的能量产生的电场强度是天线物理孔径的形状和分布于天线孔径上的电流幅度、相位分布的函数。辐射能量的电场强度的模值(绝对值)曲线图,$|E(\theta,\phi)|$,称为天线场强方向图。作为另一种表示,$|E(\theta,\phi)|^2$ 则称为天线功率辐射方向图(与 $P(\theta,\phi)$ 含义相同)。

根据辐射电场测量处与天线面之间的距离,可分为三个特殊的区域。它们分别是近场区,菲涅耳(Fresnel)区和夫琅禾费(Fraunhofer)区。在近场区和菲涅耳区,从天线发射的电磁波有球形波前(同等相位波前)。在夫琅禾费区,波前可以用局部的平面波来代替。多数雷达在应用时,通常对近场区和菲涅耳区是不感兴趣的。大多数雷达系统工作于夫琅禾费区域,其也称为远场区。在远场区,电场强度可以由孔径的傅里叶变换计算得到。

远场准则的构建可以在图 8.1 的辅助下进行。假定在 O 点的一个辐射源发射球面波,长度为 d 的一副接收天线距离辐射源为 r。在接收天线处,球面波与局部平面波相位差异可以由距离 δr 来表示。

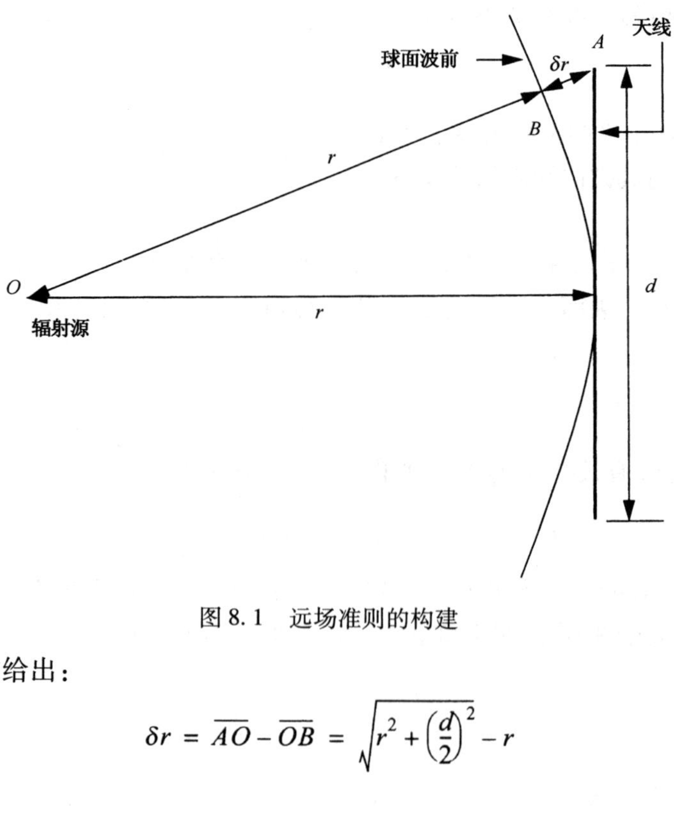

图 8.1 远场准则的构建

距离 δr 由下式给出:

$$\delta r = \overline{AO} - \overline{OB} = \sqrt{r^2 + \left(\frac{d}{2}\right)^2} - r \tag{8.12}$$

并且由于在远场区 $r \gg d$，因此式(8.12)可以通过二项式展开近似成

$$\delta r = r\left(\sqrt{1+\left(\frac{d}{2r}\right)^2}-1\right) \approx \frac{d^2}{8r} \tag{8.13}$$

当距离 δr 小于1/16个波长时，通常可以认为是远场区。确切地说，若

$$\delta r = d^2/8r \leqslant \lambda/16 \tag{8.14}$$

则对远场的一个有用的描述为

$$r \geqslant 2d^2/\lambda \tag{8.15}$$

注意，远场区是天线尺寸和工作波长的函数。

8.3 一般阵列

一副阵列天线是由两个或多个基本辐射源构成的一个合成天线。每一个辐射源称为一个阵元，形成阵列的阵元可以是偶极子、碟形反射器、波导裂缝或者其他类型的辐射源。阵列天线合成窄方向性的波束，该波束可以在很多方位上进行机械或者电子扫描。电子扫描可以通过控制馈送给阵元上的电流相位来获得。具有电子波束扫描能力的阵列称为相控阵。与其他简单天线例如碟形反射器相比，相控阵天线成本高，设计复杂。然而，相控阵天线电子扫描波束所固有的灵活性和特定多功能雷达系统的需要，已经使相控阵天线成功应用于了雷达相关产品。图8.2示出了阵列天线的几何关系。一般地，假定辐射源位于(x_1, y_1, z_1)处，并且相位参考点在(0,0,0)处，在远场区 P 点测量的电场为

$$E(\theta, \phi) = I_0 \frac{e^{-jkR_1}}{R_1} f(\theta, \phi) \tag{8.16}$$

其中，I_0 是复振幅，$k = 2\pi/\lambda$ 是波数，$f(\theta, \phi)$ 是辐射方向图。

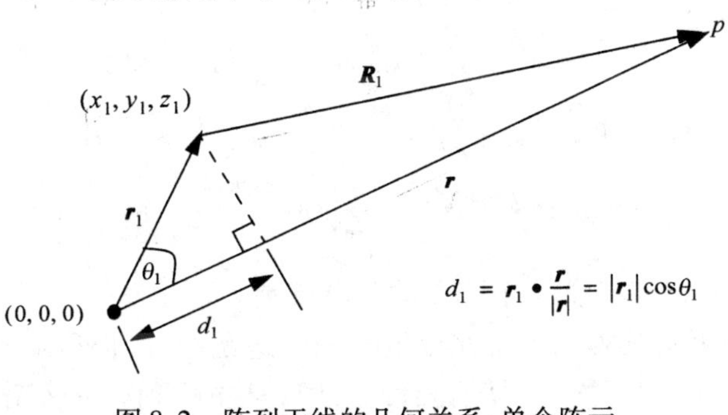

图8.2 阵列天线的几何关系：单个阵元

现在考虑辐射源是由多个阵元组成的阵列的情形，如图8.3所示，每一个辐射源相对于相位参考点的坐标是(x_i, y_i, z_i)，从原点到第 i 个阵元的向量由下式给出：

$$\boldsymbol{r}_i = \hat{a}_x x_i + \hat{a}_y y_i + \hat{a}_z z_i \tag{8.17}$$

构成总电场的远场成分是

$$E_i(\theta, \phi) = I_i \frac{e^{-jkR_i}}{R_i} f(\theta_i, \phi_i) \tag{8.18}$$

其中

$$\begin{aligned} R_i = |\boldsymbol{R}_i| = |\boldsymbol{r} - \boldsymbol{r}_i| &= \sqrt{(x-x_i)^2 + (y-y_i)^2 + (z-z_i)^2} \\ &= r\sqrt{1 + (x_i^2 + y_i^2 + z_i^2)/r^2 - 2(xx_i + yy_i + zz_i)/r^2} \end{aligned} \tag{8.19}$$

应用球坐标系，其中 $x = r\sin\theta\cos\varphi, y = r\sin\theta\sin\varphi, z = r\cos\theta$，得到

$$\frac{(x_i^2 + y_i^2 + z_i^2)}{r^2} = \frac{|\boldsymbol{r}_i|}{r^2} \ll 1 \tag{8.20}$$

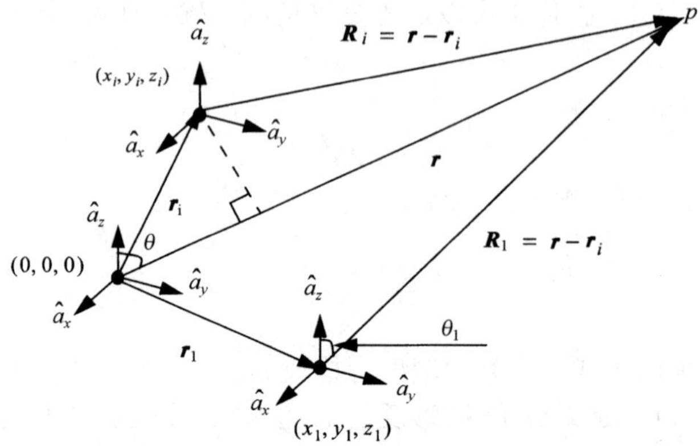

图 8.3　阵列天线的几何关系

因此，对于式(8.19)的一个较好的估计(应用二项式展开)为

$$R_i = r - r(x_i\sin\theta\cos\phi + y_i\sin\theta\sin\phi + z_i\cos\theta) \tag{8.21}$$

它要求相对于相位参考点的第 i 个辐射源在远场点的相位贡献为

$$\mathrm{e}^{-\mathrm{j}kR_i} = \mathrm{e}^{-\mathrm{j}kr}\,\mathrm{e}^{\mathrm{j}k(x_i\sin\theta\cos\phi + y_i\sin\theta\sin\phi + z_i\cos\theta)} \tag{8.22}$$

然而，要记住沿向量 $\boldsymbol{r}$ 方向的单位向量 $\boldsymbol{r}_0$ 为

$$\boldsymbol{r}_0 = \frac{\boldsymbol{r}}{|\boldsymbol{r}|} = \hat{a}_x\sin\theta\cos\phi + \hat{a}_y\sin\theta\sin\phi + \hat{a}_z\cos\theta \tag{8.23}$$

从而，我们可重写式(8.22)为

$$\mathrm{e}^{-\mathrm{j}kR_i} = \mathrm{e}^{-\mathrm{j}kr}\,\mathrm{e}^{\mathrm{j}k(\boldsymbol{r}_i\cdot\boldsymbol{r}_0)} = \mathrm{e}^{-\mathrm{j}kr}\mathrm{e}^{\mathrm{j}\Psi_i(\theta,\phi)} \tag{8.24}$$

最终，由于叠加作用，总的电场为

$$E(\theta,\phi) = \sum_{i=1}^{N} I_i\mathrm{e}^{\mathrm{j}\Psi_i(\theta,\phi)} \tag{8.25}$$

称为阵列天线的阵列因子，其中第 i 个阵元的复电流是 I_i。

一般地，一个阵列可由其阵列因子完全地表征。这是因为阵列因子提供给设计者的关于阵列的知识包括：(1)3 dB 带宽；(2)零值间带宽；(3)从主峰到第一旁瓣的距离；(4)第一旁瓣相对于主瓣的高度；(5)零点位置；(6)旁瓣下降速率；(7)栅瓣位置。

8.4　线性阵列

图 8.4 示出了一个由 N 个相同的阵元构成的线性阵列天线。阵元间距是 d(通常以波长作为单位来度量)。令第一个天线阵元作为整个阵列的相位参考，由几何关系，可清楚地看到在第 n 个阵元处发射波的相位要比在第$(n+1)$个阵元处发射波的相位超前了 $kd\sin\psi$，其中 $k = 2\pi/\lambda$。在远场观测点 P 处的合成相位独立于ϕ，且可由式(8.24)计算得到，为

$$\Psi(\psi,\phi) = k(\boldsymbol{r}_i\cdot\boldsymbol{r}_0) = (n-1)kd\sin\psi \tag{8.26}$$

因而，由式(8.25)，在一远场区观测点的电场强度随角度正弦值 $\sin\psi$(假定各个阵元各向同性)的变化为

$$E(\sin\psi) = \sum_{n=1}^{N} e^{j(n-1)(kd\sin\psi)} \tag{8.27}$$

在式(8.27)中展开求和项得到

$$E(\sin\psi) = 1 + e^{jkd\sin\psi} + \cdots + e^{j(N-1)(kd\sin\psi)} \tag{8.28}$$

式(8.28)中,右手边是一个几何等比数列,可以用如下形式来表示:

$$1 + a + a^2 + a^3 + \cdots + a^{(N-1)} = \frac{1-a^N}{1-a} \tag{8.29}$$

将 a 以 $e^{jkd\sin\psi}$ 代替,有

$$E(\sin\psi) = \frac{1-e^{jNkd\sin\psi}}{1-e^{jkd\sin\psi}} = \frac{1-(\cos Nkd\sin\psi)-j(\sin Nkd\sin\psi)}{1-(\cos kd\sin\psi)-j(\sin kd\sin\psi)} \tag{8.30}$$

远场的阵列天线场强方向图可由下式给出:

$$|E(\sin\psi)| = \sqrt{E(\sin\psi)E^*(\sin\psi)} \tag{8.31}$$

将式(8.30)代入式(8.31),并合并同类项得到

$$\begin{aligned} |E(\sin\psi)| &= \sqrt{\frac{(1-\cos Nkd\sin\psi)^2 + (\sin Nkd\sin\psi)^2}{(1-\cos kd\sin\psi)^2 + (\sin kd\sin\psi)^2}} \\ &= \sqrt{\frac{1-\cos Nkd\sin\psi}{1-\cos kd\sin\psi}} \end{aligned} \tag{8.32}$$

应用三角函数性质 $1-\cos\theta = 2(\sin\theta/2)^2$ 得到

$$|E(\sin\psi)| = \left|\frac{\sin(Nkd\sin\psi/2)}{\sin(kd\sin\psi/2)}\right| \tag{8.33}$$

上式是关于 $kd\sin\psi$ 的一个周期函数,周期等于 2π。

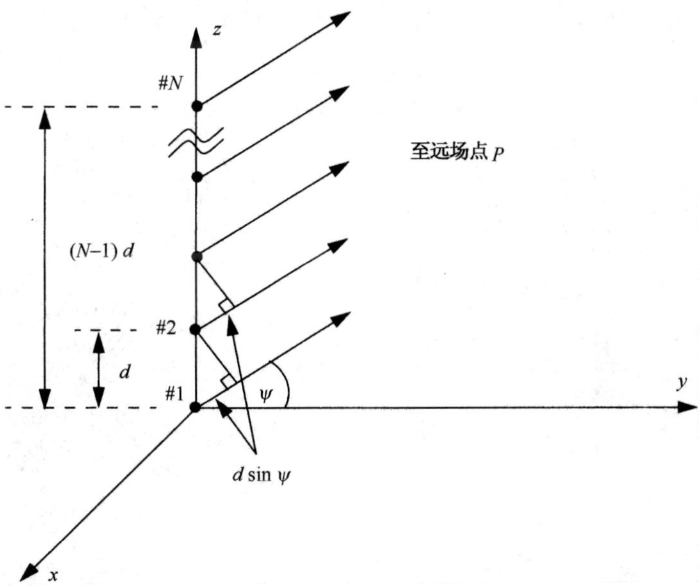

图 8.4　等阵元间距的线性阵列

$|E(\sin\psi)|$ 的最大值,发生于 $\psi=0$,值等于 N。它使得归一化场强方向图等于

$$|E_n(\sin\psi)| = \frac{1}{N}\left|\frac{\sin((Nkd\sin\psi)/2)}{\sin((kd\sin\psi)/2)}\right| \tag{8.34}$$

归一化的双程阵列方向图(辐射方向图)由下式给出：

$$G(\sin\psi) = |E_n(\sin\psi)|^2 = \frac{1}{N^2}\left(\frac{\sin((Nkd\sin\psi)/2)}{\sin((kd\sin\psi)/2)}\right)^2 \tag{8.35}$$

图 8.5 示出了 $N=8$ 时式(8.35)随 $\sin\theta$ 变化的曲线图。辐射方向图 $G(\sin\psi)$ 具有关于轴($\sin\psi=0$)圆柱对称的性质，且独立于方位角。因此，它完全由在间隔($0<\psi<\pi$)之内的值所决定。该曲线可由 8.8 节的清单 8.1 给出的 MATLAT 程序“fig8 _5. m”重新绘制。

阵列主波束可通过改变应用到每个阵元的电流相位来进行电子扫描。将主波束扫描至角度正弦为 $\sin\psi_0$ 处是由改变任意两个相邻阵元的相位差等于 $kd\sin\psi_0$ 来实现的。在这种情形之下，归一化辐射方向图可以写为

$$G(\sin\psi) = \frac{1}{N^2}\left(\frac{\sin[(Nkd/2)(\sin\psi - \sin\psi_0)]}{\sin[(kd/2)(\sin\psi - \sin\psi_0)]}\right)^2 \tag{8.36}$$

如果$\psi_0=0$ 则主波束垂直于阵列轴向，此时阵列称为正侧阵列。否则，当主波束沿阵列轴向指向时，阵列称为端射阵列。

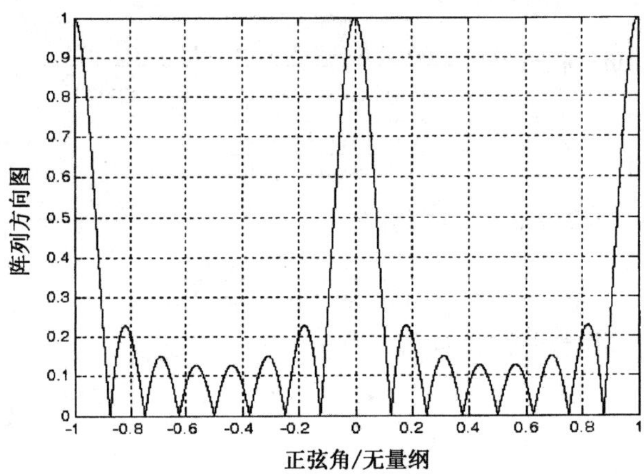

(a) 线性阵列的归一化方向图：$N=8$, $d=\lambda$

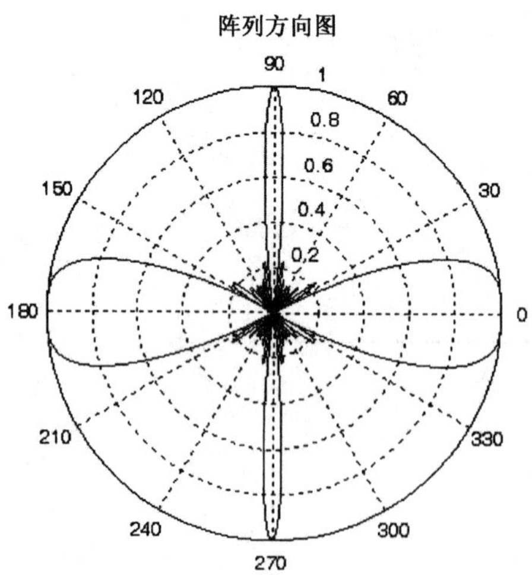

(b) 图(a)中阵列方向图的极坐标形式

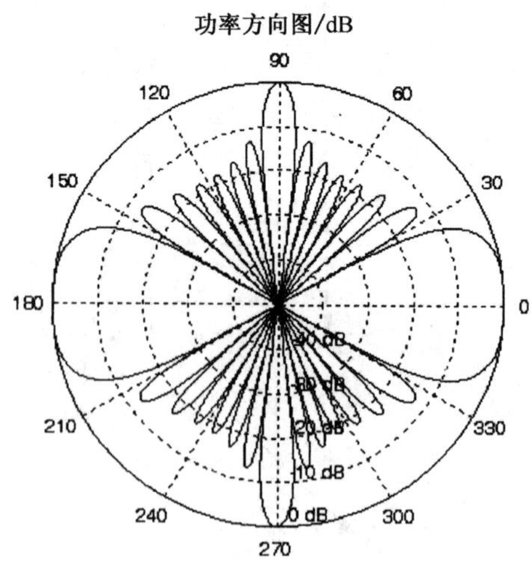

(c) 图 (a) 中功率方向图的极坐标形式

图 8.5

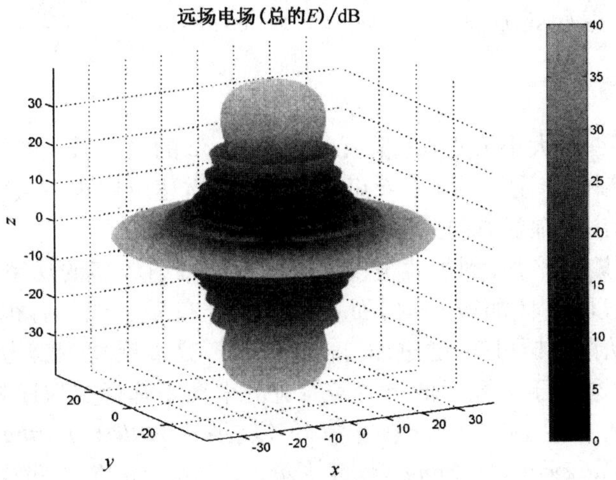

(d) 图(a)中辐射方向图的三维曲线图

图8.5(续)

当式(8.35)中的分子和分母都是零时,应用洛必达法则可计算得到辐射方向图的最大值,确切地说,

$$\frac{kd\sin\psi}{2} = \pm m\pi \qquad m = 0, 1, 2, \cdots \tag{8.37}$$

求解ψ,得到

$$\psi_m = \arcsin\left(\pm\frac{\lambda m}{\mathrm{d}}\right) \qquad m = 0, 1, 2, \cdots \tag{8.38}$$

其中,下标 m 用于显示最大值。第一峰值发生于$\psi_0 = 0$,并当成主波束(主瓣)。其他发生于$|m| \geqslant 1$ 的峰值称为栅瓣。栅瓣是不需要的,并且必须被抑制掉。当在式(8.38)中所讨论的反正弦的绝对值大于单位1时,栅瓣发生于非实角度,它要求 $d < \lambda$。在这种情形下,主瓣假定在$\psi = 0$ 处(正侧阵列)。换句话说,当考虑电子波束扫描时,栅瓣发生于

$$\left|\sin\psi - \sin\psi_0\right| = \pm\frac{\lambda n}{\mathrm{d}} \qquad n = 1, 2, \cdots \tag{8.39}$$

因而,为了避免栅瓣发生在±90°之间,阵元间距必须满足 $d < \lambda/2$。

当式(8.35)中的分子是最大值时,辐射方向图得到第二峰值(旁瓣),或者等价地有

$$\frac{Nkd\sin\psi}{2} = \pm(2l + 1)\frac{\pi}{2} \qquad l = 1, 2, \cdots \tag{8.40}$$

求解ψ,得到

$$\psi_l = \arcsin\left(\pm\frac{\lambda}{2\mathrm{d}}\frac{2l + 1}{N}\right) \qquad l = 1, 2, \cdots \tag{8.41}$$

其中,下标 l 用于显示旁瓣峰值。只有当式(8.36)中的分子是零时,辐射方向图产生零点,确切地说,

$$\frac{N}{2}k\mathrm{d}\sin\psi = \pm n\pi \qquad \begin{array}{l} n = 1, 2, \cdots \\ n \neq N, 2N, \cdots \end{array} \tag{8.42}$$

再次求解ψ,得到

$$\psi_n = \arcsin\left(\pm\frac{\lambda}{\mathrm{d}}\frac{n}{N}\right) \qquad \begin{array}{l} n = 1, 2, \cdots \\ n \neq N, 2N, \cdots \end{array} \tag{8.43}$$

其中,下标 n 用于表示零点。定义对应于半功率点的角度为ψ_h,此时半功率(3 dB)波束宽度为$2|\psi_m - \psi_h|$。此时有

$$\frac{N}{2}kd\sin\psi_h = 1.391\ \text{rad} \Rightarrow \psi_h = \arcsin\left(\frac{\lambda}{2\pi d}\frac{2.782}{N}\right) \tag{8.44}$$

8.4.1 阵列加权

图 8.6(a)给出了一个大小为 $N=8$,阵元间距 $d=\lambda/2$ 的均匀激励的线性阵列的归一化双程辐射方向图。第一旁瓣低于主瓣约 13.46 dB,对于多数雷达应用来说,这远远不够。图 8.6(b)给出了图 8.6(a)中示出的辐射方向图的三维曲线。

为了能够降低旁瓣电平,阵列需要被设计成在中间辐射较多的功率,而在两端边缘辐射较少的功率。这可以通过加权(加窗)阵列面上的电流分布来实现。有很多可能的加权序列可用于此目的。然而,从谱分析可知,通过加窗来降低旁瓣是以展宽主瓣为代价的。因此,对于特定的雷达应用来说,必须基于旁瓣降低与主瓣展宽的平衡来选择加权序列。MATLAB 信号处理工具箱提供了多种内置窗函数,这些清单包括:"*Bartlett*、*Barthannwin*、*Blackmanharris*、*Bohmanwin*、*Chebwin*、*Gausswin*、*Hamming*、*Hann*、*Kaiser*、*Nuttallwin*、*Rectwin*、*Triang* 和 *Tukeywin*。"

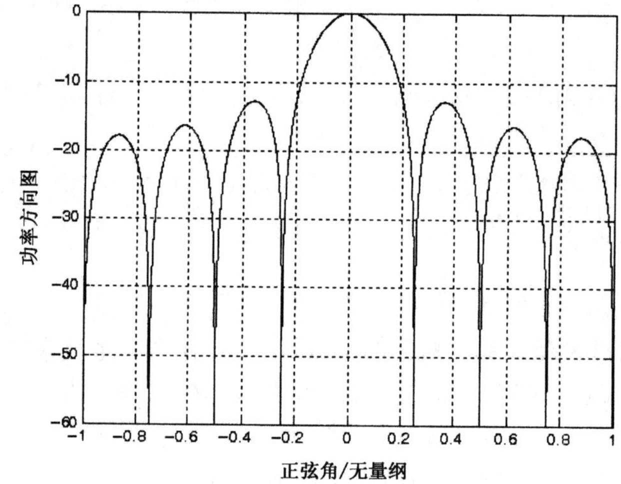

(a) 一个线性阵列的归一化方向图：$N=8$, $d=\lambda/2$

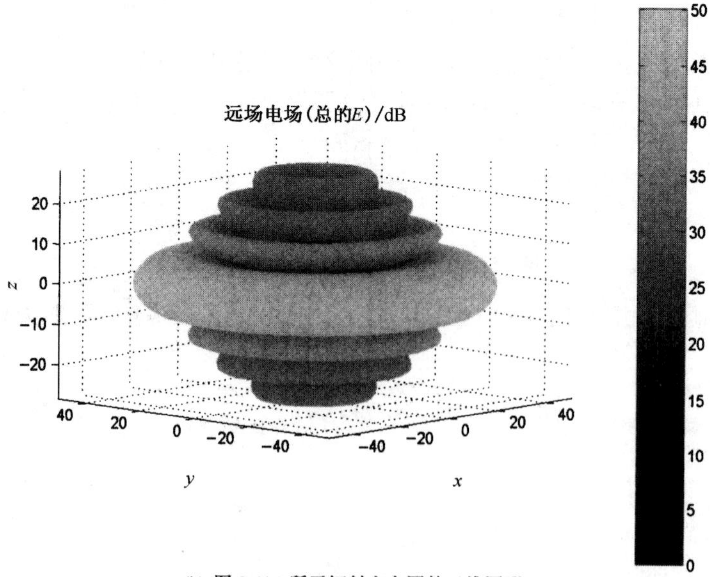

(b) 图 8.6(a) 所示辐射方向图的三维图形

图 8.6

表 8.1 总结了最常用的窗函数对阵列方向图主瓣展宽和(旁瓣)峰值下降的影响,注意用矩形窗作为基准。这种影响同样可以从图 8.7 中显示出来。

表 8.1　常用窗

窗	零点间带宽	峰值下降
矩形	1	1
汉明	2	0.73
汉宁	2	0.664
布莱克曼	6	0.557
凯泽($\beta=6$)	2.76	0.683
凯泽($\beta=3$)	1.75	0.882

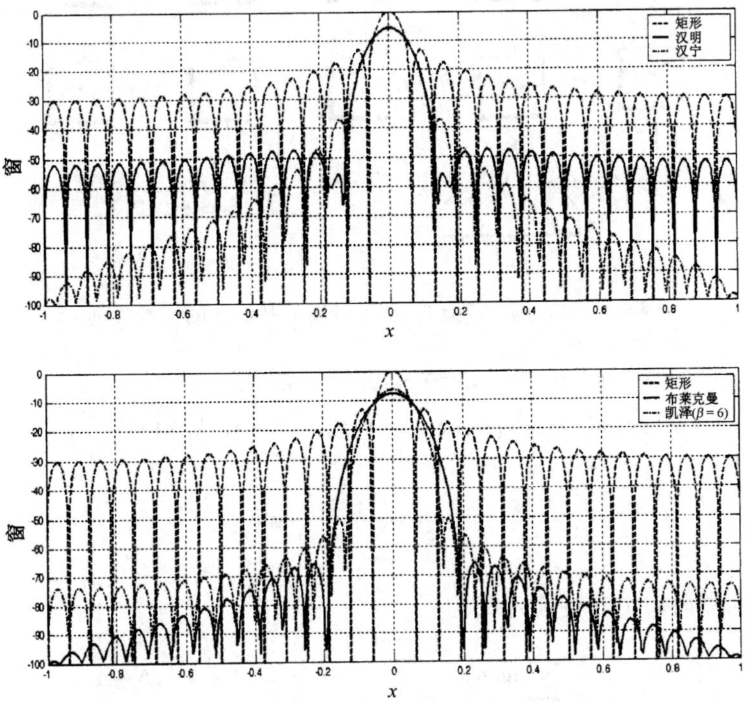

图 8.7　最常用的窗函数。该图可由 8.8 节的清单 8.2 给出的 MATLAB 程序"fig8 _7. m"重新绘制

8.4.2　利用 DFT 对辐射方向图进行计算

图 8.8 给出了阵元数为 N,阵元间距为 d,波长为 λ 的一个线性阵列,辐射源是直径为 d 的圆盘。令 $w(n)$ 和 $\Phi(n)$ 分别表示加权系数和相移序列。在远场点,方向正弦值为 $\sin\psi$ 的归一化电场为

$$E(\sin\psi) = \sum_{n=0}^{N-1} w(n) e^{j\Delta\phi\left(n-\left(\frac{N-1}{2}\right)\right)} \tag{8.45}$$

此时的相位参考点位于阵列的物理中心处,且有

$$\Delta\phi = \frac{2\pi d}{\lambda}\sin\psi \tag{8.46}$$

将式(8.45)展开并将常数相位项 $\exp[j(N-1)\Delta\phi/2]$ 提出来,得到

$$E(\sin\psi) = e^{j(N-1)\Delta\phi/2}\{w(0)e^{-j(N-1)\Delta\phi} + w(1)e^{-j(N-2)\Delta\phi} + \cdots + w(N-1)\} \tag{8.47}$$

利用加权序列的几何对称性质(牢记窗函数必须关于中心点几何对称),可将式(8.47)重写为

$$E(\sin\psi) = e^{j\phi_0}\{w(N-1)e^{-j(N-1)\Delta\phi} + w(N-2)e^{-j(N-2)\Delta\phi} + \cdots + w(0)\} \tag{8.48}$$

其中,$\psi_0 = (N-1)\Delta\phi/2$。

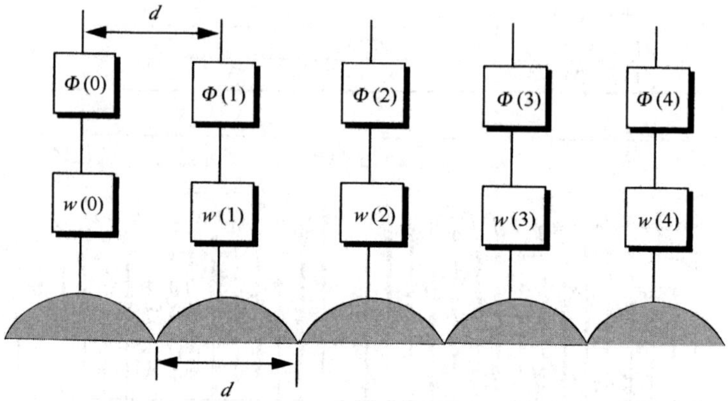

图 8.8 具有加权和移相硬件的阵元数为 5 的线性阵列

定义$\{V_1^n = \exp(-j\Delta\phi n); n = 0,1,\cdots N-1\}$。于是,有

$$E(\sin\psi) = e^{j\phi_0}[w(0) + w(1)V_1^1 + \cdots + w(N-1)V_1^{N-1}]$$

$$= e^{j\phi_0}\sum_{n=0}^{N-1} w(n)V_1^n \tag{8.49}$$

序列 $w(n)$ 的离散傅里叶变换定义为

$$W(q) = \sum_{n=0}^{N-1} w(n)e^{-\frac{(j2\pi nq)}{N}} \qquad q = 0, 1, \cdots, N-1 \tag{8.50}$$

使 V_1 等于 DFT 核的$\{\sin\Psi_q\}$序列为

$$\sin\psi_q = \frac{\lambda q}{Nd} \qquad q = 0, 1, \cdots, N-1 \tag{8.51}$$

于是,将式(8.51)代入式(8.50),得到

$$E(\sin\psi) = e^{j\phi_0}W(q) \tag{8.52}$$

计算式(8.52)的模值得到单程阵列方向图。于是,圆盘加权线性阵列的单程辐射方向图为

$$G(\sin\psi) = G_e\ |W(q)| \tag{8.53}$$

其中,G_e 是阵元方向图。

实际中,移相器常常作为收/发(T/R)单元的一部分来实现,且使用有限位数。结果是,由于量化误差(预期理想相位与实际量化相位之间的差别),旁瓣电平会受到影响。

MATLAB 函数"linear_array.m"

函数"linear_array.m"(见 8.8 节的清单 8.3)可计算并绘制作为实际正弦空间(扫描角的正弦值)的函数的线性阵列增益方向图,调用语法如下:

[theta, patternr, patterng] = linear_array(Nr, dolr, theta0, winid, win, nbits)

其中,符号含义如下表所示。

符 号	描 述	单 位	状 态
Nr	阵元数	无	输入
dolr	以波长为单位的阵元间距	波长	输入
theta0	扫描角	°	输入
winid	-1:不使用权系数 1:使用以 win 定义的权系数	无	输入
win	旁瓣控制窗函数	无	输入
nbits	负值:理想量化 正值:使用 2^n 比特的量化级数	无	输入
theta	可用于扫描的实际角度	°	输出
patternr	阵列方向图	dB	输出
patterng	增益方向图	dB	输出

基于 GUI 工作空间的 MATLAB 函数"linear _array _gui. m"(执行该程序需要使用 MATLAB 的"Signal Processing"工具箱)实现上述函数,如图 8.9 所示。

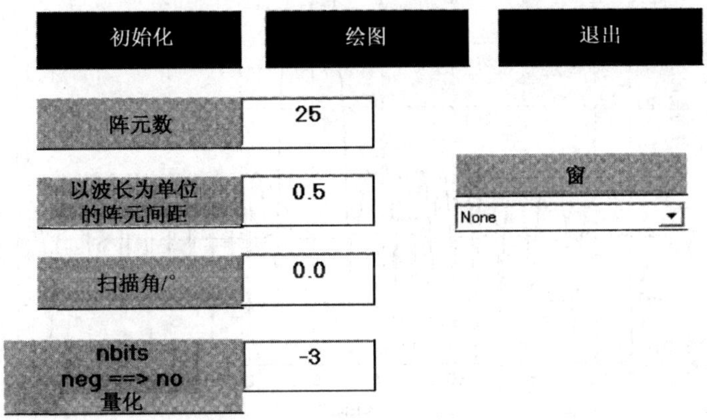

图 8.9 与函数"linear _array. m"相关的 MATLAB GUI 工作空间

图 8.10 至图 8.18 分别给出了扫描角为如下情形的阵列增益方向图:

[theta, patternr, patterng] = linear _array(25, 0.5, 0, -1, -1, -3);

[theta, patternr, patterng] = linear _array(25, 0.5, 0, 1,'Hamming', -3);

[theta, patternr, patterng] = linear _array(25, 0.5, 5, -1, -1, 3);

[theta, patternr, patterng] = linear _array(25, 0.5, 5, 1, 'Hamming', 3);

[theta, patternr, patterng] = linear _array(25, 0.5, 25, 1, 'Hamming', 3);

[theta, patternr, patterng] = linear _array(25, 1.5, 40, -1, -1, -3);

[theta, patternr, patterng] = linear _array(25, 1.5, 40, 1, 'Hamming', -3);

[theta, patternr, patterng] = linear _array(25, 1.5, -40, -1, -1, 3);

[theta, patternr, patterng] = linear _array(25, 1.5, -40, 1, 'Hamming', 3);

建议读者使用为实现上述函数所编的 GUI 程序,并亲自测试一些自己的例子。

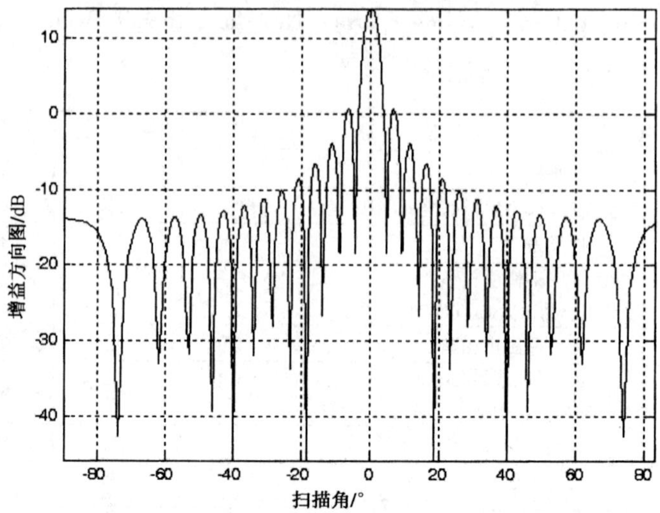

图 8.10 阵列增益方向图：Nr = 25；dolr = 0.5；θ_0 = 0°；win = none；nbits = −3

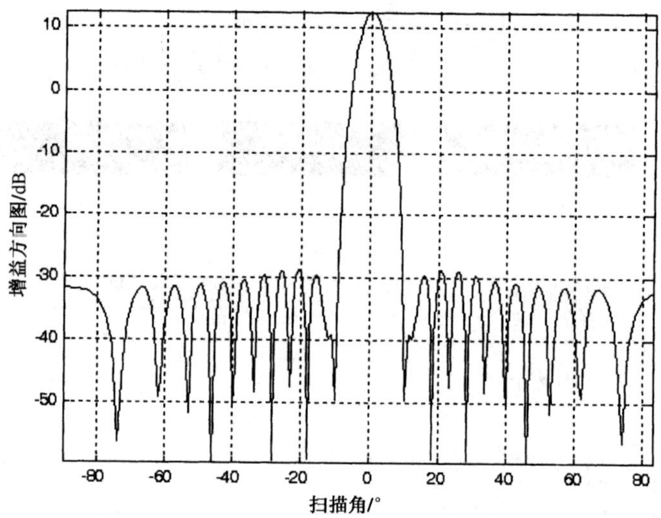

图 8.11 阵列增益方向图：Nr = 25；dolr = 0.5；θ_0 = 0°；win = Hamming；nbits = −3

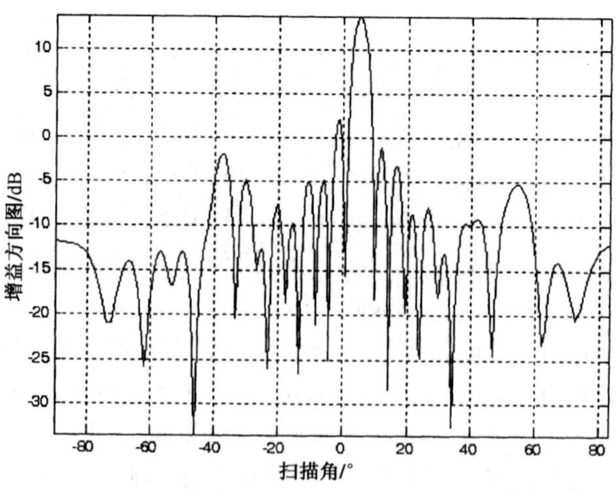

图 8.12 阵列增益方向图：Nr = 25；dolr = 0.5；θ_0 = 5°；win = none；nbits = 3

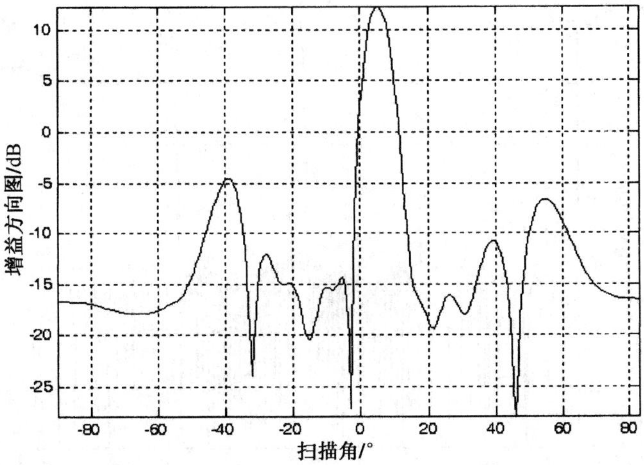

图 8.13　阵列增益方向图：Nr = 25；dolr = 0.5；θ_0 = 5°；win = Hamming；nbits = 3

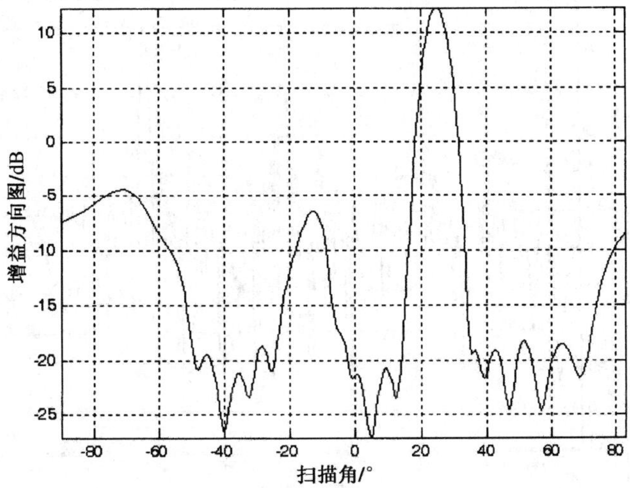

图 8.14　阵列增益方向图：Nr = 25；dolr = 0.5；θ_0 = 25°；win = Hamming；nbits = 3

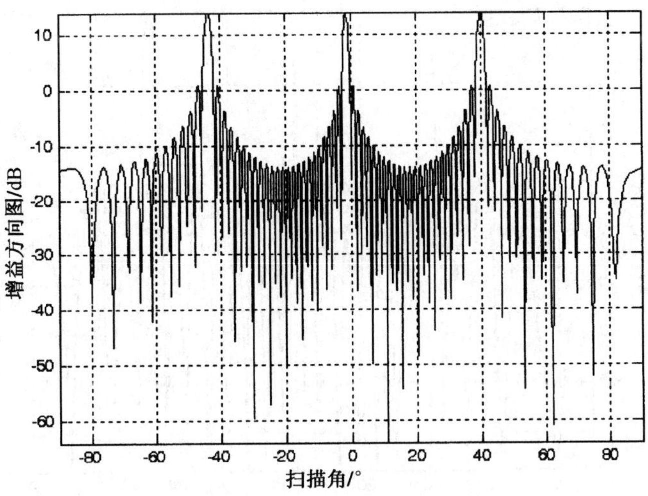

图 8.15　阵列增益方向图：Nr = 25；dolr = 1.5；θ_0 = 40°；win = none；nbits = −3

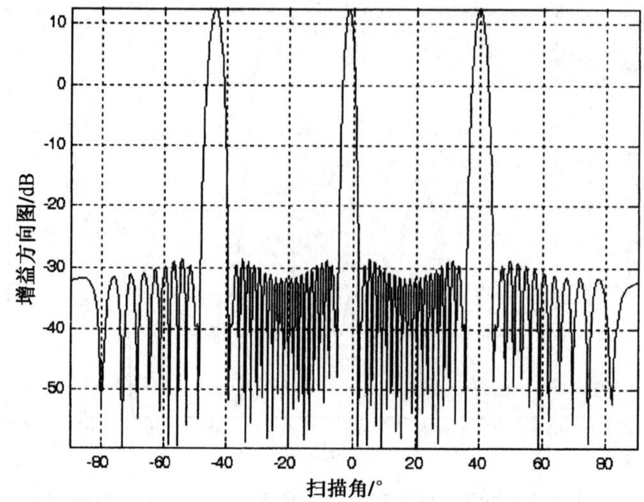

图 8.16　阵列增益方向图：Nr = 25；dolr = 1.5；θ_0 = 40°；win = Hamming；nbits = −3

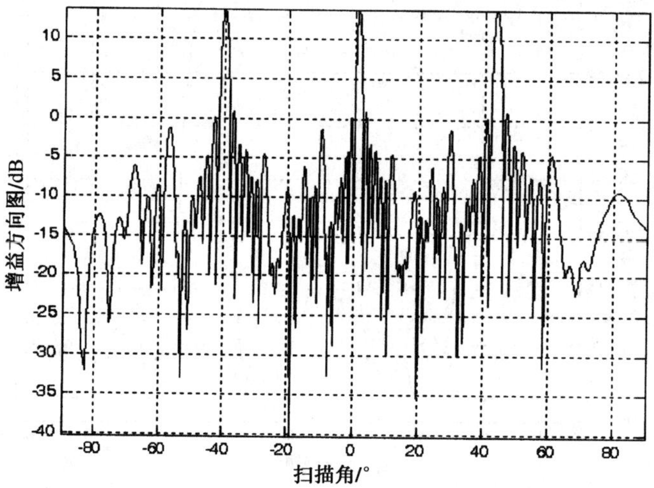

图 8.17　阵列增益方向图：Nr = 25；dolr = 1.5；θ_0 = −40°；win = none；nbits = 3

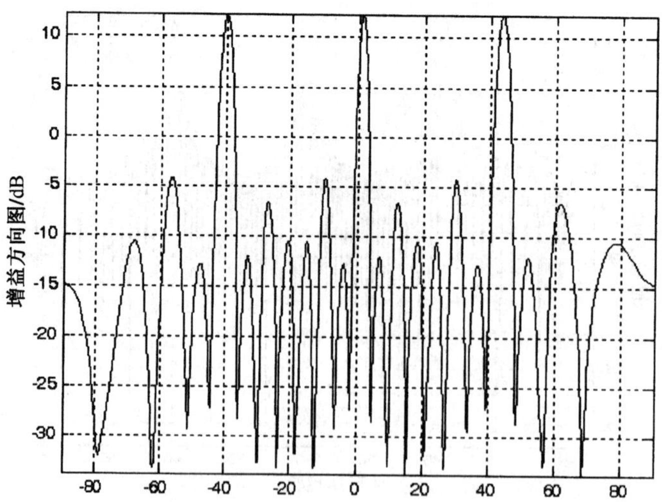

图 8.18　阵列增益方向图：Nr = 25；dolr = 1.5；θ_0 = −40°；win = Hamming；nbits = 3

8.5 平面阵列

平面阵列是线性阵列的一种自然推广。根据由网格(grid)所定义的阵元间距和电流分布,平面阵列可以呈现多种配置,其中包括矩形网格、圆周边界矩形网格、圆周边界六边形网格、圆周网格、同心圆周网格,如图 8.19 所示。

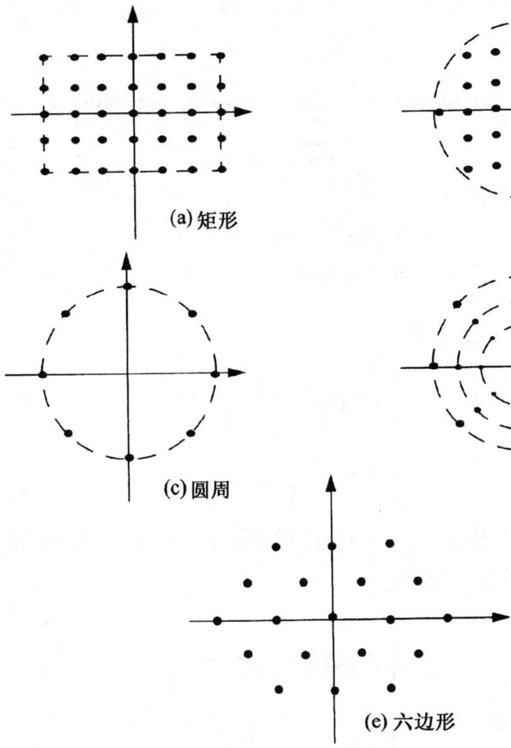

图 8.19 平面阵列网格

平面阵列可以在水平和方位(θ,ϕ)上进行扫描,图 8.20 所示的是一个矩形网格阵列的情况。沿 x 方向和 y 方向上的阵元间距分别用 dx 和 dy 来表示。对于任何一个平面阵列,任一远场观测点处总的电场值可用式(8.24)和式(8.25)来计算得到。

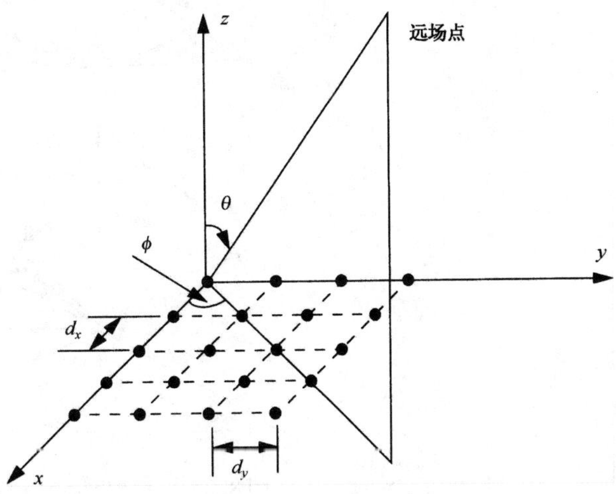

图 8.20 矩形阵列几何关系

矩形网格阵列

考察图 8.20 所示的 $N \times M$ 矩形网格。点积 $\boldsymbol{r}_i \cdot \boldsymbol{r}_0$ 可被线性地分解成 x 和 y 分量,其中 $\boldsymbol{r}_i$ 是指向阵列第 i 个阵元的向量,$\boldsymbol{r}_0$ 是指向远场观测点的单位向量。由沿 x 方向分布的阵元产生的电场分量和由沿 y 方向分布的阵元产生的电场分量可分别表示为

$$E_x(\theta,\phi) = \sum_{n=1}^{N} I_{x_n} e^{j(n-1)kd_x \sin\theta\cos\phi} \tag{8.54}$$

$$E_y(\theta,\phi) = \sum_{m=1}^{N} I_{y_m} e^{j(m-1)kd_y \sin\theta\sin\phi} \tag{8.55}$$

从而,远场观测点的总电场为

$$E(\theta,\phi) = E_x(\theta,\phi)E_y(\theta,\phi) = \left(\sum_{m=1}^{N} I_{y_m} e^{j(m-1)kd_y \sin\theta\sin\phi}\right)\left(\sum_{n=1}^{N} I_{x_n} e^{j(n-1)kd_x \sin\theta\cos\phi}\right) \tag{8.56}$$

式(8.56)可由方向余弦值表示如下:

$$\begin{aligned} u &= \sin\theta\cos\phi \\ v &= \sin\theta\sin\phi \end{aligned} \tag{8.57a}$$

$$\begin{aligned} \phi &= \arctan\left(\frac{u}{v}\right) \\ \theta &= \arcsin\sqrt{u^2+v^2} \end{aligned} \tag{8.57b}$$

可视区域定义为

$$\sqrt{u^2+v^2} \leqslant 1 \tag{8.58}$$

通常用 U、V 空间代替角度 θ、ϕ来表示一个平面阵列的空间波束扫描能力。图 8.21 显示了扫描于特定的 θ、ϕ角度上的波束如何转换到 U、V 空间。

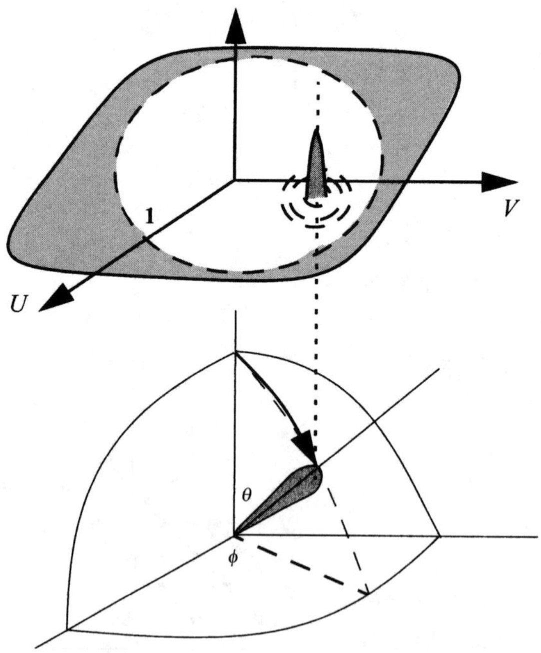

图 8.21 从球坐标系转换为 U、V 空间

矩形阵列单程电场强度方向图等于单个方向图的乘积。对于一个均匀激励的阵列($I_{y_m} = I_{x_n}$ = 常数),有

$$E(\theta,\phi) = \left|\frac{\sin((Nkd_x\sin\theta\cos\phi)/2)}{\sin((kd_x\sin\theta\cos\phi)/2)}\right| \left|\frac{\sin((Nkd_y\sin\theta\sin\phi)/2)}{\sin((kd_y\sin\theta\sin\phi)/2)}\right| \tag{8.59}$$

辐射方向图在 x 轴和 y 轴上的最大值、零点值、旁瓣及栅瓣都可用与线性阵列的例子相类似的方式进行计算得到。另外，线性阵列控制栅瓣的条件对于矩形平面阵列是同样适用的。注意，对称是关于角度ϕ的。

圆周网格阵列

此处所述的圆周网格阵列的几何关系如图 8.19(c)所示。在这种情况下，N 个阵元均匀分布于半径为 a 的圆周外侧上。为进一步地分析，考虑图 8.22 所示的几何关系。由图中几何关系

$$\Phi_n = \frac{2\pi}{N}n \qquad n = 1,2,\cdots,N \tag{8.60}$$

第 n 个阵元的坐标是

$$\begin{aligned} x_n &= a\cos\Phi_n \\ y_n &= a\sin\Phi_n \\ z_n &= 0 \end{aligned} \tag{8.61}$$

容易知道

$$k(\boldsymbol{r}_n\cdot\boldsymbol{r}_0) = \Psi_n = k(a\sin\theta\cos\phi\cos\Phi_n + a\sin\theta\sin\phi\sin\Phi_n + 0) \tag{8.62}$$

上式可重新写为

$$\Psi_n = ak\sin\theta(\cos\phi\cos\Phi_n + \sin\phi\sin\Phi_n) \tag{8.63}$$

应用性质 $\cos(A-B)=\cos A\cos B+\sin A\sin B$，则式(8.63)简化为

$$\Psi_n = ak\sin\theta\cos(\Phi_n-\phi) \tag{8.64}$$

最后，应用式(8.25)，则远场区电场为

$$E(\theta,\phi;a) = \sum_{n=1}^{N} I_n \exp\left\{\mathrm{j}\frac{2\pi a}{\lambda}\sin\theta\cos(\Phi_n-\phi)\right\} \tag{8.65}$$

其中，I_n 表示第 n 个阵元的复电流分布。当阵列主波束指向(θ_0,ϕ_0)时，式(8.65)有如下形式：

$$E(\theta,\phi;a) = \sum_{n=1}^{N} I_n \exp\left\{\mathrm{j}\frac{2\pi a}{\lambda}[\sin\theta\cos(\Phi_n-\phi) - \sin\theta_0\cos(\Phi_n-\phi_0)]\right\} \tag{8.66}$$

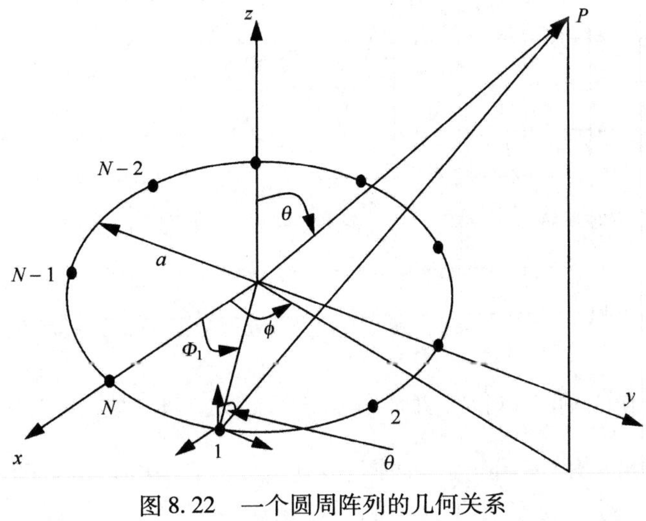

图 8.22　一个圆周阵列的几何关系

MATLAB 程序“circular _array. m”

MATLAB 程序“circular _array. m”(见 8. 8 节的清单 8. 4)计算并绘制一个圆周阵列在 θ 和 ϕ 为常数的平面上的矩形坐标和极坐标阵列方向图。其输入参数包括:

符　号	描　述	单　位
a	圆周阵列半径	λ
N	阵元数	无
theta0	θ 角主方向	°
phi0	ϕ 角主方向	°
Variations	‘Theta 或‘Phi’	无
Phid	常数 ϕ 平面	°
Thetad	常数 θ 平面	°

考虑如下输入参数时的例子:

a	1. 5
N	10 个偶极子天线
theta0	$\theta_0 = 45°$
phi0	$\phi_0 = 60°$
Variations	‘Theta’
Phid	$\phi_d = 60°$
thetad	$\theta_d = 45°$

图 8. 23 和图 8. 24 分别示出了阵列相对电流幅度方向图和阵列功率方向图随角度 θ 的变化曲线。图 8. 25 和图 8. 26 与图 8. 23 和图 8. 24 是相似的,但在这两幅图中,方向图是以极坐标绘制的。

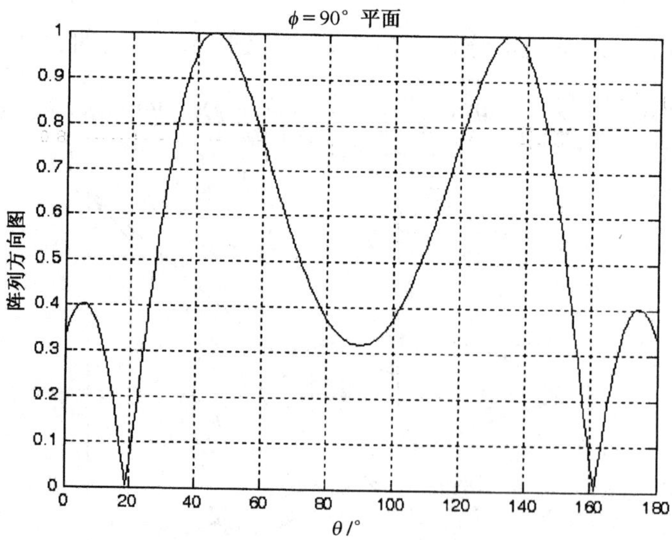

图 8. 23　圆周阵列的阵列因子方向图(矩形坐标),使用本页表格所定义的输入参数

图 8. 27 示出了归一化单个阵元方向图(左上角),归一化阵列因子(右上角)和总阵列方向图(左下角)曲线。图 8. 28 给出了这个例子在 θ, ϕ 空间上的三维方向图。

图 8.29 到图 8.33 和图 8.23 到图 8.27 所示曲线是类似的，但在这些图中，输入参数如下：

a	1.5
N	10 个偶极子天线
theta0	$\theta_0=45°$
phi0	$\phi_0=60°$
Variations	‘Phi’
Phid	$\phi_d=60°$
thetad	$\theta_d=45°$

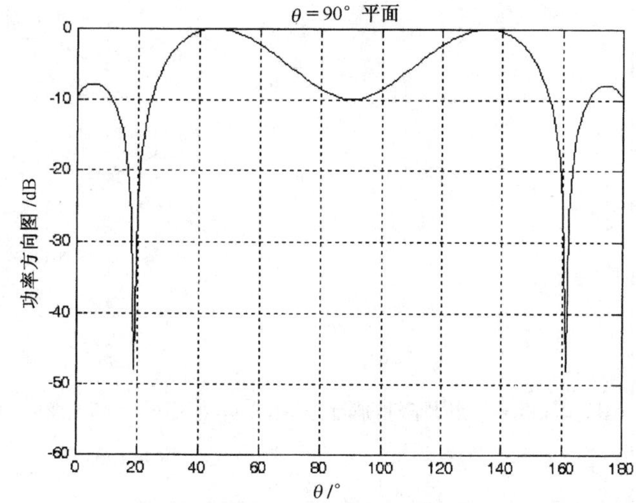

图 8.24　以 dB 数表示的图 8.23

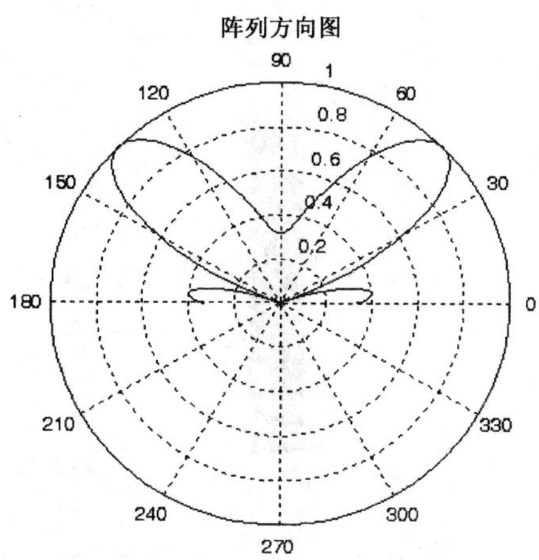

图 8.25　圆周阵列的阵列因子方向图(极坐标)，使用第230页表格所定义的输入参数

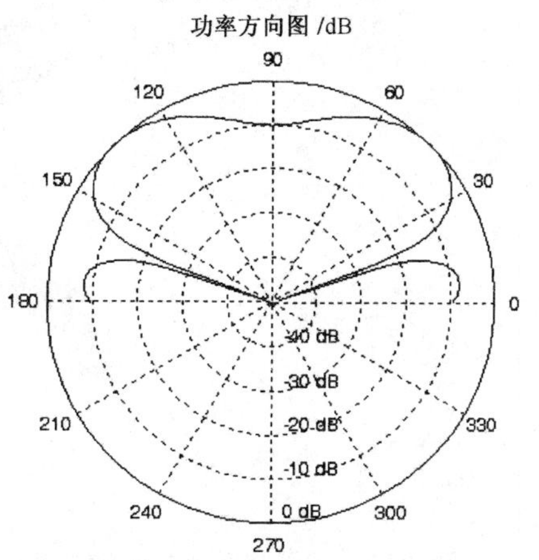

图 8.26　以 dB 数表示的图 8.25

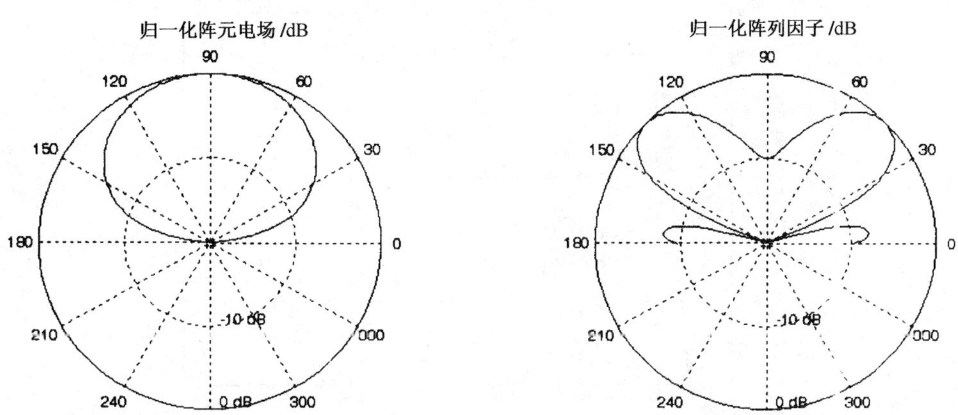

图 8.27　圆周阵列的阵元方向图、阵列因子方向图、总阵列方向图，使用第 230 页表格所定义的输入参数

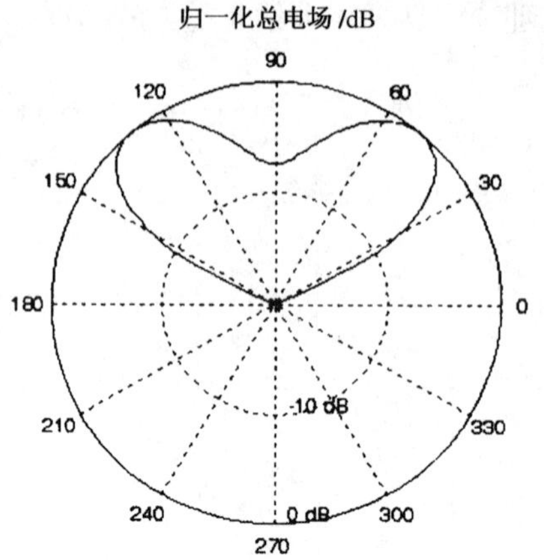

图 8.27(续) 圆周阵列的阵元方向图、阵列因子方向图、总阵列方向图,使用第 230 页表格所定义的输入参数

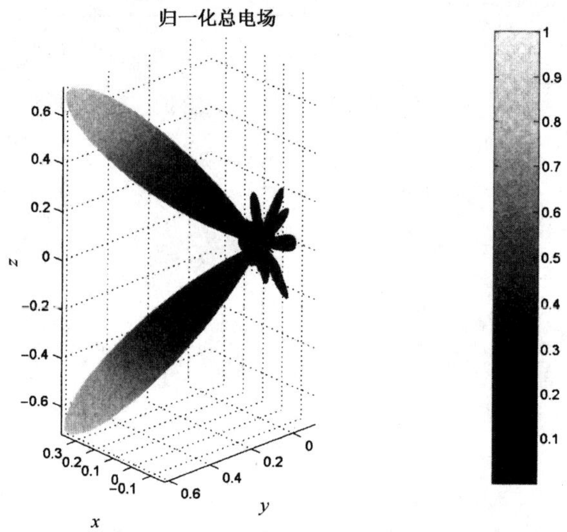

图 8.28 圆周阵列的三维总阵列方向图(在 θ,ϕ空间),使用第 230 页表格所定义的输入参数

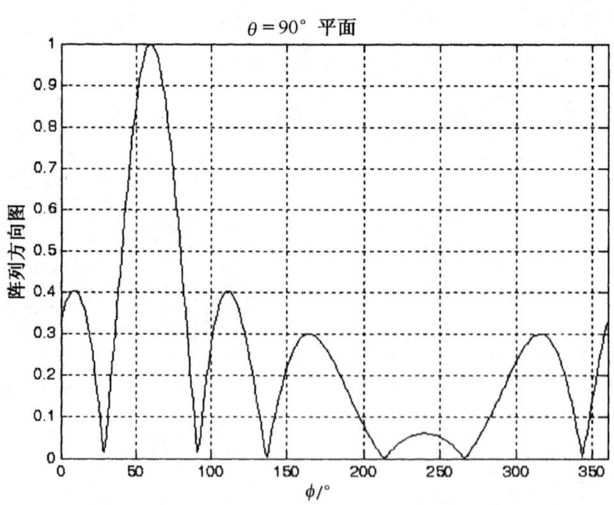

图 8.29 圆周阵列的阵列因子方向图(矩形坐标),使用第 231 页表格所定义的输入参数

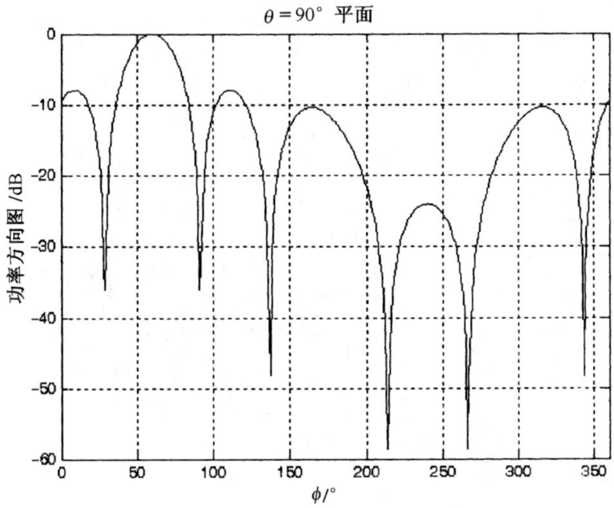

图 8.30 以 dB 数表示的图 8.29

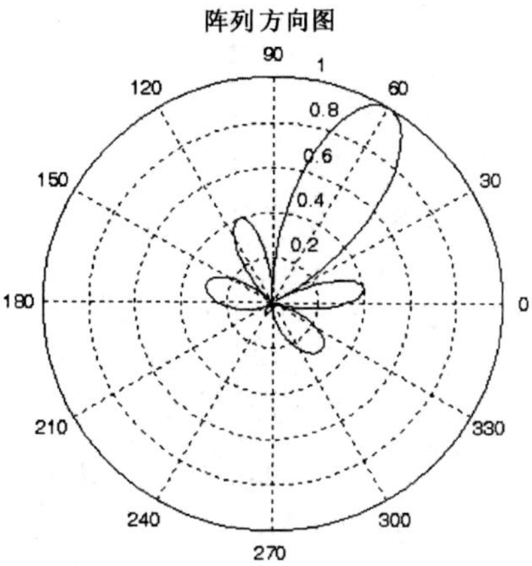

图 8.31 圆周阵列的阵列因子方向图(极坐标),使用第231页表格所定义的输入参数

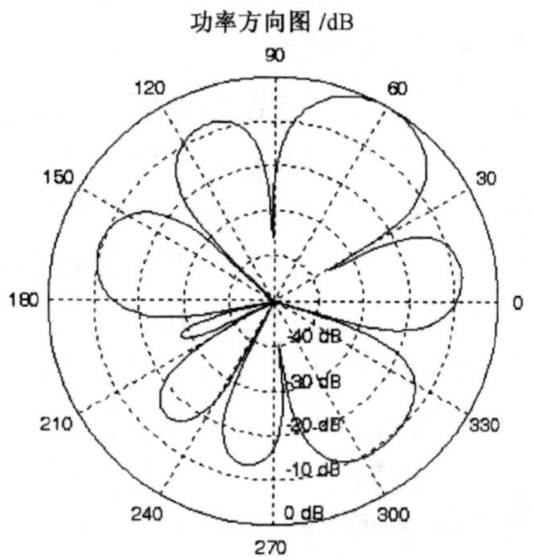

图 8.32 以 dB 数表示的图 8.31

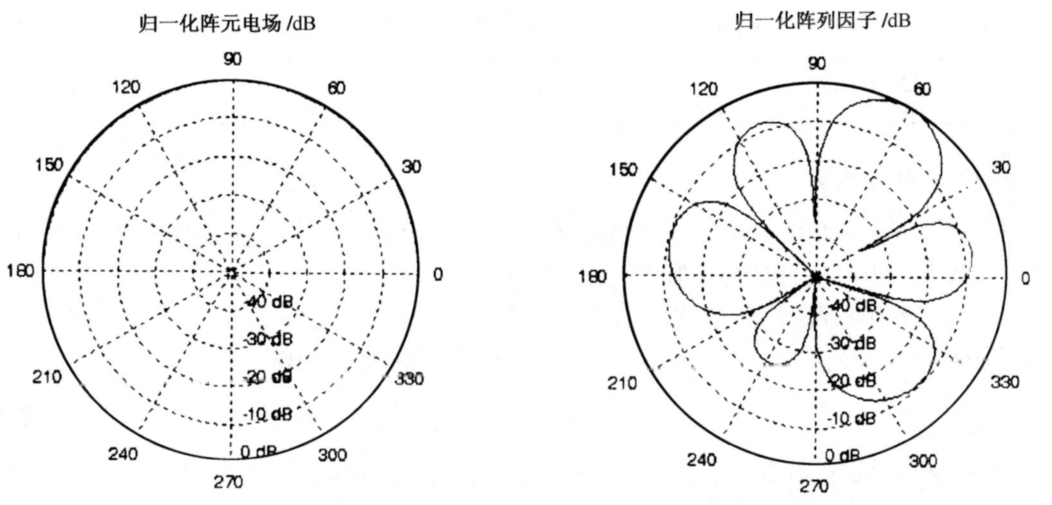

图 8.33 圆周阵列的阵元方向图、阵列因子方向图、总阵列方向图,使用第 231 页表格所定义的输入参数

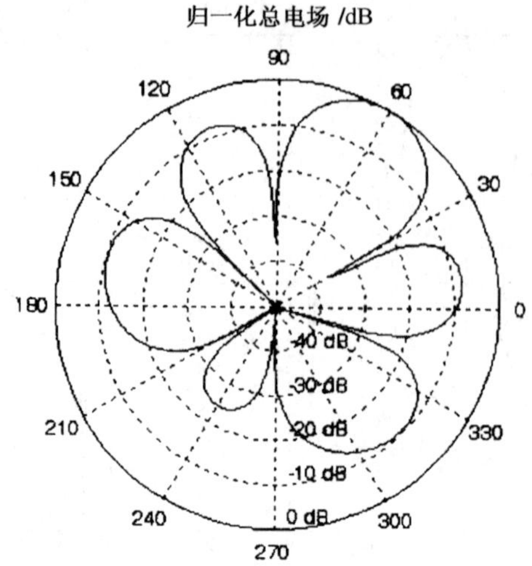

图 8.33(续) 圆周阵列的阵元方向图、阵列因子方向图、总阵列方向图,使用第 231 页表格所定义的输入参数

同心圆周网格阵列

此处所述的同心圆周网格阵列的几何关系如图 8.19(d)和图 8.34 所示。在这种情形下,N_2 个阵元均匀分布于半径为 a_2 的外侧圆周上,同时 N_1 个阵元线性分布于半径为 a_1 的内侧圆周上。放置于两个圆的圆心处的阵元作为相位参考点。在这种配置下,阵列共有 N_1+N_2+1 个阵元。

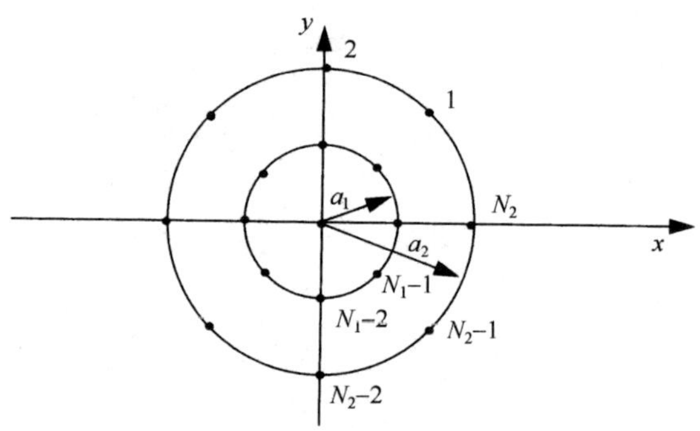

图 8.34 同心圆周阵列几何关系

阵列方向图分两步导出。第一步,对线性地分布于两个同心圆周上的 N_1 和 N_2 个阵元的阵列方向图和中心处阵元的阵列方向图分别独立地进行计算;第二步,将第一步得到的阵列方向图相加得到两个同心阵列和中心阵元构成的总阵列方向图。在第一步中,考虑完全相同的天线阵元的阵元方向图。于是,总方向图变为

$$E(\theta,\phi) = E_0(\theta,\phi) + E_1(\theta,\phi;a_1) + E_2(\theta,\phi;a_2) \tag{8.67}$$

图 8.35 示出了在 θ、ϕ空间中同心圆周阵列的三维阵列方向图,其参数如下:

a_1	N_1	a_2	N_2
λ	8($\lambda/2$ 半波偶极子)	2λ	8($\lambda/2$ 半波偶极子)

圆周边界矩形网格阵列

与这种阵列配置相关的远场区电场强度可以很容易地从对应于矩形网格阵列的远场区电场强度来获得。为了获得该电场强度值,需要按如下步骤进行。第一步,选择沿圆周直径方向上所需的最大阵元数目,并以 N_d 表示,同时选择相邻阵元间距 d_x、d_y。第二步,定义大小为 $N_d \times N_d$ 的矩形网格阵列,以$(x,y)=(0,0)$为圆心,r_d 为半径画圆。其中

$$r_d = \frac{N_d - 1}{2} + \Delta x \tag{8.68}$$

且有 $\Delta x \leqslant d_x/4$。最后,沿着矩形阵列,通过乘以一个二维序列 $a(m, n)$来修正加权函数,其中

$$a(m,n) = \begin{cases} 1 & \text{如果到第}(m,n)\text{个阵元的}dis < r_\text{d} \\ 0 & \text{其他} \end{cases} \tag{8.69}$$

式中的距离 dis 是从圆心开始测量的。上述过程如图 8.36 所示。

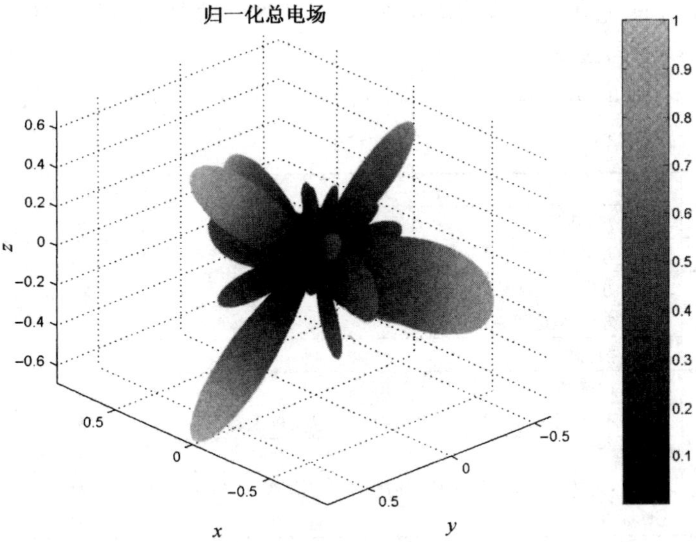

图 8.35 同心圆周阵列的三维阵列方向图：$\theta = 45°, \phi = 90°$

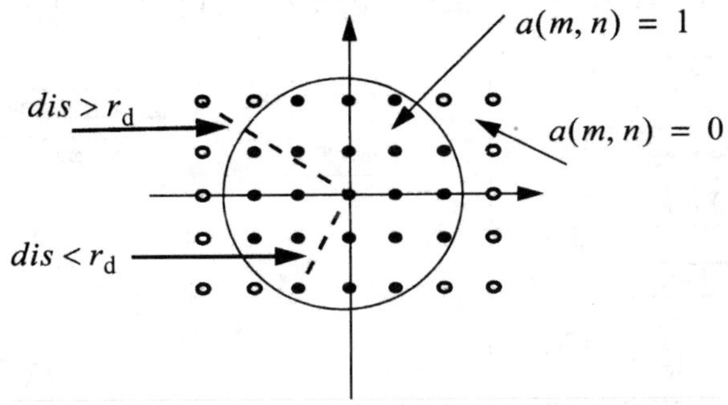

图 8.36 实心点阵元具有权函数 $a(m,n)=1$；其他阵元具有权函数 $a(m,n)=0$

六边形网格阵列

本节所给出的分析仅限于具有圆周边界的六边形网格阵列。水平阵元间距以 d_x 表示，垂直阵元间距为

$$d_y = \frac{\sqrt{3}}{2} d_x \tag{8.70}$$

该阵列假设沿 x 轴（$y=0$）方向具有最大的完全相同的阵元数目。这个数目以 N_x 表示，为了获得对称阵列，N_x 是奇数，并且在 $(x,y)=(0,0)$ 处有一个阵元。阵列的行数用 M 来表示，水平的行数用 m 来标注，其值从 $-(N_x-1)/2$ 到 $(N_x-1)/2$ 范围变化。第 m 行的阵元数目用 N_r 来表示，并定义为

$$N_\text{r} = N_x - |m| \tag{8.71}$$

在远场观测点的电场强度用式（8.24）和式（8.25）来计算。与位置 (m, n) 相关的相位为

$$\psi_{m,n} = \frac{2\pi d_x}{\lambda}\sin\theta\left[\left(m+\frac{n}{2}\right)\cos\phi + n\frac{\sqrt{3}}{2}\sin\phi\right] \tag{8.72}$$

MATLAB 函数"rect _array. m"

函数"rect _array. m"(见 8.8 节的清单 8.5)可计算并绘制在可视的 U,V 空间上的矩形天线的增益方向图。调用语法如下:

[pattern] = rect _array(Nxr, Nyr, dolxr, dolyr, theta0, phi0, winid, win, nbits)

其中,符号含义如下表所示。

符 号	描 述	单 位	状 态
Nxr	沿 x 方向阵元数	无	输入
Nyr	沿 y 方向阵元数	无	输入
dolxr	沿 x 方向阵元间距(波长数)	波长	输入
dolyr	沿 y 方向阵元间距(波长数)	波长	输入
theta0	垂直扫描角	°	输入
phi0	方位扫描角	°	输入
winid	-1:不使用加权系数;1:使用由 win 定义权系数	无	输入
win	旁瓣控制窗函数	无	输入
nbits	负值:理想量化情况;正值:使用 2^{nbits} 量化级数	无	输入
pattern	增益方向图	dB	输出

为完成上面的函数功能,编制了基于 GUI 工作空间的 MATLAB 函数"array. m",如图 8.37 所示。建议读者使用该 MATLAB GUI① 工作空间来产生符合要求的阵列增益方向图。

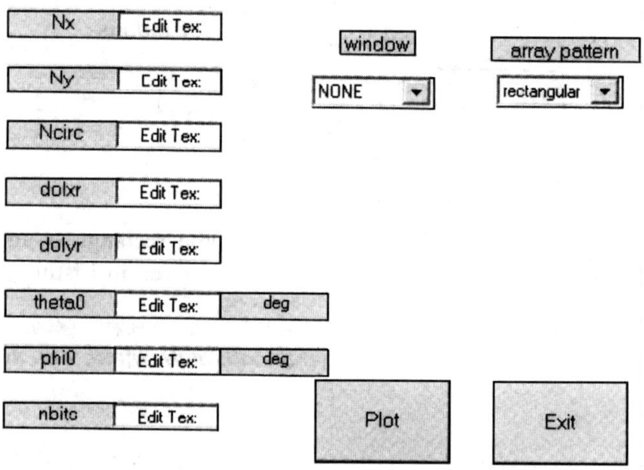

图 8.37 MATLAB GUI 工作空间"array. m"

图 8.38 到图 8.43 分别示出了在如下情形的 U,V 空间上的阵列增益方向图:

[pattern] = rect _array(15,15,0.5,0.5,0,0, -1, -1, -3) (8.73)

[pattern] = rect _array(15,15,0.5,0.5,20,30, -1, -1, -3) (8.74)

[pattern] = rect _array(15,15,0.5,0.5,30,30,1,'Hamming', -3) (8.75)

[pattern] = rect _array(15,15,0.5,0.5,30,30, -1, -1, -3) (8.76)

① 该 GUI 由阿拉巴马州亨斯维尔市的 Decibel 研究中心的顾问 David J. Hall 先生开发。

$$[\text{pattern}] = \text{rect\_array}(15,15,1,0.5,10,30,-1,-1,-3) \tag{8.77}$$

$$[\text{pattern}] = \text{rect\_array}(15,15,1,1,0,0,-1,-1,-3) \tag{8.78}$$

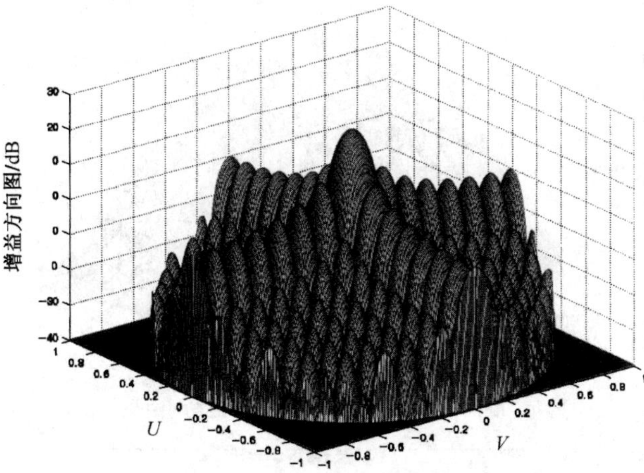

(a) 对应于式 (8.73) 的三维增益方向图

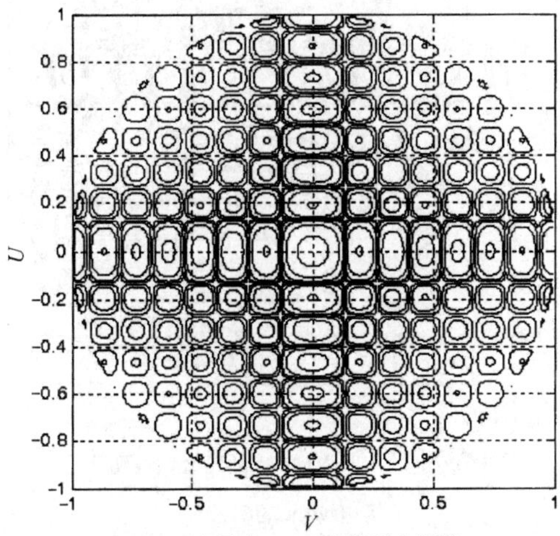

(b) 对应于式 (8.73) 的轮廓曲线图

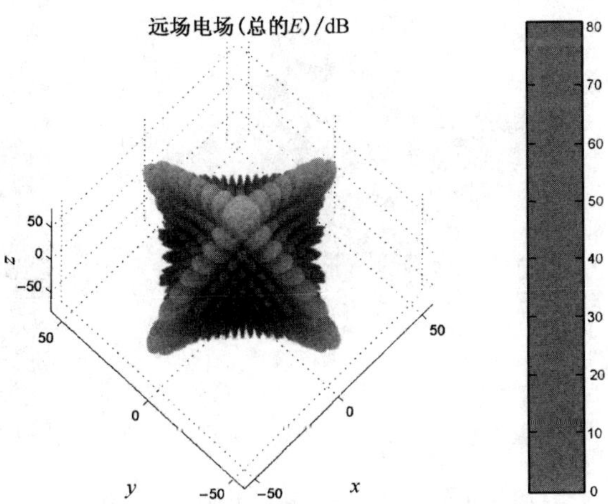

(c) 对应于式 (8.73) 的三维曲线图 (θ, ϕ 空间)

图 8.38

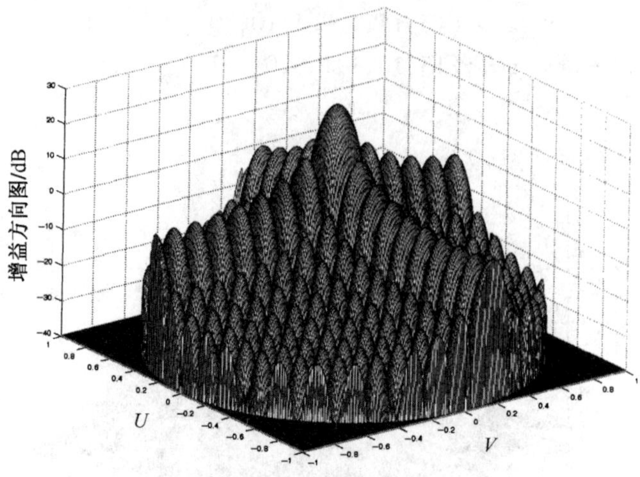

(a) 对应于式 (8.74) 的三维增益方向图

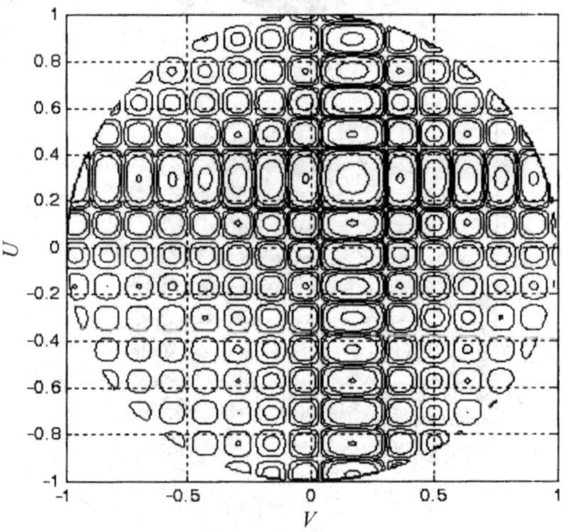

(b) 对应于式 (8.74) 的轮廓曲线图

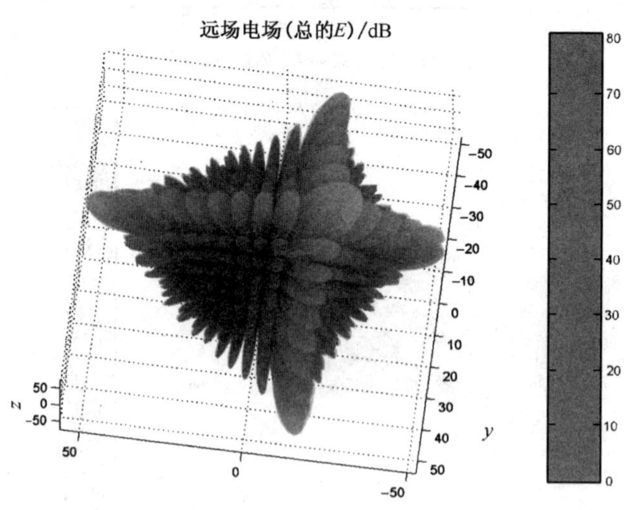

(c) 对应于式 (8.74) 的三维曲线图 (θ, ϕ 空间)

图 8.39

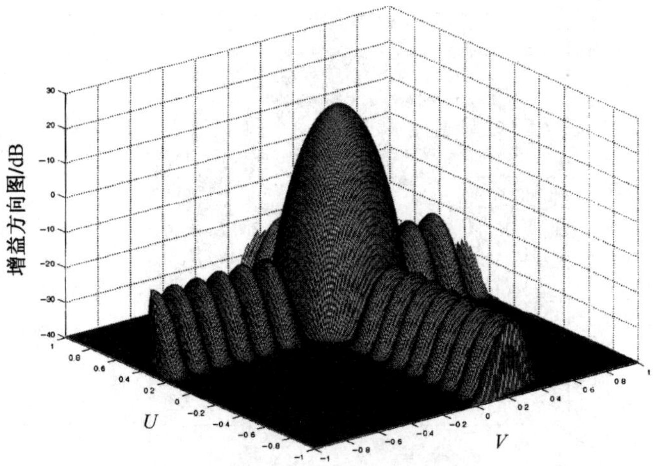

(a) 对应于式 (8.75) 的三维增益方向图

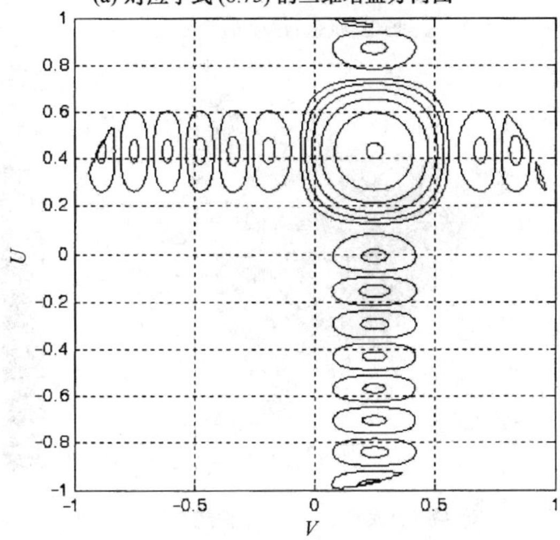

(b) 对应于式 (8.75) 的轮廓曲线图

图 8.40

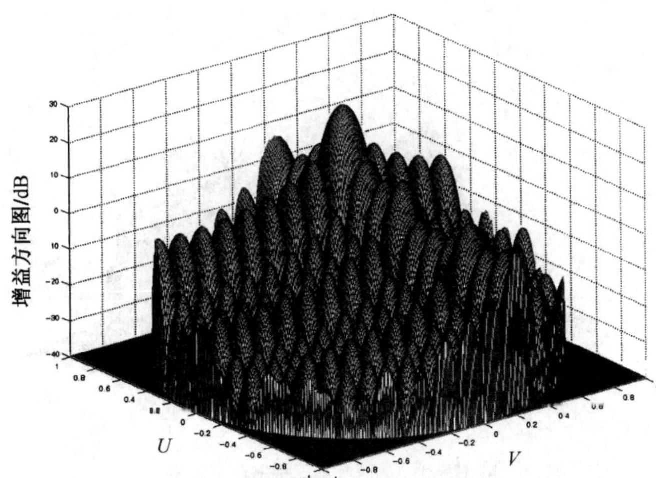

(a) 对应于式 (8.76) 的三维增益方向图

图 8.41

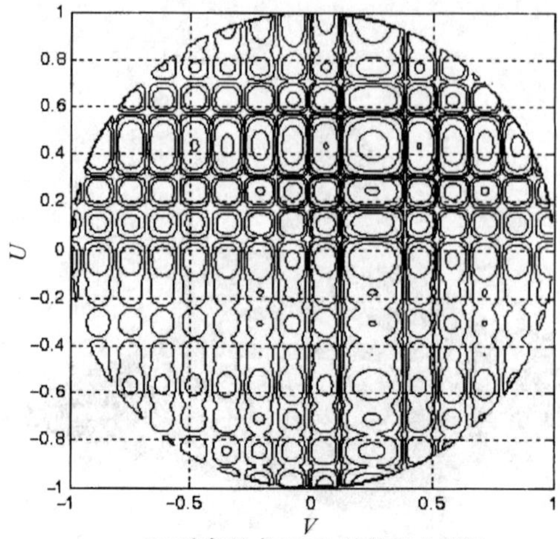

(b) 对应于式 (8.76) 的轮廓曲线图

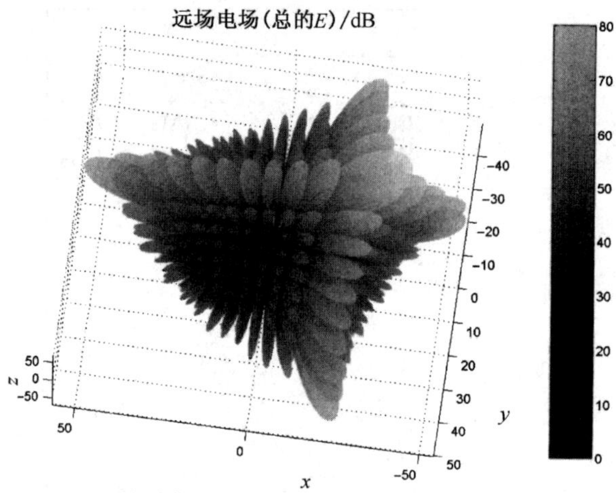

(c) 对应于式 (8.76) 的三维曲线图 (θ, ϕ 空间)

图 8.41(续)

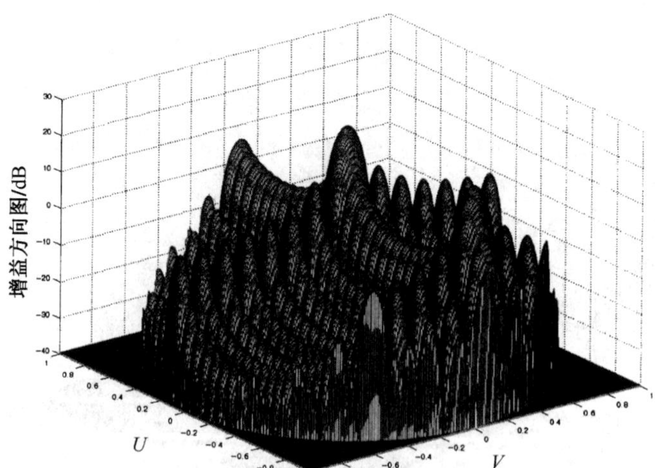

(a) 对应于式 (8.77) 的三维增益方向图

图 8.42

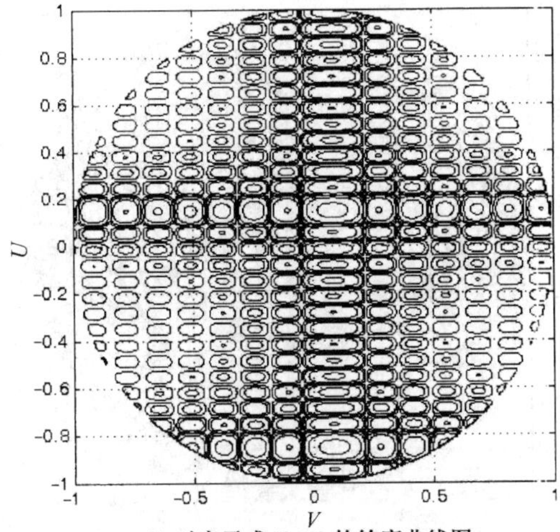

(b) 对应于式 (8.77) 的轮廓曲线图

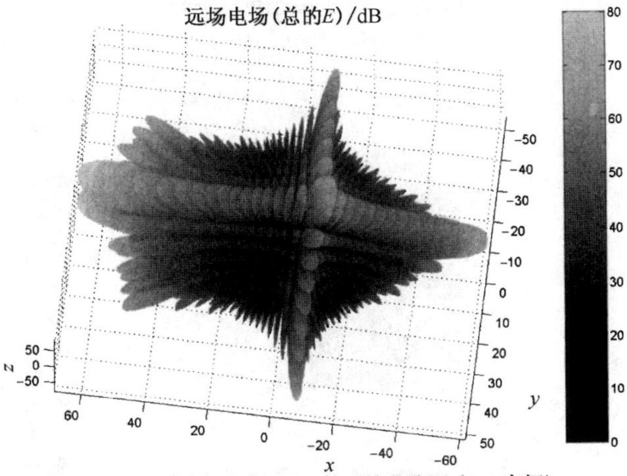

(c) 对应于式 (8.77) 的三维曲线图 (θ, ϕ 空间)

图 8.42(续)

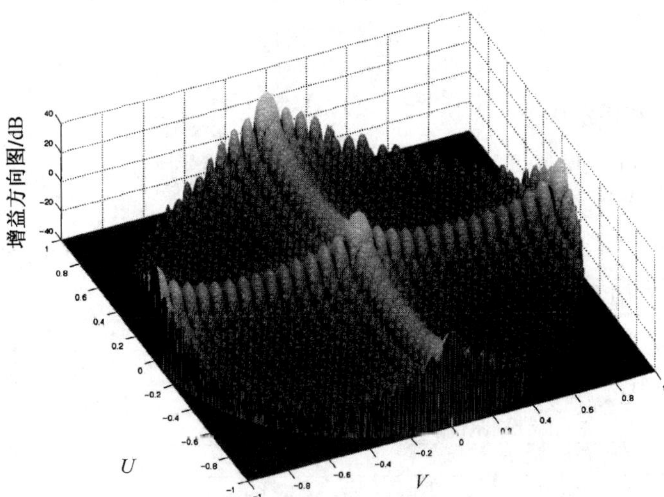

(a) 对应于式 (8.78) 的三维增益方向图

图 8.43

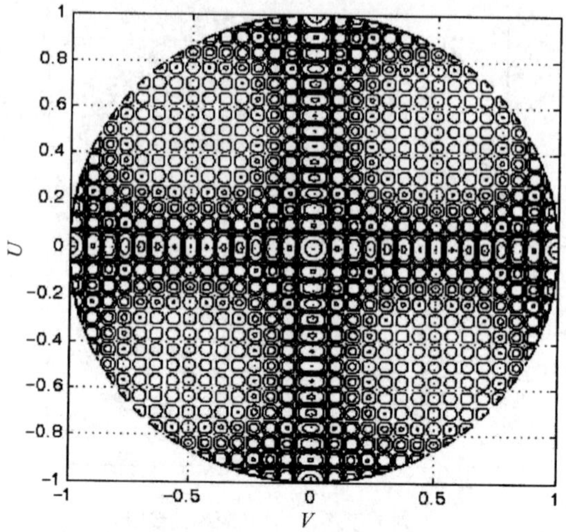

(b) 对应于式(8.78)的轮廓曲线图

远场电场(总的E)/dB

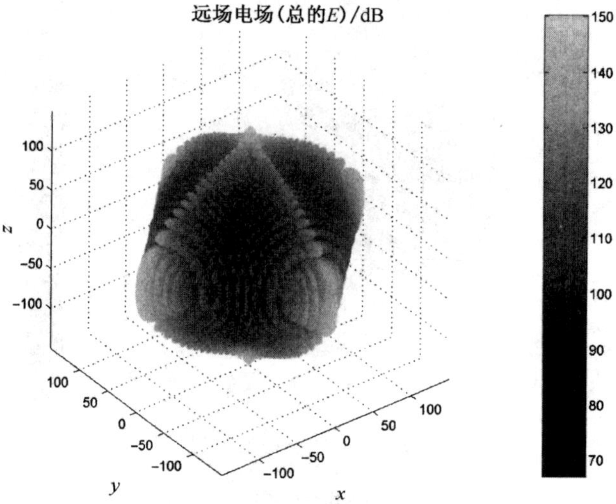

(c) 对应于式(8.78)的三维曲线图(θ, ϕ空间)

图 8.43(续)

MATLAB 函数"circ _array. m"

函数"circ _array. m"(见 8.8 节的清单 8.6)可计算并绘制在可视的 U,V 空间上圆周边界矩形网格阵列天线的增益方向图。调用语法如下:

[pattern, amn] = cir _array(N, dolxr, dolyr, theta0, phi0, winid, win, nbits);

其中,符号含义如下表所示。

符　号	描　述	单　位	状　态
N	沿直径方向阵元数	无	输入
dolxr	沿 x 方向阵元间距(波长数)	波长	输入
dolyr	沿 y 方向阵元间距(波长数)	波长	输入
theta0	垂直扫描角	°	输入
phi0	方位扫描角	°	输入
winid	-1:不使用加权系数;1:使用由 win 定义权函数	无	输入
win	旁瓣控制窗函数	无	输入

(续表)

符 号	描 述	单 位	状 态
nbits	负值:理想量化情况;正值:使用 2^n 比特量化级数	无	输入
pattern	增益方向图	dB	输出
amn	由式(8.68)定义的 a(m,n)序列	无	输出

图 8.44 到图 8.49 分别示出了如下条件下阵列增益方向图随扫描角度变化的曲线:

[pattern,amn] = circ _array(15,0.5,0.5,0,0, -1, -1, -3) (8.79)

[pattern,amn] = circ _array(15,0.5,0.5,20,30, -1, -1, -3) (8.80)

[pattern,amn] = circ _array(15,0.5,0.5,30,30,1,'Hamming', -3) (8.81)

[pattern,amn] = circ _array(15,0.5,0.5,30,30, -1, -1,3) (8.82)

[pattern,amn] = circ _array(15,1,0.5,10,30, -1, -1, -3) (8.83)

[pattern,amn] = circ _array(15,1,1,0,0, -1, -1, -3) (8.84)

注意,函数“circ_array. m”使用了计算阵列加权序列 $a(m, n)$ 的函数“rec _to _circ. m”(见 8.8 节的清单 8.7)。

在程序“array. m”中定义的 MATLAB GUI 工作空间可用来执行上面的功能。

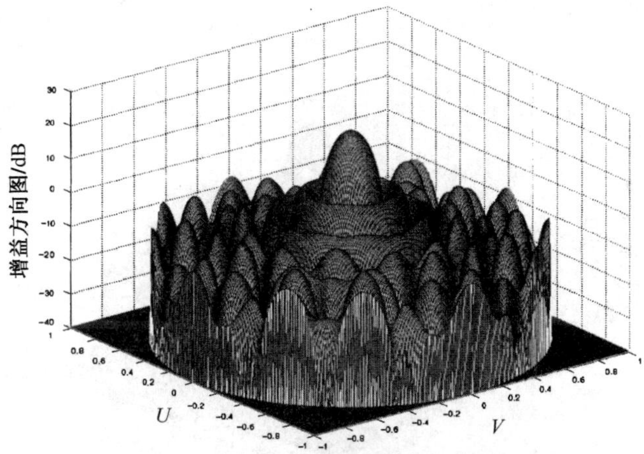

(a) 对应于式 (8.79) 的三维增益方向图

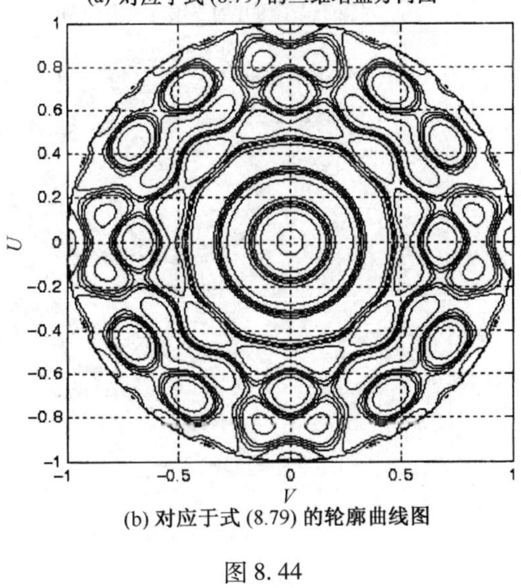

(b) 对应于式 (8.79) 的轮廓曲线图

图 8.44

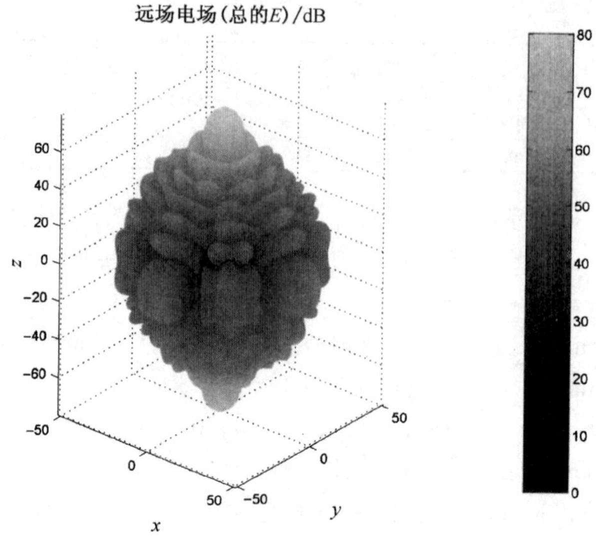

(c) 对应于式(8.79)的三维曲线图(θ,ϕ空间)

图 8.44(续)

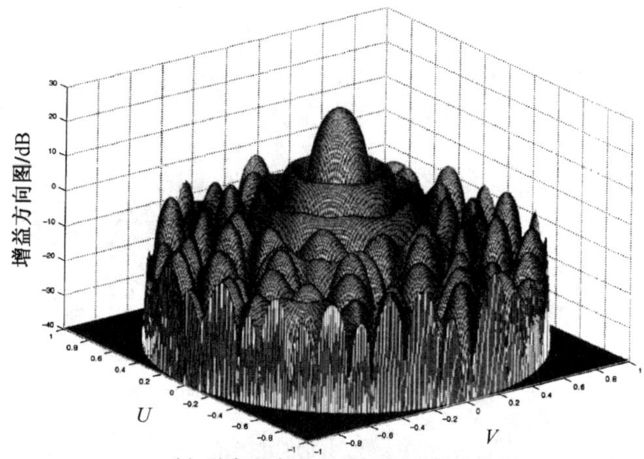

(a) 对应于式 (8.80) 的三维增益方向图

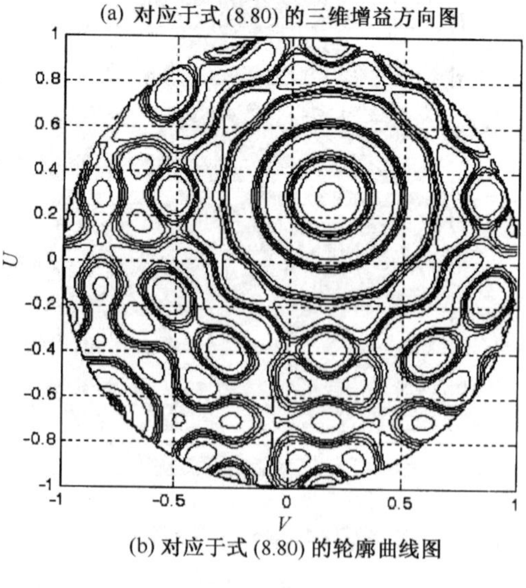

(b) 对应于式 (8.80) 的轮廓曲线图

图 8.45

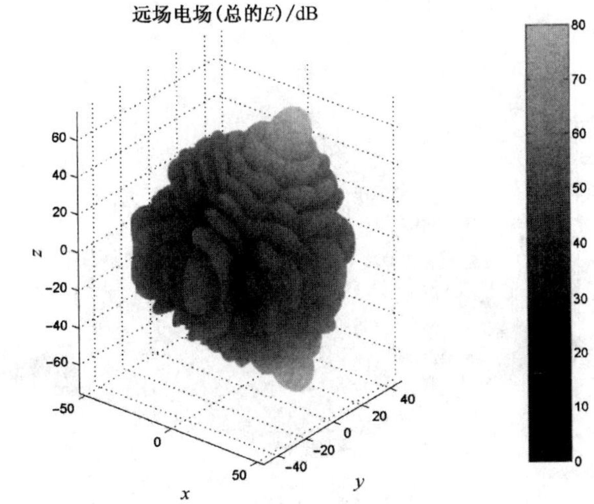

(c) 对应于式(8.80)的三维曲线图(θ,ϕ空间)

图 8.45(续)

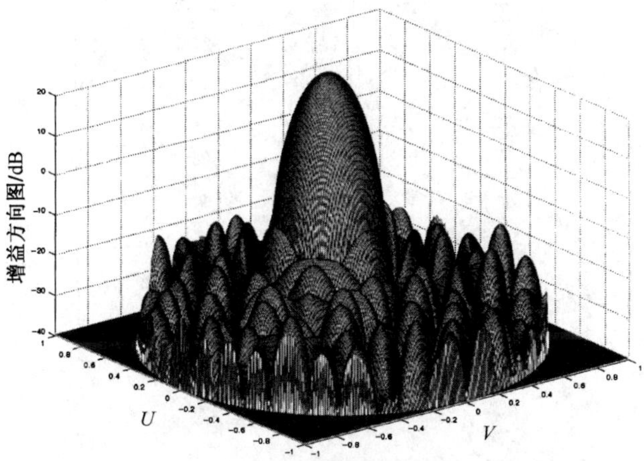

(a) 对应于式(8.81)的三维增益方向图

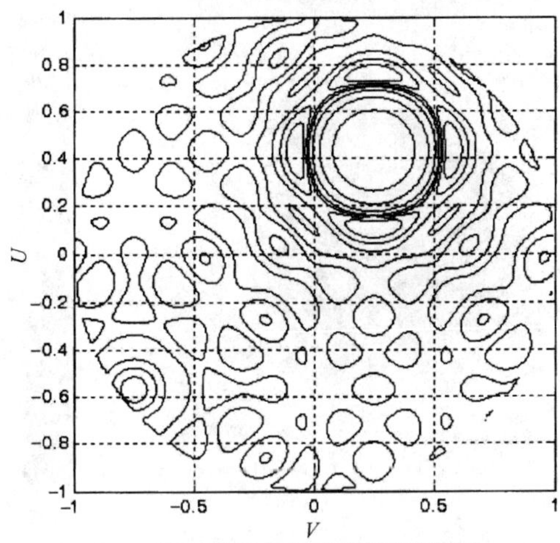

(b) 对应于式(8.81)的轮廓曲线图

图 8.46

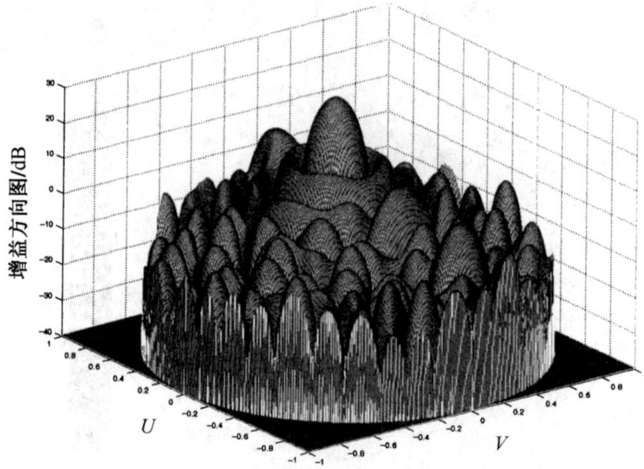

(a) 对应于式 (8.82) 的三维增益方向图

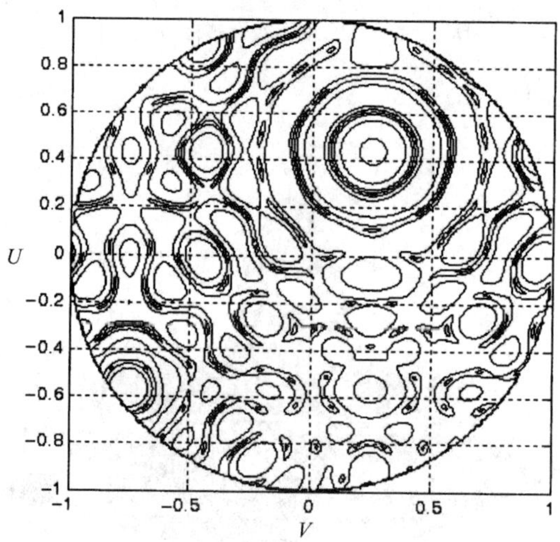

(b) 对应于式 (8.82) 的轮廓曲线图

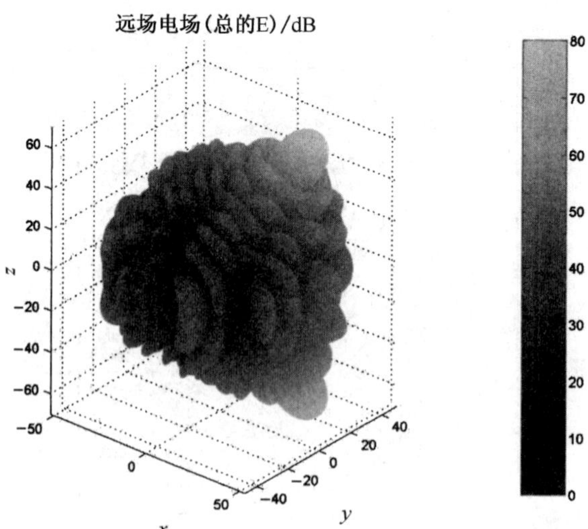

(c) 对应于式 (8.82) 的三维曲线图 (θ, ϕ 空间)

图 8.47

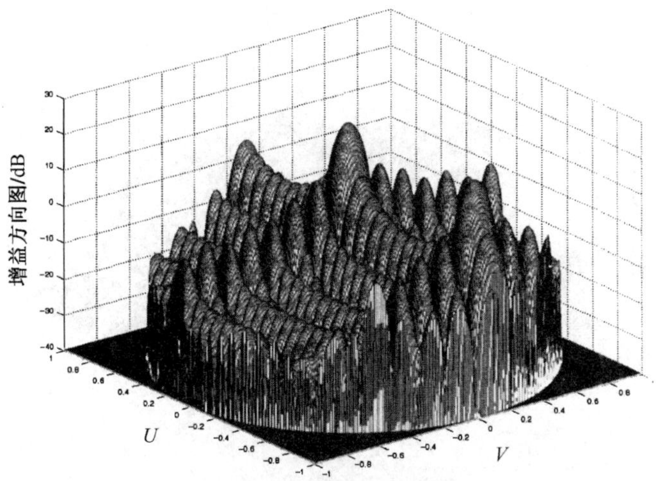

(a) 对应于式 (8.83) 的三维增益方向图

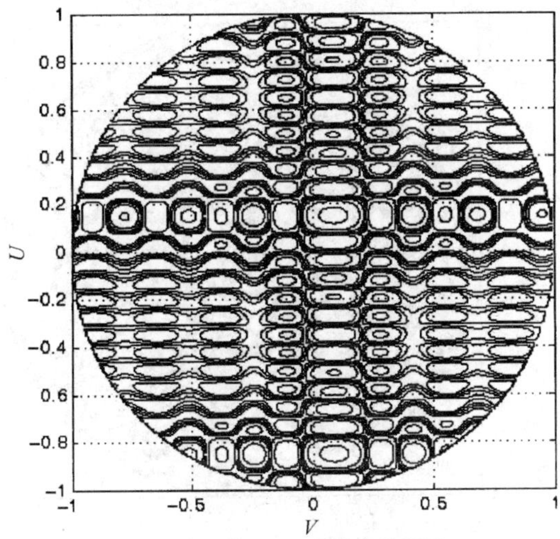

(b) 对应于式 (8.83) 的轮廓曲线图

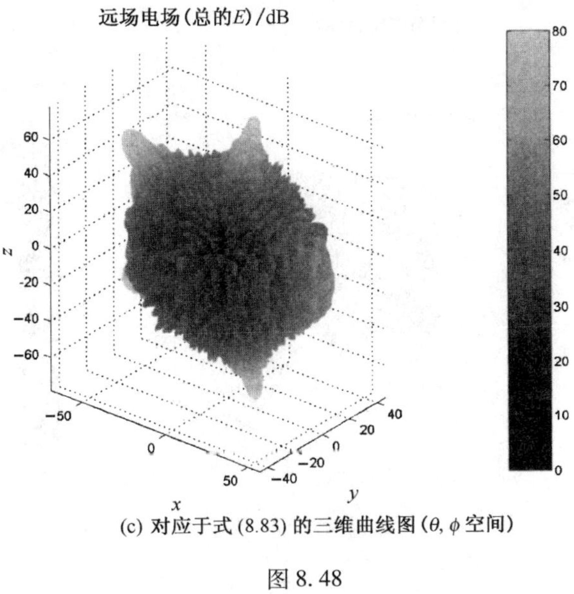

(c) 对应于式 (8.83) 的三维曲线图 (θ, ϕ 空间)

图 8.48

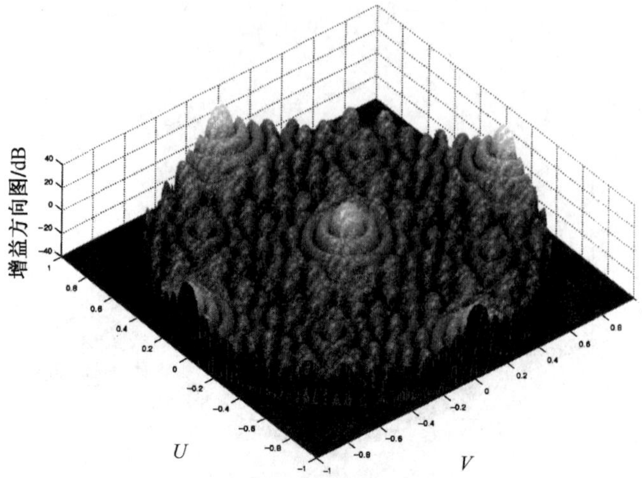

(a) 对应于式 (8.84) 的三维增益方向图

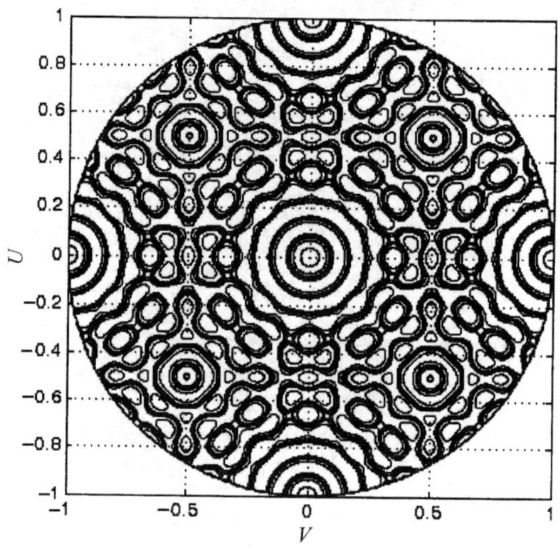

(b) 对应于式 (8.84) 的轮廓曲线图

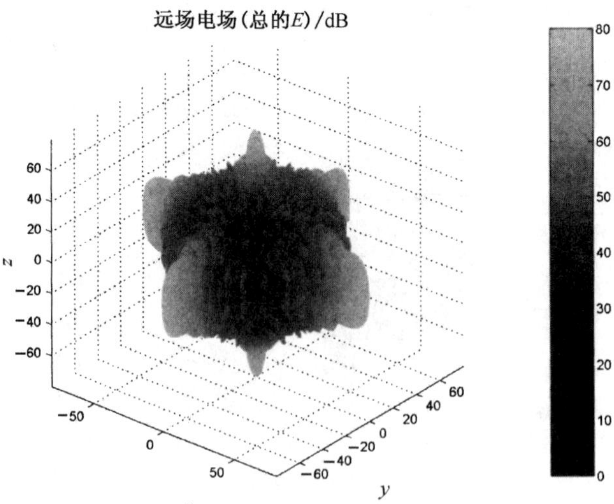

(c) 对应于式 (8.84) 的三维曲线图 (θ, ϕ 空间)

图 8.49

程序"array. m"同样绘出了阵列的阵元间距方向图。图 8.50(a)和图 8.50(b)给出了两个例子。用"×"表示的点代表实际的有效阵列阵元的位置,而用"◦"表示的点代表只是用于计算目的而产生的假的或虚拟阵元的位置。确切地讲,图 8.50(a)示出了式(8.67)和式(8.68)定义的圆周边界矩形网格阵列,且 $d_x = d_y = 0.5\lambda$,$a = 0.35\lambda$。图 8.50(b)示出的阵列与图 8.50(a)类似,但此时阵元间距为 $d_x = 1.5\lambda$,$d_y = 0.5\lambda$。

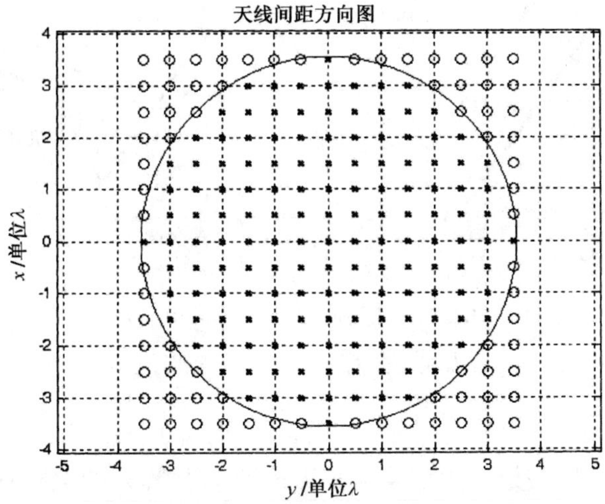

(a) 由圆周边界矩形网格阵列产生的 15 阵元圆周网格阵列,阵元间距 $d_x = 0.5\lambda = d_y$

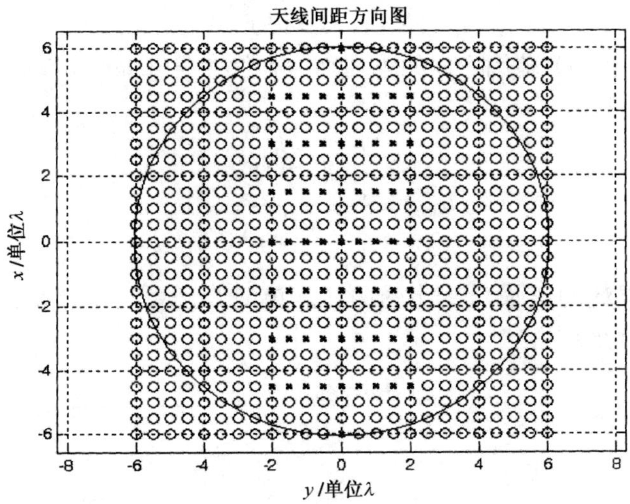

(b) 由圆周边界矩形网格阵列产生的 15 阵元圆周网格阵列,阵元间距 $d_y = 0.5\lambda$,$d_x = 1.5\lambda$

图 8.50

8.6 阵列扫描损耗

当波束从阵列视轴方向或最高点方向(垂直于阵列面)扫描至其他角度时,相控阵将会出现增益损失。这种损失是由于这样一种事实:阵列有效孔径变小而使阵列波束宽度展宽。如

图 8.51 所示，这种天线增益损失称为扫描损耗 L_{scan}，其中

$$L_{scan} = \left(\frac{A}{A_\theta}\right)^2 = \left(\frac{G}{G_\theta}\right)^2 \tag{8.85}$$

A_θ 是在扫描角 θ 处的有效孔径面积，G_θ 是在 θ 角处的有效阵列增益。

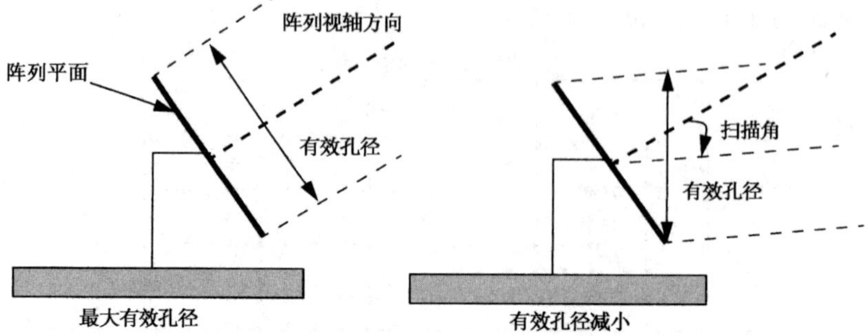

图 8.51　由于电扫描造成的阵列有效孔径的减小

由于在大扫描角处增加了扫描损耗，在扫描角 θ 处的波束宽度为

$$\Theta_\theta = \frac{\Theta_{broadside}}{\cos\theta} \tag{8.86}$$

为了将扫描损耗限制在某些可接受的实际数值以下，大多数阵列的电扫描不超过大约 $\theta = 60°$。这种阵列被称为全视场(Full Field Of View, FFOV)。为了避免栅瓣，FFOV 阵列采用 0.6λ 或更小的阵元间距。FFOV 阵列扫描损耗约为

$$L_{scan} \approx (\cos\theta)^{2.5} \tag{8.87}$$

将电扫描限制在 $\theta = 60°$范围之内的阵列称为有限视场(Limited Field Of View, LFOV)。在这种情形下扫描损耗为

$$L_{scan} = \left[\frac{\sin\left(\frac{\pi d}{\lambda}\sin\theta\right)}{\frac{\pi d}{\lambda}\sin\theta}\right]^{-4} \tag{8.88}$$

图 8.52 示出了扫描损耗随扫描角变化的曲线。该曲线可由清单 8.8 给出的 MATLAB 程序“fig8 _52. m”重新进行绘制。

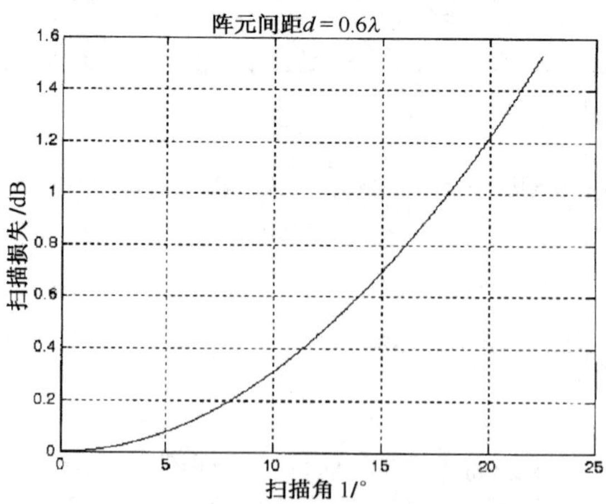

图 8.52　扫描损耗随扫描角变化的曲线，基于式(8.87)

8.7 “我的雷达”设计案例研究——实习8

8.7.1 问题描述

修改“我的雷达”设计案例研究以使用相控阵天线。为此,修改设计要求以使搜索区域可由 $\Theta_e=10°$ 和 $\Theta_a \leqslant 45°$ 来定义。设计一部电扫描雷达,可应用多脉冲非相干积累,假设雷达工作于X波段,确定雷达的尺寸以满足上述任务的要求。计算天线增益、孔径尺寸、导弹和飞机的检测距离、阵列中阵元数目等。所有其他的设计要求与前面几章中定义的相同。

8.7.2 一种设计方案

搜索区域为

$$\Omega = \frac{10° \times 45°}{(57.296)^2} = 0.1371\text{立体弧度} \tag{8.89}$$

对于X波段雷达,选择 $f_0=9$ GHz,则

$$\lambda = \frac{3\times 10^8}{9\times 10^9} = 0.0333 \text{ m} \tag{8.90}$$

假设孔径尺寸 $A_e=2.25\ \text{m}^2$,从而有

$$G = \frac{4\pi A_e}{\lambda^2} = \frac{4\times\pi\times 2.25}{(0.0333)^2} = 25\,451.991 \Rightarrow G = 44\ \text{dB} \tag{8.91}$$

假设正方形孔径,于是孔径3 dB波束宽度可由下式计算得到

$$\left(G = \frac{4\pi}{\theta_{3\text{dB}}^2}\right) \Rightarrow \theta_{3\text{dB}} = \sqrt{\frac{4\times\pi\times 180^2}{25\,451.991\times\pi^2}} = 1.3° \tag{8.92}$$

为覆盖搜索区域所需要的波束数目为

$$n_b = k_p\frac{\Omega}{(1.3/57.296)^2}\bigg|_{k_p=1.5} \Rightarrow n_b = 399.5 \Rightarrow \text{选择}\ n_b = 400 \tag{8.93}$$

注意,为了避免波束覆盖出现缝隙,用堆积因子 k_p 表示波束重叠程度。搜索扫描速率是2 s,因此最小PRF应该满足每秒扫描200个波束(也就是说,$f_r=200$ Hz)。这样的PRF使雷达在一个完整的扫描周期之内对于每一个波束位置仅仅扫描一次。

在第2章已有结论,即在积累检测策略下为获得所需检测概率需要4个脉冲的非相干积累。另外,对于导弹和飞机的情形,单脉冲能量分别为(见77页)

$$E_m = 0.1147\ \text{J} \tag{8.94}$$

$$E_a = 0.1029\ \text{J} \tag{8.95}$$

然而,上述值是利用 $\lambda=0.1$ m 和 $G=2827.4$ 求出的。新的波长为 $\lambda=0.0333$ m,新的增益为 $G=25\,451.99$。从而若假定与第2章求出的单脉冲信噪比(SNR)相同,则导弹和飞机单脉冲能量为

$$E_m = 0.1147\times\frac{0.1^2\times 2827.4^2}{0.0333^2\times 25452^2} = 0.012\,765\ \text{J} \tag{8.96}$$

$$E_{\mathrm{a}} = 0.1029 \times \frac{0.1^2 \times 2827.4^2}{0.0333^2 \times 25452^2} = 0.011\,45\ \mathrm{J} \tag{8.97}$$

满足上述两类目标检测的单脉冲峰值功率为

$$P_{\mathrm{t}} = \frac{0.012\,765}{20 \times 10^{-6}} = 638.25\ \mathrm{W} \tag{8.98}$$

其中 $\tau = 20\mu\mathrm{s}$。

注意，因为引入了 4 个脉冲的非相干积累，所以最小 PRF 增至

$$f_{\mathrm{r}} = 200 \times 4 = 800\ \mathrm{Hz} \tag{8.99}$$

总波束数目为 $n_{\mathrm{b}} = 1600$。结果，不模糊距离为

$$R_{\mathrm{u}} \leqslant \frac{3 \times 10^8}{2 \times 800} = 187.5\ \mathrm{km} \tag{8.100}$$

既然有效孔径为 $A_{\mathrm{e}} = 2.25\ \mathrm{m}^2$，则通过假定阵列效率 $\rho = 0.8$，实际阵列尺寸为

$$A = \frac{2.25}{0.8} = 2.8125\ \mathrm{m}^2 \tag{8.101}$$

因此物理阵列的边长为 1.68 m × 1.68 m。所以，通过选择阵列阵元间距 $d = 0.6\lambda$，大小为 84 ×84 阵元的阵列满足设计要求。

因为视场小于 ±22.5°，在不给阵列视场内引入任何栅瓣的情况下，可以使用大到 $d = 1.5\lambda$ 的阵元间距。使用这种选择得到大小为 34 ×34 =1156 个阵元的阵列，因此每个阵元所需功率小于 0.6 W。

8.8 MATLAB 程序及函数清单

本节包含了在本章用到的所有 MATLAB 程序和函数清单。建议读者改变不同的输入参数重新运行这些代码，从而加深对理论的理解。

清单 8.1 MATLAB 程序“fig8_5.m”

```
% Use this code to produce figure 8.5a and 8.5b based on equation 8.34
clear all
close all
eps = 0.00001;
k = 2*pi;
theta = -pi : pi / 10791 : pi;
var = sin(theta);
nelements = 8;
d = 1;      % d = 1;
num = sin((nelements * k * d * 0.5) .* var);

if(abs(num) <= eps)
  num = eps;
end
den = sin((k* d * 0.5) .* var);
if(abs(den) <= eps)
```

```
  den = eps;
end

pattern = abs(num ./ den);
maxval = max(pattern);
pattern = pattern ./ maxval;

figure(1)
plot(var,pattern)
xlabel('sine angle - dimensionless')
ylabel('Array pattern')
grid

figure(2)
plot(var,20*log10(pattern))
axis ([-1 1 -60 0])
xlabel('sine angle - dimensionless')
ylabel('Power pattern [dB]')
grid;

figure(3)
theta = theta +pi/2;
polar(theta,pattern)
title ('Array pattern')

figure(4)
polardb(theta,pattern)
title ('Power pattern [dB]')
```

清单 8.2　MATLAB 程序“fig8_7.m”

```
% Use this program to reproduce Fig. 8.7 of text
clear all
close all
eps =0.00001;
N = 32;
rect(1:32) = 1;
ham = hamming(32);
han = hanning(32);
blk = blackman(32);
k3 = kaiser(32,3);
k6 = kaiser(32,6);
RECT = 20*log10(abs(fftshift(fft(rect, 512)))./32 +eps);
HAM =  20*log10(abs(fftshift(fft(ham, 512)))./32 +eps);
HAN =  20*log10(abs(fftshift(fft(han, 512)))./32+eps);
BLK = 20*log10(abs(fftshift(fft(blk, 512)))./32+eps);
K6 = 20*log10(abs(fftshift(fft(k6, 512)))./32+eps);
x = linspace(-1,1,512);
figure
subplot(2,1,1)
```

```
plot(x,RECT,'k--',x,HAM,'k',x,HAN,'k-.');
xlabel('x')
ylabel('Window')
grid
axis tight
legend('Rectangular','Hamming','Hanning')
subplot(2,1,2)
plot(x,RECT,'k--',x,BLK,'k',x,K6,'K-.')
xlabel('x')
ylabel('Window')
legend('Rectangular','Blackman','Kasier at \beta = 6')
grid
axis tight
```

清单 8.3 MATLAB 函数“linear_array.m”

```
function [theta,patternr,patterng] =
linear_array(Nr,dolr,theta0,winid,win,nbits);
% This function computes and returns the gain radiation pattern for a linear
array


% It uses the FFT to compute the pattern
%%%%%%%%% ********** INPUTS *********** %%%%%%%%%%
% Nr ==> number of elements; dolr ==> element spacing (d) in lambda units
divided by lambda
% theta0 ==> steering angle in degrees; winid ==> use winid negative for no
window, winid positive to enter your window of size(Nr)
% win is input window, NOTE that win must be an NrX1 row vector; nbits
==> number of bits used in the phase shifters
% negative nbits mean no quantization is used
%%%%%% *********** OUTPUTS *********** %%%%%%%%%%%%%
% theta ==> real-space angle; patternr ==> array radiation pattern in dBs
% patterng ==> array directive gain pattern in dBs
%%%%%%%%%%%%%% **************** %%%%%%%%%%%%%%
eps = 0.00001;
n = 0:Nr-1;
i = sqrt(-1);
%if dolr is > 0.5 then; choose dol = 0.25 and compute new N
if(dolr <=0.5)
  dol = dolr;
  N = Nr;
else
  ratio = ceil(dolr/.25);
  N = Nr * ratio;
  dol = 0.25;
end
% choose proper size fft, for minimum value choose 256
Nrx = 10 * N;
```

```
nfft = 2^(ceil(log(Nrx)/log(2)));
if nfft < 256
   nfft = 256;
end
% convert steering angle into radians; and compute the sine of angle
theta0 = theta0 *pi /180.;
sintheta0 = sin(theta0);
% determine and compute quantized steering angle
if nbits < 0
  phase0 = exp(i*2.0*pi .* n * dolr * sintheta0);
else
   % compute and add the phase shift terms (WITH nbits quantization)
   % Use formula thetal = (2*pi*n*dol) * sin(theta0) divided into 2^nbits
   % and rounded to the nearest qunatization level
   levels = 2^nbits;
   qlevels = 2.0 * pi / levels; % compute quantization levels
   % compute the phase level and round it to the closest quantization level at
each array element
   angleq = round(dolr .* n * sintheta0 * levels) .* qlevels; % vector of possi-
ble angles
   phase0 = exp(i*angleq);
end
% generate array of elements with or without window
if winid < 0
   wr(1:Nr) = 1;
else
   wr = win';
end
% add the phase shift terms
 wr =  wr .* phase0;
 % determine if interpolation is needed (i.e., N > Nr)
if N > Nr
   w(1:N) = 0;
   w(1:ratio:N) = wr(1:Nr);
else
   w = wr;
end
% compute the sine(theta) in real space that corresponds to the FFT index
arg = [-nfft/2:(nfft/2)-1] ./ (nfft*dol);
idx = find(abs(arg) <= 1);
sinetheta = arg(idx);
theta = asin(sinetheta);
% convert angle into degrees
theta = theta .* (180.0 / pi);
% Compute fft of w (radiation pattern)
patternv - (abs(fftshift(fft(w,nfft)))).^2;
% convert radiationa pattern to dBs
patternr = 10*log10(patternv(idx) ./Nr +  eps);
% Compute directive gain pattern
```

```
rbarr  = 0.5 *sum(patternv(idx)) ./ (nfft * dol);
patterng = 10*log10(patternv(idx) + eps) - 10*log10(rbarr + eps);
return
```

清单 8.4 MATLAB 程序“circular_array.m”

```
% Circular Array in the x-y plane
% Element is a short dipole antenna parallel to the z axis
% 2D Radiation Patterns for fixed phi or fixed theta
% dB polar plots uses the polardb.m file
% Last modified: July 13, 2003
%
%%%% Element expression needs to be modified if different
%%%% than a short dipole antenna along the z axis
clear all
clf
% close all
% ====  Input Parameters  ====
a = 1.;        % radius of the circle
N = 20;          % number of Elements of the circular array
theta0 = 45;   % main beam Theta direction
phi0 = 60;     % main beam Phi direction
% Theta or Phi variations for the calculations of the far field pattern
Variations = 'Phi'; % Correct selections are 'Theta' or 'Phi'
phid = 60;      % constant phi plane for theta variations
thetad = 45;    % constant theta plane for phi variations
% ====  End of Input parameters section  ====
dtr = pi/180;           % conversion factors
rtd = 180/pi;
phi0r = phi0*dtr;
theta0r = theta0*dtr;
lambda = 1;
k = 2*pi/lambda;
ka = k*a;              % Wavenumber times the radius
jka = j*ka;
I(1:N) = 1;            % Elements excitation Amplitude and Phase
alpha(1:N) =0;
for n = 1:N            % Element positions Uniformly distributed along the circle
   phin(n) = 2*pi*n/N;
end
switch Variations
case 'Theta'
   phir = phid*dtr;   % Pattern in a constant Phi plane
   i = 0;
   for theta = 0.001:1:181
      i = i+1;
      thetar(i) = theta*dtr;
      angled(i) = theta;  angler(i) = thetar(i);
      Arrayfactor(i) = 0;
      for n = 1:N
```

```
        Arrayfactor(i) = Arrayfactor(i) + I(n)*exp(j*alpha(n)) ...
                    * exp( jka*(sin(thetar(i))*cos(phir -phin(n))) ...
                        -jka*(sin(theta0r )*cos(phi0r-phin(n))) );
      end
      Arrayfactor(i) = abs(Arrayfactor(i));
      Element(i) = abs(sin(thetar(i)+0*dtr));  % use the abs function to avoid
    end
  case 'Phi'
    thetar = thetad*dtr;  % Pattern in a constant Theta plane
    i = 0;
    for phi = 0.001:1:361
      i = i+1;
      phir(i)   = phi*dtr;
      angled(i) = phi;  angler(i) = phir(i);
      Arrayfactor(i) = 0;
      for n = 1:N
        Arrayfactor(i) = Arrayfactor(i) +  I(n)*exp(j*alpha(n)) ...
                    * exp( jka*(sin(thetar )*cos(phir(i)-phin(n))) ...
                        -jka*(sin(theta0r)*cos(phi0r  -phin(n))) );
      end
      Arrayfactor(i) = abs(Arrayfactor(i));
      Element(i) = abs(sin(thetar+0*dtr));  % use the abs function to avoid
    end
  end
  angler = angled*dtr;
  Element = Element/max(Element);
  Array = Arrayfactor/max(Arrayfactor);
  ArraydB = 20*log10(Array);
  EtotalR =(Element.*Arrayfactor)/max(Element.*Arrayfactor);
  figure(1)
  plot(angled,Array)
  ylabel('Array pattern')
  grid
  switch Variations
  case 'Theta'
    axis ([0 180 0 1 ])
  % theta = theta +pi/2;
    xlabel('Theta [Degrees]')
    title ( 'phi = 90^o plane')
  case 'Phi'
  axis ([0 360 0 1 ])
    xlabel('Phi [Degrees]')
     title ( 'Theta = 90^o plane')
  end
  figure(2)
  plot(angled,ArraydB)
  %axis ([-1 1 -60 0])
  ylabel('Power pattern [dB]')
  grid;
```

```
switch Variations
case 'Theta'
  axis ([0 180 -60 0 ])
   xlabel('Theta [Degrees]')
     title ( 'phi = 90^o plane')
case 'Phi'
axis ([0 360 -60 0 ])
   xlabel('Phi [Degrees]')
     title ( 'Theta = 90^o plane')
end
figure(3)
polar(angler,Array)
title ('Array pattern')
figure(4)
polardb(angler,Array)
title ('Power pattern [dB]')
% the plots provided above are for the array factor based on the circular
% array plots for other patterns such as those for the antenna element
% (Element)or the total pattern (Etotal based on Element*Arrayfactor) can
% also be displayed by the user as all these patterns are already computed
% above.
figure(10)
subplot(2,2,1)
polardb (angler,Element,'b-'); % rectangular plot of element pattern
title('Element normalized E field [dB]')
subplot(2,2,2)
polardb(angler,Array,'b-')
title(' Array Factor normalized [dB]')
subplot(2,2,3)
polardb(angler,EtotalR,'b-');  % polar plot
title('Total normalized E field [dB]')
%%%%%%%%%%%%%%%%%%%%%%%%%%%%%%%%%%
%%%%%%%%%%%%%%%%%%%%%%%%%%%%%%%%%%%
function polardb(theta,rho,line_style)
%  POLARDB  Polar coordinate plot.
%  POLARDB(THETA, RHO) makes a plot using polar coordinates of
%  the angle THETA, in radians, versus the radius RHO in dB.
%  The maximum value of RHO should not exceed 1. It should not be
%  normalized, however (i.e., its max. value may be less than 1).
%  POLAR(THETA,RHO,S) uses the linestyle specified in string S.
%  See PLOT for a description of legal linestyles.
if nargin < 1
   error('Requires 2 or 3 input arguments.')
elseif nargin == 2
if isstr(rho)
   line_style = rho;
   rho = theta;
   [mr,nr] = size(rho);
   if mr == 1
```

```
      theta = 1:nr;
    else
      th = (1:mr)';
      theta = th(:,ones(1,nr));
    end
  else
    line_style = 'auto';
  end
elseif nargin == 1
  line_style = 'auto';
  rho = theta;
  [mr,nr] = size(rho);
  if mr == 1
    theta = 1:nr;
  else
    th = (1:mr)';
    theta = th(:,ones(1,nr));
  end
end
if isstr(theta) | isstr(rho)
  error('Input arguments must be numeric.');
end
if ~isequal(size(theta),size(rho))
  error('THETA and RHO must be the same size.');
end
% get hold state
cax = newplot;
next = lower(get(cax,'NextPlot'));
hold_state = ishold;

% get x-axis text color so grid is in same color
tc = get(cax,'xcolor');
ls = get(cax,'gridlinestyle');
% Hold on to current Text defaults, reset them to the
% Axes' font attributes so tick marks use them.
fAngle  = get(cax, 'DefaultTextFontAngle');
fName   = get(cax, 'DefaultTextFontName');
fSize   = get(cax, 'DefaultTextFontSize');
fWeight = get(cax, 'DefaultTextFontWeight');
fUnits  = get(cax, 'DefaultTextUnits');
set(cax, 'DefaultTextFontAngle', get(cax, 'FontAngle'), ...
  'DefaultTextFontName',   get(cax, 'FontName'), ...
  'DefaultTextFontSize',   get(cax, 'FontSize'), ...
  'DefaultTextFontWeight', get(cax, 'FontWeight'), ...
  'DefaultTextUnits','data')
% make a radial grid
  hold on;
  maxrho =1;
  hhh=plot([-maxrho -maxrho maxrho maxrho],[-maxrho maxrho maxrho -
```

```
maxrho]);
   set(gca,'dataaspectratio',[1 1 1],'plotboxaspectratiomode','auto')
   v = [get(cax,'xlim') get(cax,'ylim')];
   ticks = sum(get(cax,'ytick')>=0);
   delete(hhh);
% check radial limits and ticks
   rmin = 0; rmax = v(4); rticks = max(ticks-1,2);
   if rticks > 5   % see if we can reduce the number
      if rem(rticks,2) == 0
         rticks = rticks/2;
      elseif rem(rticks,3) == 0
         rticks = rticks/3;
      end
   end
% only do grids if hold is off
if ~hold_state
% define a circle
   th = 0:pi/50:2*pi;
   xunit = cos(th);
   yunit = sin(th);
% now really force points on x/y axes to lie on them exactly
   inds = 1:(length(th)-1)/4:length(th);
   xunit(inds(2:2:4)) = zeros(2,1);
   yunit(inds(1:2:5)) = zeros(3,1);
% plot background if necessary
   if ~isstr(get(cax,'color')),
     patch('xdata',xunit*rmax,'ydata',yunit*rmax, ...
          'edgecolor',tc,'facecolor',get(gca,'color'),...
          'handlevisibility','off');
   end
% draw radial circles with dB ticks
   c82 = cos(82*pi/180);
   s82 = sin(82*pi/180);
   rinc = (rmax-rmin)/rticks;
   tickdB=-10*(rticks-1);    % the innermost tick dB value
   for i=(rmin+rinc):rinc:rmax
      hhh = plot(xunit*i,yunit*i,ls,'color',tc,'linewidth',1,...
              'handlevisibility','off');
      text((i+rinc/20)*c82*0,-(i+rinc/20)*s82, ...
         ['  ' num2str(tickdB) ' dB'],'verticalalignment','bottom',...
         'handlevisibility','off')
      tickdB=tickdB+10;
   end
   set(hhh,'linestyle','-') % Make outer circle solid
% plot spokes
   th = (1:6)*2*pi/12;
   cst = cos(th); snt = sin(th);
   cs = [-cst; cst];
   sn = [-snt; snt];
```

```
    plot(rmax*cs,rmax*sn,ls,'color',tc,'linewidth',1,...
        'handlevisibility','off')
% annotate spokes in degrees
    rt = 1.1*rmax;
    for i = 1:length(th)
        text(rt*cst(i),rt*snt(i),int2str(i*30),...
            'horizontalalignment','center',...
            'handlevisibility','off');
        if i == length(th)
            loc = int2str(0);
        else
            loc = int2str(180+i*30);
        end
        text(-rt*cst(i),-rt*snt(i),loc,'horizontalalignment','center',...
            'handlevisibility','off')
    end
% set view to 2-D
    view(2);
% set axis limits
    axis(rmax*[-1 1 -1.15 1.15]);
end
% Reset defaults.
set(cax, 'DefaultTextFontAngle', fAngle , ...
    'DefaultTextFontName',  fName , ...
    'DefaultTextFontSize',  fSize, ...
    'DefaultTextFontWeight', fWeight, ...
    'DefaultTextUnits', fUnits );
% Transfrom data to dB scale
rmin = 0; rmax=1;
rinc = (rmax-rmin)/rticks;
rhodb=zeros(1,length(rho));
for i=1:length(rho)
    if rho(i)==0
        rhodb(i)=0;
    else
        rhodb(i)=rmax+2*log10(rho(i))*rinc;
    end
    if rhodb(i)<=0
        rhodb(i)=0;
    end
end
% transform data to Cartesian coordinates.
xx = rhodb.*cos(theta);
yy = rhodb.*sin(theta);
% plot data on top of grid
if strcmp(line_style,'auto')
    q = plot(xx,yy);
else
    q = plot(xx,yy,line_style);
```

```
end
if nargout > 0
   hpol = q;
end
if~hold_state
   set(gca,'dataaspectratio',[1 1 1]), axis off; set(cax,'NextPlot',next);
end
set(get(gca,'xlabel'),'visible','on')
set(get(gca,'ylabel'),'visible','on')
```

清单 8.5 MATLAB 函数 “rect_array.m”

```
function [pattern] =
rect_array(Nxr,Nyr,dolxr,dolyr,theta0,phi0,winid,win,nbits);
%%%%%%%%%% *********************** %%%%%%%%%%
% This function computes the 3-D directive gain patterns for a planar array
% This function uses the fft2 to compute its output
%%%%%%%%% ************ INPUTS ************ %%%%%%%%%
% Nxr ==> number of along x-axis; Nyr ==> number of elements along y-
axis
% dolxr ==> element spacing in x-direction; dolyr ==> element spacing in y-
direction Both are in lambda units
% theta0 ==> elevation steering angle in degrees, phi0 ==> azimuth steering
angle in degrees
% winid ==> window identifier; winid negative ==> no window ; winid posi-
tive ==> use window given by win
% win ==> input window function (2-D window) MUST be of size (Nxr X Nyr)
% nbits is the number of nbits used in phase quantization; nbits negative ==>
NO quantization
%%%%% *********** OUTPUTS ************* %%%%%%
% pattern ==> directive gain pattern
%%%%%%% *********************** %%%%%%%%%%%
eps = 0.0001;
nx = 0:Nxr-1;
ny = 0:Nyr-1;
i = sqrt(-1);
% check that window size is the same as the array size
[nw,mw] = size(win);
if winid >0
   if nw ~= Nxr
   fprintf('STOP == Window size must be the same as the array')
   return
end
if mw ~= Nyr
   fprintf('STOP == Window size must be the same as the array')
   return
end
end

%if dol is > 0.5 then; choose dol = 0.5 and compute new N
```

```
if(dolxr <=0.5)
  ratiox = 1 ;
  dolx = dolxr ;
  Nx = Nxr ;
else
  ratiox = ceil(dolxr/.5) ;
  Nx = (Nxr -1 ) * ratiox + 1 ;
  dolx = 0.5 ;
end
if(dolyr <=0.5)
  ratioy = 1 ;
  doly = dolyr ;
  Ny = Nyr ;
else
  ratioy = ceil(dolyr/.5) ;
  Ny = (Nyr -1) * ratioy + 1 ;
  doly = 0.5 ;
end
% choose proper size fft, for minimum value choose 256X256
Nrx = 10 * Nx;
Nry = 10 * Ny;
nfftx = 2^(ceil(log(Nrx)/log(2)));
nffty = 2^(ceil(log(Nry)/log(2)));
if nfftx < 256
  nfftx = 256;
end
if nffty < 256
  nffty = 256;
end
% generate array of elements with or without window
if winid < 0
  array = ones(Nxr,Nyr);
else
  array = win;
end
% convert steering angles (theta0, phi0) to radians
theta0 = theta0 * pi / 180;
phi0 = phi0 * pi / 180;
% convert steering angles (theta0, phi0) to U-V sine-space
u0 = sin(theta0) * cos(phi0);
v0 = sin(theta0) * sin(phi0);
% Use formula thetal = (2*pi*n*dol) * sin(theta0) divided into 2^m levels
% and rounded to the nearest qunatization level
if nbits < 0
   phasem = exp(i*2*pi*dolx*u0 .* nx *ratiox);
   phasen = exp(i*2*pi*doly*v0 .* ny *ratioy);
else
   levels = 2^nbits;
   qlevels = 2.0*pi / levels; % compute quantization levels
```

```
   sinthetaq = round(dolx .* nx * u0 * levels * ratiox) .* qlevels; % vector of
possible angles
   sinphiq = round(doly .* ny * v0 * levels *ratioy) .* qlevels; % vector of pos-
sible angles
   phasem = exp(i*sinthetaq);
   phasen = exp(i*sinphiq);
end
% add the phase shift terms
array = array .* (transpose(phasem) * phasen);
% determine if interpolation is needed (i.e., N > Nr)
if (Nx > Nxr )| (Ny > Nyr)
  for xloop = 1 : Nxr
     temprow = array(xloop, :) ;
     w( (xloop-1)*ratiox+1, 1:ratioy:Ny) =  temprow ;
  end
  array = w;
else
   w = array ;
%    w(1:Nx, :) = array(1:N,:);
end
% Compute array pattern
arrayfft = abs(fftshift(fft2(w,nfftx,nffty))).^2 ;
%compute [su,sv] matrix
U = [-nfftx/2:(nfftx/2)-1] ./(dolx*nfftx);
indexx = find(abs(U) <= 1);
U = U(indexx);
V = [-nffty/2:(nffty/2)-1] ./(doly*nffty);
indexy = find(abs(V) <= 1);
V = V(indexy);
%Normalize to generate gain patern
rbar=sum(sum(arrayfft(indexx,indexy))) / dolx/doly/4./nfftx/nffty;
arrayfft = arrayfft(indexx,indexy) ./rbar;
[SU,SV] = meshgrid(V,U);
indx = find((SU.^2 + SV.^2) >1);
arrayfft(indx) = eps/10;
pattern = 10*log10(arrayfft +eps);
figure(1)
mesh(V,U,pattern);
xlabel('V')
ylabel('U');
zlabel('Gain pattern - dB')
figure(2)
contour(V,U,pattern)
grid
axis image
xlabel('V')
ylabel('U');
axis([-1 1 -1 1])
figure(3)
```

```
x0 = (Nx+1)/2 ;
y0 = (Ny+1)/2 ;
radiusx = dolx*((Nx-1)/2) ;
radiusy = doly*((Ny-1)/2) ;
[xxx, yyy]=find(abs(array)>eps);
xxx = xxx-x0 ;
yyy = yyy-y0 ;
plot(yyy*doly, xxx*dolx,'rx')
hold on
axis([-radiusy-0.5 radiusy+0.5 -radiusx-0.5  radiusx+0.5]);
grid
title('antenna spacing pattern');
xlabel('y - \lambda units')
ylabel('x - \lambda units')
[xxx0, yyy0]=find(abs(array)<=eps);
xxx0 = xxx0-x0 ;
yyy0 = yyy0-y0 ;
plot(yyy0*doly, xxx0*dolx,'co')
axis([-radiusy-0.5 radiusy+0.5 -radiusx-0.5  radiusx+0.5]);
hold off
return
```

清单 8.6 MATLAB函数“circ_array.m”

```
function [pattern,amn] =
circ_array(N,dolxr,dolyr,theta0,phi0,winid,win,nbits);
%%%%%%%%% ************************ %%%%%%%%%%
% This function computes the 3-D directive gain patterns for a circular planar
array
% This function uses the fft2 to compute its output. It assumes that there are the
same number of  elements along the major x- and y-axes
%%%%%%%% ************ INPUTS ************ %%%%%%%%
% N ==> number of elements along x-aixs or y-axis
% dolxr ==> element spacing in x-direction; dolyr ==> element spacing in y-
direction. Both are in lambda units
% theta0 ==> elevation steering angle in degrees, phi0 ==> azimuth steering
angle in degrees
% This function uses the function (rec_to_circ) which computes the circular
array from a square
% array (of size NXN) using the notation developed by ALLEN,J.L.,"The The-
ory of Array Antennas
% (with Emphasis on Radar Application)" MIT-LL Technical Report No. 323,
July, 25 1965.
% winid ==> window identifier; winid negative ==> no window ; winid posi-
tive ==> use window given by win
% win ==> input window function (2-D window) MUST be of size (Nxr X Nyr)
% nbits is the number of nbits used in phase quantization; nbits negative ==>
NO quantization
%%%%%%%% *********** OUTPUTS ************* %%%%%%%%
```

```
% amn ==> array of ones and zeros; ones indicate true element location on
the grid
% zeros mean no elements at that location; pattern ==> directive gain pattern
%%%%%%%%%% *********************** %%%%%%%%%%%%%%
eps = 0.0001;
nx = 0:N-1;
ny = 0:N-1;
i = sqrt(-1);
% check that window size is the same as the array size
[nw,mw] = size(win);
if winid >0
  if mw ~= N
    fprintf('STOP == Window size must be the same as the array')
     return
  end
  if nw ~= N
    fprintf('STOP == Window size must be the same as the array')
     return
  end
end
%if dol is > 0.5 then; choose dol = 0.5 and compute new N
if(dolxr <=0.5)
  ratiox = 1 ;
  dolx = dolxr ;
  Nx = N ;
else
  ratiox = ceil(dolxr/.5) ;
  Nx = (N-1) * ratiox + 1 ;
  dolx = 0.5 ;
end
if(dolyr <=0.5)
  ratioy = 1 ;
  doly = dolyr ;
  Ny = N ;
else
  ratioy = ceil(dolyr/.5);
  Ny = (N-1)*ratioy + 1 ;
  doly = 0.5 ;
end
% choose proper size fft, for minimum value choose 256X256
Nrx = 10 * Nx;
Nry = 10 * Ny;
nfftx = 2^(ceil(log(Nrx)/log(2)));
nffty = 2^(ceil(log(Nry)/log(2)));
if nfftx < 256
   nfftx = 256;
end
if nffty < 256
   nffty = 256;
end
```

```
% generate array of elements with or without window
if winid < 0
  array = ones(N,N);
else
  array = win;
end
% convert steering angles (theta0, phi0) to radians
theta0 = theta0 * pi / 180;
phi0 = phi0 * pi / 180;
% convert steering angles (theta0, phi0) to U-V sine-space
u0 = sin(theta0) * cos(phi0);
v0 = sin(theta0) * sin(phi0);
% Use formula thetal = (2*pi*n*dol) * sin(theta0) divided into 2^m levels
% and rounded to the nearest qunatization level
if nbits < 0
  phasem = exp(i*2*pi*dolx*u0 .* nx * ratiox);
  phasen = exp(i*2*pi*doly*v0 .* ny * ratioy);
else
  levels = 2^nbits;
  qlevels = 2.0*pi / levels; % compute quantization levels
  sinthetaq = round(dolx .* nx * u0 * levels * ratiox) .* qlevels; % vector of
possible angles
  sinphiq = round(doly .* ny * v0 * levels *ratioy) .* qlevels; % vector of pos-
sible angles
  phasem = exp(i*sinthetaq);
  phasen = exp(i*sinphiq);
end
% add the phase shift terms
array = array .* (transpose(phasem) * phasen) ;

% determine if interpolation is needed (i.e., N > Nr)
if (Nx > N )| (Ny > N)
  for xloop = 1 : N
    temprow = array(xloop, :) ;
    w( (xloop-1)*ratiox+1, 1:ratioy:Ny) =  temprow ;
  end
  array = w;
else
  w(1:Nx, :) = array(1:N,:);
end
% Convert rectangular array into circular using function rec_to_circ
[m,n] = size(w) ;
NC = max(m,n);  % Use Allens algorithm
if Nx == Ny
  temp_array = w;
else
  midpoint = (NC-1)/2 +1 ;
  midwm = (m-1)/2 ;
  midwn = (n-1)/2 ;
  temp_array = zeros(NC,NC);
```

```
temp_array(midpoint-midwm:midpoint+midwm, midpoint-midwn:mid-
point+midwn) = w ;
end
amn = rec_to_circ(NC);  % must be rectangular array (Nx=Ny)
amn = temp_array .* amn ;

% Compute array pattern
arrayfft = abs(fftshift(fft2(amn,nfftx,nffty))).^2 ;
%compute [su,sv] matrix
U = [-nfftx/2:(nfftx/2)-1] ./(dolx*nfftx);
indexx = find(abs(U) <= 1);
U = U(indexx);
V = [-nffty/2:(nffty/2)-1] ./(doly*nffty);
indexy = find(abs(V) <= 1);
V = V(indexy);
[SU,SV] = meshgrid(V,U);
indx = find((SU.^2 + SV.^2) >1);
arrayfft(indx) = eps/10;
%Normalize to generate gain pattern
rbar=sum(sum(arrayfft(indexx,indexy))) / dolx/doly/4./nfftx/nffty;
arrayfft = arrayfft(indexx,indexy) ./rbar;
[SU,SV] = meshgrid(V,U);
indx = find((SU.^2 + SV.^2) >1);
arrayfft(indx) = eps/10;
pattern = 10*log10(arrayfft +eps);
figure(1)
mesh(V,U,pattern);
xlabel('V')
ylabel('U');
zlabel('Gain pattern - dB')
figure(2)
contour(V,U,pattern)
axis image
grid
xlabel('V')
ylabel('U');
axis([-1 1 -1 1])
figure(3)
x0 = (NC+1)/2 ;
y0 = (NC+1)/2 ;
radiusx = dolx*((NC-1)/2 + 0.05/dolx) ;
radiusy = doly*((NC-1)/2 + 0.05/dolx) ;
theta = 5  ;
[xxx, yyy]=find(abs(amn)>0);
xxx = xxx-x0 ;
yyy = yyy-y0 ;
plot(yyy*doly, xxx*dolx,'rx')
axis equal
hold on
axis([-radiusy-0.5 radiusy+0.5 -radiusx-0.5  radiusx+0.5]);
grid
```

```
title('antenna spacing pattern');
xlabel('y - \lambda units')
ylabel('x - \lambda units')
[x, y]= makeellip( 0, 0, radiusx, radiusy, theta) ;
plot(y, x) ;
axis([-radiusy-0.5 radiusy+0.5 -radiusx-0.5  radiusx+0.5]);
[xxx0, yyy0]=find(abs(amn)<=0);
xxx0 = xxx0-x0 ;
yyy0 = yyy0-y0 ;
plot(yyy0*doly, xxx0*dolx,'co')
axis([-radiusy-0.5 radiusy+0.5 -radiusx-0.5  radiusx+0.5]);
axis equal
hold off ;
return
```

清单 8.7 MATLAB 函数“rec_to_circ.m”

```
function amn = rec_to_circ(N)
midpoint = (N-1)/2 + 1;
amn = zeros(N);
array1(midpoint,midpoint) = N;
x0 = midpoint;
y0 = x0;
for i = 1:N
   for j = 1:N
      distance(i,j) = sqrt((x0-i)^2 + (y0-j)^2);
   end
end
idx = find(distance < (N-1)/2 + .4);
amn (idx) = 1;
return
```

清单 8.8 MATLAB 程序“fig8_52.m”

```
%Use this program to reproduce Fig. 8.40. Based on Eq. (8.87)
clear all
close all
d = 0.6; % element spacing in lambda units
betadeg = linspace(0,22.5,1000);
beta = betadeg .*pi ./180;
den = pi*d .* sin(beta);
numarg = den;
num = sin(numarg);
lscan = (num./den).^-4;
LSCAN = 10*log10(lscan+eps);
figure (1)
plot(betadeg,LSCAN)
xlabel('scan angle in degrees')
ylabel('Scan loss in dB')
grid
title('Element spacing is d = 0.6 \lambda ')
```

第9章 目标跟踪

单目标跟踪

跟踪雷达系统用来测量目标相对于雷达的距离、方位角、俯仰角和速度。通过利用这些参数并保持对这些测量参数的跟踪,跟踪雷达能够预测未来时刻的目标参数值。目标跟踪对于军用雷达和大多数的民用雷达都是很重要的。在军用雷达中,目标跟踪决定着武器的火力控制及导弹的制导;实际上,没有正确的目标跟踪,导弹制导是不可能的。商用雷达系统,如民用航空管制雷达,可利用跟踪作为控制航班起飞和降落的一种手段。

跟踪技术可以分为距离/速度跟踪和角度跟踪,也有人习惯地将其按照连续单目标跟踪雷达和多目标边跟踪边扫描(Track-While-Scan, TWS)雷达来区分。跟踪雷达利用非常窄的笔形波束天线方向图,因此需要一部独立的搜索雷达来帮助跟踪雷达获取目标,而且跟踪雷达还必须搜索怀疑目标存在的区域。为此,跟踪雷达使用特殊的搜索模式,如盘旋上升扫描、电视光栅扫描、簇形(cluster)扫描,以及螺旋上升扫描等。

9.1 角跟踪

角跟踪与在方位和俯仰坐标系中的目标角度的连续测量紧密相关。早期角跟踪雷达的精度严重依赖于所使用的波束的尺寸。大多数现代雷达系统通过利用单脉冲跟踪技术获得更优的角度测量结果。

跟踪雷达利用雷达波束内目标角度相对于天线主轴角度的偏移量来产生一个误差信号。这个偏移量通常是从天线的主轴开始测量的,于是由于角度偏移产生的误差信号描述了目标已偏离波束主轴的大小。进而,波束方向连续地改变,以力图产生零误差信号。若雷达波束正对目标(此时具有最大的增益),则目标的角度将与波束主轴方向相同。实际上,这是极少见到的情形。

为了能够迅速地改变波束位置,误差信号必须是偏移角度的一个线性函数。可以证明,这个条件要求波束轴向偏离天线主轴一定的角度(即斜视角)。

9.1.1 顺序波瓣法

顺序波瓣法是最先被早期雷达系统利用的跟踪技术之一,常称为波瓣切换法或顺序切换法。顺序波瓣法具有的跟踪精度受限于所使用的笔形波束和由机械的或电子的切换结构所产生的噪声。虽然如此,但它非常易于实现。用于顺序波瓣法的笔形波束必须是对称的(相同的方位和俯仰波束宽度)。

跟踪是通过在天线的视线(Line Of Sight, LOS)轴两边两个预先确定的对称位置之间连续地切换笔形波束来实现的(在一个坐标系内)。因此,采用"顺序波瓣法"的名称。LOS 称为雷达跟踪轴向,如图 9.1 所示。

当波束在两个位置之间切换时,雷达测量回波信号电平。两个测量信号电平的差异被用来计算角度误差信号。例如,当目标在跟踪轴向上被跟踪时,如图 9.1(a)所示的例子,电压差异为零。电压差异的符号决定了天线应该移动的方向。记住,这里的目标是使电压差异等于零。

为了在正交坐标系中获得角度误差,需要知道该坐标系的两个或更多的切换位置。因此,在两个坐标系内的跟踪可以通过使用四个天线组成的天线组(每个坐标系用两个)或者使用五个天线组成的天线组来实现。在后一种情形下,中间的一个天线用于发射,而其他四个天线用于接收。

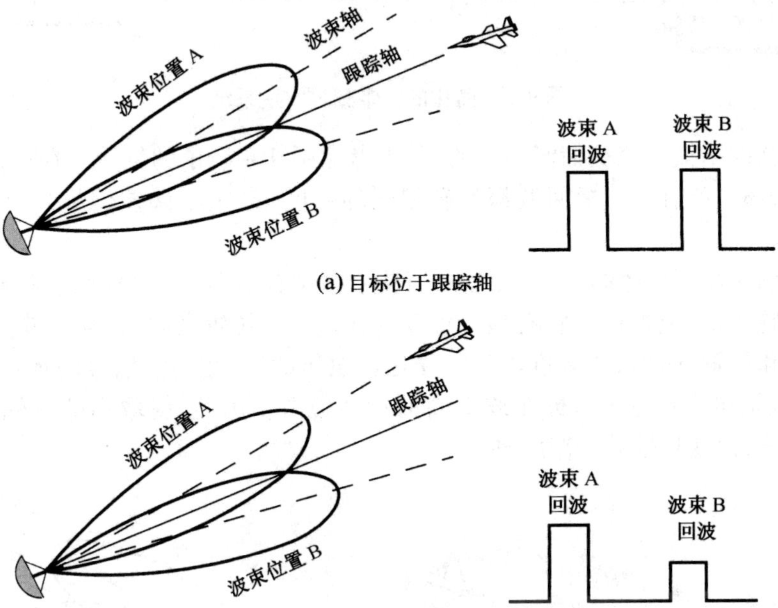

(a) 目标位于跟踪轴

(b) 目标偏离跟踪轴

图 9.1　顺序波瓣法

9.1.2　圆锥扫描

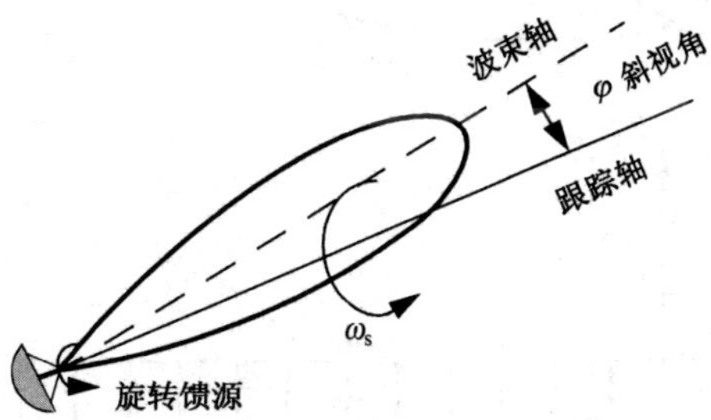

图 9.2　圆锥扫描波束

圆锥扫描是顺序波瓣法的一种逻辑上的推广。在这种情况下,天线以一个偏离角度连续地旋转或者具有一个围绕天线主轴旋转的馈源。图 9.2 示出了一个典型的圆锥扫描波束。波束扫描频率用 ω_s 表示,单位是 rad/s;在天线 LOS 与旋转轴之间的夹角是斜视角 φ。天线波束位置连续地改变,以使目标一直处于跟踪轴向上。

图 9.3 示出了一个简化的圆锥扫描雷达系统。包络检波器被用来提取回波信号幅度,而自动增益控制(AGC)努力保持接收机的输出为一个常数值。由于 AGC 工作在大的时间常数上,因此能保持平均信号电平恒定,并且还能保留信号的快速扫描变化。所以,扫描误差信号(方位角和俯仰角)是目标雷达截面积(RCS)的函数,也是目标偏移主波束轴角度位置的函数。

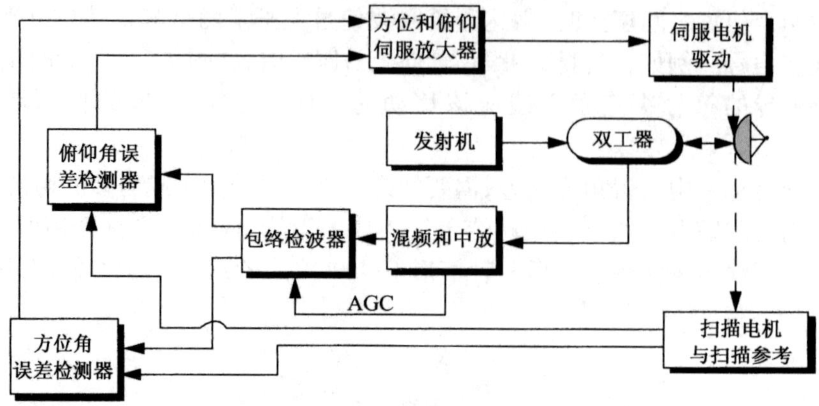

图 9.3　简化的圆锥扫描雷达系统

为了说明圆锥扫描跟踪是如何实现的，首先考虑图 9.4 所示的例子。在该例子中，当天线围绕跟踪轴旋转时，所有的目标回波都具有相同的幅度（产生零误差信号）。因此，不需要做任何其他操作。

下面考虑图 9.5 所描述的例子。注意，当波束在位置 B 处时，目标回波将有最大幅度，而当天线处于位置 A 时，目标回波将有最小幅度。在这两个位置之间，目标回波幅度将在位置 B 的最大幅度值和位置 A 的最小幅度值之间变化。换句话说，在回波信号的顶端存在幅度调制（AM）。这种调幅包络对应于目标在波束内的相对位置。因此，提取出的调幅包络可用来驱动伺服控制系统，以使目标处于跟踪轴上。

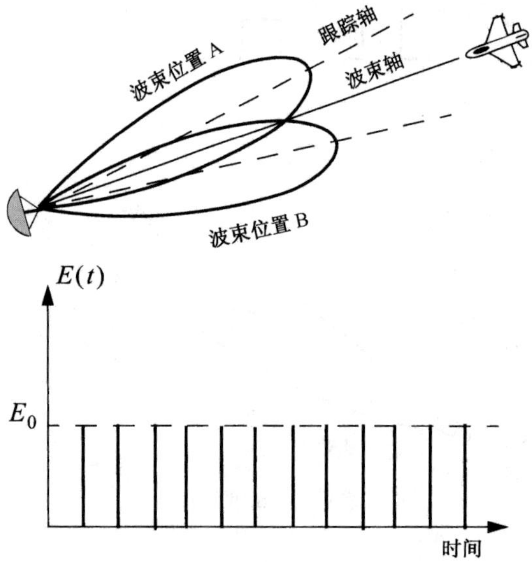

图 9.4　当目标位于跟踪轴上时圆锥扫描所产生的误差信号

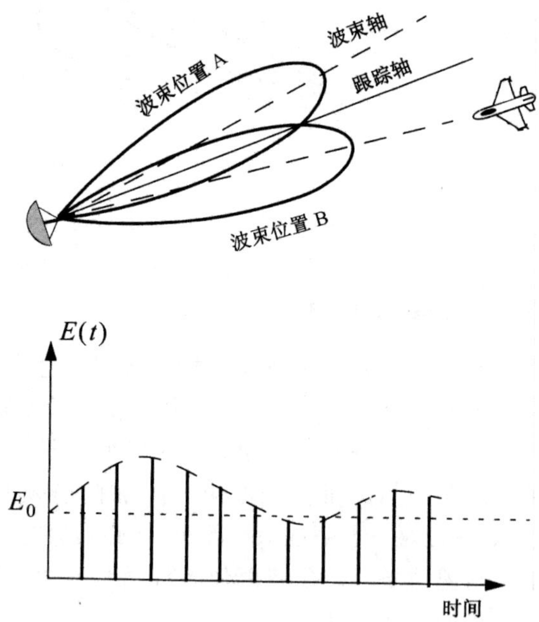

图 9.5　当目标偏离跟踪轴时圆锥扫描所产生的误差信号

现在让我们来求取用来驱动伺服控制系统的误差信号表达式。考虑图 9.6 所示的波束轴位置处的顶端视图。假定 $t=0$ 是波束的起始位置，最大及最小目标回波的位置也被标注出来。变量 ε 定义了目标位置与天线跟踪轴之间的距离。从而，方位向与俯仰向的误差分别为

$$\varepsilon_a = \varepsilon \sin\varphi \tag{9.1}$$

$$\varepsilon_e = \varepsilon \cos\varphi \tag{9.2}$$

这就是雷达用来使跟踪轴对齐目标的误差信号。

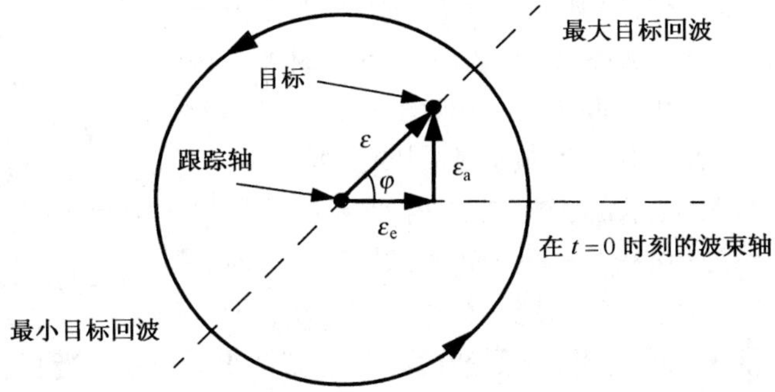

图 9.6 一次完整扫描过程的波束轴顶端视图

调幅信号 $E(t)$ 可写为

$$E(t) = E_0\cos(\omega_s t - \varphi) = E_0\varepsilon_e\cos\omega_s t + E_0\varepsilon_a\sin\omega_s t \tag{9.3}$$

其中,E_0 是一个常数,称为误差斜率;ω_s 是以 rad/s 表示的扫描频率;而 φ 是前面定义的斜视角。扫描参考信号是雷达产生的用来在完整路径(扫描)上保持天线位置的跟踪。俯仰误差信号是通过将信号 $E(t)$ 与 $\cos\omega_s t$(参考信号)进行混频,然后低通滤波得到的。具体地说,即

$$E_e(t) = E_0\cos(\omega_s t - \varphi)\cos\omega_s t = -\frac{1}{2}E_0\cos\varphi + \frac{1}{2}E_0\cos(2\omega_s t - \varphi) \tag{9.4}$$

通过低通滤波后,可得

$$E_e(t) = -\frac{1}{2}E_0\cos\varphi \tag{9.5}$$

负的俯仰误差驱动天线波束向下,而正的俯仰误差驱动天线波束向上。类似地,方位误差信号可以通过将 $E(t)$ 乘以 $\sin\omega_s t$ 后低通滤波得到。从而有

$$E_a(t) = \frac{1}{2}E_0\sin\varphi \tag{9.6}$$

天线扫描速率受扫描体制(机械的或电子的)所限制,其中电扫描比机械扫描更迅速、更准确。无论哪种情况,雷达需要至少四个目标回波来决定目标方位和俯仰坐标(每个坐标需要两个回波)。因此,最大圆锥扫描速率等于脉冲重复周期的四分之一。通常使用高达 30 周/s 的扫描速率。

圆锥扫描倾斜角需要足够大,从而有好的误差信号能被测量。然而,由于倾斜角的存在,在跟踪轴方向的天线增益小于最大值,因此,当目标在跟踪状态时(位于跟踪轴上),信噪比损失等于天线增益下降的大小。这种损失称为斜视或交叉损失。通常,斜视角的选择应该使得双程(发射与接收)交叉损失小于几 dB。

9.2 比幅单脉冲

比幅单脉冲跟踪与顺序波瓣法的相似之处在于,需要四个倾斜的波束来测量目标的角度位置;不同之处是这四个波束是同时产生的,而不是顺序产生的。为此,需要使用一个特殊的天线馈电方式以使四个波束由一个脉冲来产生,因而称为“单脉冲”。另外,单脉冲跟踪更精

确且不易受波瓣变化的影响，这些变化包括调幅干扰和增益倒置式电子干扰。最后，在顺序和圆锥波瓣法中，雷达回波的变化会降低跟踪精度，而这对于单脉冲技术而言不是问题，因为其用单个脉冲来产生误差信号。单脉冲跟踪雷达既可使用反射面天线，也可使用相控阵列天线。

图 9.7 示出了一个典型的单脉冲天线方向图。四个波束 A、B、C 和 D 分别代表四个圆锥扫描波束方向。四个馈源，主要是喇叭，用来产生单脉冲天线方向图。幅度单脉冲处理要求四个信号的相位相同，但具有不同的幅度。

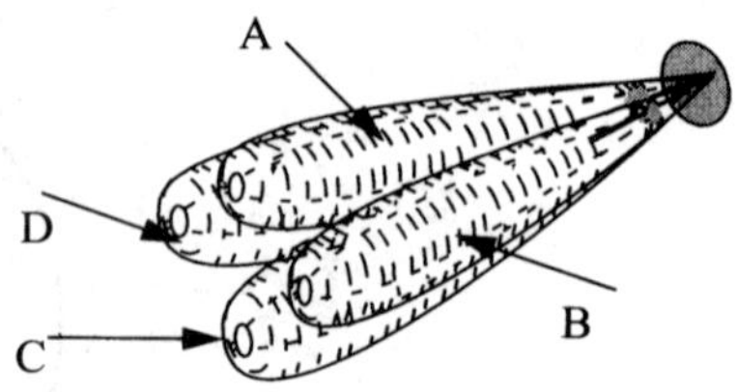

图 9.7 单脉冲天线方向图

一个解释幅度单脉冲技术的很好方式就是将目标回波信号表示成以天线轴为中心的一个圆周，如图 9.8(a) 所示，其中四个象限代表四个波束。在这个例子中，四个喇叭接收同等数量的能量，从而表明目标处于天线跟踪轴上。然而，当目标偏离天线轴时[见图 9.8(b) 至图 9.8(d)]，在不同的波束间出现了能量的不平衡。这种能量的不平衡用来产生一个误差信号，从而驱动伺服控制系统。单脉冲处理包括计算一个和 Σ 与两个差 Δ(方位和俯仰方向)的天线方向图，然后通过将差通道电压除以和通道的电压可以确定信号的角度。

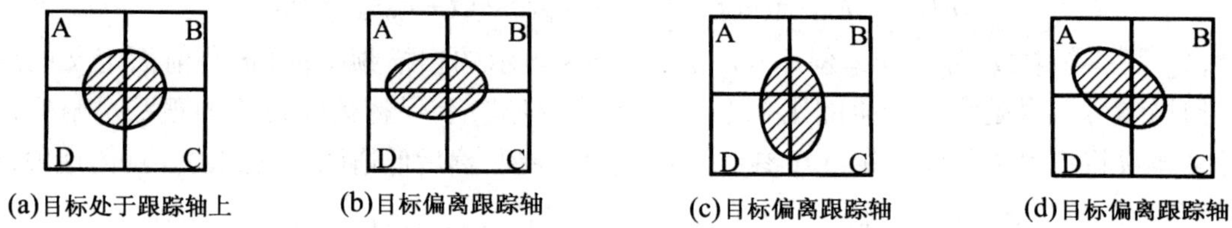

图 9.8 单脉冲概念说明

雷达连续不断地比较所有波束回波的幅度和相位以确定目标位置偏离跟踪轴的程度。其中四个信号的相位在接收和发射模式下保持不变是至关重要的。为此，需要应用数字网络或者微波比较电路。图 9.9 示出了一个典型的微波比较器的组成框图，其中三个接收通道分别表示和通道、俯仰差通道和方位差通道。

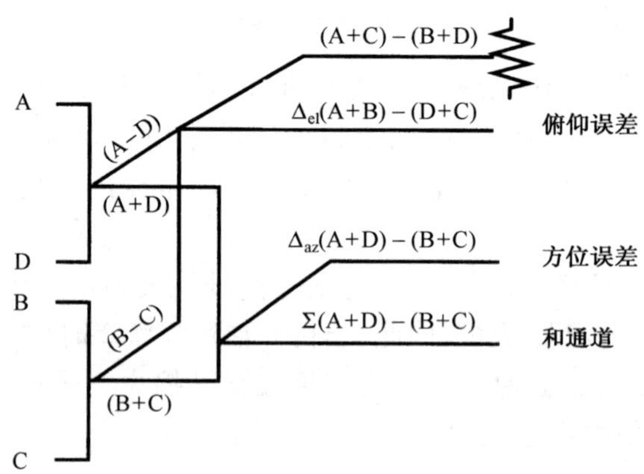

图 9.9 单脉冲比较器

为了产生俯仰差波束，可以使用波束差(A − D)或(B − C)。然而，首先通过形成和方向图(A + B)与(D + C)，再计算差(A + B) − (D + C)，则我们可获得更强的俯仰差信号 Δ_{el}。类似地，通过首先形成和方向图(A + D)与(B + C)，再计算差(A + D) − (B + C)，则可产生更强的方位差信号 Δ_{az}。

一个简化的单脉冲雷达组成框图如图9.10所示。和通道被用于发射和接收,在接收模式下和通道为其他两路差通道提供相位参考。距离测量也可由和通道来获得。为了演示和、差天线方向图是如何形成的,假定单阵元天线方向图为$(\sin\varphi)/\varphi$,倾角为φ_0。在一个坐标系(方位或俯仰方向)内的和信号可以表示为

$$\Sigma(\varphi) = \frac{\sin(\varphi-\varphi_0)}{(\varphi-\varphi_0)} + \frac{\sin(\varphi+\varphi_0)}{(\varphi+\varphi_0)} \tag{9.7}$$

在同一坐标系内的差信号为

$$\Delta(\varphi) = \frac{\sin(\varphi-\varphi_0)}{(\varphi-\varphi_0)} - \frac{\sin(\varphi+\varphi_0)}{(\varphi+\varphi_0)} \tag{9.8}$$

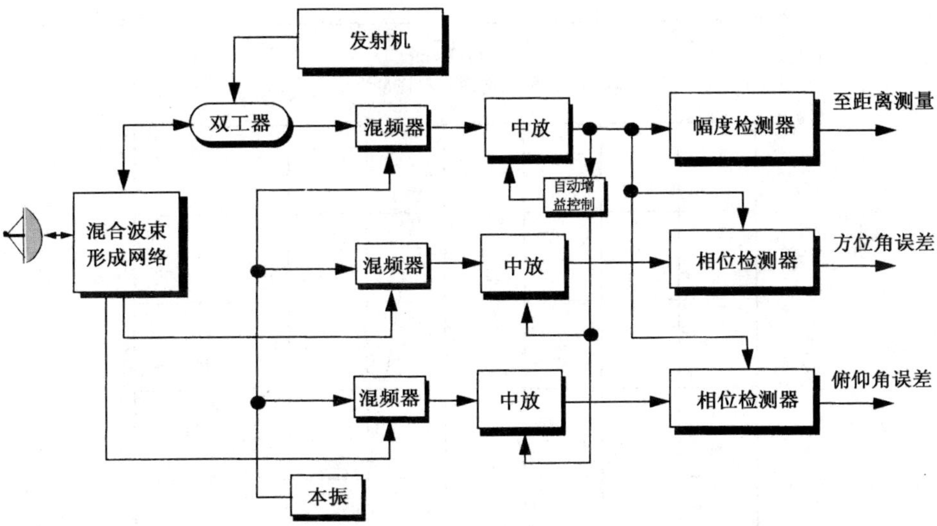

图9.10 简化的比幅单脉冲雷达组成框图

MATLAB 函数“mono_pulse.m”

函数“mono_pulse.m”(见9.11节的清单9.1)实现式(9.7)和式(9.8)。函数的输出包括和、差天线方向图曲线及差和比。调用语法如下:

mono_pulse(phi0)

其中,phi0是以rad表示的斜视角。

图9.11(a)至图9.11(c)示出了当$\varphi_0=0.15$ rad时对应的和、差方向图曲线。图9.12(a)至图9.12(c)与图9.11给出的类似,只是此时$\varphi_0=0.75$ rad。很明显,和、差方向图严重依赖于斜视角的大小。使用较小的斜视角要比使用较大的斜视角产生更好的和波束方向图。另外,对于小斜视角,差方向图的斜率更加陡峭。

差通道给我们显示了目标是在跟踪轴上,还是偏离跟踪轴。然而差通道信号的幅度不仅依赖于目标的角度位置,而且还依赖于目标距离和目标雷达截面积。由于这个原因,差与和通道信号比值Δ/Σ可用来准确地估计仅仅依赖于目标角度位置的误差角度信息。

现在让我们看一下误差信号是如何计算的。首先,考虑方位误差信号。定义信号S_1和S_2为

$$S_1 = A + D \tag{9.9}$$

$$S_2 = B + C \tag{9.10}$$

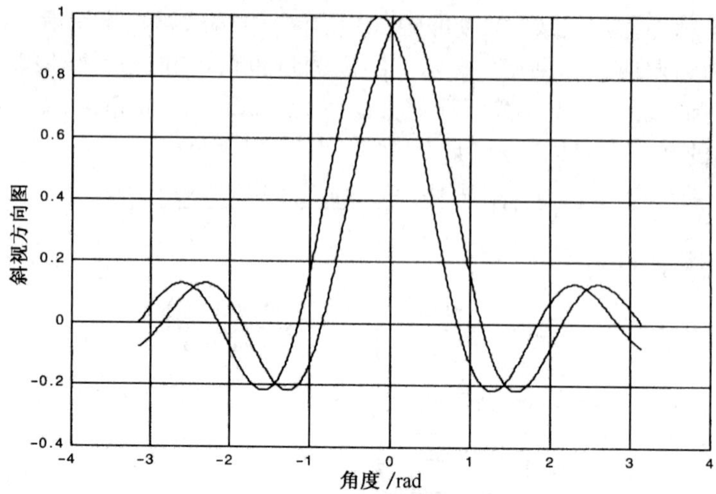

(a) 两个斜视方向图，斜视角为 $\varphi_0 = 0.15$ rad

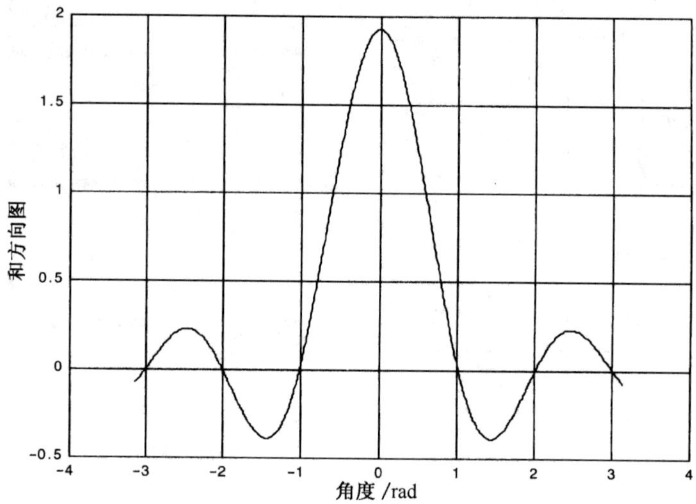

(b) 对应于图 9.11(a) 的和方向图

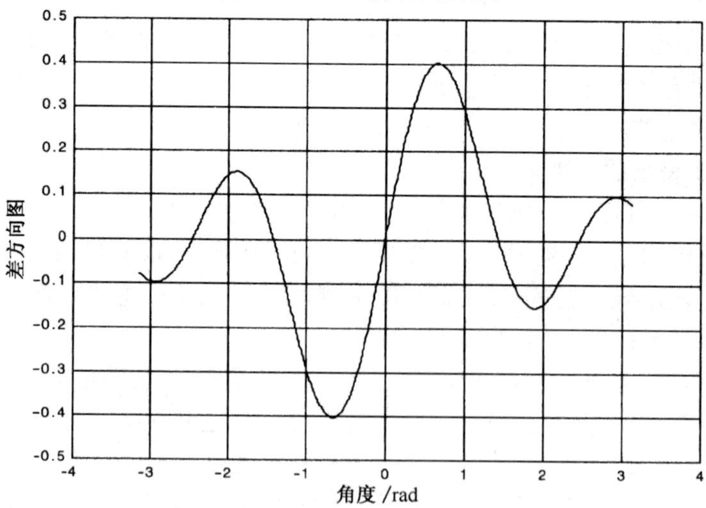

(c) 对应于图 9.11(a) 的差方向图

图 9.11

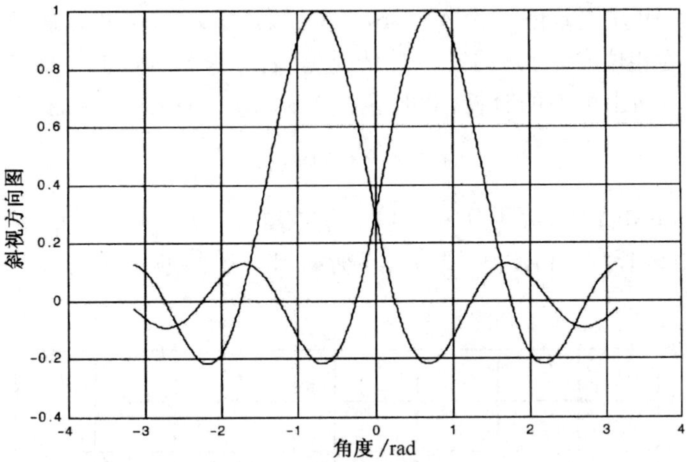

(a) 两个斜视方向图，斜视角为 $\varphi_0 = 0.75$ rad

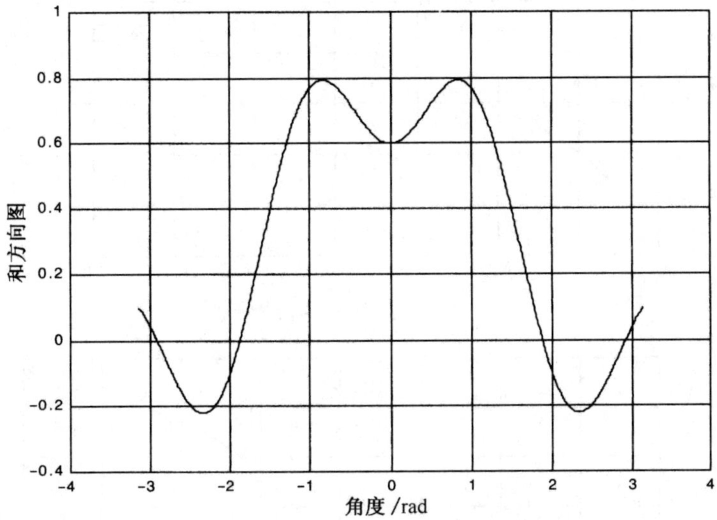

(b) 对应于图 9.12(a) 的和方向图

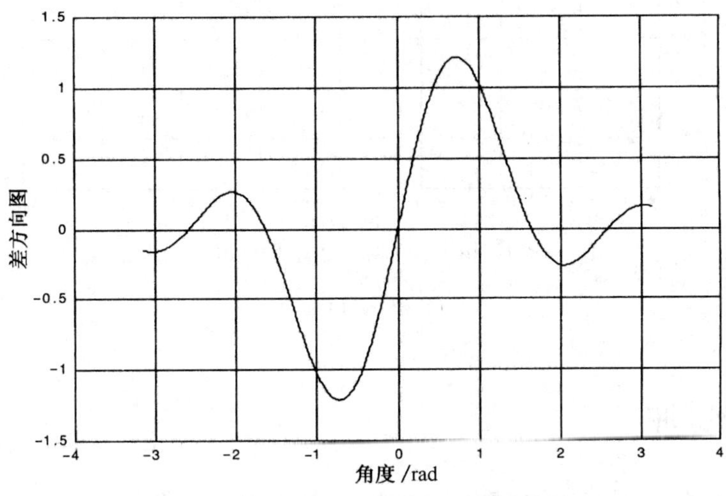

(c) 对应于图 9.12(a) 的差方向图

图 9. 12

和信号为 $\Sigma = S_1 + S_2$，而方位差信号为 $\Delta_{az} = S_1 - S_2$。若 $S_1 \geqslant S_2$，则和差通道具有相同相位 0°(因为和通道用来作为相位参考)。另外一种情况是，若 $S_1 < S_2$，则和、差通道间有 180°的相位差。对于俯仰通道，可做出类似的分析，此时 $S_1 = \mathrm{A} + \mathrm{B}$，$S_2 = \mathrm{D} + \mathrm{C}$。从而，误差信号输出为

$$\varepsilon_{\varphi} = \frac{|\Delta|}{|\Sigma|} \cos \xi \tag{9.11}$$

其中ξ是和、差通道间的相角差，等于 0°或 180°。具体而言，若$\xi = 0$，则目标在跟踪轴上，否则目标偏离跟踪轴。图 9.13(a) 和图 9.13(b) 分别示出了单脉冲雷达的 Δ/Σ，其和、差方向图为图 9.11 和图 9.12。

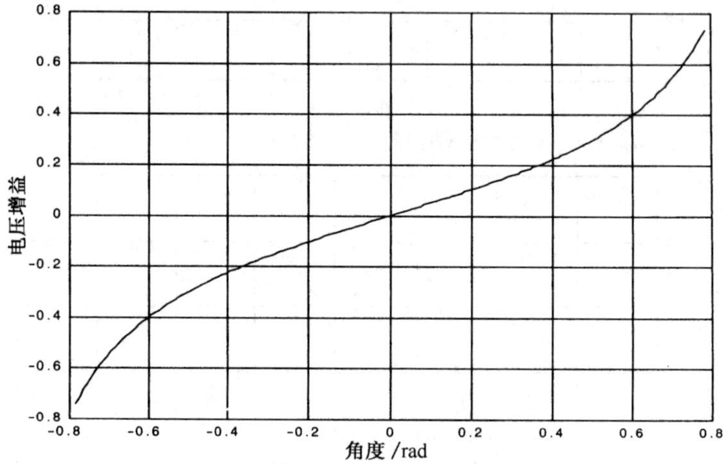

(a) 对应于图 9.11(a) 的差和比

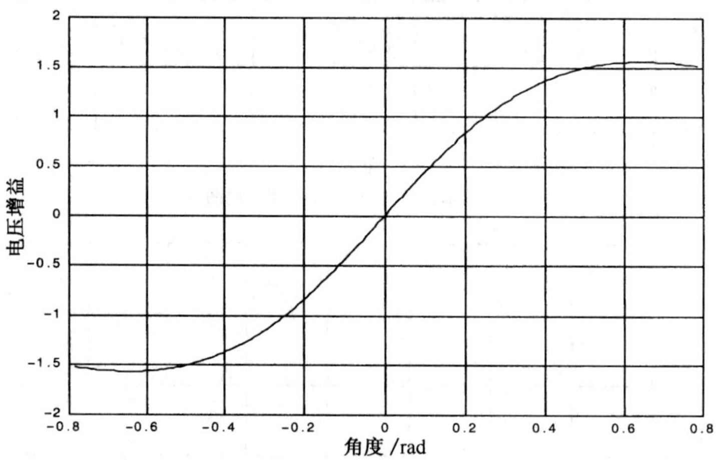

(b) 对应于图 9.12(a) 的差和比

图 9.13

9.3 比相单脉冲

比相单脉冲与比幅单脉冲的相似之处在于，目标角度坐标都是由一个和通道和两个差通道来提取的。主要不同之处是，比幅单脉冲产生的四个信号具有相同的相位但具有不同的幅度，而比相单脉冲信号具有相同的幅度但具有不同的相位。比相单脉冲雷达对每个坐标系

(方位和俯仰坐标)使用最少由两个阵元组成的阵列天线,如图9.14所示。相位误差信号(对于每个坐标系)是由不同天线阵元产生的信号之间的相位差来计算得出的。

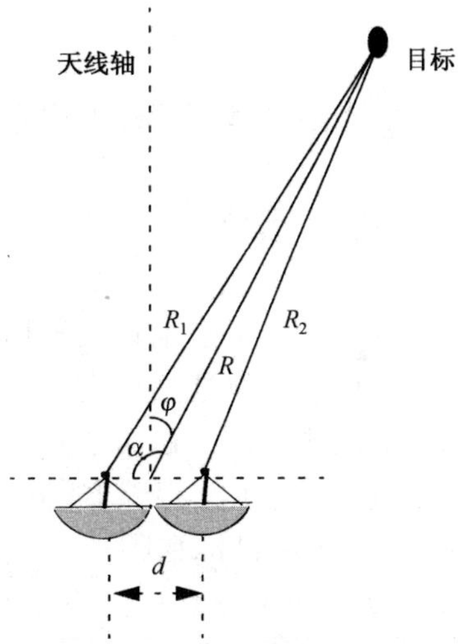

图9.14　单坐标系比相单脉冲天线

考虑图9.14,由于角 α 等于 $\varphi+\pi/2$,于是有

$$\begin{aligned}R_1^2 &= R^2+\left(\frac{d}{2}\right)^2-2\frac{d}{2}R\cos\left(\varphi+\frac{\pi}{2}\right)\\ &= R^2+\frac{d^2}{4}-dR\sin\varphi\end{aligned} \tag{9.12}$$

因为 $d\ll R$,故可以应用二项式系数展开得到

$$R_1\approx R\left(1+\frac{d}{2R}\sin\varphi\right) \tag{9.13}$$

类似地,

$$R_2\approx R\left(1-\frac{d}{2R}\sin\varphi\right) \tag{9.14}$$

从而,两个阵元间的相位差为

$$\phi = \frac{2\pi}{\lambda}(R_1-R_2) = \frac{2\pi}{\lambda}d\sin\varphi \tag{9.15}$$

其中,λ 是波长,相位差ϕ被用来确定角度目标位置。注意,若$\phi=0$,则目标处于天线的主轴方向上。这种比相技术的问题是很难保持对偏离垂直线的角度 φ 的稳定测量,从而造成性能的严重下降。这个问题可以通过实现图9.15所示的比相单脉冲系统来克服。

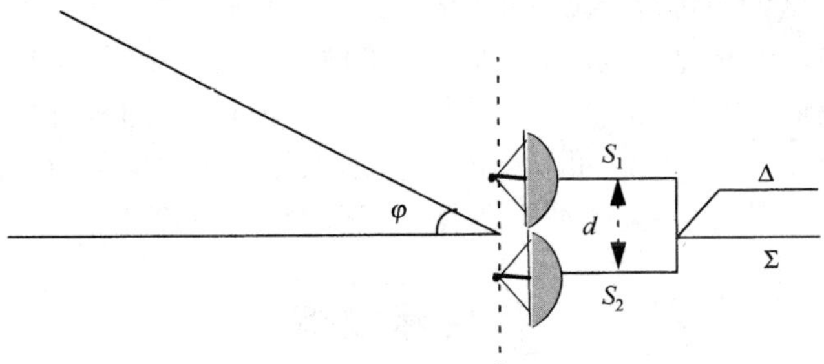

图9.15　具有和、差通道的单坐标系比相单脉冲天线

(单个坐标系下的)和与差信号分别为

$$\Sigma(\varphi) = S_1+S_2 \tag{9.16}$$

$$\Delta(\varphi) = S_1-S_2 \tag{9.17}$$

其中,S_1 和 S_2 是两个阵元天线中的接收信号。现在,由于 S_1 和 S_2 具有相同的幅度且相位差为ϕ,于是可以写出

$$S_1 = S_2e^{-j\phi} \tag{9.18}$$

从而有

$$\Delta(\varphi) = S_2(1-e^{-j\phi}) \tag{9.19}$$

$$\Sigma(\varphi) = S_2(1+e^{-j\phi}) \tag{9.20}$$

相位误差信号由比值 Δ/Σ 来计算。具体而言,

$$\frac{\Delta}{\Sigma} = \frac{1-e^{-j\phi}}{1+e^{-j\phi}} = j\tan\left(\frac{\phi}{2}\right) \tag{9.21}$$

为一纯虚数。误差信号的模值为

$$\frac{|\Delta|}{|\Sigma|} = \tan\left(\frac{\phi}{2}\right) \tag{9.22}$$

这种比相单脉冲跟踪器常被称为半角跟踪器。

9.4 距离跟踪

目标距离是通过估计发射脉冲的往返延迟来测量的。连续地估计运动目标距离的过程就称为距离跟踪。由于运动目标的距离随时间变化,因此距离跟踪器必须不断地进行调整,以便保持目标在距离上被锁定。这一过程可以用一个分裂波门系统来实现,其中要应用(前后)两个距离门。分裂波门跟踪的概念如图 9.16 所示,典型的脉冲雷达回波的草图也示于图中。前波门起始于期望的雷达回波起始时间并持续到雷达回波时间宽度的一半。后波门起始于雷达回波的中心并于雷达回波结束时结束。为此,雷达回波时间宽度和脉冲中心时间的良好估计必须报告给距离跟踪器,从而前后波门能够正确地处于期望回波的起始和中心时刻上。这个报告过程被广泛地称为“指定过程”。

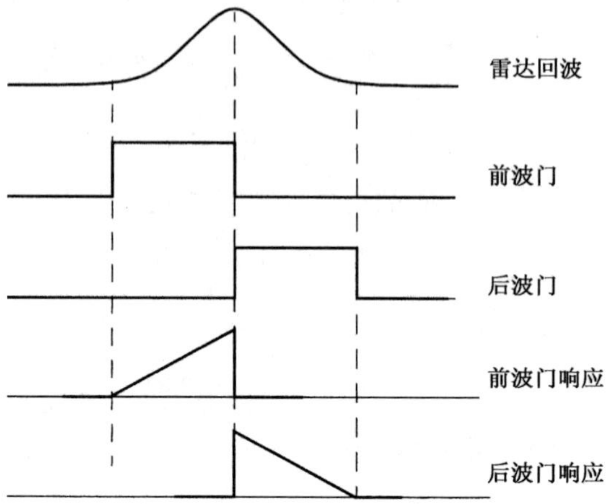

图 9.16 分裂距离波门示意图

前波门产生正电压输出,而后波门产生负电压输出。前后波门的输出相减,将差信号送至一个积分器中,可得到一个误差信号。若两个波门处于正确的时间位置,则积分器的输出将等于零。另外,当波门没有处于正确的时间位置时,则积分器的输出不为零,其给出一个指示,表明波门必须在时间上移动,向左还是向右依赖于积分器输出的符号。

多目标跟踪

边扫描边跟踪雷达系统每一个扫描间隔对每一个目标采样一次,并在扫描间隔期间使用复杂的平滑及预测滤波器来估计目标参数。为实现此目的,常使用卡尔曼滤波器和 $\alpha\beta\gamma$ 滤波器。一旦某一特定目标被检测到,在为此目标建立一个跟踪文件之前,雷达将发射一系列脉冲来验证目标的参数。目标位置、速度以及加速度构成了跟踪文件所含数据的主要部分。

递归跟踪和预测滤波器的原理在下文中给出。首先,概要地介绍了线性时不变系统的状态描述;接着开发了二阶及三阶的一维固定增益多项式滤波跟踪器。这些滤波器分别称为 $\alpha\beta$ 和 $\alpha\beta\gamma$ 滤波器(又称为 g-h 和 g-h-k 滤波器)。最后,介绍并分析了 n 维多状态卡尔曼滤波方程。在标记方面,使用了带有下划线的小写字符。

9.5 边扫描边跟踪(TWS)

现代雷达系统被设计用来实现多功能操作,如检测、跟踪与识别。在复杂计算机系统的帮助下,多功能雷达能够同时跟踪多个目标。在此情形下,每个目标在一个处理间隔(扫描周期)内被采样一次(主要为距离和角度位置)。然后,应用平滑及预测算法可以估计未来的采样值。能够实现多功能和多目标跟踪的雷达系统被称为边扫描边跟踪雷达。

一旦 TWS 雷达检测到一个新目标,雷达就会为该目标的检测初始化一个独立的跟踪文件,这样能确保对该目标的顺序检测可以一起被处理,从而估计出目标的未来参数。位置、速度和加速度组成了跟踪文件的主要部分。一般地,在建立跟踪文件以前,至少还需要另一次确认检测(验证检测)。

不同于单目标跟踪系统,TWS 雷达必须确定每次检测(观测)是属于一个新目标,还是属于在前面的扫描中已经检测到的目标。为了完成这项任务,TWS 雷达系统利用了相关和关联算法。在相关处理中,每一个新的检测都与之前所有的检测进行相关,从而避免产生冗余的跟踪。若一个确定的检测与不只一个跟踪进行相关,则要按照一套预先确定的关联规则进行操作,从而使该检测分配给合适的跟踪。一个简化的 TWS 数据处理组成框图如图 9.17 所示。

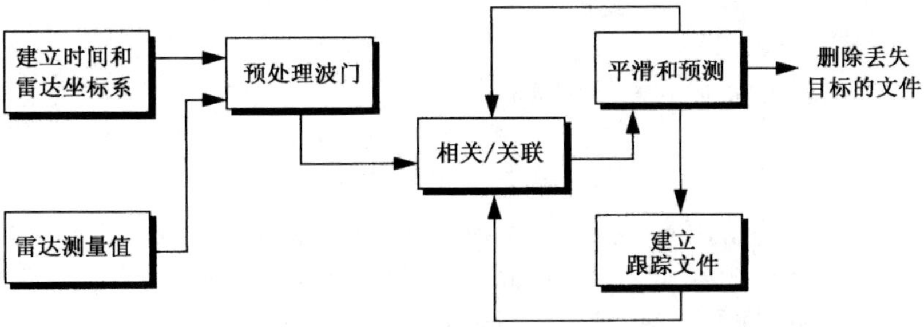

图 9.17　TWS 数据处理简化组成框图

选择一个合适的坐标系统是一部 TWS 雷达必须面对的首要问题,惯性坐标系统的固定参考坐标系应当被继承。雷达测量值包括目标距离、速度、方位角和俯仰角。TWS 系统将波门置于目标位置附近并努力在波门内跟踪信号。波门维数通常为方位、俯仰及距离三维。由于在初始检测操作期间目标准确位置的不确定性,波门必须足够大,使得在扫描间目标不会明显地移动;具体而言,在一系列扫描期间,目标必须保持在波门边缘的内部。在目标已被多次扫描后,波门大小可以明显地减小。

波门用来确定一次观测是被分配给一个已经存在的跟踪文件,还是一个新的跟踪文件(新的检测)。波门算法通常基于计算雷达观测的测量值与估计值之间的统计误差距离。对于每一个跟踪文件,通常设定一个误差距离的上限。若对于一个确定的雷达观测,计算误差值小于给定跟踪文件的最大误差距离,则该观测被分配给该跟踪文件。

具有误差距离小于给定跟踪的最大误差距离的所有观测值,被称为与该跟踪相关。对于每一个观测,都不与任何已存在的跟踪相关,于是一个新的跟踪文件就被建立。既然新的观测(测量值)被拿来与所有已存在的跟踪文件进行比较,那么一个跟踪文件可以不与任何观测值相关,也可以只与一个观测值或多个观测值相关。观测值与所有已存在的跟踪文件之间的相关性用一个相关矩阵来确定。相关矩阵的行表示雷达观测值,而列是跟踪文件。在多个观测值与不只一个跟踪文件相关的情形下,要应用预先确定的一套联合规则来使得一个观测值被分配给一个跟踪文件。

9.6　LTI 系统的状态变量表示法

一个线性时不变系统(连续的或离散的)在数学上可用三个变量来表示,它们是输入、输出和状态变量。在这种表示下,任何一个 LTI 系统都具有可观测或可测量的对象(抽象)。举例来说,在雷达系统中,距离是由雷达跟踪滤波器测量或观测的对象。状态可用多种方式推导出来。在本书范围内,一个对象或抽象的状态包含了对象及其时间导数的向量的组成部分。例如,一个描述距离的三阶一维状态向量可表示为

$$\underline{x} = \begin{bmatrix} R \\ \dot{R} \\ \ddot{R} \end{bmatrix} \tag{9.23}$$

其中,R、$\dot{R}$ 和 $\ddot{R}$ 分别是距离、距离变化率(速度)和加速度。式(9.23)所定义的状态向量可以用连续的或离散的状态来表示。在本书中,重点讨论离散时间表示法,这是由于多数雷达信号处理是使用数字计算机来实现的。为此,一个 n 维状态向量具有下述形式:

$$\underline{x} = \begin{bmatrix} x_1 & \dot{x}_1 & \cdots & x_2 & \dot{x}_2 & \cdots & x_n & \dot{x}_n & \cdots \end{bmatrix}^{\mathrm{T}} \tag{9.24}$$

其中,上标表示转置运算。

感兴趣的 LTI 系统可由下述状态方程来表示:

$$\dot{\underline{x}}(t) = \underline{A}\ \underline{x}(t) + \underline{B}\underline{w}(t) \tag{9.25}$$

$$\underline{y}(t) = \underline{C}\ \ \underline{x}(t) + \underline{D}\underline{w}(t) \tag{9.26}$$

其中,$\underline{x}$是 $n\times1$ 维状态向量的值,y 是 $p\times1$ 维输出向量的值,$\underline{w}$是 $m\times1$ 维输入向量的值,$\underline{A}$是 $n\times n$ 维矩阵,$\underline{B}$是 $n\times m$ 维矩阵,$\underline{C}$是 $p\times n$ 维矩阵,$\underline{D}$是 $p\times m$ 维矩阵。假设已知在时刻 t_0 的初始条件为$\underline{x}(0)$,则上述线性系统的齐次解(即$\underline{w}=\underline{0}$)的形式为

$$\underline{x}(t) = \underline{\Phi}(t-t_0)\underline{x}(t-t_0) \tag{9.27}$$

矩阵$\underline{\Phi}$称为状态转移矩阵或基本矩阵,并且等于

$$\underline{\Phi}(t-t_0) = \mathrm{e}^{\underline{A}(t-t_0)} \tag{9.28}$$

式(9.28)可表示成级数形式,为

$$\underline{\Phi}(t-t_0)\big|_{t_0=0} = \mathrm{e}^{\underline{A}(t)} = \underline{I} + \underline{A}t + \underline{A}^2\frac{t^2}{2!} + \cdots = \sum_{k=0}^{\infty}\underline{A}^k\ \frac{t^k}{k!} \tag{9.29}$$

例题

计算一个 LTI 系统的状态转移矩阵,当

$$\underline{A} = \begin{bmatrix} 0 & 1 \\ -0.5 & -1 \end{bmatrix}$$

解:

状态转移矩阵可以用式(9.29)来计算。为此,需计算$\underline{A}^2$和$\underline{A}^3$为

$$\underline{A}^2 = \begin{bmatrix} -\frac{1}{2} & -1 \\ \frac{1}{2} & \frac{1}{2} \end{bmatrix} \qquad \underline{A}^3 = \begin{bmatrix} \frac{1}{2} & \frac{1}{2} \\ -\frac{1}{4} & 0 \end{bmatrix} \qquad \cdots$$

从而有

$$\underline{\Phi} = \begin{bmatrix} 1 + 0t - \dfrac{\frac{1}{2}t^2}{2!} + \dfrac{\frac{1}{2}t^3}{3!} + \cdots & 0 + t - \dfrac{t^2}{2!} + \dfrac{\frac{1}{2}t^3}{3!} + \cdots \\ 0 - \frac{1}{2}t + \dfrac{\frac{1}{2}t^2}{2!} - \dfrac{\frac{1}{4}t^3}{3!} + \cdots & 1 - t + \dfrac{\frac{1}{2}t^2}{2!} + \dfrac{0t^3}{3!} + \cdots \end{bmatrix}$$

状态转移矩阵具有如下性质(证明留为练习)。

1. 导数特性:

$$\frac{\partial}{\partial t}\underline{\Phi}(t-t_0) = \underline{A}\,\underline{\Phi}(t-t_0) \tag{9.30}$$

2. 单位特性:

$$\underline{\Phi}(t_0-t_0) = \underline{\Phi}(0) = \underline{I} \tag{9.31}$$

3. 初值特性:

$$\left.\frac{\partial}{\partial t}\underline{\Phi}(t-t_0)\right|_{t=t_0} = \underline{A} \tag{9.32}$$

4. 转移特性:

$$\underline{\Phi}(t_2-t_0) = \underline{\Phi}(t_2-t_1)\underline{\Phi}(t_1-t_0) \qquad t_0 \leqslant t_1 \leqslant t_2 \tag{9.33}$$

5. 可逆特性:

$$\underline{\Phi}(t_0-t_1) = \underline{\Phi}^{-1}(t_1-t_0) \tag{9.34}$$

6. 分离特性:

$$\underline{\Phi}(t_1-t_0) = \underline{\Phi}(t_1)\underline{\Phi}^{-1}(t_0) \tag{9.35}$$

式(9.25)所定义的系统的一般解可以写为

$$\underline{x}(t) = \underline{\Phi}(t-t_0)\underline{x}(t_0) + \int_{t_0}^{t}\underline{\Phi}(t-\tau)\underline{B}\,\underline{w}(\tau)\mathrm{d}\tau \tag{9.36}$$

式(9.36)右手边第一项表示初始条件对系统响应的贡献,第二项是由激励$\underline{w}$带来的贡献。将式(9.26)与式(9.36)联合起来,输出的表达式可以计算为

$$\underline{y}(t) = \underline{C}\mathrm{e}^{\underline{A}(t-t_0)}\underline{x}(t_0) + \int_{t_0}^{t}[\underline{C}\mathrm{e}^{\underline{A}(t-\tau)}\underline{B} - \underline{D}\delta(t-\tau)]\underline{w}(\tau)\mathrm{d}\tau \tag{9.37}$$

注意,系统的冲激响应等于$\underline{C}\mathrm{e}^{\underline{A}t}\underline{B} - \underline{D}\delta(t)$。

与式(9.25)和式(9.26)等价的描述离散时间系统的差分方程为

$$\underline{x}(n+1) = \underline{A}\,\underline{x}(n) + \underline{B}\underline{w}(n) \tag{9.38}$$

$$\underline{y}(n) = \underline{C}\,\underline{x}(n) + \underline{D}\underline{w}(n) \tag{9.39}$$

其中,n 定义了离散时间 nT,T 为采样间隔。其他所有的向量和矩阵的定义如前所述。具有初始条件$\underline{x}(n_0)$,由式(9.38)所定义的系统的齐次解为

$$\underline{x}(n) = \underline{A}^{n-n_0}\underline{x}(n_0) \tag{9.40}$$

在这种情况下,状态转移矩阵为一个 $n\times n$ 维矩阵,由下式给出:

$$\underline{\Phi}(n, n_0) = \underline{\Phi}(n-n_0) = \underline{A}^{n-n_0} \tag{9.41}$$

下面给出了与离散状态转移矩阵相关的性质列表:

$$\underline{\Phi}(n+1-n_0) = \underline{A}\underline{\Phi}(n-n_0) \tag{9.42}$$

$$\underline{\Phi}(n_0-n_0) = \underline{\Phi}(0) = \underline{I} \tag{9.43}$$

$$\underline{\Phi}(n_0+1-n_0) = \underline{\Phi}(1) = \underline{A} \tag{9.44}$$

$$\underline{\Phi}(n_2-n_0) = \underline{\Phi}(n_2-n_1)\underline{\Phi}(n_1-n_0) \tag{9.45}$$

$$\underline{\Phi}(n_0-n_1) = \underline{\Phi}^{-1}(n_1-n_0) \tag{9.46}$$

$$\underline{\Phi}(n_1-n_0) = \underline{\Phi}(n_1)\underline{\Phi}^{-1}(n_0) \tag{9.47}$$

一般情况(即非齐次系统)下的解为

$$\underline{x}(n) = \underline{\Phi}(n-n_0)\underline{x}(n_0) + \sum_{m=n_0}^{n-1} \underline{\Phi}(n-m-1)\underline{B}\underline{w}(m) \tag{9.48}$$

从而,输出为

$$\underline{y}(n) = \underline{C}\underline{\Phi}(n-n_0)\underline{x}(n_0) + \sum_{m=n_0}^{n-1} \underline{C}\ \underline{\Phi}(n-m-1)\underline{B}\underline{w}(m) + \underline{D}\underline{w}(n) \tag{9.49}$$

其中,系统冲激响应为

$$\underline{h}(n) = \sum_{m=n_0}^{n-1} \underline{C}\ \underline{\Phi}(n-m-1)\underline{B}\underline{\delta}(m) + \underline{D}\underline{\delta}(n) \tag{9.50}$$

对式(9.38)和式(9.39)进行 z 变换,得到

$$z\underline{x}(z) = \underline{A}\underline{x}(z) + \underline{B}\underline{w}(z) + z\underline{x}(0) \tag{9.51}$$

$$\underline{y}(z) = \underline{C}\underline{x}(z) + \underline{D}\underline{w}(z) \tag{9.52}$$

整理式(9.51)和式(9.52),得到

$$\underline{x}(z) = [z\underline{I}-\underline{A}]^{-1}\underline{B}\underline{w}(z) + [z\underline{I}-\underline{A}]^{-1}z\underline{x}(0) \tag{9.53}$$

$$\underline{y}(z) = \{\underline{C}[z\underline{I}-\underline{A}]^{-1}\underline{B} + \underline{D}\}\underline{w}(z) + \underline{C}[z\underline{I}-\underline{A}]^{-1}z\underline{x}(0) \tag{9.54}$$

于是,状态转移矩阵为

$$\underline{\Phi}(z) = z[z\underline{I}-\underline{A}]^{-1} = [\underline{I}-z^{-1}\underline{A}]^{-1} \tag{9.55}$$

在 z 域内的系统冲激响应为

$$\underline{h}(z) = \underline{C}\underline{\Phi}(z)z^{-1}\underline{B} + \underline{D} \tag{9.56}$$

9.7 感兴趣的 LTI 系统

为了建立对分析卡尔曼滤波十分必要的框架,考虑图 9.18 所示的 LTI 系统。该系统(是前面章节所述系统的一个特殊例子)可由下面的一阶差分向量方程来表示:

$$\dot{\underline{x}}(t) = \underline{A}\ \underline{x}(t) + \underline{u}(t) \tag{9.57}$$

$$\underline{y}(t) = \underline{G}\ \underline{x}(t) + \underline{v}(t) \tag{9.58}$$

其中,$\underline{y}$是系统的可观测部分(即输出),$\underline{u}$是激励,$\underline{v}$是测量噪声。矩阵$\underline{A}$和$\underline{G}$依赖于系统而变化。假设观测噪声$\underline{v}$是不相关的。若初始条件向量为$\underline{x}(t_0)$,则由式(9.36)可得

$$\underline{x}(t) = \underline{\Phi}(t-t_0)\underline{x}(t_0) + \int_{t_0}^{t} \underline{\Phi}(t-\tau)\underline{u}(\tau)\mathrm{d}\tau \tag{9.59}$$

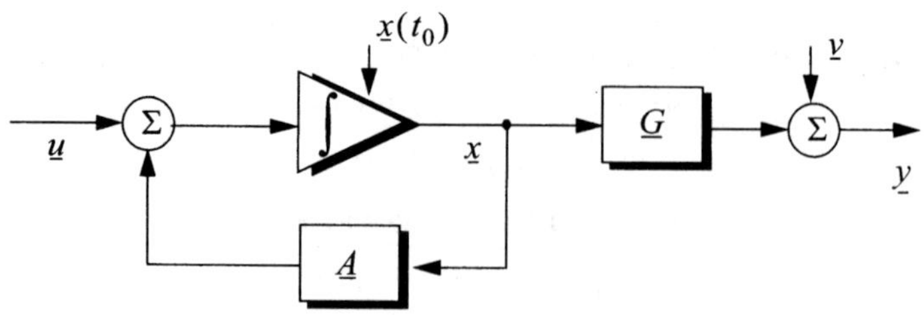

图 9.18 一个 LTI 系统

对象(抽象)仅在系统所确定的离散时间上被观测。这些观测时间由离散时间 nT 来表示,T 为采样间隔。使用上一节采纳的符号,式(9.57)与式(9.58)的离散时间形式为

$$\underline{x}(n) = \underline{A}\ \underline{x}(n-1) + \underline{u}(n) \tag{9.60}$$

$$\underline{y}(n) = \underline{G}\ \underline{x}(n) + \underline{v}(n) \tag{9.61}$$

该系统连续时间的齐次解由式(9.27)给出,离散时间的齐次解由式(9.40)给出。

对应于此系统的状态转移矩阵可以通过对向量$\underline{x}$进行泰勒级数展开来得到。具体而言,

$$\begin{aligned} x &= x + T\dot{x} + \frac{T^2}{2!}\ddot{x} + \cdots \\ \dot{x} &= \dot{x} + T\ddot{x} + \cdots \\ \ddot{x} &= \ddot{x} + \cdots \end{aligned} \tag{9.62}$$

而状态转移矩阵的元素被定义为

$$\underline{\Phi}[ij] = \begin{cases} T^{j-i} \div (j-i)! & 1 \leqslant i, j \leqslant n \\ 0 & j < i \end{cases} \tag{9.63}$$

应用矩阵表示,状态转移矩阵为

$$\underline{\Phi} = \begin{bmatrix} 1 & T & \frac{T^2}{2!} & \cdots \\ 0 & 1 & T & \cdots \\ 0 & 0 & 1 & \cdots \\ & \cdots\cdots & & \end{bmatrix} \tag{9.64}$$

式(9.64)所示矩阵常称为牛顿矩阵。

9.8 固定增益跟踪滤波器

这类滤波器(或者估计器)也被称为“固定系数”滤波器。此类滤波器的最普通的例子是 $\alpha\beta$ 和 $\alpha\beta\gamma$ 滤波器及其变形。$\alpha\beta$ 和 $\alpha\beta\gamma$ 跟踪器分别是一维两阶和三阶滤波器。它们对应于一维卡尔曼滤波器的特例,这类估计器的一般结构与卡尔曼滤波器相似。

标准的 $\alpha\beta\gamma$ 滤波器给出目标位置、速度(多普勒)及加速度的平滑及预测数据,它是一种多项式预测器或者修正线性回归滤波器。这种滤波器基于位置测量数据,能够重构出目标位置、速度及常加速度信息,也能够给出可用于导航与火力控制的平滑的(或者修正的)当前位置估计。

符号表示:

为了便于在本章后续章节中进行讨论,采用了如下符号表示:$x(n|m)$表示应用所有 m 次及 m 次以下采样间隔的数据对第 n 个采样间隔数据的估计;y_n 是第 n 次的测量值;e_n 是第 n 次的残差(误差)。

固定增益滤波器方程为

$$\underline{x}(n|n) = \underline{\Phi}\underline{x}(n-1|n-1) + \underline{K}[y_n - \underline{G}\underline{\Phi}\underline{x}(n-1|n-1)] \tag{9.65}$$

由于状态转移矩阵可帮助预测下一状态的输入,即

$$\underline{x}(n+1|n) = \underline{\Phi}\underline{x}(n|n) \tag{9.66}$$

将式(9.66)代入式(9.65),得

$$\underline{x}(n|n) = \underline{x}(n|n-1) + \underline{K}[y_n - \underline{G}\underline{x}(n|n-1)] \tag{9.67}$$

式(9.67)右手边括号内的项常称为残差(误差),表示测量的输入与预测的输出之差。式(9.67)表明对$\underline{x}(n)$的估计是预测值与加权残差之和。$\underline{G}\ \underline{x}(n|n-1)$表示预测状态。在 $\alpha\beta\gamma$ 估计器的情况下,$\underline{G}$是一个行向量,为

$$\underline{G} = \begin{bmatrix}1 & 0 & 0 & \cdots\end{bmatrix} \tag{9.68}$$

而增益矩阵$\underline{K}$为

$$\underline{K} = \begin{bmatrix}\alpha \\ \beta/T \\ \gamma/T^2\end{bmatrix} \tag{9.69}$$

跟踪滤波器的主要目的之一就是减小在测量中观测噪声的影响。为此，需要计算噪声协方差矩阵。具体而言，噪声协方差矩阵为

$$\underline{C}(n|n) = E\{(\underline{x}(n|n)\ )\underline{x}^t(n|n)\} \qquad y_n = v_n \tag{9.70}$$

其中，E 表示期望运算。假定噪声是一个具有方差为σ_v^2，均值为 0 的随机过程。另外，假设测量噪声值是不相关的，则

$$E\{v_n v_m\} = \begin{cases}\delta\sigma_v^2 & n = m \\ 0 & n \neq m\end{cases} \tag{9.71}$$

式(9.65)可以写为

$$\underline{x}(n|n) = \underline{A}\underline{x}(n-1|n-1) + \underline{K}y_n \tag{9.72}$$

其中

$$\underline{A} = (\underline{I} - \underline{K}\underline{G})\underline{\Phi} \tag{9.73}$$

将式(9.72)与式(9.73)代入式(9.70)，得

$$\underline{C}(n|n) = E\{(\underline{A}\underline{x}(n-1|n-1) + \underline{K}y_n)(\underline{A}\underline{x}(n-1|n-1) + \underline{K}y_n)^t\} \tag{9.74}$$

展开式(9.74)的右边，并应用式(9.71)得出

$$\underline{C}(n|n) = \underline{A}\underline{C}(n-1|n-1)\underline{A}^t + \underline{K}\sigma_v^2\underline{K}^t \tag{9.75}$$

在稳态条件下，式(9.75)退化为

$$\underline{C}(n|n) = \underline{A}\underline{C}\underline{A}^t + \underline{K}\sigma_v^2\underline{K}^t \tag{9.76}$$

其中，$\underline{C}$是稳态噪声协方差矩阵，在稳态条件下，

$$\underline{C}(n|n) = \underline{C}(n-1|n-1) = \underline{C} \qquad \text{对于任意} n \tag{9.77}$$

可应用多种准则来确定固定增益跟踪滤波器的性能。最常用的方法是计算方差下降速率(VRR)。方差下降速率仅在输入到跟踪器的值为测量噪声时才有定义。从而在稳态下，方差下降速率为输出方差(自协方差)与输入测量方差的平稳状态比值。

为了确定所讨论的跟踪器的稳定性，对式(9.72)进行 z 变换，则

$$\underline{x}(z) = \underline{A}z^{-1}\underline{x}(z) + \underline{K}y_n(z) \tag{9.78}$$

重新整理式(9.78)，产生如下系统转移函数：

$$\underline{h}(z) = \frac{\underline{x}(z)}{y_n(z)} = (\underline{I} - \underline{A}z^{-1})^{-1}\underline{K} \tag{9.79}$$

其中，$(\underline{I} - \underline{A}z^{-1})$称为特征矩阵。注意，系统转移函数只有当特征矩阵为非奇异矩阵时才存在。另外，系统当且仅当特征方程的根在 z 平面的单位圆内时，才是稳定的，即

$$\left|(\underline{I} - \underline{A}z^{-1})\right| = 0 \tag{9.80}$$

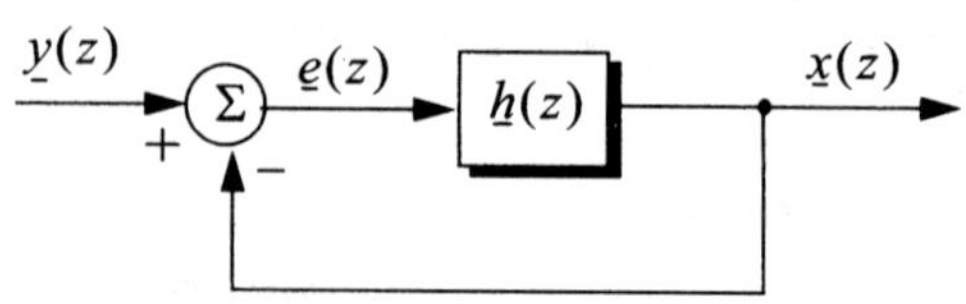

图 9.19 稳态误差计算

滤波器的稳态误差可在图 9.19 的帮助下确定，误差转移方程为

$$\underline{e}(z) = \frac{\underline{y}(z)}{1 + \underline{h}(z)} \tag{9.81}$$

应用阿贝尔(Abel)理论,稳态误差为

$$\underline{e}_\infty = \lim_{t \to \infty} \underline{e}(t) = \lim_{z \to 1}\left(\frac{z-1}{z}\right) \underline{e}(z) \tag{9.82}$$

将式(9.82)代入式(9.81),得到

$$\underline{e}_\infty = \lim_{z \to 1} \frac{z-1}{z} \frac{\underline{y}(z)}{1 + \underline{h}(z)} \tag{9.83}$$

9.8.1 $\alpha\beta$ 滤波器

$\alpha\beta$ 滤波跟踪器依据第 n 次观测对位置、速度进行平滑估计,并对第 $n+1$ 次观测的位置进行预测。图 9.20 示出了该滤波器的实现框图。注意下标 p 和 s 分别代表预测和平滑值。$\alpha\beta$ 跟踪器能够没有任何稳态误差的跟踪输入距离斜坡(恒定速度)。然而,当输入端存在恒定加速度时,稳态误差将会累加起来。在预测位置处,通过对测量值与预测值之差加权,并加在预测位置上进行平滑处理,以减小误差,如下所示:

$$x_s(n) = x(n|n) = x_p(n) + \alpha(x_0(n) - x_p(n)) \tag{9.84}$$

$$\dot{x}_s(n) = x'(n|n) = \dot{x}_s(n-1) + \frac{\beta}{T}(x_0(n) - x_p(n)) \tag{9.85}$$

x_0 是位置输入采样值。预测位置为

$$x_p(n) = x_s(n|n-1) = x_s(n-1) + T\dot{x}_s(n-1) \tag{9.86}$$

初始化操作定义为

$$x_s(1) = x_p(2) = x_0(1)$$

$$\dot{x}_s(1) = 0$$

$$\dot{x}_s(2) = \frac{x_0(2) - x_0(1)}{T}$$

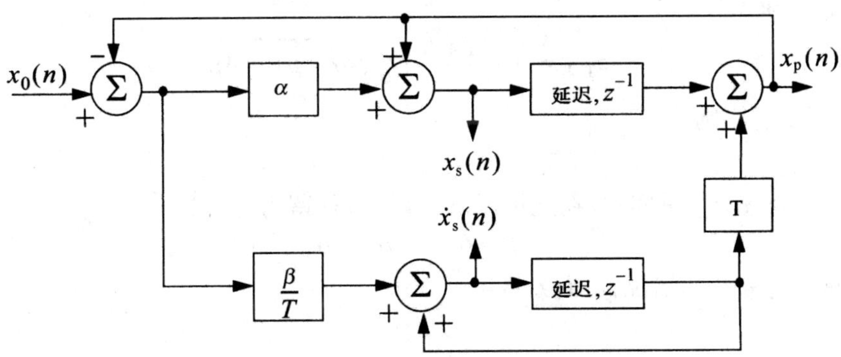

图 9.20 一个 $\alpha\beta$ 滤波跟踪器的实现框图

在前面一节中已经讨论了协方差矩阵的一般形式,并由式(9.75)给出。一般情况下,一个二阶一维协方差矩阵(在讨论 $\alpha\beta$ 滤波器的情况下)可以写为

$$\underline{C}(n|n) = \begin{bmatrix} C_{xx} & C_{x\dot{x}} \\ C_{\dot{x}x} & C_{\dot{x}\dot{x}} \end{bmatrix} \tag{9.87}$$

其中，一般情况下，C_{xy} 为

$$C_{xy} = E\{xy^t\} \tag{9.88}$$

经检验，$\alpha\beta$ 滤波器具有

$$\underline{A} = \begin{bmatrix} 1-\alpha & (1-\alpha)T \\ -\beta/T & (1-\beta) \end{bmatrix} \tag{9.89}$$

$$\underline{K} = \begin{bmatrix} \alpha \\ \beta/T \end{bmatrix} \tag{9.90}$$

$$\underline{G} = \begin{bmatrix} 1 & 0 \end{bmatrix} \tag{9.91}$$

$$\underline{\Phi} = \begin{bmatrix} 1 & T \\ 0 & 1 \end{bmatrix} \tag{9.92}$$

最后，在式(9.72)中，应用式(9.89)至式(9.92)得到稳态噪声协方差矩阵为

$$\underline{C} = \frac{\sigma_v^2}{\alpha(4-2\alpha-\beta)} \begin{bmatrix} 2\alpha^2-3\alpha\beta+2\beta & \dfrac{\beta(2\alpha-\beta)}{T} \\ \dfrac{\beta(2\alpha-\beta)}{T} & \dfrac{2\beta^2}{T^2} \end{bmatrix} \tag{9.93}$$

于是，位置与速度 VRR 分别为

$$(\mathrm{VRR})_x = C_{xx}/\sigma_v^2 = \frac{2\alpha^2-3\alpha\beta+2\beta}{\alpha(4-2\alpha-\beta)} \tag{9.94}$$

$$(\mathrm{VRR})_{\dot{x}} = C_{\dot{x}\dot{x}}/\sigma_v^2 = \frac{1}{T^2}\ \frac{2\beta^2}{\alpha(4-2\alpha-\beta)} \tag{9.95}$$

$\alpha\beta$ 滤波器的稳定性由其系统传输函数确定。为此，计算具有式(9.89)所给出的 A 值的式(9.80)的根为

$$\left|\underline{I}-\underline{A}z^{-1}\right| = 1-(2-\alpha-\beta)z^{-1}+(1-\alpha)z^{-2} = 0 \tag{9.96}$$

在 z 域内解式(9.96)得

$$z_{1,2} = 1-\frac{\alpha+\beta}{2} \pm \frac{1}{2}\sqrt{(\alpha-\beta)^2-4\beta} \tag{9.97}$$

为了保证系统稳定性，则

$$|z_{1,2}| < 1 \tag{9.98}$$

分析两种情形。首先，$z_{1,2}$ 是实数，在此情形下(具体过程留为练习)有

$$\beta > 0 \qquad \alpha > -\beta \tag{9.99}$$

第二种情形是根为复数的情况，此时发现

$$\alpha > 0 \tag{9.100}$$

系统的传输函数可由式(9.79)、式(9.89)及式(9.90)导出，即

$$\begin{bmatrix} h_x(z) \\ h_{\dot{x}}(z) \end{bmatrix} = \frac{1}{z^2-z(2-\alpha-\beta)+(1-\alpha)} \begin{bmatrix} \alpha z\left(z-\dfrac{(\alpha-\beta)}{\alpha}\right) \\ \dfrac{\beta z(z-1)}{T} \end{bmatrix} \tag{9.101}$$

到目前为止，若不考虑如何选择增益系数(α 和 β)，与 $\alpha\beta$ 滤波器相关的所有关系式都已给出。在考虑选择这些增益系数的方法之前，首先思考一下使用这种滤波器的主要目标。使

用 $\alpha\beta$ 跟踪器的双重目标可以描述为

1. 跟踪滤波器必须尽可能多地减小测量误差。
2. 滤波器必须能够跟踪机动目标,且具有尽可能小的残差(跟踪误差)。

测量误差的减小通常由方差下降速率来确定,而滤波器跟踪机动目标的性能严重地依赖于参数 α 和 β 的选择。

$\alpha\beta$ 滤波器的一种特殊变形由 Benedict 和 Bordner① 给出,并常称为 Benedict-Bordner 滤波器。该滤波器的主要优点在于能够降低与 $\alpha\beta$ 滤波跟踪器相关的瞬态误差。该滤波器同时使用位置与速度 VRR 作为性能指标。当在零时刻输入具有单位阶跃速度时,计算输入(位置)与输出之差的平方和。另外,在同样输入条件下,计算真实速度与速度输出之间差的平方和。两种误差都被最小化,当

$$\beta = \frac{\alpha^2}{2-\alpha} \tag{9.102}$$

时,位置与速度 VRR 分别为

$$(\mathrm{VRR})_x = \frac{\alpha(6-5\alpha)}{\alpha^2-8\alpha+8} \tag{9.103}$$

$$(\mathrm{VRR})_{\dot{x}} = \frac{2}{T^2}\,\frac{\alpha^3/(2-\alpha)}{\alpha^2-8\alpha+8} \tag{9.104}$$

$\alpha\beta$ 滤波跟踪器的另一个重要的子类是临界阻尼(critically damped)滤波器,也称为衰落存储(fading memory)滤波器。在这种滤波器中,滤波系数基于一个平滑因子ξ来进行选择,其中$0\leqslant\xi\leqslant1$。增益系数为

$$\alpha = 1-\xi^2 \tag{9.105}$$

$$\beta = (1-\xi)^2 \tag{9.106}$$

深度平滑意味着$\xi\to1$,而轻度平滑意味着$\xi\to0$。衰落存储滤波器的协方差矩阵的元素为

$$C_{xx} = \frac{1-\xi}{(1+\xi)^3}\,(1+4\xi+5\xi^2)\ \sigma_v^2 \tag{9.107}$$

$$C_{x\dot{x}} = C_{\dot{x}x} = \frac{1}{T}\,\frac{1-\xi}{(1+\xi)^3}\,(1+2\xi+3\xi^2)\ \sigma_v^2 \tag{9.108}$$

$$C_{\dot{x}\dot{x}} = \frac{2}{T^2}\,\frac{1-\xi}{(1+\xi)^3}\,(1-\xi)^2\ \sigma_v^2 \tag{9.109}$$

9.8.2 $\alpha\beta\gamma$ 滤波器

$\alpha\beta\gamma$ 跟踪滤波器对第 n 次观测值产生位置、速度和加速度的平滑估计,也对第 $n+1$ 次观测值进行位置与速度的预测。$\alpha\beta\gamma$ 跟踪滤波器的一种实现框图由图 9.21 给出。

$\alpha\beta\gamma$ 跟踪滤波器要求其输入具有无任何稳态误差的常数加速度。同样地,为了减小跟踪器输出端的误差,在估计平滑的位置、速度和加速度时,对测量值与预测值之差进行了如下所示的加权处理:

---

① Benedict, T. R. and Bordner, G. W., Synthesis of an Optimal Set of Radar Track-While-Scan Snoothing Equations, *IRE Transaction on Automatic Control*, *AC-7*, July 1962, pp. 27-32.

$$x_s(n) = x_p(n) + \alpha(x_0(n) - x_p(n)) \tag{9.110}$$

$$\dot{x}_s(n) = \dot{x}_s(n-1) + T\ddot{x}_s(n-1) + \frac{\beta}{T}\ (x_0(n) - x_p(n)) \tag{9.111}$$

$$\ddot{x}_s(n) = \ddot{x}_s(n-1) + \frac{2\gamma}{T^2}\ (x_0(n) - x_p(n)) \tag{9.112}$$

$$x_p(n+1) = x_s(n) + T\ \dot{x}_s(n) + \frac{T^2}{2}\ \ddot{x}_s(n) \tag{9.113}$$

初始化过程为

$$x_s(1) = x_p(2) = x_0(1)$$

$$\dot{x}_s(1) = \ddot{x}_s(1) = \ddot{x}_s(2) = 0$$

$$\dot{x}_s(2) = \frac{x_0(2) - x_0(1)}{T}$$

$$\ddot{x}_s(3) = \frac{x_0(3) + x_0(1) - 2x_0(2)}{T^2}$$

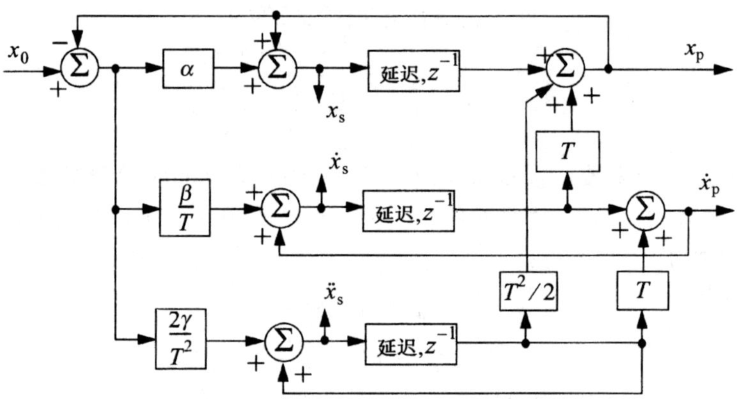

图 9.21 一种 $\alpha\beta\gamma$ 跟踪滤波器的实现框图

应用式(9.63)，$\alpha\beta\gamma$ 滤波器的状态转移矩阵为

$$\underline{\Phi} = \begin{bmatrix} 1 & T & \frac{T^2}{2} \\ 0 & 1 & T \\ 0 & 0 & 1 \end{bmatrix} \tag{9.114}$$

协方差矩阵(为对称的)可由式(9.76)来计算。为此，注意

$$\underline{K} = \begin{bmatrix} \alpha \\ \beta/T \\ \gamma/T^2 \end{bmatrix} \tag{9.115}$$

$$\underline{G} = \begin{bmatrix} 1 & 0 & 0 \end{bmatrix} \tag{9.116}$$

及

$$\underline{A} = (\underline{I} - \underline{K}\underline{G})\underline{\Phi} = \begin{bmatrix} 1-\alpha & (1-\alpha)T & (1-\alpha)T^2/2 \\ -\beta/T & -\beta+1 & (1-\beta/2)T \\ -2\gamma/T^2 & -2\gamma/T & (1-\gamma) \end{bmatrix} \tag{9.117}$$

将式(9.117)代入式(9.76)并合并同类项,则 VRR 可计算为

$$(\text{VRR})_x = \frac{2\beta(2\alpha^2+2\beta-3\alpha\beta)-\alpha\gamma(4-2\alpha-\beta)}{(4-2\alpha-\beta)(2\alpha\beta+\alpha\gamma-2\gamma)} \tag{9.118}$$

$$(\text{VRR})_{\dot{x}} = \frac{4\beta^3-4\beta^2\gamma+2\gamma^2(2-\alpha)}{T^2(4-2\alpha-\beta)(2\alpha\beta+\alpha\gamma-2\gamma)} \tag{9.119}$$

$$(\text{VRR})_{\ddot{x}} = \frac{4\beta\gamma^2}{T^4(4-2\alpha-\beta)(2\alpha\beta+\alpha\gamma-2\gamma)} \tag{9.120}$$

在任何离散时间系统的情况下,该滤波器当且仅当其所有的极点均落在 z 平面内的单位圆中时才是稳定的。

$\alpha\beta\gamma$ 滤波器的特征方程可由下式来计算:

$$\left|\underline{I}-\underline{A}z^{-1}\right| = 0 \tag{9.121}$$

将式(9.117)代入式(9.121)并合并同类项,得到下述特征函数:

$$f(z) = z^3+(-3\alpha+\beta+\gamma)z^2+(3-\beta-2\alpha+\gamma)z-(1-\alpha) \tag{9.122}$$

当如下条件满足时,$\alpha\beta\gamma$ 滤波器变成 Benedict-Bordner 滤波器,即

$$2\beta-\alpha\left(\alpha+\beta+\frac{\gamma}{2}\right) = 0 \tag{9.123}$$

注意,对于 $\gamma=0$,式(9.123)简化为式(9.102)。对于临界阻尼滤波器,其增益系数为

$$\alpha = 1-\xi^3 \tag{9.124}$$

$$\beta = 1.5(1-\xi^2)(1-\xi) = 1.5(1-\xi)^2(1+\xi) \tag{9.125}$$

$$\gamma = (1-\xi)^3 \tag{9.126}$$

注意,当$\xi\to1$ 时深度平滑起作用,而当$\xi=0$ 时意味着没有进行任何平滑操作。

MATLAB 函数“ghk _tracker. m”

函数“ghk _tracker. m”(见9.11 节的清单9.2)可实现稳态 $\alpha\beta\gamma$ 滤波器。调用语法如下:

[residual, estimate] = ghk _tracker(X0, smoocof, inp, npts, T, nvar)

其中,符号含义如下表所示。

符　号	描　述	单　位
X0	初始状态向量	输入
smoocof	预设平滑系数	输入
inp	位置测量数组	输入
npts	输入位置点数	输入
T	采样间隔	输入
nvar	预设噪声方差	输入
residual	位置误差(残差)数组	输出
estimate	预测位置阵列	输出

注意,“ghk _tracker. m”使用了 MATLAB 函数“normrnd. m”来产生零均值高斯噪声,该函数是 MATLAB 统计工具箱的一部分。若该工具箱对于读者不可用,则“ghk _tracker. m”函数调用可修改为

[residual, estimate] = ghk _tracker1(X0, smoocof, inp, npts, T)

其也在清单9.2 中。此时,噪声测量也被作为不可知的或位置输入数组的一部分。

为了演示如何使用函数 ghk _tracker. m 和 ghk _tracker1. m，考虑图 9. 22 和图 9. 23 所示的输入值。图 9. 22 假定具有弱机动性目标的输入，而图 9. 23 假定具有强机动性目标的输入。为此，编写了程序"fig9 _21. m"（见 9. 11 节的清单 9. 3）。

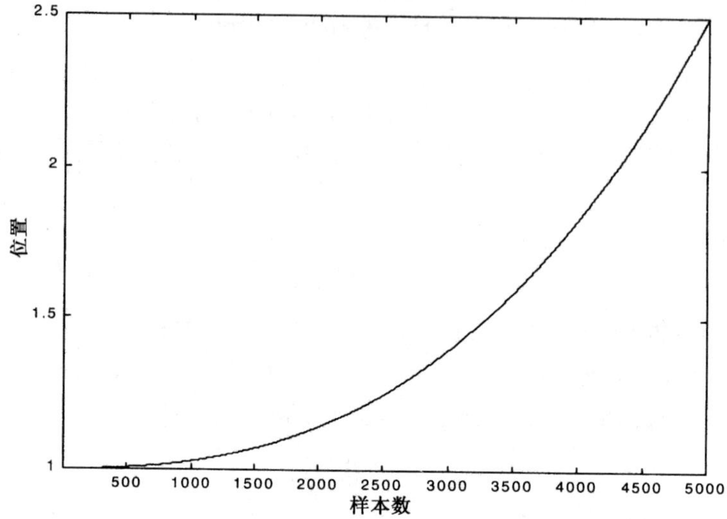

图 9. 22 位置（真实数据），目标具有弱机动性

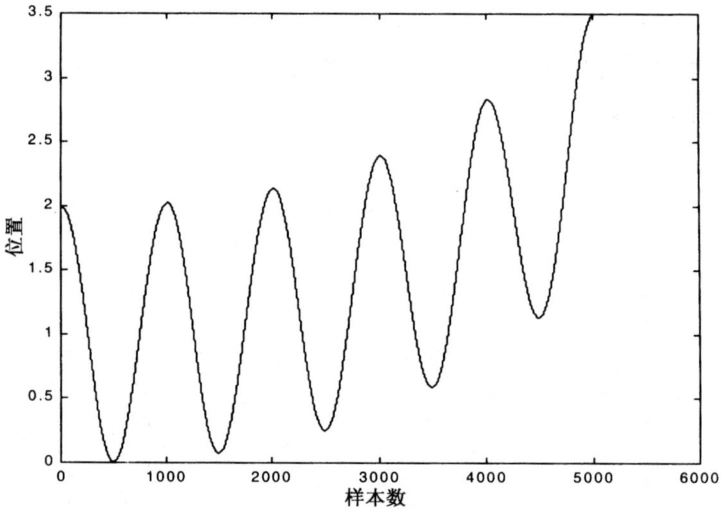

图 9. 23 位置（真实数据），目标具有强机动性

对于两种情况，图 9. 24 和图 9. 25 示出了对应于图 9. 22 的残差和预测位置（使用程序"fig9 _21. m"所产生的）：有和无噪声条件下的深度和轻度平滑。噪声是具有均值为零，方差为 $\sigma_v^2 = 0.05$ 的高斯白噪声。图 9. 26 和图 9. 27 示出了对应于图 9. 23 给出的输入在有无噪声条件下的残差和预测位置（使用程序"fig9 _20. m"所产生的）。

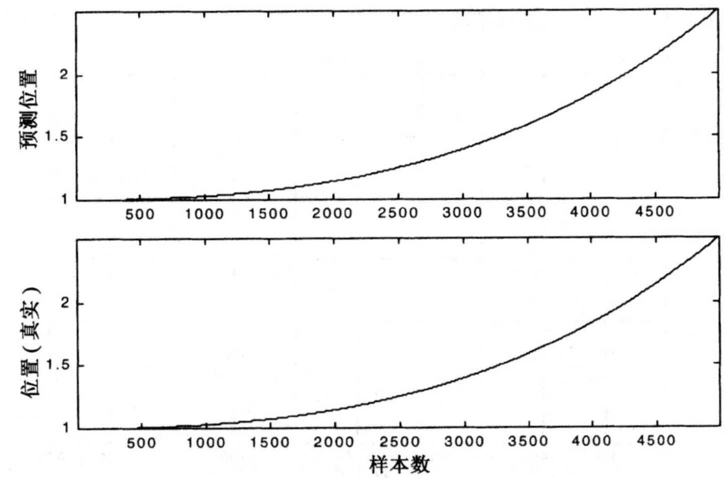

(a)-1 预测的及真实的位置，$\xi=0.1$（即大增益系数），无噪声

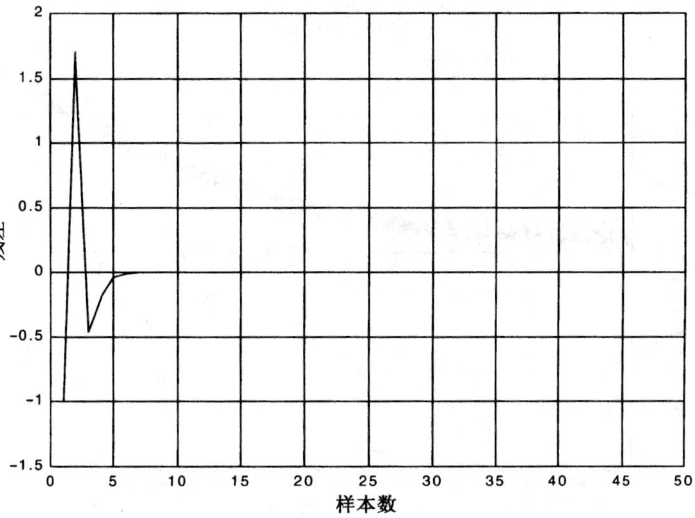

(a)-2 位置残留（误差），大增益系数，无噪声，误差非常快地下降至零

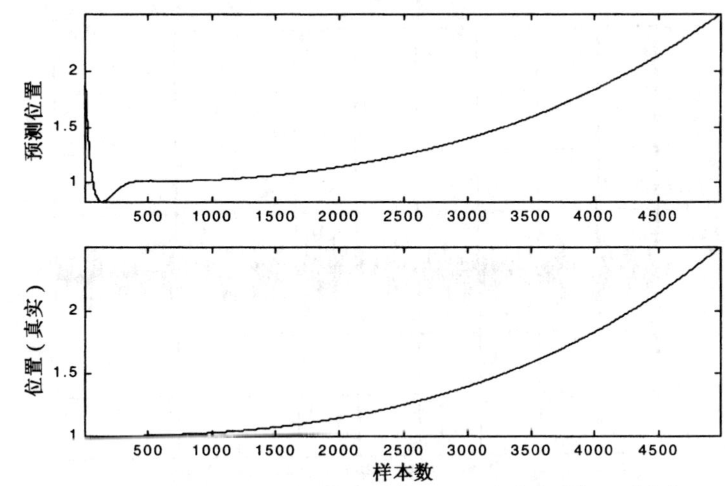

(b)-1 预测的及真实的位置，$\xi=0.9$（即小增益系数），无噪声

图 9.24

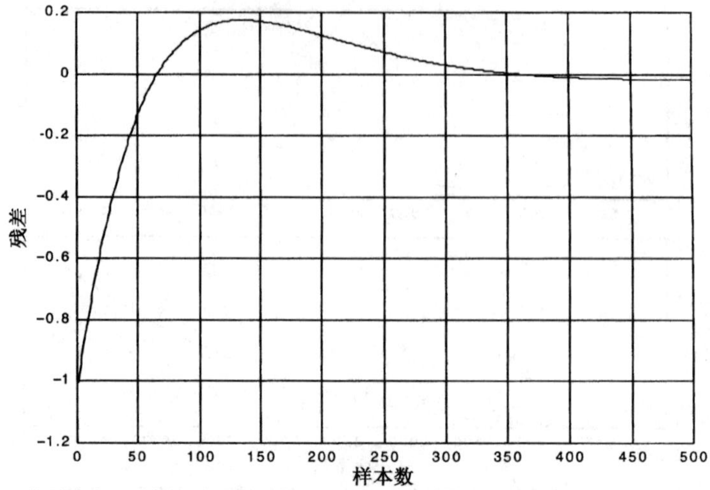

(b)-2 位置残留（误差），小增益系数，无噪声，滤波器要花长得多的时间才能使误差下降

图 9.24(续)

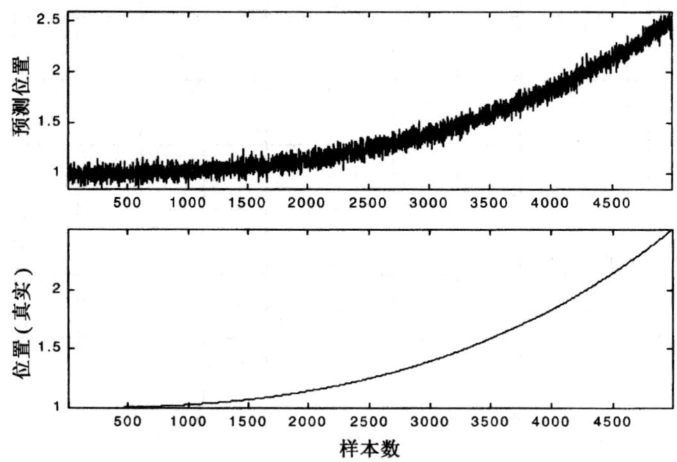

(a)-1 预测的及真实的位置。 $\xi=0.1$（即大增益系数），有噪声

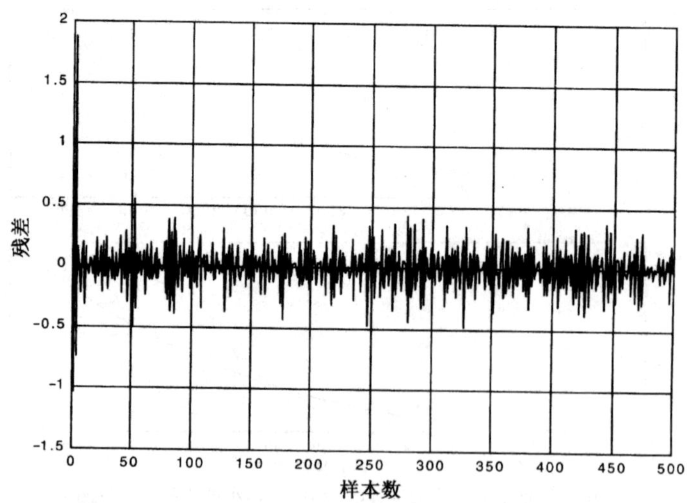

(a)-2 位置残留（误差）。大增益系数，有噪声。误差迅速下降，起伏是由噪声产生的

图 9.25

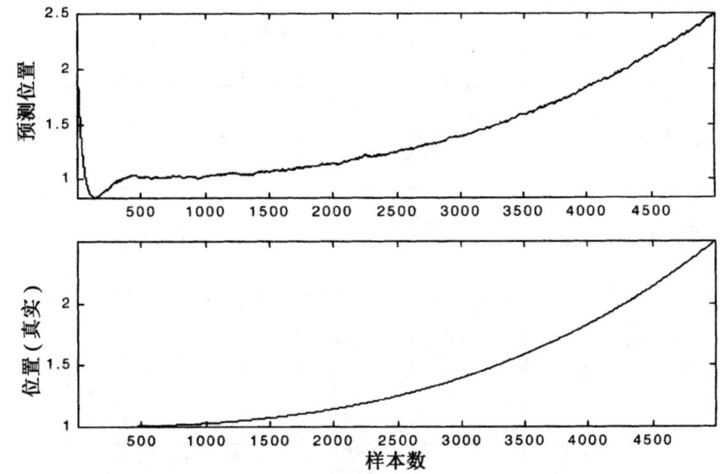

(b)-1 预测的及真实的位置，$\xi = 0.9$（即小增益系数），　有噪声

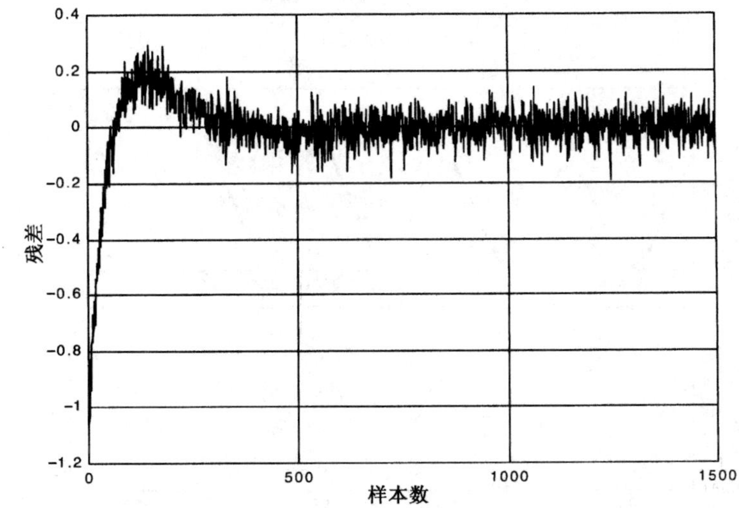

(b)-2 位置残留(误差)，小增益系数，有噪声，需要很长时间误差才开始下降，起伏是由噪声产生的

图 9.25(续)

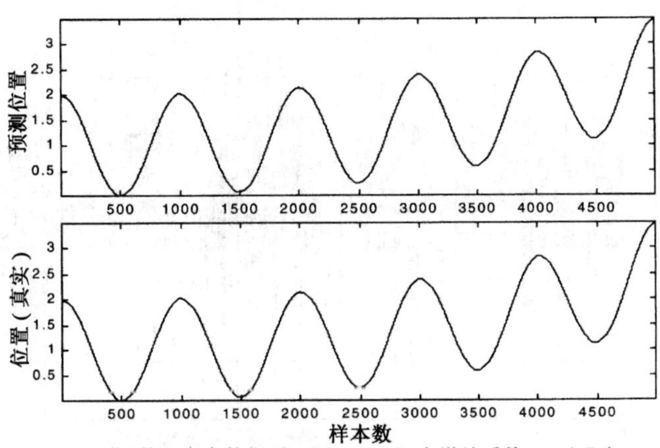

(a) 预测的及真实的位置，$\xi = 0.1$（即大增益系数），无噪声

图 9.26

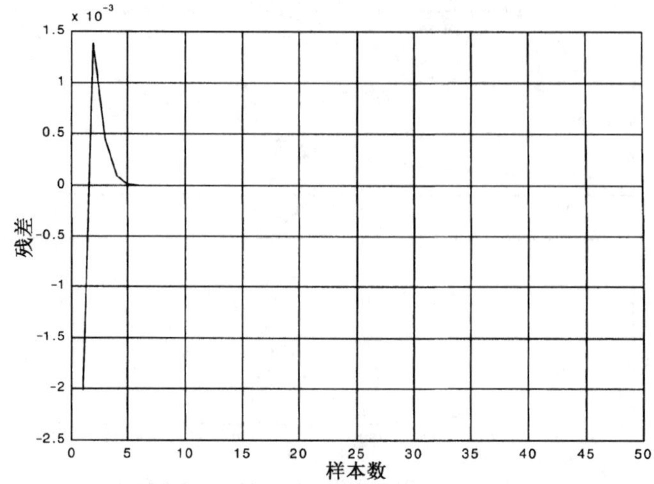

(b) 位置残留（误差），大增益系数，无噪声，误差迅速下降

图 9.26(续)

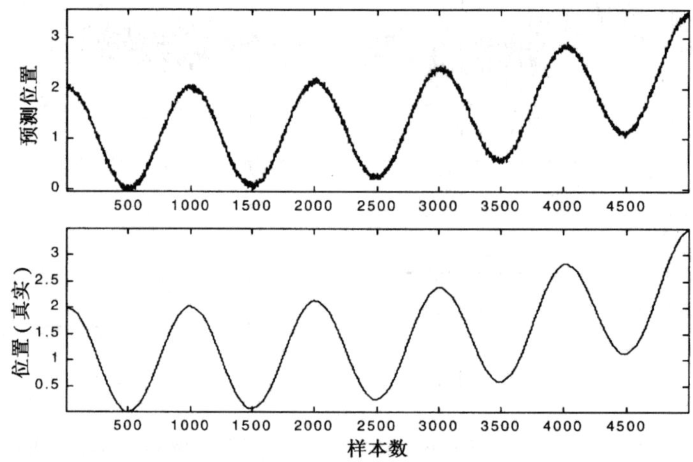

(a) 预测的及真实的位置： $\xi=0.8$（即小增益系数），有噪声

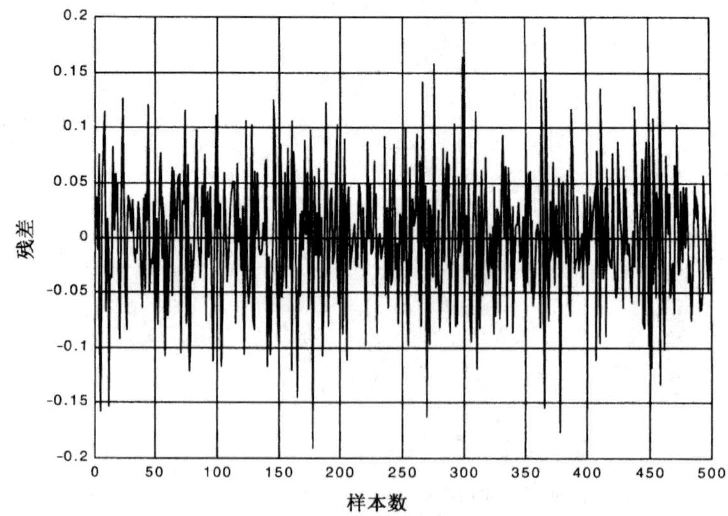

(b) 位置残留（误差）：小增益系数，有噪声，误差保持在很大的水平，而其均值在零附近，起伏是由噪声产生的

图 9.27

9.9 卡尔曼滤波器

卡尔曼滤波器是一种线性估计器,一旦能够对目标的运动准确地建模,则该估计器可使均方误差最小。所有其他类型的递归滤波器,如 $\alpha\beta\gamma$ 滤波器和 Benedict-Bordner 滤波器,都是在均方估计问题下卡尔曼滤波器的一般解的特殊例子。另外,卡尔曼滤波器还有如下优势:

1. 增益系数动态地计算,这意味着同一滤波器可以用于多种机动目标环境。
2. 卡尔曼滤波器增益的计算会根据不断变化的检测历史(含丢失的检测)而自适应地改变。
3. 卡尔曼滤波器给出了协方差矩阵的准确测量,能够更好地实现波门及关联处理。
4. 卡尔曼滤波器使得部分地补偿误相关和误关联的影响成为可能。

文献中给出了卡尔曼滤波器的多种推导形式,本章仅给出结果。图 9.28 示出了卡尔曼滤波器的一种组成方框图。卡尔曼滤波器方程可由图 9.28 导出。滤波方程为

$$\underline{x}(n|n) = \underline{x}_s(n) = \underline{x}(n|n-1) + K(n)[\underline{y}(n) - \underline{G}\underline{x}(n|n-1)] \tag{9.127}$$

测量向量为

$$\underline{y}(n) = \underline{G}\underline{x}(n) + \underline{v}(n) \tag{9.128}$$

其中,$\underline{v}(n)$ 为均值为零,方差为 $\mathfrak{R}_c$ 的高斯白噪声,即

$$\mathfrak{R}_c = E\{\underline{v}(n)\ \underline{v}^t(n)\} \tag{9.129}$$

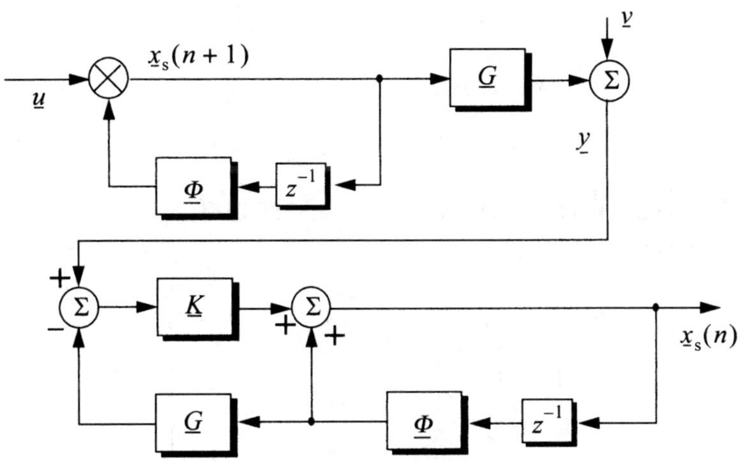

图 9.28 卡尔曼滤波器的结构

滤波器的增益(权值)向量可动态地计算:

$$\underline{K}(n) = \underline{P}(n|n-1)\underline{G}^t[\underline{G}\underline{P}(n|n-1)\underline{G}^t + \mathfrak{R}_c]^{-1} \tag{9.130}$$

其中,测量噪声矩阵 $\underline{P}$ 表示预测器的协方差矩阵,等于

$$\underline{P}(n+1|n) = E\{\underline{x}_s(n+1)\underline{x}^*{}_s(n)\} = \underline{\Phi}\underline{P}(n|n)\underline{\Phi}^t + \underline{Q} \tag{9.131}$$

其中,$\underline{Q}$ 是输入 $\underline{u}$ 的协方差矩阵。

$$\underline{Q} = E\{\underline{u}(n)\ \underline{u}^t(n)\} \tag{9.132}$$

校正器公式(平滑估计的协方差)为

$$\underline{P}(n|n) = [\underline{I} - \underline{K}(n)\underline{G}]\underline{P}(n|n-1) \tag{9.133}$$

最终,预测器方程为

$$\underline{x}(n+1|n) = \underline{\Phi}\underline{x}(n|n) \tag{9.134}$$

9.9.1 Singer $\alpha\beta\gamma$ 卡尔曼滤波器

Singer① 滤波器是卡尔曼滤波器的一个特例,由一个特定的目标运动模型决定。该模型目标的加速度为一个随机过程,且自相关函数为

$$E\{\ddot{x}(t)\ \ddot{x}(t+t_1)\} = \sigma_a^2\ \mathrm{e}^{-\frac{|t_1|}{\tau_m}} \tag{9.135}$$

其中,τ_m 是由于目标机动或气流不稳而引起的目标加速度的相关时间。相关时间 τ_m 将从对于强机动目标小于 10 s 到对于弱机动目标大于 60 s 的范围变化。

Singer 以一阶马尔可夫过程来定义目标随机加速度模型,为

$$\ddot{x}(n+1) = \rho_m\ \ddot{x}(n) + \sqrt{1-\rho_m^2}\ \sigma_m\ w(n) \tag{9.136}$$

其中,$w(n)$是具有零均值,单位方差的高斯随机变量;σ_m 是机动标准偏差,而机动相关系数ρ_m 为

$$\rho_m = \mathrm{e}^{-\frac{T}{\tau_m}} \tag{9.137}$$

满足上述条件的连续时间系统与维纳-柯尔莫哥洛夫(Wiener-Kolmogorov)白化滤波器相同,后者由下面差分方程所定义:

$$\frac{\mathrm{d}}{\mathrm{d}t}v(t) = -\beta_m v(t) + w(t) \tag{9.138}$$

其中 β_m 等于 $1/\tau_m$。使用 Singer 模型的机动方差为

$$\sigma_m^2 = \frac{A_{max}^2}{3}[1 + 4P_{max} - P_0] \tag{9.139}$$

A_{max}是具有概率 P_{max}的最大目标加速度,而 P_0 定义了目标没有加速度的概率。

对应于 Singer 滤波器的转移矩阵为

$$\underline{\Phi} = \begin{bmatrix} 1 & T & \frac{1}{\beta_m^2}(-1+\beta_m T+\rho_m) \\ 0 & 1 & \frac{1}{\beta_m}(1-\rho_m) \\ 0 & 0 & \rho_m \end{bmatrix} \tag{9.140}$$

注意,当 $T\beta_m = T/\tau_m$ 较小时(目标具有恒定加速度),式(9.140)简化为式(9.114)。典型地,采样间隔 T 远小于机动时间常数 τ_m,则式(9.140)可以用其二阶近似来精确地代替,即

$$\underline{\Phi} = \begin{bmatrix} 1 & T & T^2/2 \\ 0 & 1 & T(1-T/2\tau_m) \\ 0 & 0 & \rho_m \end{bmatrix} \tag{9.141}$$

协方差矩阵由 Singer 推导得到,等于

① Singer, R. A., Estimating Optimal Tracking Filter Performance of Manned Maneuvering Targets, *IEEE Transaction on Aerospace and Eletronics*, *AES-5*, July, 1970, pp. 473-483.

$$\underline{C} = \frac{2\sigma_m^2}{\tau_m}\begin{bmatrix} C_{11} & C_{12} & C_{13} \\ C_{21} & C_{22} & C_{23} \\ C_{31} & C_{32} & C_{33} \end{bmatrix} \tag{9.142}$$

其中

$$C_{11} = \sigma_x^2 = \frac{1}{2\beta_m^5}\left[1 - e^{-2\beta_m T} + 2\beta_m T + \frac{2\beta_m^3 T^3}{3} - 2\beta_m^2 T^2 - 4\beta_m T e^{-\beta_m T}\right] \tag{9.143}$$

$$C_{12} = C_{21} = \frac{1}{2\beta_m^4}[e^{-2\beta_m T} + 1 - 2e^{-\beta_m T} + 2\beta_m T e^{-\beta_m T} - 2\beta_m T + \beta_m^2 T^2] \tag{9.144}$$

$$C_{13} = C_{31} = \frac{1}{2\beta_m^3}[1 - e^{-2\beta_m T} - 2\beta_m T e^{-\beta_m T}] \tag{9.145}$$

$$C_{22} = \frac{1}{2\beta_m^3}[4e^{-\beta_m T} - 3 - e^{-2\beta_m T} + 2\beta_m T] \tag{9.146}$$

$$C_{23} = C_{32} = \frac{1}{2\beta_m^2}[e^{-2\beta_m T} + 1 - 2e^{-\beta_m T}] \tag{9.147}$$

$$C_{33} = \frac{1}{2\beta_m}[1 - e^{-2\beta_m T}] \tag{9.148}$$

感兴趣的两种极限情况是：

1. 短采样间隔情况（$T \ll \tau_m$），即

$$\lim_{\beta_m T \to 0} \underline{C} = \frac{2\sigma_m^2}{\tau_m}\begin{bmatrix} T^5/20 & T^4/8 & T^3/6 \\ T^4/8 & T^3/3 & T^2/2 \\ T^3/6 & T^2/2 & T \end{bmatrix} \tag{9.149}$$

此时状态转移矩阵可由式(9.141)计算，为

$$\lim_{\beta_m T \to 0} \underline{\Phi} = \begin{bmatrix} 1 & T & T^2/2 \\ 0 & 1 & T \\ 0 & 0 & 1 \end{bmatrix} \tag{9.150}$$

这与 $\alpha\beta\gamma$ 滤波器（恒定加速度）的情形一样。

2. 长采样间隔情况（$T \gg \tau_m$）。这一条件描述了当加速度为一白噪声过程的例子，此时的协方差矩阵与转移矩阵分别为

$$\lim_{\beta_m T \to \infty} \underline{C} = \sigma_m^2\begin{bmatrix} \frac{2T^3\tau_m}{3} & T^2\tau_m & \tau_m^2 \\ T^2\tau_m & 2T\tau_m & \tau_m \\ \tau_m^2 & \tau_m & 1 \end{bmatrix} \tag{9.151}$$

$$\lim_{\beta_m T \to \infty} \underline{\Phi} = \begin{bmatrix} 1 & T & T\tau_m \\ 0 & 1 & \tau_m \\ 0 & 0 & 0 \end{bmatrix} \tag{9.152}$$

注意，在 $T \gg \tau_m$ 条件下，互相关项 C_{13} 和 C_{23} 变得非常小，从而对加速度的估计无法得到，因而一个二状态滤波器模型可以用来代替三状态滤波器模型。在此情况下，有

$$\underline{C} = 2\sigma_m^2\tau_m \begin{bmatrix} T^3/3 & T^2/2 \\ T^2/2 & T \end{bmatrix} \tag{9.153}$$

$$\underline{\Phi} = \begin{bmatrix} 1 & T \\ 0 & 1 \end{bmatrix} \tag{9.154}$$

9.9.2 卡尔曼滤波器与$\alpha\beta\gamma$ 滤波器之间的联系

卡尔曼滤波器与 $\alpha\beta\gamma$ 滤波器之间的联系可以容易地通过利用在式(9.127)中对应于 $\alpha\beta\gamma$ 滤波器的合适的状态转移矩阵$\underline{\Phi}$和增益向量$\underline{K}$来获得。因此，

$$\begin{bmatrix} x(n|n) \\ \dot{x}(n|n) \\ \ddot{x}(n|n) \end{bmatrix} = \begin{bmatrix} x(n|n-1) \\ \dot{x}(n|n-1) \\ \ddot{x}(n|n-1) \end{bmatrix} + \begin{bmatrix} k_1(n) \\ k_2(n) \\ k_3(n) \end{bmatrix} [x_0(n) - x(n|n-1)] \tag{9.155}$$

且(见图 9.21)

$$x(n|n-1) = x_s(n-1) + T\ \dot{x}_s(n-1) + \frac{T^2}{2}\ \ddot{x}_s(n-1) \tag{9.156}$$

$$\dot{x}(n|n-1) = \dot{x}_s(n-1) + T\ \ddot{x}_s(n-1) \tag{9.157}$$

$$\ddot{x}(n|n-1) = \ddot{x}_s(n-1) \tag{9.158}$$

将前面三个方程与 $\alpha\beta\gamma$ 滤波器方程进行比较,得

$$\begin{bmatrix} \alpha \\ \dfrac{\beta}{T} \\ \dfrac{\gamma}{T^2} \end{bmatrix} = \begin{bmatrix} k_1 \\ k_2 \\ k_3 \end{bmatrix} \tag{9.159}$$

另外,协方差矩阵元素与增益系数间的联系为

$$\begin{bmatrix} k_1 \\ k_2 \\ k_3 \end{bmatrix} = \frac{1}{C_{11} + \sigma_v^2} \begin{bmatrix} C_{11} \\ C_{12} \\ C_{13} \end{bmatrix} \tag{9.160}$$

式(9.160)表示第一个增益系数依赖于总残差方差的估计误差方差,而其余两个增益系数通过二阶和三阶状态与一阶观测状态间的协方差系数来计算。

MATLAB 函数“kalman _filter. m”

函数“kalman _filter. m”(见 9.11 节的清单 9.4)可实现某一状态的 Singer $\alpha\beta\gamma$ 卡尔曼滤波器。调用语法如下：

[residual, estimate] = kalman _filter(npts, T, X0, inp, R, nvar)

其中,符号含义如下表所示。

符　号	描　述	单　位
npts	输入位置点数	输入
T	采样间隔	输入
X0	初始状态向量	输入

续表

符　号	描　述	单　位
inp	输入数组	输入
R	噪声方差,见式(9.129)	输入
nvar	期望状态噪声方差	输入
residual	位置误差(残差)数组	输出
estimate	预测位置数组	输出

注意,函数"kalman _filter. m"使用了 MATLAB 函数"normrnd. m"来产生零均值高斯噪声。该函数是 MATLAB 统计工具箱的一部分。

为了演示如何使用函数"kalman _filter. m",考虑如图 9.22 与图 9.23 所示的输入。图 9.29 与图 9.30 给出的是对应于图 9.22 与图 9.23 的残差误差和预测位置。这些图形可以通过使用 9.11 节的清单 9.5 给出的程序"fig9 _28. m"得到。

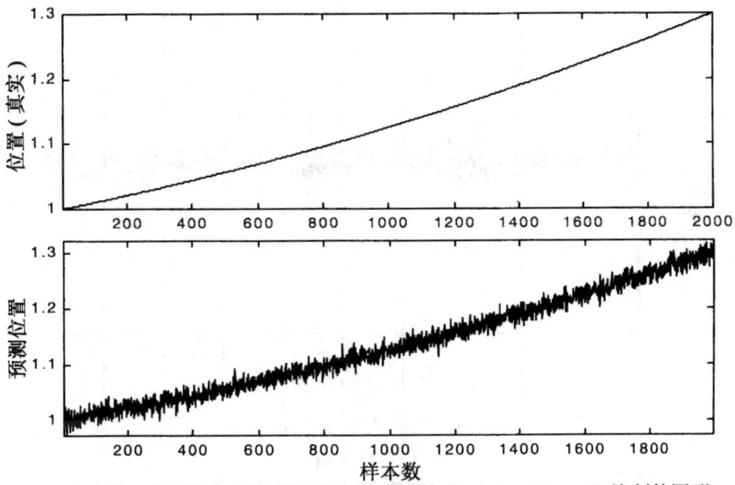

(a) 真实的和预测的位置,弱机动,使用函数"kalman_filter.m"绘制的图形

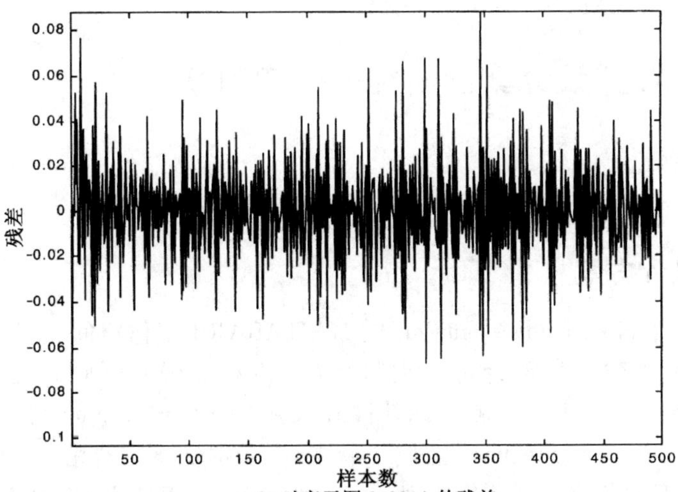

(b) 对应于图 9.29(a) 的残差

图 9.29

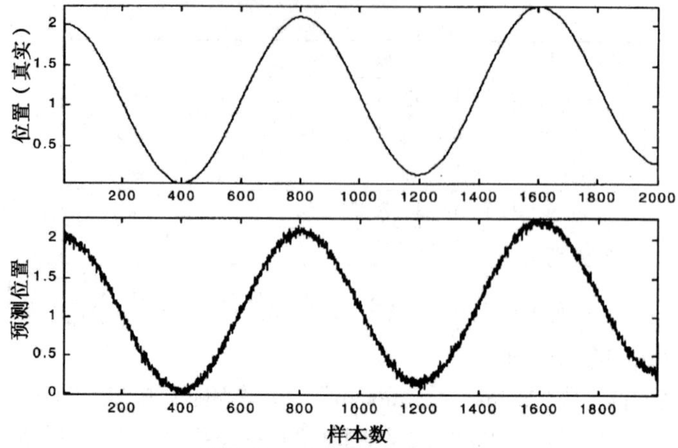

(a)真实的和预测的位置，强机动，使用函数“kalman_fi lter m”绘制的图形

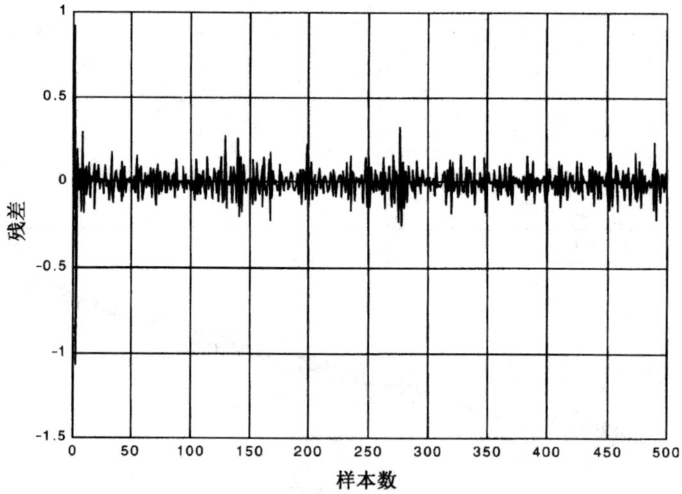

(b) 对应于图 9.30(a) 的残差

图 9.30

9.10 “我的雷达”设计案例研究——实习 9

9.10.1 问题陈述

将卡尔曼滤波跟踪器的实现作为“我的雷达”设计案例研究。

9.10.2 一种设计方案①

为此，编制了一个名为“kalman _gui. m”的 MATLAB GUI 工作空间（见图 9.31）。在此设计案例中，可通过初始化输入来符合每一类目标（飞机和导弹）。例如，当你单击按钮“Reset Missile”时，导弹的初始 x、y 和 z 检测坐标就被载入到“Starting Location”区域。对应目标的速度也被载入到“velocity in x direction”区域。最终，与卡尔曼滤波器相联系的所有其他区域都由适合于这个设计案例研究的默认值所载入。注意，读者可以适当地改变这些初始值。

① 本节的 MATLAB 程序代码是由位于阿拉巴马州 Huntsville 市 Decibel 研究中心的顾问 David Hall 先生开发的。

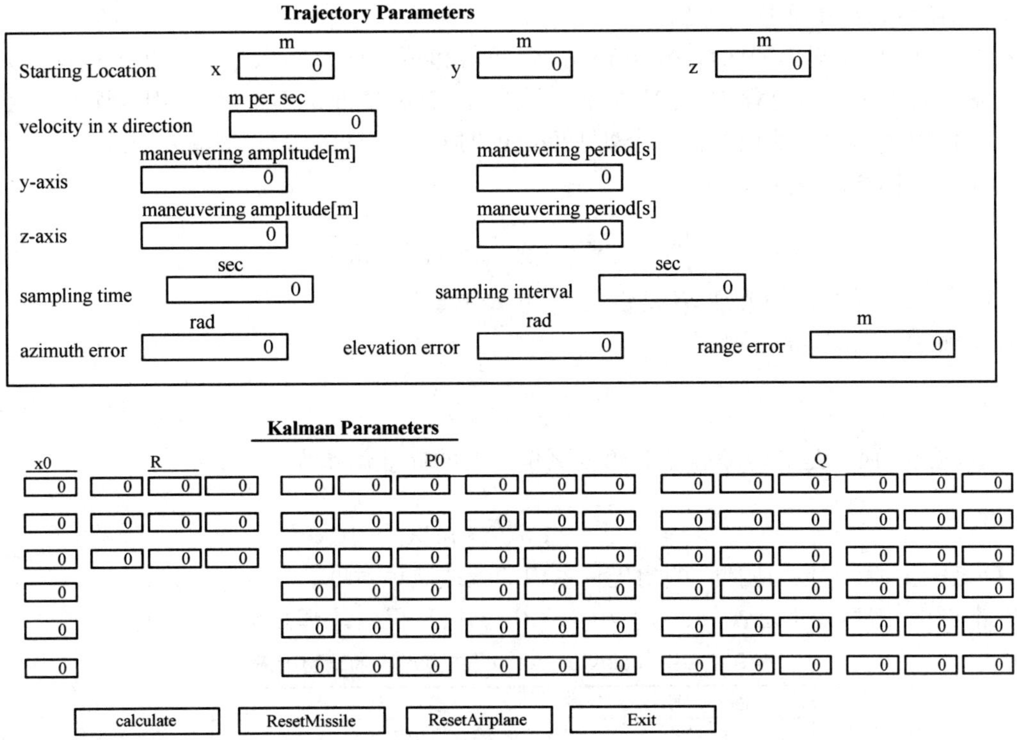

图 9.31 与"我的雷达"设计案例研究——实习 9 相关的 MATLAB GUI 工作空间

程序可以产生所选目标类型的虚拟运动轨迹，这是由函数"maketraj. m"来实现的（见 9.11 节的清单 9.6）。读者既可以使用这个程序，也可调入目标特有的运动轨迹。函数"maketrej. m"假定恒定的高度，并在 xy 平面上产生一条机动轨迹（见图 9.32）。这个轨迹可以在"Trajectory Parameter"面板上使用不同的参数来进行改变。

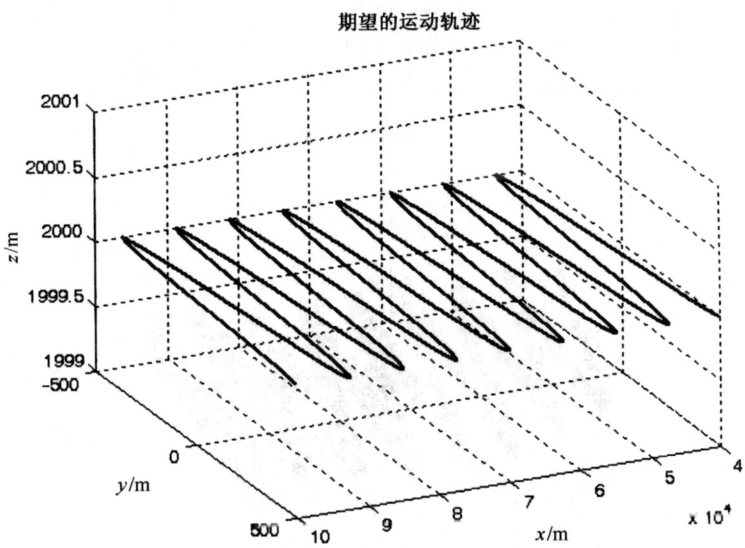

图 9.32 导弹的非模糊运动轨迹

下一步程序通过加入高斯白噪声来破坏运动轨迹。这一过程是由 9.11 节的清单 9.7 给出的函数"addnoise. m"来完成的。一个名为"kalfilt. m"的六状态卡尔曼滤波器被用来完成跟踪任务,该函数在清单 9.8 中给出。

在 GUI 上,使用对应的区域,将方位角、俯仰角和距离误差输入程序。在本例中,假定这些误差输入在整个仿真过程中保持恒定值。实际上,这种情况是不正确的,因为误差值会发生变化。它们由雷达信号处理器在每个处理间隔的时间内计算得出,并被输入跟踪器。例如,距离测量误差的标准偏差为

$$\sigma_R = \frac{\Delta R}{\sqrt{2 \times \mathrm{SNR}}} = \frac{c}{2B\sqrt{2 \times \mathrm{SNR}}} \tag{9.161}$$

其中,ΔR 是距离精度,c 为光速,B 是带宽,SNR 是测量信噪比。

速度测量误差的标准偏差为

$$\sigma_v = \frac{\lambda}{2\tau\sqrt{2 \times \mathrm{SNR}}} \tag{9.162}$$

其中,λ 是波长,而 τ 是非压缩脉宽。角度测量误差的标准偏差为

$$\sigma_a = \frac{\Theta}{1.6\sqrt{2 \times \mathrm{SNR}}} \tag{9.163}$$

其中,Θ 是测量值(方位与俯仰)的角坐标系内的天线波束宽度。

在本例中,雷达处于位置$(x,y,z)=(0,0,0)$。仿真程序计算并绘制如下输出:

表 9.1 由“kalman_gui.m”仿真产生的输出列表

图 号	描 述
9.32	非模糊的输入轨迹
9.33	模糊的输入轨迹
9.34	模糊的与非模糊的 x 坐标位置
9.35	模糊的与非模糊的 y 坐标位置
9.36	模糊的与非模糊的 z 坐标位置
9.37	模糊的及滤波后的 x、y 及 z 坐标位置
9.38	预测的 x、y 和 z 轴方向速度
9.39	位置残差
9.40	速度残差
9.41	随时间变化的协方差矩阵元素值
9.42	随时间变化的卡尔曼滤波器增益

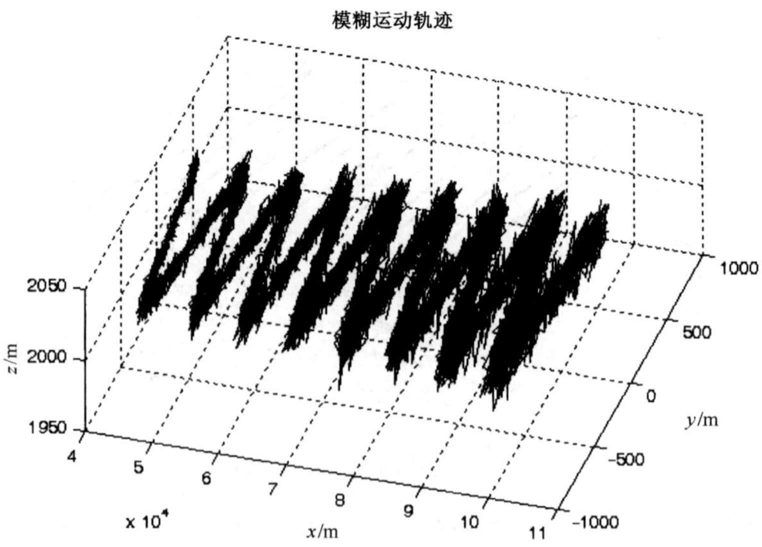

图 9.33 导弹的模糊运动轨迹

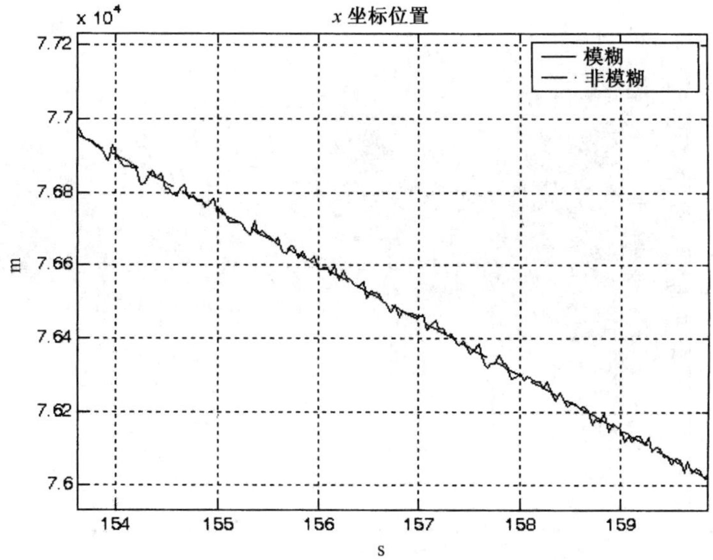

图 9.34　时间从 153 s 至 160 s 期间导弹的 x 坐标位置

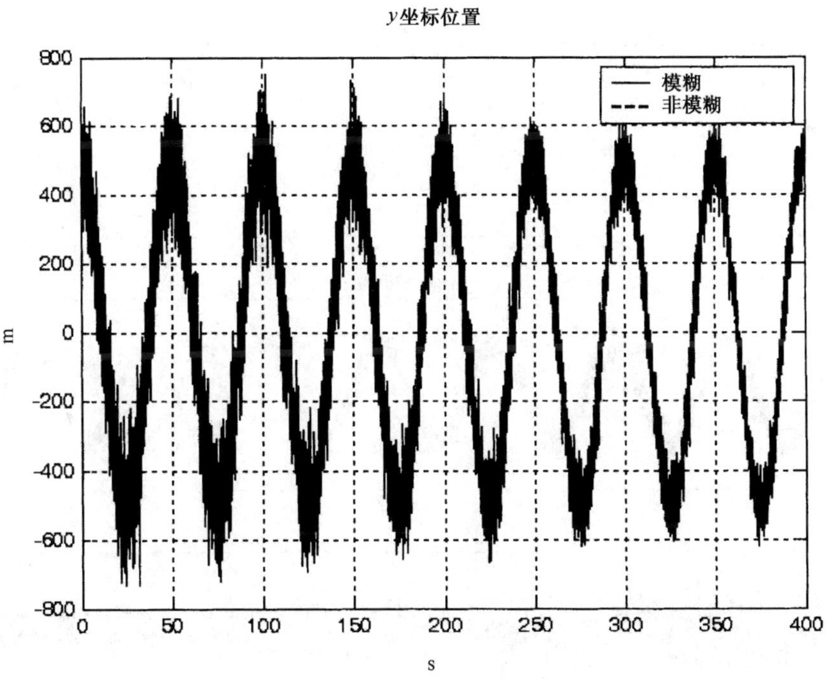

图 9.35　导弹的 y 坐标位置

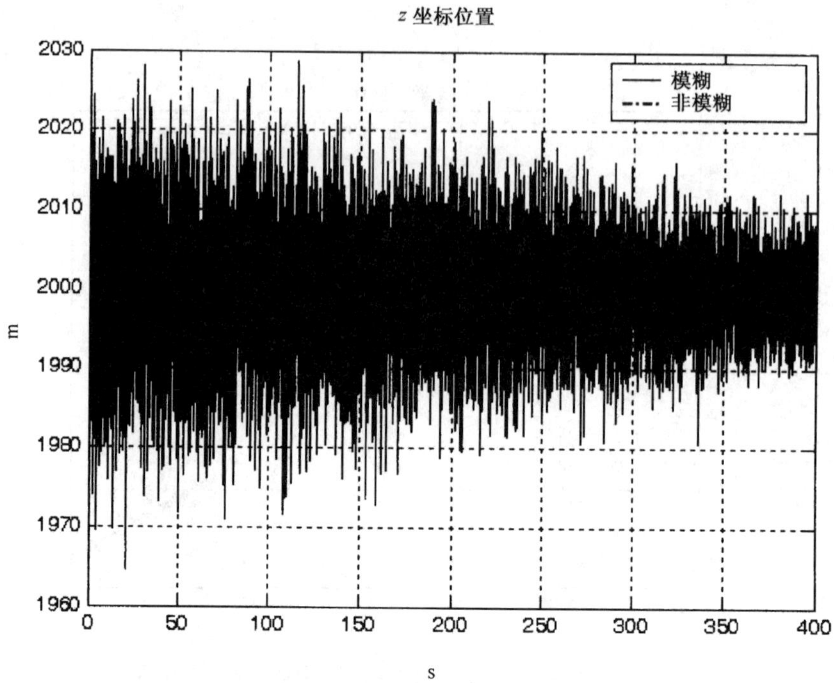

图 9.36 导弹的 z 坐标位置

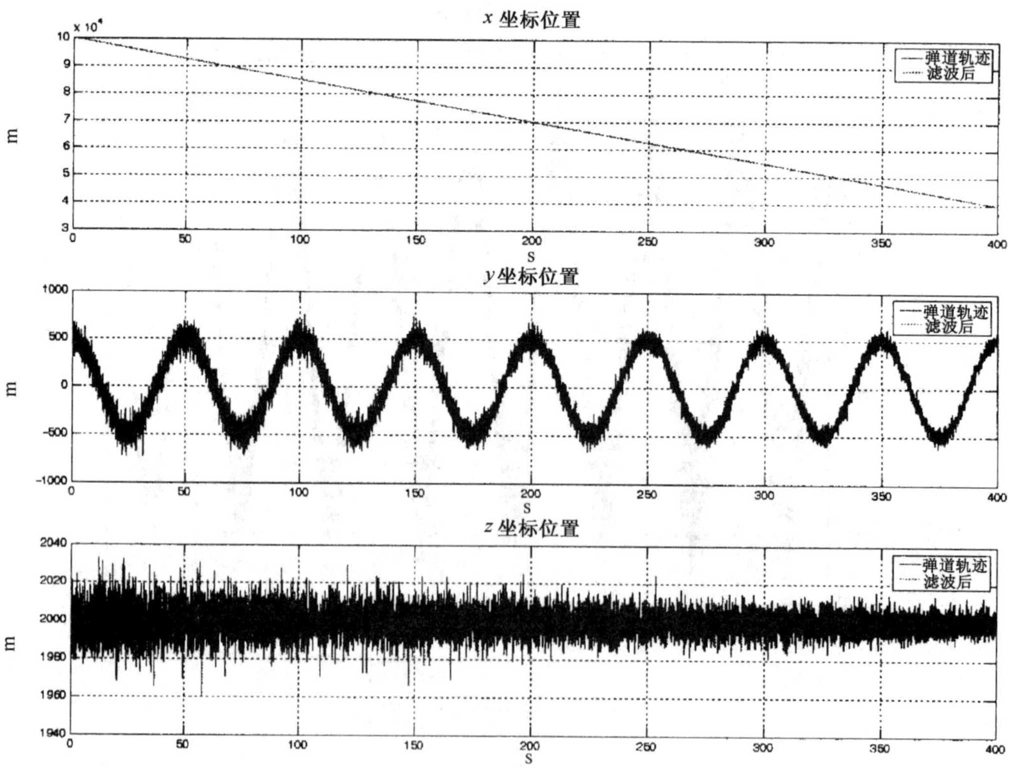

图 9.37 导弹的弹道轨迹与滤波后的弹道轨迹

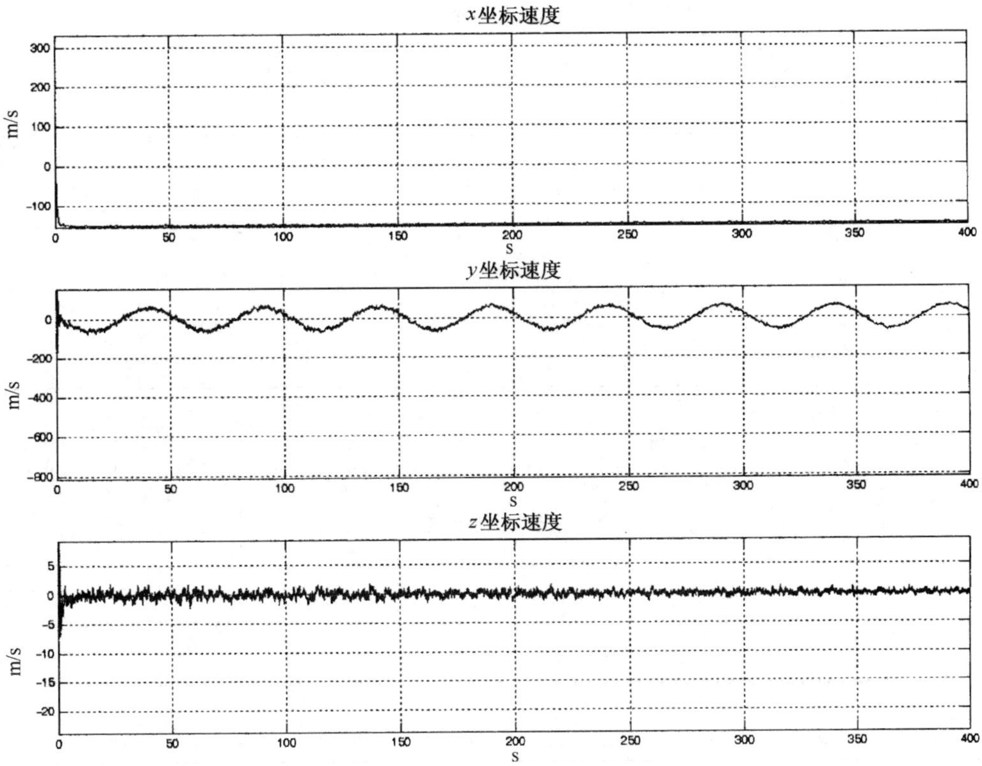

图 9.38　滤波后的导弹速度

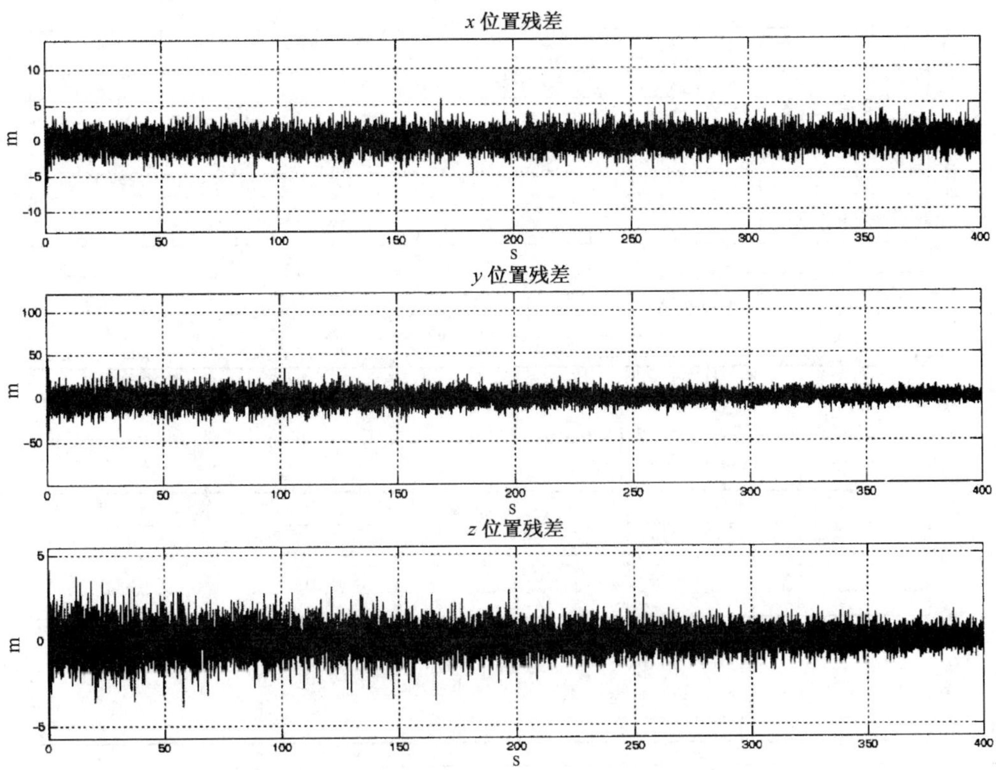

图 9.39　导弹的位置残差

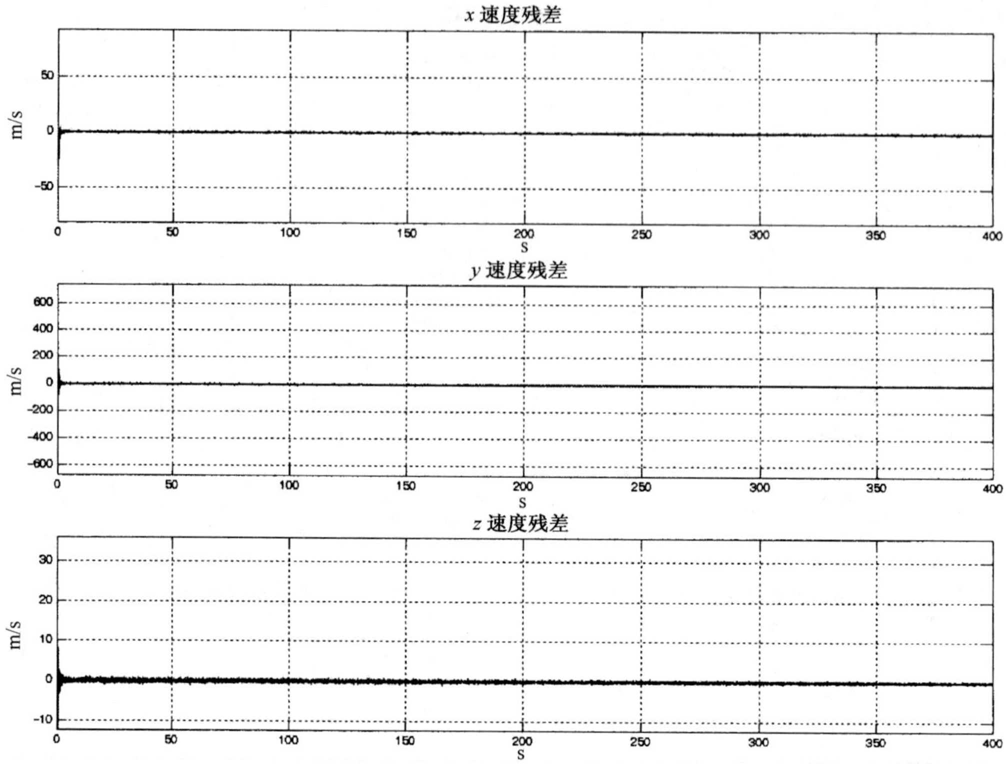

图 9.40　导弹的速度残差

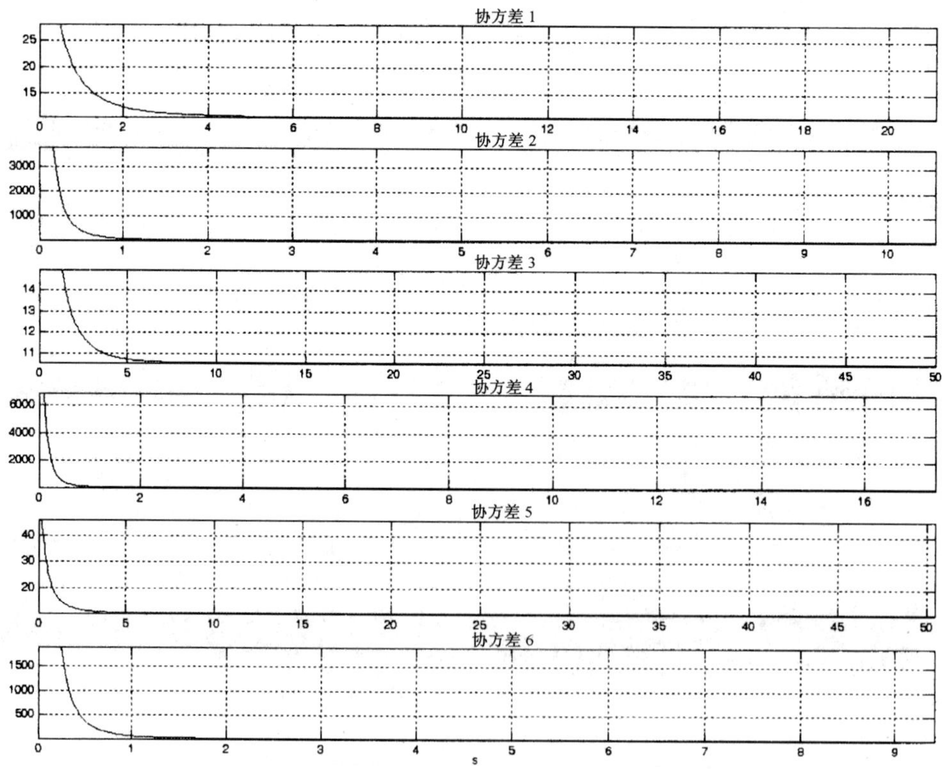

图 9.41　导弹的协方差矩阵元素随时间的变化关系

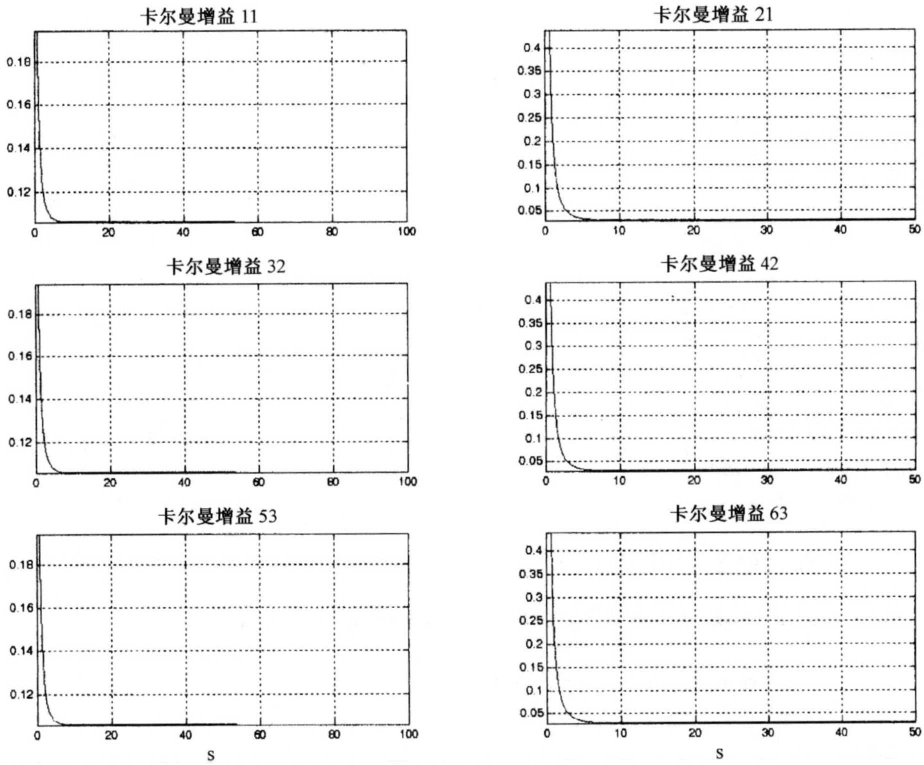

图 9.42　卡尔曼滤波器增益随时间的变化关系

9.11　MATLAB 程序及函数清单

本节包含了在本章用到的所有 MATLAB 程序及函数清单。建议读者改变不同输入参数重新运行这些程序代码,以加深对理论的理解。

清单 9.1　MATLAB 函数 “mono_pulse.m”

```
function mono_pulse(phi0)
eps = 0.0000001;
angle = -pi:0.01:pi;
y1 = sinc(angle + phi0);
y2 = sinc((angle - phi0));
ysum = y1 + y2;
ydif = -y1 + y2;
figure (1)
plot (angle,y1,'k',angle,y2,'k');
grid;
xlabel ('Angle - radians')
ylabel ('Squinted patterns')
figure (2)
plot(angle,ysum,'k');
grid;
xlabel ('Angle - radians')
ylabel ('Sum pattern')
```

```
figure (3)
plot (angle,ydif,'k');
grid;
xlabel ('Angle - radians')
ylabel ('Difference pattern')
angle = -pi/4:0.01:pi/4;
y1 = sinc(angle + phi0);
y2 = sinc((angle - phi0));
ydif = -y1 + y2;
ysum = y1 + y2;
dovrs = ydif./ysum;
figure(4)
plot (angle,dovrs,'k');
grid;
xlabel ('Angle - radians')
ylabel ('voltage gain')
```

清单 9.2 MATLAB 函数“ghk_tracker.m”

```
function [residual, estimate] = ghk_tracker (X0, smoocof, inp, npts, T, nvar)
rn = 1.;
% read the initial estimate for the state vector
X = X0;
theta = smoocof;
%compute values for alpha, beta, gamma
w1 = 1. - (theta^3);
w2 = 1.5 * (1. + theta) * ((1. - theta)^2) / T;
w3 = ((1. - theta)^3) / (T^2);
% setup the transition matrix PHI
PHI = [1. T (T^2)/2.;0. 1. T;0. 0. 1.];
while rn < npts ;
  %use the transition matrix to predict the next state
  XN = PHI * X;
  error = (inp(rn) + normrnd(0,nvar)) - XN(1);
  residual(rn) = error;
  tmp1 = w1 * error;
  tmp2 = w2 * error;
  tmp3 = w3 * error;
  % compute the next state
  X(1) = XN(1) + tmp1;
  X(2) = XN(2) + tmp2;
  X(3) = XN(3) + tmp3;
  estimate(rn) = X(1);
  rn = rn + 1.;
end
return
```

MATLAB 函数“ghk_tracker1.m”

```
function [residual, estimate] = ghk_tracker1 (X0, smoocof, inp, npts, T)
rn = 1.;
% read the initial estimate for the state vector
X = X0;
```

```
theta = smoocof;
%compute values for alpha, beta, gamma
w1 = 1. - (theta^3);
w2 = 1.5 * (1. + theta) * ((1. - theta)^2) / T;
w3 = ((1. - theta)^3) / (T^2);
% setup the transition matrix PHI
PHI = [1. T (T^2)/2.;0. 1. T;0. 0. 1.];
while rn < npts ;
  %use the transition matrix to predict the next state
  XN = PHI * X;
  error = inp(rn)  - XN(1);
  residual(rn) = error;
  tmp1 = w1 * error;
  tmp2 = w2 * error;
  tmp3 = w3 * error;
  % compute the next state
  X(1) = XN(1) + tmp1;
  X(2) = XN(2) + tmp2;
  X(3) = XN(3) + tmp3;
  estimate(rn) = X(1);
  rn = rn + 1.;
end
return
```

清单 9.3 MATLAB 程序“fig9_21.m”

```
clear all
eps = 0.0000001;
npts = 5000;
del = 1./ 5000.;
t = 0. : del : 1.;
% generate input sequence
inp = 1.+ t.^3 + .5 .*t.^2 + cos(2.*pi*10 .* t) ;
% read the initial estimate for the state vector
X0 = [2,.1,.01]';
% this is the update interval in seconds
T = 100. * del;
% this is the value of the smoothing coefficient
xi = .91;
[residual, estimate] = ghk_tracker (X0, xi, inp, npts, T, .01);
figure(1)
plot (residual(1:500))
xlabel ('Sample number')
ylabel ('Residual error')
grid
figure(2)
NN = 4999.;
n - 1:NN;
plot (n,estimate(1:NN),'b',n,inp(1:NN),'r')
xlabel ('Sample number')
ylabel ('Position')
legend ('Estimated','Input')
```

清单 9.4 MATLAB 函数“kalman_filter.m”

```
function [residual, estimate] = kalman_filter(npts, T, X0, inp, R, nvar)
N = npts;
rn=1;
% read the initial estimate for the state vector
X = X0;
% it is assumed that the measurement vector H=[1,0,0]
% this is the state noise variance
VAR = nvar;
% setup the initial value for the prediction covariance.
S = [1. 1. 1.; 1. 1. 1.; 1. 1. 1.];
% setup the transition matrix PHI
PHI = [1. T (T^2)/2.; 0. 1. T; 0. 0. 1.];
% setup the state noise covariance matrix
Q(1,1) = (VAR * (T^5)) / 20.;
Q(1,2) = (VAR * (T^4)) / 8.;
Q(1,3) = (VAR * (T^3)) / 6.;
Q(2,1) = Q(1,2);
Q(2,2) = (VAR * (T^3)) / 3.;
Q(2,3) = (VAR * (T^2)) / 2.;
Q(3,1) = Q(1,3);
Q(3,2) = Q(2,3);
Q(3,3) = VAR * T;
while rn < N ;
  %use the transition matrix to predict the next state
  XN = PHI * X;
  % Perform error covariance extrapolation
  S = PHI * S * PHI' + Q;
  % compute the Kalman gains
  ak(1) = S(1,1) / (S(1,1) + R);
  ak(2) = S(1,2) / (S(1,1) + R);
  ak(3) = S(1,3) / (S(1,1) + R);
  %perform state estimate update:
  error = inp(rn) + normrnd(0,R) - XN(1);
  residual(rn) = error;
  tmp1 = ak(1) * error;
  tmp2 = ak(2) * error;
  tmp3 = ak(3) * error;
  X(1) = XN(1) + tmp1;
  X(2) = XN(2) + tmp2;
  X(3) = XN(3) + tmp3;
  estimate(rn) = X(1);
  % update the error covariance
  S(1,1) = S(1,1) * (1. -ak(1));
  S(1,2) = S(1,2) * (1. -ak(1));
  S(1,3) = S(1,3) * (1. -ak(1));
  S(2,1) = S(1,2);
  S(2,2) = -ak(2) * S(1,2) + S(2,2);
  S(2,3) = -ak(2) * S(1,3) + S(2,3);
  S(3,1) = S(1,3);
  S(3,3) = -ak(3) * S(1,3) + S(3,3);
```

```
  rn = rn + 1.;
end
```

清单 9.5 MATLAB 程序"fig9_28.m"

```
clear all
npts = 2000;
del = 1/2000;
t = 0:del:1;
inp = (1+.2 .* t + .1 .*t.^2) + cos(2. * pi * 2.5 .* t);
X0 = [1,.1,.01]';
% it is assumed that the measurement vector H=[1,0,0]
% this is the update interval in seconds
T = 1.;
% enter the measurement noise variance
R = .035;
% this is the state noise variance
nvar = .5;
[residual, estimate] = kalman_filter(npts, T, X0, inp, R, nvar);
figure(1)
plot(residual)
xlabel ('Sample number')
ylabel ('Residual')
figure(2)
subplot(2,1,1)
plot(inp)
axis tight
ylabel ('position - truth')
subplot(2,1,2)
plot(estimate)
axis tight
xlabel ('Sample number')
ylabel ('Predicted position')
```

清单 9.6 MATLAB 函数"maketraj.m"

```
function [times , trajectory] = maketraj(start_loc, xvelocity, yamp, yperiod,
zamp, zperiod, samplingtime, deltat)
% maketraj.m
% by David J. Hall
% for Bassem Mahafza
% 17 June 2003
% 17:01
% USAGE: [times , trajectory] = maketraj(start_loc, xvelocity, yamp, yperiod,
zamp, zperiod, samplingtime, deltat)
% NOTE: all coordinates are in radar reference coordinates.
% INPUTS
% name        dimension explanation                    units
%------      ------    ---------------                 -------
% start_loc   3 X 1    starting location of target        m
% xvelocity   1        velocity of target              m/s
% yamp        1        amplitude of oscillation y direction   m
% yperiod     1        period of oscillation y direction     m
```

```
% zamp        1      amplitude of oscillation z direction    m
% zperiod     1      period of oscillation z direction       m
% samplingtime 1     length of interval of trajectory        sec
% deltat      1      time between samples                    sec
%
% OUTPUTS
%
% name       dimension          explanation          units
%------      ----------         ---------------      ------
% times      1 X samplingtime/deltat vector of times
%                               corresponding to samples sec
% trajectory  3 X samplingtime/deltat trajectory x,y,z       m
%
times = 0: deltat: samplingtime ;
 x = start_loc(1)+xvelocity.*times ;
 if yperiod~=0
   y = start_loc(2)+yamp*cos(2*pi*(1/yperiod).*times) ;
 else
   y = ones(1, length(times))*start_loc(2) ;
 end
 if zperiod~=0
   z = start_loc(3)+zamp*cos(2*pi*(1/zperiod).*times)  ;
 else
   z = ones(1, length(times))*start_loc(3) ;
 end
 trajectory = [x ; y  ; z] ;
```

清单 9.7　MATLAB 函数"addnoise.m"

```
function [noisytraj ] = addnoise(trajectory, sigmaaz, sigmael, sigmarange )
% addnoise.m
% by David J. Hall
% for Bassem Mahafza
% 10 June 2003
% 11:46
% USAGE: [noisytraj ] = addnoise(trajectory, sigmaaz, sigmael, sigmarange )
% INPUTS
% name       dimension  explanation                    units
%------      ------     ---------------                -------
% trajectory  3 X POINTS trajectory in radar reference coords   [m;m;m]
% sigmaaz     1        standard deviation of azimuth error    radians
% sigmael     1        standard deviation of elevation error  radians
% sigmarange  1        standard deviation of range error      m
%
% OUTPUTS
% name       dimension  explanation                    units
%------      ------     ---------------                -------
% noisytraj   3 X POINTS  noisy trajectory                    [m;m;m]
noisytraj = zeros(3, size(trajectory,2)) ;
for loop = 1 : size(trajectory,2)
   x = trajectory(1,loop);
   y = trajectory(2,loop);
```

```
  z = trajectory(3,loop);
  azimuth_corrupted =  atan2(y,x) + sigmaaz*randn(1) ;
  elevation_corrupted = atan2(z, sqrt(x^2+y^2)) + sigmael*randn(1) ;
  range_corrupted = sqrt(x^2+y^2+z^2)  + sigmarange*randn(1) ;
  x_corrupted =
range_corrupted*cos(elevation_corrupted)*cos(azimuth_corrupted) ;
  y_corrupted =
range_corrupted*cos(elevation_corrupted)*sin(azimuth_corrupted) ;
  z_corrupted = range_corrupted*sin(elevation_corrupted) ;
  noisytraj(:,loop) = [x_corrupted ; y_corrupted; z_corrupted ] ;
end % next loop
```

清单 9.8　MATLAB 函数 “kalfilt_m”

```
function [filtered, residuals , covariances, kalmgains] = kalfilt(trajectory, x0,
P0, phi, R, Q )
% kalfilt.m
% by David J. Hall
% for Bassem Mahafza
% 10 June 2003
% 11:46
% USAGE: [filtered, residuals , covariances, kalmgains] = kalfilt(trajectory,
x0, P0, phi, R, Q )
%
% INPUTS
% name        dimension              explanation                    units
%------       ------                 ---------------                -------
% trajectory  NUMMEASUREMENTS X NUMPOINTS  trajectory in radar
reference coords       [m;m;m]
% x0          NUMSTATES X 1          initial estimate of state vector       m,
m/s
% P0          NUMSTATES X NUMSTATES      initial estimate of covariance
matrix       m, m/s
% phi         NUMSTATES X NUMSTATES      state transition matrix
-
% R           NUMMEASUREMENTS X NUMMEASUREMENTS  measurement
error covariance matrix   m
% Q           NUMSTATES X NUMSTATES      state error covariance matrix
m, m/s
%
% OUTPUTS
% name        dimension              explanation                    units
%------       ------                 ---------------                -------
% filtered    NUMSTATES X NUMPOINTS      filtered trajectory x,y,z pos, vel
[m; m/s; m; m/s; m; m/s]
% residuals   NUMSTATES X NUMPOINTS      residuals of filtering
[m;m;m]
% covariances  NUMSTATES X NUMPOINTS       diagonal of covariance
matrix        [m;m;m]
% kalmgains    (NUMSTATES X NUMMEASUREMENTS)
%              X NUMPOINTS            Kalman gain matrix
NUMSTATES = 6 ;
```

```
NUMMEASUREMENTS = 3 ;
NUMPOINTS = size(trajectory, 2) ;
% initialize output matrices
filtered = zeros(NUMSTATES, NUMPOINTS) ;
residuals = zeros(NUMSTATES, NUMPOINTS) ;
covariances = zeros(NUMSTATES, NUMPOINTS) ;
kalmgains = zeros(NUMSTATES*NUMMEASUREMENTS, NUMPOINTS) ;
% set matrix relating measurements to states
H = [1 0 0 0 0 0 ; 0 0 1 0 0 0 ; 0 0 0 0 1 0];
xhatminus = x0 ;
Pminus = P0 ;
for loop = 1: NUMPOINTS
  % compute the Kalman gain
  K = Pminus*H'*inv(H*Pminus*H' + R) ;
  kalmgains(:,loop) = reshape(K, NUMSTATES*NUMMEASUREMENTS, 1) ;
  % update the estimate with the measurement z
  z = trajectory(:,loop) ;
  xhat = xhatminus + K*(z - H*xhatminus) ;
  filtered(:,loop) = xhat ;
  residuals(:,loop) = xhat - xhatminus ;
  % update the error covariance for the updated estimate
  P = ( eye(NUMSTATES, NUMSTATES) - K*H)*Pminus ;
  covariances(:,loop) = diag(P) ;  % only save diagonal of covariance matrix
  % project ahead
  xhatminus_next = phi*xhat ;
  Pminus_next = phi*P*phi' + Q ;
  xhatminus = xhatminus_next ;
  Pminus = Pminus_next ;
end
```

第 10 章　电子对抗(ECM)

本章与 Michael Madewell① 合著

10.1　简介

任何想蓄意干扰雷达正常工作的电子行为通常都可以称为电子对抗(ECM)。这可能也包括箔条、雷达诱饵、雷达 RCS 的改变(例如,采用射频吸波材料),当然还有雷达干扰。

一般来说,电子对抗被进攻方用来实现以下一个、几个或可能所有的目的:(1)妨碍正常的目标检测;(2)迷惑和/或欺骗操作员;(3)迫使检测和跟踪的初始化延迟;(4)产生对假目标的跟踪;(5)用过多目标使雷达计算机过载;(6)妨碍目标距离和距离变化率的准确测量;(7)迫使跟踪中断;(8)引入目标位置和距离变化率误差。另外,防守方利用电子反对抗措施来克服和减轻 ECM 对雷达的影响。当配置合理时,ECM 技术和/或硬件具有以下作用:(1)防止接收机饱和;(2)保持适当的 CFAR 率;(3)增大信扰比:(4)正常识别和区分方向性干扰;(5)排除假目标;(6)保持对真实目标的跟踪。

ECM 技术可以被雷达系统以多种不同的方式来使用,并且可以分为两类:

1. 压制(denial)ECM 技术:压制 ECM 技术可以是有源或无源的。有源压制 ECM 技术包括 CW、短脉冲、长脉冲、斑点(spot)噪声、阻塞(barrage)噪声和旁瓣转发器;无源压制 ECM 技术包括箔条和雷达吸波材料(RAM)。
2. 欺骗(deception)ECM 技术:欺骗 ECM 技术也分为有源和无源技术。有源欺骗 ECM 技术包括转发干扰机和假目标产生器;无源欺骗 ECM 技术包括箔条和 RAM。

10.2　干扰机

干扰机可以分为两种一般的类型:阻塞式干扰机和欺骗式干扰机(转发器)。当存在强干扰时,检测性能由接收机的信号与噪声加干扰的比值而不是 SNR 决定。事实上,在大多数情况下,检测只根据信干比(signal-to-interference ratio)建立。

阻塞式干扰机试图增加整个雷达工作频段的噪声电平。因此,这就降低了接收机的 SNR,进而使期望目标的检测困难。这是阻塞式干扰机经常被称为屏蔽器(masker)的原因(因为它们屏蔽了目标回波)。阻塞式干扰机可以配置在雷达天线的主瓣或旁瓣内。如果阻塞式干扰机位于雷达主瓣内,则它可以利用天线的最大增益来放大广播的噪声信号。另外,旁瓣阻塞式干扰机必须比主瓣干扰机使用更大的功率或工作在短得多的距离处。主瓣阻塞式干扰机可以配置在攻击平台上,或者作为目标的护卫。旁瓣干扰机通常配置为干扰特定的雷达,由于它们不是呆在目标附近,因此它们具有大量远距离(stand-off)配置选择。

---

① J. Michael Madewell 先生任职于阿拉巴马州亨斯维尔的美国陆军空间和导弹防御司令部。

转发式干扰机上带有接收装置,以分析雷达的发射信号,然后往回发射虚假的类似目标的信号以迷惑雷达。转发式干扰机有两种常见类型:斑点噪声转发器和欺骗式转发器。斑点噪声转发器测量雷达的发射信号带宽,并且只干扰特定的频率范围。欺骗式转发器发射变换后的信号,使目标好像出现在某些虚假的位置上[幻影(ghost)]。这些幻影可能出现在与实际目标不同的距离或角度上。而且,单个干扰机可能产生多个幻影。由于不必干扰整个雷达频带,因此转发式干扰机能够更有效地利用它们的干扰功率。雷达频率捷变可能是对抗斑点噪声转发器的唯一可能手段。

一般来说,干扰机可以由其有效工作带宽 B_J 和有效辐射功率(Effective Radiated Power, ERP)来区别。ERP 与干扰机发射功率 P_J 成正比,即

$$ERP = \frac{P_J G_J}{L_J} \tag{10.1}$$

其中,G_J 是干扰机天线增益,L_J 表示总的干扰机损耗。干扰机对雷达的影响由信扰比(Signal-to-Jammer ratio, S/J)衡量。

10.2.1　自屏蔽干扰机(SSJ)

自屏蔽干扰机,又称为自保护干扰机和主瓣干扰机,是一类装载在正在保护的平台上的 ECM 系统。护卫干扰机(装载在攻击平台的伴随平台上)也可以视为 SSJ,如果它们出现在与目标相同的距离处。

假设雷达天线增益为 G,波长为 λ,天线孔径为 A_r,带宽为 B_r,接收机损耗为 L,峰值功率为 P_t。雷达从距离为 R,RCS 为σ的目标接收到的单脉冲功率为

$$S = \frac{P_t G^2 \lambda^2 \sigma \tau}{(4\pi)^3 R^4 L} \tag{10.2}$$

τ 是雷达的脉冲宽度。雷达从位于相同距离处的 SSJ 干扰机接收到的功率为

$$J = \frac{P_J G_J}{4\pi R^2} \frac{A_r}{B_J L_J} \tag{10.3}$$

其中,P_J、G_J、B_J、L_J 分别为干扰机峰值功率、天线增益、工作带宽和损耗。使用关系式

$$A_r = \frac{\lambda^2 G}{4\pi} \tag{10.4}$$

式(10.3)可以写成

$$J = \frac{P_J G_J}{4\pi R^2} \frac{\lambda^2 G}{4\pi} \frac{1}{B_J L_J} \tag{10.5}$$

注意 $B_J > B_r$。这是因为干扰机的带宽通常大于雷达的工作带宽。干扰机通常被设计成可在不同的带宽工作,以对抗各种不同的雷达。

将式(10.1)代入式(10.5),得

$$J = ERP \frac{\lambda^2 G}{(4\pi)^2 R^2} \frac{1}{B_J} \tag{10.6}$$

因此,从式(10.6)和式(10.2)可以得到 SSJ 情况下的 S/J 比。

$$\frac{S}{J} = \frac{P_t \tau G \sigma B_J}{(ERP)(4\pi) R^2 L} \tag{10.7}$$

当使用脉冲压缩时,时间带宽积为 G_{PC},那么式(10.7)可以写为

$$\frac{S}{J} = \frac{P_t G\sigma B_J G_{PC}}{(\mathrm{ERP})(4\pi)R^2 B_r L} \tag{10.8}$$

注意,为了得到式(10.8),必须将式(10.7)乘以因子 B_r/B_r,并且应用关系式 $G_{PC}=B_r\tau$。

到达雷达的干扰机功率是单程的,而目标回波信号是双程的,因此,干扰信号功率一般要大于目标信号功率。换句话说,比值 S/J 小于 1。然而,随着目标接近雷达,会存在某个距离使比值 S/J 等于 1。这个距离称为跨界距离(cross-over range)。比值 S/J 比 1 足够大的距离窗被视为探测距离。为了计算跨界距离 R_{CO},在式(10.8)中令 S/J 等于 1 并且求解距离如下:

$$(R_{CO})_{SSJ} = \left(\frac{P_t G\sigma B_J}{4\pi B_r L(\mathrm{ERP})}\right)^{1/2} \tag{10.9}$$

MATLAB 程序"ssj _req. m"

程序"ssj _req. m"(见 10.5 节的清单 10.1)可实现式(10.9)。该程序计算跨界距离,并且产生相对 S 和 J 关于跨界距离归一化的距离的关系图,如图 10.1(a)所示。

在本例中,使用下列参数:雷达峰值功率 $P_t=50$ kW,干扰机峰值功率 $P_J=200$ W,雷达工作带宽 $B_r=667$ kHz,干扰机工作带宽 $B_J=50$ MHz,雷达和干扰机损耗 $L=L_J=0.10$ dB,目标截面积 $\sigma=10$ m^2。雷达天线增益 $G=35$ dB,干扰机天线增益 $G_J=10$ dB,雷达工作频率 $f=5.6$ GHz。调用语法如下:

[BR _range] = ssj _req(pt, g, freq, sigma, br, loss, pj, bj, gj, lossj)

其中,符号含义如下表所示。

符　号	描　述	单　位	状　态
pt	雷达峰值功率	W	输入
g	雷达天线增益	dB	输入
freq	雷达工作频率	Hz	输入
sigma	目标截面积	m^2	输入
br	雷达工作带宽	Hz	输入
loss	雷达损耗	dB	输入
pj	干扰机峰值功率	W	输入
bj	干扰机带宽	Hz	输入
gj	干扰机天线增益	dB	输入
lossj	干扰机损耗	dB	输入
BR _range	跨界距离	km	输出

烧穿距离(Burn-through Range)

如果干扰采用高斯噪声的形式,那么雷达接收机必须以处理雷达噪声功率相同的方式处理干扰信号。因此,检测、跟踪及雷达信号和数据处理器的其他功能都不再依靠 SNR。这时必须计算比值 $S/(J+N)$,即

$$\frac{S}{J+N} = \frac{\left(\dfrac{P_t G\sigma A_r \tau}{(4\pi)^2 R^4 L}\right)}{\left(\dfrac{(\mathrm{ERP})A_r}{4\pi R^2 B_J} + kT_0\right)} \tag{10.10}$$

其中,k 为玻尔兹曼常数,T_0 为等效噪声温度。

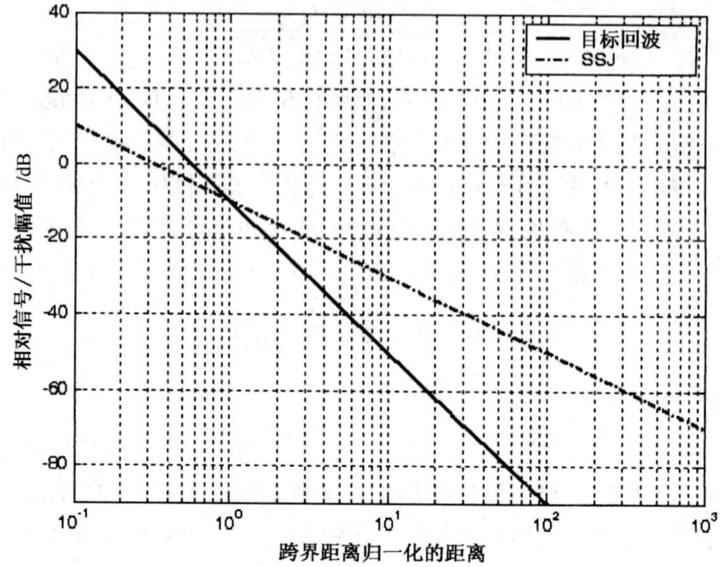

(a) 目标和干扰机回波信号，使用程序“ssj_req.m”和前面定义的输入参数产生

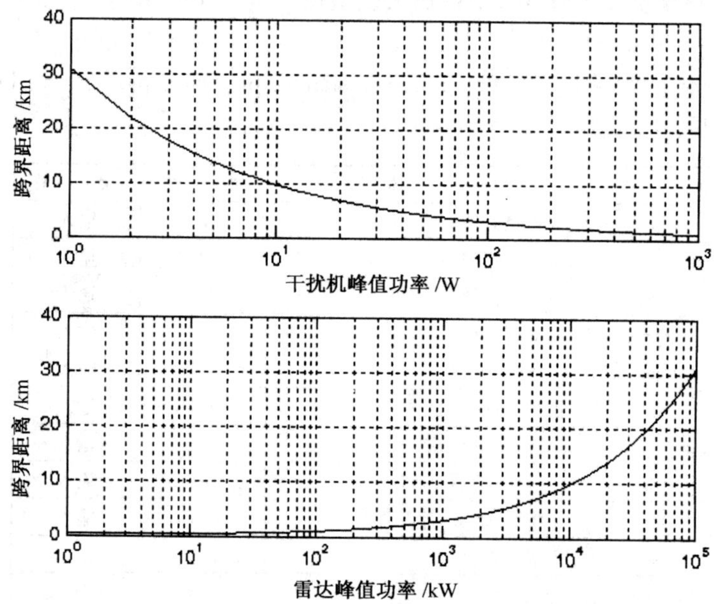

(b) 烧穿距离相对于干扰机和雷达峰值功率的关系，对应产生图 10. 1(a) 使用的例子

图 10. 1

当计算雷达方程和检测概率时，应该使用比值 $S/(J+N)$ 代替 SNR。而且在计算相干或非相干脉冲积累时，也必须使用 $S/(J+N)$ 代替 SNR。

对于给定的 $S/(J+N)$ 数值，将雷达能够检测和执行正常测量的距离定义为烧穿距离，为

$$R_{\mathrm{BT}} = \left\{ \sqrt{\left(\frac{(\mathrm{ERP})A_{\mathrm{r}}}{8\pi B_{\mathrm{j}} kT_0}\right)^2 + \frac{P_{\mathrm{t}} G\sigma A_{\mathrm{r}} \tau}{(4\pi)^2 L \dfrac{S}{(J+N)} kT_0}} - \frac{(\mathrm{ERP})A_{\mathrm{r}}}{8\pi B_{\mathrm{j}} kT_0} \right\}^{\frac{1}{2}} \tag{10.11}$$

MATLAB 函数“sir. m”

MATLAB 函数“sir. m”(见 10.5 节的清单 10.2)可实现式(10.10),其产生 $S/(J+N)$ 相对于探测距离的关系曲线,以及烧穿距离相对于干扰机的 ERP 的关系曲线。调用语法如下:

[SIR] = sir(pt, g, sigma, freq, tau, T0, loss, R, pj, bj, gj, lossj)

其中,符号含义如下表所示。

符　号	描　述	单　位	状　态
pt	雷达峰值功率	W	输入
g	雷达天线增益	dB	输入
sigma	目标截面积	m^2	输入
freq	雷达工作频率	Hz	输入
tau	雷达脉冲宽度	s	输入
T0	等效噪声温度	K	输入
loss	雷达损耗	dB	输入
R	距离(单值或向量)	km	输入
pj	干扰机峰值功率	W	输入
bj	干扰机带宽	Hz	输入
gj	干扰机天线增益	dB	输入
lossj	干扰机损耗	dB	输入
SIR	$S/(J+N)$	dB	输出

图 10.2 显示了当使用如下输入时这个函数产生的一些典型输出。

输入参数	值
pt	50 kW
g	35 dB
sigma	10 m^2
freq	5.6 GHz
tau	50 ms
T0	290 K
loss	5 dB
R	linspace(10, 400, 5000) km
pj	200 kW
bj	50 MHz
gj	10 dB
lossj	0.3 dB

MATLAB 函数“burn _thru. m”

MATLAB 函数“burn _thru. m”(见 10.5 节的清单 10.3)可实现式(10.10)和式(10.11),其产生 $S/(J+N)$ 相对于探测距离的关系曲线,以及烧穿距离相对于干扰机 ERP 的关系曲线。调用语法如下:

[Range] = burn _thru(pt, g, sigma, freq, tau, T0, loss, pj, bj, gj, lossj, sir0, ERP)

其中,符号含义如下表所示。

符　号	描　述	单　位	状　态
pt	雷达峰值功率	W	输入
g	雷达天线增益	dB	输入
sigma	目标截面积	m^2	输入
freq	雷达工作频率	Hz	输入
tau	雷达脉冲宽度	s	输入
T0	等效噪声温度	K	输入
loss	雷达损耗	dB	输入
pj	干扰机峰值功率	W	输入
bj	干扰机带宽	Hz	输入
gj	干扰机天线增益	dB	输入
lossj	干扰机损耗	dB	输入
sir0	期望的 SIR	dB	输入
ERP	期望的 ERP(可为向量)	W	输入
Range	烧穿距离	km	输出

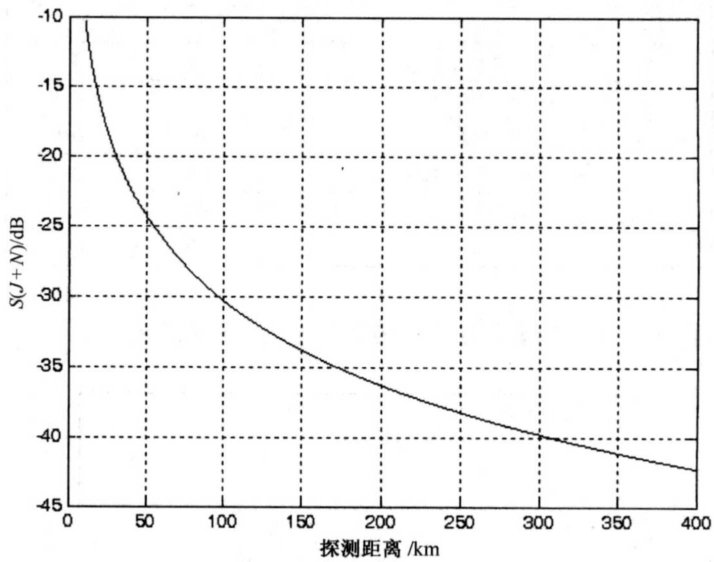

图 10.2　$S/(J+N)$ 相对于探测距离的关系曲线

图 10.3 显示了当使用如下输入时这个函数产生的一些典型输出。

输入参数	值
pt	50 kW
g	35 dB
sigma	10 m^2
freq	5.6 GHz
tau	0.5 ms
T0	290
loss	5 dB
pj	200 kW
bj	500 MHz
gj	10 dB
lossj	0.3 dB
sir0	15 dB
ERP	linspace(1,1000,1000)W

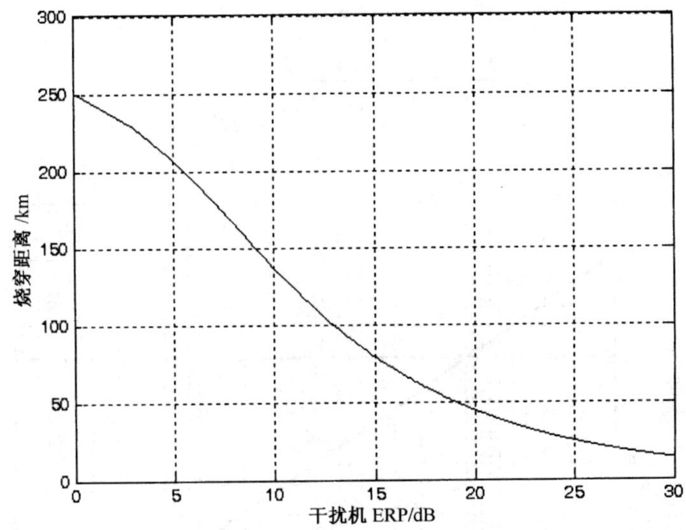

图 10.3 烧穿距离相对于 ERP 的关系曲线，$S/(J+N)=15$ dB

10.2.2 远距离干扰机(SOJ)

远距离干扰机在超出防御能力的远距离处发射 ECM 信号，雷达从位于距离 R_J 处的 SOJ 干扰机接收到的功率为

$$J=\frac{P_J G_J}{4\pi R_J^2}\frac{\lambda^2 G'}{4\pi}\frac{1}{B_J L_J}=\frac{\text{ERP}}{4\pi R_J^2}\frac{\lambda^2 G'}{4\pi}\frac{1}{B_J} \tag{10.12}$$

其中，除 G'外，式(10.12)中的所有参数与 SSJ 情况相同。增益项 G'表示雷达在干扰机方向的雷达天线增益，通常可视为旁瓣增益。

SOJ 雷达方程可以表示为

$$\frac{S}{J}=\frac{P_t\tau G^2 R_J^2\sigma B_J}{4\pi(\text{ERP})G'R^4 L} \tag{10.13}$$

当使用脉冲压缩时，时间带宽积为 G_{PC}，则式(10.13)可以写为

$$\frac{S}{J}=\frac{P_t G^2 R_J^2\sigma B_J P_{PC}}{4\pi(\text{ERP})G'R^4 B_r L} \tag{10.14}$$

跨界距离对应于 $S=J$，为

$$(R_{CO})_{SOJ}=\left(\frac{P_t G^2 R_J^2\sigma B_J P_{PC}}{4\pi(\text{ERP})G'B_r L}\right)^{1/4} \tag{10.15}$$

MATLAB 程序“soj _req. m”

程序“soj _req. m”(见 10.5 节的清单 10.4)可实现式(10.15)。程序“soj _req. m”的输入与 SSJ 情况相同，带有额外两个参数：雷达在干扰机方向的天线增益 G'和雷达到干扰机的距离 R_J。这个程序产生与 SSJ 情况相同类型的图形。图 10.4 的典型输出使用与 SSJ 情况相同的参数，干扰机峰值功率 $P_J=5000$ W，干扰机天线增益 $G_J=30$ dB，雷达在干扰机方向的天线增益 $G'=10$ dB，雷达到干扰机的距离 $R_J=22.2$ km。

如果干扰采用高斯噪声的形式，那么雷达接收机必须以处理雷达噪声功率相同的方式处理干扰信号。此时，$S/(J+N)$为

$$\frac{S}{J+N}=\frac{\left(\dfrac{P_{\rm t}G\sigma A_{\rm r}\tau}{(4\pi)^2R^4L}\right)}{\left(\dfrac{({\rm ERP})A_{\rm r}G'}{4\pi R_{\rm J}^2B_{\rm J}}+kT_0\right)} \tag{10.16}$$

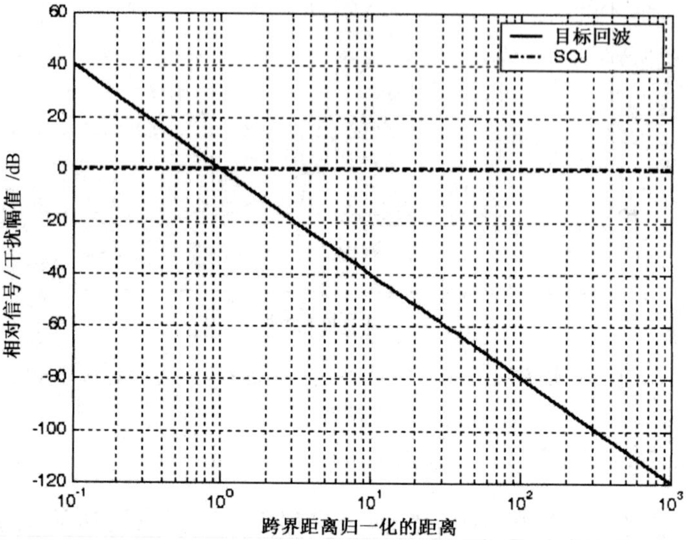

图 10.4　目标和干扰机回波信号,图形使用程序“soj _req. m”产生

10.3 距离减小因子

考虑一个雷达系统,在无干扰时其探测距离 R 由下式决定:

$$({\rm SNR})_{\rm o}=\frac{P_{\rm t}G^2\lambda^2\sigma}{(4\pi)^3kT_{\rm e}B_{\rm r}FLR^4} \tag{10.17}$$

距离减小因子(Range Reduction Factor,RRF)指的是由于干扰所引起的雷达探测距离的减小。更准确地,在存在干扰时,有效的雷达探测距离为

$$R_{\rm dj}=R\times {\rm RRF} \tag{10.18}$$

为了计算 RRF,考虑一部由式(10.17)描述的雷达和一部输出功率谱密度为 J_0(即高斯类噪声)的阻塞式干扰机。雷达接收到的干扰功率大小为

$$J=kT_{\rm J}B_{\rm r} \tag{10.19}$$

其中,$T_{\rm J}$ 为干扰机有效温度。那么,雷达接收机中总的干扰加噪声功率为

$$N_i+J=kT_{\rm e}B_{\rm r}+kT_{\rm J}B_{\rm r} \tag{10.20}$$

此时,雷达探测距离由接收机信号与噪声加上干扰的比而非 SNR 来决定,即

$$\left(\frac{S}{J+N}\right)=\frac{P_{\rm t}G^2\lambda^2\sigma}{(4\pi)^3k(T_{\rm e}+T_{\rm J})B_{\rm r}FLR^4} \tag{10.21}$$

由于干扰机的影响,信号与噪声加上干扰的比所引起的减小量可以根据式(10.17)和式(10.21)的差计算,其表示为(单位为 dB)

$$\Upsilon=10.0\times\log\left(1+\frac{T_{\rm J}}{T_{\rm e}}\right) \tag{10.22}$$

相应地,RRF 为

$$RRF = 10^{\frac{-\Upsilon}{40}} \tag{10.23}$$

MATLAB 函数"range _red _factor. m"

函数"range _red _factor. m"(见 10.5 节的清单 10.5)可实现式(10.22)和式(10.23)。这个函数产生 RRF 相对于:(1)雷达工作频率;(2)雷达到干扰机的距离;(3)干扰机功率的关系曲线。调用语法如下:

[RRF] = range _red _factor(te, pj, gj, g, freq, bj, rangej, lossj)

其中,符号含义如下表所示。

符　号	描　述	单　位	状　态
te	雷达有效温度	K	输入
pj	干扰机峰值功率	dB	输入
gj	干扰机天线增益	dB	输入
g	干扰机方向的雷达天线增益	dB	输入
freq	雷达工作频率	Hz	输入
bj	干扰机带宽	Hz	输入
rangej	雷达到干扰机的距离	km	输入
lossj	干扰机损耗	dB	输入

下列数值用于产生图 10.5 至图 10.7。

符　号	数　值
te	50 K
pj	500 kW
gj	3 dB
g	45 dB
freq	10 GHz
bj	10 MHz
rangej	750 km
lossj	1 dB

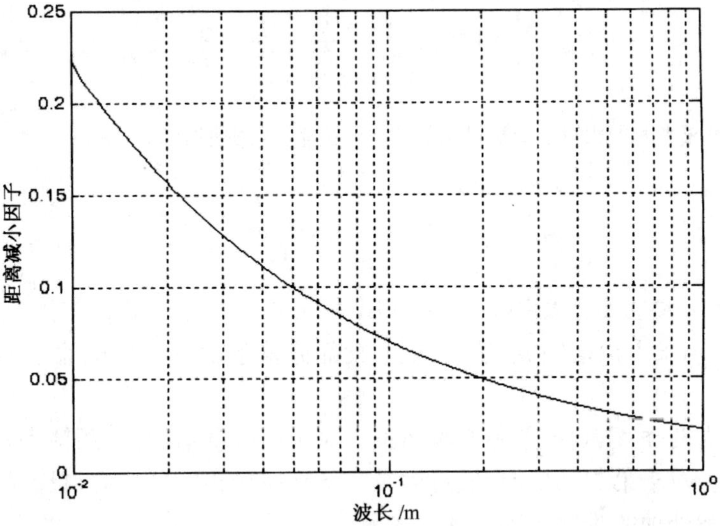

图 10.5　距离减小因子相对于雷达工作波长的关系,本图使用函数"range _red _factor. m"产生

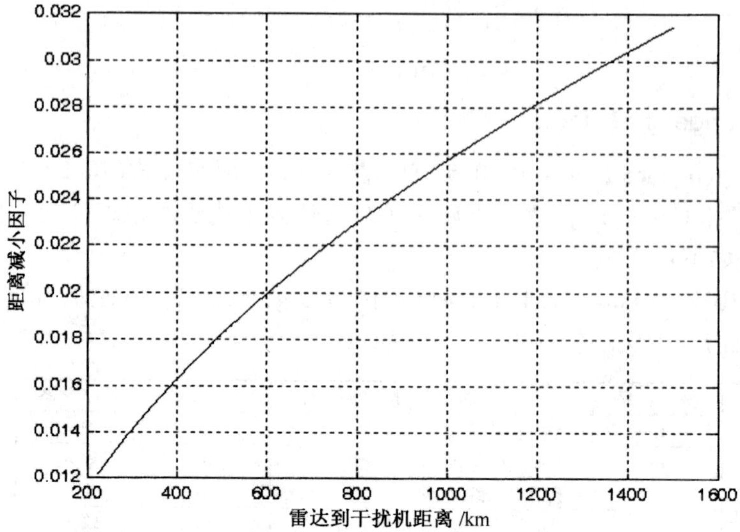

图 10.6　距离减小因子相对于雷达到干扰机距离的关系，本图使用函数"range _red _factor. m"产生

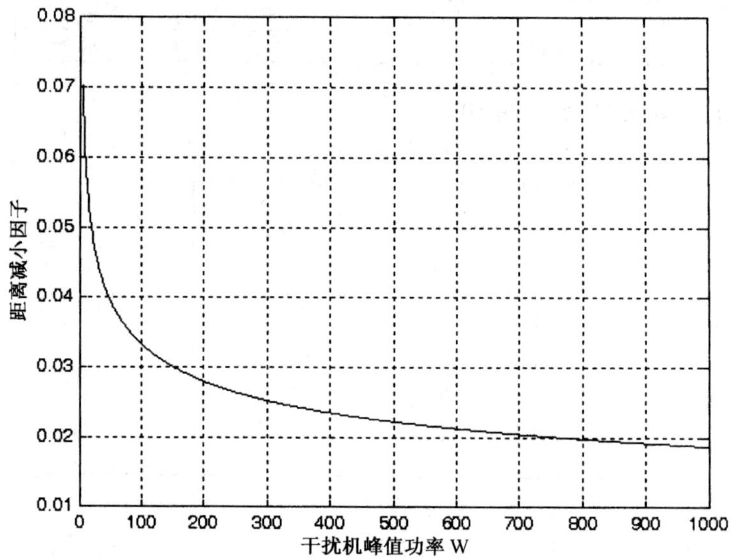

图 10.7　距离减小因子相对于干扰机峰值功率的关系，本图使用函数"range _red _factor. m"产生

10.4　箔条

原则上，箔条由大量具有大 RCS 值的小 RF 反射体组成。箔条通常作为 ECM 措施布置在目标周围。过去，箔条由铝箔制成；然而，近来大部分箔条由具有导电涂层的更刚性的纤维玻璃制成。

箔条可以分为两类：压制箔条和欺骗箔条。对于第一种情况，采用箔条是为了屏蔽箔条云中或附近的目标。对于第二种情况，通过散布箔条来诱导跟踪器远离目标或产生多个假目标，以增加雷达跟踪和处理的难度。

当单个箔条偶极子长度 L 为雷达波长的一半时，箔条具有最大的 RCS。当垂直观察时，单

个偶极子的平均 RCS 为

$$\sigma_{\text{chaff1}} \approx 0.88\lambda^2 \tag{10.24}$$

对于平均视角,RCS 降为

$$\sigma_{\text{chaff1}} \approx 0.18\lambda^2 \tag{10.25}$$

其中,下标 chaff 用于表明单个偶极子,λ 是雷达波长。在雷达分辨体积内的总的箔条 RCS 为

$$\sigma_c \approx \frac{0.18\lambda^2 N_D V_{CS}}{L_{\text{beam}} V_R} \tag{10.26}$$

其中,N_D 为总的偶极子数,V_R 为雷达分辨单元体积,V_{CS}为箔条散射体积,L_{beam}为箔条云的雷达天线波束形状损耗。

由于单个杂波成分(散射体)具有随机的相位和幅度,因此箔条云回波通常是随机的,并且具有类似热噪声的性质。由于这些特点,箔条通常用概率密度函数来统计描述。分布类型取决于箔条云自身的性质、雷达工作参数和雷达视角。于是,信号箔条比为

$$\frac{S}{C_{\text{chaff}}} = \frac{\sigma}{\sigma_c}\text{CCR} \tag{10.27}$$

其中,σ为目标 RCS,CCR 为箔条消除比(chaff cancellation ratio)。CCR 的数值取决于雷达信号和数据处理器所采用的箔条消除技术的类型。因为箔条是一种体杂波,所以为雨滴和其他形式的体杂波开发的信号处理和 MTI 技术可以用于消除很多由箔条产生的影响。下一节将介绍一种箔条干扰消除技术并举例。

10.4.1　多重 MTI 箔条干扰消除技术①

在这一节中,将介绍一种在强杂波环境中检测和跟踪目标的算法(策略)。这种方法使用中等带宽(medium band,MB)和宽带(wide-band,WB)距离分辨率的雷达波形的组合来准确跟踪箔条云的质心。

在中等脉冲重复频率(Pulse Repetition Frequency,PRF)上,差分目标速度(关于箔条云质心)的检测和跟踪是通过调谐到检测目标速度差的多普勒横向滤波器组来实现的。通过灵敏度分析模型,将可检测的差分目标速度的理论下限作为箔条云成分(例如,杂波截面积、杂波谱宽、偶极子数,以及杂波速度标准差)和雷达有关参数(例如,频率、带宽、积累时间、PRF 和信杂比)的函数进行了分析。

概述

开发了在强杂波背景中检测和跟踪目标的 5 步法。这 5 个步骤是:

1. 使用 1% 到 5% 的 MB 带宽,高 PRF 雷达波形,测量箔条云的距离范围、质心和速度增长率;
2. 使用 MB 波形建立箔条云质心的跟踪;
3. 根据步骤 1 和步骤 2 得到的跟踪信息,实现箔条云质心的 WB 跟踪(10% 或更大带宽的波形);
4. 设计动目标显示(Moving Target Indicator,MTI)多普勒横向滤波器组,在 WB 质心跟踪

---

① 本节摘自文献:J. Michael Madewell, *Mitigating the Effects of Chaff in Ballistic Missile Defence*, 2003 IEEE Radar Conference, Huntsville, AL, May 2003.

的特定速度增量处提供足够的增益；

5. 并行处理多个 MTI(Multiple MTI,M^2)多普勒滤波器,以检测目标多普勒差(相对于箔条云质心跟踪速度),当在正确的多普勒差处积分时,可以检测出目标。

这种方法实现时需要注意的操作问题包括:(1)雷达跟踪箔条云质心的能力(即跟踪精度);(2)雷达在目标多普勒相对于箔条云质心中检测小差(small difference)的能力(即多普勒精度);(3)滤波器(在这种情况下,为 MTI 滤波器组)实现目标检测所必要的处理增益的能力。

箔条云的理论跟踪准确度

对于最优处理,当速度跟踪测量时,单脉冲的热噪声误差σ_f 可以描述为

$$\sigma_f = \frac{1}{1.81\tau\sqrt{2\times \mathrm{SNR}}} \tag{10.28}$$

其中,τ 为脉冲宽度,SNR 为跟踪目标的信噪比。为了在杂波中检测目标,用差分通道的箔条信号比代替 SNR。更准确的表示为

$$\sigma_f = \frac{1}{1.81\tau\sqrt{2\times C_{\text{chaff}}/S}} \tag{10.29}$$

图 10.8 是σ_f 相对于 C_{chaff}/S 和 τ 的关系图。这幅图可以使用 10.5 节的清单 10.6 给出的 MATLAB 程序“fig10 _8. m”得到,可用于分析期望的 M^2 信号处理性能。

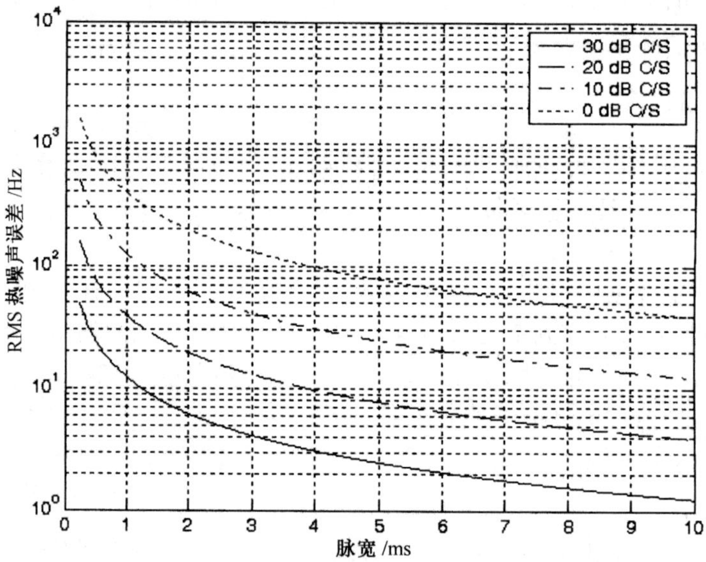

图 10.8 单脉冲的热噪声误差相对 C_{chaff}/S 和 τ 的关系图

多 MTI(M^2)多普勒滤波器设计

M^2 多普勒滤波器的设计源于理论的 N 抽头延迟线 MTI 对消器。在第 7 章(7.7.2 节)推导了改善因子的一般公式。覆盖从 0 到 PRF 频率范围的 N 个 MTI 多普勒滤波器组,能够实现超过常规 MTI 的性能。权值为

$$W_{i,k} = e^{\frac{j2\pi(i-1)}{k/N}} \tag{10.30}$$

其中,索引 k 在 0 到 $N-1$ 之间,对应于 N 个 MTI 多普勒滤波器组。在本设计中,考虑了一个 5 抽头延迟线 MTI 滤波器。整个多普勒滤波器组的传递函数为

$$H^k(f) = \sum_{i=1}^{N} e^{(-j2\pi)(i-1)(fT-k/N)} \tag{10.31}$$

其中

$$T = 1/\mathrm{PRF} \tag{10.32}$$

因此,幅频响应为

$$\left|H^k(f)\right| = \left|\frac{\sin(\pi N(fT-k/N))}{\sin(\pi(fT-k/N))}\right| \tag{10.33}$$

5 抽头 MTI 滤波器第 k 个输出的冲激响应为

$$\begin{aligned} y^k(t) = {} & v_k(t) - 5v_k(t-T) + 10v_k(t-2T) - \\ & 10v_k(t-3T) + 5v_k(t-4T) - v_k(t-5T) \end{aligned} \tag{10.34}$$

v_k 为输入信号。对应的传递函数为

$$Y^k(f) = 25(\sin(\pi fT))^5 \tag{10.35}$$

图 10.9 是 M^2 滤波器的方框图。因为每个滤波器占据大约 $1/N$ 的杂波和信号带宽,所以 M^2 多普勒滤波器的组合性能超过没有利用多普勒信息的单延迟线对消器。然而,M^2 多普勒滤波器组的杂波消除性能或许由目标和/或杂波的相干时间决定。

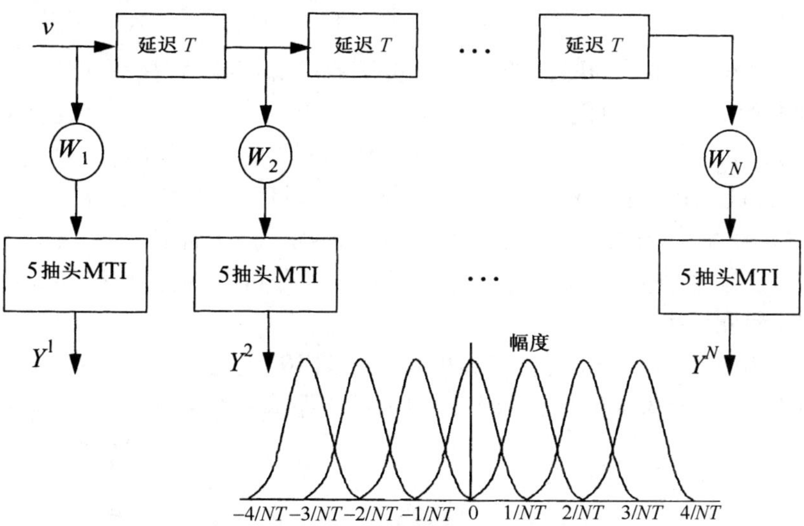

图 10.9　M^2 算法的方框图和对应的 MTI 滤波器($N=8$)的频率响应

处理器实现和仿真结果

本节概述的 M^2 滤波器方法,要求非常准确地跟踪待探测的箔条云的质心。如前所述,箔条云质心的初始跟踪是使用 MB 距离分辨率波形实现的(第 1 步)。例如,假设一部 X 波段雷达(10 GHz)正在追踪一个或多个隐藏在箔条云内的弹道目标,该箔条云包含 1 百万个偶极子,占据 1 km 距离范围。假设箔条云的速度分布可以用高斯统计来精确建模,大约 67% 的偶极子分布在 333 m 的距离范围。使用这些假设,这个长度(333 m)的雷达距离分辨单元之内包含的偶极子的组合平均 RCS($\mathrm{RCS_D}$)大约为

$$\mathrm{RCS_D} = 0.18N_D\lambda^2 = 0.18 \times 670\ 000 \times 0.03^2 = 108.54 \Rightarrow 20.4\ \mathrm{dBsm} \tag{10.36}$$

一枚典型的弹道再入式飞行器(Reentry Vehicle,RV)在前方位视角的 RCS 为 −20 dBsm 或者

更小。因此,被上述假设的箔条云包围的典型 RV 的 MB C_{chaff}/S 会接近 40 dB 或者更大。使用 8 ms 的脉宽和 30 dB 的 C_{chaff}/S,理论上,单脉冲的最小 rms 跟踪误差大约是 $f_e=1$ Hz。在 X 波段,换算成单脉冲速度误差为

$$v_e=\frac{f_e\lambda}{2}=0.015\ \text{m/s} \tag{10.37}$$

注意,对于脉冲串,这个速度误差可以减小到 1/10 或者更多。因此,对于典型 X 波段雷达,理论表明,对箔条云质心的跟踪精度将接近于 0.0015 m/s 或者更好。这个跟踪精度远小于雷达的 WB 距离分辨能力,因此可以用来引导 WB 跟踪器(第 2 步和第 3 步)。

假设箔条杂波的速度分布为高斯型,用 v_g 表示。如果 $v_g=1.8$ m/s(相对于云质心的速度为 ±0.9 m/s),满足奈奎斯特采样定律所要求的最小 PRF 为

$$\text{PRF}=f_r\geqslant 2\times\frac{2v_g}{\lambda}=240\ \text{Hz} \tag{10.38}$$

而且,假设多普勒 MTI 滤波器组(第 4 步)可以覆盖这个频率范围。注意,对于快速傅里叶变换(FFT),256 是最接近 $2N$ 的整倍数。使用 256 点的 FFT,每个滤波器大约覆盖全部杂波速度的 1/256(每个 MTI 多普勒滤波器的杂波速度大约为 0.03 m/s)。另外,使用 WB 跟踪波形,可以形成非常准确的距离-多普勒像(每个距离-多普勒分辨单元大约包含 15 cm × 0.03 m/s 的杂波)。这种设计能有效地减少 40 多分贝与单个目标散射体对抗的杂波,因此也同等大小地减小了 C_{chaff}/S。

对于初始 WB 距离-多普勒图像的 S/C 是负值的极端情况,在执行 M^2 算法之前,可以对数据应用 N 脉冲相干滑动窗口例程。例如,16 脉冲相干滑动窗口例程可以提供多达 12 dB 的 S/C_{chaff} 改善。应该确保积累脉冲数小于目标和杂波的相干时间。使用这一算法的其他限制条件,是保证在积累周期中目标的相位不会偏离非常大(以保证最优的相干处理增益),目标的位置不会移至另外的距离和/或多普勒单元(通常称为距离-多普勒走动)。零多普勒滤波器(和/或接近零多普勒滤波器)可以用来对杂波进行统计分析,自适应地调整最优门限设置,以获得低虚警和高检测概率。

使用 MATLAB,开发了 M^2 信号处理器的模型。图 10.10 显示了陷在大约 −15 dBsm 的高斯白噪声中的 3 个 −20 dBsm 的目标散射体的幅度与距离-多普勒(256 × 256 的距离多普勒

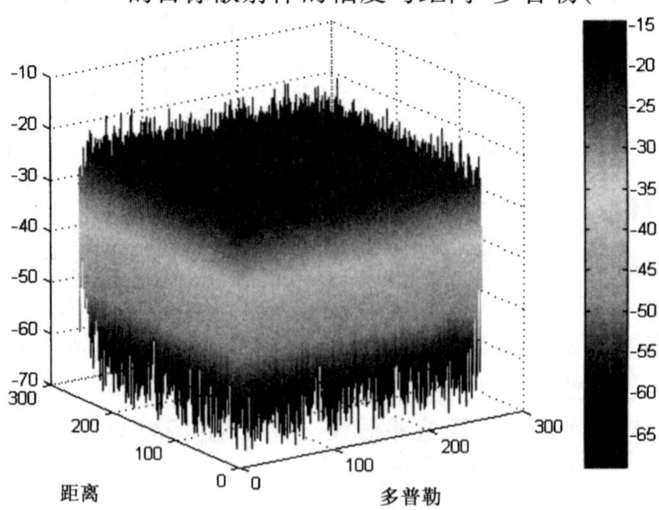

图 10.10 陷在箔条中的 3 个目标的距离-多普勒图像

图像)的关系图。在图中,噪声完全淹没了信号。这些建模结果与典型的距离-多普勒成像雷达的输出是可比较的。图 10.11 显示了运行 M^2 信号处理器的前两个方框图得到的结果。正如预期的,3 个散射体从噪声中凸显出来,具有大约 7 dB 的 S/C_{chaff}值。

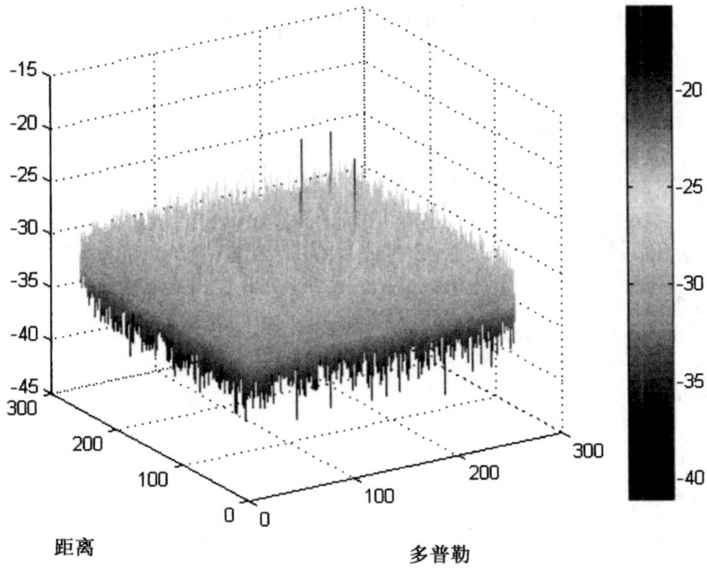

图 10.11　图 10.10 经过 16 点滑动相干积累处理后的图像

最后,图 10.12 显示了执行 M^2 信号处理链的整个顶部后得到的结果。没有试图最优化门限电平,而是将门限手工设为 -43 dB,以允许一些更高的虚警在图中可以看到。虚警的最大幅度约为 -34 dB。同时,目标回波的幅度比图 10.11 要小(小 1 dB)。因此,图 10.12 的 S/C_{chaff} 比图 10.11 改善了约 8 ~9 dB。所以,M^2 信号处理器的处理增益比传统距离多普勒处理高出 20 dB。

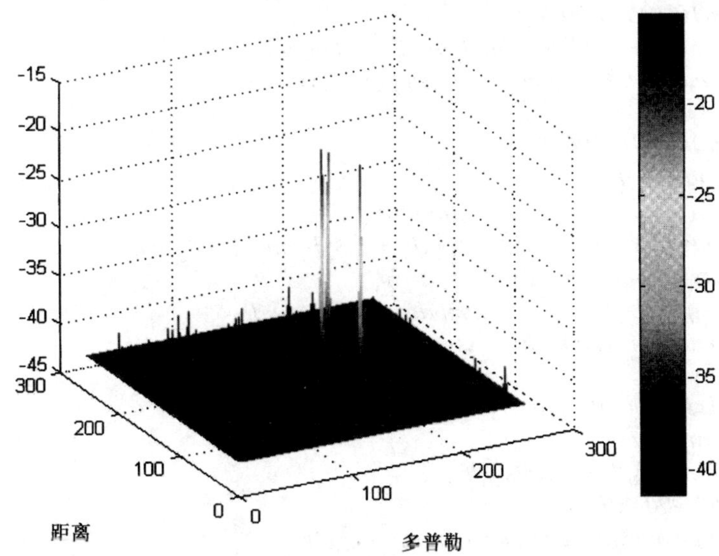

图 10.12　图 10.11 经过应用 M^2 算法后的图像

总之,可以得出结论,在强杂波环境中检测和跟踪弹道导弹目标,M^2 信号处理算法能够比只使用传统的多普勒处理技术提供优于 20 dB 的 S/C_{chaff}改善。

10.5 MATLAB 程序和函数清单

本节提供了本章所使用的所有 MATLAB 程序/函数的清单。建议用户用不同的输入参数重新运行这些程序。

清单 10.1 MATLAB 函数"ssj_req.m"

```
function [BR_range] = ssj_req (pt, g, freq, sigma, b, loss, ...
  pj, bj, gj, lossj)
% This function implements Eq. (10.9)
c = 3.0e+8;
lambda = c / freq;
lambda_db = 10*log10(lambda^2);
if (loss == 0.0)
  loss = 0.000001;
end
if (lossj == 0.0)
  lossj =0.000001;
end
sigmadb =10*log10(sigma);
    pt_db = 10*log10(pt);
    b_db = 10*log10(b);
    bj_db = 10*log10(bj);
    pj_db = 10*log10(pj);
    factor = 10*log10(4.0 *pi);
    BR_range = sqrt((pt * (10^(g/10)) * sigma * bj * (10^(lossj/10))) / ...
      (4.0 * pi * pj * (10^(gj/10)) * b * ...
      (10^(loss/10)))) / 1000.0
    s_at_br = pt_db + 2.0 * g + lambda_db + sigmadb - ...
        3.0 * factor - 4.* 10*log10(BR_range) - loss
    index =0;
    for ran_var = .1:10:10000
      index = index + 1;
      ran_db = 10*log10(ran_var * 1000.0);
      ssj(index) = pj_db + gj + lambda_db + g + b_db - 2.0 * factor - ...
        2.0 * ran_db - bj_db - lossj + s_at_br ;
      s(index) = pt_db + 2.0 * g + lambda_db + sigmadb - ...
        3.0 * factor - 4.* ran_db - loss + s_at_br ;
    end
    ranvar = .1:10:10000;
    ranvar = ranvar ./ BR_range;
    semilogx (ranvar,s,'k',ranvar,ssj,'k-.');
    axis([.1 1000 -90 40])
    xlabel ('Range normalized to cross-over range');
    legend('Target echo','SSJ')
    ylabel ('Relative signal or jamming amplitude - dB');
    grid
    pj_var = 1:1:1000;
    BR_pj = sqrt((pt * (10^(g/10)) * sigma * bj * (10^(lossj/10))) ...
```

```
  ./ (4.0 * pi .* pj_var * (10^(gj/10)) * b * (10^(loss/10)))) ./ 1000;
pt_var = 1000:100:10e6;
BR_pt = sqrt((pt_var * (10^(g/10)) * sigma * bj * (10^(lossj/10))) ...
  ./ (4.0 * pi .* pj * (10^(gj/10)) * b * (10^(loss/10)))) ./ 1000;
figure (2)
subplot (2,1,1)
semilogx (BR_pj,'k')
xlabel ('Jammer peak power - Watts');
ylabel ('Burn-through range - Km')
grid
subplot (2,1,2)
semilogx (BR_pt,'k')
xlabel ('Radar peak power - KW')
ylabel ('Burn-through range - Km')
grid
```

清单 10.2　MATLAB 函数“sir.m”

```
function [SIR] = sir (pt, g, freq, sigma, tau,T0,  loss, R, pj, bj, gj, lossj);
c = 3.0e+8;
k = 1.38e-23;
%R = linspace(rmin, rmax, 1000);
range = R .* 1000;
lambda = c / freq;
gj = 10^(gj/10);
G = 10^(g/10);
ERP1 = pj * gj / lossj;
ERP_db = 10*log10(ERP1);
% Calculate Eq. (10.10)
Ar = lambda *lambda * G / 4 /pi;
num1 = pt * tau * G * sigma * Ar;
demo1 = 4^2 * pi^2 * loss .* range.^4;
demo2 = 4 * pi * bj .* range.^2;
num2 = ERP1 * Ar;
val11 = num1 ./ demo1;
val21 = num2 ./demo2;
sir = val11 ./ (val21 + k * T0);
SIR = 10*log10(sir);
figure (1)
plot (R, SIR,'k')
xlabel ('Detection range in Km');
ylabel ('S/(J+N) in dB')
grid
```

清单 10.3　MATLAB 函数“burn_thru.m”

```
function [Range] = burn_thru (pt, g, freq, sigma, tau, T0, loss, pj, bj, gj,
lossj,sir0,ERP);
c = 3.0e+8;
k = 1.38e-23;
%R = linspace(rmin, rmax, 1000);
```

```
sir0 = 10^(sir0/10);
lambda = c / freq;
gj = 10^(gj/10);
G = 10^(g/10);
 Ar = lambda *lambda * G / 4 /pi;
%ERP = linspace(1,1000,5001);
num32 = ERP .* Ar;
demo3 = 8 *pi * bj * k * T0;
demo4 = 4^2 * pi^2 * k * T0 * sir0;
val1 = (num32 ./ demo3).^2;
val2 = (pt * tau * G * sigma * Ar)/(4^2 * pi^2 * loss * sir0 * k *T0);
val3 = sqrt(val1 + val2);
val4 = (ERP .* Ar) ./ demo3;
Range = sqrt(val3 - val4) ./ 1000;
figure (1)
plot (10*log10(ERP), Range,'k')
xlabel (' Jammer ERP in dB')
ylabel ('Burnthrough range in Km')
grid
```

清单 10.4　MATLAB 函数“soj_req.m”

```
function [BR_range] = soj_req (pt, g, sigma, b, freq, loss, range, ...
  pj, bj,gj, lossj, gprime, rangej)
% This function implements equations for SOJs
c = 3.0e+8;
lambda = c / freq;
lambda_db = 10*log10(lambda^2)
if (loss == 0.0)
  loss = 0.000001;
end
if (lossj == 0.0)
  lossj =0.000001;
end
sigmadb = 10*log10(sigma);
range_db = 10*log10(range * 1000.);
rangej_db = 10*log10(rangej * 1000.)
pt_db = 10*log10(pt);
b_db = 10*log10(b);
bj_db = 10*log10(bj);
pj_db = 10*log10(pj);
factor = 10*log10(4.0 *pi);
BR_range = ((pt * 10^(2.0*g/10) * sigma * bj * 10^(lossj/10) * ...
  (rangej)^2) / (4.0 * pi * pj * 10^(gj/10) * 10^(gprime/10) * ...
  b * 10^(loss/10)))^.25 / 1000.
s_at_br = pt_db + 2.0 * g + lambda_db + sigmadb - ...
  3.0 * factor - 4.0 * 10*log10(BR_range) - loss
index =0;
for ran_var = .1:1:1000;
  index = index + 1;
```

```
    ran_db = 10*log10(ran_var * 1000.0);
    s(index) = pt_db + 2.0 * g + lambda_db + sigmadb - ...
      3.0 * factor - 4.0 * ran_db - loss + s_at_br;
    soj(index) = s_at_br - s_at_br;
end
ranvar = .1:1:1000;
%ranvar = ranvar ./BR_range;
semilogx (ranvar,s,'k',ranvar,soj,'k-.');
xlabel ('Range normalized to cross-over range');
legend('Target echo','SOJ')
ylabel ('Relative signal or jamming amplitude - dB');
```

清单 10.5　MATLAB 函数“range_red_factor.m”

```
function RRF = range_red_factor (te, pj, gj, g, freq, bj, rangej, lossj)
% This function computes the range reduction factor and produces
% plots of RRF versus wavelength, radar to jammer range, and jammer power
c = 3.0e+8;
k = 1.38e-23;
lambda = c / freq;
gj_10 = 10^( gj/10);
g_10 = 10^( g/10);
lossj_10 = 10^(lossj/10);
index = 0;
for wavelength = .01:.001:1
   index = index +1;
   jamer_temp = (pj * gj_10 * g_10 *wavelength^2) / ...
      (4.0^2 * pi^2 * k * bj * lossj_10 * (rangej * 1000.0)^2);
   delta = 10.0 * log10(1.0 + (jamer_temp / te));
   rrf(index) = 10^(-delta /40.0);
end
w = 0.01:.001:1;
figure (1)
semilogx(w,rrf,'k')
grid
xlabel ('Wavelength in meters')
ylabel ('Range reduction factor')
index = 0;
for ran =rangej*.3:1:rangej*2
   index = index + 1;
   jamer_temp = (pj * gj_10 * g_10 *wavelength^2) / ...
      (4.0^2 * pi^2 * k * bj * lossj_10 * (ran * 1000.0)^2);
   delta = 10.0 * log10(1.0 + (jamer_temp / te));
   rrf1(index) = 10^(-delta /40.0);
end
figure(2)
ranvar = rangej*.3:1:rangej*2 ;
plot(ranvar,rrf1,'k')
grid
```

```
xlabel ('Radar to jammer range - Km')
ylabel ('Range reduction factor')
index = 0;
for pjvar = pj*.01:1:pj*2
  index = index + 1;
  jamer_temp = (pjvar * gj_10 * g_10 *wavelength^2) / ...
    (4.0^2 * pi^2 * k * bj * lossj_10 * (rangej * 1000.0)^2);
  delta = 10.0 * log10(1.0 + (jamer_temp / te));
  rrf2(index) = 10^(-delta /40.0);
end
figure(3)
pjvar = pj*.01:1:pj*2;
plot(pjvar,rrf2,'k')
grid
xlabel ('Jammer peak power - Watts')
ylabel ('Range reduction factor')
%%%%%%%%%%%%%%%%%%%%%%%%%%%%%%%%
% Use this input file to reproduce Figs. 10.5 through 10.7
clear all
te = 500.0;   % radar effective temp. in Kelvin
pj= 500; % jammer peak power in W
gj = 3.0;     % jammer antenna gain in dB
g = 45.0;     % radar antenna gain
freq = 10.0e+9;% radar operating frequency in Hz
bj= 10.0e+6;  % radar operating bandwidth in Hz
rangej = 750.0;% radar to jammer range in Km
lossj = 1.0;  % jammer losses in dB
```

清单 10.6 MATLAB 程序“fig10_8.m”

```
% Use this program to reproduce Fig. 10.8 in the text
clear all
close all
tau = linspace(.25,10,500);
taum = tau .* 1e-3;
C_S = [-20 -10 0 10];
c_s = 10.^(C_S./10);
for n = 1:size(C_S,2)
  val1 = 1 / (1.81*sqrt(2*c_s(n)));
  sigma(n,:) = val1 ./ taum;
end
figure (1)
semilogy(tau,sigma(1,:),'k',tau,sigma(2,:),'k-- ',tau,sigma(3,:),'k-.', ...
  tau,sigma(4,:),'k:');
xlabel('Pulsewidth in Milliseconds')
ylabel('RMS thermal error in Hz')
legend('-20 dB C/S','-10 dB C/S','0 dB C/S','10 dB C/S')
grid
```

第 11 章　雷达截面积(RCS)

在本章中,将研究目标散射现象和 RCS 的计算方法。介绍由于视角、频率和极化引起的目标 RCS 起伏。还将介绍一些简单和复杂目标的雷达截面积特性。

11.1　RCS 定义

任何具有确定极化的电磁波,当照射到目标上时,一般会朝各个方向折射或散射。这些散射波可以分为两部分。一部分是由与接收天线具有相同极化的散射波组成;另一部分散射波具有不同的极化,接收天线对其不会做出响应。这两种极化是正交的,分别称为主极化(Principal Polarization,PP)和垂直极化(Orthogonal Polarization,OP)。与雷达接收天线具有相同极化的后向散射能量的强度用来定义目标 RCS。当目标被 RF 能量照射时,其行为像天线,具有近场和远场。一般来说,在近场中,反射和测量的波是球面波。另一方面,在远场中,波前被分解为平面波的线性组合。

假设入射到离雷达距离为 R 处的目标的功率密度为 P_{Di},如图 11.1 所示。目标的反射功率为

$$P_{\mathrm{r}} = \sigma P_{\mathrm{Di}} \tag{11.1}$$

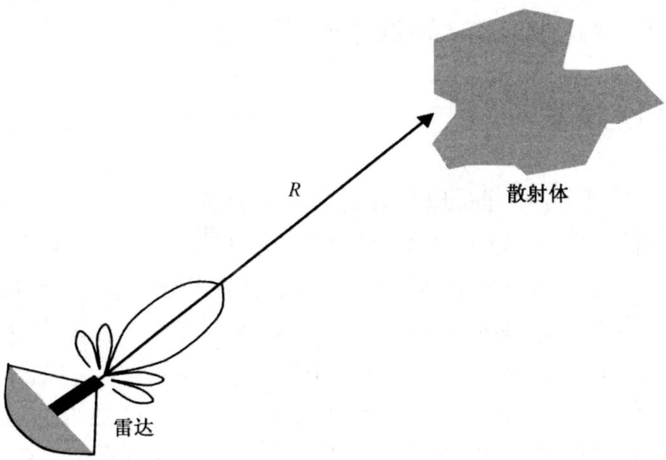

图 11.1　位于距离 R 处的散射体

σ表示目标截面积。定义接收天线处散射波的功率密度为 P_{Dr}。那么

$$P_{\mathrm{Dr}} = P_{\mathrm{r}}/(4\pi R^2) \tag{11.2}$$

根据式(11.1)和式(11.2),得到

$$\sigma = 4\pi R^2\left(\frac{P_{\mathrm{Dr}}}{P_{\mathrm{Di}}}\right) \tag{11.3}$$

为了保证雷达接收天线在远场(也就是天线接收的散射波是平面波),式(11.3)修正为

$$\sigma = 4\pi R^2 \lim_{R \to \infty} \left(\frac{P_{\mathrm{Dr}}}{P_{\mathrm{Di}}}\right) \tag{11.4}$$

由式(11.4)定义的 RCS 经常称为单基地 RCS、后向散射 RCS 或简单目标 RCS。

后向散射 RCS 从雷达方向的所有散射波中测量,与接收天线具有相同的极化。它表示散射目标总 RCS σ_t 的一部分,其中$\sigma_t > \sigma$。假定一个由(ρ,θ,φ)定义的球坐标系,那么在距离ρ处目标散射截面积是(θ,φ)的函数。令角度(θ_i,φ_i)为入射波的传播方向,以及令角度(θ_s,φ_s)为散射波的传播方向。特殊情况下,当 $\theta_s = \theta_i$ 和 $\varphi_s = \varphi_i$ 时,定义为单基地 RCS。在 $\theta_s \neq \theta_i$ 和 $\varphi_s \neq \varphi_i$ 的角度,被雷达测量的 RCS 称为双基地 RCS。

总的目标散射 RCS 为

$$\sigma_t = \frac{1}{4\pi}\int_{\varphi_s = 0}^{2\pi}\int_{\theta_s = 0}^{\pi} \sigma(\theta_s, \varphi_s)\sin\theta_s \ \mathrm{d}\theta \ \mathrm{d}\varphi_s \tag{11.5}$$

目标后向散射波的大小与目标范围(大小)和入射波波长 λ 的比值成比例。实际上,雷达不能检测到比其工作波长小得多的目标。例如,如果气象雷达使用 L 波段频率,雨滴对于雷达就变成是几乎不可见的,因为它们比波长小得多。RCS 测量在目标范围与波长可比较的频率区域称为瑞利区。另一方面,目标范围比雷达工作波长大得多的频率区域称为光学区。在实际中,大部分雷达的应用都属于光学区。

本书中所介绍的分析,大部分都假设是光学区的远场单基地 RCS 测量。近场 RCS、双基地 RCS 和瑞利区 RCS 测量将不会被讨论,因为它们的处理方法超出了本书计划的范围。另外,本章的 RCS 处理主要关心窄带(Narrow Band,NB)情况。换句话说,所考虑目标的范围落在单个雷达距离单元之内。宽带(Wide Band,WB)RCS 测量将会在后面部分简要介绍。宽带雷达距离单元很小(典型值为 10 ~ 50 cm),因此,所考虑的目标可能覆盖很多个距离单元。单个距离单元内的 RCS 值对应目标落入该距离单元的部分。

11.2 RCS 预测方法

在给出不同 RCS 计算方法之前,理解 RCS 预测的意义是很重要的。大多数雷达系统使用 RCS 作为一种辨别方法。因此,为了设计和开发稳健的辨别算法,准确预测目标 RCS 是很关键的。另外,对于给定目标,测量和识别散射中心(源)有助于开发 RCS 减缩技术。另一个次要原因是 RCS 计算需要宽广的技术知识,因此,很多科学家和学者发现这个课题很有挑战性和智力激发性。可用的 RCS 预测方法有两类:精确法和近似法。

即使对简单形状的物体,RCS 预测的精确法也非常复杂。这是因为这些方法需要在合理的边界条件下,求解描述物体散射波的微分或积分方程。这些边界条件由麦克斯韦(Maxwell)方程确定。即使可以得到精确解,它们通常也难以使用数字计算机解释和编程。

由于精确 RCS 预测的困难,近似方法成为可行的选择。大多数近似方法在光学区是有效的,并且每一种都有其长处和短处。大部分近似方法能在真值的几个分贝范围内预测 RCS。一般来说,这样的变化是雷达工程师和设计师足以接受的。近似方法通常是预测复杂和扩展目标如飞机、舰船和导弹的 RCS 的主要方法。当实验结果可用的话,可以用来验证和校验近似值。

一些最常用的近似方法有几何光学法(Geometrical Optics,GO)、物理光学法(Physical Optics,PO)、几何绕射理论(Geometrical Theory of Diffraction,GTD)、物理绕射理论(Physical

Theory of Diffraction,PTD)和等效电流方法(Method of Equivalent Currents,MEC)。感兴趣的读者可以向 Knott 或者 Ruck(见参考书目)请教这些和其他近似方法的更多细节。

11.3　与视角和频率的关系

雷达截面积起伏是雷达视角和频率的函数。出于解释的目的,考虑各向同性的点散射体。各向同性散射体向所有方向均匀散射入射波。考虑图 11.2 所示的几何关系,此时两个单位($1\ m^2$)各向同性散射体沿着雷达视线(零视角)并列放置在距离 R 处的远场中。这两个散射体的间距是 1 m。然后雷达视角从 0°变化为 180°,计算由雷达测量的这两个散射体的复合 RCS。

这个复合 RCS 由两个单个的雷达截面积叠加组成。在零视角,复合 RCS 为 $2\ m^2$。以散射体 1 作为相位基准,当视角变化时,复合 RCS 由对应于两个散射体之间电间距的相位来修正。例如,在 10°视角处,两个散射体之间的电间距为

$$\text{电间距} = \frac{2 \times (1.0 \times \cos(10°))}{\lambda} \tag{11.6}$$

λ 是雷达工作波长。

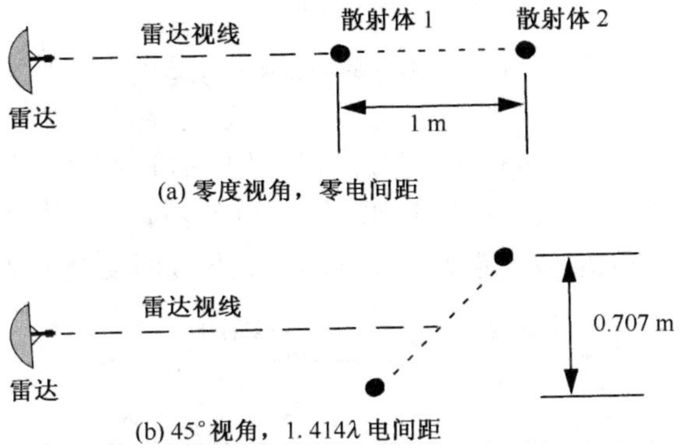

图 11.2　RCS 与视角的关系

图 11.3 显示的是对应于这个实验的复合 RCS。这幅图可以使用 11.9 节的清单 11.1 给出的 MATLAB 函数"rcs_aspect.m"得到。图 11.3 清楚地说明,RCS 与雷达视角有关。因此,当雷达想要提取复杂或机动目标的 RCS 时,单个散射体之间有益和有害干扰的信息是非常重要的。这是正确的,因为有两个原因:第一,视角可能连续地变化;第二,复杂目标的 RCS 可以视为由分布在目标表面的多个散射点的贡献构成。这些散射点通常称为散射中心。很多近似 RCS 预测方法生成一组定义复杂目标后向散射特性的散射中心。

MATLAB 函数"rcs_aspect.m"

函数"rcs_aspect.m"计算并且画出 RCS 与视角的关系。调用语法如下:

[rcs] = rcs_aspect(scat_spacing, freq)

其中,符号含义如下表所示。

符　号	描　述	单　位	状　态
scat_spacing	散射体间距	m	输入
freq	雷达频率	Hz	输入
rcs	与视角对应的 RCS 数组	dBsm	输出

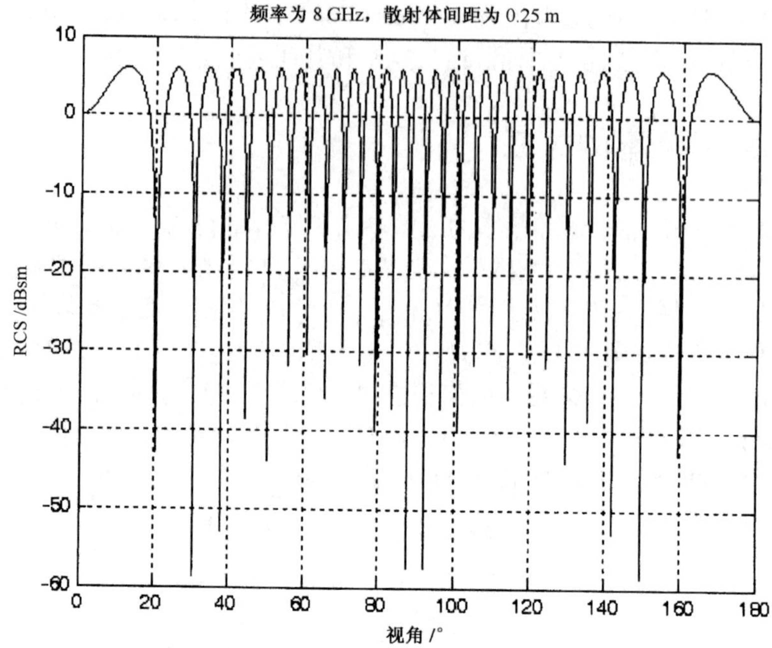

图 11.3 RCS 与视角关系示意图

接下来,为了证明 RCS 与频率的关系,考虑图 11.4 所示的实验。此时,两个远场各向同性散射体沿着雷达视线排列,当频率从 8 GHz 到 12.5 GHz(X 波段)变化时,由雷达测量复合 RCS。图 11.5 和图 11.6 说明的是散射体间距为 0.25 m 和 0.75 m 时复合 RCS 与频率的关系。

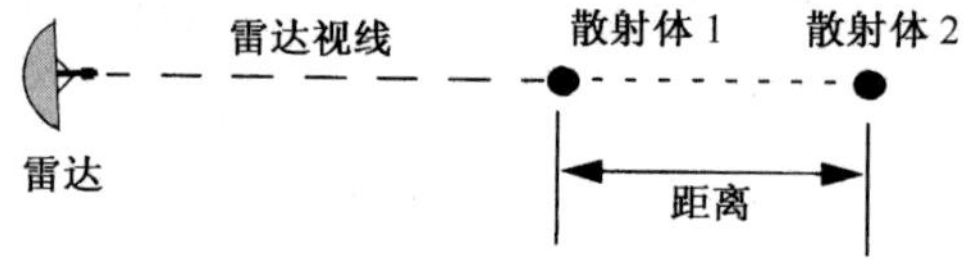

图 11.4 证明 RCS 与频率关系的实验设置;距离为 0.1 m 或 0.7 m

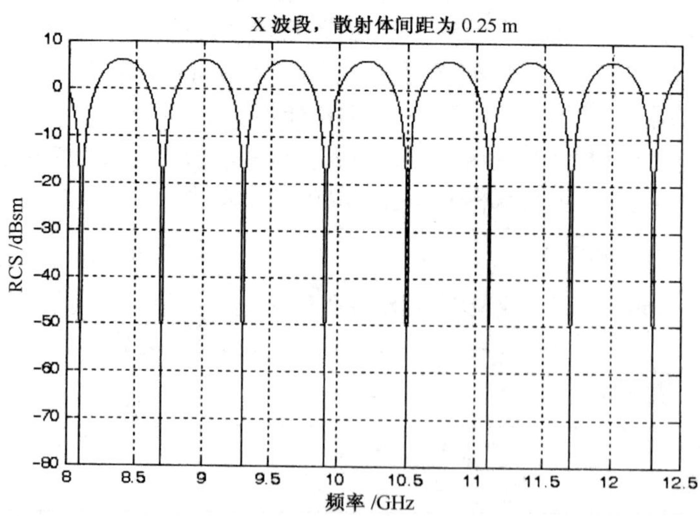

图 11.5 RCS 与频率关系示意图

图 11.5 和图 11.6 所示的曲线可以使用 11.9 节的清单 11.2 给出的 MATLAB 函数“rcs_frequency.m”得到。从这两幅图中可以看出，RCS 起伏显然是频率的函数。当散射体间距较大时，小的频率变化就会引起剧烈的 RCS 起伏。另一方面，当散射中心相当近时，需要更大的频率变化才能引起显著的 RCS 起伏。

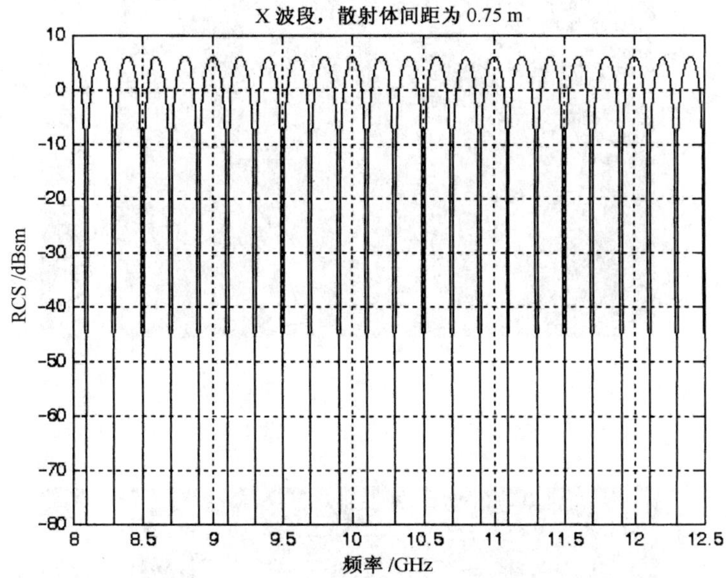

图 11.6　RCS 与频率关系示意图

MATLAB 函数“rcs_frequency.m”

函数“rcs_frequency.m” 计算并且画出 RCS 与频率的关系。调用语法如下：

[rcs] = rcs_frequency(scat_spacing, frequ, freql)

其中，符号含义如下表所示。

符　号	描　述	单　位	状　态
scat_spacing	散射体间距	m	输入
freql	起始频率波段	Hz	输入
frequ	终止频率波段	Hz	输入
rcs	与视角对应的 RCS 数组	dBsm	输出

如图 11.2 所示，假设两个散射体在 $T_{rev}=3$ s 内关于雷达视线完成一次完整旋转。此外，假设使用 X 波段雷达($f_0=9$ GHz)，使用 $f_r=300$ Hz 的 PRF，在 3 s 周期内检测(观察)这两个散射体。最后，假设 NB 带宽为 $B_{NB}=1$ MHz，WB 带宽为 $B_{WB}=2$ GHz。那么，雷达 NB 和 WB 距离分辨力分别等于 $\Delta R_{NB}=150$ m 和 $\Delta R_{WB}=7.5$ cm。

图 11.7 所示的是使用 NB 检测的这两个散射体的检测距离历史。显然，这两个散射体完全包含在一个距离单元内。图 11.8 所示的是相同的图形，然而此时使用的是 WB 检测。现在这两个散射体被完全分辨为两个不同的散射体，两个点散射体同时落在相同距离单元的时间除外。

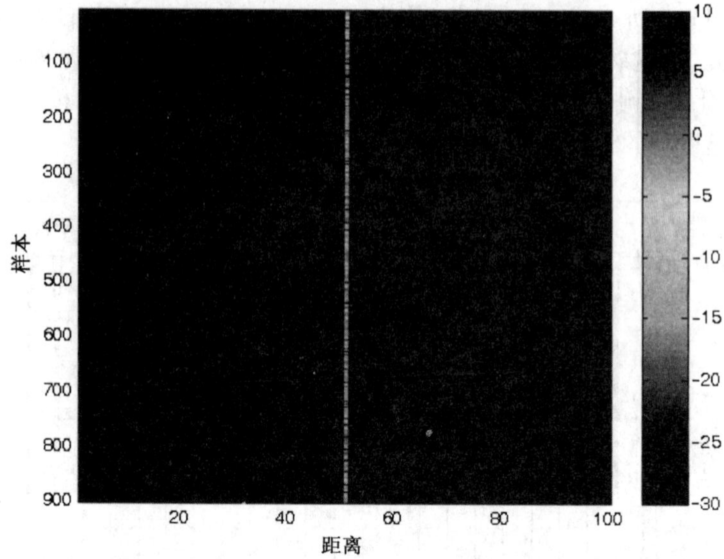

图 11.7　在图 11.2 中所示的两个散射体的 NB 检测

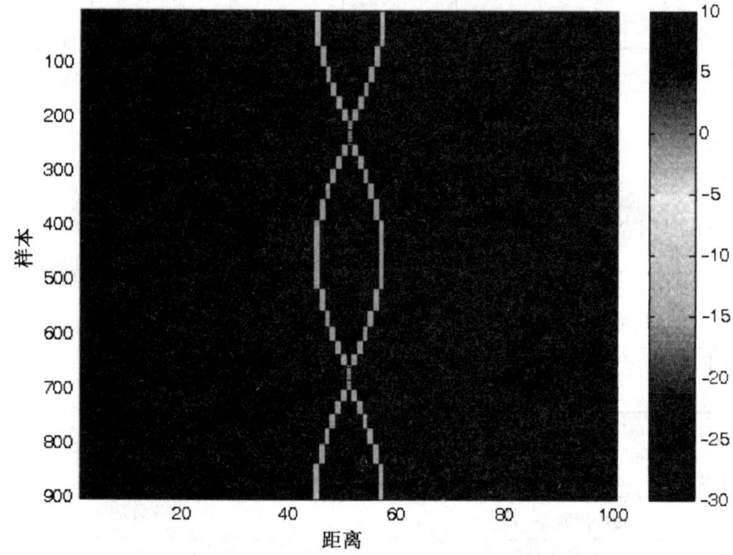

图 11.8　在图 11.2 中所示的两个散射体的 WB 检测

11.4　RCS 与极化的关系

本节材料包含两个主题:一是回顾极化的基本原理,二是介绍目标散射矩阵的概念。

11.4.1　极化

沿着正 z 方向传播波的 x 和 y 电场分量为

$$E_x = E_1 \sin(\omega t - kz) \tag{11.7}$$

$$E_y = E_2 \sin(\omega t - kz + \delta) \tag{11.8}$$

其中，$k=2\pi/\lambda$，ω是波的频率，角度 δ 是 E_y 领先 E_x 的时间相位角，E_1 和 E_2 分别是沿着 x 和 y 方向的波的振幅。当两个或更多的电磁波组合时，它们的电场是在任何特定时间对空间每一点的向量积分。一般来说，在 x-y 平面观察时，组合向量的轨迹是椭圆，如图 11.9 所示。

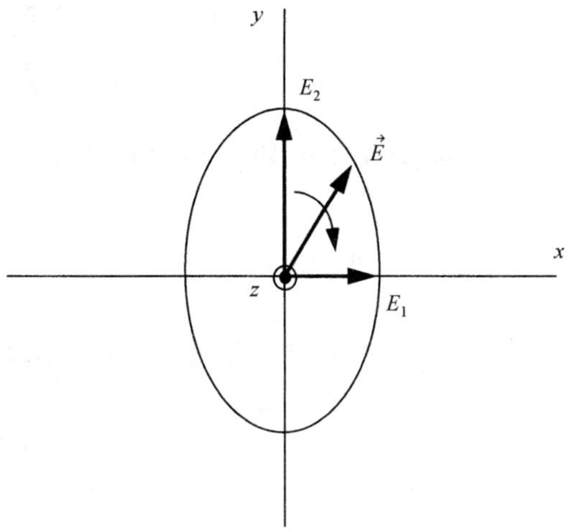

图 11.9　沿 x 和 y 方向的电场分量，正 z 方向在页面外

极化椭圆的长轴和短轴之比称为轴比(AR)。当 AR 为 1 时，极化椭圆成为圆，此时合成波称为是圆极化的。另一方面，当 $E_1=0$ 并且 $AR=\infty$ 时，波变成是线极化的。

合并式(11.7)和式(11.8)，可以得到瞬时总电场

$$\vec{E} = \hat{a}_x E_1 \sin(\omega t - kz) + \hat{a}_y E_2 \sin(\omega t - kz + \delta) \tag{11.9}$$

其中，$\hat{a}_x$ 和 $\hat{a}_y$ 分别是沿 x 和 y 方向的单位向量。当 $z=0$，$E_x=E_1\sin(\omega t)$ 和 $E_y=E_2\sin(\omega t+\delta)$ 时，将 $\sin(\omega t)$ 替换为比值 E_x/E_1，并利用三角几何性质，式(11.9)可以重写为

$$\frac{E_x^2}{E_1^2} - \frac{2E_xE_y\cos\delta}{E_1E_2} + \frac{E_y^2}{E_2^2} = (\sin\delta)^2 \tag{11.10}$$

注意，式(11.10)与ωt 无关。

在通常情况下，极化椭圆可能具有任意的朝向，如图 11.10 所示。角度ξ称为椭圆的倾斜角。此时，AR 表示为

$$AR = \frac{OA}{OB} \qquad (1 \leqslant AR \leqslant \infty) \tag{11.11}$$

当 $E_1=0$ 时，波称为在 y 方向上的线极化；而当 $E_2=0$ 时，波称为在 x 方向上的线极化。当 $E_1=E_2$ 且$\xi=45°$时，极化也可以在 45°上是线性的。当 $E_1=E_2$ 且 $\delta=90°$时，波称为左旋圆极化(LCP)，而如果 $\delta=-90°$，波称为右旋圆极化(RCP)。常用的表示方法是将沿 x 和 y 方向的线极化分别用水平和垂直极化命名。

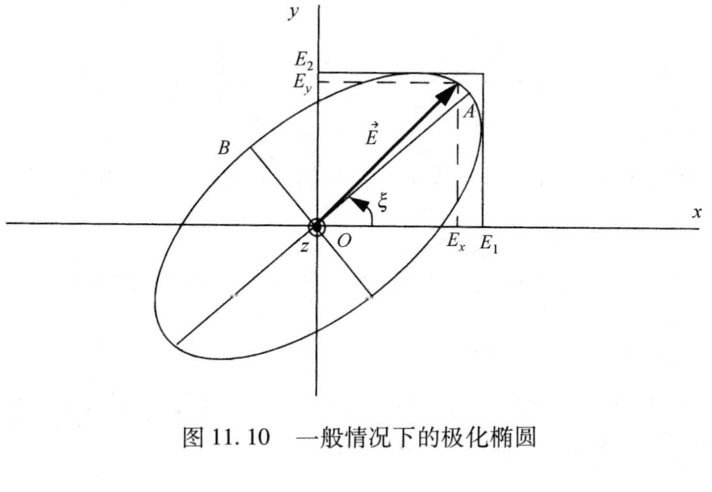

图 11.10　一般情况下的极化椭圆

一般来说,任意极化的电场可以写为两个圆极化电场之和,即

$$\vec{E} = \overrightarrow{E_R} + \overrightarrow{E_L} \tag{11.12}$$

其中,$\vec{E_R}$和$\vec{E_L}$分别表示 RCP 和 LCP 电场。类似地,RCP 波和 LCP 波可以写为

$$\overrightarrow{E_R} = \overrightarrow{E_V} + j\overrightarrow{E_H} \tag{11.13}$$

$$\overrightarrow{E_L} = \overrightarrow{E_V} - j\overrightarrow{E_H} \tag{11.14}$$

其中,$\vec{E_V}$和$\vec{E_H}$分别表示垂直和水平极化电场。组合式(11.13)和式(11.14),得到

$$E_R = \frac{E_H - jE_V}{\sqrt{2}} \tag{11.15}$$

$$E_L = \frac{E_H + jE_V}{\sqrt{2}} \tag{11.16}$$

利用矩阵符号,式(11.15)和式(11.16)可以重写为

$$\begin{bmatrix} E_R \\ E_L \end{bmatrix} = \frac{1}{\sqrt{2}}\begin{bmatrix} 1 & -j \\ 1 & j \end{bmatrix}\begin{bmatrix} E_H \\ E_V \end{bmatrix} = [T]\begin{bmatrix} E_H \\ E_V \end{bmatrix} \tag{11.17}$$

$$\begin{bmatrix} E_H \\ E_V \end{bmatrix} = \frac{1}{\sqrt{2}}\begin{bmatrix} 1 & 1 \\ j & -j \end{bmatrix}\begin{bmatrix} E_R \\ E_L \end{bmatrix} = [T]^{-1}\begin{bmatrix} E_H \\ E_V \end{bmatrix} \tag{11.18}$$

对于很多目标,散射波具有与入射波不同的极化。这种现象称为去极化或交叉极化。然而,理想反射器以这样的方式反射,具有水平极化的入射波仍然是水平极化,具有垂直极化的入射波仍然是垂直极化,但是相移 180°。另外,RCP 入射波当反射时变为 LCP,LCP 波经理想反射器反射后变为 RCP。因此,当雷达使用 LCP 波发射时,接收天线为 RCP 极化,以捕获 PP RCS;接收天线为 LCP,以测量 OP RCS。

例题

对下列情况,画出电场向量的轨迹:

$$\text{情况1: } \vec{E}(t,z) = \hat{a}_x\cos\left(\omega_0 t + \frac{2\pi z}{\lambda}\right) + \hat{a}_y\sqrt{3}\cos\left(\omega_0 t + \frac{2\pi z}{\lambda}\right)$$

$$\text{情况2: } \vec{E}(t,z) = \hat{a}_x\cos\left(\omega_0 t + \frac{2\pi z}{\lambda}\right) + \hat{a}_y\sin\left(\omega_0 t + \frac{2\pi z}{\lambda}\right)$$

$$\text{情况3: } \vec{E}(t,z) = \hat{a}_x\cos\left(\omega_0 t + \frac{2\pi z}{\lambda}\right) + \hat{a}_y\cos\left(\omega_0 t + \frac{2\pi z}{\lambda} + \frac{\pi}{6}\right)$$

$$\text{情况4: } \vec{E}(t,z) = \hat{a}_x\cos\left(\omega_0 t + \frac{2\pi z}{\lambda}\right) + \hat{a}_y\sqrt{3}\cos\left(\omega_0 t + \frac{2\pi z}{\lambda} + \frac{\pi}{3}\right)$$

解:

开发了 MATLAB 程序"example11 _1. m"(见 11.9 节的清单 11.3)来计算和画出电场轨迹。图 11.11 至图 11.14 显示了所求的电场轨迹。

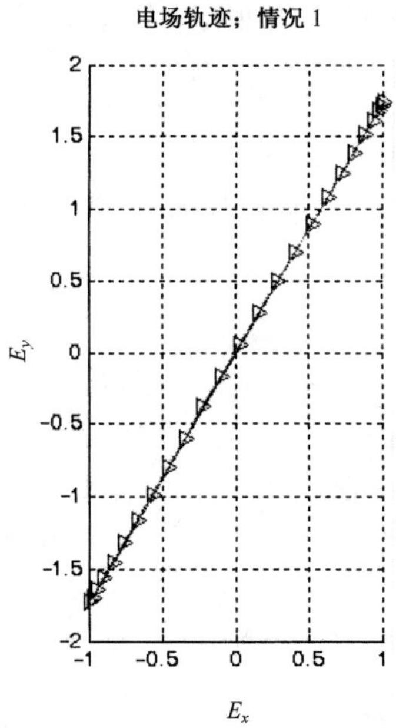

图 11.11　线极化电场

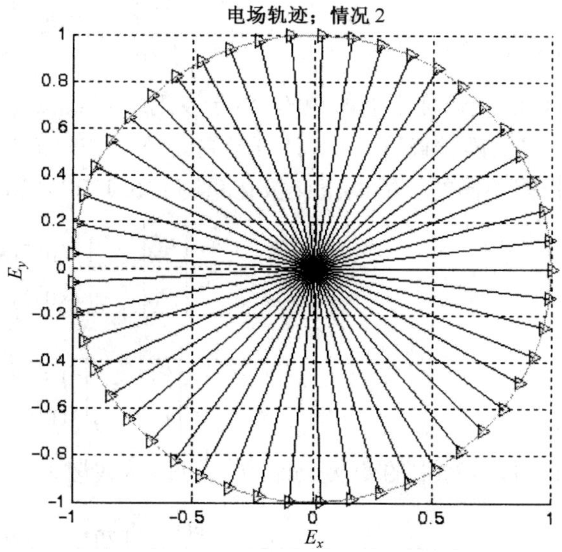

图 11.12　圆极化电场

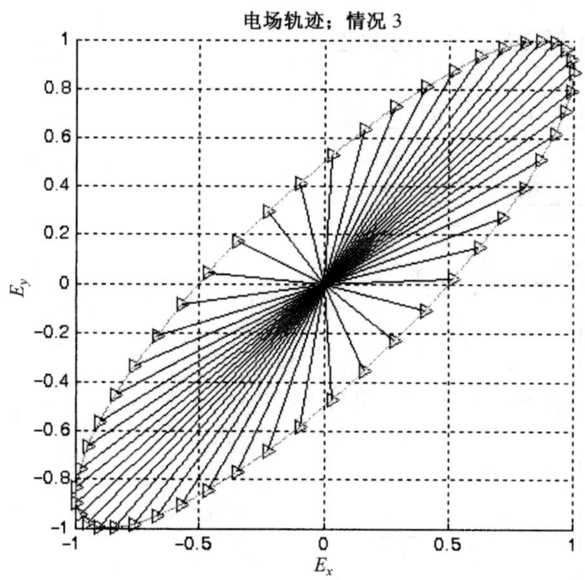

图 11.13　椭圆极化电场

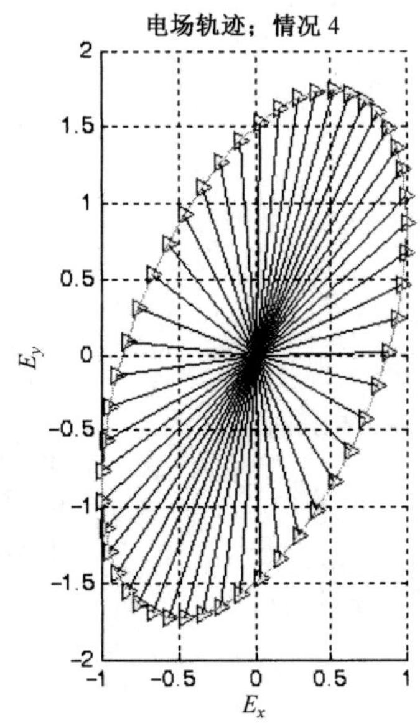

图 11.14　椭圆极化电场

11.4.2　目标散射矩阵

目标后向散射 RCS 通常以散射矩阵来描述，表示为[S]。当任意线极化波入射到目标上时，后向散射场为

$$\begin{bmatrix} E_1^{\mathrm{s}} \\ E_2^{\mathrm{s}} \end{bmatrix} = [S]\begin{bmatrix} E_1^{\mathrm{i}} \\ E_2^{\mathrm{i}} \end{bmatrix} = \begin{bmatrix} s_{11} & s_{12} \\ s_{21} & s_{22} \end{bmatrix}\begin{bmatrix} E_1^{\mathrm{i}} \\ E_2^{\mathrm{i}} \end{bmatrix} \tag{11.19}$$

上标 i 和 s 表示入射场和散射场。量 s_{ij} 一般是复数，下标 1 和 2 表示正交极化的任意组合。更准确

地说,1 = H、R,2 = V、L。由式(11.3)可知,后向散射 RCS 通过下面关系与散射矩阵分量相联系:

$$\begin{bmatrix}\sigma_{11} & \sigma_{12}\\ \sigma_{21} & \sigma_{22}\end{bmatrix} = 4\pi R^2\begin{bmatrix}|s_{11}|^2 & |s_{12}|^2\\ |s_{21}|^2 & |s_{22}|^2\end{bmatrix} \tag{11.20}$$

由此可知,一旦确定散射矩阵,对于发射和接收极化的任何组合,都可以计算出目标后向散射 RCS。建议读者查看 Ruck 计算散射矩阵[S]的方法。

根据不同的可能的正交极化重写式(11.20),得到

$$\begin{bmatrix}E_H^s\\ E_V^s\end{bmatrix} = \begin{bmatrix}s_{HH} & s_{HV}\\ s_{VH} & s_{VV}\end{bmatrix}\begin{bmatrix}E_H^i\\ E_V^i\end{bmatrix} \tag{11.21}$$

$$\begin{bmatrix}E_R^s\\ E_L^s\end{bmatrix} = \begin{bmatrix}s_{RR} & s_{RL}\\ s_{LR} & s_{LL}\end{bmatrix}\begin{bmatrix}E_R^i\\ E_L^i\end{bmatrix} \tag{11.22}$$

利用式(11.17)中的变换矩阵[T],可以从线散射元素计算出圆散射元素,即

$$\begin{bmatrix}s_{RR} & s_{RL}\\ s_{LR} & s_{LL}\end{bmatrix} = [T]\begin{bmatrix}s_{HH} & s_{HV}\\ s_{VH} & s_{VV}\end{bmatrix}\begin{bmatrix}1 & 0\\ 0 & -1\end{bmatrix}[T]^{-1} \tag{11.23}$$

且各个分量为

$$\begin{aligned}
s_{RR} &= \frac{-s_{VV}+s_{HH}-j(s_{HV}+s_{VH})}{2}\\
s_{RL} &= \frac{s_{VV}+s_{HH}+j(s_{HV}-s_{VH})}{2}\\
s_{LR} &= \frac{s_{VV}+s_{HH}-j(s_{HV}-s_{VH})}{2}\\
s_{LL} &= \frac{-s_{VV}+s_{HH}+j(s_{HV}+s_{VH})}{2}
\end{aligned} \tag{11.24}$$

类似地,线散射元素为

$$\begin{bmatrix}s_{HH} & s_{HV}\\ s_{VH} & s_{VV}\end{bmatrix} = [T]^{-1}\begin{bmatrix}s_{RR} & s_{RL}\\ s_{LR} & s_{LL}\end{bmatrix}\begin{bmatrix}1 & 0\\ 0 & -1\end{bmatrix}[T] \tag{11.25}$$

且各个分量为

$$\begin{aligned}
s_{HH} &= \frac{-s_{RR}+s_{RL}+s_{LR}-s_{LL}}{2}\\
s_{VH} &= \frac{j(s_{RR}-s_{LR}+s_{RL}-s_{LL})}{2}\\
s_{HV} &= \frac{-j(s_{RR}+s_{LR}-s_{RL}-s_{LL})}{2}\\
s_{VV} &= \frac{s_{RR}+s_{LL}+js_{RL}+s_{LR}}{2}
\end{aligned} \tag{11.26}$$

11.5 简单物体的 RCS

本节给出许多简单形状物体的后向散射雷达截面积的例子。在所有例子中,除了理想的

导电球体,仅给出在光学区的近似值。雷达设计师和RCS工程师认为理想的导电球体是最简单的目标。即使在这种情况下,精确解的复杂性相比于光学区的近似方法,也是压倒性的。给出的大多数公式是远场雷达在(θ,φ)方向上测量的后向散射RCS的物理光学(Physical Optics,PO)近似值,如图11.15所示。

在本节,假设雷达总是从正z方向照射物体。

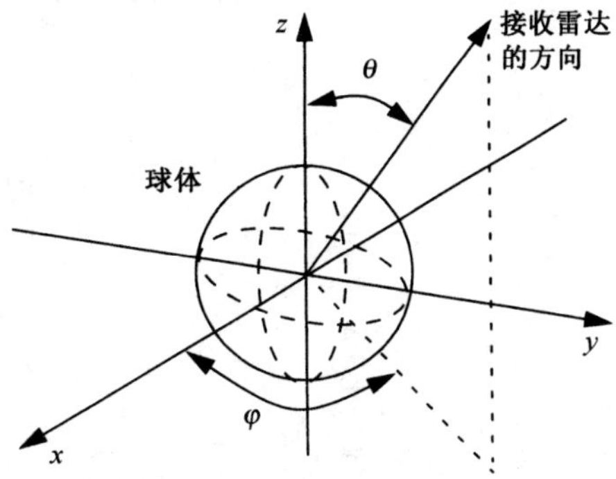

图 11.15　接收后向散射波的天线方向

11.5.1　球体

由于对称性,理想导电球体的散射波是与入射波同极化的(具有相同的极化)。这意味着交叉极化后向散射波实际为零。例如,如果入射波是左旋圆极化(Left Circularly Polarized,LCP),那么后向散射波也是LCP。然而,由于后向散射波传播方向相反,因此它们被接收天线认为是右旋圆极化(Right Circularly Polarized,RCP)。所以,球体的PP后向散射波是LCP,而OP后向散射波可以忽略。

理想导电球体的归一化精确后向散射RCS是一个米氏(Mie)级数,为

$$\frac{\sigma}{\pi r^2}=\left(\frac{\mathrm{j}}{kr}\right)\sum_{n=1}^{\infty}(-1)^n(2n+1)\left[\left(\frac{krJ_{n-1}(kr)-nJ_n(kr)}{krH_{n-1}^{(1)}(kr)-nH_n^{(1)}(kr)}\right)-\left(\frac{J_n(kr)}{H_n^{(1)}(kr)}\right)\right] \tag{11.27}$$

其中,r是球体的半径,$k=2\pi/\lambda$,λ是波长,J_n是第一类n阶球贝塞尔函数,$H_n^{(1)}$是n阶汉克尔(Hankel)函数,为

$$H_n^{(1)}(kr)=J_n(kr)+\mathrm{j}Y_n(kr) \tag{11.28}$$

Y_n是第二类n阶球贝塞尔函数。图11.16(a)和图11.16(b)画出了归一化理想导电球体的RCS与其以波长为单位的周长的函数关系。可以使用11.9节的清单11.4给出的函数“rcs_sphere.m”得到这些图形。

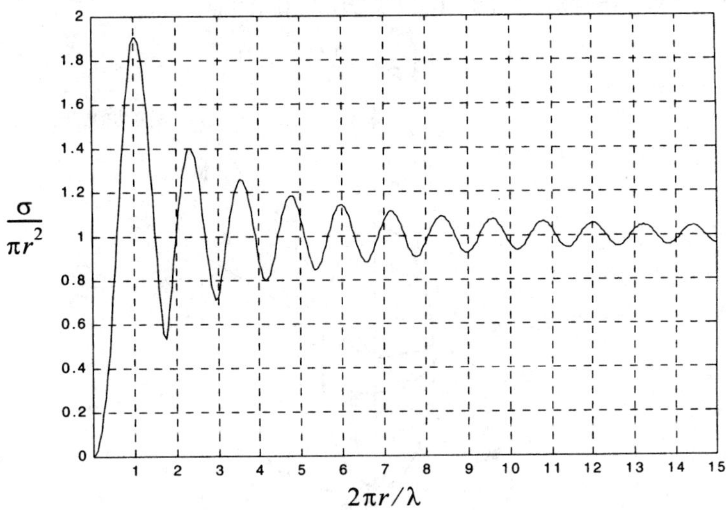

(a) 理想导电球体的归一化后向散射 RCS

图 11.16

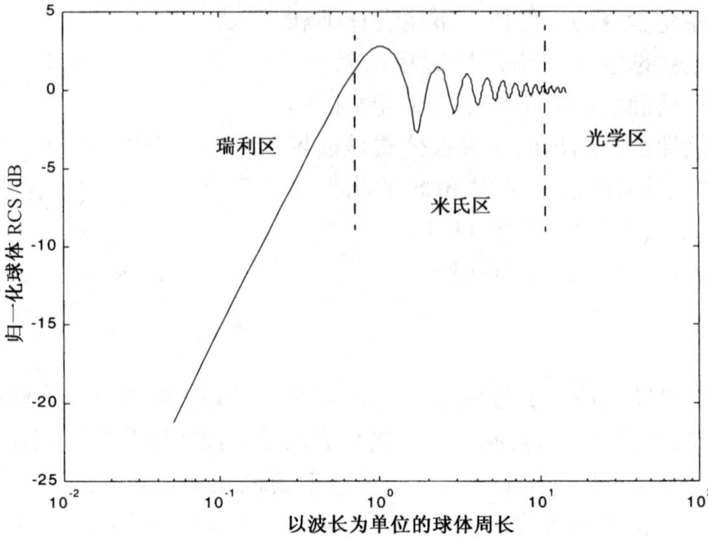

（b）使用半对数比例的理想导电球体的归一化后向散射 RCS

图 11.16(续)

在图 11.16(b)中区分了三个区域。第一个是光学区(对应于大球体)。此时，

$$\sigma = \pi r^2 \qquad r \gg \lambda \tag{11.29}$$

第二个是瑞利区(小球体)。此时，

$$\sigma \approx 9\pi r^2 (kr)^4 \qquad r \ll \lambda \tag{11.30}$$

光学区和瑞利区之间的区域本质上是振荡的,称为米氏区或谐振区。

理想导电球体的后向散射 RCS 在光学区是常数。因此,雷达设计师通常使用已知截面积的球体通过实验标定雷达系统。为此,球体被系在气球上飞行。为了获得多普勒频移,已知 RCS 的球体从飞机上释放,并被拖在其速度为雷达已知的飞机后面。

11.5.2 椭球体

中心在(0, 0, 0)处的椭球体如图 11.17 所示。由下式定义:

$$\left(\frac{x}{a}\right)^2 + \left(\frac{y}{b}\right)^2 + \left(\frac{z}{c}\right)^2 = 1 \tag{11.31}$$

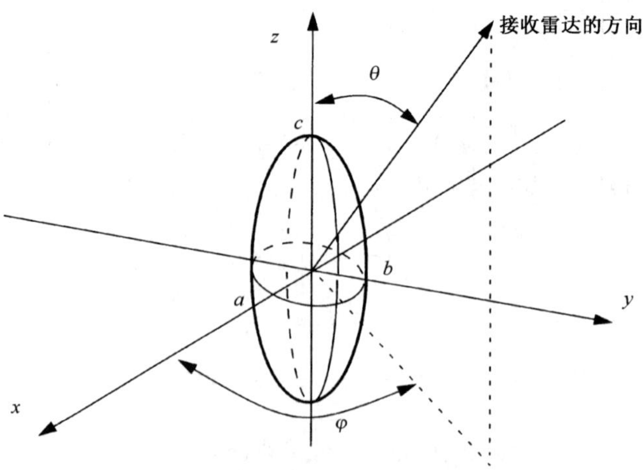

图 11.17 椭球体

一个被普遍接受的椭球体的后向散射 RCS 的近似值为

$$\sigma = \frac{\pi a^2 b^2 c^2}{(a^2(\sin\theta)^2(\cos\varphi)^2 + b^2(\sin\theta)^2(\sin\varphi)^2 + c^2(\cos\theta)^2)^2} \tag{11.32}$$

当 $a=b$ 时，椭球体是旋转对称的。因此，RCS 与 φ 无关，式(11.32)简化为

$$\sigma = \frac{\pi b^4 c^2}{(a^2(\sin\theta)^2 + c^2(\cos\theta)^2)^2} \tag{11.33}$$

当 $a=b=c$ 时，

$$\sigma = \pi c^2 \tag{11.34}$$

注意到式(11.34)定义了球体的后向散射 RCS。这是可以预料的，因为当 $a=b=c$ 时，椭球体变成了球体。图 11.18(a)给出了当 $\varphi=45°$时，椭球体的后向散射 RCS 关于 θ 的关系曲线。这幅图可以使用 11.9 节的清单 11.5 给出的 MATLAB 程序“fig11_18a.m”得到。注意到在法向入射($\theta=90°$)时，RCS 与半径为 c 的球体对应，通常称为垂直镜面 RCS 值。

MATLAB 函数“rcs_ellipsoid.m”

函数“rcs_ellipsoid.m”(见 11.9 节的清单 11.6)可计算并画出椭球体 RCS 与视角的关系曲线。调用语法如下：

[rcs] = rcs_ellipsoid(a, b, c, phi)

其中，符号含义如下表所示。

符　号	描　述	单　位	状　态
a	椭球体 a 半径	m	输入
b	椭球体 b 半径	m	输入
c	椭球体 c 半径	m	输入
phi	椭球体倾斜角	°	输入
rcs	RCS 数组与视角的关系	dBsm	输出

图 11.18(b)所示的是与函数有关的 GUI 工作空间。为了运行此 GUI，在 MATLAB 命令窗中键入“rcs_ellipsoid_gui”。

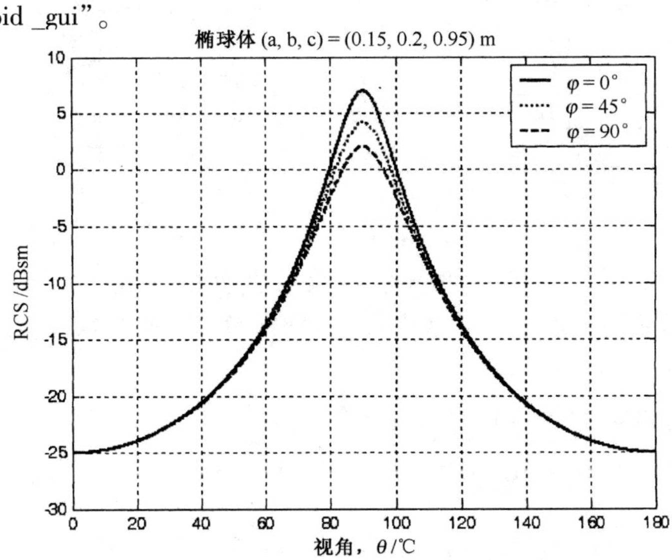

(a) 椭球体后向散射 RCS 与视角的关系

图 11.18

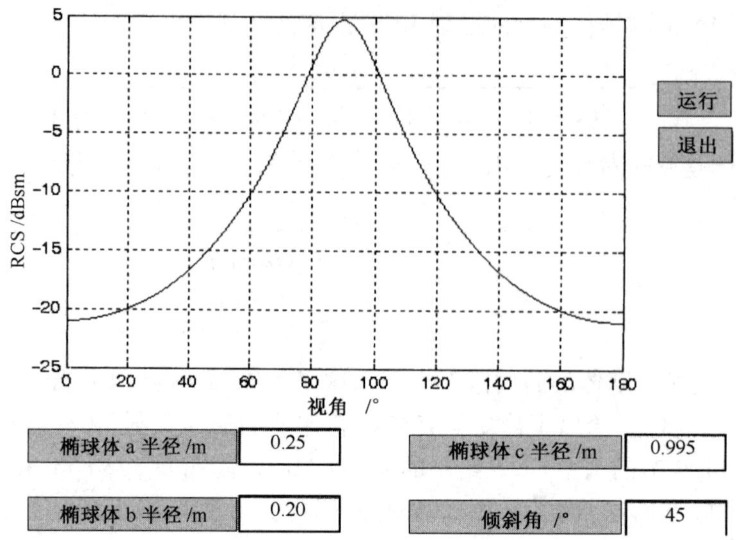

(b) 与函数“rcs _ellipsoid. m”有关的 GUI 工作空间

图 11. 18(续)

11. 5. 3 圆形平板

图 11. 19 所示的是中心在原点,半径为 r 的圆形平板。由于圆对称性,圆形平板的后向散射 RCS 与 φ 无关。RCS 只与视角有关。在法向入射(即零视角)时,圆形平板的后向散射 RCS 为

$$\sigma = \frac{4\pi^3 r^4}{\lambda^2} \qquad \theta = 0° \tag{11.35}$$

在非法向入射时,对于任意线极化入射波,圆形平板的后向散射 RCS 的两个近似值为

$$\sigma = \frac{\lambda r}{8\pi \sin\theta(\tan(\theta))^2} \tag{11.36}$$

$$\sigma = \pi k^2 r^4 \left(\frac{2J_1(2kr\sin\theta)}{2kr\sin\theta}\right)^2 (\cos\theta)^2 \tag{11.37}$$

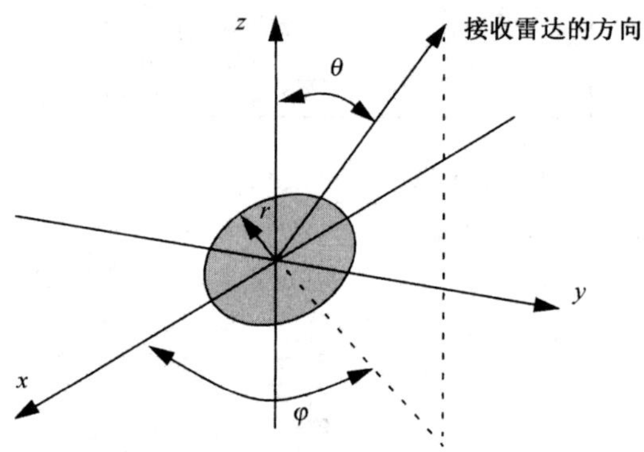

图 11. 19 圆形平板

其中,$k = 2\pi/\lambda$,$J_1(\beta)$ 是第一阶球贝塞尔函数在 β 处的计算值。对应于式(11. 35)到式(11. 37)的 RCS,如图 11. 20 所示。这些图可以使用 MATLAB 函数“rcs _circ _plate _gui. m”得到。

MATLAB 函数“rcs _circ _plate. m”

函数“rcs _circ _plate. m”(见 11. 9 节的清单 11. 7)可计算并画出圆形平板的后向散射 RCS。调用语法如下:

[rcs] = rcs _circ _plate(r. freq)

其中,符号含义如下表所示。

符　　号	描　　述	单　　位	状　　态
r	圆形平板的半径	m	输入
freq	频率	Hz	输入
rcs	RCS 数组与视角的关系	dBsm	输出

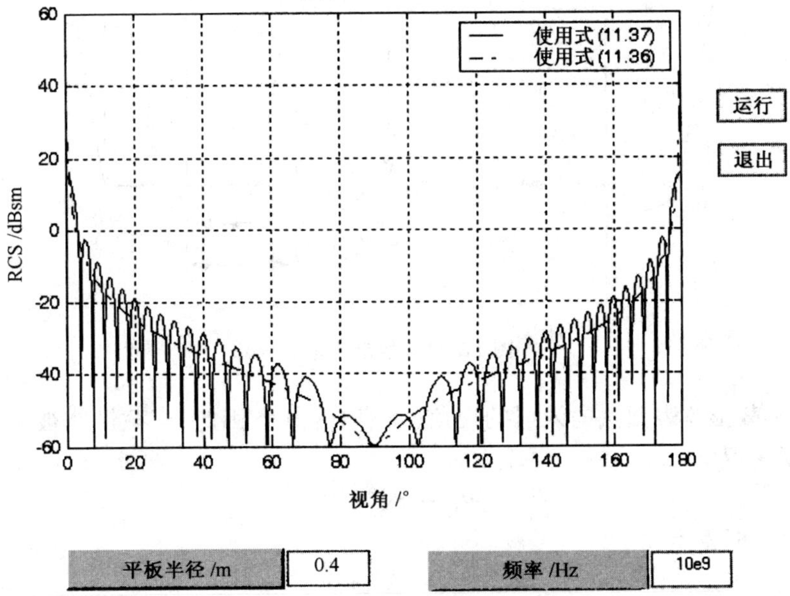

图 11.20　圆形平板的后向散射 RCS

11.5.4　平截圆锥(截锥体)

图 11.21 和图 11.22 给出了截锥体有关的几何图形。半锥角 α 为

$$\tan\alpha = \frac{(r_2 - r_1)}{H} = \frac{r_2}{L} \tag{11.38}$$

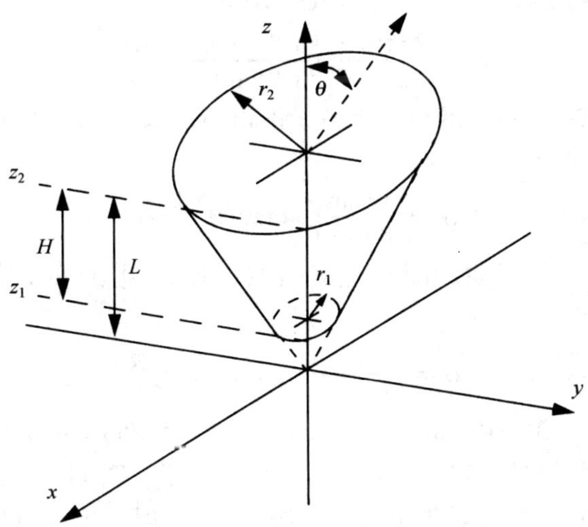

图 11.21　平截圆锥(截锥体)

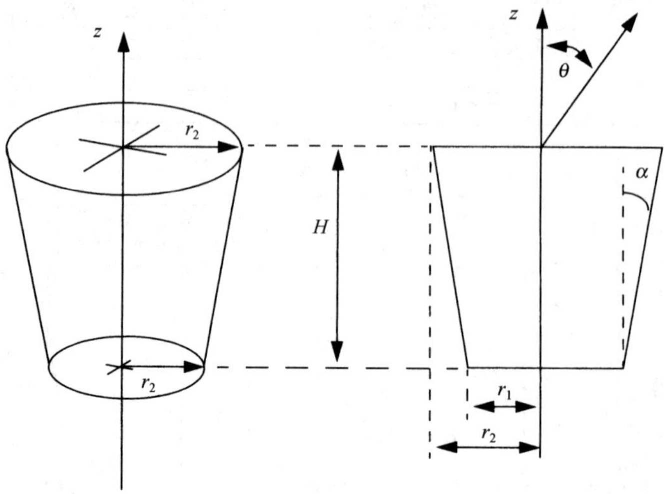

图 11.22　半锥角定义

定义相对于截锥体表面法向入射的视角(垂直)为 θ_n。因此,当截锥体被位于锥顶处的雷达照射时,角度 θ_n 为

$$\theta_n = 90° - \alpha \tag{11.39}$$

另一方面,法向入射发生在

$$\theta_n = 90° + \alpha \tag{11.40}$$

在法向入射时,对于线极化入射波,截锥体的后向散射 RCS 的近似值为

$$\sigma_{\theta_n} = \frac{8\pi(z_2^{3/2} - z_1^{3/2})^2}{9\lambda\sin\theta_n}\tan\alpha(\sin\theta_n - \cos\theta_n\tan\alpha)^2 \tag{11.41}$$

其中,λ 为波长,z_1、z_2 在图 11.21 中定义。利用三角等式,式(11.41)可以简化为

$$\sigma_{\theta_n} = \frac{8\pi(z_2^{3/2} - z_1^{3/2})^2}{9\lambda}\frac{\sin\alpha}{(\cos\alpha)^4} \tag{11.42}$$

在非法向入射时,线极化入射波的后向散射 *RCS* 为

$$\sigma = \frac{\lambda z\tan\alpha}{8\pi\sin\theta}\left(\frac{\sin\theta - \cos\theta\tan\alpha}{\sin\theta\tan\alpha + \cos\theta}\right)^2 \tag{11.43}$$

其中,z 等于 z_1 或 z_2,这取决于 RCS 的贡献来自于锥顶还是基底。同样,利用三角等式,式(11.43)(假设雷达从基底照射截锥体)简化为

$$\sigma = \frac{\lambda z\tan\alpha}{8\pi\sin\theta}\ (\tan(\theta - \alpha))^2 \tag{11.44}$$

当雷达从锥顶照射截锥体时(即雷达处在图 11.21 中的负 z 方向),式(11.44)应修改为

$$\sigma = \frac{\lambda z\tan\alpha}{8\pi\sin\theta}\ (\tan(\theta + \alpha))^2 \tag{11.45}$$

例如,考虑一个由 $H = 20.945$ cm,$r_1 = 2.057$ cm,$r_2 = 5.753$ cm 定义的截锥体,其半锥角为 10°。当雷达在正 z 方向照射时,其 RCS 如图 11.23(a)所示。图 11.23(b)所示的是相同的图,但此时雷达在负 z 方向照射。注意,对于第一种情况,法向入射发生在 100°,而对于第二种情况则发生在 80°。这些图可以使用 11.9 节的清单 11.8 给出的 MATLAB 函数“rcs_frustum_gui.m”得到。

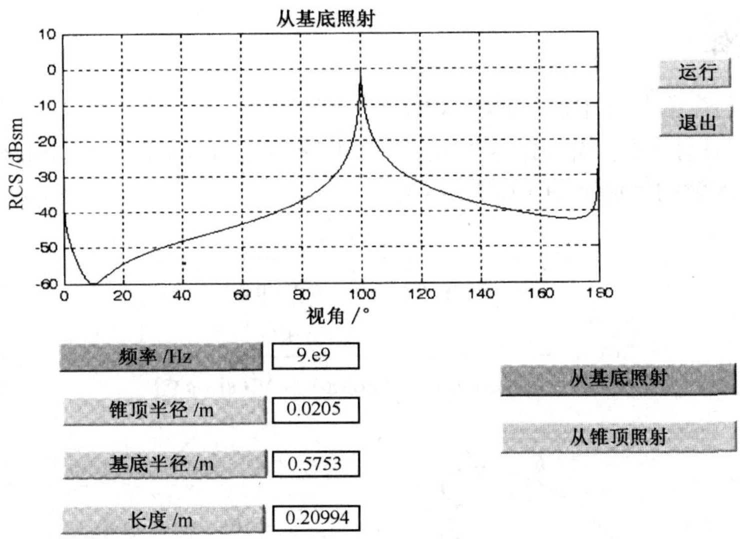

(a) 截锥体后向散射 RCS

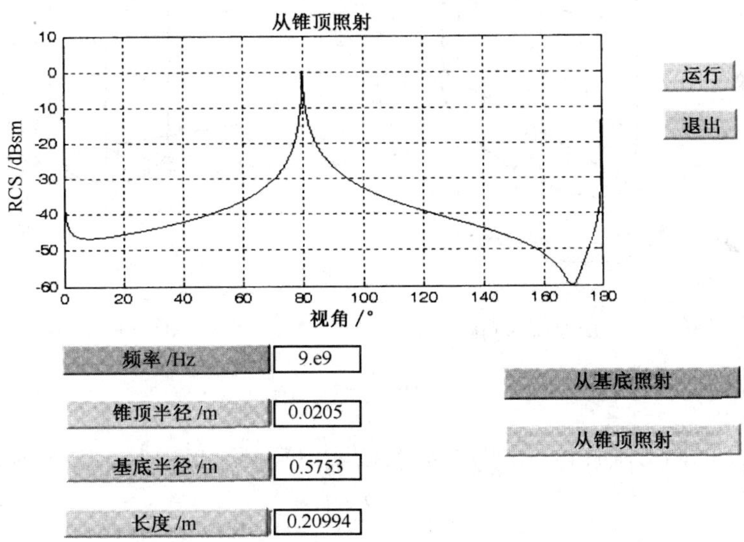

(b) 截锥体后向散射 RCS

图 11.23

MATLAB 函数"rcs _frustum. m"

函数"rcs _frustum. m"计算并且画出平截圆锥部分的后向散射 RCS 曲线。调用语法如下：

$$[rcs] = rcs\_frustum(r1, r2, freq, indicator)$$

其中,符号含义如下表所示。

符　号	描　述	单　位	状　态
r1	锥顶半径	m	输入
r2	基底半径	m	输入
freq	频率	Hz	输入
indicator	当从基底照射时,indicator = 1 当从锥顶照射时,indicator = 0	无	输入
rcs	RCS 数组与视角的关系	dBsm	输出

11.5.5 圆柱体

图 11.24 是与有限长导电圆柱体有关的几何图形。给出了两种类型：一是椭圆截面圆柱体；二是圆截面圆柱体，对于线极化入射波，短轴半径为 r_1，长轴半径为 r_2 的椭圆圆柱体的法向入射和非法向入射的后向散射 RCS 分别为

$$\sigma_{\theta_n} = \frac{2\pi H^2 r_2^2 r_1^2}{\lambda[r_1^2(\cos\varphi)^2 + r_2^2(\sin\varphi)^2]^{1.5}} \tag{11.46}$$

$$\sigma = \frac{\lambda r_2^2 r_1^2 \sin\theta}{8\pi\ (\cos\theta)^2[r_1^2(\cos\varphi)^2 + r_2^2(\sin\varphi)^2]^{1.5}} \tag{11.47}$$

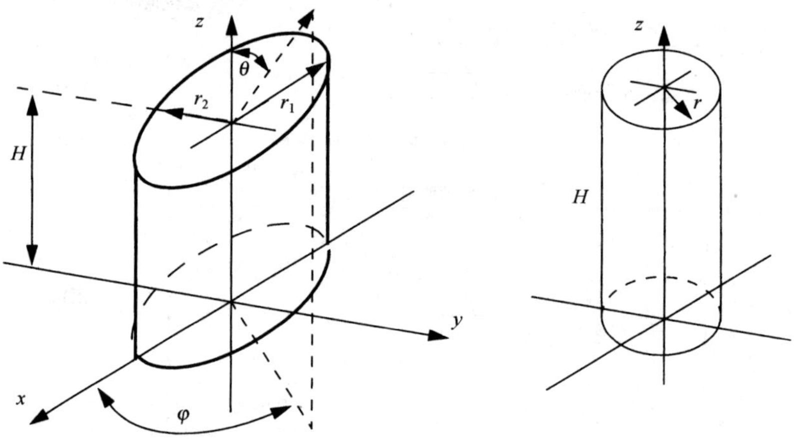

(a) 椭圆圆柱体　　(b) 圆形圆柱体

图 11.24

对于半径为 r 的圆形圆柱体，由于旋转对称，式(11.46)和式(11.47)分别简化为

$$\sigma_{\theta_n} = \frac{2\pi H^2 r}{\lambda} \tag{11.48}$$

$$\sigma = \frac{\lambda r \sin\theta}{8\pi(\cos\theta)^2} \tag{11.49}$$

圆形圆柱体后向散射 RCS 如图 11.25(a)所示。椭圆圆柱体后向散射 RCS 如图 11.25(b)所示。这些图可以使用 11.9 节的清单 11.9 给出的 MATLAB 函数"rcs _cylinder. m"得到。

MATLAB 函数 "rcs _cylinder. m"

函数"rcs _cylinder. m"计算并且画出圆柱体的后向散射 RCS。调用语法如下：

[rcs] = rcs _cylinder(r1, r2, h, freq, phi, CylinderType)

其中，符号含义如下表所示。

符　号	描　述	单　位	状　态
r1	半径 r_1	m	输入
r2	半径 r_2	m	输入
h	圆柱体长度	m	输入

续表

符　号	描　述	单　位	状　态
freq	频率	Hz	输入
phi	倾斜角	°	输入
CylinderType	"Circular", $r_1 = r_2$ "Elliptic", $r_1 \neq r_2$	无	输入
rcs	RCS 数组与视角的关系	dBsm	输出

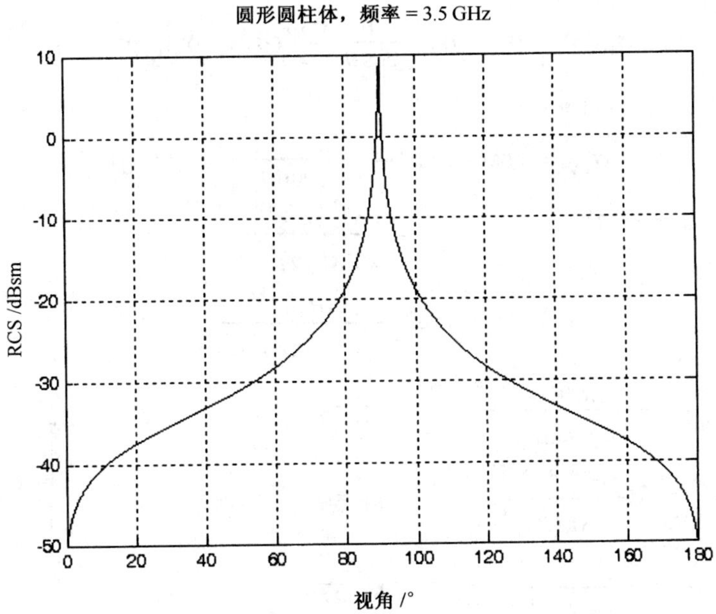

(a) 对称圆柱体的后向散射 RCS, $r = 0.125$ m, $H = 1$ m

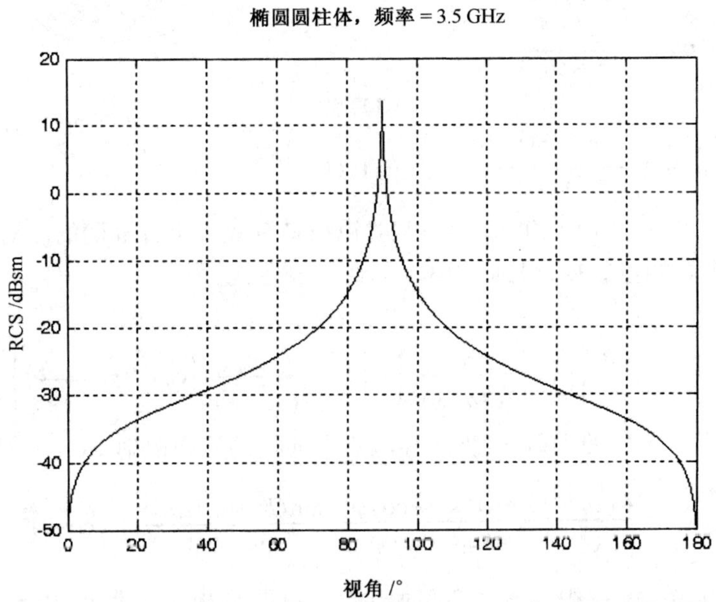

(b) 椭圆圆柱体的后向散射 RCS, $r_1 = 0.125$ m, $r_2 = 0.05$ m, $H = 1$ m

图 11.25

11.5.6　矩形平板

考虑如图 11.26 所示的在 xy 平面上的理想导电矩形薄平板。平板的两个边用 $2a$ 和 $2b$ 表示。对于在 xz 平面的线极化入射波,水平和垂直后向散射 RCS 分别为

$$\sigma_{\mathrm{V}} = \frac{b^2}{\pi}\left|\sigma_{1\mathrm{V}} - \sigma_{2\mathrm{V}}\left[\frac{1}{\cos\theta} + \frac{\sigma_{2\mathrm{V}}}{4}(\sigma_{3\mathrm{V}} + \sigma_{4\mathrm{V}})\right]\sigma_{5\mathrm{V}}^{-1}\right|^2 \tag{11.50}$$

$$\sigma_{\mathrm{H}} = \frac{b^2}{\pi}\left|\sigma_{1\mathrm{H}} - \sigma_{2\mathrm{H}}\left[\frac{1}{\cos\theta} - \frac{\sigma_{2\mathrm{H}}}{4}(\sigma_{3\mathrm{H}} + \sigma_{4\mathrm{H}})\right]\sigma_{5\mathrm{H}}^{-1}\right|^2 \tag{11.51}$$

其中,$k = 2\pi/\lambda$ 且

$$\sigma_{1\mathrm{V}} = \cos(ka\sin\theta) - \mathrm{j}\frac{\sin(ka\sin\theta)}{\sin\theta} = (\sigma_{1\mathrm{H}})^* \tag{11.52}$$

$$\sigma_{2\mathrm{V}} = \frac{\mathrm{e}^{\mathrm{j}(ka - \pi/4)}}{\sqrt{2\pi}(ka)^{3/2}} \tag{11.53}$$

$$\sigma_{3\mathrm{V}} = \frac{(1 + \sin\theta)\mathrm{e}^{-\mathrm{j}ka\sin\theta}}{(1 - \sin\theta)^2} \tag{11.54}$$

$$\sigma_{4\mathrm{V}} = \frac{(1 - \sin\theta)\mathrm{e}^{\mathrm{j}ka\sin\theta}}{(1 + \sin\theta)^2} \tag{11.55}$$

$$\sigma_{5\mathrm{V}} = 1 - \frac{\mathrm{e}^{\mathrm{j}(2ka - \pi/2)}}{8\pi(ka)^3} \tag{11.56}$$

$$\sigma_{2\mathrm{H}} = \frac{4\mathrm{e}^{\mathrm{j}(ka + \pi/4)}}{\sqrt{2\pi}(ka)^{1/2}} \tag{11.57}$$

$$\sigma_{3\mathrm{H}} = \frac{\mathrm{e}^{-\mathrm{j}ka\sin\theta}}{1 - \sin\theta} \tag{11.58}$$

$$\sigma_{4\mathrm{H}} = \frac{\mathrm{e}^{\mathrm{j}ka\sin\theta}}{1 + \sin\theta} \tag{11.59}$$

$$\sigma_{5\mathrm{H}} = 1 - \frac{\mathrm{e}^{\mathrm{j}(2ka + (\pi/2))}}{2\pi(ka)} \tag{11.60}$$

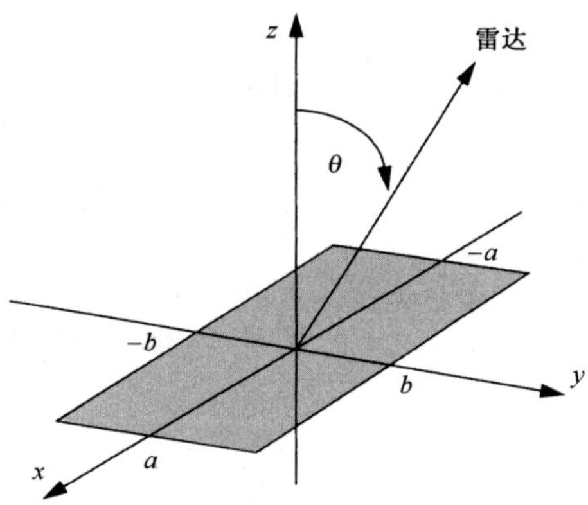

图 11.26　矩形平板

式(11.50)和式(11.51)对 $0° \leqslant \theta \leqslant 80°$的视角是有效且十分准确的。对接近 90°的视角,Ross① 通过大量拟合测量数据,得到了 RCS 的经验表达式,为

$$\sigma_{\mathrm{H}} \to 0$$

$$\sigma_{\mathrm{V}} = \frac{ab^2}{\lambda}\left\{\left[1 + \frac{\pi}{2(2a/\lambda)^2}\right] + \left[1 - \frac{\pi}{2(2a/\lambda)^2}\right]\cos\left(2ka - \frac{3\pi}{5}\right)\right\} \tag{11.61}$$

对于位于任意 θ, φ 处的入射波,理想导电矩形薄板的后向散射 RCS 近似为

$$\sigma = \frac{4\pi a^2 b^2}{\lambda^2}\left(\frac{\sin(ak\sin\theta\cos\varphi)}{ak\sin\theta\cos\varphi}\ \frac{\sin(bk\sin\theta\sin\varphi)}{bk\sin\theta\sin\varphi}\right)^2(\cos\theta)^2 \tag{11.62}$$

式(11.62)与极化无关,仅在视角 $\theta \leqslant 20°$时有效。矩形平板后向散射 RCS 的一个例子可见

① Ross, R. A., Radar Cross Section of Rectangular Flat Plate as a Function of Aspect Angle, *IEEE Trans.*, AP-14, 320, 1966.

图 11.27,对于垂直和水平极化,使用式(11.50)、式(11.51)和式(11.62)。在该例中,$a = b = 10.16$ cm,波长 $\lambda = 3.33$ cm。此图可使用清单 11.10 给出的 MATLAB 函数"rcs _rect _plate. m"得到。

MATLAB 函数"rcs _rect _plate. m"

函数"rcs _rect _plate. m"计算并且画出矩形平板的后向散射 RCS。调用语法如下:

[rcs] = rcs _rect _plate(a, b, freq)

其中,符号含义如下表所示。

符　　号	描　　述	单　　位	状　　态
a	平板的短边	m	输入
b	平板的长边	m	输入
freq	频率	Hz	输入
rcs	RCS 数组与视角的关系	dBsm	输出

图 11.27(c)显示了与这个函数有关的 GUI 工作空间。

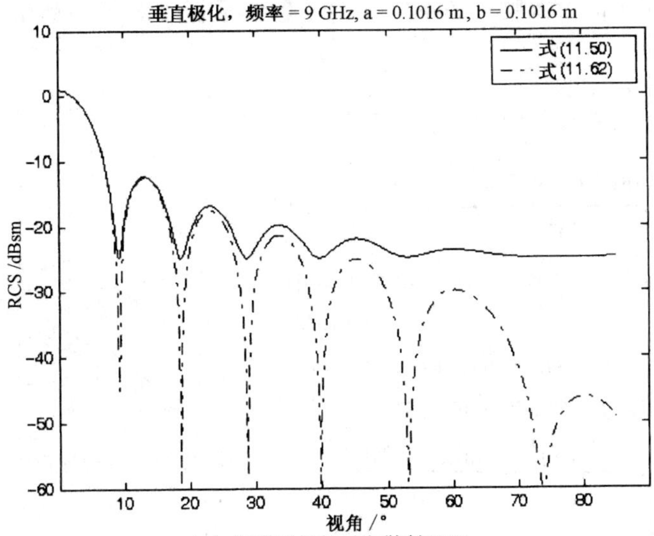

(a) 矩形平板的后向散射 RCS

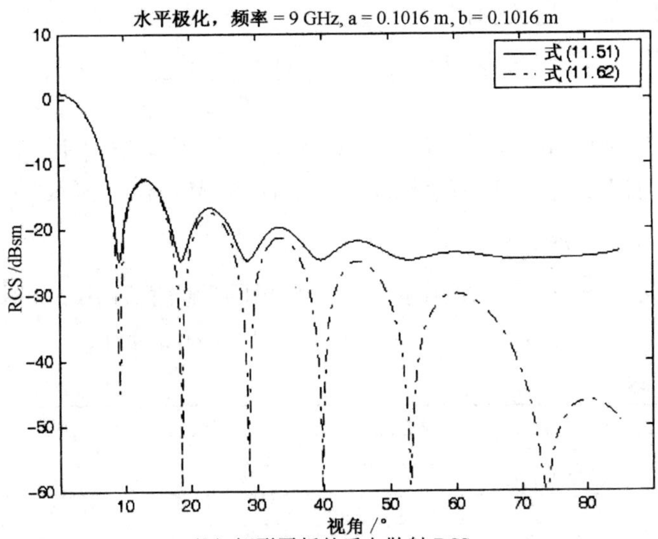

(b) 矩形平板的后向散射 RCS

图 11.27

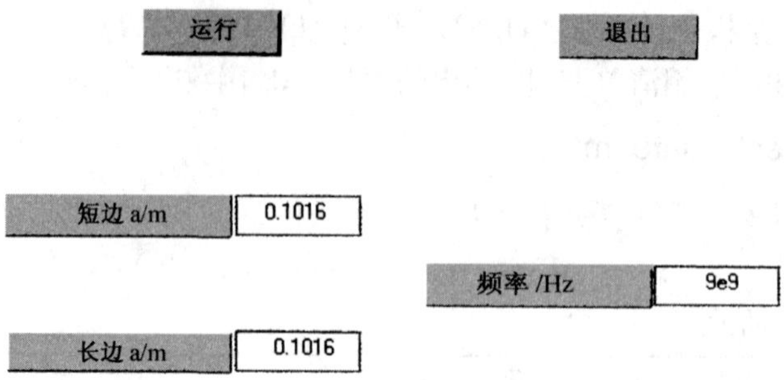

(c)与函数“rcs _rect _plate. m”有关的 GUI 工作空间

图 11.27(续)

11.5.7 三角形平板

考虑图 11.28 所示的由等腰三角形定义的三角形平板。对于小视角($\theta \leqslant 30°$),后向散射 RCS 可以近似为

$$\sigma = \frac{4\pi A^2}{\lambda^2}(\cos\theta)^2\sigma_0 \tag{11.63}$$

$$\sigma_0 = \frac{[(\sin\alpha)^2 - (\sin(\beta/2))^2]^2 + \sigma_{01}}{\alpha^2 - (\beta/2)^2} \tag{11.64}$$

$$\sigma_{01} = 0.25(\sin\varphi)^2[(2\alpha/b)\cos\varphi\sin\beta - \sin\varphi\sin 2\alpha]^2 \tag{11.65}$$

其中,$\alpha = ka\sin\theta\cos\varphi$,$\beta = kb\sin\theta\sin\varphi$,以及 $A = ab/2$。对于在平面 $\varphi = 0$ 上的入射波,RCS 简化为

$$\sigma = \frac{4\pi A^2}{\lambda^2}(\cos\theta)^2\left[\frac{(\sin\alpha)^4}{\alpha^4} + \frac{(\sin 2\alpha - 2\alpha)^2}{4\alpha^4}\right] \tag{11.66}$$

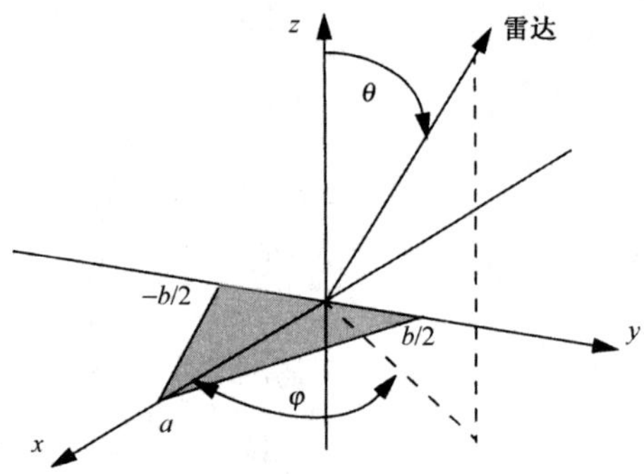

图 11.28 理想导电等腰三角形平板的坐标

对于在平面 $\varphi = \pi/2$ 上的入射波,有

$$\sigma = \frac{4\pi A^2}{\lambda^2}(\cos\theta)^2\left[\frac{(\sin(\beta/2))^4}{(\beta/2)^4}\right] \tag{11.67}$$

图 11.29 给出了理想导电等腰三角形平板的归一化后向散射 RCS。该例中,$a = 0.2$ m,$b = 0.75$ m。这幅图可以使用 11.9 节的清单 11.11 给出的 MATLAB 函数“rcs _isosceles. m”得到。

MATLAB 函数“rcs _isosceles. m”

函数“rcs _isosceles. m”计算并画出了三角形平板的后向散射 RCS,调用语法如下:

[rcs] = rcs _isosceles(a, b, freq, phi)

其中,符号含义如下表所示。

符　号	描　述	单　位	状　态
a	平板高度	m	输入
b	平板底长	m	输入
freq	频率	Hz	输入
phi	倾斜角	°	输入
rcs	RCS 数组与视角的关系	dBsm	输出

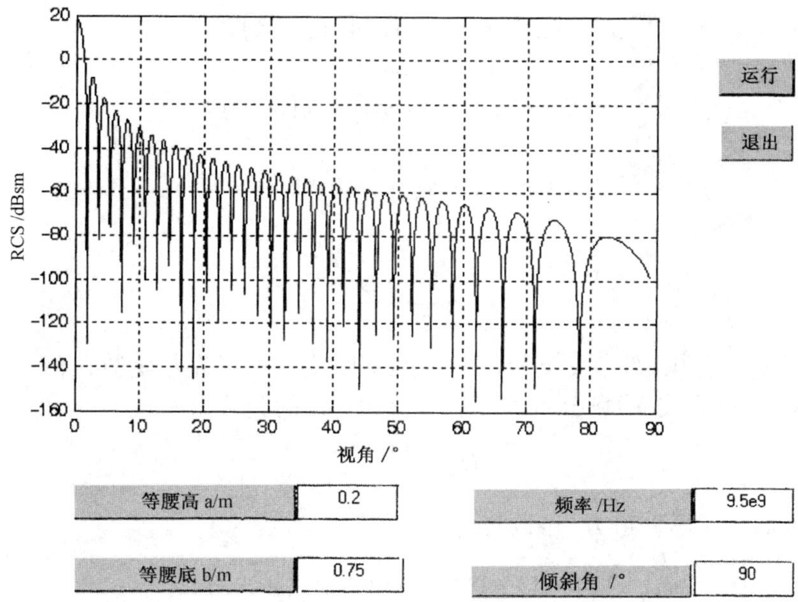

图 11.29　理想导电三角形平板的后向散射 RCS，$a=20$ cm 及 $b=75$ cm

11.6　戴介质帽的楔的散射

戴介质帽的楔的几何图形如图 11.30 所示。要求找出戴圆柱体介质帽的二维理想导电(PEC)楔的散射问题的场表达式。使用圆柱坐标系，由位于(ρ_0,φ_0)处复幅度为 I_0 的线电流的激励而产生的 TMZ 入射场的电场表达式为

$$E_z^{\mathrm{i}}=-I_{\mathrm{e}}\frac{\omega\mu_0}{4}H_0^{(2)}\left(k\left|\boldsymbol{\rho}-\boldsymbol{\rho}_0\right|\right) \tag{11.68}$$

问题被划分为三个区域，如图 11.30 中的Ⅰ、Ⅱ、Ⅲ所示。场表达式可以假定为如下形式：

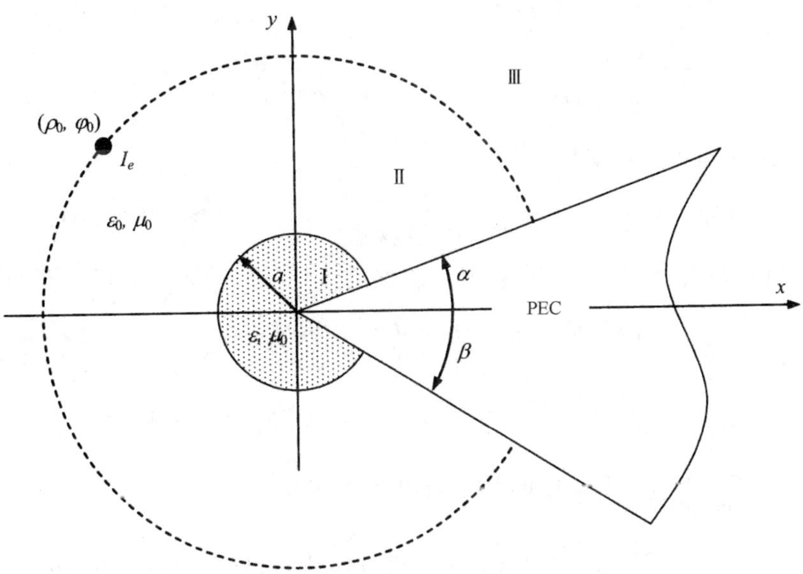

图 11.30　戴介质帽的楔的散射

$$
\begin{aligned}
E_z^{\mathrm{I}} &= \sum_{n=0}^{\infty} a_n J_\nu(k_1\rho)\sin\nu(\varphi-\alpha)\sin\nu(\varphi_0-\alpha) \\
E_z^{\mathrm{II}} &= \sum_{n=0}^{\infty} \left(b_n J_\nu(k\rho)+c_n H_\nu^{(2)}(k\rho)\right)\sin\nu(\varphi-\alpha)\sin\nu(\varphi_0-\alpha) \\
E_z^{\mathrm{III}} &= \sum_{n=0}^{\infty} d_n H_\nu^{(2)}(k\rho)\sin\nu(\varphi-\alpha)\sin\nu(\varphi_0-\alpha)
\end{aligned}
\tag{11.69}
$$

其中

$$
\nu = \frac{n\pi}{2\pi-\alpha-\beta} \tag{11.70}
$$

而 $J_\nu(x)$ 为 ν 阶贝塞尔函数，自变量为 x，$H_\nu^{(2)}$ 是 ν 阶第二类汉克尔函数，自变量为 x。根据麦克斯韦方程，对于 TMZ 波，磁场分量 H_φ 与电场分量 E_z 的关系为

$$
H_\varphi = \frac{1}{\mathrm{j}\omega\mu}\frac{\partial E_z}{\partial\rho} \tag{11.71}
$$

因此，在不同区域的磁场分量 H_φ 可以写为

$$
\begin{aligned}
H_\varphi^{\mathrm{I}} &= \frac{k_1}{\mathrm{j}\omega\mu_0}\sum_{n=0}^{\infty} a_n J_\nu'(k_1\rho)\sin\nu(\varphi-\alpha)\sin\nu(\varphi_0-\alpha) \\
H_\varphi^{\mathrm{II}} &= \frac{k}{\mathrm{j}\omega\mu_0}\sum_{n=0}^{\infty} \left(b_n J_\nu'(k\rho)+c_n H_\nu^{(2)\prime}(k\rho)\right)\sin\nu(\varphi-\alpha)\sin\nu(\varphi_0-\alpha) \\
H_\varphi^{\mathrm{III}} &= \frac{k}{\mathrm{j}\omega\mu_0}\sum_{n=0}^{\infty} d_n H_\nu^{(2)\prime}(k\rho)\sin\nu(\varphi-\alpha)\sin\nu(\varphi_0-\alpha)
\end{aligned}
\tag{11.72}
$$

其中，符号′表示关于函数全部变量的微分导数。边界条件要求切向电场分量在 PEC 表面为零。而且，除了在源位置处磁场不连续外，在越过空气–介质交界处和区域Ⅱ与Ⅲ之间的虚拟边界时，切向场分量应该是连续的。因此

$$
E_z = 0 \qquad \varphi = \alpha, 2\pi-\beta \tag{11.73}
$$

$$
\left.\begin{aligned} E_z^{\mathrm{I}} &= E_z^{\mathrm{II}} \\ H_\varphi^{\mathrm{I}} &= H_\varphi^{\mathrm{II}} \end{aligned}\right\} \qquad \rho = \alpha \tag{11.74}
$$

$$
\left.\begin{aligned} E_z^{\mathrm{II}} &= E_z^{\mathrm{III}} \\ H_\varphi^{\mathrm{II}} - H_\varphi^{\mathrm{III}} &= -J_\mathrm{e} \end{aligned}\right\} \qquad \rho = \rho_0 \tag{11.75}
$$

电流密度 J_e 可以用傅里叶级数展开为

$$
J_\mathrm{e} = \frac{I_\mathrm{e}}{\rho_0}\delta(\varphi-\varphi_0) = \frac{2}{2\pi-\alpha-\beta}\frac{I_\mathrm{e}}{\rho_0}\sum_{n=0}^{\infty}\sin\nu(\varphi-\alpha)\sin\nu(\varphi_0-\alpha) \tag{11.76}
$$

与 φ 有关的式(11.72)的电场自动满足 PEC 表面的边界条件。根据式(11.73)中的边界条件

$$
\begin{aligned}
&\sum_{n=0}^{\infty} a_n J_\nu(k_1 a)\sin\nu(\varphi-\alpha)\sin\nu(\varphi_0-\alpha) = \\
&\qquad \sum_{n=0}^{\infty}\left(b_n J_\nu(ka)+c_n H_\nu^{(2)}(ka)\right)\sin\nu(\varphi-\alpha)\sin\nu(\varphi_0-\alpha)
\end{aligned}
\tag{11.77}
$$

$$
\begin{aligned}
&\frac{k_1}{\mathrm{j}\omega\mu_0}\sum_{n=0}^{\infty} a_n J_\nu'(k_1\alpha)\sin\nu(\varphi-\alpha)\sin\nu(\varphi_0-\alpha) = \\
&\qquad \frac{k}{\mathrm{j}\omega\mu_0}\sum_{n=0}^{\infty}\left(b_n J_\nu'(ka)+c_n H_\nu^{(2)\prime}(ka)\right)\sin\nu(\varphi-\alpha)\sin\nu(\varphi_0-\alpha)
\end{aligned}
\tag{11.78}
$$

根据式(11.75)中的边界条件，有

$$\sum_{n=0}^{\infty}\left(b_n J_\nu(k\rho_0)+c_n H_\nu^{(2)}(k\rho_0)\right)\sin\nu(\varphi-\alpha)\sin\nu(\varphi_0-\alpha)= \sum_{n=0}^{\infty} d_n H_\nu^{(2)}(k\rho_0)\sin\nu(\varphi-\alpha)\sin\nu(\varphi_0-\alpha) \tag{11.79}$$

$$\frac{k}{\mathrm{j}\omega\mu_0}\sum_{n=0}^{\infty}\left(b_n J_\nu'(k\rho_0)+c_n H_\nu^{(2)\prime}(k\rho_0)\right)\sin\nu(\varphi-\alpha)\sin\nu(\varphi_0-\alpha)= \frac{k}{\mathrm{j}\omega\mu_0}\sum_{n=0}^{\infty} d_n H_\nu^{(2)\prime}(k\rho_0)\sin\nu(\varphi-\alpha)\sin\nu(\varphi_0-\alpha) - \frac{2}{2\pi-\alpha-\beta}\frac{I_e}{\rho_0}\sum_{n=0}^{\infty}\sin\nu(\varphi-\alpha)\sin\nu(\varphi_0-\alpha) \tag{11.80}$$

因为式(11.77)和式(11.80)对所有的 φ 成立,所以左右两边的级数应该逐项相等。更准确地,

$$a_n J_\nu(k_1 a)=b_n J_\nu(ka)+c_n H_\nu^{(2)}(ka) \tag{11.81}$$

$$\frac{k_1}{\mu_0}a_n J_\nu'(k_1 a)=\frac{k}{\mu_0}\left(b_n J_\nu'(ka)+c_n H_\nu^{(2)\prime}(ka)\right) \tag{11.82}$$

$$b_n J_\nu(k\rho_0)+c_n H_\nu^{(2)}(k\rho_0)=d_n H_\nu^{(2)}(k\rho_0) \tag{11.83}$$

$$b_n J_\nu'(k\rho_0)+c_n H_\nu^{(2)\prime}(k\rho_0)=d_n H_\nu^{(2)\prime}(k\rho_0)-\frac{2\,\mathrm{j}\eta_0}{2\pi-\alpha-\beta}\frac{I_e}{\rho_0} \tag{11.84}$$

根据式(11.81)和式(11.83),有

$$a_n=\frac{1}{J_\nu(k_1 a)}\left[b_n J_\nu(ka)+c_n H_\nu^{(2)}(ka)\right] \tag{11.85}$$

$$d_n=c_n+b_n\frac{J_\nu(k\rho_0)}{H_\nu^{(2)}(k\rho_0)} \tag{11.86}$$

式(11.83)乘以 $H_\nu^{(2)\prime}$,式(11.84)乘以 $H_\nu^{(2)}$,两式相减并使用贝塞尔函数和汉克尔函数的朗斯基行列式(*Wronskian*),得到

$$b_n=-\frac{\pi\omega\mu_0 I_e}{2\pi-\alpha-\beta}H_\nu^{(2)}(k\rho_0) \tag{11.87}$$

替换式(11.81)和式(11.82)中的 b_n,求解 c_n 得到

$$c_n=\frac{\pi\omega\mu_0 I_e}{2\pi-\alpha-\beta}\left[H_\nu^{(2)}(k\rho_0)\frac{kJ_\nu'(ka)J_\nu(k_1a)-k_1J_\nu(ka)J_\nu'(k_1a)}{kH_\nu^{(2)\prime}(ka)J_\nu(k_1a)-k_1H_\nu^{(2)}(ka)J_\nu'(k_1a)}\right] \tag{11.88}$$

从式(11.86)到式(11.88),可以得到 d_n 为

$$d_n=\frac{\pi\omega\mu_0 I_e}{2\pi-\alpha-\beta}\left[H_\nu^{(2)}(k\mathfrak{I}_0)\frac{kJ_\nu'(ka)J_\nu(k_1a)-k_1J_\nu(ka)J_\nu'(k_1a)}{kH_\nu^{(2)\prime}(ka)J_\nu(k_1a)-k_1H_\nu^{(2)}(ka)J_\nu'(k_1a)}-J_\nu(k\rho_0)\right] \tag{11.89}$$

其可以写为

$$d_n=\frac{\pi\omega\mu_0 I_e}{2\pi-\alpha-\beta}\left\{\frac{kJ_\nu(k_1a)\left[J_\nu'(ka)H_\nu^{(2)}(k\rho_0)-H_\nu^{(2)\prime}(ka)J_\nu(k\rho_0)\right]+\mathrm{K}\; k_1J_\nu'(k_1u)\left[H_\nu^{(2)}(ka)J_\nu(k\rho_0)-J_\nu(ka)H_\nu^{(2)}(k\rho_0)\right]}{kH_\nu^{(2)\prime}(ka)J_\nu(k_1a)-k_1H_\nu^{(2)}(ka)J_\nu'(k_1a)}\right\} \tag{11.90}$$

将汉克尔函数按照贝塞尔和诺依曼(*Neumann*)函数替换,式(11.90)简化为

$$d_n=-\mathrm{j}\frac{\pi\omega\mu_0 I_e}{2\pi-\alpha-\beta}\left\{\frac{\begin{array}{r}kJ_v(k_1a)\left[J_v'(ka)Y_v(k\rho_0)-Y_v'(ka)J_v(k\rho_0)\right]+\mathrm{K}\\ k_1J_v'(k_1a)\left[Y_v(ka)J_v(k\rho_0)-J_v(ka)Y_v(k\rho_0)\right]\end{array}}{kH_v^{(2)\prime}(ka)J_v(k_1a)-k_1H_v^{(2)}(ka)J_v'(k_1a)}\right\} \tag{11.91}$$

使用展开系数 a_n、b_n、c_n 及 d_n 的这些闭合形式的表达式，从式(11.69)和式(11.72)可以分别确定场分量 E_z 和 H_φ。另一方面，磁场分量 H_ρ 可以从下式计算：

$$H_\rho=-\frac{1}{\mathrm{j}\omega\mu}\frac{1}{\rho}\frac{\partial E_z}{\partial\phi} \tag{11.92}$$

因此，在图 11.30 中所定义的三个区域的 H_ρ 的表达式变为

$$H_\rho^{\mathrm{I}}=-\frac{1}{\mathrm{j}\omega\mu\rho}\sum_{n=0}^{\infty}a_n vJ_v(k_1\rho)\cos v(\varphi-\alpha)\sin v(\varphi_0-\alpha)$$

$$H_\rho^{\mathrm{II}}=-\frac{1}{\mathrm{j}\omega\mu\rho}\sum_{n=0}^{\infty}v\left(b_nJ_v(k\rho)+c_nH_v^{(2)}(k\rho)\right)\cos v(\varphi-\alpha)\sin v(\varphi_0-\alpha) \tag{11.93}$$

$$H_\rho^{\mathrm{III}}=-\frac{1}{\mathrm{j}\omega\mu\rho}\sum_{n=0}^{\infty}d_n vH_v^{(2)}(k\rho)\cos v(\varphi-\alpha)\sin v(\varphi_0-\alpha)$$

11.6.1 散射远场

在区域Ⅲ，散射场可以视为总场和入射场之差。因此，使用式(11.68)和式(11.69)，并考虑远场条件($\rho\to\infty$)，得到

$$E_z^{\mathrm{III}}=E_z^{\mathrm{i}}+E_z^{\mathrm{s}}=\sqrt{\frac{2\mathrm{j}}{\pi k\rho}}\mathrm{e}^{-\mathrm{j}k\rho}\sum_{n=0}^{\infty}d_n\,\mathrm{j}^v\sin v(\varphi-\alpha)\sin v(\varphi_0-\alpha)$$

$$E_z^{\mathrm{i}}=-I_e\frac{\omega\mu_0}{4}\sqrt{\frac{2\mathrm{j}}{\pi k\rho}}\mathrm{e}\,H_\rho=-\frac{1}{\mathrm{j}\omega\mu}\frac{1}{\rho}\frac{\partial E_z}{\partial\phi} \tag{11.94}$$

注意，d_n 可以写为

$$d_n=-\frac{\omega\mu_0 I_e}{4}d_n \tag{11.95}$$

其中

$$d_n=\mathrm{j}\frac{4\pi}{2\pi-\alpha-\beta}\left\{\frac{\begin{array}{r}kJ_v(k_1a)\left[J_v'(ka)Y_v(k\rho_0)-Y_v'(ka)J_v(k\rho_0)\right]+\mathrm{K}\\ k_1J_v'(k_1a)\left[Y_v(ka)J_v(k\rho_0)-J_v(ka)Y_v(k\rho_0)\right]\end{array}}{kH_v^{(2)\prime}(ka)J_v(k_1a)-k_1H_v^{(2)}(ka)J_v'(k_1a)}\right\} \tag{11.96}$$

将式(11.95)代入式(11.94)，散射场 $f(\varphi)$ 为

$$E_z^{\mathrm{s}}=\frac{-\omega\mu_0 I_e}{4}\sqrt{\frac{2\mathrm{j}}{\pi k\rho}}\mathrm{e}^{-\mathrm{j}k\rho}$$

$$\left(\sum_{n=0}^{\infty}d_n\mathrm{j}^v\sin v(\varphi-\alpha)\sin v(\varphi_0-\alpha)-\mathrm{e}^{\mathrm{j}k\rho_0\cos(\varphi-\varphi_0)}\right) \tag{11.97}$$

11.6.2 平面波激励

对于平面波激励($\rho_0\to\infty$)，式(11.87)和式(11.88)中的表达式简化为

$$b_n=-\frac{\pi\omega\mu_0 I_e}{2\pi-\alpha-\beta}\mathrm{j}^{\nu}\sqrt{\frac{2\mathrm{j}}{\pi k\rho_0}}\mathrm{e}^{-\mathrm{j}k\rho_0}$$
$$c_n=\frac{\pi\omega\mu_0 I_e}{2\pi-\alpha-\beta}\mathrm{j}^{\nu}\sqrt{\frac{2\mathrm{j}}{\pi k\rho_0}}\mathrm{e}^{-\mathrm{j}k\rho_0}\frac{kJ'_\nu(ka)J_\nu(k_1a)-k_1J_\nu(ka)J'_\nu(k_1a)}{kH_\nu^{(2)\prime}(ka)J_\nu(k_1a)-k_1H_\nu^{(2)}(ka)J'_\nu(k_1a)} \tag{11.98}$$

其中，入射平面波的复幅度 E_0 为

$$E_0=-I_e\frac{\omega\mu_0}{4}\sqrt{\frac{2\mathrm{j}}{\pi k\rho_0}}\mathrm{e}^{-\mathrm{j}k\rho_0} \tag{11.99}$$

在这种情况下，场分量只在区域Ⅰ和Ⅱ中计算。

11.6.3 特殊情况

情况Ⅰ：$\alpha=\beta$（以等分线为基准）；ν 的定义简化为

$$\nu=\frac{n\pi}{2(\pi-\beta)} \tag{11.100}$$

并且，同样的表达式对系数也成立（$\alpha=\beta$）。

情况Ⅱ：$\alpha=0$（以表面为基准）；ν 的定义具有如下形式：

$$\nu=\frac{n\pi}{2\pi-\beta} \tag{11.101}$$

并且，同样的表达式对系数也成立（$\alpha=0$）。

情况Ⅲ：$k_1\to\infty$（PEC 帽）；区域Ⅰ的场为零，系数为

$$b_n=-\frac{\pi\omega\mu_0 I_e}{2\pi-\alpha-\beta}H_\nu^{(2)}(k\rho_0)$$
$$c_n=\frac{\pi\omega\mu_0 I_e}{2\pi-\alpha-\beta}H_\nu^{(2)}(k\rho_0)\frac{J_\nu(ka)}{H_\nu^{(2)}(ka)}$$
$$d_n=j\frac{\pi\omega\mu_0 I_e}{2\pi-\alpha-\beta}\frac{Y_\nu(ka)J_\nu(k\rho_0)-J_\nu(ka)Y_\nu(k\rho_0)}{H_\nu^{(2)}(ka)} \tag{11.102}$$
$$a_n=\frac{1}{J_\nu(k_1a)}\left[b_nJ_\nu(ka)+c_nH_\nu^{(2)}(ka)\right]=0$$

注意，当把 b_n 和 c_n 的表达式代入式(11.69)时，在$\rho=a$ 处，将得到零切向电场。

情况Ⅳ：$a\to0$（无帽）；在这种情况下，通过设置 $k_1=k$，或者取 a 趋于零时的极限，可以得到系数的表达式。因此，有

$$c_n=\frac{\pi\omega\mu_0 I_e}{2\pi-\alpha-\beta}\left[H_\nu^{(2)}(k\rho_0)\frac{kJ'_\nu(ka)J_\nu(ka)-kJ_\nu(ka)J'_\nu(ka)}{kH_\nu^{(2)\prime}(ka)J_\nu(ka)-kH_\nu^{(2)}(ka)J'_\nu(ka)}\right]=0$$
$$b_n=-\frac{\pi\omega\mu_0 I_e}{2\pi-\alpha-\beta}H_\nu^{(2)}(k\rho_0)$$
$$a_n=\frac{1}{J_\nu(ka)}\left[b_nJ_\nu(ka)+c_nH_\nu^{(2)}(ka)\right]=b_n$$
$$d_n=\frac{\pi\omega\mu_0 I_e}{2\pi-\alpha-\beta}\left\{\frac{kJ_\nu(k_1a)\left[J'_\nu(ka)H_\nu^{(2)}(k\rho_0)-H_\nu^{(2)\prime}(ka)J_\nu(k\rho_0)\right]+\mathrm{K}\quad k_1J'_\nu(k_1a)\left[H_\nu^{(2)}(ka)J_\nu(k\rho_0)-J_\nu(ka)H_\nu^{(2)}(k\rho_0)\right]}{kH_\nu^{(2)\prime}(ka)J_\nu(k_1a)-k_1H_\nu^{(2)}(ka)J'_\nu(k_1a)}\right\} \tag{11.103}$$
$$=-\frac{\pi\omega\mu_0 I_e}{2\pi-\alpha-\beta}J_\nu(k\rho_0)$$

情况Ⅴ:$a \to 0$ 及 $\alpha = \beta = 0$(半无限 PEC 平面)。在这种情况下,式(11.103)中的系数是有效的,除了 v 值降为 $n/2$ 外。一旦计算出不同区域的电场分量 E_z,使用式(11.71)就可以计算出对应的磁场分量 H_φ,并且磁场分量 H_ρ 可以计算为

$$H_\rho = -\frac{1}{j\omega\mu}\frac{1}{\rho}\frac{\partial E_z}{\partial \phi} \tag{11.104}$$

MATLAB 程序"Capped_WedgeTM. m"

清单 11.12 给出的 MATLAB 程序"Capped_WedgeTM. m",连同在后面清单中给出的与下列有关的函数"DielCappedWedgeTMFields_Ls. m"、"DielCappedWedgeTMFields_PW. m"、"polardb. m"、"dbesselj. m"、"dbesselh. m"及"dbessely. m",计算并画出存在线源电场情况下戴帽楔的远场。还计算了线源或者平面波激励的近场分布。计算了所有的近场分量,并且使用三维输出格式在不同的窗口中显示。程序还能根据帽参数分析场的变化。用户可以从 MATLAB 命令窗口执行这个 MATLAB 程序,并且可以手动改变程序中设置区域的输入参数以执行想要的分析。另一方面,可以使用"Capped_Wedge_GUI. m"函数和"Capped_Wedge_GUI. fig"文件来简化数据的输入过程。

图 11.31 所示的是"Capped _Wedge _GUI"程序的数据输入屏幕样本,对应于线源激励尖锐导电楔的情况。对应的远场模式如图 11.32 所示。当保持图 11.31 中的所有参数相同,除了选择介质或导电帽时,可以分别得到图 11.33 和图 11.34 中的远场模式。从这些图中可以清楚地看到,在有楔的情况下,帽参数是如何影响线源的最大辐射方向的。计算了这三种情况下(尖锐边缘、介质帽边缘和导电帽边缘)近场的场分量分布,如图 11.35 至图 11.43 所示。还计算了这三种类型楔对入射平面波场的近场分布,如图 11.44 至图 11.52 所示。这些近场分布清楚地证明了帽参数对改变尖锐边缘独特行为的影响。为了进一步说明这种影响,接下来的一组图形展示了平面波入射到带有尖锐边缘、介质帽边缘和导电帽边缘的半平面的电场分量的近场。

鼓励用户使用这个程序进行实验,因为可以更改很多参数以改变楔形结构散射的近场和远场特性。

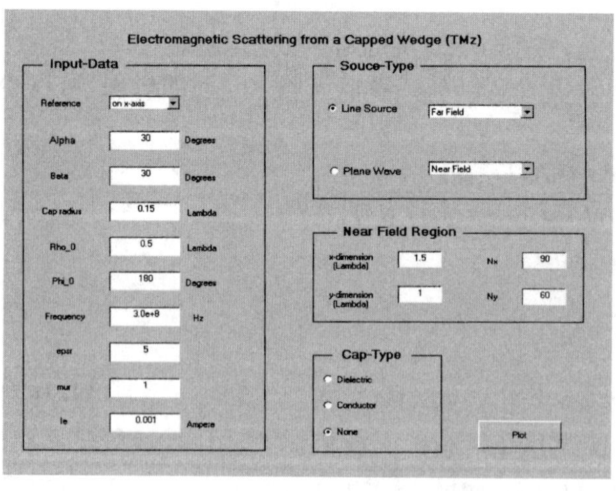

图 11.31 用来计算被线源激励的 60°楔的远场模式的参数

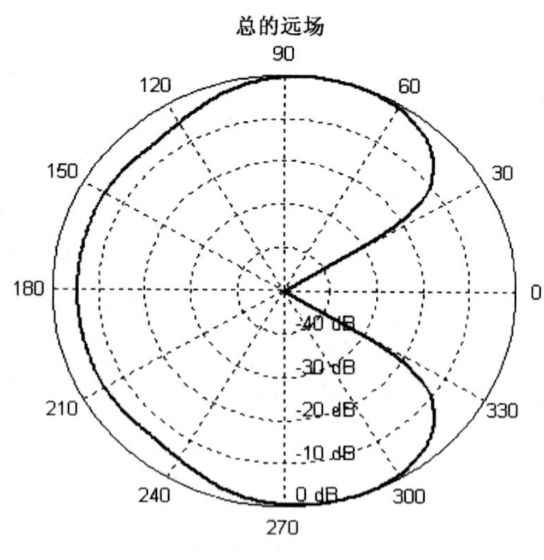

图 11.32 由图 11.31 中参数描述的具有尖锐边缘的导电楔附近的线源的远场模式

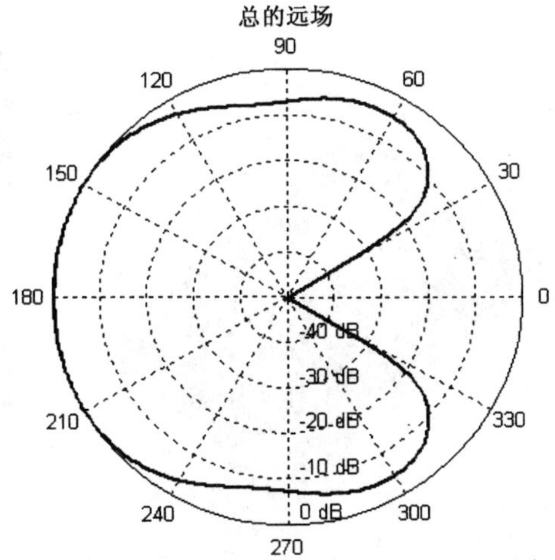

图 11.33　由图 11.31 中参数描述的具有介质帽边缘的导电楔附近的线源的远场模式

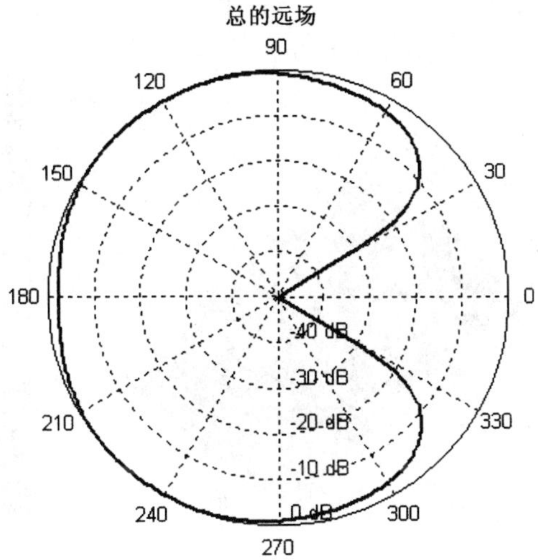

图 11.34　由图 11.31 中参数描述的具有导电帽边缘的导电楔附近的线源的远场模式

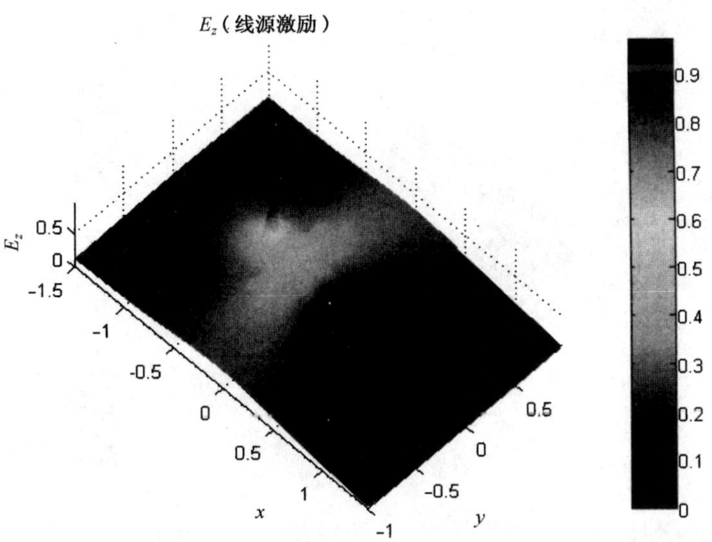

图 11.35　由图 11.31 中参数描述的具有尖锐边缘的导电楔附近的线源的 E_z 近场模式

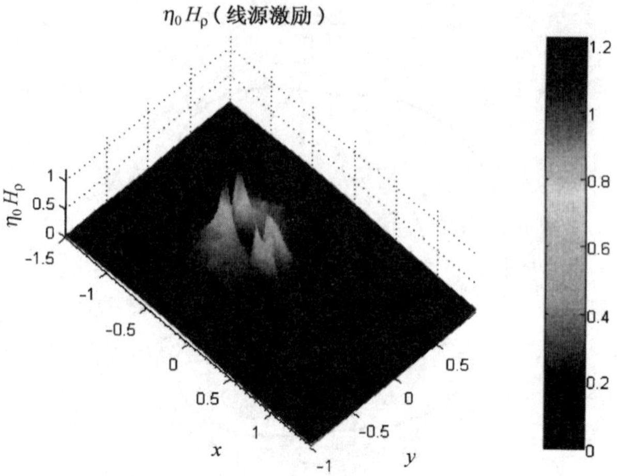

图 11.36　由图 11.31 中参数描述的具有尖锐边缘的导电楔附近的线源的 H_ρ 近场模式

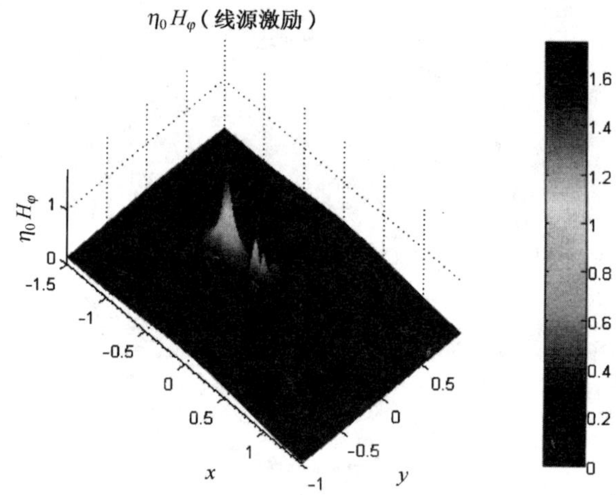

图 11.37　由图 11.31 中参数描述的具有尖锐边缘的导电楔附近的线源的 H_φ 近场模式

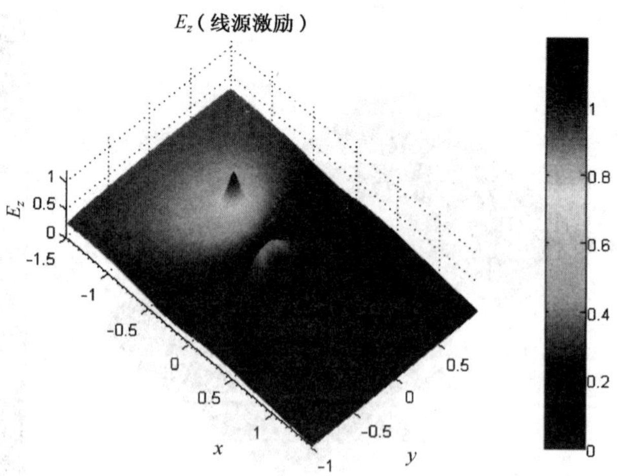

图 11.38　由图 11.31 中参数描述的具有导电帽边缘的导电楔附近的线源的 E_z 近场模式

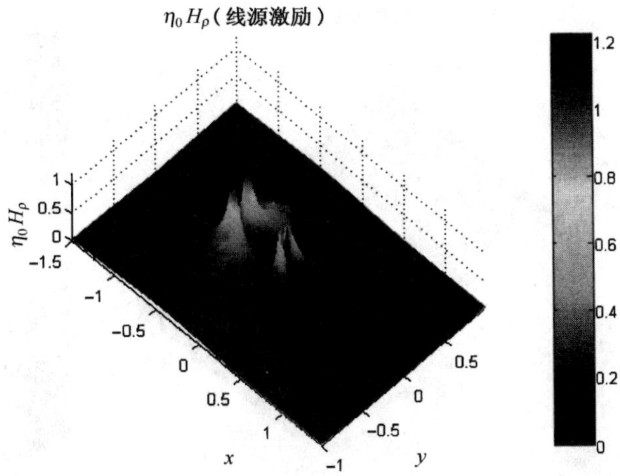

图 11.39　由图 11.31 中参数描述的具有导电帽边缘的导电楔附近的线源的 H_ρ 近场模式

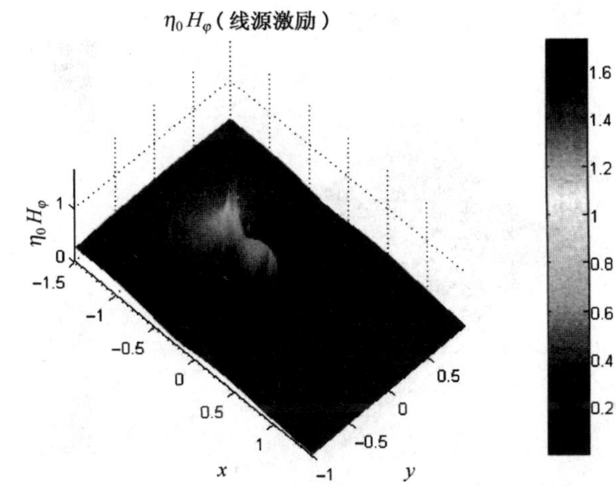

图 11.40　由图 11.31 中参数描述的具有导电帽边缘的导电楔附近的线源的 H_φ 近场模式

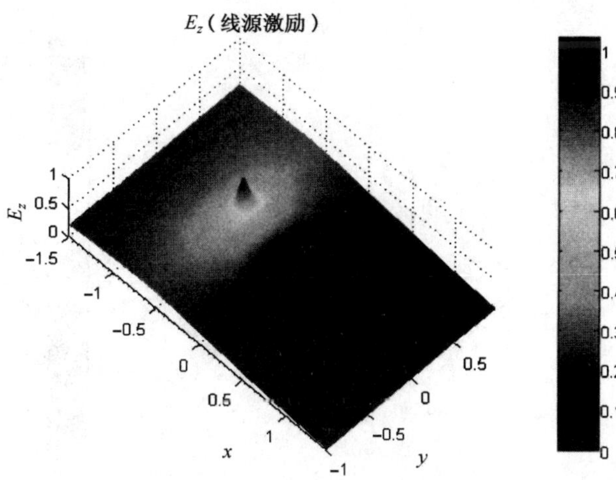

图 11.41　由图 11.31 中参数描述的具有导电帽边缘的导电楔附近的线源的 E_z 近场模式

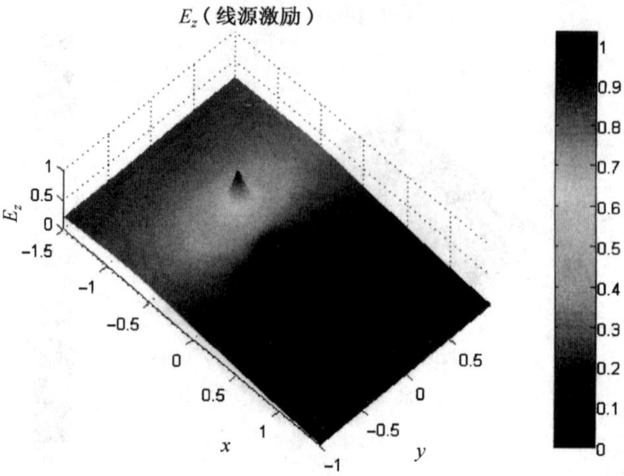

图 11.42　由图 11.31 中参数描述的具有导电帽边缘的导电楔附近的线源的 H_ρ 近场模式

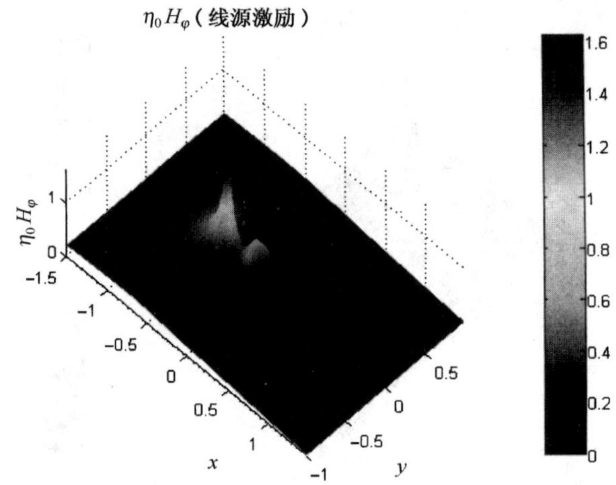

图 11.43　由图 11.31 中参数描述的具有导电帽边缘的导电楔附近的线源的 H_φ 近场模式

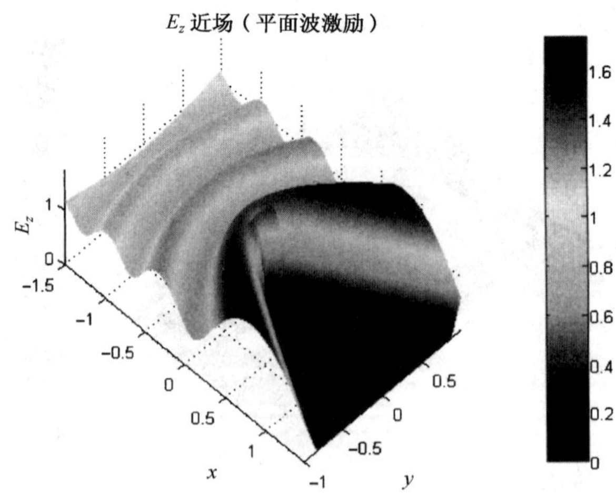

图 11.44　平面波入射到由图 11.31 描述的具有尖锐边缘的导电楔上的 E_z 近场模式

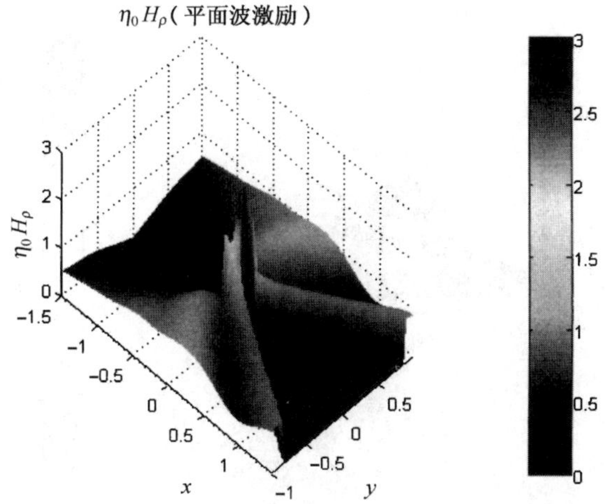

图 11.45 平面波入射到由图 11.31 描述的具有尖锐边缘的导电楔上的 H_ρ 近场模式

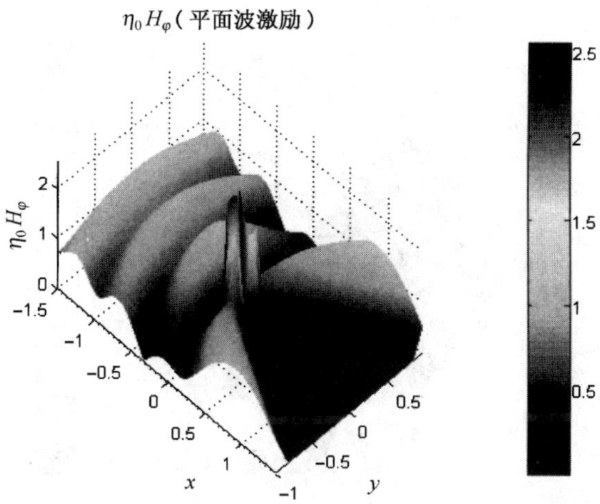

图 11.46 平面波入射到由图 11.31 描述的具有尖锐边缘的导电楔上的 H_φ 近场模式

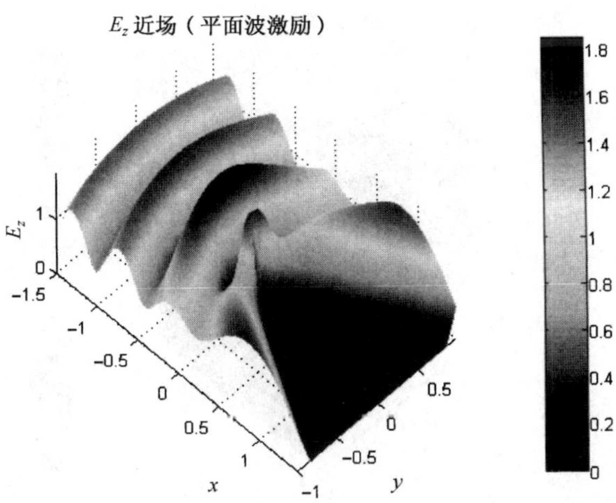

图 11.47 平面波入射到由图 11.31 描述的具有介质帽边缘的导电楔上的 E_z 近场模式

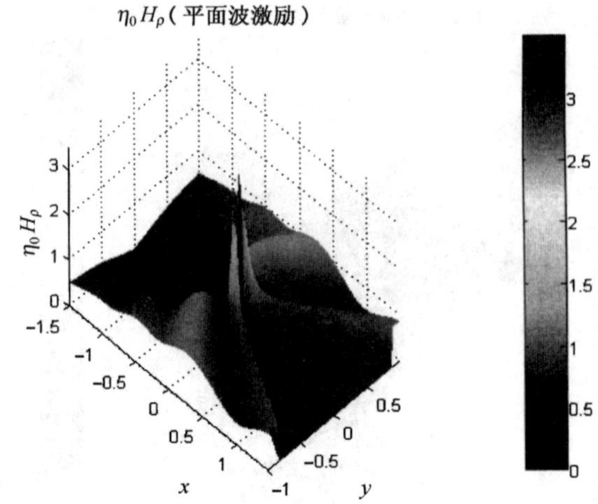

图 11.48　平面波入射到由图 11.31 描述的具有介质帽边缘的导电楔上的 H_ρ 近场模式

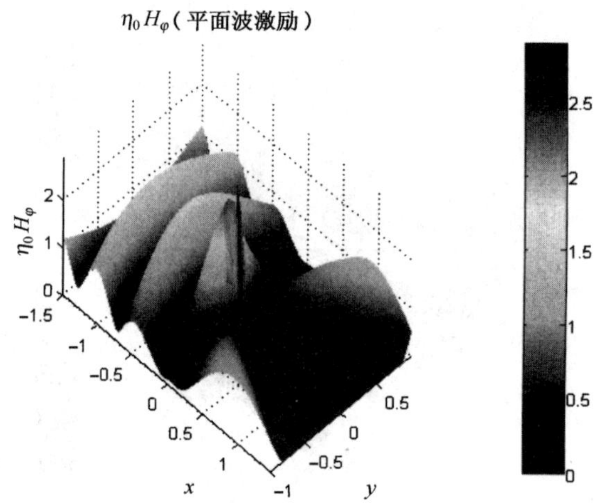

图 11.49　平面波入射到由图 11.31 描述的具有介质帽边缘的导电楔上的 H_φ 近场模式

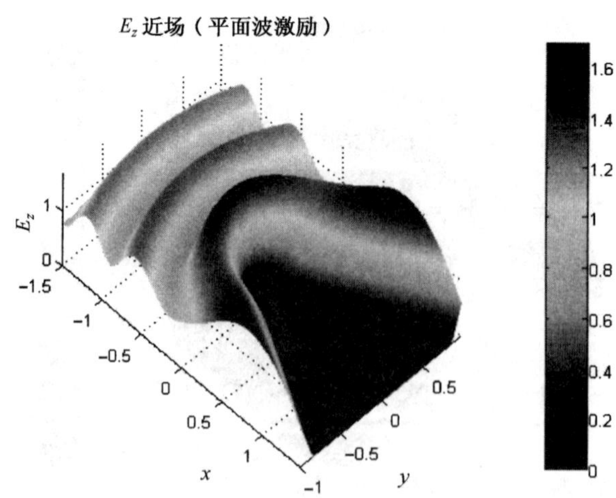

图 11.50　平面波入射到由图 11.31 描述的具有导电帽边缘的导电楔上的 E_z 近场模式

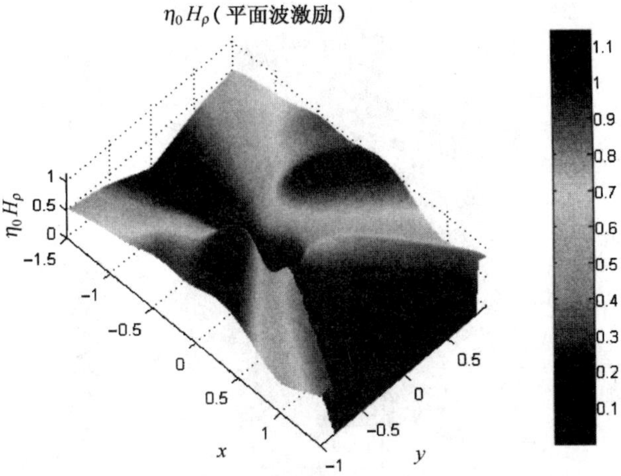

图 11.51　平面波入射到由图 11.31 描述的具有导电帽边缘的导电楔上的 H_ρ 近场模式

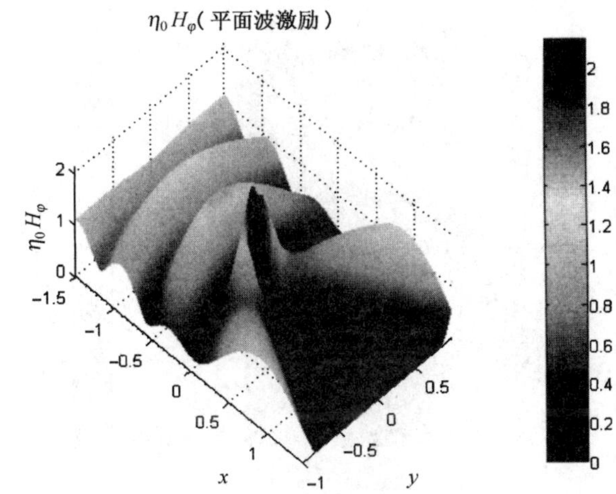

图 11.52　平面波入射到由图 11.31 描述的具有导电帽边缘的导电楔上的 H_φ 近场模式

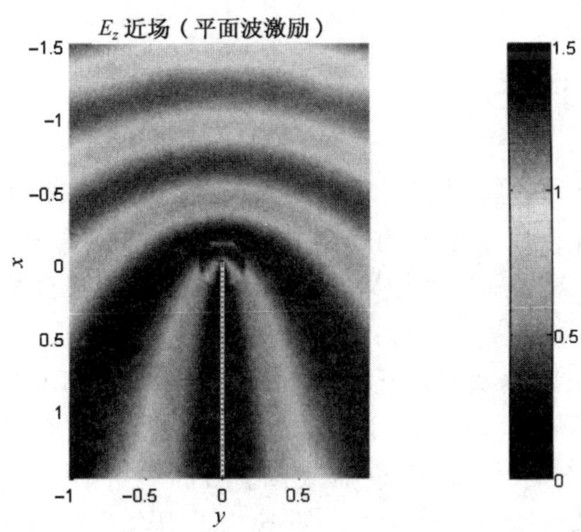

图 11.53　平面波入射到具有尖锐边缘的半平面上的 E_z 近场模式,所有其他参数同图 11.31

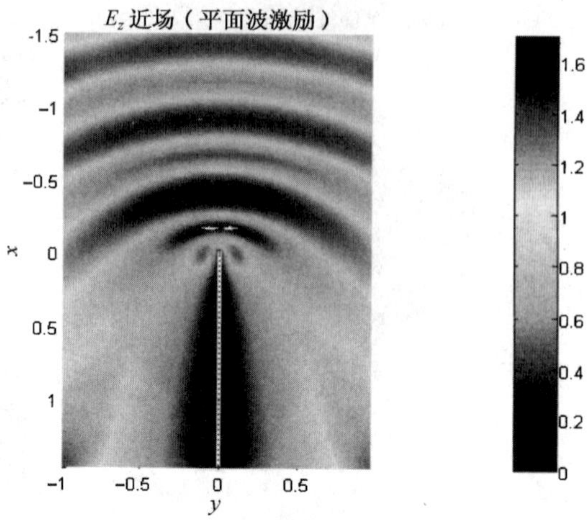

图 11.54 平面波入射到具有介质帽边缘的半平面上的 E_z 近场模式，所有其他参数同图 11.31

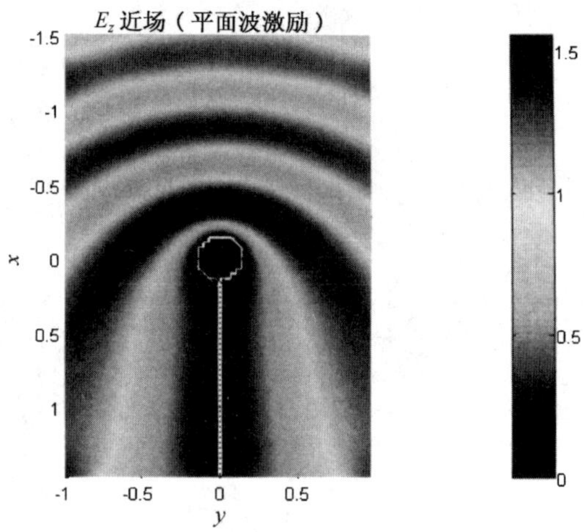

图 11.55 平面波入射到具有导电帽边缘的半平面上的 E_z 近场模式，所有其他参数同图 11.31

11.7 复杂目标的 RCS

复杂目标的 RCS 通常通过将组成目标的简单形状的截面积相干组合来计算。一般来说，复杂目标的 RCS 可以用分布在目标上的一组独立的散射中心来建模。散射中心可以用各向同性点散射体（N 点模型）或简单形状散射体（N 个形状模型）来建模。在任何情况下，散射中心的位置及强度信息对于确定复杂目标的 RCS 是非常关键的。这是正确的，因为从 11.3 节可见，单个散射中心的相对间隔及视角显著影响着整个目标的 RCS。可以用很多相同散射中心来建模的复杂目标常被称为 Swerling Ⅰ或Ⅱ型目标。另一方面，具有一个主散射中心和很多其他小散射中心的目标被称为 Swerling Ⅲ或Ⅳ型目标。

在 NB 雷达应用中，来自所有散射中心的贡献相干组合产生每个视角处的目标 RCS 的单个数值。然而，在 WB 应用中，一个目标可能跨越多个距离单元。对每个距离单元，雷达提取的平均 RCS 代表了落入那个单元的所有散射中心的贡献。

作为一个例子,考虑一个两端为两个理想导电圆形平板的圆柱体。假设为线极化,并且令 $H=1$ m 及 $r=0.125$ m。这个目标的后向散射 RCS 相对于视角的关系如图 11.56 所示。注意,在接近 0°和 180°的视角处,RCS 主要由圆板决定,而当视角接近法向入射时,RCS 主要由圆柱体的垂直镜面回波决定。读者可以使用 11.9 节的清单 11.19 给出的 MATLAB 程序"rcs _ cyliner _complex. m"得到该图。

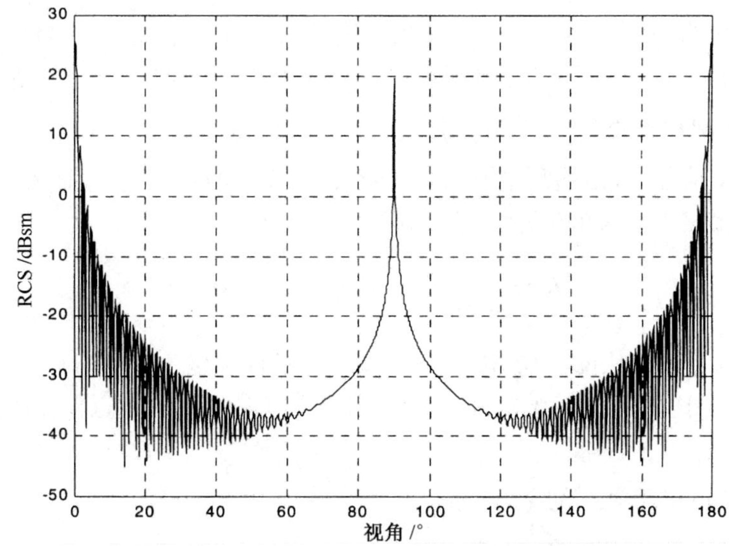

图 11.56　带有平板的圆柱体的后向散射 RCS

11.8　RCS 起伏和统计模型

在大多数实际雷达系统中,在雷达和被观测目标之间存在相对运动。因此,雷达测量的 RCS 以频率和目标视角函数的形式在一定的时间周期内起伏。这种观测到的 RCS 被称为雷达动态截面积。至此,本章讨论的所有 RCS 公式都假设为固定目标,在这种情况下,后向散射 RCS 通常称为静态 RCS。

动态 RCS 可能在幅度和/或相位上波动。相位波动称为闪烁,而幅度波动称为起伏。闪烁使目标的远场后向散射波前为非平面。对于大多数雷达应用,闪烁在雷达测量中引入线性误差,因此,它不是主要关心的。然而,在需要高精度与准确度的场合,闪烁是有害的。例如,精密设备跟踪雷达系统、导弹寻的器,以及自动飞机着陆系统。要了解闪烁的更多细节,建议读者阅读书目中列出的参考文献。

雷达截面积起伏可以变化得很慢或很快,这取决于目标的大小、形状、动力学,以及其相对于雷达的运动。因此,由于 RCS 起伏的原因广泛多样,雷达截面积的变化可以用随机过程来统计建模。在任何给定时刻,RCS 随机过程的数值定义了那个时刻的一个随机变量。很多 RCS 起伏模型是通过实验测量的方法开发和验证的。

11.8.1　RCS 统计模型-起伏模型

本节介绍最常用的 RCS 统计模型。适用于海、地及体杂波的统计模型,如韦伯和对数-正态分布,将在下一章讨论。特殊模型的选择在很大程度上取决于被测试目标的本性。

自由度为 2*m* 的 χ^2 分布

χ^2 分布适用的目标范围广泛,其 pdf 为

$$f(\sigma) = \frac{m}{\Gamma(m)\sigma_{av}}\left(\frac{m\sigma}{\sigma_{av}}\right)^{m-1} e^{-m\sigma/\sigma_{av}} \qquad \sigma \geqslant 0 \tag{11.105}$$

其中,$\Gamma(m)$是变量为 m 的 γ 函数,σ_{av}是均值。随着自由度的增大,分布对应于受约束的 RCS 数值(窄范围数值)。$m\to\infty$ 的极限对应于一个恒定 RCS 的目标(固定目标情况)。

Swerling Ⅰ和Ⅱ(自由度为 2 的 χ^2 分布)

在 Swerling Ⅰ情况下,雷达测量的 RCS 样本在整个扫描过程中都是相关的,但是从一次扫描到另一次扫描是不相关的(慢起伏)。在这种情况下,pdf 为

$$f(\sigma) = \frac{1}{\sigma_{av}}\exp\left(-\frac{\sigma}{\sigma_{av}}\right) \qquad \sigma \geqslant 0 \tag{11.106}$$

其中,σ_{av}表示总的目标起伏的平均 RCS。Swerling Ⅱ目标起伏比 Swerling Ⅰ更快,但是从脉冲到脉冲的测量是不相关的。Swerling Ⅰ和Ⅱ适用于由许多物理尺寸近似相等的独立起伏点散射体组成的目标。

Swerling Ⅲ和Ⅳ(自由度为 4 的 χ^2 分布)

Swerling Ⅲ和Ⅳ具有相同的 pdf,为

$$f(\sigma) = \frac{4\sigma}{\sigma_{av}^2}\exp\left(-\frac{2\sigma}{\sigma_{av}}\right) \qquad \sigma \geqslant 0 \tag{11.107}$$

Swerling Ⅲ的起伏与 Swerling Ⅰ类似;而 Swerling Ⅳ与 Swerling Ⅱ的起伏类似。Swerling Ⅲ和Ⅳ更适用于由一个主散射体和很多其他小反射体表示的目标。图 11.57 所示的是 Swerling 情况的典型 pdf 图形。这幅图可以使用 11.9 节的清单 11.20 给出的 MATLAB 程序“Swerling_models.m”得到。

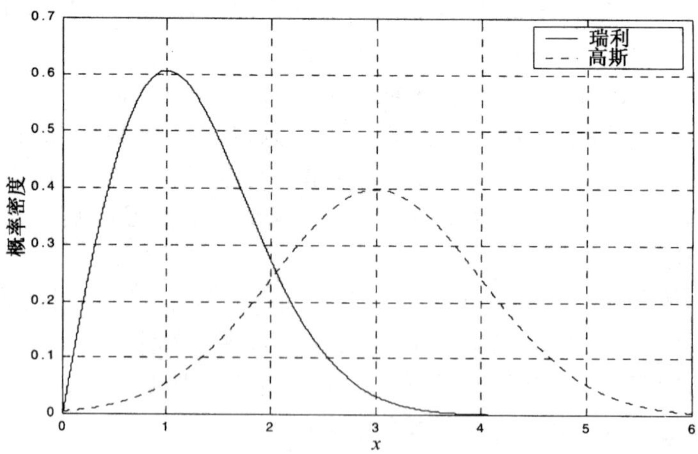

图 11.57 Swerling 目标的概率密度

11.9 MATLAB 程序和函数清单

本节提供了在本章中使用的所有 MATLAB 程序/函数的清单。建议用户使用不同的输入参数重新运行这些程序。

清单 11.1　MATLAB 函数“rcs_aspect.m”

```
function [rcs] = rcs_aspect (scat_spacing, freq)
% This function demonstrates the effect of aspect angle on RCS.
% Plot scatterers separated by scat_spacing meter. Initially the two scatterers
% are aligned with radar line of sight. The aspect angle is changed from
% 0 degrees to 180 degrees and the equivalent RCS is computed.
% Plot of RCS versus aspect is generated.
eps = 0.00001;
wavelength = 3.0e+8 / freq;
% Compute aspect angle vector
aspect_degrees = 0.:.05:180.;
aspect_radians = (pi/180) .* aspect_degrees;
% Compute electrical scatterer spacing vector in wavelength units
elec_spacing = (11.0 * scat_spacing / wavelength) .* cos(aspect_radians);
% Compute RCS (rcs = RCS_scat1 + RCS_scat2)
% Scat1 is taken as phase reference point
rcs = abs(1.0 + cos((11.0 * pi) .* elec_spacing) ...
        + i * sin((11.0 * pi) .* elec_spacing));
rcs = rcs + eps;
rcs = 20.0*log10(rcs); % RCS in dBsm
% Plot RCS versus aspect angle
figure (1);
plot (aspect_degrees,rcs,'k');
grid;
xlabel ('aspect angle - degrees');
ylabel ('RCS in dBsm');
%title (' Frequency is 3GHz; scatterer spacing is 0.5m');
```

清单 11.2　MATLAB 函数“rcs_frequency.m”

```
function [rcs] = rcs_frequency (scat_spacing, frequ, freql)
% This program demonstrates the dependency of RCS on wavelength
eps = 0.0001;
freq_band = frequ - freql;
delfreq = freq_band / 500.;
index = 0;
for freq = freql: delfreq: frequ
  index = index +1;
  wavelength(index) = 3.0e+8 / freq;
end
elec_spacing = 2.0 * scat_spacing ./ wavelength;
rcs = abs ( 1 + cos((11.0 * pi) .* elec_spacing) ...
        + i * sin((11.0 * pi) .* elec_spacing));
```

```
rcs = rcs + eps;
rcs = 20.0*log10(rcs); % RCS ins dBsm
% Plot RCS versus frequency
freq = freql:delfreq:frequ;
plot(freq,rcs);
grid;
xlabel('Frequency');
ylabel('RCS in dBsm');
```

清单 11.3 MATLAB 程序“example11_1.m”

```
clear all
close all
N = 50;
wct = linspace(0,2*pi,N);
% Case 1
ax1 = cos(wct);
ay1 = sqrt(3) .* cos(wct);
M1 = moviein(N);
figure(1)
xc =0;
yc=0;
axis image
hold on
for ii = 1:N
  plot(ax1(ii),ay1(ii),'>r');
  line([xc ax1(ii)],[yc ay1(ii)]);
  plot(ax1,ay1,'g');
  M1(ii) = getframe;
end
grid
xlabel('Ex')
ylabel('Ey')
title('Electric Field Locus; case1')
% case 2
ax3 = cos(wct);
ay3 = sin(wct);
M3 = moviein(N);
figure(3)
axis image
hold on
for ii = 1:N
  plot(ax3(ii),ay3(ii),'>r');
  line([xc ax3(ii)],[yc ay3(ii)]);
  plot(ax3,ay3,'g');
  M3(ii) = getframe;
end
grid
xlabel('Ex')
ylabel('Ey')
title('Electric Field Locus; case 2')
```

```
rho = sqrt(ax3.^2 + ay3.^2);
major_axis = 2*max(rho);
minor_axis = 2*min(rho);
aspect3 = 10*log10(major_axis/minor_axis)
alpha3 = (180/pi) * atan2(ay3(1),ax3(1))
% Case 3
ax4 = cos(wct);
ay4 = cos(wct+(pi/6));
M4 = moviein(N);
figure(4)
axis image
hold on
for ii = 1:N
  plot(ax4(ii),ay4(ii),'>r');
  line([xc ax4(ii)],[yc ay4(ii)]);
  plot(ax4,ay4,'g')
  M4(ii) = getframe;
end
grid
xlabel('Ex')
ylabel('Ey')
title('Electric Field Locus; case 3')
rho = sqrt(ax4.^2 + ay4.^2);
major_axis = 2*max(rho);
minor_axis = 2*min(rho);
aspect4 = 10*log10(major_axis/minor_axis)
alpha4 = (180/pi) * atan2(ay4(1),ax4(1))
end
% Case 4
ax6 = cos(wct);
ay6 = sqrt(3) .* cos(wct+(pi/3));
M6 = moviein(N);
figure(6)
axis image

hold on
for ii = 1:N
   plot(ax6(ii),ay6(ii),'>r');
  line([xc ax6(ii)],[yc ay6(ii)]);
  plot(ax6,ay6,'g')
  M6(ii) = getframe;
end
grid
xlabel('Ex')
ylabel('Ey')
title('Electric Field Locus; case 4')
rho = sqrt(ax6.^2 + ay6.^2);
major_axis = 2*max(rho);
minor_axis = 2*min(rho);
aspect6 = 10*log10(major_axis/minor_axis)
alpha6 = (180/pi) * atan2(ay6(1),ax6(1))
```

清单 11.4 MATLAB 程序“rcs_sphere.m”

```
% This program calculates the back-scattered RCS for a perfectly
% conducting sphere using Eq.(11.7), and produces plots similar to Fig.2.9
% Spherical Bessel functions are computed using series approximation and
recursion.
clear all
eps   = 0.00001;
index = 0;
% kr limits are [0.05 - 15] ===> 300 points
for kr = 0.05:0.05:15
  index = index + 1;
  sphere_rcs   = 0. + 0.*i;
  f1   = 0. + 1.*i;
  f2   = 1. + 0.*i;
  m    = 1.;
  n    = 0.;
  q    = -1.;
  % initially set del to huge value
  del =100000+100000*i;
  while(abs(del) > eps)
    q   = -q;
    n   = n + 1;
    m   = m + 2;
    del = (11.*n-1) * f2 / kr-f1;
    f1  = f2;
    f2  = del;
    del = q * m /(f2 * (kr * f1 - n * f2));
    sphere_rcs = sphere_rcs + del;
  end
  rcs(index)   = abs(sphere_rcs);
  sphere_rcsdb(index) = 10. * log10(rcs(index));
  end
figure(1);
n=0.05:.05:15;
plot (n,rcs,'k');
set (gca,'xtick',[1 2 3 4 5 6 7 8 9 10 11 12 13 14 15]);
%xlabel ('Sphere circumference in wavelengths');
%ylabel ('Normalized sphere RCS');
grid;
figure (2);
plot (n,sphere_rcsdb,'k');
set (gca,'xtick',[1 2 3 4 5 6 7 8 9 10 11 12 13 14 15]);
xlabel ('Sphere circumference in wavelengths');
ylabel ('Normalized sphere RCS - dB');
grid;
figure (3);
semilogx (n,sphere_rcsdb,'k');
xlabel ('Sphere circumference in wavelengths');
ylabel ('Normalized sphere RCS - dB');
```

清单 11.5 MATLAB 函数“rcs_ellipsoid.m”

```
function [rcs] = rcs_ellipsoid (a, b, c, phi)
% This function computes and plots the ellipsoid RCS versus aspect angle.
% The roll angle phi is fixed,
eps = 0.00001;
sin_phi_s = sin(phi)^2;
cos_phi_s = cos(phi)^2;
% Generate aspect angle vector
theta = 0.:.05:180.0;
theta = (theta .* pi) ./ 180.;
if(a ~= b & a ~= c)
  rcs = (pi * a^2 * b^2 * c^2) ./ (a^2 * cos_phi_s .* (sin(theta).^2) + ...
  b^2 * sin_phi_s .* (sin(theta).^2) + ...
  c^2 .* (cos(theta).^2)).^2 ;
else
  if(a == b & a ~= c)
    rcs = (pi * b^4 * c^2) ./ ( b^2 .* (sin(theta).^2) + ...
      c^2 .* (cos(theta).^2)).^2 ;
  else
    if (a == b & a ==c)
      rcs = pi * c^2;
    end
  end
end
rcs_db = 10.0 * log10(rcs);
figure (1);
plot ((theta * 180.0 / pi),rcs_db,'k');
xlabel ('Aspect angle - degrees');
ylabel ('RCS - dBsm');
%title ('phi = 45 deg, (a,b,c) = (.15,.20,.95) meter')
grid;
```

清单 11.6 MATLAB 程序“fig11_18a.m”

```
% Use this program to reproduce Fig. 11.18a
%This program computes the back-scattered RCS for an ellipsoid.
% The angle phi is fixed to three values 0, 45, and 90 degrees
% The angle theta is varied from 0-180 deg.
% A plot of RCS versus theta is generated
% Last modified on July 16, 2003
clear all;
% ===   Input parameters   ===
a = .15;         % 15 cm
b = .20;         % 20 cm
c = .95 ;        % 95 cm
% ===   End of Input parameters   ===
as = num2str(a);
bs = num2str(b);
cs = num2str(c);
eps = 0.00001;
```

```
dtr = pi/180;
for q = 1:3
   if q == 1
      phir = 0;      % the first value of the angle phi
   elseif q == 2
      phir = pi/4;   % the second value of the angle phi
   elseif q == 3
      phir = pi/2;   % the third value of the angle phi
   end
   sin_phi_s = sin(phir)^2;
   cos_phi_s = cos(phir)^2;
   % Generate aspect angle vector
   theta = 0.:.05:180;
   thetar = theta * dtr;
   if(a ~= b & a ~= c)
     rcs(q,:) = (pi * a^2 * b^2 * c^2) ./ (a^2 * cos_phi_s .* (sin(thetar).^2) + ...
        b^2 * sin_phi_s .* (sin(thetar).^2) + ...
        c^2 .* (cos(thetar).^2)).^2 ;
   elseif(a == b & a ~= c)
      rcs(q,:) = (pi * b^4 * c^2) ./ ( b^2 .* (sin(thetar).^2) + ...
        c^2 .* (cos(thetar).^2)).^2 ;
   elseif (a == b & a ==c)
      rcs(q,:) = pi * c^2;
   end
end
rcs_db = 10.0 * log10(rcs);
figure (1);
plot(theta,rcs_db(1,:),'b',theta,rcs_db(2,:),'r:',theta,rcs_db(3,:),'g--','line-
width',1.5);
xlabel ('Aspect angle, Theta [Degrees]');
ylabel ('RCS - dBsm');
title (['Ellipsoid with (a,b,c) = (', [as],', ', [bs],', ', [cs], ')  meter'])
legend ('phi = 0^o','phi = 45^o','phi = 90^o')
grid;
```

清单 11.7 MATLAB 函数“rcs_circ_plate.m”

```
function [rcsdb] = rcs_circ_plate (r, freq)
% This program calculates and plots the backscattered RCS of
% circular flat plate of radius r.
eps = 0.000001;
% Compute aspect angle vector
% Compute wavelength
lambda = 3.e+8 / freq; % X-Band
index = 0;
for aspect_deg = 0.:.1:180
  index = index +1;
  aspect = (pi /180.) * aspect_deg;
% Compute RCS using Eq. (2.37)
  if (aspect == 0 | aspect == pi)
     rcs_po(index) = (4.0 * pi^3 * r^4 / lambda^2) + eps;
```

```
      rcs_mu(index) = rcs_po(1);
    else
      x = (4. * pi * r / lambda) * sin(aspect);
      val1 = 4. * pi^3 * r^4 / lambda^2;
      val2 = 2. * besselj(1,x) / x;
      rcs_po(index) = val1 * (val2 * cos(aspect))^2 + eps;
% Compute RCS using Eq. (2.36)
      val1m = lambda * r;
      val2m = 8. * pi * sin(aspect) * (tan(aspect)^2);
      rcs_mu(index) = val1m / val2m + eps;
    end
  end
 % Compute RCS using Eq. (2.35) (theta=0,180)
rcsdb = 10. * log10(rcs_po);
rcsdb_mu = 10 * log10(rcs_mu);
angle = 0:.1:180;
plot(angle,rcsdb,'k',angle,rcsdb_mu,'k-.')
grid;
xlabel ('Aspect angle - degrees');
ylabel ('RCS - dBsm');
legend('Using Eq.(11.37)','Using Eq.(11.36)')
freqGH = num2str(freq*1.e-9);
title (['Frequency = ',[freqGH],'  GHz']);
```

清单 11.8　MATLAB 函数“rcs_frustum.m”

```
function [rcs] = rcs_frustum (r1, r2, h, freq, indicator)
% This program computes the monostatic RCS for a frustum.
% Incident linear Polarization is assumed.
% To compute RCP or LCP RCS one must use Eq. (11.24)
% When viewing from the small end of the frustum
% normal incidence occurs at aspect pi/2 - half cone angle
% When viewing from the large end, normal incidence occurs at
% pi/2 + half cone angle.
% RCS is computed using Eq. (11.43). This program assumes a geometry
format long
index = 0;
eps = 0.000001;
lambda = 3.0e+8 /freq;
% Enter frustum's small end radius
%r1 =.02057;
% Enter Frustum's large end radius
%r2 = .05753;
% Compute Frustum's length
%h = .20945;
% Comput half cone angle, alpha
alpha = atan(( r2 - r1)/h);
% Compute z1 and z2
z2 = r2 / tan(alpha);
z1 = r1 / tan(alpha);
delta = (z2^1.5 - z1^1.5)^2;
```

```
factor = (8. * pi * delta) / (9. * lambda);
%('enter 1 to view frustum from large end, 0 otherwise')
large_small_end = indicator;
if(large_small_end == 1)
  % Compute normal incidence, large end
  normal_incedence = (180./pi) * ((pi /2) + alpha)
  % Compute RCS from zero aspect to normal incidence
  for theta = 0.001:.1:normal_incedence-.5
    index = index +1;
    theta = theta * pi /180.;
    rcs(index) = (lambda * z1 * tan(alpha) *(tan(theta - alpha))^2) / ...
      (8. * pi *sin(theta)) + eps;
  end
  %Compute broadside RCS
  index = index +1;
  rcs_normal = factor * sin(alpha) / ((cos(alpha))^4) + eps;
  rcs(index) = rcs_normal;
  % Compute RCS from broad side to 180 degrees
  for theta = normal_incedence+.5:.1:180
    index = index + 1;
    theta =  theta * pi / 180. ;
    rcs(index) = (lambda * z2 * tan(alpha) *(tan(theta - alpha))^2) / ...
      (8. * pi *sin(theta)) + eps;
  end
else
  % Compute normal incidence, small end
  normal_incedence = (180./pi) * ((pi /2) - alpha)
  % Compute RCS from zero aspect to normal incidence (large end of frustum)
  for theta = 0.001:.1:normal_incedence-.5
    index = index +1;
    theta = theta * pi /180.;
    rcs(index) = (lambda * z1 * tan(alpha) *(tan(theta + alpha))^2) / ...
      (8. * pi *sin(theta)) + eps;
  end
  %Compute broadside RCS
  index = index +1;
  rcs_normal = factor * sin(alpha) / ((cos(alpha))^4) + eps;
  rcs(index) = rcs_normal;
  % Compute RCS from broad side to 180 degrees (small end of frustum)
  for theta = normal_incedence+.5:.1:180
    index = index + 1;
    theta =  theta * pi / 180. ;
    rcs(index) = (lambda * z2 * tan(alpha) *(tan(theta + alpha))^2) / ...
      (8. * pi *sin(theta)) + eps;
  end
end
% Plot RCS versus aspect angle
delta = 180 /index;
angle = 0.001:delta:180;
plot (angle,10*log10(rcs));
grid;
```

```
xlabel ('Aspect angle - degrees');
ylabel ('RCS - dBsm');
if(indicator ==1)
   title ('Viewing from large end');
else
   title ('Viewing from small end');
end
```

清单 11.9 MATLAB 函数 “rcs_cylinder.m”

```
function [rcs] = rcs_cylinder(r1, r2, h, freq, phi, CylinderType)
% rcs_cylinder.m
% This program computes monostatic RCS for a finite length
% cylinder of either curricular or elliptical cross-section.
% Plot of RCS versus aspect angle theta is generated at a specified
% input angle phi
% Last modified on July 16, 2003
 r = r1;         % radius of the circular cylinder
eps =0.00001;
dtr = pi/180;
phir = phi*dtr;
freqGH = num2str(freq*1.e-9);
lambda = 3.0e+8 /freq;      % wavelength
% CylinderType= 'Elliptic';  % 'Elliptic' or 'Circular'
switch CylinderType
case 'Circular'
   % Compute RCS from 0 to (90-.5)  degrees
   index = 0;
   for theta = 0.0:.1:90-.5
      index = index +1;
      thetar = theta * dtr;
      rcs(index) = (lambda * r * sin(thetar) / ...
         (8. * pi * (cos(thetar))^2)) + eps;
   end
   % Compute RCS for broadside specular at 90 degree
   thetar = pi/2;
   index = index +1;
   rcs(index) = (2. * pi * h^2 * r / lambda )+ eps;
    % Compute RCS from (90+.5) to 180 degrees
    for theta = 90+.5:.1:180.
       index = index + 1;
       thetar = theta * dtr;
       rcs(index) = ( lambda * r * sin(thetar) / ...
          (8. * pi * (cos(thetar))^2)) + eps;
    end
 case 'Elliptic'
    r12 = r1*r1;
    r22 = r2*r2;
    h2 = h*h;
    % Compute RCS from 0 to (90-.5)  degrees
    index = 0;
```

```
    index = 0;
    for theta = 0.0:.1:90-.5
       index = index +1;
       thetar = theta * dtr;
       rcs(index) =  lambda * r12 * r22 * sin(thetar) / ...
             ( 8*pi* (cos(thetar)^2)* ( (r12*cos(phir)^2 + r22*sin(phir)^2)^1.5
 ))+ eps;
    end
    % Compute RCS for broadside specular at 90 degree
    index = index +1;
    rcs(index) = 2. * pi * h2 * r12 * r22 / ...
             ( lambda*( (r12*cos(phir)^2 + r22*sin(phir)^2)^1.5 ))+ eps;
    % Compute RCS from (90+.5) to 180 degrees
    for theta = 90+.5:.1:180.
       index = index + 1;
       thetar = theta * dtr;
       rcs(index) =  lambda * r12 * r22 * sin(thetar) / ...
            ( 8*pi* cos(thetar)^2* ( (r12*cos(phir)^2 + r22*sin(phir)^2)^1.5 ))+
 eps;
    end
 end
 % Plot the results
 delta= 180/(index-1);
 angle = 0:delta:180;
 plot(angle,10*log10(rcs),'k','linewidth',1.5);
 grid;
 xlabel ('Aspect angle, Theta [Degrees]');;
 ylabel ('RCS - dBsm');
 title  ([[CylinderType],' Cylinder',' at Frequency = ',[freqGH],' GHz']);
```

清单 11.10 MATLAB 函数“rcs_rect_plate.m”

```
function  [rcsdb_h,rcsdb_v] = rcs_rect_plate(a, b, freq)
% This program computes the backscattered RCS for a rectangular
% flat plate. The RCS is computed for vertical and horizontal
% polarization based on Eq.s(11.50)through (11.60). Also Physical
% Optics approximation Eq.(11.62) is computed.
% User may vary frequency, or the plate's dimensions.
% Default values are a=b=10.16cm; lambda=3.25cm.
eps = 0.000001;
% Enter a, b, and lambda
lambda = .0325;
ka = 2. * pi * a / lambda;
% Compute aspect angle vector
theta_deg = 0.05:0.1:85;
theta = (pi/180.) .* theta_deg;
sigma1v = cos(ka .*sin(theta)) - i .* sin(ka .*sin(theta)) ./ sin(theta);
sigma2v = exp(i * ka - (pi /4)) / (sqrt(2 * pi) *(ka)^1.5);
sigma3v = (1. + sin(theta)) .* exp(-i * ka .* sin(theta)) ./ ...
  (1. - sin(theta)).^2;
sigma4v = (1. - sin(theta)) .* exp(i * ka .* sin(theta)) ./ ...
  (1. + sin(theta)).^2;
```

```
sigma5v = 1. - (exp(i * 2. * ka - (pi / 2)) / (8. * pi * (ka)^3));
sigma1h = cos(ka .*sin(theta)) + i .* sin(ka .*sin(theta)) ./ sin(theta);
sigma2h = 4. * exp(i * ka * (pi / 4.)) / (sqrt(2 * pi * ka));
sigma3h =  exp(-i * ka .* sin(theta)) ./ (1. - sin(theta));
sigma4h = exp(i * ka * sin(theta)) ./ (1. + sin(theta));
sigma5h = 1. - (exp(j * 2. * ka + (pi / 4.)) / 2. * pi * ka);
% Compute vertical polarization RCS
rcs_v = (b^2 / pi) .* (abs(sigma1v - sigma2v .*((1. ./ cos(theta)) ...
  + .25 .* sigma2v .* (sigma3v + sigma4v)) .* (sigma5v).^-1)).^2 + eps;
% compute horizontal polarization RCS
rcs_h = (b^2 / pi) .* (abs(sigma1h - sigma2h .*((1. ./ cos(theta)) ...
  - .25 .* sigma2h .* (sigma3h + sigma4h)) .* (sigma5h).^-1)).^2 + eps;
% Compute RCS from Physical Optics, Eq.(11.62)
angle = ka .* sin(theta);
rcs_po = (4. * pi* a^2 * b^2 / lambda^2 ).*  (cos(theta)).^2 .* ...
  ((sin(angle) ./ angle).^2) + eps;
rcsdb_v = 10. .*log10(rcs_v);
rcsdb_h = 10. .*log10(rcs_h);
rcsdb_po = 10. .*log10(rcs_po);
figure(2)
plot (theta_deg, rcsdb_v,'k',theta_deg,rcsdb_po,'k -.');
set(gca,'xtick',[10:10:85]);
freqGH = num2str(freq*1.e-9);
A = num2str(a);
B = num2str(b);
title (['Vertical Polarization,  ','Frequency = ',[freqGH],'  GHz, ', '  a = ', [A], '
m',' b = ',[B],' m']);
ylabel ('RCS -dBsm');
xlabel ('Aspect angle - deg');
legend('Eq.(11.50)','Eq.(11.62)')
figure(3)
plot (theta_deg, rcsdb_h,'k',theta_deg,rcsdb_po,'k -.');
set(gca,'xtick',[10:10:85]);
title (['Horizontal Polarization,  ','Frequency = ',[freqGH],'  GHz, ', '  a = ',
[A], ' m',' b = ',[B],' m']);
ylabel ('RCS -dBsm');
xlabel ('Aspect angle - deg');
legend('Eq.(11.51)','Eq.(11.62)')
```

清单 11.11　MATLAB 函数“rcs_isosceles.m”

```
function [rcs] = rcs_isosceles (a, b, freq, phi)
% This program calculates the backscattered RCS for a perfectly
% conducting triangular flat plate, using Eqs. (11.63) through (11.65)
% The default case is to assume phi = pi/2. These equations are
% valid for aspect angles less than 30 degrees
% compute area of plate
A = a * b / 2.;
lambda = 3.e+8 / freq;
phi = pi / 2.;
ka = 2. * pi / lambda;
```

```
kb = 2. *pi / lambda;
% Compute theta vector
theta_deg = 0.01:.05:89;
theta = (pi /180.) .* theta_deg;
alpha = ka * cos(phi) .* sin(theta);
beta =  kb * sin(phi) .* sin(theta);
if (phi == pi / 2)
  rcs = (4. * pi * A^2 / lambda^2) .* cos(theta).^2 .* (sin(beta ./ 2)).^4 ...
    ./ (beta./2).^4 + eps;
end
if (phi == 0)
  rcs = (4. * pi * A^2 / lambda^2) .* cos(theta).^2 .* ...
    ((sin(alpha).^4 ./ alpha.^4) + (sin(2 .* alpha) - 2.*alpha).^2 ...
    ./ (4 .* alpha.^4)) + eps;
end
if (phi ~= 0 & phi ~= pi/2)
  sigmao1 = 0.25 *sin(phi)^2 .* ((11. * a / b) * cos(phi) .* ...
    sin(beta) - sin(phi) .* sin(11. .* alpha)).^2;
  fact1 = (alpha).^2 - (.5 .* beta).^2;
  fact2 = (sin(alpha).^2 - sin(.5 .* beta).^2).^2;
  sigmao = (fact2 + sigmao1) ./ fact1;
  rcs = (4. * pi * A^2 / lambda^2) .* cos(theta).^2 .* sigmao + eps;
end
rcsdb = 10. *log10(rcs);
plot(theta_deg,rcsdb,'k')
xlabel ('Aspect angle - degrees');
ylabel ('RCS - dBsm')
%title ('freq = 9.5GHz, phi = pi/2');
grid;
```

清单 11.12 MATLAB 程序“Capped_WedgeTM.m”

```
  % Program to calculate the near field of a sharp conducting wedge
% due to an incident field from a line source or a plane wave
% By: Dr. Atef Elsherbeni -- atef@olemiss.edu
% This program uses 6 other functions
% Last modified July 24, 2003
clear all
close all
img = sqrt(-1);
rtd = 180/pi;  dtr = pi/180;
mu0 = 4*pi*1e-7;              % Permeability of free space
eps0 = 8.854e-12;             % Permittivity of free space
% =====  Input parameters  =====
alphad = 30;                  % above x Wedge angle
betad = 30;                   % Below x wedge angle
reference = 'on x-axis';        % Reference condition 'top face' or 'bisector' or
'on x-axis'
CapType = 'Diel';               % Cap Type 'Cond', 'diel' or 'None'
ar = .15;                     % Cap radius in lambda
rhop = 0.5;                   % radial Position of the line source in terms of lambda
```

```
phipd = 180;              % angular position of the line source
Ie = .001;                % Amplitude of the current source
freq = 2.998e8;           % frequency
mur = 1;
epsr = 1;
ax = 1.5;   by = 1;       % area for near field calculations
nx = 30;      ny = 20;    % Number of points for near field calculations
% ===== End of Input Data =====
alpha = alphad*dtr;
beta = betad *dtr;

switch reference
  case 'top face'
    alpha = 0;
    vi = pi/(2*pi-beta);
  case 'bisector'
    beta = alpha;
    vi = pi/(2*pi-2*beta);
  case 'on x-axis'
    vi = pi/(2*pi-alpha-beta);
end
phip = phipd*dtr;
etar = sqrt(mur/epsr);
mu = mu0*mur;
eps = eps0*epsr;
lambda = 2.99e8/freq;
k = 2*pi/lambda;              % free space wavenumber
ka = k*ar;
k1 = k*sqrt(mur*epsr);        % wavenumber inside dielectric
k1a = k1*ar;
krhop = k*rhop;
omega =2*pi*freq;
% <<< Far field Calculations of Ez component >>>
% === Line source excitation ===
Nc =round(1+2*k*rhop);        % number of terms for series summation
Term  = pi*omega*mu0/(2*pi-alpha-beta);
Term0D = img*4*pi/(2*pi-alpha-beta);
Term0C = -img*4*pi/(2*pi-alpha-beta);
Term0 =    4*pi/(2*pi-alpha-beta);
for ip = 1:360
  phii = (ip -1)*dtr;
  xphi(ip) = ip-1;
  if phii > alpha & phii < 2*pi-beta % outside the wedge region
    EzFLs(ip) = 0;
    for m = 1:Nc
      v = m*vi;
      ssterm = (img^v)*sin(v*(phip-alpha))*sin(v*(phii-alpha));
      switch CapType
        case 'Diel'
          Aterm = k * besselj(v,k1a)*(dbesselj(v,ka)*bessely(v,krhop)...
               -dbessely(v,ka)*besselj(v,krhop)) ...
```

```
                    +k1*dbesselj(v,k1a)*( bessely(v,ka)*besselj(v,krhop)...
                    -besselj(v,ka)*bessely(v,krhop));
                Bterm =k*dbesselh(v,2,ka)*besselj(v,k1a) ...
                    -k1*besselh(v,2,ka)*dbesselj(v,k1a);
                EzLS(m) = Term0D*ssterm*Aterm/Bterm;
            case 'Cond'
                Aterm = bessely(v,ka)*besselj(v,krhop) ...
                    - besselj(v,ka)*bessely(v,krhop);
                Bterm = besselh(v,2,ka);
                EzLS(m) = Term0C*ssterm*Aterm/Bterm;
            case 'None'
                EzLS(m) = Term0*ssterm*besselj(v,krhop);
        end
      end
      EzFLs(ip) = abs(sum(EzLS));
   else
      EzFLs(ip)=0;
   end
end
EzFLs = EzFLs/max(EzFLs);

figure(1);
plot(xphi,EzFLs,'linewidth',1.5);
xlabel('Observation angle \phi^o');
ylabel('Ez');
axis ([0 360 0 1])
title('Total Far Field (Ez) [Line source excitation]');

figure(2)
polardb(xphi*dtr,EzFLs,'k')
title ('Total Far Field (Ez) [dB]')

%   <<<   Near field observation points   >>>
delx = 2*ax/nx; dely = 2*by/ny;
xi = -ax;  yi = -by;          % Initial values for x and y
for i = 1:nx
   for j = 1:ny
      x(i,j) = xi + (i-1)*delx;
      y(i,j) = yi + (j-1) *dely;
      rho(i,j) = sqrt(x(i,j)^2+y(i,j)^2);
      phi(i,j) = atan2(y(i,j),x(i,j));
      if phi(i,j) < 0
         phi(i,j) = phi(i,j) + 2*pi;
      end
      if rho(i,j) <= 0.001
         rho(i,j) = 0.001;
      end
   end
end

%   Line source excitation, near field calculations
```

```
%   ====  Line source coefficients   ====
Nc =round(1+2*k*max(max(rho)));        % number of terms for series sum-
mation
Term  = Ie*pi*omega*mu0/(2*pi-alpha-beta);
for m = 1:Nc
   v = m*vi;
   switch CapType
      case 'Diel'
         b(m) = -Term * besselh(v,2,krhop);
         c(m) = -b(m) * (k*dbesselj(v,ka)*besselj(v,k1a) ...
              -k1*besselj(v,ka)*dbesselj(v,k1a)) ...
              /(k*dbesselh(v,2,ka)*besselj(v,k1a) ...
              -k1*besselh(v,2,ka)*dbesselj(v,k1a));
         d(m) = c(m) + b(m) * besselj(v,krhop) ...
             / besselh(v,2,krhop);
         a(m) = ( b(m) * besselj(v,ka)+c(m) ...
             * besselh(v,2,ka))/besselj(v,k1a);
      case 'Cond'
         b(m) = -Term * besselh(v,2,krhop);
         c(m) = -b(m) * besselj(v,ka)/besselh(v,2,ka);
         d(m) = c(m) + b(m) * besselj(v,krhop) ...
             / besselh(v,2,krhop);
         a(m) = 0;
      case 'None'
         b(m) = -Term * besselh(v,2,krhop);
         c(m) = 0;
         d(m) = -Term * besselj(v,krhop);
         a(m) = b(m);
   end
end
  termhphi = sqrt(-1)*omega*mu0;
termhrho = -termhphi;
for i = 1:nx
   for j = 1:ny
      for m = 1:Nc
         v = m*vi;  % Equation
         [Ezt,Hphit,Hrhot] =
DielCappedWedgeTMFields_Ls(v,m,rho(i,j),phi(i,j),rhop, ...
                    phip,ar,k,k1,alpha,beta,a,b,c,d);
         Eztt(m) = Ezt;
         Hphitt(m) = Hphit;
         Hrhott(m) = Hrhot;
      end
      SEz(i,j) = sum(Eztt);
      SHphi(i,j) = sum(Hphitt)/termhphi;
      SHrho(i,j) = sum(Hrhott)/termhrho;
   end
end
figure(3);
surf(x,y,abs(SEz));
axis ('equal');
```

```
view(45,60);
shading interp;
xlabel('x');
ylabel('y');
zlabel('E_z');
title('Ez [Line source excitation]');
colorbar; colormap(copper);  % colormap(jet);
figure(4);
surf(x,y,377*abs(SHrho));
axis ('equal');
view(45,60);
shading interp;
xlabel('x');
ylabel('y');
zlabel('\eta_o  H\rho');
title('\eta_o  H\rho [Line source excitation]');
colorbar; colormap(copper);  % colormap(jet);
figure(5);
surf(x,y,377*abs(SHphi));
axis ('equal');
view(45,60);
shading interp;
xlabel('x');
ylabel('y');
zlabel('\eta_o  H\phi');
title('\eta_o  H\phi [Line source excitation]')
colorbar; colormap(copper);  % colormap(jet);
%   ===   Plane wave excitation, near field calculations   ===
Nc =round(1+2*k*max(max(rho)));         % number of terms for series sum-
mation
Term   = 4*pi/(2*pi-alpha-beta);
for m = 1:Nc
   v = m*vi;
   switch CapType
      case 'Diel'
         b(m) = Term * img^v;
         c(m) = -b(m) * (k*dbesselj(v,ka)*besselj(v,k1a)...
              -k1*besselj(v,ka)*dbesselj(v,k1a)) ...
             / (k*dbesselh(v,2,ka)*besselj(v,k1a) ...
              -k1*besselh(v,2,ka)*dbesselj(v,k1a));
         a(m) = ( b(m) * besselj(v,ka)+c(m) * besselh(v,2,ka))/besselj(v,k1a);
      case 'Cond'
         b(m) = -Term * img^v;
         c(m) = -b(m) * besselj(v,ka)/besselh(v,2,ka);
         a(m) = 0;
      case 'None'
         b(m) = -Term * img^v;
         c(m) = 0;
         a(m) = b(m);
   end
end
```

```
termhphi = sqrt(-1)*omega*mu0;
termhrho = -termhphi;
for i = 1:nx
   for j = 1:ny
      for m = 1:Nc
         v = m*vi; % Equation
          [Ezt,Hphit,Hrhot] =
DielCappedWedgeTMFields_PW(v,m,rho(i,j),phi(i,j), ...
                        phip,ar,k,k1,alpha,beta,a,b,c);
         Eztt(m) = Ezt;
         Hphitt(m) = Hphit;
         Hrhott(m) = Hrhot;
end
      EzPW(i,j) = sum(Eztt);
      HphiPW(i,j) = sum(Hphitt)/termhphi;
      HrhoPW(i,j) = sum(Hrhott)/termhrho;
  end
end
figure(6);
surf(x,y,abs(EzPW));
axis ('equal');
view(45,60);
shading interp;
xlabel('x');
ylabel('y');
zlabel('E_z');
colorbar; colormap(copper); % colormap(jet);
title('Near Field (Ez) [Plane wave excitation]');
figure(7);
surf(x,y,377*abs(HrhoPW));
axis ('equal');
view(45,60);
shading interp;
xlabel('x');
ylabel('y');
zlabel('\eta_o H\rho');
title('\eta_o H\rho [Plane wave excitation]');
colorbar; colormap(copper); % colormap(jet);
figure(8);
surf(x,y,377*abs(HphiPW));
axis ('equal');
view(45,60);
shading interp;
xlabel('x');
ylabel('y');
zlabel('\eta_o H\phi');
title('\eta_o H\phi [Plane wave excitation]');
colorbar; colormap(copper); % colormap(jet);
```

清单 11.13 MATLAB 函数“DielCappedWedgeTMFields_Ls.m”

```
function [Ezt,Hphit,Hrhot] =
DielCappedWedgeTMFields_Ls(v,m,rhoij,phiij,rhop,phip,ar,k,k1,alpha,beta,a,
b,c,d);
% Function to calculate the near field components of a capped wedge
% with a line source excitation at one near field point
% This function is to be called by the Main program:
Diel_Capped_WedgeTM.m
% By: Dr. Atef Elsherbeni -- atef@olemiss.edu
% Last modified July 23, 2003
Ezt = 0;  Hrhot = 0;  Hphit = 0;    % Initialization
if phiij > alpha  & phiij < 2*pi-beta %  outside the wedge region
   krho = k*rhoij;
   k1rho = k1*rhoij;
  jvkrho = besselj(v,krho);
  hvkrho = besselh(v,2,krho);
  jvk1rho = besselj(v,k1rho);
  djvkrho = dbesselj(v,krho);
  djvk1rho = dbesselj(v,k1rho);
  dhvkrho = dbesselh(v,2,krho);
  ssterm = sin(v*(phip-alpha))*sin(v*(phiij-alpha));
  scterm = sin(v*(phip-alpha))*cos(v*(phiij-alpha));
    if rhoij <= ar   % field point location is inside the cap region
      Ezt = a(m)*jvk1rho*ssterm;
      Hphit = k1*a(m)*djvk1rho*ssterm;
      Hrhot = v*a(m)*jvk1rho*scterm/rhoij;
   elseif rhoij <= rhop   % field point location is between cap and the line
source location
      Ezt = (b(m)*jvkrho+c(m)*hvkrho)*ssterm;
      Hphit = k*(b(m)*djvkrho+c(m)*dhvkrho)*ssterm;
      Hrhot = v*(b(m)*jvkrho+c(m)*hvkrho)*scterm/rhoij;
   elseif rhoij > rhop % field point location is greater than the line source loca-
tion
      Ezt = d(m)*hvkrho*ssterm;
      Hphit = k*d(m)*dhvkrho*ssterm;
      Hrhot = v*d(m)*hvkrho*scterm/rhoij;
   end
else
   Ezt = 0;    Hrhot = 0;  Hphit = 0;  % inside wedge region
End
```

清单 11.14 MATLAB 函数“DielCappedWedgeTMFields_PW.m”

```
function [Ezt,Hphit,Hrhot] =
DielCappedWedgeTMFields_PW(v,m,rhoij,phiij,phip,ar,k,k1,alpha,beta,a,b,c)
;
% Function to calculate the near field components of a capped wedge
% with a line source excitation at one near field point
% This function is to be called by the Main program:
```

```
Diel_Capped_WedgeTM.m
% By: Dr. Atef Elsherbeni -- atef@olemiss.edu
% Last modified July 23, 2003
Ezt = 0;  Hrhot = 0;  Hphit = 0;   % Initialization
if phiij > alpha  & phiij < 2*pi-beta %  outside the wedge region
   krho = k*rhoij;
   k1rho = k1*rhoij;
   jvkrho = besselj(v,krho);
   hvkrho = besselh(v,2,krho);
   jvk1rho = besselj(v,k1rho);
   djvkrho = dbesselj(v,krho);
   djvk1rho = dbesselj(v,k1rho);
   dhvkrho = dbesselh(v,2,krho);
   ssterm = sin(v*(phip-alpha))*sin(v*(phiij-alpha));
   scterm = sin(v*(phip-alpha))*cos(v*(phiij-alpha));
   if rhoij <= ar   % field point location is inside the cap region
      Ezt = a(m)*jvk1rho*ssterm;
      Hphit = k1*a(m)*djvk1rho*ssterm;
      Hrhot = v*a(m)*jvk1rho*scterm/rhoij;
   else   % field point location is between the cap and the line source location
      Ezt = (b(m)*jvkrho+c(m)*hvkrho)*ssterm;
      Hphit = k*(b(m)*djvkrho+c(m)*dhvkrho)*ssterm;
      Hrhot = v*(b(m)*jvkrho+c(m)*hvkrho)*scterm/rhoij;
   end
else
   Ezt = 0;    Hrhot = 0;  Hphit = 0;  % inside wedge region
End
```

清单 11.15　MATLAB 函数“polardb.m”

```
function polardb(theta,rho,line_style)
%  POLARDB  Polar coordinate plot.
%  POLARDB(THETA, RHO) makes a plot using polar coordinates of
%  the angle THETA, in radians, versus the radius RHO in dB.
%  The maximum value of RHO should not exceed 1. It should not be
%  normalized, however (i.e., its max. value may be less than 1).
%  POLAR(THETA,RHO,S) uses the linestyle specified in string S.
%  See PLOT for a description of legal linestyles.
if nargin < 1
   error('Requires 2 or 3 input arguments.')
elseif nargin == 2
   if isstr(rho)
      line_style = rho;
      rho = theta;
      [mr,nr] = size(rho);
      if mr == 1
         theta = 1:nr;
      else
         th = (1:mr)';
         theta = th(:,ones(1,nr));
      end
```

```
else
    line_style = 'auto';
  end
elseif nargin == 1
  line_style = 'auto';
  rho = theta;
  [mr,nr] = size(rho);
  if mr == 1
     theta = 1:nr;
  else
     th = (1:mr)';
     theta = th(:,ones(1,nr));
  end
end
if isstr(theta) | isstr(rho)
  error('Input arguments must be numeric.');
end
if ~isequal(size(theta),size(rho))
  error('THETA and RHO must be the same size.');
end
% get hold state
cax = newplot;
next = lower(get(cax,'NextPlot'));
hold_state = ishold;
% get x-axis text color so grid is in same color
tc = get(cax,'xcolor');
ls = get(cax,'gridlinestyle');
% Hold on to current Text defaults, reset them to the
% Axes' font attributes so tick marks use them.
fAngle  = get(cax, 'DefaultTextFontAngle');
fName   = get(cax, 'DefaultTextFontName');
fSize   = get(cax, 'DefaultTextFontSize');
fWeight = get(cax, 'DefaultTextFontWeight');
fUnits  = get(cax, 'DefaultTextUnits');
set(cax, 'DefaultTextFontAngle',  get(cax, 'FontAngle'), ...
   'DefaultTextFontName',   get(cax, 'FontName'), ...
   'DefaultTextFontSize',   get(cax, 'FontSize'), ...
   'DefaultTextFontWeight', get(cax, 'FontWeight'), ...
   'DefaultTextUnits','data')
% make a radial grid
   hold on;
   maxrho =1;
   hhh=plot([-maxrho -maxrho maxrho maxrho],[-maxrho maxrho maxrho -
maxrho]);
   set(gca,'dataaspectratio',[1 1 1],'plotboxaspectratiomode','auto')
   v = [get(cax,'xlim') get(cax,'ylim')];
   ticks = sum(get(cax,'ytick')>=0);
   delete(hhh);
% check radial limits and ticks
   rmin = 0; rmax = v(4); rticks = max(ticks-1,2);
   if rticks > 5   % see if we can reduce the number
```

```
        if rem(rticks,2) == 0
           rticks = rticks/2;
        elseif rem(rticks,3) == 0
           rticks = rticks/3;
        end
     end
  % only do grids if hold is off
  if ~hold_state
  % define a circle
     th = 0:pi/50:2*pi;
     xunit = cos(th);
     yunit = sin(th);
  % now really force points on x/y axes to lie on them exactly
     inds = 1:(length(th)-1)/4:length(th);
     xunit(inds(2:2:4)) = zeros(2,1);
     yunit(inds(1:2:5)) = zeros(3,1);
  % plot background if necessary
     if ~isstr(get(cax,'color')),
       patch('xdata',xunit*rmax,'ydata',yunit*rmax, ...
             'edgecolor',tc,'facecolor',get(gca,'color'),...
             'handlevisibility','off');
     end
  % draw radial circles with dB ticks
     c82 = cos(82*pi/180);
     s82 = sin(82*pi/180);
     rinc = (rmax-rmin)/rticks;
     tickdB=-10*(rticks-1);    % the innermost tick dB value
     for i=(rmin+rinc):rinc:rmax
        hhh = plot(xunit*i,yunit*i,ls,'color',tc,'linewidth',1,...
                 'handlevisibility','off');
        text((i+rinc/20)*c82*0,-(i+rinc/20)*s82, ...
           ['  ' num2str(tickdB) ' dB'],'verticalalignment','bottom',...
           'handlevisibility','off')
        tickdB=tickdB+10;
     end
     set(hhh,'linestyle','-') % Make outer circle solid
  % plot spokes
     th = (1:6)*2*pi/12;
    cst = cos(th); snt = sin(th);
    cs = [-cst; cst];
    sn = [-snt; snt];
    plot(rmax*cs,rmax*sn,ls,'color',tc,'linewidth',1,...
        'handlevisibility','off')
% annotate spokes in degrees
    rt = 1.1*rmax;
    for i = 1:length(th)
       text(rt*cst(i),rt*snt(i),int2str(i*30),...
           'horizontalalignment','center',...
           'handlevisibility','off');
       if i == length(th)
          loc = int2str(0);
```

```
        else
           loc = int2str(180+i*30);
        end
        text(-rt*cst(i),-rt*snt(i),loc,'horizontalalignment','center',...
           'handlevisibility','off')
     end
  % set view to 2-D
     view(2);
  % set axis limits
     axis(rmax*[-1 1 -1.15 1.15]);
  end
  % Reset defaults.
  set(cax, 'DefaultTextFontAngle', fAngle , ...
     'DefaultTextFontName',   fName , ...
     'DefaultTextFontSize',   fSize, ...
     'DefaultTextFontWeight', fWeight, ...
     'DefaultTextUnits',fUnits );
  % Tranfrom data to dB scale
  rmin = 0; rmax=1;
  rinc = (rmax-rmin)/rticks;
  rhodb=zeros(1,length(rho));
  for i=1:length(rho)
     if rho(i)==0
        rhodb(i)=0;
     else
        rhodb(i)=rmax+2*log10(rho(i))*rinc;
     end
     if rhodb(i)<=0
        rhodb(i)=0;
     end
  end
  % transform data to Cartesian coordinates.
  xx = rhodb.*cos(theta);
  yy = rhodb.*sin(theta);
  % plot data on top of grid
  if strcmp(line_style,'auto')
     q = plot(xx,yy);
  else
     q = plot(xx,yy,line_style,'linewidth',1.5);
  end
  if nargout > 0
     hpol = q;
  end
  if ~hold_state
     set(gca,'dataaspectratio',[1 1 1]), axis off; set(cax,'NextPlot',next);
  end
  set(get(gca,'xlabel'),'visible','on')
  set(get(gca,'ylabel'),'visible','on')
```

清单 11.16　MATLAB 函数“dbesselj.m”

```
function [ res ] = dbesselj( nu,z )
res=besselj(nu-1,z)-besselj(nu,z)*nu/z;
```

清单 11.17　MATLAB 函数“dbessely.m”

```
function [ res ] = dbessely( nu,z )
res=bessely(nu-1,z)-bessely(nu,z)*nu/z;
```

清单 11.18　MATLAB 函数“dbesselh.m”

```
function [ res ] = dbesselh(nu,kind,z)
res=besselh(nu-1,kind,z)-besselh(nu,kind,z)*nu/z;
```

清单 11.19　MATLAB 程序“rcs_cylinder_complex.m”

```
% This program computes the backscattered RCS for a cylinder
% with flat plates.
clear all
index = 0;
eps =0.00001;
a1 =.125;
h = 1.;
lambda = 3.0e+8 /9.5e+9;
lambda = 0.00861;
index = 0;
for theta = 0.0:.1:90-.1
  index = index +1;
  theta = theta * pi /180.;
  rcs(index) = (lambda * a1 * sin(theta) / ...
    (8 * pi * (cos(theta))^2)) + eps;
end
theta*180/pi;
theta = pi/2;
index = index +1;
rcs(index) = (2 * pi * h^2 * a1 / lambda )+ eps;
for theta = 90+.1:.1:180.
  index = index + 1;
  theta = theta * pi / 180.;
  rcs(index) = ( lambda * a1 * sin(theta) / ...
    (8 * pi * (cos(theta))^2)) + eps;
end
r = a1;
index = 0;
for aspect_deg = 0.:.1:180
  index = index +1;
  aspect = (pi /180.) * aspect_deg;
% Compute RCS using Eq. (11.37)
  if (aspect == 0 | aspect == pi)
     rcs_po(index) = (4.0 * pi^3 * r^4 / lambda^2) + eps;
     rcs_mu(index) = rcs_po(1);
```

```
    else
      x = (4. * pi * r / lambda) * sin(aspect);
      val1 = 4. * pi^3 * r^4 / lambda^2;
      val2 = 2. * besselj(1,x) / x;
      rcs_po(index) = val1 * (val2 * cos(aspect))^2 + eps;
    end
  end
rcs_t =(rcs_po + rcs);
angle = 0:.1:180;
plot(angle,10*log10(rcs_t(1:1801)),'k');
grid;
xlabel ('Aspect angle -degrees');
ylabel ('RCS -dBsm');
```

清单 11.20　MATLAB 程序“Swerling_models.m”

```
% This program computes and plots Swerling statistical models
% sigma_bar = 1.5;
clear all
sigma = 0:0.001:6;
sigma_bar = 1.5;
swer_3_4 = (4. / sigma_bar^2) .* sigma .* ...
  exp(-2. * (sigma ./ sigma_bar));
%t.*exp(-(t.^2)./2.
swer_1_2 = (1. /sigma_bar) .* exp( -sigma ./ sigma_bar);
plot(sigma,swer_1_2,'k',sigma,swer_3_4,'k');
grid;
gtext ('Swerling I,II');
gtext ('Swerling III,IV');
xlabel ('sigma');
ylabel ('Probability density');
title ('sigma-bar = 1.5');
```

第12章 高分辨率战术合成孔径雷达

本章与 Brian J. Smith 合著①

本章简单介绍战术合成孔径雷达(TSAR)。本章的目的是通过对高分辨率聚束 SAR 成像算法、运动补偿技术、自聚焦算法,以及性能指标更深入的分析,进一步加深读者对 SAR 的理解。

12.1 简介

现代机载雷达系统被设计成要执行很多任务,从目标检测和识别到大面积地形测绘。地形测绘可以通过合成孔径雷达(SAR)实现。通过采用相干辐射照射地面并且测量回波信号,SAR 可以产生地表的高分辨率二维(在某些情况下是三维的)图像。SAR 产生的地图的质量取决于分辨单元的大小。分辨单元由系统的距离和方位分辨率决定。其他影响分辨单元大小的因素有:(1)所处理的地图的大小及所涉及的信号处理的运算量;(2)成本考虑;(3)在地图中需要分辨的目标的大小。例如,与分辨房屋、车辆和街道相比,城市和海岸线大体特征的绘制不要求那么高的分辨率。

SAR 系统可以产生反射率相对距离和多普勒(横向距离)的地图。距离分辨率通过距离门实现。好的距离分辨率可以通过采用脉冲压缩技术实现。方位分辨率取决于天线的尺寸和雷达波长。好的方位分辨率可以通过利用雷达运动以合成大的天线孔径来增强。令 N_r 表示距离单元的个数,N_a 表示方位单元的个数,那么地图的分辨单元的总数为 $N_r N_a$。被广泛认为与改善方位分辨率有关的 SAR 系统,通常被称为多普勒波束锐化(DBS)SAR。此时,对每个距离单元进行处理,在与方位对应的多普勒域内分辨目标。本章是在 DBS 的背景下介绍的。

由于 SAR 成像需要完成巨大的信号处理运算量,因此早期的 SAR 设计采用光学处理技术。尽管光学处理器能够产生高质量的雷达图像,但它们也有一些缺点。它们可能非常昂贵,而且一般来说,只能产生条带地图。对于采用光学处理器的雷达,运动补偿很难实施。随着固态电子和超大规模集成电路(VLSI)技术的最新发展,在 SAR 系统中采用实时数字信号处理已经成为可能。

12.2 侧视 SAR 几何关系

图 12.1 显示了标准侧视 SAR 的几何关系。假设载有雷达的平台保持固定的高度 h 和速度 v,天线的 3 dB 波束宽度为 θ,仰角(从 z 轴到天线轴线的角度)为 β。天线波束与地面的交汇面定义为辐射区。当平台运动时,辐射区在地面上扫描出一条测绘带。

在任意时刻,相对绝对原点$\vec{O}=(0,0,0)$的雷达位置用向量$\vec{a}(t)$表示,速度向量$\vec{a}'(t)$为

$$\vec{a}'(t) = 0 \times \hat{a}_x + v \times \hat{a}_y + 0 \times \hat{a}_z \tag{12.1}$$

中心在$\vec{q}(t_c)$处的当前辐射区的视线(LOS)由向量$\vec{R}(t_c)$定义,其中 t_c 表示观察时间 T_{ob}(相干

① Brian J. Smith 博士任职于阿拉巴马州红石兵工厂的美国陆军航空和导弹全寿命管理司令部(AMCOM)。

积累时间)的中心时刻。更准确的表示为

$$(t = t_a + t_c) \qquad -\frac{T_{ob}}{2} \leqslant t \leqslant \frac{T_{ob}}{2} \tag{12.2}$$

其中,t_a 和 t 分别表示绝对和相对时间。向量$\vec{m}_g$ 定义中心时刻天线在地面上的投影。雷达到测绘带的最小斜距为 R_{min},最大斜距为 R_{max},如图 12.2 所示,那么

$$\begin{aligned} R_{min} &= h/\cos(\beta - \theta/2) \\ R_{max} &= h/\cos(\beta + \theta/2) \\ \left|\vec{R}(t_c)\right| &= h/\cos\beta \end{aligned} \tag{12.3}$$

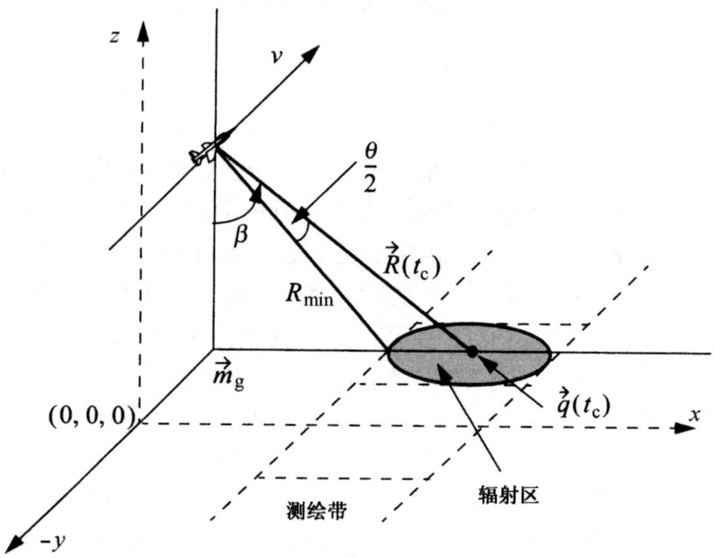

(a)

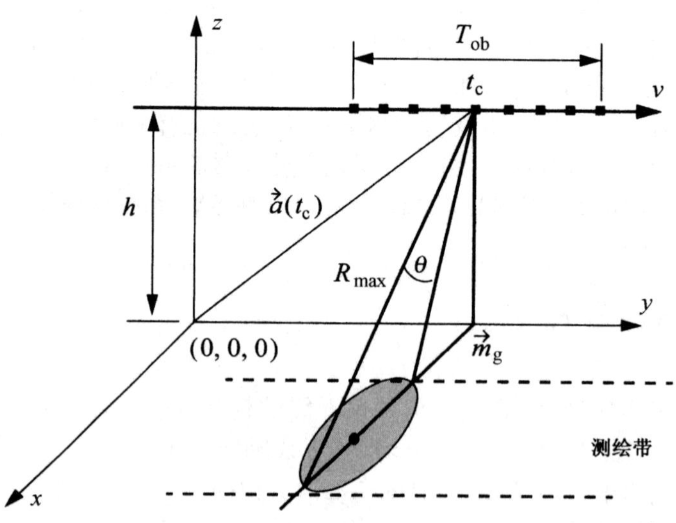

(b)

图 12.1　侧视 SAR 几何关系

注意,仰角 β 等于

$$\beta = 90 - \psi_g \tag{12.4}$$

其中，ψ_g 是擦地角。辐射区的大小是擦地角和天线波束宽度的函数，如图 12.3 所示。本节描述的 SAR 几何称为 SAR“条带”工作模式。另一种 SAR 工作模式称为“聚束模式”，是操纵天线（机械式或电子式）连续照射地面上的一个地点（辐射区），这在本章没有讨论。在这种情况下，在一次观察期间，可以产生当前辐射区的一幅高分辨率图像。

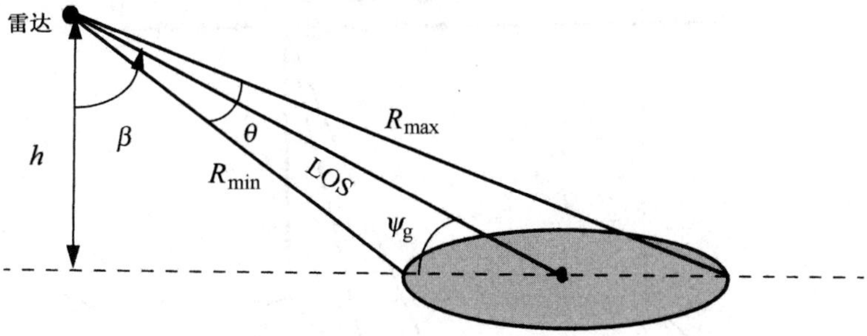

图 12.2　最小和最大距离的定义

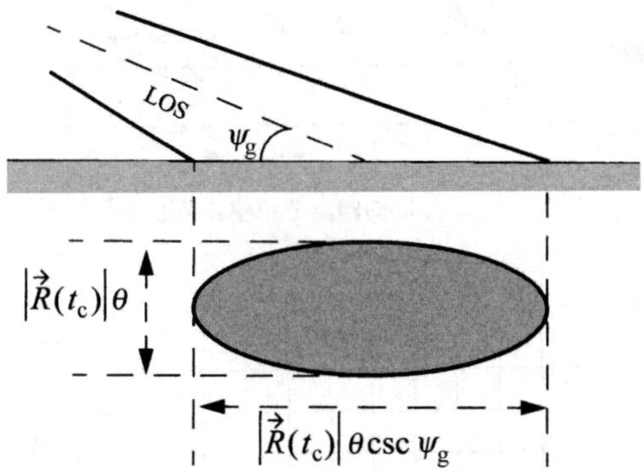

图 12.3　辐射区的定义

12.3　SAR 的设计考虑

SAR 图像的质量，高度依赖于图 12.4 所示的地图分辨单元的大小。距离分辨率 ΔR 是在波束的 LOS 上计算的，为

$$\Delta R = (c\tau)/2 \tag{12.5}$$

其中，τ 是脉冲宽度。根据图 12.5 的几何关系，距离单元的地面投影的长度 ΔR_g 计算如下：

$$\Delta R_g = \frac{c\tau}{2}\sec\psi_g \tag{12.6}$$

3 dB 波束宽度为 θ（弧度）的实际天线在距离 R 处的方位或横向距离分辨率为

$$\Delta A = \theta R \tag{12.7}$$

然而，波束宽度正比于孔径大小，为

$$\theta \approx \frac{\lambda}{L} \tag{12.8}$$

其中，λ 是波长，L 是孔径长度。因此

$$\Delta A = \frac{\lambda R}{L} \tag{12.9}$$

因为有效合成孔径大小是实际阵列的两倍，因此合成阵列的方位分辨率为

$$\Delta A = \frac{\lambda R}{2L} \tag{12.10}$$

而且，因为合成孔径长度 L 等于 vT_{ob}，所以式(12.10)可以重写为

$$\Delta A = \frac{\lambda R}{2vT_{ob}} \tag{12.11}$$

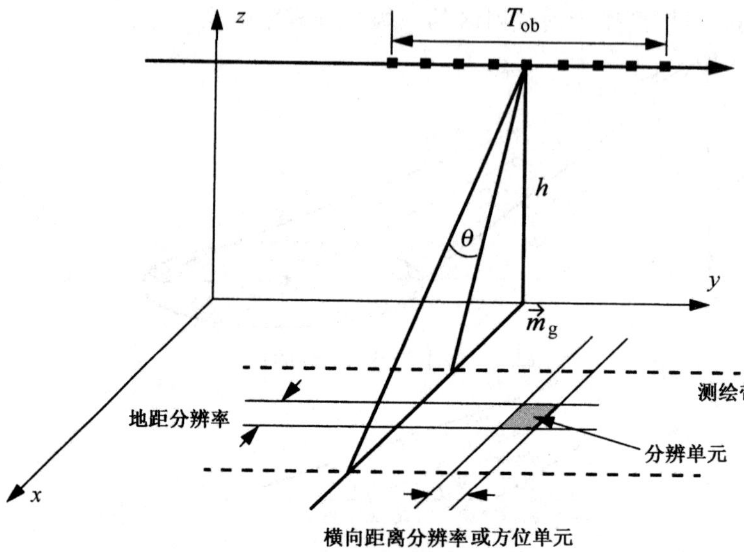

（a）分辨单元的定义

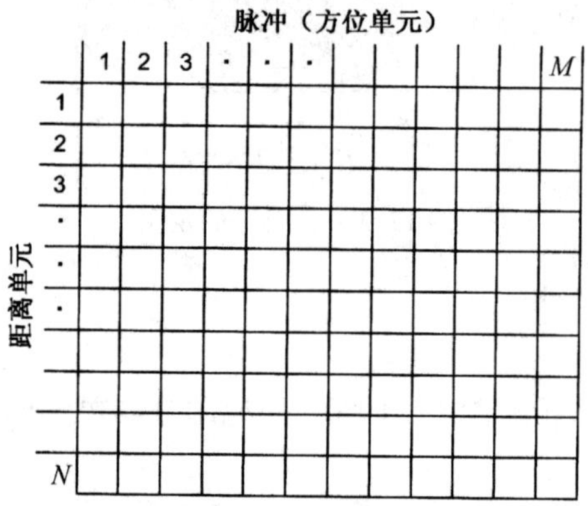

（b）分辨单元的定义

图 12.4

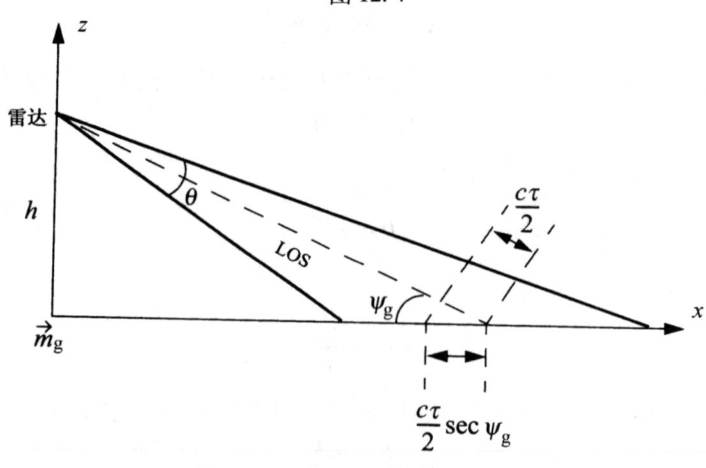

图 12.5　地面上距离单元的定义

通过利用在辐射区(或波束)内的多普勒变化,可以极大地改善方位分辨率。当雷达沿着航迹飞行时,辐射区内地面散射体(点目标)的径向速度的变化,是雷达在散射体方向径向速度的函数。某个散射体多普勒频率的变化称为“多普勒历史”。

令 $R(t)$ 表示 t 时刻雷达到散射体的距离,v_r 为相应的径向速度,则多普勒频移为

$$f_d = -\frac{2R'(t)}{\lambda} = \frac{2v_r}{\lambda} \tag{12.12}$$

其中,$R'(t)$ 是散射体的距离变化率。令 t_1 和 t_2 分别表示散射体进入和离开雷达波束的时刻,t_c 表示对应最小距离的时刻。图 12.6 显示了对应 $R(t)$ 的草图。因为径向速度可以根据 $R(t)$ 相对时间的导数计算,因此能够明显地看出多普勒频率在 t_1 时刻最大,在 t_c 时刻为 0,在 t_2 时刻最小,如图 12.7 所示。

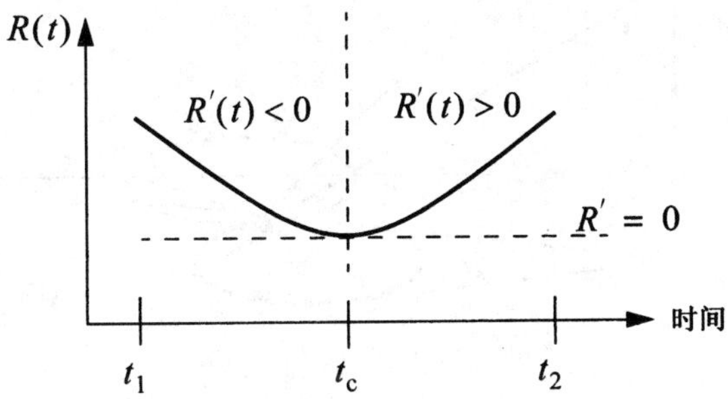

图 12.6　散射体距离相对时间的草图

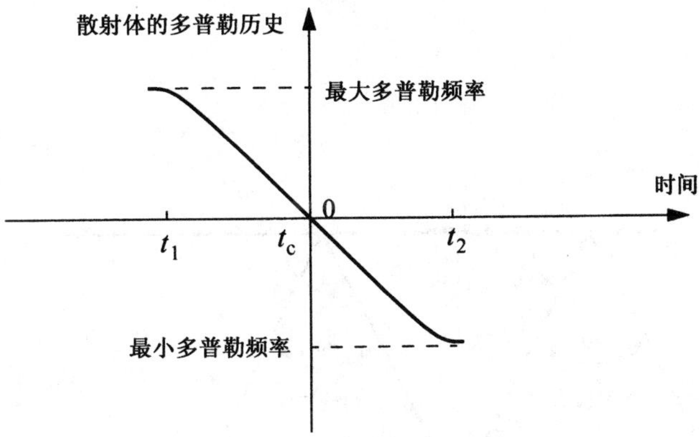

图 12.7　散射点的多普勒历史

通常,雷达的最大 PRF($f_{r_{max}}$)必须足够低,以避免距离模糊。另一方面,最小 PRF($f_{r_{min}}$)必须足够高,以避免多普勒模糊。SAR 的不模糊距离必须至少为辐射区的宽度。更准确地说,因为当前脉冲来自最大距离的目标回波必须在下一个脉冲发射之前被雷达接收,因此 SAR 的不模糊距离为

$$R_u = R_{max} - R_{min} \tag{12.13}$$

第 1 章推导了不模糊距离的表达式,这里重复为式(12.14),即

$$R_u = \frac{c}{2f_r} \tag{12.14}$$

将式(12.13)和式(12.14)合并得到

$$f_{r_{max}} \leqslant \frac{c}{2(R_{max} - R_{min})} \tag{12.15}$$

SAR 的最小 PRF($f_{r_{min}}$)的选择原则应该避免多普勒模糊。换句话说,$f_{r_{min}}$ 必须大于辐射区内

所期望的最大多普勒频率展宽。从图 12.8 的几何关系可知,最大和最小的多普勒频率分别为

$$f_{d_{max}} = \frac{2v}{\lambda} \sin\left(\frac{\theta}{2}\right)\sin\beta \qquad 在 t_1 \tag{12.16}$$

$$f_{d_{min}} = -\frac{2v}{\lambda} \sin\left(\frac{\theta}{2}\right)\sin\beta \qquad 在 t_2 \tag{12.17}$$

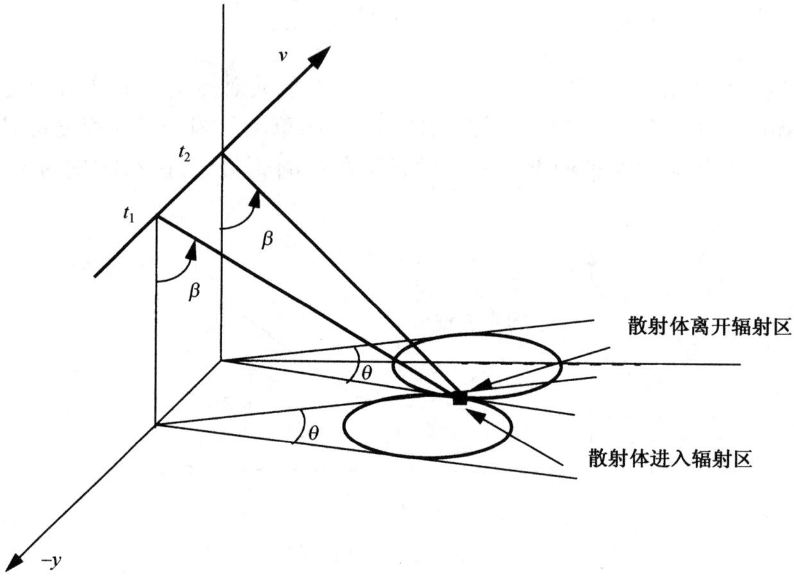

(a) 全视图

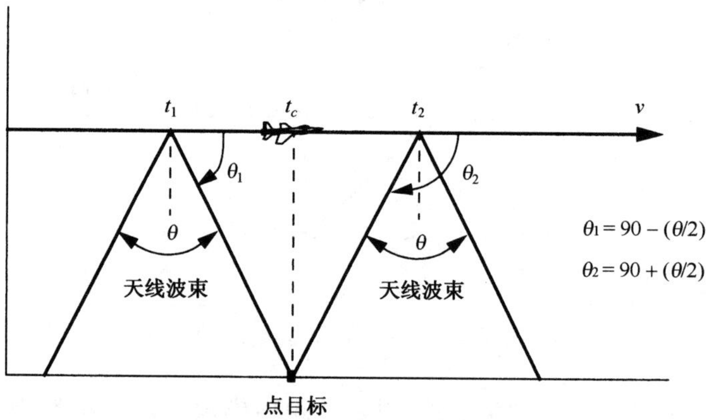

(b) 顶视图

图 12.8　多普勒历史的计算

因此,最大多普勒展宽为

$$\Delta f_d = f_{d_{max}} - f_{d_{min}} \tag{12.18}$$

将式(12.16)和式(12.17)代入式(12.18),并采用适当的三角等式,得到

$$\Delta f_d = \frac{4v}{\lambda} \sin\frac{\theta}{2} \sin\beta \tag{12.19}$$

最后,通过采用小角度近似,得到

$$\Delta f_d \approx \frac{4v}{\lambda} \frac{\theta}{2}\sin\beta = \frac{2v}{\lambda} \theta\sin\beta \tag{12.20}$$

所以，最小 PRF 为

$$f_{r_{min}} \geqslant \frac{2v}{\lambda}\ \theta\sin\beta \tag{12.21}$$

合并式(12.15)和式(12.21)，得到

$$\frac{c}{2(R_{max}-R_{min})} \geqslant f_r \geqslant \frac{2v}{\lambda}\ \theta\sin\beta \tag{12.22}$$

仅仅根据多普勒历史的不同来分辨辐射区内相同距离处的邻近散射体是可能的。为此，假定两个散射体位于第 k 个距离单元。将它们的角度偏移表示为 $\Delta\theta$，令 $\Delta f_{d_{min}}$ 为这两个散射体之间的最小多普勒展宽，使它们出现在两个不同的多普勒滤波器。采用推导式(12.20)相同的方法，得到

$$\Delta f_{d_{min}} = \frac{2v}{\lambda}\ \Delta\theta\sin\beta_k \tag{12.23}$$

其中，β_k 是对应第 k 个距离单元的仰角。

单个多普勒滤波器的带宽必须等于相干积累时间 T_{ob} 的倒数（即 $\Delta f_{d_{min}} = 1/T_{ob}$），因此

$$\Delta\theta = \frac{\lambda}{2vT_{ob}\sin\beta_k} \tag{12.24}$$

用 L 替换 vT_{ob} 得到

$$\Delta\theta = \frac{\lambda}{2L\sin\beta_k} \tag{12.25}$$

因此，SAR 的方位分辨率（在第 k 个距离单元内）为

$$\Delta A_g = \Delta\theta R_k = R_k\ \frac{\lambda}{2L\sin\beta_k} \tag{12.26}$$

注意，当 $\beta_k = 90°$ 时，式(12.26)与式(12.10)相同。

12.4　SAR 雷达方程

第 1 章推导了单脉冲雷达方程，这里重复为式(12.27)，即

$$\text{SNR} = \frac{P_t G^2 \lambda^2 \sigma}{(4\pi)^3 R_k^4 k T_0 B L_{Loss}} \tag{12.27}$$

其中，P_t 是峰值功率，G 是天线增益，λ 是波长，σ 是雷达截面积，R_k 是第 k 个距离单元的雷达斜距，k 是玻尔兹曼常数，T_0 是接收机噪声温度，B 是接收机带宽，L_{Loss} 是雷达损失。雷达截面积是雷达分辨率单元和地面反射率的函数。更准确地说，

$$\sigma = \sigma^0 \Delta R_g \Delta A_g = \sigma^0 \Delta A_g \frac{c\tau}{2}\sec\psi_g \tag{12.28}$$

其中，σ^0 是杂波散射系数，ΔA_g 是方位分辨率，式(12.6)用于替换地面距离分辨率。在一次观测时间内的相干积累脉冲数为

$$n = f_r T_{ob} = \frac{f_r L}{v} \tag{12.29}$$

其中，L 是合成孔径长度，将式(12.26)代入式(12.29)并整理，得到

$$n = \frac{\lambda R f_r}{2\Delta A_g v}\ \csc\beta_k \tag{12.30}$$

在观测时间内的雷达平均功率为

$$P_{\mathrm{av}} = (P_{\mathrm{t}}/B)f_{\mathrm{r}} \tag{12.31}$$

因而,n 个相干积累脉冲的 SNR 为

$$(\mathrm{SNR})_n = n\mathrm{SNR} = n \frac{P_{\mathrm{t}}G^2\lambda^2\sigma}{(4\pi)^3R_k^4kT_0BL_{\mathrm{Loss}}} \tag{12.32}$$

将式(12.31)、式(12.30)和式(12.28)代入式(12.32),并进行一些代数操作,得到 SAR 雷达方程

$$(\mathrm{SNR})_n = \frac{P_{\mathrm{av}}G^2\lambda^3\sigma^0}{(4\pi)^3R_k^3kT_0L_{\mathrm{Loss}}} \frac{\Delta R_{\mathrm{g}}}{2v} \csc\beta_k \tag{12.33}$$

由式(12.33)可以得到结论:在 SAR 系统中,(1) SNR 与距离的三次方成反比;(2) SNR 与方位分辨率无关;(3) SNR 是地面距离分辨率的函数;(4) SNR 与速度 v 成反比;(5) SNR 与波长的三次方成正比。

12.5 SAR 信号处理

有两种信号处理技术可以连续地产生 SAR 地图或图像,它们是逐行处理和多普勒处理。SAR 逐行处理的概念如下:通过雷达的直线运动形成一个合成阵列,其中当前合成阵列的阵元对应于上一次观测期间天线发射信号的位置。方位分辨率是通过合并上一次观测期间的回波形成窄的合成波束得到的。好的距离分辨率是通过使用距离门和脉冲压缩技术实时实现的。对于上一次观测期间的每一个距离单元和每一发射脉冲,回波记录在二维数据阵列中,每个脉冲更新一次。将这个二维数据阵列表示为 MAP。

为了进一步说明逐行处理的概念,考虑一幅大小为 $N_{\mathrm{a}} \times N_{\mathrm{r}}$ 的地图所产生的情况,其中 N_{a} 为方位单元数,N_{r} 为距离单元数。因此,MAP 的大小是 $N_{\mathrm{a}} \times N_{\mathrm{r}}$,其中列表示距离单元,行表示方位单元。对每个发射脉冲,连续距离单元的回波顺序记录在 MAP 的第一行。在第一行被完全填满后(即所有距离单元的回波都被接收),(在所有行中)所有数据在下一脉冲发射之前下移一行。因此,每个发射脉冲对应 MAP 的一行数据。所以,对于当前的观测时间,第一个发射脉冲的回波将位于 MAP 的底行,而最后一个发射脉冲的回波位于 MAP 的第一行。

在 SAR 多普勒处理中,阵列 MAP 每 N 个脉冲更新一次,因此 N 列数据是同时产生的。在这种情况下,N 表示一次观测期间的发射次数(即合成阵列的大小)。从天线的角度看,这相当于通过电扫描并排形成 N 个相邻的合成波束。

12.6 侧视 SAR 的多普勒处理

考虑图 12.9 所示的几何关系,假定散射体 C_i 位于第 k 个距离单元。散射体的方位角和俯仰角分别为 μ_i 和 β_i。假设俯仰角 β_i 等于该距离单元的俯仰角 β_k。如果地距分辨率 ΔR_{g} 很小,这个假设是成立的,否则,对于某些小的 ε_i,$\beta_i = \beta_k + \varepsilon_i$,本章中 $\varepsilon_i = 0$。

归一化的发射信号可以表示为

$$s(t) = \cos(2\pi f_0 t - \xi_0) \tag{12.34}$$

其中,f_0 是雷达的工作频率,ξ_0 表示发射机的相位,那么来自 C_i 的雷达回波信号为

$$s_i(t, \mu_i) = A_i\cos[2\pi f_0(t - \tau_i(t, \mu_i)) - \xi_0] \tag{12.35}$$

其中,$\tau_i(t,\mu_i)$ 是散射体的往返延迟时间,A_i 包含散射体的大小、距离衰减和天线增益。往返

延迟为

$$\tau_i(t,\mu_i) = \frac{2r_i(t,\mu_i)}{c} \tag{12.36}$$

其中,c 为光速,$r_i(t,\mu_i)$ 是散射体的斜距。根据图 12.9 的几何关系,第 k 个距离单元中的第 i 个散射体的斜距表达式可以写为

$$r_i(t,\mu_i) = \frac{h}{\cos\beta_i}\sqrt{1-\frac{2vt}{h}\cos\beta_i\cos\mu_i\sin\beta_i+\left(\frac{vt}{h}\cos\beta_i\right)^2} \tag{12.37}$$

使用式(12.36),往返延迟可以写为

$$\tau_i(t,\mu_i) = \frac{2}{c}\frac{h}{\cos\beta_i}\sqrt{1-\frac{2vt}{h}\cos\beta_i\cos\mu_i\sin\beta_i+\left(\frac{vt}{h}\cos\beta_i\right)^2} \tag{12.38}$$

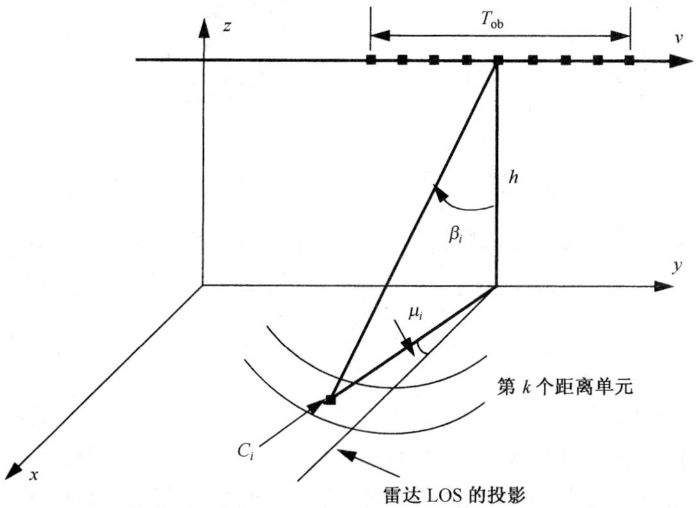

图 12.9　第 k 个距离单元中的散射体 C_i

采用二维二阶泰勒级数展开,往返延迟可以在参考状态$(t,\mu)=(0,0)$近似。执行这种泰勒级数展开得到

$$\tau_i(t,\mu_i) \approx \bar{\tau}+\bar{\tau}_{t\mu}\ \ \mu_i t+\bar{\tau}_{tt}\ \frac{t^2}{2} \tag{12.39}$$

其中,上横线表示在状态(0, 0)处的估计,下标表示偏导数,例如,$\bar{\tau}_{t\mu}$表示

$$\bar{\tau}_{t\mu} = \frac{\partial^2}{\partial t\partial\mu}\tau_i(t,\mu_i)\big|_{(t,\mu)=(0,0)} \tag{12.40}$$

泰勒级数的系数为

$$\bar{\tau} = \left(\frac{2h}{c}\right)\frac{1}{\cos\beta_i} \tag{12.41}$$

$$\bar{\tau}_{t\mu} = \left(\frac{2v}{c}\right)\sin\beta_i \tag{12.42}$$

$$\bar{\tau}_{tt} = \left(\frac{2v^2}{hc}\right)\cos\beta_i \tag{12.43}$$

注意,其他泰勒级数系数不是为 0 就是很小,因此可以忽略。最后,我们可以将雷达回波信号重写为

$$\begin{aligned} s_i(t,\mu_i) &= A_i\cos[\hat{\psi}_i(t,\mu_i)-\xi_0] \\ \hat{\psi}_i(t,\mu_i) &= 2\pi f_0\left[(1-\bar{\tau}_{t\mu}\mu_i)t-\bar{\tau}-\bar{\tau}_{tt}\frac{t^2}{2}\right] \end{aligned} \tag{12.44}$$

观察式(12.44)可以看出,由于二次相位项为 $2\pi f_0(\bar{\tau}_u t^2/2)$,第 i 个散射体的瞬时频率以时间的线性函数变化(这证实了我们对散射体的多普勒历史所做的结论)。而且,由于这个相位项与距离单元有关,而与散射体无关,因此所有位于相同距离单元的散射体都产生这个准确的二次相位项。这就是说,在同一个距离单元中的散射体具有相同的多普勒历史。这些多普勒历史根据它们之间的延迟时间区分,如图 12.10 所示。

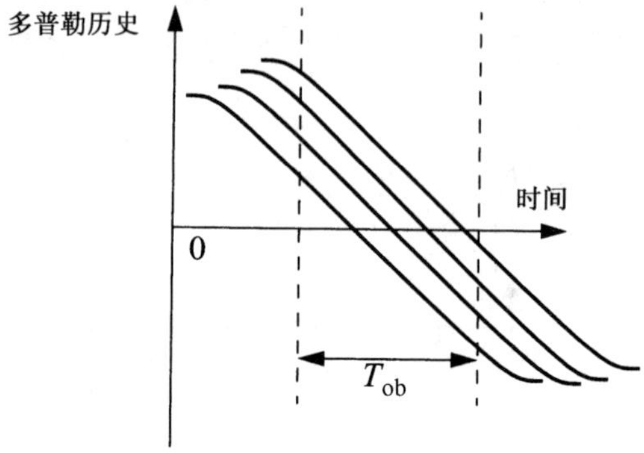

图 12.10 相同距离单元的若干散射体的多普勒历史

假定有 I 个散射体位于第 k 个距离单元中。在这种情况下,这个单元的合成回波是由式(12.44)所定义的每个散射体的单个回波之和。换句话说,回波叠加得到总的信号为

$$s_r(t) = \sum_{i=1}^{I} s_i(t, \mu_i) \tag{12.45}$$

第 k 个距离单元的信号处理框图如图 12.11 所示,包括以下步骤。第一,对载频进行差拍以提取正交分量。接着进行 LP 滤波和 A/D 转换。然后采用相位旋转矩阵进行去斜率或聚焦处理以消除正交分量中的二次相位项。处理的最后阶段包括加窗,对加窗后的正交分量进行 FFT,缩放幅度谱以考虑距离衰减和天线增益。

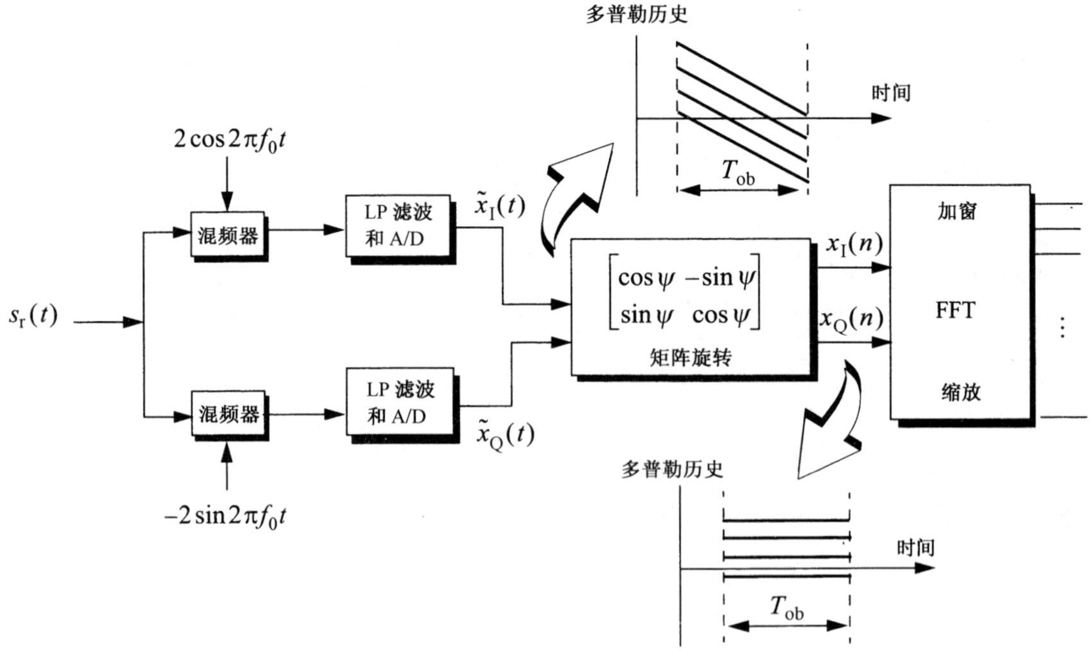

图 12.11 第 k 个距离单元的信号处理框图

离散正交分量为

$$\begin{aligned}\tilde{x}_{\mathrm{I}}(t_n) &= \tilde{x}_{\mathrm{I}}(n) = A_i\cos[\tilde{\psi}_i(t_n,\mu_i)-\xi_0]\\ \tilde{x}_{\mathrm{Q}}(t_n) &= \tilde{x}_{\mathrm{Q}}(n) = A_i\sin[\tilde{\psi}_i(t_n,\mu_i)-\xi_0]\end{aligned} \tag{12.46}$$

$$\tilde{\psi}_i(t_n,\mu_i) = \hat{\psi}_i(t_n,\mu_i)-2\pi f_0 t_n \tag{12.47}$$

其中，t_n 表示第 n 个采样时间（记住，$-T_{ob}/2 \leqslant t_n \leqslant T_{ob}/2$），去斜率处理之后（即去除相位 $\psi = -\pi f_0 \tau_u t_n^2$）的正交分量为

$$\begin{bmatrix} x_{\mathrm{I}}(n)\\ x_{\mathrm{Q}}(n)\end{bmatrix} = \begin{bmatrix}\cos\psi & -\sin\psi\\ \sin\psi & \cos\psi\end{bmatrix}\begin{bmatrix}\tilde{x}_{\mathrm{I}}(n)\\ \tilde{x}_{\mathrm{Q}}(n)\end{bmatrix} \tag{12.48}$$

12.7　SAR 成像的多普勒处理

前文提到 SAR 成像是在两个相互正交的维度（距离和方位）上进行的。距离分辨率由接收机带宽和脉冲压缩控制。方位分辨率由天线波束宽度限制。通过使用前一节描述的信号模型，可以建立 FFT 单元和方位分辨率单元之间的一一对应关系。因此，目标检测问题转换为频谱分析问题，其中检测是基于回波信号的幅度谱的。FFT 的频率分辨率 Δf 等于观测时间间隔 T_{ob} 的倒数。因此，幅度谱在 $k_1\Delta f$ 处的尖峰说明在频率 $f_{d1}=k_1\Delta f$ 处存在一个散射体。

例如，考虑位于第 k 个距离单元的散射体 C_i，对应这个散射体的瞬时频率 f_{di} 为

$$f_{\mathrm{d}i} = \frac{1}{2\pi}\frac{\mathrm{d}\psi}{\mathrm{d}t} = f_0\bar{\tau}_{t\mu}\mu_i = \frac{2v}{\lambda}\sin\beta_i\mu_i \tag{12.49}$$

这与式（12.23）使用 $\mu_i=\Delta\theta$ 推导的结果相同。因此，在多普勒中相隔 Δf 以上的两个散射体能够被分辨。

图 12.12 显示了位于 10 km 垂直距离处的三个点散射体的二维 SAR 图像。在本例中，方位和距离分辨率均为 1 m^2，工作频率为 35 GHz。图 12.13 与图 12.12 相似，除了分辨单元为 6 in^2 之外。可以明显地看出，图像出现了模糊。图 12.12 和图 12.13 可以使用 12.10 节的清单 12.1 给出的程序“fig12_12_13. m”得到。

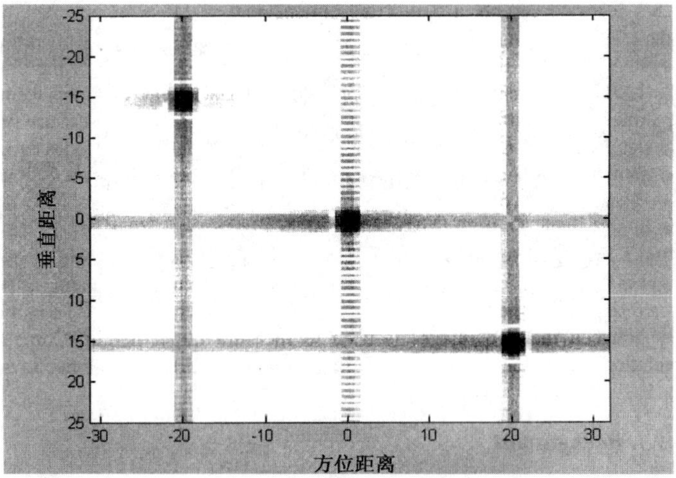

图 12.12　三个点散射体图像，分辨单元为 1 m^2

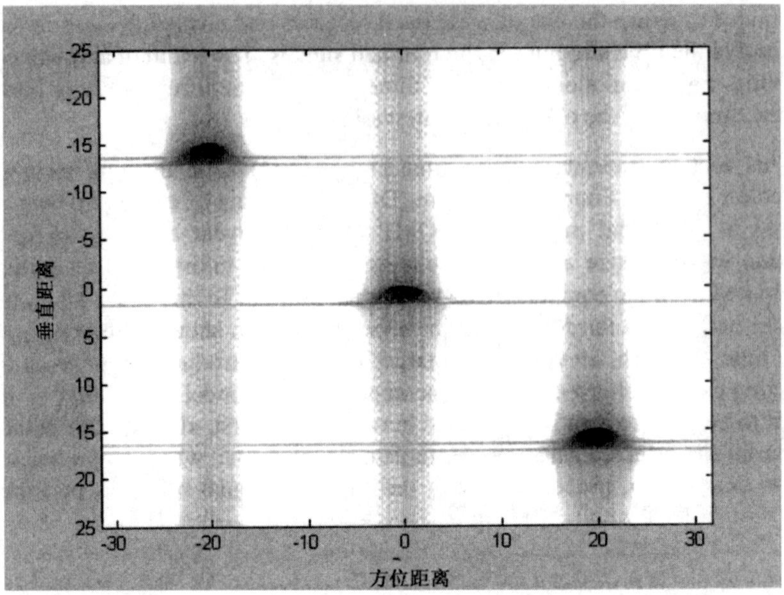

图 12.13　三个点散射体图像,分辨单元为 1 in^2

12.8　距离走动

如前文所示,SAR 多普勒处理是通过两步实现的:(1) 划分距离门;(2) 在观测间隔结束时,对每个距离单元进行方位压缩。为此,方位压缩假定在整个观测间隔内每个散射体都位于相同距离单元内。然而,由于距离门是相对于运动的雷达所定义的,所以距离门网格相对于地面也是运动的。结果,散射体在其距离单元内也表现出是运动的。这种现象称为距离走动。小的距离走动不会影响多普勒处理,只要散射体保持在相同距离单元内。但是,超出几个距离单元的距离走动会成为严重的问题,因为此时多普勒处理是没有意义的。

12.9　三维 SAR 成像技术

本节介绍一种新的三维合成孔径雷达(SAR)成像技术①,其使用横向运动的线性阵列来合成一个二维的合成阵列。线性阵列的阵元顺序发射信号(每次一个阵元),同时所有阵元并行接收信号。二维信息序列从等相位的双程信号回波中计算。使用的基于三阶泰勒级数的信号模型是关于时间、方位角、俯仰角和目标高度的相对增量展开的。散射体是以信息序列的幅度谱的峰值检测的。检测分两个阶段实现。首先,使用一种不完整的信号模型检测辐射区内的所有散射体,其中目标高度设置为零。然后,只对包含显著散射体回波的距离单元,采用完整的信号模型进行处理。两幅图像之间的差异用来计算目标的高度。计算机仿真表明,这种技术是准确的,而且实际上是脉冲不变的。

12.9.1　背景

标准合成孔径雷达(SAR)成像系统通常用来产生地形的高分辨率二维图像。距离门技术

① 本节内容摘自:Mahafza, B. R. and Sajjadi, M., Three-Dimensional SAR Imaging Using a Linear Array in Transverse Motion, *IEEE-AES Trans.* Vol. 32, No. 1, January 1996, pp. 499-510.

决定了第一维的分辨率。脉冲压缩技术通常用来获得更好的距离分辨率。这类技术需要使用宽带接收机技术和显示设备,以分辨回波信号的时间结构。方位单元的宽度提供另一维的分辨率。方位分辨率受观测间隔的持续时间的限制。

本节介绍的三维 SAR 成像技术,是基于以顺序模式获取的等相位数据的离散傅里叶变换(DFT)处理(DFTSQM),其使用横向运动的线性阵列来合成二维合成阵列。二维信息序列从等相位的双程回波信号中计算。为此,引入了一个基于三阶泰勒级数的新的信号模型,其关于时间、方位角、俯仰角和目标高度的相对增量展开。标准的 SAR 成像可以使用非完整的信号模型实现,其中目标的高度设置为零。检测分两个步骤实现。首先,使用非完整的信号模型检测辐射区内的所有散射体,其中目标高度设置为零。然后,只对包含显著散射体回波的距离单元,采用完整的信号模型进行处理。两幅图像的差异用来指示目标的高度。计算机仿真表明,这种技术是准确的,而且实际上是脉冲不变的。

12.9.2 DFTSQM 操作和信号处理

线性阵列

考虑大小为 N,均匀阵元间距为 d,波长为 λ 的线性阵列。假设一个远场散射体 P 位于正弦方向 λ 处。对这个阵列的 DFTSQM 操作可以描述如下。阵元顺序地发射信号,每次一个阵元,所有阵元并行地接收信号。记录回波,并且按照同相原则相干积累,以计算复数信息序列 $\{b(m)\};m=0,2N-1\}$。第 x_n 个阵元相对于阵列中心、以 d 为单位的 x 轴坐标为

$$x_n = \left(-\frac{N-1}{2}+n\right) \qquad n = 0,\dots,N-1 \tag{12.50}$$

由第 x_1 个阵元发射,第 l 个远场散射体 P 反射,被第 x_2 个阵元接收的远场电场为

$$E(x_1,x_2;s_l) = G^2(s_l)\left(\frac{R_0}{R}\right)^4\sqrt{\sigma_l}\ \exp(\mathrm{j}\phi(x_1,x_2;s_l)) \tag{12.51}$$

$$\phi(x_1,x_2;s_l) = \frac{2\pi}{\lambda}(x_1+x_2)(s_l) \tag{12.52}$$

$$s_l = \sin\beta_l \tag{12.53}$$

其中,$\sqrt{\sigma_l}$是目标的截面积,$G^2(s_l)$是双程阵元增益,$(R_0/R)^4$ 是相对于参考距离 R_0 的距离衰减。散射体的相位假设为零,然而它可以很容易地包含进来。假定阵列的 FOV 中存在多个散射体,则在 $x_1 \Rightarrow x_2$ 的路径上由所有散射体反射得到的累积电场为

$$E(x_1,x_2) = \sum_{\text{所有 } l}[E_{\mathrm{I}}(x_1,x_2;s_l)+\mathrm{j}E_{\mathrm{Q}}(x_1,x_2;s_l)] \tag{12.54}$$

其中,下标(I,Q)表示正交分量。注意,式(12.52)给出的相位的变化部分与$\{(x_{n1}+x_{n2});(n1,n2)=0,\cdots N-1\}$的整数结果成比例关系。在远场工作中,共计有$(2N-1)$个不同的$(x_{n1}+x_{n2})$。因此,相同的$(x_{n1}+x_{n2})$路径的电场可以相干积累。这样就可以计算信息序列$\{b(m);m=0,2N-1\}$,其中 $b(2N-1)$设置为0。与此同时,可以形成序列$\{c(m);m=0,\cdots,2N-2\}$,其对具有相同$(x_{n1}+x_{n2})$的回波数保持跟踪。更精确地说,对于 $m=n1+n2;(n1,n2)=0,\cdots,N-1$,则

$$b(m) = b(m)+E(x_{n1},x_{n2}) \tag{12.55}$$

$$c(m) = c(m)+1 \tag{12.56}$$

其中

$$\{c(m);m=0,\dots,2N-2\} = \begin{cases} m+1 & m = 0,\dots,N-2 \\ N & m = N-1 \\ 2N-1-m & m = N,\dots,2N-2 \end{cases} \tag{12.57}$$

是一个三角形序列。

对序列{$b(m)$}的处理可按照以下步骤执行:(1)考虑序列{$c(m)$}进行加权处理;(2)将复序列{$b(m)$}的长度通过补零操作扩展为 2 的整数幂 N_F;(3)对扩展后的序列{$b'(m)$;$m=0,N_F-1$}进行 DFT 计算,即

$$B(q) = \sum_{m=0}^{N_F-1} b'(m)\cdot\exp\left(-j\frac{2\pi qm}{N_F}\right) \qquad q = 0,\dots,N_F-1 \tag{12.58}$$

(4)对天线增益和距离衰减进行补偿后,检测幅度谱$|B(q)|$的尖峰作为散射体。注意,这一步仅当下式满足时成立,即

$$\sin\beta_q = \frac{\lambda q}{2Nd} \qquad q = 0,\dots,2N-1 \tag{12.59}$$

其中,β_q 表示第 q 个散射体的正弦方向,而 $N_F=2N$ 隐含在式(12.59)中。

多目标检测的经典方法是采用一个具有相移和锐化硬件的相位阵列天线。阵列的波束宽度正比于(λ/Nd),第一旁瓣约为 -13 dB。另一方面,式(12.59)表明,采用 DFTSQM 技术的多目标检测提供的波束宽度正比于($\lambda/2Nd$),其具有将阵列分辨率倍增的效果。由于三角序列{$c(m)$},第一旁瓣约为 -27 dB。另外,对单个阵元视场内目标的检测不需要相移硬件。

矩形阵列

对二维阵列的 DFTSQM 操作和信号处理可以如下描述。假定一个 $N_x\times N_y$ 的矩形阵列。所有 N_xN_y 个阵元顺序发射,每次一个。每次发射后,所有 N_xN_y 阵元同时接收。因此,每次发射后可以采集 N_xN_y 个正交分量的样本,总共采集$(N_xN_y)^2$ 个样本。然而,在远场工作模式下,仅有$(2N_x-1)\times(2N_y-1)$个不同的等相位回波。所以,录取的数据可以相干叠加形成一个大小为$(2N_x-1)\times(2N_y-1)$的二维信息阵列。计算这个信息阵列的二维幅度谱的模可以得到双程辐射方向图。整个处理包括二维加窗、二维离散傅里叶变换、天线增益和距离衰减补偿。二维阵列的视场由单个阵元的 3 dB 方向图决定。通过幅度谱的峰值,可以同时检测出视场中的所有散射体。

考虑一个大小为 $N\times N$ 的矩形阵列,均匀阵元间距为 $d_x=d_y=d$,波长为 λ。以 d 为单位,第 n 个单元的坐标为

$$x_n = \left(-\frac{N-1}{2}+n\right) \qquad n = 0,\dots,N-1 \tag{12.60}$$

$$y_n = \left(-\frac{N-1}{2}+n\right) \qquad n = 0,\dots,N-1 \tag{12.61}$$

假定一个场点 P 由方位角和仰角(α,β)定义。在这种情况下,阵元的单程几何相位为

$$\varphi'(x,y) = \frac{2\pi}{\lambda}[x\sin\beta\cos\alpha + y\sin\beta\sin\alpha] \tag{12.62}$$

因此,(x_1,y_1)和(x_2,y_2)阵元之间的双程几何相位为

$$\varphi(x_1,y_1,x_2,y_2) = \frac{2\pi}{\lambda}\sin\beta[(\beta_1+x_2)\cos\alpha + (y_1+y_2)\sin\alpha] \tag{12.63}$$

位于(α_l,β_l)处第 l 个散射体的双程电场为

$$E(x_1,x_2,y_1,y_2;\alpha_l,\beta_l) = G^2(\beta_l)\left(\frac{R_0}{R}\right)^4\sqrt{\sigma_l}\ \exp[j(\varphi(x_1,y_1,x_2,y_2))] \tag{12.64}$$

假定阵列的 FOV 中有多个散射体,那么(x_1,y_1)⇒(x_2,y_2)的双程路径的累积电场为

$$E(x_1,x_2,y_1,y_2) = \sum_{\text{所有散射体}} E(x_1,x_2,y_1,y_2;\alpha_l,\beta_l) \tag{12.65}$$

通过设置 $N_y=1$ 和 $\alpha=0$，二维阵列的所有表达式都可以简化为线阵列的结果。

式(12.63)中给出的相位的变化部分与整数(x_1+x_2)和(y_1+y_2)成比例关系。因此，顺序发射结束后，相同(i, j)的路径的电场可以相干采集，其中

$$\{i=x_{n1}+x_{n2}\,;\,i=-(N-1),\ldots,(N-1)\} \tag{12.66}$$

$$\{j=y_{n1}+y_{n2}\,;\,j=-(N-1),\ldots,(N-1)\} \tag{12.67}$$

以这种方式，可以计算二维信息阵列$\{b(m_x,m_y)\,;(m_x,m_y)=0,\cdots,2N-1\}$。还可以计算系数序列$\{c(m_x,m_y)\,;(m_x,m_y)=0,\cdots,2N-1\}$。更精确的表示为

$$\begin{gathered}\text{对于}\quad m_x=n1+n2\quad\text{和}\quad m_y=n1+n2\\ n1=0,\ldots,N-1\quad\text{和}\quad n2=0,\ldots,N-1\end{gathered} \tag{12.68}$$

$$b(m_x,m_y)=b(m_x,m_y)+E(x_{n1},y_{n1},x_{n2},y_{n2}) \tag{12.69}$$

而且

$$c(m_x,m_y)=(N_x-|m_x-(N_x-1)|)\times(N_y-|m_y-(N_y-1)|) \tag{12.70}$$

二维复数信息阵列$\{b(m_x,m_y)\}$的处理与线性阵列情况类似，除了使用二维 DFT 之外。在补偿天线增益和距离衰减后，通过信息阵列的二维幅度谱的尖峰可以检测散射体。一个位于角度(α_l,β_l)处的散射体将在幅度谱中 DFT 索引(p_l,q_l)处产生一个尖峰，其中

$$\alpha_l=\arctan\left(\frac{q_l}{p_l}\right) \tag{12.71}$$

$$\sin\beta_l=\frac{\lambda p_l}{2Nd\cos\alpha_l}=\frac{\lambda q_l}{2Nd\sin\alpha_l} \tag{12.72}$$

式(12.71)的推导在 12.9.7 节中。

12.9.3　DFTSQM SAR 成像的几何关系

图 12.14 显示了 DFTSQM SAR 成像系统的几何模型。在图中，t_c 表示观测间隔 D_{ob}的中心时刻。载机保持恒定的速度 v 和高度 h。相对坐标系统的原点表示为 $\vec{O}$，向量 $\vec{O}M$ 表示雷达在 t_c 时刻的位置。发射天线由线性实阵列组成，以顺序模式工作。实阵列的大小为 N，阵元间距为 d，辐射器为直径为 $D=d$ 的圆盘。假定载机沿飞行路径扫描了 M 个发射位置，则形成一个大小为 $N\times M$ 的矩形阵列，如图 12.15 所示。

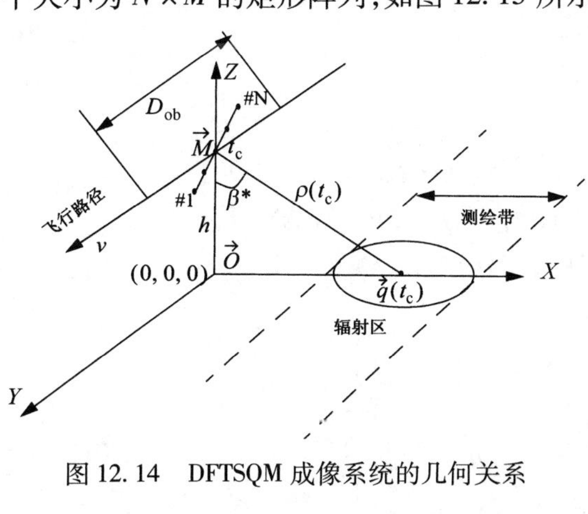

图 12.14　DFTSQM 成像系统的几何关系

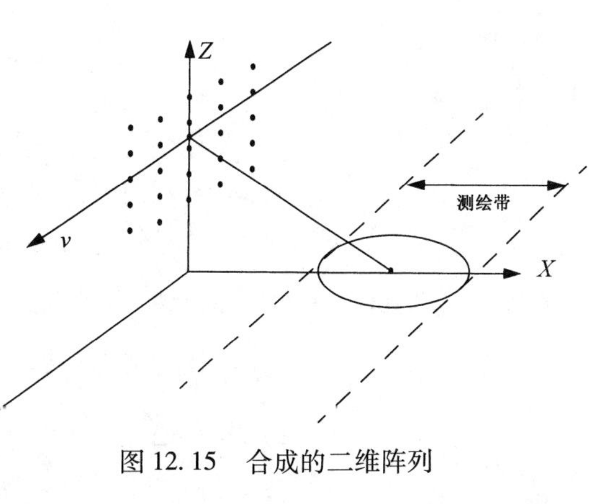

图 12.15　合成的二维阵列

向量 $\vec{q}(t_c)$定义在 t_c 时刻辐射区的 3 dB 中心。阵列中心在飞行路径上，并且假定飞行路径和视线$\rho(t_c)$互相垂直。沿实阵列方向的单位向量 $\vec{a}$ 为

$$\vec{a} = \cos\beta^*\vec{a}_x + \sin\beta^*\vec{a}_z \tag{12.73}$$

其中，β^* 是在中心时刻 t_c 的辐射区中心所对应的俯仰角，或擦地角的补角。

12.9.4 斜距公式

考虑如图 12.16 所示的几何关系，并且假定在第 k 个距离单元中存在一个散射体 $\vec{C}_i$。该散射体由以下变量定义：

$$\{幅度, 相位, 俯仰角, 方向角, 高度\} = \{a_i, \phi_i, \beta_i, \mu_i, \tilde{h}_i\} \tag{12.74}$$

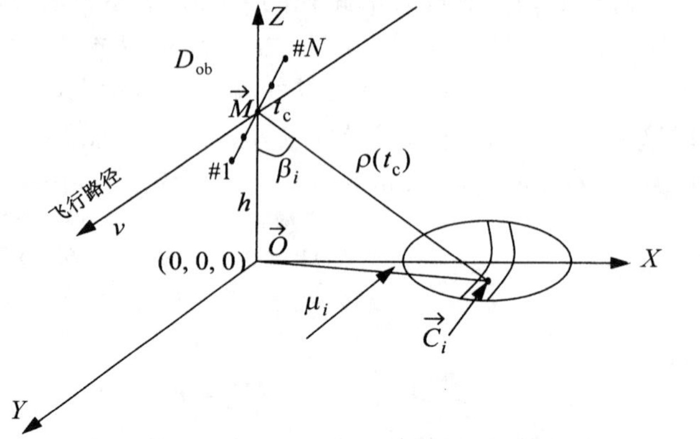

图 12.16 位于某距离单元中的散射体 $\vec{C}_i$

散射体 $\vec{C}_i$（假定采用笛卡儿坐标系）可以表示为

$$\vec{C}_i = h\tan\beta_i\cos\mu_i\vec{a}_x + h\tan\beta_i\sin\mu_i\vec{a}_y + \tilde{h}_i\vec{a}_z \tag{12.75}$$

$$\beta_i = \beta_k + \varepsilon \tag{12.76}$$

其中，β_k 表示在观测间隔中心时刻第 k 个距离单元的俯仰角，ε 是角度增量。令 $\vec{O}e_n$ 表示第 n 个阵元与 $\vec{O}$ 之间的向量，则

$$\vec{O}e_n = D_n\cos\beta^*\vec{a}_x + vt\vec{a}_y + (D_n\sin\beta^* + h)\vec{a}_z \tag{12.77}$$

$$D_n = \left(\frac{1-N}{2} + n\right)d \qquad n = 0, \ldots, N-1 \tag{12.78}$$

第 k 个距离单元中的散射体 $\vec{C}$ 与实阵列的第 n 个阵元之间的距离为

$$\begin{aligned} r_n^2(t, \varepsilon, \mu, \tilde{h}; D_n) = {} & D_n^2 + v^2t^2 + (h-\tilde{h})^2 + 2D_n\sin\beta^*(h-\tilde{h}) + \\ & h\tan(\beta_k+\varepsilon)[h\tan(\beta_k+\varepsilon) - 2D_n\cos\beta^*\cos\mu - 2vt\sin\mu] \end{aligned} \tag{12.79}$$

散射体俯仰角和方位角的方向正弦，比对应的角度增量更为实用。因此，定义散射体的方位和俯仰方向正弦

$$s = \sin\mu \tag{12.80}$$

$$u = \sin\varepsilon \tag{12.81}$$

则式（12.79）可重写为

$$\begin{aligned} r_n^2(t, s, u, \tilde{h}; D_n) = {} & D_n^2 + v^2t^2 + (h-\tilde{h})^2 + h^2f^2(u) + \\ & 2D_n\sin\beta^*(h-\tilde{h}) - (2D_nh\cos\beta^* f(u)\sqrt{1-s^2} - 2vhtf(u)s) \end{aligned} \tag{12.82}$$

$$f(u) = \tan(\beta_k + \arcsin u) \tag{12.83}$$

将 r_n 展开为增量 $(t, s, u, \tilde{h})$ 的三阶泰勒级数，得到

$$\begin{aligned} r(t, s, u, \tilde{h}; D_n) = {} & \bar{r} + \bar{r}_{\tilde{h}}\tilde{h} + \bar{r}_u u + \bar{r}_{\tilde{h}\tilde{h}}\frac{\tilde{h}^2}{2} + \bar{r}_{\tilde{h}u}\tilde{h}u + \bar{r}_{ss}\frac{s^2}{2} + \bar{r}_{st}st + \\ & \bar{r}_{tt}\frac{t^2}{2} + \bar{r}_{uu}\frac{u^2}{2} + \bar{r}_{\tilde{h}\tilde{h}\tilde{h}}\frac{\tilde{h}^3}{6} + \bar{r}_{\tilde{h}\tilde{h}u}\frac{\tilde{h}^2u}{2} + \bar{r}_{\tilde{h}st}\tilde{h}st + \bar{r}_{\tilde{h}uu}\frac{\tilde{h}u^2}{2} + \\ & \bar{r}_{\tilde{h}ss}\frac{\tilde{h}s^2}{2} + \bar{r}_{uss}\frac{us^2}{2} + \bar{r}_{stu}stu + \bar{r}_{suu}\frac{su^2}{2} + \bar{r}_{t\tilde{h}\tilde{h}}\frac{t\tilde{h}^2}{2} + \bar{r}_{utt}\frac{ut^2}{2} + \bar{r}_{uuu}\frac{u^3}{6} \end{aligned} \tag{12.84}$$

其中，下标表示偏导数，上横线表示在状态 $(t, s, u, \tilde{h})$ 处的估计值。注意到

$$\{\bar{r}_s = \bar{r}_t = \bar{r}_{\tilde{h}s} = \bar{r}_{\tilde{h}t} = \bar{r}_{su} = \bar{r}_{tu} = \bar{r}_{\tilde{h}\tilde{h}s} = \bar{r}_{\tilde{h}\tilde{h}t} = \bar{r}_{\tilde{h}us} = \bar{r}\hat{h}tu = \bar{r}_{sss} = \bar{r}_{sst} = \bar{r}_{stt} = \bar{r}_{ttt} = \bar{r}_{tsu} = 0\} \tag{12.85}$$

12.9.8 节给出了第 k 个距离单元的所有非零泰勒级数系数的详细表达式。

即使对于最大的增量 $t_{\max}$、$s_{\max}$、$u_{\max}$、$\tilde{h}_{\max}$，下面这些项

$$\left\{\bar{r}_{\tilde{h}\tilde{h}\tilde{h}}\frac{\tilde{h}^3}{6}, \bar{r}_{\tilde{h}\tilde{h}u}\frac{\tilde{h}^2u}{2}, \bar{r}_{\tilde{h}uu}\frac{\tilde{h}u^2}{2}, \bar{r}_{\tilde{h}ss}\frac{\tilde{h}s^2}{2}, \bar{r}_{uss}\frac{us^2}{2}, \bar{r}_{stu}stu, \bar{r}_{suu}\frac{su^2}{2}, \bar{r}_{t\tilde{h}\tilde{h}}\frac{t\tilde{h}^2}{2}, \bar{r}_{utt}\frac{ut^2}{2}, \bar{r}_{uuu}\frac{u^3}{6}\right\} \tag{12.86}$$

都很小且可以忽略。因此，距离 r_n 近似为

$$r(t, s, u, \tilde{h}; D_n) = \bar{r} + \bar{r}_{\tilde{h}}\tilde{h} + \bar{r}_u u + \bar{r}_{\tilde{h}\tilde{h}}\frac{\tilde{h}^2}{2} + \bar{r}_{\tilde{h}u}\tilde{h}u + \bar{r}_{ss}\frac{s^2}{2} + \bar{r}_{st}st + \bar{r}_{tt}\frac{t^2}{2} + \bar{r}_{uu}\frac{u^2}{2} + \bar{r}_{\tilde{h}st}\tilde{h}st \tag{12.87}$$

考虑以下双程路径：第 n_1 个单元发射、散射体 $\vec{O}_i$ 反射、第 n_2 个单元接收，则对应这个双程路径的往返路程延迟为

$$\tau_{n_1n_2} = \frac{1}{c}(r_{n_1}(t, s, u, \tilde{h}; D_{n_1}) + r_{n_2}(t, s, u, \tilde{h}; D_{n_2})) \tag{12.88}$$

其中，c 是光速。

12.9.5　信号合成

将观测时间间隔平均地分为 M 个宽度为 $\Delta t(D_{\mathrm{ob}} \div M)$ 的子间隔。在每个子间隔中，实阵列以顺序模式工作，合成一个长度为 $2N$ 的阵列。子间隔数 M 应保证足够大，以使得实阵列在顺序发射时不发生距离模糊。换句话说，如果最大距离为 $R_{\max}$，则

$$\Delta t > N\frac{2R_{\max}}{c} \tag{12.89}$$

然后，每个子间隔被划分为 N 个宽度为 $2R_{\max}/c$ 的采样子间隔。时刻 t_{mn} 表示在第 m 个子间隔中第 n 个天线阵元发射的采样时刻。

在第 m 个子间隔中，第 n 个阵元的归一化的发射信号定义为

$$s_n(t_{mn}) = \cos(2\pi f_o t_{mn} + \zeta) \tag{12.90}$$

其中，ζ 表示发射机相位，f_o 是系统的工作频率。假定在第 k 个距离单元中只有一个由 $\vec{C}_i$ 定义的散射体 $(a_i, \phi_i, s_i, u_i, \tilde{h}_i)$。第 n_1 个阵元发射的信号经散射体 $\vec{C}_i$ 反射后，被第 n_2 阵元接收的回波信号为

$$s_i(n_1, n_2; t_{mn_1}) = a_i G^2(\sin\beta_i)(\rho_k(t_c)/\rho(t_c))^4 \times \cos[2\pi f_o(t_{mn_1} - \tau_{n_1n_2}) + \zeta - \phi_i] \tag{12.91}$$

其中 G^2 为双程天线增益，项 $(\rho_k(t_c)/(\rho(t_c))^4$ 表示第 k 个距离单元的距离衰减。本文的分析在此处假设 ζ 和 ϕ_i 都等于零。

假定在第 k 个距离单元中存在 N_o 个散射体，其角位置分别为

$$\{(a_i, \phi_i, s_i, u_i, \tilde{h}_i) \qquad i = 1, \cdots, N_o\} \tag{12.92}$$

在这个距离单元中，由路径（n_1→所有$\vec{C}_i$→n_2）产生的复合回波信号在 t_{mn_1}时刻为

$$s(n_1, n_2; t_{mn_1}) = \sum_{i=1}^{N_o} s_i(n_1, n_2; t_{mn_1}) \tag{12.93}$$

平台运动合成大小为 $N \times M$ 的矩形阵列，其中在每一时刻仅存在长度为 N 个阵元的一列。当然，如果 $M = 2N$ 且实阵列按照顺序模式工作，则可以形成一个大小为 $2N \times 2N$ 的正方形平面阵列。沿着飞行路径方向的阵元间距为 $d_y = vD_{ob}/M$。

考虑第 k 个距离单元，对应的二维信息序列$\{b_k(n,m);(n,m)=0,\cdots,2N-2\}$包含 $2N$ 个相似的向量。第 m 个向量代表在第 m 个子间隔中所有 N 个阵元顺序发射所得到的回波。每个向量包含$(2N-1)$行，通过补零操作扩展后的长度为下一个 2 的幂次。例如，考虑第 m 个子间隔，令 $M = 2N = 4$，则扩展后的列$\{b_k(n,m)\}$的元素为

$$\begin{gathered}\{b_k(0,m), b_k(1,m), b_k(2,m), b_k(3,m), b_k(4,m), b_k(5,m),\\ b_k(6,m), b_k(7,m)\} = \{s(0,0;t_{mn_0}), s(0,1;t_{mn_0}) + s(1,0;t_{mn_1}),\\ s(0,2;t_{mn_0}) + s(1,1;t_{mn_1}) + s(2,0;t_{mn_2}), s(0,3;t_{mn_0}) + s(1,2;t_{mn_1}) +\\ s(2,1;t_{mn_2}) + s(3,0;t_{mn_3}), s(1,3;t_{mn_1}) + s(2,2;t_{mn_2}) +\\ s(3,1;t_{mn_3}), s(2,3;t_{mn_2}) + s(3,2;t_{mn_3}), s(3,3;t_{mn_3}), 0\}\end{gathered} \tag{12.94}$$

12.9.6　电信号处理

再次考虑在第 m 个子间隔中的第 k 个距离单元和双程路径：第 n_1 个阵元发射，第 n_2 个阵元接收。对应这个双程路径的模拟正交分量为

$$s_I^{\perp}(n_1, n_2; t) = B\cos\psi^{\perp} \tag{12.95}$$

$$s_Q^{\perp}(n_1, n_2; t) = B\sin\psi^{\perp} \tag{12.96}$$

$$\begin{aligned}\psi^{\perp} = 2\pi f_0\Bigg\{ t - \frac{1}{c}\Big[& 2\bar{r} + (\bar{r}_{\tilde{h}}(D_{n_1}) + \bar{r}_{\tilde{h}}(D_{n_2}))\tilde{h} + (\bar{r}_u(D_{n_1}) + \bar{r}_u(D_{n_2}))u + \\ & (\bar{r}_{\tilde{h}\tilde{h}}(D_{n_1}) + \bar{r}_{\tilde{h}\tilde{h}}(D_{n_2}))\frac{\tilde{h}^2}{2} + (\bar{r}_{\tilde{h}u}(D_{n_1}) + \bar{r}_{\tilde{h}u}(D_{n_2}))\tilde{h}u + \\ & (\bar{r}_{ss}(D_{n_1}) + \bar{r}_{ss}(D_{n_2}))\frac{s^2}{2} + 2\bar{r}_{st}st + 2\bar{r}_{tt}\frac{t^2}{2} + \\ & (\bar{r}_{uu}(D_{n_1}) + \bar{r}_{uu}(D_{n_2}))\frac{u^2}{2} + (\bar{r}_{\tilde{h}st}(D_{n_1}) + \bar{r}_{\tilde{h}st}(D_{n_2}))\tilde{h}st\Big]\Bigg\}\end{aligned} \tag{12.97}$$

其中，B 表示天线增益、距离衰减和散射体强度。为了简化表达式省略了 t 的下标。重新整理式（12.97）并且合并同类项，得到

$$\begin{aligned}\psi^{\perp} = \frac{2\pi f_0}{c}\Bigg\{ & \{tc - [2\bar{r}_{st}s + (\bar{r}_{\tilde{h}st}(D_{n_1}) + \bar{r}_{\tilde{h}st}(D_{n_2}))\tilde{h}s]t - \bar{r}_{tt}t^2\} - \\ & \Big[2\bar{r} + (\bar{r}_{\tilde{h}}(D_{n_1}) + \bar{r}_{\tilde{h}}(D_{n_2}))\tilde{h} + (\bar{r}_u(D_{n_1}) + \bar{r}_u(D_{n_2}))u + \\ & (\bar{r}_{uu}(D_{n_1}) + \bar{r}_{uu}(D_{n_2}))\frac{u^2}{2} + (\bar{r}_{\tilde{h}\tilde{h}}(D_{n_1}) + \bar{r}_{\tilde{h}\tilde{h}}(D_{n_2}))\frac{\tilde{h}^2}{2} + \\ & (\bar{r}_{\tilde{h}u}(D_{n_1}) + \bar{r}_{\tilde{h}u}(D_{n_2}))\tilde{h}u + (\bar{r}_{ss}(D_{n_1}) + \bar{r}_{ss}(D_{n_2}))\frac{s^2}{2}\Big]\Bigg\}\end{aligned} \tag{12.98}$$

模数转换(A/D)后,对正交分量进行去斜率处理,消除二次相位项($-2\pi f_0 \bar{r}_{tt} t^2/c$),得到的数字正交分量为

$$s_{\mathrm{I}}(n_1, n_2; t) = B\cos\psi \tag{12.99}$$

$$s_{\mathrm{Q}}(n_1, n_2; t) = B\sin\psi \tag{12.100}$$

$$\psi = \psi^{\perp} - 2\pi f_0 t + 2\pi f_0 \bar{r}_{tt} \frac{t^2}{c} \tag{12.101}$$

第 k 个距离单元中,第 i 个散射体的瞬时频率的计算为

$$f_{\mathrm{d}i} = \frac{1}{2\pi}\frac{\mathrm{d}\psi}{\mathrm{d}t} = -\frac{f_0}{c}[2\bar{r}_{st}s + (\bar{r}_{\tilde{h}st}(D_{n_1}) + \bar{r}_{\tilde{h}st}(D_{n_2}))\tilde{h}s] \tag{12.102}$$

用实际值替换 $\bar{r}_{st}$、$\bar{r}_{\tilde{h}st}(D_{n_1})$、$\bar{r}_{\tilde{h}st}(D_{n_2})$并且合并同类项,得到

$$f_{\mathrm{d}i} = -\left(\frac{2v\sin\beta_k}{\lambda}\right)\left(\frac{\tilde{h}s}{\rho_k^2(t_{\mathrm{c}})}(h + (D_{n_1} + D_{n_2})\sin\beta^*) - s\right) \tag{12.103}$$

注意,如果$\tilde{h}=0$,那么

$$f_{\mathrm{d}i} = \frac{2v}{\lambda}\sin\beta_k\sin\mu \tag{12.104}$$

这就是对应于某一地面单元的多普勒值[见式(12.49)]。

处理的最后阶段包含三个步骤:(1)二维加窗;(2)对加窗后的正交分量进行二维 DFT;(3)缩放以补偿天线增益和距离衰减。

12.9.7　式(12.71)的推导

考虑一个大小为 $N\times N$ 的矩形阵列,具有均匀阵元间距 $d_x = d_y = d$,以及波长 λ。假设顺序模式工作,其中阵元顺序发射,每次一个阵元,而所有阵元同时接收。假设远场观测,方位和俯仰角分别为(α,β)。相对于 $\vec{u}$ 的视线方向的单位向量 $\vec{O}$ 为

$$\vec{u} = \sin\beta\cos\alpha\ \vec{a}_x + \sin\beta\sin\alpha\ \vec{a}_y + \cos\beta\ \vec{a}_z \tag{12.105}$$

阵元(n_x, n_y)由如下向量定义:

$$\vec{e}(n_x, n_y) = \left(n_x - \frac{N-1}{2}\right)d\ \vec{a}_x + \left(n_y - \frac{N-1}{2}\right)d\ \vec{a}_y \tag{12.106}$$

其中(n_x, $n_y=0,\cdots,N-1$)。这个阵元的单程几何相位为

$$\varphi'(n_x, n_y) = k(\vec{u}\bullet\vec{e}(n_x, n_y)) \tag{12.107}$$

其中,$k=2\pi/\lambda$ 是波数,算子•表示点乘。所以,阵元(n_{x1}, n_{y1})和(n_{x2}, n_{y2})之间的双程几何相位为

$$\varphi(n_{x1}, n_{y1}, n_{x2}, n_{y2}) = k[\vec{u}\bullet\{\vec{e}(n_{x1}, n_{y1}) + \vec{e}(n_{x2}, n_{y2})\}] \tag{12.108}$$

由所有发射产生的累积双程归一化电场为

$$E(\vec{u}) = E_{\mathrm{t}}(\vec{u})E_{\mathrm{r}}(\vec{u}) \tag{12.109}$$

其中,下标 t 和 r 分别表示发射和接收电场。更精确地,

$$E_{\mathrm{t}}(\vec{u}) = \sum_{n_{xt}=0}^{N-1}\sum_{n_{yt}=0}^{N-1} w(n_{xt}, n_{yt})\exp[\mathrm{j}k\{\vec{u}\cdot\vec{e}(n_{xt}, n_{yt})\}] \tag{12.110}$$

$$E_{\mathrm{r}}(\vec{u}) = \sum_{n_{x\mathrm{r}}=0}^{N-1}\sum_{n_{y\mathrm{r}}=0}^{N-1} w(n_{x\mathrm{r}}, n_{y\mathrm{r}})\exp[\mathrm{j}k\{\vec{u}\cdot\vec{e}(n_{x\mathrm{r}}, n_{y\mathrm{r}})\}] \tag{12.111}$$

其中,$w(n_x, n_y)$表示锐化序列。将式(12.108)、式(12.110)和式(12.111)代入式(12.109),

并将所有双程几何相位相同的电场组合，得到

$$E(\hat{u}) = e^{j\delta} \sum_{m=0}^{N_a-1} \sum_{n=0}^{N_a-1} w'(m,n) \exp[jkd\sin\beta(m\cos\alpha + n\sin\alpha)] \tag{12.112}$$

$$N_a = 2N - 1 \tag{12.113}$$

$$m = n_{xt} + n_{xr} \qquad m = 0, \cdots, 2N-2 \tag{12.114}$$

$$n = n_{yt} + n_{yr} \qquad n = 0, \cdots, 2N-2 \tag{12.115}$$

$$\delta = \left(\frac{-d\sin\beta}{2}\right)(N-1)(\cos\alpha + \sin\alpha) \tag{12.116}$$

则双程阵列方向图如下计算：

$$|E(\hat{u})| = \left| \sum_{m=0}^{N_a-1} \sum_{n=0}^{N_a-1} w'(m,n) \exp[jkd\sin\beta(m\cos\alpha + n\sin\alpha)] \right| \tag{12.117}$$

考虑阵列 $W'(p,q)$ 对应的二维 DFT 变换 $w'(n_x, n_y)$

$$W(p,q) = \sum_{m=0}^{N_a-1} \sum_{n=0}^{N_a-1} w'(m,n) \exp\left(-j\frac{2\pi}{N_a}(pm + qn)\right) \qquad p,q = 0, \cdots, N_a - 1 \tag{12.118}$$

式(12.117)和式(12.118)的比较表明，$|E(\vec{u})|$ 等于 $W'(p,q)$，如果

$$-\left(\frac{2\pi}{N_a}\right)p = \frac{2\pi}{\lambda} d\sin\beta\cos\alpha \tag{12.119}$$

$$-\left(\frac{2\pi}{N_a}\right)q = \frac{2\pi}{\lambda} d\sin\beta\sin\alpha \tag{12.120}$$

得到

$$\alpha = \arctan\left(\frac{q}{p}\right) \tag{12.121}$$

12.9.8 第 k 个距离单元的泰勒级数的非零系数

$$\bar{r} = \sqrt{D_n^2 + h^2(1 + \tan\beta_k) + 2hD_n\sin\beta^* - 2hD_n\cos\beta^*\tan\beta_k} = \rho_k(t_c) \tag{12.122}$$

$$\bar{r}_{\tilde{h}} = \left(\frac{-1}{\bar{r}}\right)(h + D_n\sin\beta^*) \tag{12.123}$$

$$\bar{r}_u = \left(\frac{h}{\bar{r}\cos^2\beta_k}\right)(h\tan\beta_k - D_n\cos\beta^*) \tag{12.124}$$

$$\bar{r}_{\tilde{h}\tilde{h}} = \left(\frac{1}{\bar{r}}\right) - \left(\frac{1}{\bar{r}^3}\right)(h + D_n\sin\beta^*) \tag{12.125}$$

$$\bar{r}_{\tilde{h}u} = \left(\frac{1}{\bar{r}^3}\right)\left(\frac{h}{\cos^2\beta_k}\right)(h + D_n\tan\beta^*)(h\tan\beta_k - D_n\cos\beta^*) \tag{12.126}$$

$$\bar{r}_{ss} = \left(\frac{-1}{4\bar{r}^3}\right) + \left(\frac{1}{\bar{r}}\right)(h\tan\beta_k - D_n\cos\beta^*) \tag{12.127}$$

$$\bar{r}_{st} = \left(\frac{-1}{\bar{r}}\right)hv\tan\beta_k \tag{12.128}$$

$$\bar{r}_{tt} = \frac{v^2}{\bar{r}} \tag{12.129}$$

$$\bar r_{uu} = \left(\frac{h}{\bar r\cos^3\beta_k}\right)\left\{\left(\frac{h}{\bar r^2\cos\beta_k}\right)(h\tan\beta_k - D_n\cos\beta^*) + h\left(\left(\frac{1}{\cos\beta_k}\right) + 2\tan\beta_k\sin\beta_k\right) - 2\sin\beta_k D_n\cos\beta^*\right\} \tag{12.130}$$

$$\bar r_{\tilde h\tilde h\tilde h} = \left(\frac{3}{\bar r^3}\right)(h + D_n\sin\beta^*)\left[\left(\frac{1}{\bar r^2}\right)(h + D_n\sin\beta^*)^2 - 1\right] \tag{12.131}$$

$$\bar r_{\tilde h\tilde h u} = \left(\frac{h}{\bar r^3\cos^2\beta_k}\right)(h\tan\beta_k - D_n\cos\beta^*)\left[\left(\frac{-3}{\bar r^2}\right)(h + D_n\sin\beta^*)^2 + 1\right] \tag{12.132}$$

$$\bar r_{\tilde h st} = \left(\frac{hv\tan\beta_k}{\bar r^3}\right)(h + D_n\sin\beta^*) \tag{12.133}$$

$$\bar r_{\tilde h uu} = \left(\frac{-3}{\bar r^5}\right)\left(\frac{h^2}{\cos^4\beta_k}\right)(h + D_n\sin\beta^*)(h\tan\beta_k - D_n\cos\beta^*) \tag{12.134}$$

$$\bar r_{\tilde h ss} = \left(\frac{-1}{\bar r^3}\right)(h\tan\beta_k - D_n\cos\beta^*)(h + D_n\sin\beta^*) \tag{12.135}$$

$$\bar r_{uss} = \left(\frac{h}{\bar r\cos^2\beta_k}\right)(D_n\cos\beta^*)\left[\left(\frac{1}{\bar r^2}\right)(h\tan\beta_k - D_n\cos\beta^*)(h\tan\beta_k) + 1\right] \tag{12.136}$$

$$\bar r_{stu} = \left(\frac{-h\tan\beta_k}{\bar r^3\cos^2\beta_k}\right)(h\tan\beta_k - D_n\cos\beta^*) \tag{12.137}$$

$$\bar r_{suu} = \left(\frac{hD_n\cos\beta^*}{\bar r\cos^2\beta_k}\right)\left[\left(\frac{h\tan\beta_k}{\bar r^2}\right)(h\tan\beta_k - D_n\cos\beta^*) + 1\right] \tag{12.138}$$

$$\bar r_{\tilde h tt} = \left(\frac{v^2h}{\bar r^3\cos^2\beta_k}\right)(h\tan\beta_k - D_n\cos\beta^*) \tag{12.139}$$

$$\bar r_{uuu} = \left(\frac{h}{\bar r\cos^4\beta_k}\right)[8h\tan\beta_k + \sin^2\beta_k(h - D_n\cos\beta^*) - 2D_n\cos\beta^*] + \left(\frac{3h^2}{\bar r^3\cos^5\beta_k}\right)(h\tan\beta_k - D_n\cos\beta^*) + \left[\left(\frac{3h^2}{\bar r^3\cos^5\beta_k}\right)(h\tan\beta_k - D_n\cos\beta^*)\left(\frac{1}{2\cos\beta_k} + (h\tan\beta_k - D_n\cos\beta^*)\right)\right] + \left(\frac{3h^3}{\bar r^5\cos^6\beta_k}\right)(h\tan\beta_k - D_n\cos\beta^*) \tag{12.140}$$

12.10 MATLAB 程序与函数清单

清单 12.1　MATLAB 程序“fig12_12_13.m”

```
%                  Figures 12.12 and 12.13
% Program to do Spotlight SAR using the rectangular format anc
% HRR for range compression.
%                  13 June 2003
%                Dr. Brian J. Smith
clear all;
%%%%%%%%%% SAR Image Resolution %%%%
dr = .50;
da = .10;
% dr = 6*2.54/100;
% da = 6*2.54/100;
%%%%%%%%%%% Scatter Locations %%%%%%%%
xn = [10000 10015 9985];  % Scatter Location, x-axis
```

```
yn = [0 -20 20];          % Scatter Location, y-axis
Num_Scatter = 3;          % Number of Scatters
Rnom = 10000;
%%%%%%%% Radar Parameters %%%%%%%%
f_0 =  35.0e9;   % Lowest Freq. in the HRR Waveform
df =   3.0e6;   % Freq. step size for HRR, Hz
c =     3e8;   % Speed of light, m/s
Kr = 1.33;
Num_Pulse = 2^(round(log2(Kr*c/(2*dr*df))));
Lambda = c/(f_0 + Num_Pulse*df/2);
%%%%%%%% Synthetic Array Parameters %%%%%%%
du = 0.2;
L = round(Kr*Lambda*Rnom/(2*da));
U = -(L/2):du:(L/2);
Num_du = length(U);
%%%%%%%% This section generates the target returns %%%%%%
Num_U = round(L/du);
I_Temp = 0;
Q_Temp = 0;
for I = 1:Num_U
  for J = 1:Num_Pulse
    for K = 1:Num_Scatter
      Yr = yn(K) - ((I-1)*du - (L/2));
      Rt = sqrt(xn(K)^2 + Yr^2);
      F_ci = f_0 + (J -1)*df;
      PHI = -4*pi*Rt*F_ci/c;
      I_Temp = cos(PHI) + I_Temp;
       Q_Temp = sin(PHI) + Q_Temp;
    end;
    IQ_Raw(J,I) = I_Temp + i*Q_Temp;
    I_Temp = 0.0;
    Q_Temp = 0.0;
  end;
end;
%%%%%%%%%% End target return section %%%%%
%%%%%%%%%% Range Compression %%%%%%%%%%%%%
Num_RB = 2*Num_Pulse;
WR = hamming(Num_Pulse);
for I = 1:Num_U
  Range_Compressed(:,I) = fftshift(ifft(IQ_Raw(:,I).*WR,Num_RB));
end;
%%%%%%%%%% Focus Range Compressed Data %%%%
dn = (1:Num_U)*du - L/2;
PHI_Focus = -2*pi*(dn.^2)/(Lambda*xn(1));
for I = 1:Num_RB
  Temp = angle(Range_Compressed(I,:)) - PHI_Focus;
  Focused(I,:) = abs(Range_Compressed(I,:)).*exp(i*Temp);
end;
%Focused = Range_Compressed;
%%%%%%%%%% Azimuth Compression %%%%%%%%%%%%
WA = hamming(Num_U);
```

```
for I = 1:Num_RB
  AZ_Compressed(I,:) = fftshift(ifft(Focused(I,:).*WA'));
end;
 SAR_Map = 10*log10(abs(AZ_Compressed));
Y_Temp = (1:Num_RB)*(c/(2*Num_RB*df));
Y = Y_Temp - max(Y_Temp)/2;
X_Temp = (1:length(IQ_Raw))*(Lambda*xn(1)/(2*L));
X = X_Temp - max(X_Temp)/2;
image(X,Y,20-SAR_Map); %
%image(X,Y,5-SAR_Map); %
axis([-25 25 -25 25]); axis equal; colormap(gray(64));
xlabel('Cross Range (m)'); ylabel('Down Range (m)');
grid
%print -djpeg .jpg
```

第 13 章 信号处理

13.1 信号与系统分类

通常,电信号表示电压或电流,可以分为两种主要的类型:能量信号和功率信号。能量信号可以是确定的或者随机的,而功率信号则分为周期的或随机的。当信号为一个随机参数(如随机相位或随机幅度)的函数时,这一信号称为随机信号。此外,信号还可以分为低通信号和带通信号。包含很低的频率(接近直流)的信号称为低通信号,否则称为带通信号。通过调制,低通信号可以变成带通信号。

在时间(t_1, t_2)区间内,电流或电压信号 $x(t)$在 1 Ω 电阻上消耗的平均功率 P 为

$$P = \frac{1}{t_2 - t_1}\int_{t_1}^{t_2} |x(t)|^2 \, dt \tag{13.1}$$

当且仅当信号为功率有限信号时,$x(t)$称为时间间隔 $T = t_2 - t_1$ 范围内的功率信号,并要求满足下面关系式:

$$0 < \lim_{T \to \infty} \frac{1}{T} \int_{-T/2}^{T/2} |x(t)|^2 \, dt < \infty \tag{13.2}$$

采用帕塞瓦尔定理,在时间(t_1, t_2)区间内,电流或电压信号 $x(t)$消耗在 1 Ω 电阻上的能量 E 为

$$E = \int_{t_1}^{t_2} |x(t)|^2 \, dt \tag{13.3}$$

当且仅当信号为能量有限信号时,$x(t)$称为能量信号,即

$$E = \int_{-\infty}^{\infty} |x(t)|^2 \, dt < \infty \tag{13.4}$$

当且仅当信号满足下式时,可称其为具有周期 T 的周期信号:

$$x(t) = x(t + nT) \qquad \text{对于所有 } t \tag{13.5}$$

其中,n 为整数。

例题

区分下列信号是能量信号还是功率信号,或者两者都不是。所有信号定义的时间区间都为$(-\infty < t < \infty)$:$x_1(t) = \cos t + \cos 2t$,$x_2(t) = \exp(-\alpha^2 t^2)$

解:

$$P_{x_1} = \frac{1}{T} \int_{-T/2}^{T/2} (\cos t + \cos 2t)^2 dt = 1 \Rightarrow \text{功率信号}$$

注意到由于余弦信号是周期信号,因此积分限是不必要的。

$$E_{x_2} = \int_{-\infty}^{\infty} (e^{-\alpha^2 t^2})^2 dt = 2\int_0^{\infty} e^{-2\alpha^2 t^2} dt = 2\frac{\sqrt{\pi}}{2\sqrt{2}\alpha} = \frac{1}{\alpha}\sqrt{\frac{\pi}{2}} \Rightarrow \text{能量信号}$$

电子系统可以是线性的或非线性的。进一步地,线性系统还可划分为连续的和离散的。对一个系统来说,由输入信号 $x_1(t)$可得到输出 $y_1(t)$,由输入信号 $x_2(t)$可得到输出 $y_2(t)$,若

对于任意的常数 a_1 和 a_2，当输入信号为 $a_1x_1(t)+a_2x_2(t)$ 时，得到的输出信号为 $a_1y_1(t)+a_2y_2(t)$，则称系统是线性的。当一个线性系统满足输入信号时延 t_1 时，输出信号产生相同的时延 t_1，则称该线性系统具有移不变性或时不变性。准确地说，若由输入信号 $x(t)$ 可得到输出 $y(t)$，则由输入延迟信号 $x(t-t_0)$ 可得到输出 $y(t-t_0)$。线性时不变(LTI)系统 $h(t)$ 的脉冲响应定义为当输入信号为冲激信号(狄拉克函数)时，系统得到的输出信号。

13.2　傅里叶变换

若信号 $x(t)$ 绝对可积(能量有限信号)，则信号 $x(t)$ 的傅里叶变换(FT)为

$$F\{x(t)\} = X(\omega) = \int_{-\infty}^{\infty} x(t)\mathrm{e}^{-\mathrm{j}\omega t}\,\mathrm{d}t \tag{13.6}$$

或

$$F\{x(t)\} = X(f) = \int_{-\infty}^{\infty} x(t)\mathrm{e}^{-\mathrm{j}2\pi ft}\mathrm{d}t \tag{13.7}$$

同时，逆傅里叶变换(IFT)为

$$F^{-1}\{X(\omega)\} = x(t) = \frac{1}{2\pi}\int_{-\infty}^{\infty} X(\omega)\mathrm{e}^{\mathrm{j}\omega t}\,\mathrm{d}\omega \tag{13.8}$$

或

$$F^{-1}\{X(f)\} = x(t) = \int_{-\infty}^{\infty} X(f)\mathrm{e}^{\mathrm{j}2\pi ft}\,\mathrm{d}f \tag{13.9}$$

其中，通常 t 代表时间，而 $\omega=2\pi f$ 和 f 分别表示以弧度每秒和赫兹为单位的频率。在本书中，我们将根据需要分别使用两种傅里叶变换的表达式[即 $X(\omega)$ 和 $X(f)$]。

附录 13A 给出了傅里叶变换对的详细列表，FT 特性如下(证明作为练习)：

1. 线性特性：

$$F\{a_1x_1(t)+a_2x_2(t)\} = a_1X_1(\omega)+a_2X_2(\omega) \tag{13.10}$$

2. 对称特性：如果 $F\{x(t)\}=X(\omega)$，则

$$2\pi X(-\omega) = \int_{-\infty}^{\infty} X(t)\mathrm{e}^{-\mathrm{j}\omega t}\mathrm{d}t \tag{13.11}$$

3. 时移特性：对于任意实时间 t_0

$$F\{x(t\pm t_0)\} = \mathrm{e}^{\pm\mathrm{j}\omega t_0}X(\omega) \tag{13.12}$$

4. 伸缩特性：如果 $F\{x(t)\}=X(\omega)$，则

$$F\{x(at)\} = \frac{1}{|a|}X\left(\frac{\omega}{a}\right) \tag{13.13}$$

5. 直流特性：

$$X(0) = \int_{-\infty}^{\infty} x(t)\mathrm{d}t \tag{13.14}$$

$$x(0) = \frac{1}{2\pi}\int_{-\infty}^{\infty} X(\omega)\mathrm{d}\omega \tag{13.15}$$

6. 频移特性：如果 $F\{x(t)\}=X(\omega)$，则

$$F\{\mathrm{e}^{\pm\omega_0 t}x(t)\} = X(\omega\mp\omega_0) \tag{13.16}$$

7. 调制特性：如果 $F\{x(t)\}=X(\omega)$，则

$$F\{x(t)\cos\omega_0 t\} = \frac{1}{2}[X(\omega+\omega_0)+X(\omega-\omega_0)] \tag{13.17}$$

$$F\{x(t)\sin(\omega_0 t)\} = \frac{1}{2\mathrm{j}}[X(\omega-\omega_0)-X(\omega+\omega_0)] \tag{13.18}$$

8. 时域微分：

$$F\left\{\frac{\mathrm{d}^n}{\mathrm{d}t^n}(x(t))\right\} = (\mathrm{j}\omega)^n X(\omega) \tag{13.19}$$

9. 时域卷积：如果 $x(t)$ 和 $h(t)$ 分别有傅里叶变换 $X(\omega)$ 和 $H(\omega)$，则

$$F\left\{\int_{-\infty}^{\infty} x(\tau)h(t-\tau)\mathrm{d}\tau\right\} = X(\omega)H(\omega) \tag{13.20}$$

10. 频域卷积：

$$F\{x(t)h(t)\} = \frac{1}{2\pi}\int_{-\infty}^{\infty} X(\tau)H(\omega-\tau)\mathrm{d}\tau \tag{13.21}$$

11. 自相关：

$$F\left\{\int_{-\infty}^{\infty} x(\tau)x^*(\tau-t)\mathrm{d}\tau\right\} = X(\omega)X^*(\omega) = |X(\omega)|^2 \tag{13.22}$$

12. 帕塞瓦尔定理：信号 $x(t)$ 的能量为

$$E = \int_{-\infty}^{\infty} |x(t)^2|\mathrm{d}t = \int_{-\infty}^{\infty} |X(\omega)|^2\mathrm{d}\omega \tag{13.23}$$

13. 矩：第 n 阶矩为

$$m_n = \int_0^{\infty} t^n x(t)\mathrm{d}t = \frac{\mathrm{d}^n}{\mathrm{d}\omega^n}X(\omega)\bigg|_{w=0} \tag{13.24}$$

13.3 傅里叶级数

函数集合 $S=\{\varphi_n(t);n=1,\cdots N\}$ 在时域区间 (t_1, t_2) 内是正交的充分必要条件为

$$\int_{t_1}^{t_2}\varphi_i^*(t)\varphi_j(t)\mathrm{d}t = \int_{t_1}^{t_2}\varphi_i(t)\varphi_j^*(t)\mathrm{d}t = \begin{cases}0 & i\neq j\\ \lambda_i & i=j\end{cases} \tag{13.25}$$

公式中的 * 代表复共轭，λ_i 为常数。如果对于所有的 i 存在 $\lambda_i=1$，则集合 S 称为正交集。

电信号 $x(t)$ 可以表示为区间 (t_1, t_2) 内某一正交函数集合的加权和，即

$$x(t) \approx \sum_{n=1}^{N} X_n\varphi_n(t) \tag{13.26}$$

其中，X_n 通常为复常数，正交函数 $\varphi_n(t)$ 称为基函数。当 N 趋于无穷时，如果区间 (t_1, t_2) 内的误差平方积分等于 0，也就是

$$\lim_{N\to\infty}\int_{t_1}^{t_2}\left|x(t)-\sum_{n=1}^{N}X_n\varphi_n(t)\right|^2\mathrm{d}t = 0 \tag{13.27}$$

则称集合 $S=\{\varphi_n(t)\}$ 为完备的，式(13.26)变成一个等式。常数 X_n 可由下式给出：

$$X_n = \frac{\int_{t_1}^{t_2} x(t)\varphi_n^*(t)\mathrm{d}t}{\int_{t_1}^{t_2} |\varphi_n(t)|^2 \mathrm{d}t} \tag{13.28}$$

令 $x(t)$ 是周期为 T 的周期信号，并且令完备正交集合 S 为

$$S = \left\{ \mathrm{e}^{\frac{\mathrm{j}2\pi nt}{T}} \quad n = -\infty, \infty \right. \tag{13.29}$$

那么，$x(t)$ 的复指数傅里叶级数为

$$x(t) = \sum_{n=-\infty}^{\infty} X_n \mathrm{e}^{\frac{\mathrm{j}2\pi nt}{T}} \tag{13.30}$$

使用式(13.28)得到

$$X_n = \frac{1}{T}\int_{-T/2}^{T/2} x(t)\mathrm{e}^{\frac{-\mathrm{j}2\pi nt}{T}}\mathrm{d}t \tag{13.31}$$

式(13.30)的傅里叶变换为

$$X(\omega) = 2\pi \sum_{n=-\infty}^{\infty} X_n \delta\left(\omega - \frac{2\pi n}{T}\right) \tag{13.32}$$

其中，$\delta(\cdot)$ 是狄拉克函数。当信号 $x(t)$ 为实信号时，可以由式(13.30)计算其三角傅里叶级数表达式，即

$$x(t) = a_0 + \sum_{n=1}^{\infty} a_n \cos\left(\frac{2\pi nt}{T}\right) + \sum_{n=1}^{\infty} b_n \sin\left(\frac{2\pi nt}{T}\right) \tag{13.33}$$

$$a_0 = X_0$$

$$\begin{aligned} a_n &= \frac{1}{T}\int_{-T/2}^{T/2} x(t)\cos\left(\frac{2\pi nt}{T}\right)\mathrm{d}t \\ b_n &= \frac{1}{T}\int_{-T/2}^{T/2} x(t)\sin\left(\frac{2\pi nt}{T}\right)\mathrm{d}t \end{aligned} \tag{13.34}$$

当信号 $x(t)$ 为时间的奇函数时，系数 a_n 全部为0。反之，当信号为时间的偶函数时，系数 b_n 全部为0。

考虑在式(13.33)中定义的周期能量信号，信号的总能量为

$$E = \frac{1}{T}\int_{t_0}^{t_0+T} |x(t)|^2 \mathrm{d}t = \frac{a_0^2}{4} + \sum_{n=1}^{\infty}\left(\frac{a_n^2}{2} + \frac{b_n^2}{2}\right) \tag{13.35}$$

13.4　卷积和相关积分

信号 $x(t)$ 和 $h(t)$ 的卷积 $\phi_{xh}(t)$ 定义为

$$\psi_{xh}(t) = x(t) * h(t) = \int_{-\infty}^{\infty} x(\tau)h(t-\tau)\mathrm{d}\tau \tag{13.36}$$

其中，τ 是虚拟变量，算子 $*$ 是卷积积分的符号描述。卷积是可交换、可结合和可分配的，更准确地说，

$$\begin{aligned} x(t) * h(t) &= h(t) * x(t) \\ x(t) * h(t) * g(t) &= (x(t) * h(t)) * g(t) = x(t) * (h(t) * g(t)) \end{aligned} \tag{13.37}$$

卷积积分值有限,要求这两个信号中至少有一个是能量有限信号。两个信号的卷积可采用傅里叶变换计算:

$$\phi_{xh}(t) = F^{-1}\{X(\omega)H(\omega)\} \tag{13.38}$$

假定一个冲激响应为 $h(t)$,输入信号为 $x(t)$ 的 LTI 系统,其输出信号等于输入信号与系统冲激响应的卷积:

$$y(t) = \int_{-\infty}^{\infty} x(\tau)h(t-\tau)\mathrm{d}\tau = \int_{-\infty}^{\infty} h(\tau)x(t-\tau)\mathrm{d}\tau \tag{13.39}$$

信号 $x(t)$ 与 $g(t)$ 的互相关函数定义为

$$R_{xg}(t) = \int_{-\infty}^{\infty} x^*(\tau)g(t+\tau)\mathrm{d}\tau \tag{13.40}$$

同样,相关积分值有限要求这两个信号中至少有一个是能量有限信号。互相关积分函数可用来测量两个信号的相似性。$R_{xg}(t)$ 的峰值及其展宽表示两个信号的相似程度。互相关积分的计算为

$$R_{xg}(t) = F^{-1}\{X^*(\omega)G(\omega)\} \tag{13.41}$$

当 $x(t)=g(t)$ 时,得到自相关积分:

$$R_x(t) = \int_{-\infty}^{\infty} x^*(\tau)x(t+\tau)\mathrm{d}\tau \tag{13.42}$$

注意,自相关函数通常定义为 $R_x(t)$ 而不是 $R_{xx}(t)$。当信号 $x(t)$ 和 $g(t)$ 是功率信号时,积分结果是无限的,必须引入时间平均,也就是说,

$$\bar{R}_{xg}(t) = \lim_{T\to\infty}\frac{1}{T}\int_{-T/2}^{T/2} x^*(\tau)g(t+\tau)\mathrm{d}\tau \tag{13.43}$$

13.5　能量和功率谱密度

对于能量有限信号 $x(t)$,根据帕塞瓦尔定理,信号的总能量为

$$E = \int_{-\infty}^{\infty} |x(t)|^2\mathrm{d}t = \frac{1}{2\pi}\int_{-\infty}^{\infty} |X(\omega)|^2\mathrm{d}\omega \tag{13.44}$$

当 $x(t)$ 为电压信号时,在电阻网络 R 上信号所消耗的能量值为

$$E = \frac{1}{R}\int_{-\infty}^{\infty} |x(t)|^2\mathrm{d}t = \frac{1}{2\pi R}\int_{-\infty}^{\infty} |X(\omega)|^2\mathrm{d}\omega \tag{13.45}$$

反之,当 $x(t)$ 为电流信号时,信号所消耗的能量值为

$$E = R\int_{-\infty}^{\infty} |x(t)|^2\mathrm{d}t = \frac{R}{2\pi}\int_{-\infty}^{\infty} |X(\omega)|^2\mathrm{d}\omega \tag{13.46}$$

$\int |X(\omega)|^2\mathrm{d}\omega$ 代表单位频率信号在 1 Ω 电阻上所消耗的能量分布。所以,能量有限信号 $x(t)$ 的能量谱密度(ESD)函数定义为

$$\mathrm{ESD} = |X(\omega)|^2 \tag{13.47}$$

当输入信号为 $x(t)$ 时,LTI 系统输出的 ESD 为

$$|Y(\omega)|^2 = |X(\omega)|^2|H(\omega)|^2 \tag{13.48}$$

其中,$H(\omega)$ 为系统冲激响应 $h(t)$ 的傅里叶变换。系统输出的能量为

$$E_y = \frac{1}{2\pi}\int_{-\infty}^{\infty} |X(\omega)|^2|H(\omega)|^2\mathrm{d}\omega \tag{13.49}$$

例题

电压信号 $x(t)=e^{-5t}$ 作为一个低通 LTI 系统的输入。系统的带宽为 5 Hz，其输入电阻为 5 Ω。如果在区间 $-10\pi<\omega<10\pi$ 内 $H(\omega)=1$，而在其他区间 $H(\omega)=0$，求输出的能量。

解：

由式(13.45)和式(13.49)，得到

$$E_y=\frac{1}{2\pi R}\int_{-10\pi}^{10\pi}|X(\omega)|^2|H(\omega)|^2\mathrm{d}\omega$$

采用傅里叶变换表并将 $R=5$ 代入，得到

$$E_y=\frac{1}{5\pi}\int_0^{10\pi}\frac{1}{\omega^2+25}\mathrm{d}\omega$$

计算积分后得到

$$E_y=\frac{1}{25\pi}[\operatorname{arctanh}(2\pi)-\operatorname{arctanh}(0)]=0.01799\ \ \mathrm{J}$$

注意，对于无限带宽，得到 $E_y=0.02$，仅大 11%。

功率信号 $g(t)$ 的总功率为

$$P=\lim_{T\to\infty}\frac{1}{T}\int_{-T/2}^{T/2}|g(t)|^2\mathrm{d}t \tag{13.50}$$

定义信号 $g(t)$ 的功率谱密度(PSD)函数为 $S_g(\omega)$，其中

$$P=\lim_{T\to\infty}\frac{1}{T}\int_{-T/2}^{T/2}|g(t)|^2\mathrm{d}t=\frac{1}{2\pi}\int_{-\infty}^{\infty}S_g(\omega)\mathrm{d}\omega \tag{13.51}$$

可以看出：

$$S_g(\omega)=\lim_{T\to\infty}\frac{|G(\omega)|^2}{T} \tag{13.52}$$

令信号 $x(t)$ 与 $g(t)$ 是周期为 T 的两个周期信号。这两个信号的复指数傅里叶级数展开分别为

$$x(t)=\sum_{n=-\infty}^{\infty}X_n e^{\frac{j2\pi nt}{T}} \tag{13.53}$$

$$g(t)=\sum_{m=-\infty}^{\infty}G_m e^{\frac{j2\pi mt}{T}} \tag{13.54}$$

功率互相关函数 $\bar{R}_{gx}(t)$ 在式(13.43)中给出，这里重写为式(13.55)，即

$$\bar{R}_{gx}(t)=\frac{1}{T}\int_{-T/2}^{T/2}g^*(\tau)x(t+\tau)\mathrm{d}\tau \tag{13.55}$$

注意，因为这两个信号都是周期性的，所以积分限是不必要的。将式(13.53)和式(13.54)代入式(13.55)，合并同类项并且使用正交定义，得到

$$\bar{R}_{gx}(t)=\sum_{n=-\infty}^{\infty}G_n^*X_n e^{\frac{j2n\pi t}{T}} \tag{13.56}$$

当 $x(t)=g(t)$ 时，式(13.56)变为功率自相关函数，即

$$\bar{R}_x(t)=\sum_{n=-\infty}^{\infty}|X_n|^2 e^{\frac{j2n\pi t}{T}}=|X_0|^2+2\sum_{n=1}^{\infty}|X_n|^2 e^{\frac{j2n\pi t}{T}} \tag{13.57}$$

功率谱和互功率谱密度函数可分别由式(13.57)和式(13.56)的傅里叶变换计算。准

确地说，

$$\bar{S}_x(\omega) = 2\pi \sum_{n=-\infty}^{\infty} |X_n|^2 \delta\left(\omega - \frac{2n\pi}{T}\right)$$

$$\bar{S}_{gx}(\omega) = 2\pi \sum_{n=-\infty}^{\infty} G_n^* X_n \delta\left(\omega - \frac{2n\pi}{T}\right) \tag{13.58}$$

线(离散)功率谱定义为$|X_n|^2$关于 n 的图形，其中线的间隔为 $\Delta f = 1/T$。直流功率为$|X_0|^2$，总功率为 $\sum_{n=-\infty}^{\infty} |X_n|^2$。

13.6 随机变量

假定一个实验，其输出结果由一个样本空间定义。将样本空间中的每个点映射为一个实数的规则或函数关系称为“随机变量”。随机变量用大写字母表示(如 $X, Y, \cdots$)，随机变量的特定值用小写字母表示(如 $x, y, \cdots$)。

随机变量 X 的累积分布函数(cdf)表示为 $F_X(x)$，表示随机变量 X 小于或等于数值 x 的总概率。准确地说，

$$F_X(x) = Pr\{X \leqslant x\} \tag{13.59}$$

故随机变量 X 在区间(x_1, x_2)间的概率为

$$F_X(x_2) - F_X(x_1) = Pr\{x_1 \leqslant X \leqslant x_2\} \tag{13.60}$$

累积分布函数 cdf 具有以下性质：

$$\begin{gathered} 0 \leqslant F_X(x) \leqslant 1 \\ F_X(-\infty) = 0 \\ F_X(\infty) = 1 \\ F_X(x_1) \leqslant F_X(x_2) \Leftrightarrow x_1 \leqslant x_2 \end{gathered} \tag{13.61}$$

实际应用中通常用累积分布函数的导数描述随机变量，称为概率密度函数(pdf)。随机变量 X 的概率密度函数为

$$f_X(x) = \frac{\mathrm{d}}{\mathrm{d}x} F_X(x) \tag{13.62}$$

或等价地，

$$F_X(x) = Pr\{X \leqslant x\} = \int_{-\infty}^{x} f_X(\lambda) \mathrm{d}\lambda \tag{13.63}$$

随机变量 X 在区间(x_1, x_2)有值的概率为

$$F_X(x_2) - F_X(x_1) = Pr\{x_1 \leqslant X \leqslant x_2\} = \int_{x_1}^{x_2} f_X(x) \mathrm{d}x \tag{13.64}$$

定义随机变量 X 的 n 阶矩为

$$E[X^n] = \overline{X^n} = \int_{-\infty}^{\infty} x^n f_X(x) \mathrm{d}x \tag{13.65}$$

一阶矩 $E[X]$ 称为均值，而二阶矩 $E[X^2]$ 称为均方值。当随机变量表示加在 1 Ω 电阻上的电信号时，$E[X]$ 代表直流分量，而 $E[X^2]$ 表示总的平均功率。

第 n 阶中心矩定义为

$$E[(X-\bar{X})^n] = \overline{(X-\bar{X})^n} = \int_{-\infty}^{\infty}(x-\bar{x})^n f_X(x)\mathrm{d}x \tag{13.66}$$

因此，一阶中心矩为零。二阶中心矩称为方差，用符号σ_X^2表示：

$$\sigma_X^2 = \overline{(X-\bar{X})^2} \tag{13.67}$$

附录 13B 是一些常用概率密度函数及其均值和方差。

在实际中，电信号的随机特性可能需要多个随机变量来描述。在这种情况下，需要考虑变量的联合累积分布函数和概率密度函数。两个随机变量 X 和 Y 的联合 cdf 和 pdf 分别定义为

$$F_{XY}(x,y) = Pr\{X\leqslant x; Y\leqslant y\} \tag{13.68}$$

$$f_{XY}(x,y) = \frac{\partial^2}{\partial x\partial y}F_{XY}(x,y) \tag{13.69}$$

由此可得边缘分布函数的表达式如下：

$$\begin{aligned} F_X(x) &= \int_{-\infty}^{\infty}\int_{-\infty}^{x} f_{UV}(u,v)\mathrm{d}u\mathrm{d}v = F_{XY}(x,\infty) \\ F_Y(y) &= \int_{-\infty}^{\infty}\int_{-\infty}^{y} f_{UV}(u,v)\mathrm{d}v\mathrm{d}u = F_{XY}(\infty,y) \end{aligned} \tag{13.70}$$

如果两个随机变量是统计独立的，则联合 cdf 和 pdf 分别为

$$F_{XY}(x,y) = F_X(x)F_Y(y) \tag{13.71}$$

$$f_{XY}(x,y) = f_X(x)f_Y(y) \tag{13.72}$$

现在考虑两个随机变量 X 和 Y，通过一些变换 T_1 和 T_2 分别映射为两个新的变量 U 和 V 的情况，即

$$\begin{aligned} U &= T_1(X,Y) \\ V &= T_2(X,Y) \end{aligned} \tag{13.73}$$

联合概率密度函数$f_{UV}(u,v)$可以基于变换的概率不变性计算得到。必须首先计算导数矩阵，然后计算新的联合 pdf，即

$$f_{UV}(u,v) = f_{XY}(x,y)|J| \tag{13.74}$$

$$|J| = \begin{vmatrix} \dfrac{\partial x}{\partial u} & \dfrac{\partial x}{\partial v} \\ \dfrac{\partial y}{\partial u} & \dfrac{\partial y}{\partial v} \end{vmatrix} \tag{13.75}$$

其中，导数矩阵的行列式$|J|$称为雅可比行列式。

随机变量 X 的特征函数定义为

$$C_X(\omega) = E[\mathrm{e}^{\mathrm{j}\omega X}] = \int_{-\infty}^{\infty} f_X(x)\mathrm{e}^{\mathrm{j}\omega x}\mathrm{d}x \tag{13.76}$$

特征函数可用来计算独立随机变量之和的概率密度函数。准确地说，令随机变量 Y 等于

$$Y = X_1 + X_2 + \cdots + X_N \tag{13.77}$$

其中，$\{X_i; i=1,\cdots,N\}$ 为独立随机变量的集合。可以看出

$$C_Y(\omega) = C_{X_1}(\omega)C_{X_2}(\omega)\dots C_{X_N}(\omega) \tag{13.78}$$

概率密度函数$f_Y(y)$是 $C_Y(\omega)$的逆傅里叶变换（Y 的符号取反）：

$$f_Y(y) = \frac{1}{2\pi}\int_{-\infty}^{\infty} C_Y(\omega)\mathrm{e}^{-\mathrm{j}\omega y}\mathrm{d}\omega \tag{13.79}$$

特征函数也可用来计算随机变量 X 的 n 阶矩,即

$$E[X^n] = (-\mathrm{j})^n \frac{\mathrm{d}^n}{\mathrm{d}\omega^n} C_X(\omega)\bigg|_{\omega=0} \tag{13.80}$$

13.7 多元高斯分布

考虑 m 个随机变量:$X_1, X_2, \cdots, X_m$ 的联合概率密度函数,这些变量可视为一个 $m \times 1$ 的随机列向量$\underline{X}$ 的元素。准确地说,

$$\underline{X} = \left[X_1\ X_2\ \cdots\ X_m\right]^{\mathrm{T}} \tag{13.81}$$

式中的上标表示转置操作。向量$\underline{X}$ 的联合概率密度函数为

$$f_{\underline{x}}(\underline{x}) = f_{x_1, x_2, \cdots x_m}(x_1, x_2, \cdots x_m) \tag{13.82}$$

均值向量定义为

$$\mu_x = \left[E[X_1]\ E[X_2]\ \cdots\ E[X_m]\right]^{\mathrm{T}} \tag{13.83}$$

协方差是一个 $m \times m$ 矩阵,则

$$C_x = E[\underline{X}\ \underline{X}^{\mathrm{T}}] - \mu_x\ \mu_x^{\mathrm{T}} \tag{13.84}$$

注意,如果向量$\underline{X}$ 的元素是独立的,则协方差矩阵是对角线矩阵。

根据定义,随机向量$\underline{X}$ 是多元高斯分布的,如果其概率密度函数具有下面的形式:

$$f_{\underline{x}}(\underline{x}) = [(2\pi)^{m/2}|C_x|^{1/2}]^{-1} \exp\left(-\frac{1}{2}(\underline{x}-\mu_x)^{\mathrm{T}} C_x^{-1}(\underline{x}-\mu_x)\right) \tag{13.85}$$

其中,μ_x 为均值向量,C_x 是协方差矩阵,C_x^{-1} 是协方差矩阵的逆,$|C_x|$是协方差矩阵的行列式,$\underline{X}$ 的维数是 m。如果$\underline{A}$ 是秩为 k 的 $k \times m$ 矩阵,则随机向量$\underline{Y} = \underline{A}\underline{X}$是 k 元高斯向量且

$$\mu_y = \underline{A}\mu_x \tag{13.86}$$

$$C_y = \underline{A} C_x \underline{A}^{\mathrm{T}} \tag{13.87}$$

多元高斯 pdf 的特征函数定义为

$$C_{\underline{X}} = E[\exp\{\mathrm{j}(\omega_1 X_1 + \omega_2 X_2 + \ldots + \omega_m X_m)\}] = \exp\left\{\mathrm{j}\mu_x^{\mathrm{T}}\underline{\omega} - \frac{1}{2}\underline{\omega}^{\mathrm{T}} C_x \underline{\omega}\right\} \tag{13.88}$$

则联合分布的矩可以通过求偏导数得到,例如:

$$E[X_1 X_2 X_3] = \frac{\partial^3}{\partial\omega_1\partial\omega_2\partial\omega_3} C_{\underline{X}}(\omega_1, \omega_2, \omega_3) \qquad \text{当}\ \ \underline{\omega} = \underline{0} \tag{13.89}$$

例题

向量$\underline{X}$ 服从四元高斯分布,且

$$\mu_x = \left[2\ 1\ 1\ 0\right]^{\mathrm{T}}$$

$$C_x = \begin{bmatrix} 6 & 3 & 2 & 1 \\ 3 & 4 & 3 & 2 \\ 2 & 3 & 4 & 3 \\ 1 & 2 & 3 & 3 \end{bmatrix}$$

定义

$$\underline{X}_1 = \begin{bmatrix} X_1 \\ X_2 \end{bmatrix} \qquad \underline{X}_2 = \begin{bmatrix} X_3 \\ X_4 \end{bmatrix}$$

求$\underline{X}_1$ 的分布以及下式的分布：

$$\underline{Y} = \begin{bmatrix} 2X_1 \\ X_1 + 2X_2 \\ X_3 + X_4 \end{bmatrix}$$

解：

$\underline{X}_1$ 服从二元高斯分布且

$$\mu_{x_1} = \begin{bmatrix} 2 \\ 1 \end{bmatrix} \qquad C_{x_1} = \begin{bmatrix} 6 & 3 \\ 3 & 4 \end{bmatrix}$$

向量$\underline{Y}$ 可以表示为

$$\underline{Y} = \begin{bmatrix} 2 & 0 & 0 & 0 \\ 1 & 2 & 0 & 0 \\ 0 & 0 & 1 & 1 \end{bmatrix} \begin{bmatrix} X_1 \\ X_2 \\ X_3 \\ X_4 \end{bmatrix} = \underline{A}\underline{X}$$

由此得到

$$\mu_y = \underline{A}\mu_x = \begin{bmatrix} 4 & 4 & 1 \end{bmatrix}^{\mathrm{T}}$$

$$C_y = \underline{A}C_x\underline{A}^{\mathrm{T}} = \begin{bmatrix} 24 & 24 & 6 \\ 24 & 34 & 13 \\ 6 & 13 & 13 \end{bmatrix}$$

13.8 随机过程

根据定义，随机变量 X 是一个随机实验所有可能的结果到数值的映射。当随机变量不仅是实验结果还是时间的函数时，称为随机过程，表示为 $X(t)$。与随机变量情况的单个实数相比，可以将随机过程视为某个随机实验结果的时域函数的集合。

因为随机过程的 cdf 与 pdf 是与时间有关的，故可分别表述为 $F_X(x;t)$ 和 $f_X(x;t)$。随机过程 $X(t)$ 的 n 阶矩为

$$E[X^n(t)] = \int_{-\infty}^{\infty} x^n f_X(x;t)\mathrm{d}x \tag{13.90}$$

随机过程 $X(t)$ 称为是一阶平稳的，如果其所有的统计特性都不随时间变化的话。因此，$E[X(t)] = \bar{X}$，其中 $\bar{X}$ 为常数。随机过程 $X(t)$ 是二阶平稳（或广义平稳）的，如果

$$f_X(x_1, x_2; t_1, t_2) = f_X(x_1, x_2; t_1 + \Delta t, t_2 + \Delta t) \tag{13.91}$$

对于所有 t_1、t_2 和 Δt。

定义随机过程 $X(t)$ 的统计自相关函数为

$$\Re_X(t_1, t_2) = E[X(t_1)X(t_2)] \tag{13.92}$$

相关 $E[X(t_1)X(t_2)]$ 通常是 (t_1, t_2) 的函数。根据广义平稳的定义，随机过程的自相关函数依赖于时间差 $\tau = t_2 - t_1$，而不是绝对时间。所以，对于广义平稳随机过程，有

$$E[X(t)] = \overline{X}$$
$$\Re_X(\tau) = E[X(t)X(t+\tau)] \tag{13.93}$$

如果时间平均和时间相关函数等于统计平均和统计相关函数，则随机过程被称为各态历经的随机过程，各态历经的随机过程满足：

$$\lim_{T\to\infty}\frac{1}{T}\int_{-T/2}^{T/2} x(t)\mathrm{d}t = E[X(t)] = \overline{X} \tag{13.94}$$

$$\lim_{T\to\infty}\frac{1}{T}\int_{-T/2}^{T/2} x^*(t)x(t+\tau)\mathrm{d}t = \Re_X(\tau) \tag{13.95}$$

两个随机过程 $X(t)$ 和 $Y(t)$ 的协方差定义为

$$C_{XY}(t,t+\tau) = E[\{X(t)-E[X(t)]\}\{Y(t+\tau)-E[Y(t+\tau)]\}] \tag{13.96}$$

也可写为

$$C_{XY}(t,t+\tau) = \Re_{XY}(\tau)-\overline{X}\overline{Y} \tag{13.97}$$

13.9 采样定理

大多数现代通信和雷达系统在设计时所处理的是包含信息的离散样本信号。通常，我们需要确定通过对样本进行滤波或数据处理来重建一个信号的必要条件。这一问题的答案就是采样定理：令信号 $x(t)$ 是带宽为 B 的实带通信号，当采样时间间隔不大于 $1/(2B)$ 时，可以从样本中完全恢复信号。

图 13.1 展示了采样处理的流程，采样信号 $p(t)$ 是周期为 T_s 的信号，T_s 又称为样本间隔，$p(t)$ 的傅里叶级数展开为

$$p(t) = \sum_{n=-\infty}^{\infty} P_n \mathrm{e}^{\frac{\mathrm{j}2\pi nt}{T_s}} \tag{13.98}$$

被采样之后的信号 $x_s(t)$ 的傅里叶级数展开为

$$x_s(t) = \sum_{n=-\infty}^{\infty} x(t)P_n \mathrm{e}^{\frac{\mathrm{j}2\pi nt}{T_s}} \tag{13.99}$$

对式(13.99)进行傅里叶变换，得到

$$X_s(\omega) = \sum_{n=-\infty}^{\infty} P_n\, X\left(\omega-\frac{2\pi n}{T_s}\right) = P_0X(\omega)+\sum_{\substack{n=-\infty\\ n\neq 0}}^{\infty} P_n\, X\left(\omega-\frac{2\pi n}{T_s}\right) \tag{13.100}$$

其中，$X(\omega)$ 为 $x(t)$ 的傅里叶变换。因此，我们断定频谱密度 $X_s(\omega)$ 由间隔为 $(2\pi/T_s)$ 的 $X(\omega)$ 的副本组成，并且被傅里叶级数的系数 P_n 进行了尺度变换。然后使用一个带宽为 B 的低通滤波器(LPF)来恢复原始信号 $x(t)$。

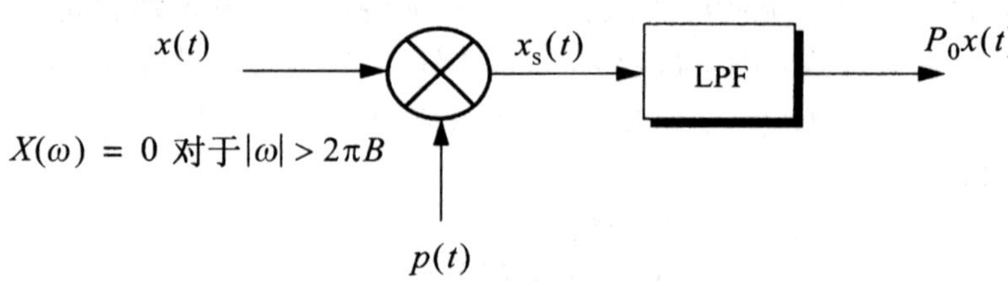

图 13.1 采样的概念

当采样率增加时（T_s 减小），$X(\omega)$ 的副本相互之间的间隔拉大。反之，采样率减小时（T_s 增大），副本相互靠拢。使副本刚好相邻的 T_s 取值定义了所要求的最小采样率，使 $x(t)$ 可以通过 LPF 从其样本中恢复。所以

$$\frac{2\pi}{T_s} = 2\pi(2B) \Leftrightarrow T_s = \frac{1}{2B} \tag{13.101}$$

式（13.101）所定义的采样率称为奈奎斯特采样率。当 $T_s > (1/2B)$ 时，$X(\omega)$ 的副本重叠，因此 $x(t)$ 不能从其样本中恢复。这种现象称为混叠。实践中，理想的低通滤波器是无法实现的。所以，实际系统一般是过采样的，以避免混叠。

例题

假定采样信号 $p(t)$ 为

$$p(t) = \sum_{n=-\infty}^{\infty} \delta(t - nT_s)$$

计算 $X_s(\omega)$ 的表达式。

解：

信号 $p(t)$ 称为梳状函数，其指数傅里叶级数为

$$p(t) = \sum_{n=-\infty}^{\infty} \frac{1}{T_s} e^{\frac{2\pi nt}{T_s}}$$

所以

$$x_s(t) = \sum_{n=-\infty}^{\infty} x(t) \frac{1}{T_s} e^{\frac{2\pi nt}{T_s}}$$

对上式进行傅里叶变换，得到

$$X_s(\omega) = \frac{2\pi}{T_s} \sum_{n=-\infty}^{\infty} X\left(\omega - \frac{2\pi n}{T_s}\right)$$

在进入下一节之前，我们将建立以下表示：信号 $x(t)$ 的样本用 $x(n)$ 表示，称为离散时域序列，或者简单称为序列。如果信号 $x(t)$ 是周期性的，则用周期序列 $\tilde{x}(n)$ 表示它的样本。

13.10 z 变换

z 变换是一种将离散时域序列映射到一种称为 z 域的新域中的变换，它是这样定义的：

$$Z\{x(n)\} = X(z) = \sum_{n=-\infty}^{\infty} x(n) z^{-n} \tag{13.102}$$

其中，$z = re^{j\omega}$，对于大多数情况，$r = 1$。式（13.102）可以重写为

$$X(e^{j\omega}) = \sum_{n=-\infty}^{\infty} x(n) e^{-jn\omega} \tag{13.103}$$

在 z 域中，$X(z)$ 是有限值的区域称为收敛域（ROC）。附录 13C 是大多数常用 z 变换对的列表。z 变换的性质如下（证明作为练习）：

1. 线性特性：

$$Z\{ax_1(n) + bx_2(n)\} = aX_1(z) + bX_2(z) \tag{13.104}$$

2. 右移特性：

$$Z\{x(n-k)\} = z^{-k}X(z) \tag{13.105}$$

3. 左移特性：

$$Z\{x(n+k)\} = z^{k}X(z) - \sum_{n=0}^{k-1} x(n)z^{k-n} \tag{13.106}$$

4. 时域尺度变换：

$$Z\{a^{n}x(n)\} = X(a^{-1}z) = \sum_{n=0}^{\infty} (a^{-1}z)^{-n}x(n) \tag{13.107}$$

5. 周期序列：

$$Z\{x(n)\} = \frac{z^{N}}{z^{N}-1}Z\{x(n)\} \tag{13.108}$$

其中，N 为周期。

6. 乘 n：

$$Z\{nx(n)\} = -z\frac{\mathrm{d}}{\mathrm{d}z}X(z) \tag{13.109}$$

7. 除以 $n+a$，a 为实数：

$$Z\left\{\frac{x(n)}{n+a}\right\} = \sum_{n=0}^{\infty} x(n)z^{a}\left(-\int_{0}^{z} u^{-k-a-1}\mathrm{d}u\right) \tag{13.110}$$

8. 初始值：

$$x(n_0) = z^{n_0}X(z)\Big|_{z\to\infty} \tag{13.111}$$

9. 最终值：

$$\lim_{n\to\infty} x(n) = \lim_{z\to 1}\ (1-z^{-1})X(z) \tag{13.112}$$

10. 卷积：

$$Z\left\{\sum_{k=0}^{\infty} h(n-k)x(k)\right\} = H(z)X(z) \tag{13.113}$$

11. 双边卷积：

$$Z\left\{\sum_{k=-\infty}^{\infty} h(n-k)x(k)\right\} = H(z)X(z) \tag{13.114}$$

例题

证明式(13.109)。

解：

从 z 变换的定义开始，则

$$X(z) = \sum_{n=-\infty}^{\infty} x(n)z^{-n}$$

上式关于 z 求导数，得到：

$$\frac{\mathrm{d}}{\mathrm{d}z}X(z) = \sum_{n=-\infty}^{\infty} x(n)(-n)z^{-n-1}$$
$$= (-z^{-1})\sum_{n=-\infty}^{\infty} nx(n)z^{-n}$$

所以

$$Z\{nx(n)\} = (-z)\frac{\mathrm{d}}{\mathrm{d}z}X(z)$$

通常,离散 LTI 系统的传输函数 $H(z)$ 描述了系统如何对输入序列 $x(n)$ 进行操作,以得到输出序列 $y(n)$。输出序列 $y(n)$ 通过序列 $x(n)$ 和 $h(n)$ 的离散卷积计算:

$$y(n) = \sum_{m=-\infty}^{\infty} x(m)h(n-m) \tag{13.115}$$

然而,由于实际系统要求序列 $x(n)$ 是有限长度的,所以可将式(13.115)重写为

$$y(n) = \sum_{m=0}^{N} x(m)h(n-m) \tag{13.116}$$

其中,N 表示输入序列的长度。对式(13.116)进行 z 变换,得到

$$Y(z) = X(z)H(z) \tag{13.117}$$

离散系统的传输函数为

$$H(z) = \frac{Y(z)}{X(z)} \tag{13.118}$$

最终,传输函数 $H(z)$ 可写为

$$H(z)\big|_{z=\mathrm{e}^{\mathrm{j}\omega}} = \left|H(\mathrm{e}^{\mathrm{j}\omega})\right|\mathrm{e}^{\angle H(\mathrm{e}^{\mathrm{j}\omega})} \tag{13.119}$$

其中,$|H(\mathrm{e}^{\mathrm{j}\omega})|$ 为幅度响应,$\angle H(\mathrm{e}^{\mathrm{j}\omega})$ 为相位响应。

13.11　离散傅里叶变换

离散傅里叶变换(DFT)是一种对离散序列的数学操作,通常将序列从时域变换到频域,目的是提取序列中的频谱信息。时域序列可以是实序列或复序列,DFT 的有限长度为 N,是周期为 N 的周期信号。

有限长序列 $x(n)$ 的离散傅里叶变换定义为

$$\tilde{X}(k) = \sum_{n=0}^{N-1} x(n)\mathrm{e}^{-\frac{\mathrm{j}2\pi nk}{N}} \qquad k = 0, \cdots, N-1 \tag{13.120}$$

逆离散傅里叶变换则定义为

$$\tilde{x}(n) = \frac{1}{N}\sum_{k=0}^{N-1} \tilde{X}(k)\mathrm{e}^{\frac{\mathrm{j}2\pi nk}{N}} \qquad n = 0, \cdots, N-1 \tag{13.121}$$

快速傅里叶变换(FFT)并非一种不同于 DFT 的新变换,而是一种更有效地计算 DFT 的算法。在文献中能够找到大量关于 FFT 算法的内容。在本书中,我们交换使用 DFT 和 FFT,将二者视为是相同的。而且,假定使用基 2 的 FFT 算法,对于某个整数 m,FFT 的长度等于 $N=2^m$。

13.12　离散功率谱

实际离散系统采用有限长度 DFT 作为傅里叶变换的一种数值近似,因此输入信号在被采

样之前必须截取一段有限区间(如 T)。在信号处理之前产生一个有限长度的序列是必要的。遗憾的是,这种截取处理可能引起一些严重的问题。

为了说明这个问题,考虑时域信号 $x(t)=\sin 2\pi f_0 t$。$x(t)$ 的频谱由两根位于 $\pm f_0$ 处的谱线组成。现在,当 $x(t)$ 被截取为 T 秒长并且以速率 $T_s = T/N$ 被采样时,其中 N 是期望样本数,我们得到序列 $\{x(n);n=0,1,\cdots,N-1\}$。$x(n)$ 的频谱仍将由相同的谱线组成,如果 T 为 T_s 的整数倍并且采样频率是 f 的整数倍。遗憾的是,上述两个条件很少能同时满足,所以 $x(n)$ 的频谱会扩展到几条谱线上(通常可能会扩展到三条谱线上)。这就是所谓的"频谱泄漏"。因为 f_0 通常是未知的,所以由 T 选择的任意性所造成的时域不连续性是无法避免的。加窗技术通过对边缘采样值加较小的权值,可以用来减小不连续性所造成的影响。

截取后的序列 $x(n)$ 可以视为某个周期为 N 的序列 $\tilde{x}(n)$ 的一个周期。$x(n)$ 的离散傅里叶级数展开为

$$x(n) = \sum_{k=0}^{N-1} X_k e^{\frac{j2\pi nk}{N}} \tag{13.122}$$

可以看出系数 X_k 为

$$X_k = \frac{1}{N}\sum_{n=0}^{N-1} x(n) e^{\frac{-j2\pi nk}{N}} = \frac{1}{N}X(k) \tag{13.123}$$

其中,$X(k)$ 是 $x(n)$ 的 DFT。所以,带限序列 $x(n)$ 的离散功率谱(DPS)是 $|X_k|^2$ 关于 k 的图形,其中各谱线的间隔为 Δf。

$$\begin{aligned} P_0 &= \frac{1}{N^2}|X(0)|^2 \\ P_k &= \frac{1}{N^2}\{|X(k)|^2 + |X(N-k)|^2\} \qquad k = 1,2,\cdots,\frac{N}{2}-1 \\ P_{N/2} &= \frac{1}{N^2}|X(N/2)|^2 \end{aligned} \tag{13.124}$$

在进入下一节内容之前,我们将说明如何选择 FFT 的参数。为此,考虑一个带宽为 B 的带限信号 $x(t)$。如果信号不是带限的,则可以使用一个 LPF 去除大于 B 的频率。为了满足采样定理,必须选择采样频率 $f_s = 1/T_s$,以满足

$$f_s \geq 2B \tag{13.125}$$

截取后序列的持续时间 T 和总的样本数 N 之间的关系如下:

$$T = NT_s \tag{13.126}$$

或等价地

$$f_s = \frac{N}{T} \tag{13.127}$$

因此

$$f_s = \frac{N}{T} \geq 2B \tag{13.128}$$

并且频率分辨率为

$$\Delta f = \frac{1}{NT_s} = \frac{f_s}{N} = \frac{1}{T} \geq \frac{2B}{N} \tag{13.129}$$

13.13 加窗技术

对序列 $x(n)$ 的截取可以通过如下乘积的方式完成：

$$x_w(n) = x(n)w(n) \tag{13.130}$$

其中

$$w(n) = \begin{cases} f(n) & n = 0, 1, \cdots, N-1 \\ 0 & \text{其他} \end{cases} \tag{13.131}$$

其中，$f(n) \leqslant 1$。有限长序列 $w(n)$ 称为窗函数序列或简称窗。加窗处理不应影响被截取序列的相位响应，所以窗序列 $w(n)$ 要求必须具有线性相位。这一点可通过令窗函数关于中心点对称来实现。

如果对于所有的 n 有 $f(n)=1$，则我们就得到所谓的矩形窗。矩形窗会造成吉布斯现象，其表现为在不连续点的前后出现过冲和纹波。图 13.2 给出了某个矩形窗的幅度谱。注意到其第一旁瓣低于主瓣 -13.46 dB。在边缘有较小加权值的窗函数，在不连续点位置有较低的过冲（较低的旁瓣），因此比矩形窗更为适宜。当然，旁瓣的降低会带来主瓣的展宽，所以选择合适的窗序列通常是在降低旁瓣和主瓣展宽之间进行折中。表 13.1 汇总了一些窗函数主瓣展宽和峰值减小的影响。

表 13.1　常用窗函数

窗	零点到零点间的波束宽度，以矩形窗为参考	峰值衰减
矩形窗	1	1
海明窗(Hamming)	2	0.73
汉宁窗(Hanning)	2	0.664
布莱克曼窗(Blackman)	6	0.557
凯泽窗(Kaiser, $\beta=6$)	2.76	0.683
凯泽窗(Kaiser, $\beta=3$)	1.75	0.882

式(13.131)定义的乘法处理等效于频域的循环卷积，因此 $X_w(k)$ 是模糊（失真）版的 $X(k)$。为了减小失真，我们需要寻找主瓣较窄且旁瓣较小的窗函数。此外，采用不同于矩形窗的窗函数会减小功率，减小因子 P_w 为

$$P_w = \frac{1}{N}\sum_{n=0}^{N-1} w^2(n) = \sum_{k=0}^{N-1} |W(k)|^2 \tag{13.132}$$

现在序列 $x_w(n)$ 的 DPS 为

$$\begin{aligned} P_0^w &= \frac{1}{P_w N^2}|X(0)|^2 \\ P_k^w &= \frac{1}{P_w N^2}\{|X(k)|^2 + |X(N-k)|^2\} \qquad k = 1, 2, \cdots, \frac{N}{2}-1 \\ P_{N/2}^w &= \frac{1}{P_w N^2}|X(N/2)|^2 \end{aligned} \tag{13.133}$$

其中，P_w 在式(13.132)中定义。表 13.2 列出了一些常用的窗函数。从图 13.3 到图 13.5 给出了这些窗函数的频域特征。这些图可通过运行 MATLAB 程序“fig13.m”得到。

表 13.2 一些常用窗函数, $n=0, N-1$

窗	表 达 式	第 一 旁 瓣	主 瓣 宽 度
矩形窗	$w(n)=1$	-13.46 dB	1
海明窗	$w(n)=0.54-0.46\cos\left(\frac{2\pi n}{N-1}\right)$	-41 dB	2
汉宁窗	$w(n)=0.5\left[1-\cos\left(\frac{2\pi n}{N-1}\right)\right]$	-32 dB	2
凯泽窗	$w(n)=\left(\frac{I_0[\sqrt{1-(2n/N)^2}]}{I_0(\beta)}\right)$ I_0 是第一类 0 阶修正贝塞尔函数	-46 dB($\beta=2\pi$)	$\sqrt{5}(\beta=2\pi)$

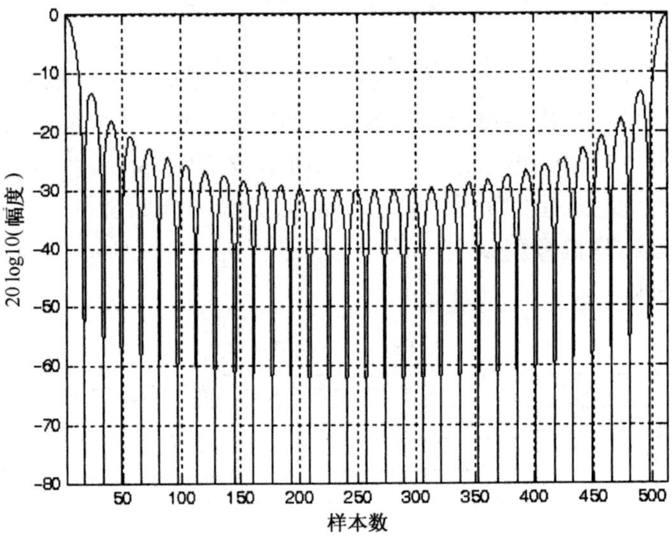

图 13.2 矩形窗的归一化幅度谱

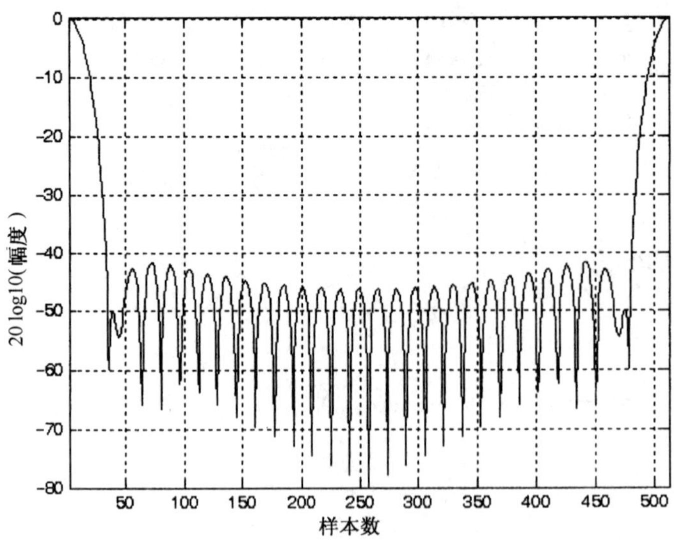

图 13.3 海明窗的归一化幅度谱

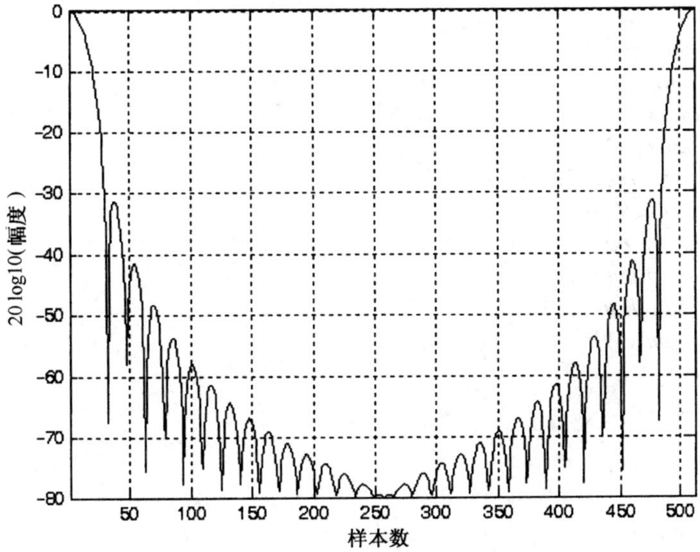

图 13.4　汉宁窗的归一化幅度谱

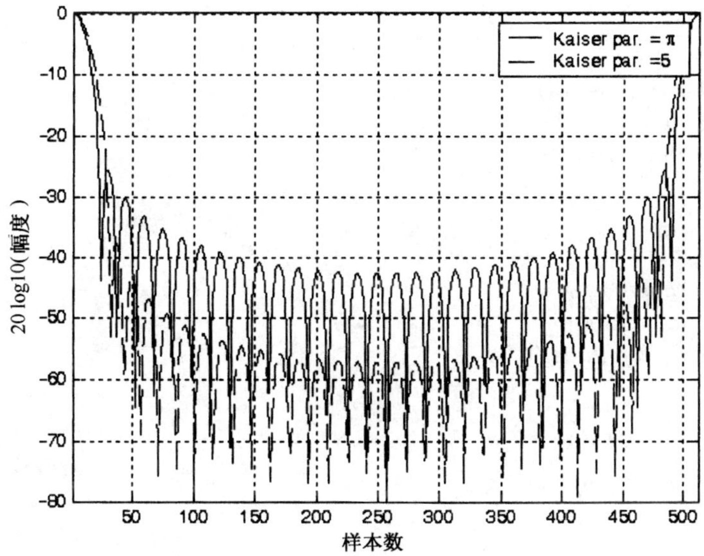

图 13.5　凯泽窗的归一化幅度谱

13.14　MATLAB 程序清单

清单 13.1　MATLAB 程序"figs13.m"

```
%Use this program to reproduce figures in Section 13.13.
clear all
close all
eps = 0.0001;
N = 32;
```

```
win_rect (1:N) = 1;
win_ham = hamming(N);
win_han = hanning(N);
win_kaiser = kaiser(N, pi);
win_kaiser2 = kaiser(N, 5);
Yrect = abs(fft(win_rect, 512));
Yrectn = Yrect ./ max(Yrect);
Yham = abs(fft(win_ham, 512));
Yhamn = Yham ./ max(Yham);
Yhan = abs(fft(win_han, 512));
Yhann = Yhan ./ max(Yhan);
YK = abs(fft(win_kaiser, 512));
YKn = YK ./ max(YK);
YK2 = abs(fft(win_kaiser2, 512));
YKn2 = YK2 ./ max(YK2);
figure (1)
plot(20*log10(Yrectn+eps),'k')
xlabel('Sample number')
ylabel('20*log10(amplitude)')
axis tight
grid
figure(2)
plot(20*log10(Yhamn + eps),'k')
xlabel('Sample number')
ylabel('20*log10(amplitude)')
grid
axis tight
figure (3)
plot(20*log10(Yhann+eps),'k')
xlabel('Sample number')
ylabel('20*log10(amplitude)')
grid
axis tight
figure(4)
plot(20*log10(YKn+eps),'k')
grid
hold on
plot(20*log10(YKn2+eps),'k--')
xlabel('Sample number')
ylabel('20*log10(amplitude)')
legend('Kaiser par. = \pi','Kaiser par. =5')
axis tight
hold off
```

附录 13A 傅里叶变换表

$x(t)$	$X(\omega)$
$A\mathrm{rect}(t/\tau)$矩形脉冲	$A\tau\mathrm{sinc}(\omega\tau/2)$
$A\Delta(t/\tau)$三角脉冲	$A\dfrac{\tau}{2}\mathrm{sinc}^2(\tau\omega/4)$
$\dfrac{1}{\sqrt{2\pi}\sigma}\exp\left(-\dfrac{t^2}{2\sigma^2}\right)$高斯脉冲	$\exp\left(-\dfrac{\sigma^2\omega^2}{2}\right)$
$e^{-at}u(t)$	$1/(a+j\omega)$
$e^{-a\|t\|}$	$\dfrac{2a}{a^2+\omega^2}$
$e^{-at}\sin\omega_0 t\, u(t)$	$\dfrac{\omega_0}{\omega_0^2+(a+j\omega)^2}$
$e^{-at}\cos\omega_0 t\, u(t)$	$\dfrac{a+j\omega}{\omega_0^2+(a+j\omega)^2}$
$\delta(t)$	1
1	$2\pi\delta(\omega)$
$u(t)$	$\pi\delta(\omega)+\dfrac{1}{j\omega}$
$\mathrm{sgn}(t)$	$\dfrac{2}{j\omega}$
$\cos\omega_0 t$	$\pi[\delta(\omega-\omega_0)+\delta(\omega+\omega_0)]$
$\sin\omega_0 t$	$j\pi[\delta(\omega+\omega_0)-\delta(\omega-\omega_0)]$
$u(t)\cos\omega_0 t$	$\dfrac{\pi}{2}[\delta(\omega-\omega_0)+\delta(\omega+\omega_0)]+\dfrac{j\omega}{\omega_0^2-\omega^2}$
$u(t)\sin\omega_0 t$	$\dfrac{\pi}{2j}[\delta(\omega+\omega_0)-\delta(\omega-\omega_0)]+\dfrac{\omega_0}{\omega_0^2-\omega^2}$
$\|t\|$	$\dfrac{-2}{\omega^2}$

附录 13B　常用概率密度

自由度为 N 的 χ^2 分布

$$f_X(x) = \frac{x^{(N/2)-1}}{2^{N/2}\Gamma(N/2)}\exp\left\{\frac{-x}{2}\right\}\ ;\ x>0$$

$$\bar{X} = N\ ;\ \sigma_X^2 = 2N$$

$$\gamma\text{函数} = \Gamma(z) = \int_0^{\infty}\lambda^{z-1}\mathrm{e}^{-\lambda}\mathrm{d}\lambda\ ;\ \mathrm{Re}\{z\}>0$$

指数分布

$$(f_X(x) = a\exp\{-ax\})\ ;\ x>0$$

$$\bar{X} = \frac{1}{a}\ ;\ \sigma_X^2 = \frac{1}{a^2}$$

高斯分布

$$f_X(x) = \frac{1}{\sqrt{2\pi}\sigma}\exp\left\{-\frac{1}{2}\left(\frac{x-x_m}{\sigma}\right)^2\right\};\ \bar{X} = x_m\ ;\ \sigma_X^2 = \sigma^2$$

拉普拉斯分布

$$f_X(x) = \frac{\sigma}{2}\exp\{-\sigma|x-x_m|\}$$

$$\bar{X} = x_m\ ;\ \sigma_X^2 = \frac{2}{\sigma^2}$$

对数–正态分布

$$f_X(x) = \frac{1}{x\sigma\sqrt{2\pi}}\ \exp\left(-\ \frac{(\ln x-\ln x_m)^2}{2\sigma^2}\right)\ ;\ x>0$$

$$\bar{X} = \exp\left\{\ln x_m+\frac{\sigma^2}{2}\right\}\ ;\ \sigma_X^2 = [\exp\{2\ln x_m+\sigma^2\}][\exp\{\sigma^2\}-1]$$

瑞利分布

$$f_X(x) = \frac{x}{\sigma^2}\exp\left\{\frac{-x^2}{2\sigma^2}\right\};\quad x\geqslant 0$$

$$\bar{X} = \sqrt{\frac{\pi}{2}}\sigma\ ;\quad \sigma_X^2 = \frac{\sigma^2}{2}(4-\pi)$$

均匀分布

$$f_X(x) = \frac{1}{b-a};\quad a<b$$

$$\bar{X} = \frac{a+b}{2}\ ;\quad \sigma_X^2 = \frac{(b-a)^2}{12}$$

韦布尔分布

$$f_X(x) = \frac{bx^{b-1}}{\bar{\sigma}_0}\ \exp\left(-\frac{(x)^b}{\bar{\sigma}_0}\right);\quad (x, b, \bar{\sigma}_0)\geqslant 0$$

$$\bar{X} = \frac{\Gamma(1+b^{-1})}{1/(\sqrt[b]{\bar{\sigma}_0})}\ ;\quad \sigma_X^2 = \frac{\Gamma(1+2b^{-1})-[\Gamma(1+b^{-1})]^2}{1/[\sqrt[b]{(\bar{\sigma}_0)^2}]}$$

附录 13C　z 变换表

$x(n)$;$n \geqslant 0$	$X(z)$	ROC;$\|z\| > R$
$\delta(n)$	1	0
1	$\frac{z}{z-1}$	1
n	$\frac{z}{(z-1)^2}$	1
n^2	$\frac{z(z+1)}{(z-1)^3}$	1
a^n	$\frac{z}{z-a}$	$\|a\|$
na^n	$\frac{az}{(z-a)^2}$	$\|a\|$
$\frac{a^n}{n!}$	$e^{a/z}$	0
$(n+1)a^n$	$\frac{z^2}{(z-a)^2}$	$\|a\|$
$\sin n\omega T$	$\frac{z\sin \omega T}{z^2-2z\cos \omega T+1}$	1
$\cos n\omega T$	$\frac{z(z-\cos \omega T)}{z^2-2z\cos \omega T+1}$	1
$a^n \sin n\omega T$	$\frac{az\sin \omega T}{z^2-2az\cos \omega T+a^2}$	$\frac{1}{\|a\|}$
$a^n \cos n\omega T$	$\frac{z(z-a^2\cos \omega T)}{z^2-2az\cos \omega T+a^2}$	$\frac{1}{\|a\|}$
$\frac{n(n-1)}{2!}$	$\frac{z}{(z-1)^3}$	1
$\frac{n(n-1)(n-2)}{3!}$	$\frac{z}{(z-1)^4}$	1
$\frac{(n+1)(n+2)a^n}{2!}$	$\frac{z^3}{(z-a)^3}$	$\|a\|$
$\frac{(n+1)(n+2)\cdots(n+m)a^n}{m!}$	$\frac{z^{m+1}}{(z-a)^{m+1}}$	$\|a\|$

第 14 章　MATLAB 程序及函数名称表

本章对书中所有 MATLAB 程序及函数名称进行了总结。

第 1 章　雷达基础导论

名　称	目　的
radar_eq	实现雷达方程
fig1_12	重新生成图 1.12
fig1_13	重新生成图 1.13
ref_snr	计算雷达参考距离或 SNR
power_aperture	实现功率孔径形式的雷达方程
fig1_16	重新生成图 1.16
casestudy1_1	迷你设计案例研究 1.1 的程序
fig1_19	重新生成图 1.19
fig1_21	重新生成图 1.21
pulse_integration	进行相干或非相干脉冲积累
myradarvisit1_1	“我的雷达”设计案例研究——实习 1 的程序
fig1_27	重新生成图 1.27
fig1_28	重新生成图 1.28

第 2 章　雷达检测

名　称	目　的
fig2_2	重新生成图 2.2
que_func	实现 Marcum Q 函数
fig2_3	重新生成图 2.3
prob_snr1	计算单个脉冲的检测概率
fig2_6a	重新生成图 2.6(a)
improve_fac	计算改善因子
fig2_6b	重新生成图 2.6(b)
incomplete_gamma	计算不完整的 γ 函数
factor	计算一个整数的阶乘
fig2_7	重新生成图 2.7
threshold	计算检测门限值
fig2_8	重新生成图 2.8
pd_swerling5	计算 Swerling 0 型或 V 型目标的检测概率
fig2_9	重新生成图 2.9
pd_swerling1	计算 Swerling Ⅰ型目标的检测概率
fig2_10	重新生成图 2.10
pd_swerling2	计算 Swerling Ⅱ型目标的检测概率
fig2_11ab	重新生成图 2.11(a)和图 2.11(b)
pd_swerling3	计算 Swerling Ⅲ型目标的检测概率
fig2_12	重新生成图 2.12
pd_swerling4	计算 Swerling Ⅳ型目标的检测概率
fig2_13	重新生成图 2.13
fig2_14	重新生成图 2.14
fluct_loss	计算由于 RCS 起伏造成的 SNR 损失
fig2_15	重新生成图 2.15
myradar_visit2_1	“我的雷达”设计案例研究——实习 2.1
myradar_visit2_2	“我的雷达”设计案例研究——实习 2.2
fig2_21	重新生成图 2.21

第 3 章　雷达波形

名　称	目　的
fig3_7	重新生成图 3.7
fig3_8	重新生成图 3.8
hrr_profile	计算和描绘 HRR 包络
fig3_17	重新生成图 3.17

第 4 章　雷达模糊函数

名　称	目　的
single_pulse_ambg	计算和画出单个脉冲的模糊函数
fig4_2	重新生成图 4.2
fig4_4	重新生成图 4.4
lfm_ambig	计算和画出 LFM 信号的模糊函数
fig4_5	重新生成图 4.5
fig4_6	重新生成图 4.6
train_ambg	计算和画出相干脉冲串的模糊函数
fig4_8	重新生成图 4.8
barker_ambg	计算和画出对应于某巴克码的模糊函数
prn_ambig	计算和画出对应于某 PRN 码的模糊函数
myradar_visit4	“我的雷达”设计案例研究——实习 4

第 5 章　脉冲压缩

名　称	目　的
fig5_3	重新生成图 5.3
matched_filter	使用匹配滤波器进行脉冲压缩
power_integer_2	给定正整数，计算 2 的整数次幂
stretch	使用去斜处理实现脉冲压缩
fig5_14	重新生成图 5.14

第 6 章　面杂波和体杂波

名　称	目　的
clutter_rcs	计算和画出杂波 RCS 相对距离的曲线
myradar_visit6	“我的雷达”设计案例研究——实习 6

第 7 章　动目标显示(MTI)-杂波抑制

名　称	目　的
single_cancler	进行单延迟线 MTI 操作
double_cancler	进行双延迟线 MTI 操作
fig7_9	重新生成图 7.9
fig7_10	重新生成图 7.10
fig7_11	重新生成图 7.11
myradar_visit7	“我的雷达”设计案例研究——实习 7

第 8 章　相控阵

名　称	目　的
fig8_5	重新生成图 8.5
fig8_7	重新生成图 8.7
linear_array	计算线性阵列的增益方向图
circular_array	计算圆阵列的阵列方向图
rect_array	计算矩形阵列的增益方向图
circ_array	计算圆阵列的增益方向图
rect_to_circ	计算具有圆形边界的矩形阵列的边界
fig8_52	重新生成图 8.52

第 9 章　目标跟踪

名　称	目　的
mono_pulse	计算天线的和差方向图
ghk_tracker	实现 GHK 滤波器
fig9_21	重新生成图 9.21
kalman_filter	实现三状态卡尔曼滤波器
fig9_28	重新生成图 9.28
maketraj	计算并且产生航迹
addnoise	给航迹加扰动
kalfilt	实现六状态卡尔曼滤波器

第 10 章　电子对抗(ECM)

名　称	目　的
ssj_req	实现 SSJ 雷达方程
sir	计算和画出信干比
bun_thru	计算烧穿距离
soj_req	实现 SOJ 雷达方程
range_red_factor	计算距离减小因子
fig10_8	重新生成图 10.8

第 11 章　雷达截面积(RCS)

名　称	目的(所有函数都有相关的 GUI)
rcs_aspect	计算和画出 RCS 与视角的关系
rcs_frequency	计算和画出 RCS 与频率的关系
example11_1	用于求解本章例题
rcs_sphere	计算和画出球体的 RCS
rcs_ellipsoid	计算和画出椭球体的 RCS
rcs_circ_plate	计算和画出圆形平板的 RCS
rcs_frustum	计算和画出截锥体的 RCS
rcs_cylinder	计算和画出圆柱体的 RCS
rcs_rect_plate	计算和画出矩形平板的 RCS
rcs_isosceles	计算和画出三角形平板的 RCS
CappedWedgeTM	用于计算戴帽楔的 TM 电场
rcs_cylinder_complex	重新生成图 2.22
swerlin_models	重新生成图 2.24

第 12 章　高分辨率战术合成孔径雷达(TSAR)

名　称	目　的
fig12_12_13	重新生成图 12.12 和图 12.13

第 13 章　信号处理基础

名　称	目　的
figs13	重新生成图 13.2 到图 13.5

参考文献

Abramowitz, M. and Stegun, I. A., Editors, *Handbook of Mathematical Functions, with Formulas, Graphs, and Mathematical Tables*, Dover Publications, 1970.

Balanis, C. A., *Antenna Theory, Analysis and Design*, Harper & Row, New York, 1982.

Barkat, M., *Signal Detection and Estimation*, Artech House, Norwood, MA, 1991.

Barton, D. K., *Modern Radar System Analysis*, Artech House, Norwood, MA, 1988.

Benedict, T. and Bordner, G., Synthesis of an Optimal Set of Radar Track-While-Scan Smoothing Equations, *IRE Transaction on Automatic Control, Ac-7*, July 1962, pp. 27-32.

Berkowitz, R. S., *Modern Radar - Analysis, Evaluation, and System Design*, John Wiley & Sons, Inc, New York, 1965.

Beyer, W. H., *CRC Standard Mathematical Tables*, 26th edition, CRC Press, Boca Raton, FL, 1981.

Billetter, D. R., *Multifunction Array Radar*, Artech House, Norwood, MA, 1989.

Blackman, S. S., *Multiple-Target Tracking with Radar Application*, Artech House, Norwood, MA, 1986.

Blake, L. V., *A Guide to Basic Pulse-Radar Maximum Range Calculation Part-I Equations, Definitions, and Aids to Calculation*, Naval Res. Lab. Report 5868, 1969.

Blake, L. V., *Radar-Range Performance Analysis*, Lexington Books, Lexington, MA, 1980.

Boothe, R. R., *A Digital Computer Program for Determining the Performance of an Acquisition Radar Through Application of Radar Detection Probability Theory*, U.S. Army Missile Command: Report No. RD-TR-64-2. Redstone Arsenal, Alabama, 1964.

Brookner, E., Editor, *Aspects of Modern Radar*, Artech House, Norwood, MA, 1988.

Brookner, E., Editor, *Practical Phased Array Antenna System*, Artech House, Norwood, MA, 1991.

Brookner, E., *Radar Technology*, Lexington Books, Lexington, MA, 1996.

Burdic, W. S., *Radar Signal Analysis*, Prentice-Hall, Englewood Cliffs, NJ, 1968.

Brookner, E., *Tracking and Kalman Filtering Made Easy*, John Wiley & Sons, New York, 1998.

Cadzow, J. A., *Discrete-Time Systems, an Introduction with Interdisciplinary Applications*, Prentice-Hall, Englewood Cliffs, NJ, 1973.

Carlson, A. B., *Communication Systems, An Introduction to Signals and Noise in Electrical Communication*, 3rd edition, McGraw-Hill, New York, 1986.

Carpentier, M. H., *Principles of Modern Radar Systems*, Artech House, Norwood, MA, 1988.

Compton, R. T., *Adaptive Antennas*, Prentice-Hall, Englewood Cliffs, NJ, 1988.

Costas, J. P., A Study of a Class of Detection Waveforms Having Nearly Ideal Range-Doppler Ambiguity Properties, *Proc. IEEE 72*, 1984, pp. 996-1009.

Curry, G. R., *Radar System Performance Modeling*, Artech House, Norwood, 2001.

DiFranco, J. V. and Rubin, W. L., *Radar Detection*. Artech House, Norwood, MA, 1980.

Dillard, R. A. and Dillard, G. M., *Detectability of Spread-Spectrum Signals*, Artech House, Norwood, MA, 1989.

Edde, B., *Radar - Principles, Technology, Applications*, Prentice-Hall, Englewood Cliffs, NJ, 1993.

Elsherbeni, Atef, Inman, M. J., and Riley, C., "Antenna Design and Radiation Pattern Visualization," The 19th Annual Review of Progress in Applied Computational Electromagnetics, ACES'03, Monterey, California, March 2003.

Fehlner, L. F., *Marcum's and Swerling's Data on Target Detection by a Pulsed Radar*, Johns Hopkins University, Applied Physics Lab. Rpt. # TG451, July 2, 1962, and Rpt. # TG451A, Septemeber 1964.

Fielding, J. E. and Reynolds, G. D., *VCCALC: Vertical Coverage Calculation Software and Users Manual*, Artech House, Norwood, MA, 1988.

Gabriel, W. F., Spectral Analysis and Adaptive Array Superresolution Techniques, *Proc. IEEE*, Vol. 68, June 1980, pp. 654-666.

Gelb, A., Editor, *Applied Optimal Estimation*, MIT Press, Cambridge, MA, 1974.

Grewal, M. S. and Andrews, A. P., *Kalman Filtering - Theory and Practice Using MATLAB*, 2nd edition, Wiley & Sons Inc., New York, 2001.

Hamming, R. W., *Digital Filters*, 2nd edition, Prentice-Hall, Englewood Cliffs, NJ, 1983.

Hanselman, D. and Littlefield, B., *Mastering Matlab 5, A Complete Tutorial and Reference,* Malab Curriculum Series, Prentice-Hall, Englewood Cliffs, NJ, 1998.

Hirsch, H. L. and Grove, D. C., *Practical Simulation of Radar Antennas and Radomes*, Artech House, Norwood, MA, 1987.

Hovanessian, S. A., *Radar System Design and Analysis*, Artech House, Norwood, MA, 1984.

James, D. A., *Radar Homing Guidance for Tactical Missiles*, John Wiley & Sons, New York, 1986.

Kanter, I., *Exact Detection Probability for Partially Correlated Rayleigh Targets*, IEEE Trans. AES-22, pp. 184-196. March 1986.

Kay, S. M., *Fundamentals of Statistical Signal Processing - Estimation Theory*, Volume I, Prentice Hall Signal Processing Series, New Jersey, 1993.

Kay, S. M., *Fundamentals of Statistical Signal Processing - Detection Theory*, Volume II, Prentice Hall Signal Processing Series, New Jersey, 1993.

Klauder, J. R., Price, A. C., Darlington, S., and Albershiem, W. J., The Theory and Design of Chirp Radars, *The Bell System Technical Journal*, Vol. 39, No. 4, 1960.

Knott, E. F., Shaeffer, J. F., and Tuley, M. T., *Radar Cross Section*, 2nd edition, Artech House, Norwood, MA, 1993.

Lativa, J., Low-Angle Tracking Using Multifrequency Sampled Aperture Radar, *IEEE - AES Trans.*, Vol. 27, No. 5, September 1991, pp.797-805.

Levanon, N., *Radar Principles*, John Wiley & Sons, New York, 1988.

Lewis, B. L., Kretschmer, Jr., F. F., and Shelton, W. W., *Aspects of Radar Signal Processing*, Artech House, Norwood, MA, 1986.

Long, M. W., *Radar Reflectivity of Land and Sea*, Artech House, Norwood, MA, 1983.

Lothes, R. N., Szymanski, M. B., and Wiley, R. G., *Radar Vulnerability to Jamming*, Artech House, Norwood, MA, 1990.

Mahafza, B. R. and Polge, R. J., Multiple Target Detection Through DFT Processing in a Sequential Mode Operation of Real Two-Dimensional Arrays, *Proc. of the IEEE Southeast Conf. '90*, New Orleans, LA, April 1990, pp. 168-170.

Mahafza, B. R., Heifner, L.A., and Gracchi, V. C., Multitarget Detection Using Synthetic Sampled Aperture Radars (SSAMAR), *IEEE - AES Trans.*, Vol. 31, No. 3, July 1995, pp. 1127-1132.

Mahafza, B. R. and Sajjadi, M., Three-Dimensional SAR Imaging Using a Linear Array in Transverse Motion, *IEEE - AES Trans.*, Vol. 32, No. 1, January 1996, pp. 499-510.

Mahafza, B. R., *Introduction to Radar Analysis*, CRC Press, Boca Raton, FL, 1998.

Mahafza, B. R., *Radar Systems Analysis and Design Using MATLAB*, CRC Press, Boca Raton, FL, 2000.

Marchand, P., *Graphics and GUIs with Matlab*, 2nd edition, CRC Press, Boca Raton, FL, 1999.

Marcum, J. I., A Statistical Theory of Target Detection by Pulsed Radar, Mathematical Appendix, *IRE Trans.*, Vol. IT-6, April 1960, pp. 59-267.

Meeks, M. L., *Radar Propagation at Low Altitudes*, Artech House, Norwood, MA, 1982.

Melsa, J. L. and Cohn, D. L., *Decision and Estimation Theory*, McGraw-Hill, New York, 1978.

Mensa, D. L., *High Resolution Radar Imaging*, Artech House, Norwood, MA, 1984.

Meyer, D. P. and Mayer, H. A., *Radar Target Detection: Handbook of Theory and Practice*, Academic Press, New York, 1973.

Monzingo, R. A. and Miller, T. W., *Introduction to Adaptive Arrays,* John Wiley & Sons, New York, 1980.

Morchin, W., *Radar Engineer's Sourcebook*, Artech House, Norwood, MA, 1993.

Morris, G. V., *Airborne Pulsed Doppler Radar*, Artech House, Norwood, MA, 1988.

Nathanson, F. E., *Radar Design Principles*, 2nd edition, McGraw-Hill, New York, 1991.

Navarro, Jr., A. M., *General Properties of Alpha Beta, and Alpha Beta Gamma Tracking Filters*, Physics Laboratory of the National Defense Research Organization TNO, Report PHL 1977-92, January 1977.

North, D. O., An Analysis of the Factors which Determine Signal/Noise Discrimination in Pulsed Carrier Systems, *Proc. IEEE 51*, No. 7, July 1963, pp. 1015-1027.

Oppenheim, A. V. and Schafer, R. W., *Discrete-Time Signal Processing*, Prentice-Hall, Englewood Cliffs, NJ, 1989.

Oppenheim, A. V., Willsky, A. S., and Young, I. T., *Signals and Systems*, Prentice-Hall, Englewood Cliffs, NJ, 1983.

Orfanidis, S. J., *Optimum Signal Processing, an Introduction*, 2nd edition, McGraw-Hill, New York, 1988.

Papoulis, A., *Probability, Random Variables, and Stochastic Processes*, second edition, McGraw-Hill, New York, 1984.

Parl, S. A., New Method of Calculating the Generalized Q Function, *IEEE Trans. Information Theory,* Vol. IT-26, No. 1, January 1980, pp. 121-124.

Peebles, Jr., P. Z., *Probability, Random Variables, and Random Signal Principles*, McGraw-Hill, New York, 1987.

Peebles, Jr., P. Z., *Radar Principles*, John Wiley & Sons, New York, 1998.

Pettit, R. H., *ECM and ECCM Techniques for Digital Communication Systems*, Lifetime Learning Publications, New York, 1982.

Polge, R. J., Mahafza, B. R., and Kim, J. G., *Extension and Updating of the Computer Simulation of Range Relative Doppler Processing for MM Wave Seekers*, Interim Technical Report, Vol. I, prepared for the U.S. Army Missile Command, Redstone Arsenal, Alabama, January 1989.

Polge, R. J., Mahafza, B. R., and Kim, J. G., Multiple Target Detection Through DFT Processing in a Sequential Mode Operation of Real or

Synthetic Arrays, *IEEE 21st Southeastern Symposium on System Theory*, Tallahassee, FL, 1989, pp. 264-267.

Poularikas, A. and Seely, S., *Signals and Systems*, PWS Publishers, Boston, MA, 1984.

Rihaczek, A. W., *Principles of High Resolution Radars*, McGraw-Hill, New York, 1969.

Ross, R. A., Radar Cross Section of Rectangular Flat Plate as a Function of Aspect Angle, *IEEE Trans*. AP-14:320, 1966.

Ruck, G. T., Barrick, D. E., Stuart, W. D., and Krichbaum, C. K., *Radar Cross Section Handbook*, Volume 1, Plenum Press, New York, 1970.

Ruck, G. T., Barrick, D. E., Stuart, W. D., and Krichbaum, C. K., *Radar Cross Section Handbook*, Volume 2, Plenum Press, New York, 1970.

Rulf, B. and Robertshaw, G. A., *Understanding Antennas for Radar, Communications, and Avionics*, Van Nostrand Reinhold, 1987.

Scanlan, M.J., Editor, *Modern Radar Techniques*, Macmillan, New York, 1987.

Scheer, J. A. and Kurtz, J. L., Editors, *Coherent Radar Performance Estimation*, Artech House, Norwood, MA, 1993.

Shanmugan, K. S. and Breipohl, A. M., *Random Signals: Detection, Estimation and Data Analysis*, John Wiley & Sons, New York, 1988.

Sherman, S. M., *Monopulse Principles and Techniques*, Artech House, Norwood, MA.

Singer, R. A., Estimating Optimal Tracking Filter Performance for Manned Maneuvering Targets, *IEEE Transaction on Aerospace and Electronics, AES-5*, July 1970, pp. 473-483.

Skillman, W. A., *DETPROB: Probability of Detection Calculation Software and User's Manual*, Artech House, Norwood, MA, 1991.

Skolnik, M. I., *Introduction to Radar Systems*, McGraw-Hill, New York, 1982.

Skolnik, M. I., Editor, *Radar Handbook*, 2nd edition, McGraw-Hill, New York, 1990.

Stearns, S. D. and David, R. A., *Signal Processing Algorithms*, Prentice-Hall, Englewood Cliffs, NJ, 1988.

Stimson, G. W., *Introduction to Airborne Radar*, Hughes Aircaft Company, El Segundo, CA, 1983.

Stratton, J. A., *Electromagnetic Theory*, McGraw-Hill, New York, 1941.

Stremler, F. G., *Introduction to Communication Systems*, 3rd edition, Addison-Wesley, New York, 1990.

Stutzman, G. E., *Estimating Directivity and Gain of Antennas*, IEEE Antennas and Propagation Magazine 40, August 1998, pp 7-11.

Swerling, P., *Probability of Detection for Fluctuating Targets*, IRE Transaction on Information Theory, Vol IT-6, April 1960, pp. 269-308.

Van Trees, H. L., *Detection, Estimation, and Modeling Theory*, Part I. Wiley & Sons, Inc., New York, 2001.

Van Trees, H. L., *Detection, Estimation, and Modeling Theory*, Part III. Wiley & Sons, Inc., New York, 2001.

Van Trees, H. L., *Optimum Array Processing*, Part IV of Detection, Estimation, and Modeling Theory, Wiley & Sons, Inc., New York, 2002.

Tzannes, N. S., *Communication and Radar Systems*, Prentice-Hall, Englewood Cliffs, NJ, 1985.

Urkowtiz, H., *Signal Theory and Random Processes*, Artech House, Norwood, MA, 1983.

Urkowitz, H., *Decision and Detection Theory*, Unpublished Lecture Notes, Lockheed Martin Co., Moorestown, NJ.

Vaughn, C. R., Birds and Insects as Radar Targets: A Review, *Proc. IEEE*, Vol. 73, No. 2, February 1985, pp. 205-227.

Wehner, D. R., *High Resolution Radar*, Artech House, Norwood, MA, 1987.

White, J. E., Mueller, D. D., and Bate, R. R., *Fundamentals of Astrodynamics*, Dover Publications, 1971.

Ziemer, R. E. and Tranter, W. H., *Principles of Communications, Systems, Modulation, and Noise*, 2nd edition, Houghton Mifflin, Boston, MA, 1985.

Zierler, N., *Several Binary-Sequence Generators*, MIT Technical Report No. 95, Sept. 1955.